그림으로 보는 건설현장의 안전관리

감수 이준수 ｜ 글·그림 이병수

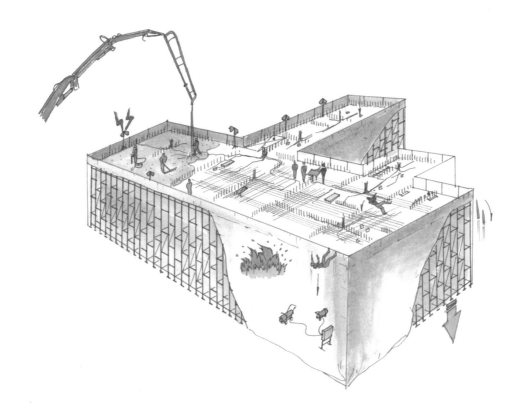

BM (주)도서출판 **성안당**

■ 도서 A/S 안내

성안당에서 발행하는 모든 도서는 저자와 출판사, 그리고 독자가 함께 만들어 나갑니다.

좋은 책을 펴내기 위해 많은 노력을 기울이고 있습니다. 혹시라도 내용상의 오류나 오탈자 등이 발견되면 "좋은 책은 나라의 보배"로서 우리 모두가 함께 만들어 간다는 마음으로 연락주시기 바랍니다. 수정 보완하여 더 나은 책이 되도록 최선을 다하겠습니다.

성안당은 늘 독자 여러분들의 소중한 의견을 기다리고 있습니다. 좋은 의견을 보내주시는 분께는 성안당 쇼핑몰의 포인트(3,000포인트)를 적립해 드립니다.

잘못 만들어진 책이나 부록 등이 파손된 경우에는 교환해 드립니다.

저자 문의 : bslee0605@hanmail.net(이병수)

본서 기획자 e-mail : coh@cyber.co.kr(최옥현)

홈페이지 : http://www.cyber.co.kr   전화 : 031) 950-6300

대한민국 건설기술인들에게
이 책을 바칩니다.

건설현장에서 발생하는 98%의
인위적인 재해(불안전한 행동, 불안전한 상태)는
그 발생을 사전에 방지할 수 있으며,
재해는 원칙적으로 원인만 제거하면 예방이 가능하고
재해예방을 위한 안전대책은 반드시 존재한다.

98% of man-made disasters (unsafe behavior, unsafe conditions)
at construction sites It can be prevented in advance.
In principle, disasters can be prevented by eliminating causes.
Safety measures for disaster prevention must exist.

_ 하인리히(H. W. Heinrich)

Preface

최근 건설업은 고층화·기계화·대형화에 따른 다양한 공종이 모인 복합공사로서 다양한 위험이 따르며, 그 위험성을 파악하는 것은 매우 어려운 일입니다. 더구나 최근 중대재해처벌법의 전격 시행과 건설안전특별법 제정이 예고됨에 따라 그 어느 때보다 건설현장에서의 안전관리에 대한 관심이 고조되고 있습니다.

이 책은 건설안전 관련 업무에 종사하거나 이 분야에 관심이 있거나 혹은 이해를 필요로 하는 건설기술인을 위해 집필하였습니다.

이 책의 내용은 건설 프로젝트를 수행하는 과정에서 발생할 수 있는 각종 재해를 예방할 수 있도록 과거에 발생한 수많은 공종별 주요 재해사례를 분석하여 위험요인 및 대책을 제시하고, 건설공사에 잠재되어 있는 위험요인(hazard)을 발굴하여 위험성 평가(risk assessment)를 통하여 위험수준을 허용 가능한 위험(acceptable risk) 수준 이하로 감소시켜 재해를 예방하는 데 목적을 두고 구상했습니다.

하인리히(H. W. Heinrich)의 '사고예방 기본원리 5단계' 안전관리이론에 따르면, "인위적인 재해[인재(98%)는 불안전한 행동(88%)과 불안전한 상태(10%)]는 그 발생을 사전에 방지할 수 있으며, 재해는 원칙적으로 원인만 제거하면 예방이 가능하고 재해예방을 위한 안전대책은 반드시 존재한다."라고 했듯이, 재해의 발생은 사전에 반드시 막을 수 있습니다.

이 책의 특징을 살펴보면 다음과 같습니다.

■ 건설회사에서 35년간 근무하며 해외 및 국내 건설현장의 실제 공사경험을 통해 체득한 내용을 알기 쉽게 그림으로 구현

■ 다양한 공법과 세분화되어 진행되는 건설 프로젝트를 공사 종류별로 분류하여 각종 재해를 예방할 수 있도록 위험요인 및 대책을 제시

■ 현재 진행 중인 건설현장의 위험수준을 허용 가능한 위험수준(acceptable risk) 이하로 감소시킬 수 있는 내용 수록

■ 건설공사 전 공종이 총망라되어 있어 건설사의 현장소장, 관리감독자, 안전담당자의 교육교재로 활용 가능

이 책은 건축·토목 등 건설현장에서 발생하는 수많은 작업에 대한 위험요인 및 대책을 제시하고 있습니다. 아무쪼록 건설안전업무에 효율적으로 활용하여 각종 건설재해를 예방하는 데 일조할 수 있기를 기대합니다.

끝으로 이 책을 발간하는 데 많은 도움을 주신 성안당 이종춘 회장님과 최옥현 전무님께 감사의 마음을 전합니다.

2022년 봄

저자 이병수

추천의 글

"그림은 때때로 실제보다 더 많은 상상력을 자극한다."

그림은 때때로 실제보다 더 많은 상상력을 자극하기도 하고, 사진이나 영상으로는 담을 수 없는 자유로운 시각을 제공해 주기도 합니다. 건설현장에서의 각종 안전재해 관련 사진은 수없이 많겠지만 그런 재해가 발생하는 원인과 과정을 기록한 사진은 드뭅니다. 일관되게 모든 과정을 카메라 앵글에 담기도 어려울 뿐더러, 각종 장비나 지장물에 의해 온전한 시야를 확보하기 어렵기 때문입니다. 이 책의 진가는 바로 이 대목에서 발견할 수 있습니다. 다양한 건설공종에서 발생할 수 있는 거의 모든 안전재해의 원인과 결과를 쉽게 파악할 수 있도록 세밀하게 다루고 있습니다. 때로는 불필요한 부분을 제거하고 때로는 시야를 넓혀 전체를 보여주는 등 그림만이 가질 수 있는 장점을 십분 활용해 경험이 없는 건설엔지니어도 쉽게 파악할 수 있도록 내용이 구성되어 있어 저도 시간 가는 줄 모르고 읽었습니다. 아니 그림을 감상했습니다.

이 책을 시작으로 앞으로 다른 건축분야와 관련해서도 그림을 곁들인 서적들을 지속적으로 발간하셨으면 하는 기대로 마무리할까 합니다.

한양대학교 공과대학 건축공학부 교수, 공학박사   김주형

"건설현장 관리감독자의 역할 수행능력 향상을 위한 필독서"

OECD 국가 중 우리나라 건설현장의 재해율이 가장 높습니다. 이에 따른 재해발생 감소대책의 일환으로 "중대재해처벌법"이 시행(2022. 1. 27.)됨에 따른 건설현장의 안전보건에 대한 관심이 높아지고 있으며, 특히 관리감독자의 역할이 그 어느 때보다 중요합니다. 사고조사 분석 중 MTO(Man-Technology-Organizaion)방식을 적용할 때 기술적·인적·조직적 방지벽이 실패(누락)했는지를 분석하는 데 따르면, 건설현장의 사고예방을 위하여 위험성 평가를 통한 기술적·교육적 대책을 수립할 때 관리감독자의 안전보건에 대한 기본지식이 중요시됩니다.

이 책은 세부 공종별, 세부 작업순서별로 상세하게 위험요인과 대책이 그림으로 표현되어 현장에서 위험성 평가를 실질적으로 하는 데 길잡이가 될 것입니다. 또한 건설현장 관리감독자의 역할 수행능력 향상을 위한 필독서로서 손색이 없습니다. 이 책이 건설현장의 재해를 줄이는 데 기여하기를 바랍니다.

한국산업안전보건공단 경기지역본부 광역사고조사센터장, 건설안전기술사   박영진

"입체적인 그림으로 익히니 이해가 **빠릅**니다."

어릴 적 꿈꾸어 오던 화가의 꿈을 접고 뛰어든 건설업과의 40년에 가까운 인연을 마무리하면서 저자는 후배들에게 무척 알려주고 싶은 것이 많았나 봅니다. 건설업에 종사하는 사람들은 필히 알아야 할 각종 건축시공, 안전, 품질사항을 하나하나 그림으로 표현하고 핵심적인 내용을 기재해 누구나 쉽게 이해하고 오래 기억에 남도록 하였습니다. 이 책을 한 장 한 장 넘기다 보면 어느 순간 화가의 화보집을 보고 있는 듯한 느낌을 가지게 됩니다. 후배들을 위해 이토록 훌륭한 자산을 물려주심에 감사와 존경의 박수를 보냅니다.

GS건설㈜ 플랜트부문 글로벌엔지니어링본부 환경공정설계팀 엔지니어   장부건

"어릴 적 그림책으로 접했던 동화이야기의 기억이 되살아났다. 어른이 되어 사회에 발을 디딘 후 경험했던 현장의 모습들을 다시 만났다. 그 흩어져 있던 작은 설렘의 조각들이 여기 다시 모였다."

이 책은 건설현장에서 축적된 다양한 경험이 녹아 든 현장 안전관리의 '교과서' 같은 모음집입니다. 현장에서 발생하는 다양한 재해사례를 바탕으로, 실질적인 공사과정과 재해예방을 위해 필수적으로 알아야 할 내용을 새로운 방향으로 제시하고 있습니다. 건설현장에 첫 발을 내딛는 새내기부터 오랜 경험을 쌓은 고급관리자까지 안전에 대한 시각을 새롭게 하여 실무에 꼭 필요한 길잡이가 될 것입니다. '백문(百聞)이 불여일견(不如一見)', 글로 읽기만해서는 이해하기 힘든 건설현장의 수많은 위험요인들과 대책을 그림을 통해 보여줌으로써 반드시 하여야 할 조치내용을 쉽고 정확하게 이해할 수 있습니다. 안전하고 쾌적한 건설현장을 위해 애쓰시는 우리나라의 모든 건설인들에게 이 책을 강력히 추천해 드립니다.

이병수 위원님께서 뿌리신 씨앗이 소중한 결실을 맺기를 진심으로 기원합니다.

(사)한국건설안전협회 건축사업본부장, 건축학 박사, 건설안전기술사, 건축시공기술사, 건축사   김영훈

"건설기술인의 필독서"

산업현장은 점점 자동화, 로봇화되어 가면서 품질의 정밀성과 대량생산이 가능하고 사람의 손이 많이 가지 않는 방식으로 인적·물적 안전사고를 혁신적으로 줄이고 있지만, 건설공사는 공사기간이 정해져 있는 단품수주 생산방식이고, 옥외·고소작업상태에서 공사가 진행됨에 따라 작업상황, 자재 등의 변화, 장비와 인력이 공존해서 작업해야 하는 특징이 있습니다. 또한, 플랜트는 설계·구매 대비 시공(장비+인력)의 비율이 30%이지만, 일반·건설공사는 시공의 비율이 70% 가까이 되어, 결론적으로 유해위험요인이 내재된 상태에서 공사가 진행되어 안전사고 발생비율을 혁신적으로 줄이지 못하는 이유입니다.

이와 같이 건설현장에서 시공을 담당하는 장비, 근로자의 안전의식과 숙련도에 따라 안전사고 발생률이 높아 이를 관리하고 교육을 담당하는 관리감독자와 안전담당자의 역할이 더욱 중요해졌습니다.

그러나, 점점 대형화·다양화되는 건설업의 특성상 이를 관리하는 건설기술인들이 다양한 공사와 공종을 경험해 본다는 것은 그리 쉬운 일이 아닙니다. 시공관리에 어려움을 체감하는 상황에서 이 책은 건축, 전기, 기계설비, 해체, 조경, 토목공사가 총망라되어 있고, 건설현장과 싱크로율 100%의 그림과 내용으로 현장의 안전관리뿐만 아니라 투입되는 자재, 장비 종류, 시공방법 등을 건설기술인들이 쉽게 이해할 수 있도록 제시되어 있습니다.

건설현장에서 관리감독자로서의 역할을 하고 있는 본인도 신입 기술자 OJT 및 근로자에게 현장 적용성과 상관없는 교안으로 얼마나 많은 교육을 시켜왔는지 반성을 하면서 이 책을 통해 현장 안전관리의 기틀을 다시 한 번 세울 수 있었고, 현장소장, 관리감독자, 안전담당자의 교육 교재 및 위험성 평가 자료로 충분히 활용이 가능하며, 건설현장을 한 번도 경험해보지 못하고 공학 서적으로만 공부하는 예비 건설기술인들에게도 건설현장의 간접경험이 될 수 있는 이 책을 건설기술인의 필독서로서 적극 추천합니다.

대상그룹 동서건설(주) 건축차장, 건설안전기술사, 건축시공기술사   김덕광

재해발생 메커니즘
Disaster Occurrence Mechanism

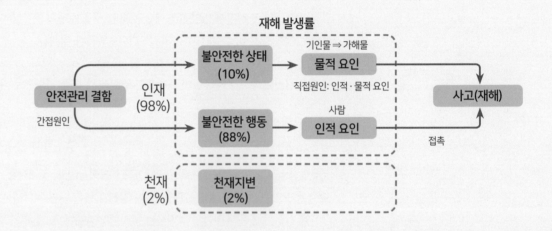

재해 발생률

안전관리 결함
간접원인

인재
(98%)

불안전한 상태
(10%)

불안전한 행동
(88%)

기인물 ⇒ 가해물
물적 요인

직접원인: 인적 · 물적 요인

사람
인적 요인

사고(재해)

접촉

천재
(2%)

천재지변
(2%)

재해의 정의

재해란 안전사고의 결과로 일어난 인명과 재산의 손실을 말하며, 천재(자연적 재해)와 인재(인위적 재해)로 분류된다. 원칙적으로 인재(98%)는 예방할 수 있으나 천재(2%)의 발생을 미연에 방지한다는 것은 불가능하다(예견을 통하여 경감대책을 수립).

재해는 간접원인인 기술적 · 교육적 · 관리적 원인과 직접원인인 불안전한 상태 · 불안전한 행동에 의해 발생하므로 재해의 발생 원인 분석 및 근본적인 대책을 선정하여 재해를 예방하여야 한다.
재해예방의 원리로는 하인리히(H. W. Heinrich)의 재해예방 기본원리 5단계와 하비(J. H. Harvey)의 3E 시정대책이 있다.

구분	천재(자연적 재해): 전체 재해의 2%	인재(인위적 재해): 전체 재해의 98%
재해 종류	1) 천재지변에 의한 불가항력적인 재해 2) 천재의 발생을 미연에 방지하기는 불가능하므로 예견을 통해 피해경감대책을 수립 3) 천재의 분류: 지진, 태풍, 홍수, 번개 외에 이상기온, 가뭄, 적설, 동결 등	1) 인위적인 사고에 의한 재해 2) 예방이 가능한 재해 3) 인재의 분류 - 건설재해: 추락, 낙하, 비래, 감전, 충돌, 협착, 붕괴, 도괴, 화재, 폭발 등 - 공장재해: 노동상해, 공업중독, 직업병, 화재 및 폭발, 기기장치의 고장, 파괴 등 - 광산재해: 낙반, 갱내 화재, 가스 분출, 석탄 자연발화 등 - 교통재해: 차량의 전복 및 차량과 보행자의 충돌, 궤도상의 기차 · 전차의 충돌, 탈선사고 등 - 항공재해: 항공기 추락사고 등 - 선박재해(해난): 선박의 화재, 폭발, 충돌, 침몰, 좌초, 표류 등 - 학교재해: 학교에서 발생하는 학생, 교직원의 재해,학교시설의 재해 등 - 도시재해: 도시의 주택, 점포, 공공건물 등의 화재 및 화재에 의한 파괴 등 - 가정재해: 옥상, 베란다의 추락, 감전, 가스폭발, 중독 등 - 공공재해(군중재해): 광장 또는 공공건물에 모이는 군중에 의한 재해
예방대책	1) 지진 　- 구조물 설계 시 동적 해석방법을 사용하여 내진설계 　- 중요 구조물은 일반 기준보다 허용응력을 낮게 하여 내진성 강화 　- 지진 시 낙하물에 대한 안전방호 조치 2) 태풍 　- 태풍발생 시 가설물의 바람을 받는 면의 보호 시트 일시 철거 　- 가설물의 벽연결부위 보강 및 비계 고정 　- 폭풍우 시 시계의 약화, 우의 · 장구 등으로 행동이 둔화되므로 안전보호구의 사용 철저 3) 홍수 　- 현장 가설물 설치 과거 최대 홍수위를 조사하여 고지대에 설치 　- 주변이 침수되어 고립되었을 때 선박 등에 의한 철수계획 수립 　- 공정계획 수립 시 우기철을 대비하여 수립 4) 번개 　- 구조물의 높은 위치에 낙뢰방지를 위해 피뢰침 설치 　- 낙뢰에 의한 화재발생 시 화재의 확산을 방지하고 소화 대책 수립 　- 피뢰침, 접지선, 접지판 등을 우기 전에 점검하고 이상 시 즉시 수리 및 교체 5) 기타 　- 설계, 시공 시 극한상태의 자연현상을 고려 　- 자연현상을 조기에 예견하여 인위적 대책 시행	1) 사고예방의 기본원리 5단계(H. W. 하인리히) 　- 제1단계(조직): 안전관리 조직 　- 제2단계(사실의 발견): 현상 파악 　- 제3단계(분석): 원인 분석 　- 제4단계(시정책의 선정): 대책 수립 　- 제5단계(시정책의 적용): 대책 실시 2) 3E 대책(J. H. 하비의 이론) 　- 기술적(Engineering) 대책: 기술적 원인에 대한 설비, 환경 개선과 작업방법의 개선 　- 교육적(Education) 대책: 교육적 원인에 대한 안전교육과 훈련의 실시 　- 관리적(Enforcement) 대책: 엄격한 규칙에 의해 제도적으로 시행 3) 기타 -시설적 대책: 표준안전난간, 추락방호망, 방호시트, 안전표지, 환기설비, 기타 방호설비 등 -법령 준수: 산업안전보건법상의 안전에 관한 각종 법령 준수

구분	재해의 발생원인	

직접원인
(direct cause)
	불안전한 상태(물적원인): 10%
	사고발생의 직접적인 원인으로 작업장의 시설 및 환경 불량
		1) 사고발생의 직접적인 원인
		2) 작업장의 시설 및 환경 불량
		3) 사고원인
		  - 기계설비의 결함 - 장비 또는 공구의 결함 - 안전장치의 결여
		  - 위험한 배치 - 자재결함 및 정리정돈 불량 - 계획상 부적당한 업무분담
		  - 작업표준, 공정, 설계 불량 - 부적당한 방호상태 - 보호구 결함

	불안전한 행동(인적 원인): 88%
	직접적으로 사고를 일으키는 원인으로, 인간의 불안전한 행위
		1) 직접적으로 사고를 일으키는 원인
		2) 인간의 불안전한 행위
		3) 사고원인
		  - 안전수칙 무시 - 불안전한 작업행동(위험한 행동이나 결함)
		  - 무리한 동작(판단착오, 방심, 주의산만, 태만 등) - 위험장소 접근
		  - 기능 미숙(숙련도 부족) - 신체적 조건 불량 - 보호구 미착용
		  - 안전장치 기능 제거 - 기계·기구의 오사용(전문지식의 결함)

	천후요인(천재지변): 2% 지진, 태풍, 홍수, 번개 등의 불가항력적인 요인	1) 지진, 태풍 2) 홍수, 번개 3) 기타: 이상기온, 가뭄, 적설, 동결 등
간접원인 (indirect cause)	**기술적 원인(Engineering): 10%** 기술상의 불비(不備)에 의한 것으로, 모든 기술적 결함 포함	1) 건물, 기계장치 설계 불량 2) 구조재료의 부적합 3) 생산공정의 부적당 4) 점검 및 보존 불량
	교육적 원인(Education): 70% 안전에 관한 지식 부족, 경험 부족, 교육 불충분 등 포함	1) 안전지식의 부족 2) 안전수칙의 오해(무시) 3) 경험훈련의 부족(미숙) 4) 작업방법의 교육 불충분 5) 유해·위험작업의 교육 불충분
	관리적 원인(Enforcement): 20% 안전에 대한 책임감 부족, 안전조직 결함, 인원 배치 및 작업지시의 부적당 등이 포함	1) 안전관리조직 결함 2) 안전수칙 미제정 3) 작업준비 불충분 4) 인원배치 부적당 5) 작업지시 부적당

구분	재해의 예방대책(예방원리)		
재해예방 기본원리 5단계 (H.W. Heinrich)	**1) 제1단계(조직): 안전관리 조직** - 경영자의 안전 목표 설정 - 안전활동 방침 및 계획 수립	- 안전관리자 선임 - 조직을 통한 안전활동의 전개	- 안전의 라인 및 참모조직
	2) 제2단계(사실의 발견): 현상 파악 - 사고 및 활동기록의 검토 - 사고조사	- 작업 분석 - 각종 안전회의 및 토의	- 점검 및 검사 - 근로자의 제안 및 토의
	3) 제3단계(분석): 원인 분석 - 사고의 원인 및 경향성 분석 - 작업공종 분석	- 사고 기록 및 관계자료 분석 - 교육 훈련 및 적정 배치 분석	- 인적 · 물적 · 환경적 조건 분석 - 안전수칙 및 보호장비의 적부
	4) 제4단계(시정책의 선정): 대책 수립 - 기술적 개선 - 규정 · 수칙 등 제도의 개선	- 교육훈련의 개선 - 이해, 독려 체계 강화	- 인사조정 및 안전행정의 개선 - 안전운동의 전개
	5) 제5단계(정책의 적용): 대책 실시 - 목표 설정 - 후속 조치(재평가 ⇒ 시정)	- 3E 대책 실시: 기술적 · 교육적 · 관리적 대책 실시	
3E 대책 (J. H. Harvey)	**1) 기술적(Engineering) 대책(기술적 원인에 대한 설비 · 환경과 작업방법 개선)** - 안전 설계 - 환경, 설비의 개선	- 작업행정의 개선 - 점검, 보존의 확립	- 안전기준의 선정
	2) 교육적(Education) 대책(교육적 원인에 대한 안전교육과 훈련의 실시) - 안전교육 실시 - 안전지식 교육	- 안전훈련 실시 - 작업방법의 교육	- 경험훈련 실시
	3) 관리적(Enforcement) 대책(엄격한 규칙에 의해 제도적으로 시행) - 안전관리 조직 정비 - 각종 규준 및 수칙의 준수 - 경영자 및 관리자의 솔선수범	- 적합한 기준설정 및 이해 - 적정 인원 배치 및 지시 - 부단한 동기부여와 사기 향상	
기타	**1) 시설적 대책** - 표준안전난간, 추락방호망, 방호시트, 안전표지, 환기설비, 기타 방호설비 등 **2) 법령 준수** - 산업안전보건법상의 안전에 관한 각종 법령 준수		

Contents

Contents

Contents

Contents

건축공사 01
Architectural Work

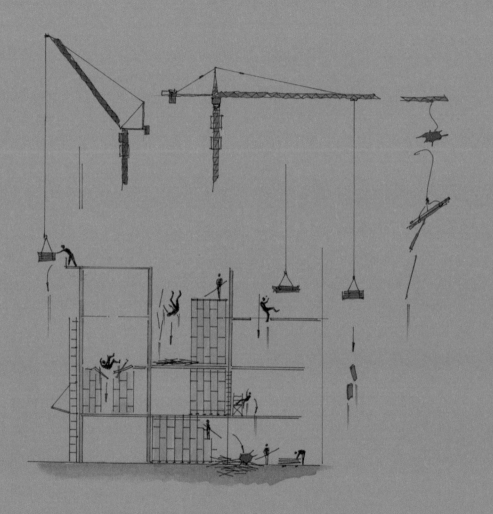

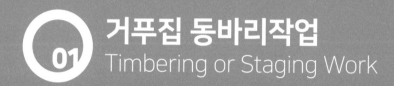

01 거푸집 동바리작업
Timbering or Staging Work

❶ 거푸집 동바리작업 주요 재해사례
❷ 거푸집 자재 반입 및 가공, 운반작업
❸ 거푸집 동바리 조립작업
❹ 거푸집 동바리 인양작업
❺ 거푸집 동바리 해체작업

거푸집(formwork)
콘크리트구조물을 일정한 형태나 크기로 만들기 위하여 굳지 않은 콘크리트를 부어 넣어 원하는 강도에 도달할 때까지 양생 및 지지하는 가설구조물로, 형틀이라고도 한다.
콘크리트·철근과 더불어 토목·건축 공사에서 매우 중요한 요소이며, 가설재를 지탱하는 동바리까지 함께 일컫는 말로 쓰이기도 한다.

동바리(timbering or staging work)
타설된 콘크리트가 소정의 강도를 얻기까지 고정하중 및 시공하중 등을 지지하기 위하여 설치하는 가설부재를 말한다.
종류로는 강관틀 동바리, 강관 동바리, 혼합형 동바리, 시스템 동바리 등이 있다.

거푸집 동바리작업

❶ 거푸집 동바리작업 주요 재해사례 [통계자료에 따르면, **거푸집 동바리 설치작업** 중 재해 발생확률이 가장 높다.]

- 거푸집 동바리 설치 중 개구부로 추락
- 해체작업 중 동바리 낙하
- 콘크리트 타설 중 슬래브(거푸집 동바리) 붕괴(무너짐)
- 거푸집 동바리 인양 중 개구부로 추락

- ELEV. PIT를 통해 상부 인양 중 발판 붕괴
- 발코니를 통해 상부층으로 자재 인양 중 근로자 추락
- 거푸집 동바리 설치/해체 작업 중 동바리에서 실족하여 추락
- 와이어로프(wire rope) 파단으로 거푸집 자재 낙하

- 작업발판 미고정으로 탈락하면서 아래로 추락
- 작업발판 미설치상태에서 거푸집 조립 중 추락

☑ **주요 안전관리 포인트: 개구부로 추락, 슬래브 단부 추락, 콘크리트 타설 중 거푸집 동바리 붕괴**

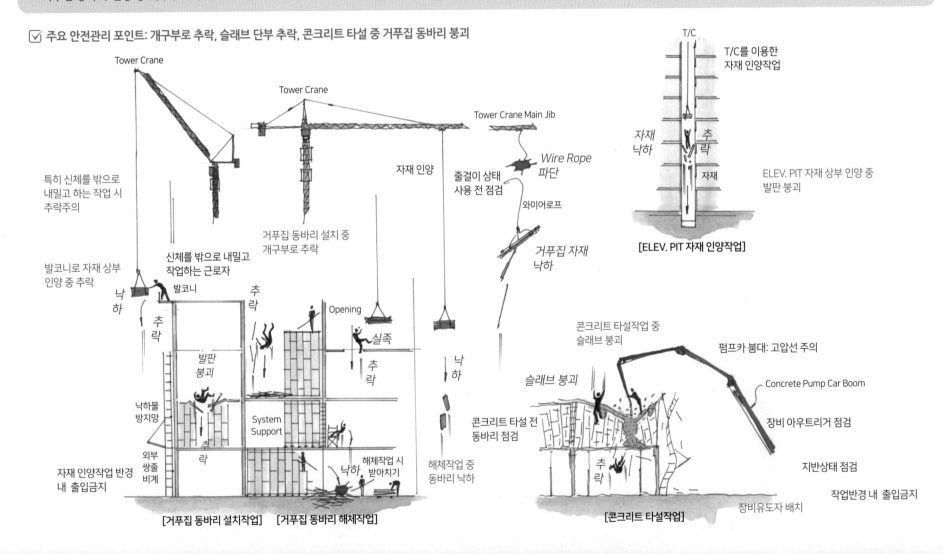

[거푸집 동바리 설치작업]　[거푸집 동바리 해체작업]　[콘크리트 타설작업]　[ELEV. PIT 자재 인양작업]

❷ 거푸집 자재 반입 및 가공, 운반작업

거푸집(form)
콘크리트구조물을 소정의 형태 및 치수로 만들기 위하여 일시 설치하는 구조물. 일반적으로는 콘크리트 거푸집용 합판을 사용하는데, 공사에 따라 경질섬유판, 합성수지, 알루미늄 패널, 강판 등을 쓰기도 한다.

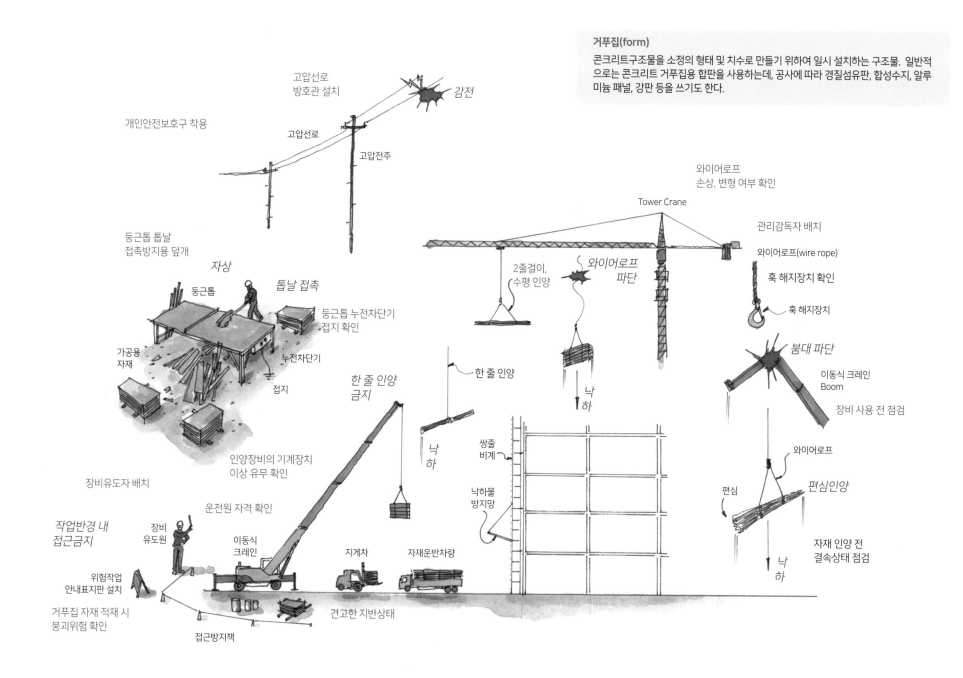

고압선로
방호관 설치

감전

개인안전보호구 착용

고압선로

고압전주

와이어로프
손상, 변형 여부 확인

Tower Crane

관리감독자 배치

와이어로프(wire rope)

둥근톱 톱날
접촉방지용 덮개

자상

톱날 접촉

훅 해지장치 확인

둥근톱

둥근톱 누전차단기
접지 확인

2줄걸이,
수평 인양

와이어로프
파단

훅 해지장치

가공용
자재

누전차단기

봄대 파단

접지

이동식 크레인
Boom

한 줄 인양
금지

한 줄 인양

낙하

장비 사용 전 점검

인양장비의 기계장치
이상 유무 확인

낙하

쌍줄
비계

와이어로프

장비유도자 배치

운전원 자격 확인

낙하물
방지망

편심

편심인양

작업반경 내
접근금지

장비
유도원

이동식
크레인

지게차

자재운반차량

자재 인양 전
결속상태 점검

위험작업
안내표지판 설치

낙하

거푸집 자재 적재 시
붕괴위험 확인

접근방지책

견고한 지반상태

❸ 거푸집 동바리 조립작업

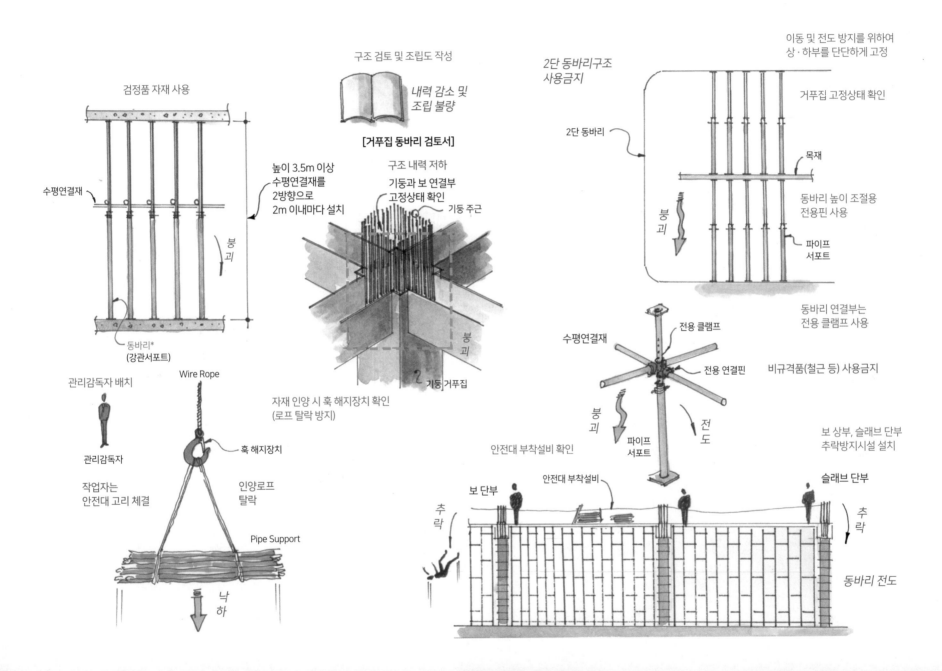

*동바리(support, post): 받침기둥

검정품 자재 사용

수평연결재

높이 3.5m 이상
수평연결재를
2방향으로
2m 이내마다 설치

붕괴

동바리*
(강관서포트)

구조 검토 및 조립도 작성

내력 감소 및
조립 불량

[거푸집 동바리 검토서]

구조 내력 저하
기둥과 보 연결부
고정상태 확인

기둥 주근

붕괴

기둥 거푸집

2단 동바리구조
사용금지

이동 및 전도 방지를 위하여
상·하부를 단단하게 고정

거푸집 고정상태 확인

2단 동바리

목재

동바리 높이 조절용
전용핀 사용

파이프
서포트

붕괴

관리감독자 배치

관리감독자

작업자는
안전대 고리 체결

Wire Rope

훅 해지장치

인양로프
탈락

Pipe Support

낙하

자재 인양 시 훅 해지장치 확인
(로프 탈락 방지)

수평연결재

전용 클램프

전용 연결핀

붕괴

파이프
서포트

전도

동바리 연결부는
전용 클램프 사용

비규격품(철근 등) 사용금지

안전대 부착설비 확인

안전대 부착설비

보 단부

추락

보 상부, 슬래브 단부
추락방지시설 설치

슬래브 단부

추락

동바리 전도

❹ 거푸집 동바리 인양작업

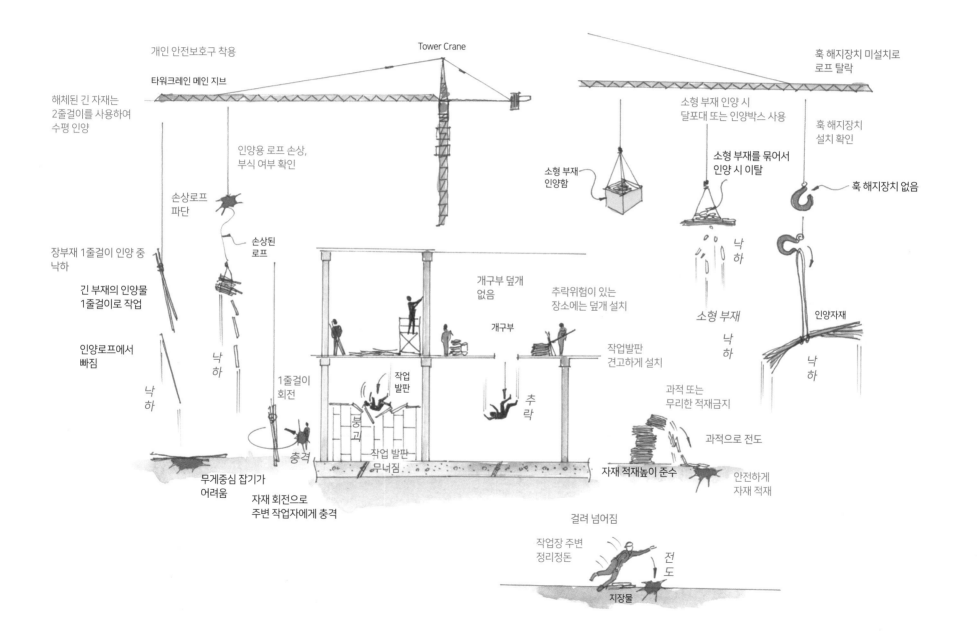

개인 안전보호구 착용

Tower Crane

훅 해지장치 미설치로
로프 탈락

타워크레인 메인 지브

해체된 긴 자재는
2줄걸이를 사용하여
수평 인양

소형 부재 인양 시
달포대 또는 인양박스 사용

훅 해지장치
설치 확인

인양용 로프 손상,
부식 여부 확인

소형 부재를 묶어서
인양 시 이탈

손상로프
파단

소형 부재
인양함

훅 해지장치 없음

손상된
로프

장부재 1줄걸이 인양 중
낙하

긴 부재의 인양물
1줄걸이로 작업

낙
하

낙
하

인양자재

인양로프에서
빠짐

개구부 덮개
없음

추락위험이 있는
장소에는 덮개 설치

소형 부재

낙
하

낙
하

개구부

1줄걸이
회전

작업
발판

작업발판
견고하게 설치

과적 또는
무리한 적재금지

낙
하

붕
고

충격

추
락

과적으로 전도

무게중심 잡기가
어려움

작업 발판
무너짐

자재 적재높이 준수

안전하게
자재 적재

자재 회전으로
주변 작업자에게 충격

걸려 넘어짐

작업장 주변
정리정돈

전
도

지장물

❺ 거푸집 동바리 해체작업

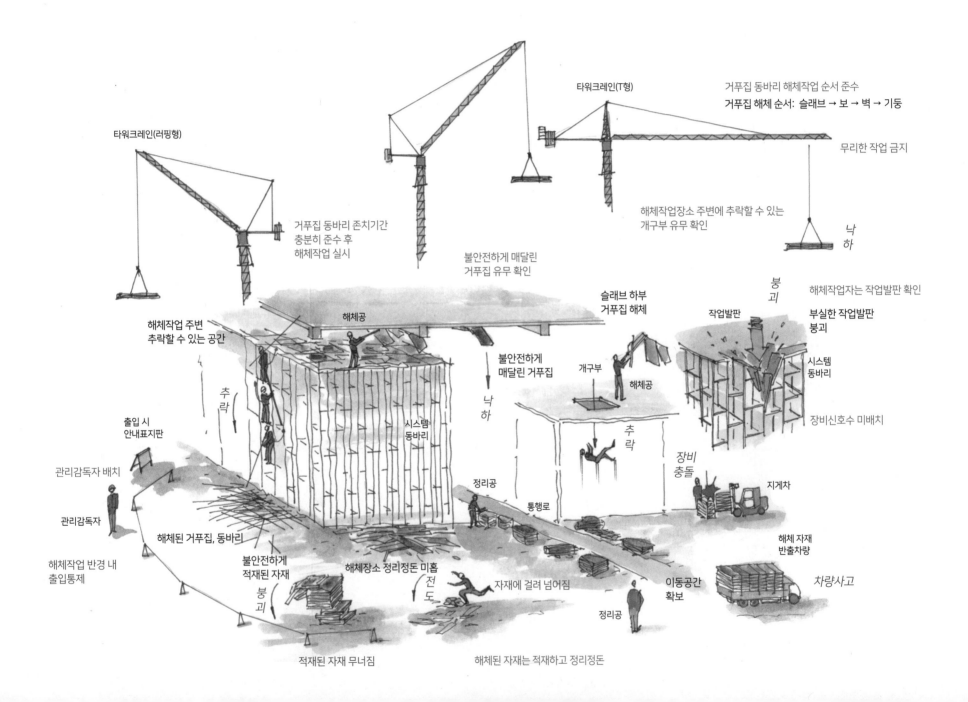

타워크레인(러핑형)

타워크레인(T형)

거푸집 동바리 해체작업 순서 준수
거푸집 해체 순서: 슬래브 → 보 → 벽 → 기둥

무리한 작업 금지

거푸집 동바리 존치기간
충분히 준수 후
해체작업 실시

해체작업장소 주변에 추락할 수 있는
개구부 유무 확인

낙하

불안전하게 매달린
거푸집 유무 확인

붕괴

해체작업자는 작업발판 확인

슬래브 하부
거푸집 해체

작업발판

**부실한 작업발판
붕괴**

해체공

해체작업 주변
추락할 수 있는 공간

불안전하게
매달린 거푸집

개구부

해체공

시스템
동바리

추락

낙하

장비신호수 미배치

출입 시
안내표지판

시스템
동바리

추락

장비
충돌

지게차

관리감독자 배치

정리공

통행로

관리감독자

해체된 거푸집, 동바리

해체 자재
반출차량

해체작업 반경 내
출입통제

불안전하게
적재된 자재

해체장소 정리정돈 미흡

전
도

자재에 걸려 넘어짐

이동공간
확보

차량사고

붕
괴

정리공

적재된 자재 무너짐

해체된 자재는 적재하고 정리정돈

갱폼작업

02 Gang Form Work

갱폼(Gang Form)
주로 고층 아파트와 같이 평면상 상·하부가 동일한 단면 구조물에서 외부 벽체의 거푸집과 발판용 케이지를 일체로 하여 제작한 대형 거푸집을 말한다.
여기서 케이지(cage)란 갱폼의 외부 벽체 거푸집 부분을 제외한 부분으로서, 거푸집의 설치 및 해체작업, 후속 미장 및 견출작업 등을 안전하게 수행할 수 있도록 설치한 작업발판, 안전난간을 말하며, 상부 케이지와 하부 케이지가 있다.
상부 케이지는 갱폼 케이지의 4단 작업발판 중 거푸집의 설치 및 해체 작업용으로 사용되는 상부에 있는 2단의 작업발판을 말하고,
하부 케이지는 미장·견출작업용으로 사용되는 하부에 있는 2단의 작업발판을 말한다.

❶ 갱폼작업 주요 재해사례 [핵심 통계자료: **갱폼 인양, 해체작업 시** 재해 발생확률이 가장 높다.]

- 갱폼 조립작업 중 외부난간을 밟고 내려오다 실족하여 추락
- 외부 쌍줄비계에서 갱폼 조립작업 중 비계발판에서 실족하여 추락
- ELEV. PIT 갱폼조립 중 벽체와 발판 사이로 추락

- 갱폼상에서 이동 중 개구부로 추락
- 갱폼 하부의 안전발판 설치 중 미고정 발판이 탈락하여 추락
- 갱폼 인양작업 중 갱폼이 요동치면서 충돌
- 갱폼 인양작업 중 갱폼과 벽체 틈새로 추락

- 타워크레인으로 갱폼 인양 거치작업 중 갱폼 낙하
- 갱폼 박리제 도포작업 중 바닥 개구부로 추락
- 사다리 위에서 갱폼 용접작업 중 실족하여 추락

☑ **주요 안전관리 포인트: 갱폼을 반복적으로 인양, 해체하는 작업과정에서 발생하는 갱폼 낙하, 갱폼에서 이동 중 추락주의**

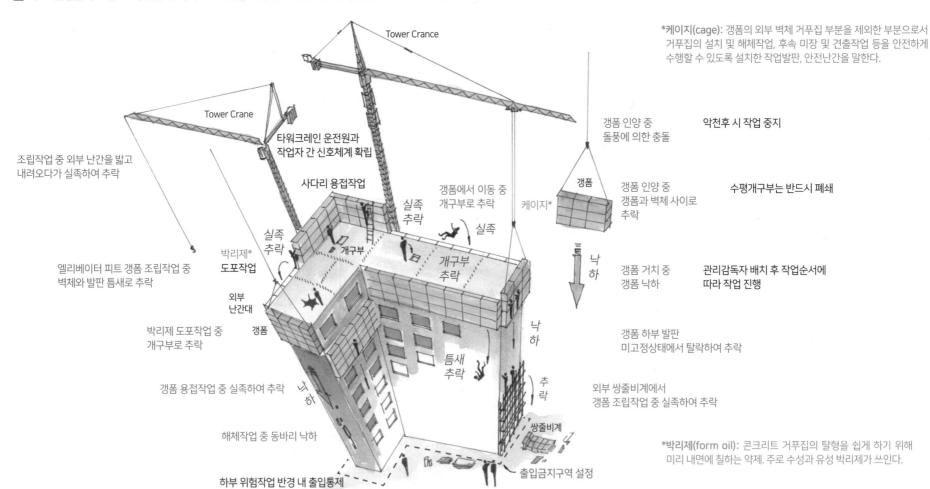

*케이지(cage): 갱폼의 외부 벽체 거푸집 부분을 제외한 부분으로서 거푸집의 설치 및 해체작업, 후속 미장 및 견출작업 등을 안전하게 수행할 수 있도록 설치한 작업발판, 안전난간을 말한다.

*박리제(form oil): 콘크리트 거푸집의 탈형을 쉽게 하기 위해 미리 내면에 칠하는 약제. 주로 수성과 유성 박리제가 쓰인다.

❷ 갱폼 자재 반입작업

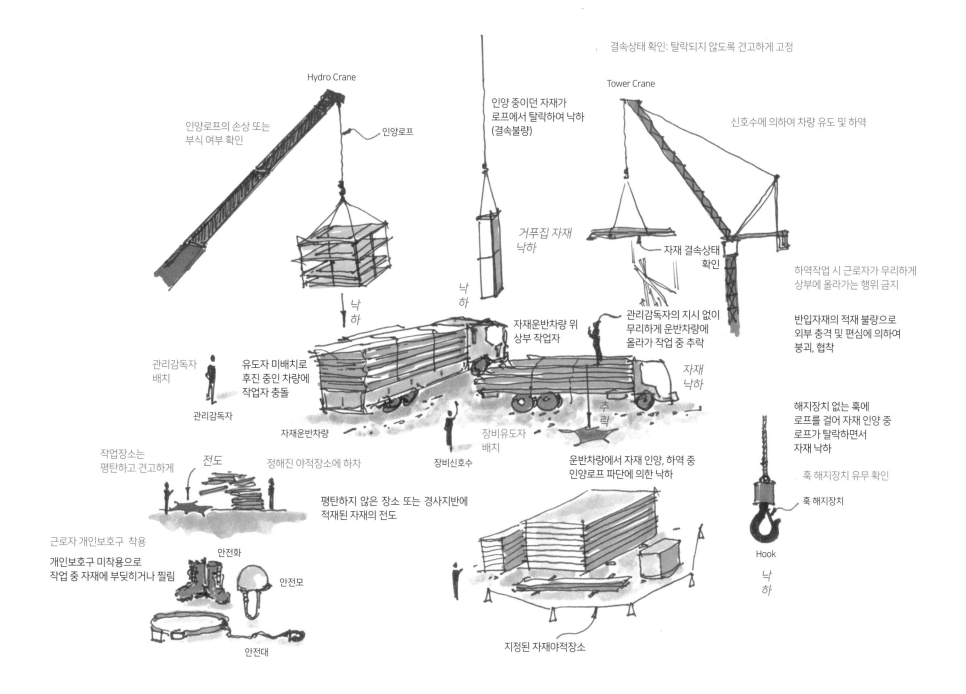

결속상태 확인: 탈락되지 않도록 견고하게 고정

Hydro Crane

Tower Crane

인양로프의 손상 또는
부식 여부 확인

인양로프

인양 중이던 자재가
로프에서 탈락하여 낙하
(결속불량)

신호수에 의하여 차량 유도 및 하역

거푸집 자재
낙하

낙
하

자재 결속상태
확인

하역작업 시 근로자가 무리하게
상부에 올라가는 행위 금지

낙
하

낙
하

관리감독자
배치

유도자 미배치로
후진 중인 차량에
작업자 충돌

자재운반차량 위
상부 작업자

관리감독자의 지시 없이
무리하게 운반차량에
올라가 작업 중 추락

반입자재의 적재 불량으로
외부 충격 및 편심에 의하여
붕괴, 협착

자재
낙하

관리감독자

자재운반차량

장비유도자
배치

추
락

해지장치 없는 훅에
로프를 걸어 자재 인양 중
로프가 탈락하면서
자재 낙하

작업장소는
평탄하고 견고하게

전도

정해진 야적장소에 하차

장비신호수

운반차량에서 자재 인양, 하역 중
인양로프 파단에 의한 낙하

훅 해지장치 유무 확인

근로자 개인보호구 착용

평탄하지 않은 장소 또는 경사지반에
적재된 자재의 전도

훅 해지장치

개인보호구 미착용으로
작업 중 자재에 부딪히거나 찔림

안전화

안전모

Hook

낙
하

안전대

지정된 자재야적장소

❸ 갱폼 조립작업

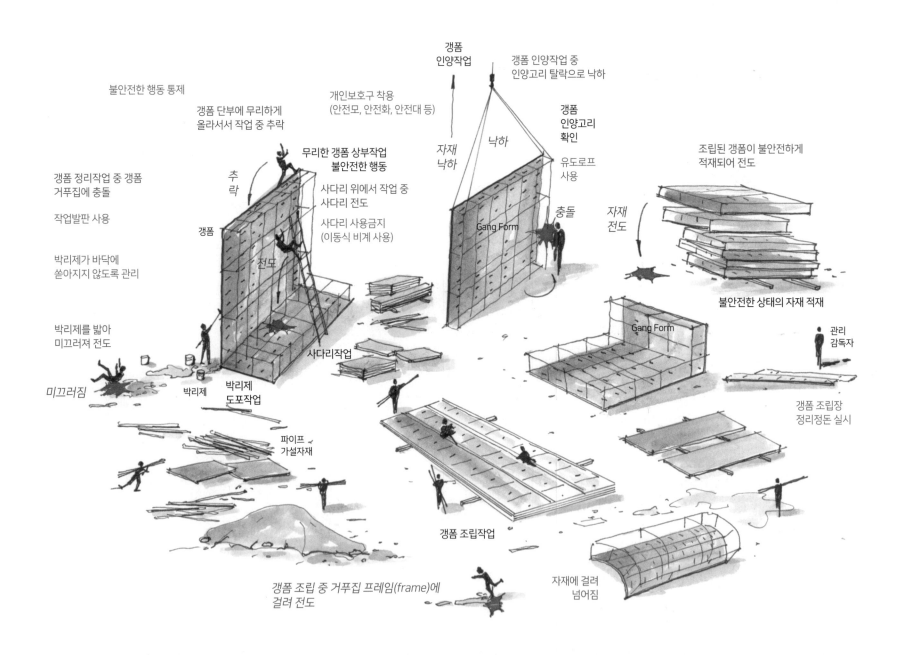

불안전한 행동 통제

개인보호구 착용
(안전모, 안전화, 안전대 등)

갱폼
인양작업

갱폼 인양작업 중
인양고리 탈락으로 낙하

갱폼 단부에 무리하게
올라서서 작업 중 추락

갱폼
인양고리
확인

조립된 갱폼이 불안전하게
적재되어 전도

갱폼 정리작업 중 갱폼
거푸집에 충돌

무리한 갱폼 상부작업
불안전한 행동

낙하

자재
낙하

유도로프
사용

자재
전도

작업발판 사용

사다리 위에서 작업 중
사다리 전도

추락

갱폼

Gang Form

충돌

박리제가 바닥에
쏟아지지 않도록 관리

사다리 사용금지
(이동식 비계 사용)

전도

불안전한 상태의 자재 적재

박리제를 밟아
미끄러져 전도

Gang Form

관리
감독자

사다리작업

갱폼 조립장
정리정돈 실시

미끄러짐

박리제
박리제
도포작업

파이프
가설자재

갱폼 조립작업

갱폼 조립 중 거푸집 프레임(frame)에
걸려 전도

자재에 걸려
넘어짐

❹ 갱폼 인양, 설치작업

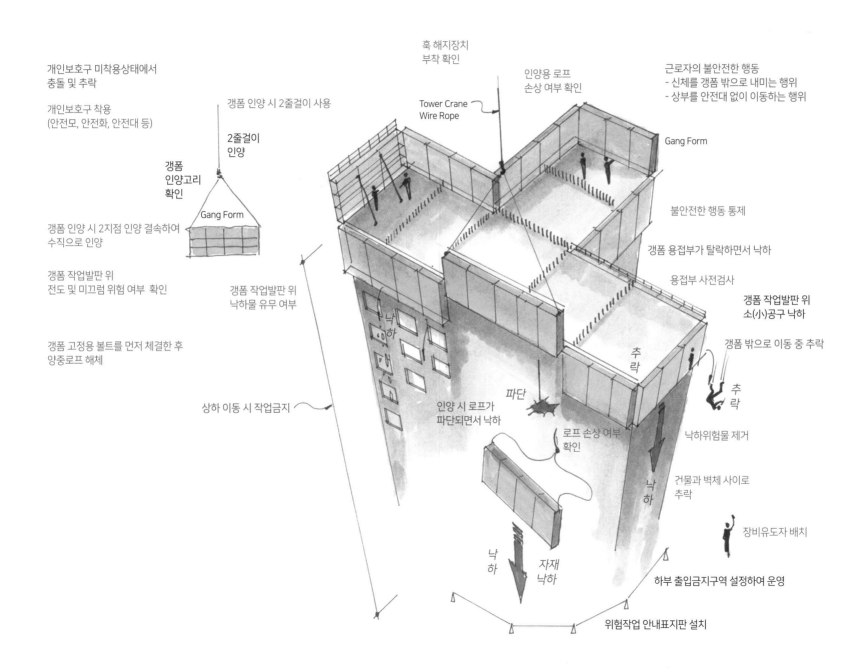

개인보호구 미착용상태에서
충돌 및 추락

개인보호구 착용
(안전모, 안전화, 안전대 등)

갱폼 인양 시 2줄걸이 사용

2줄걸이
인양

갱폼
인양고리
확인

Gang Form

갱폼 인양 시 2지점 인양 결속하여
수직으로 인양

갱폼 작업발판 위
전도 및 미끄럼 위험 여부 확인

갱폼 작업발판 위
낙하물 유무 여부

갱폼 고정용 볼트를 먼저 체결한 후
양중로프 해체

상하 이동 시 작업금지

훅 해지장치
부착 확인

인양용 로프
손상 여부 확인

Tower Crane
Wire Rope

근로자의 불안전한 행동
- 신체를 갱폼 밖으로 내미는 행위
- 상부를 안전대 없이 이동하는 행위

Gang Form

불안전한 행동 통제

갱폼 용접부가 탈락하면서 낙하

용접부 사전검사

갱폼 작업발판 위
소(小)공구 낙하

갱폼 밖으로 이동 중 추락

낙하

추락

파단

추락

인양 시 로프가
파단되면서 낙하

로프 손상 여부
확인

낙하위험물 제거

낙하

낙하

자재
낙하

건물과 벽체 사이로
추락

장비유도자 배치

하부 출입금지구역 설정하여 운영

위험작업 안내표지판 설치

❺ 갱폼 해체, 반출작업

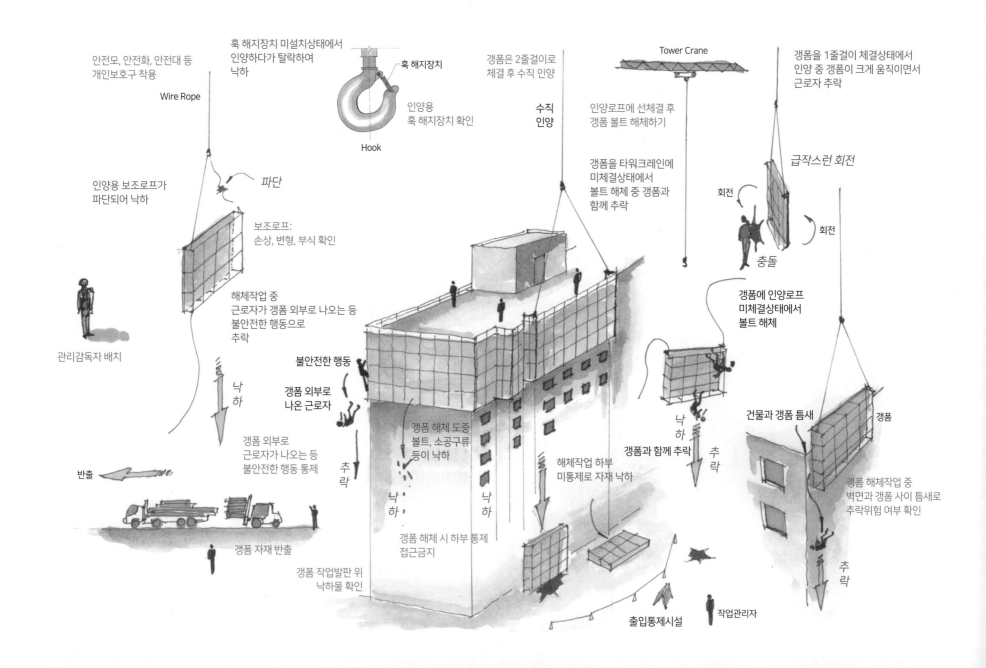

안전모, 안전화, 안전대 등
개인보호구 착용

훅 해지장치 미설치상태에서
인양하다가 탈락하여
낙하

훅 해지장치

인양용
훅 해지장치 확인

Hook

Wire Rope

갱폼은 2줄걸이로
체결 후 수직 인양

Tower Crane

갱폼을 1줄걸이 체결상태에서
인양 중 갱폼이 크게 움직이면서
근로자 추락

수직
인양

인양로프에 선체결 후
갱폼 볼트 해체하기

인양용 보조로프가
파단되어 낙하

파단

갱폼을 타워크레인에
미체결상태에서
볼트 해체 중 갱폼과
함께 추락

급작스런 회전

회전

회전

보조로프:
손상, 변형, 부식 확인

충돌

갱폼에 인양로프
미체결상태에서
볼트 해체

해체작업 중
근로자가 갱폼 외부로
나오는 등
불안전한 행동으로
추락

관리감독자 배치

낙하

불안전한 행동

갱폼 외부로
나온 근로자

갱폼 외부로
근로자가 나오는 등
불안전한 행동 통제

낙하

추락

건물과 갱폼 틈새

갱폼

반출

갱폼 해체 도중
볼트, 소공구류
등이 낙하

갱폼과 함께 추락

추락

해체작업 하부
미통제로 자재 낙하

갱폼 해체작업 중
벽면과 갱폼 사이 틈새로
추락위험 여부 확인

낙하

낙하

추락

갱폼 자재 반출

갱폼 해체 시 하부 통제
접근금지

추락

갱폼 작업발판 위
낙하물 확인

출입통제시설

작업관리자

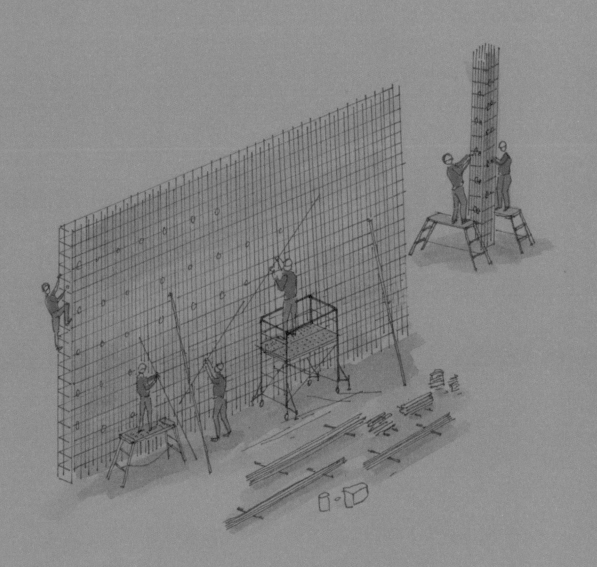

철근작업
Re-Bar Work
03

03 철근작업

❶ 철근작업 주요 재해사례   [핵심 통계자료: 철근작업은 반입, 가공 및 운반, 조립순으로 진행되며, **철근가공 및 운반과정**에서 가장 많은 재해가 발생한다.]

- 조립된 철근에 올라서서 작업 중 추락
- 인양작업 시 훅 해지장치 미설치로 로프 탈락
- 절단기작업 중 감전
- 이동식 비계에서 추락

- 가스압접기 및 용접작업 시 화상
- 인양작업 중 로프 파단으로 낙하
- 장비유도자 미배치상태에서 작업 중 충돌
- 철근 운반작업 중 통로에 있는 장애물에 걸려 전도

- 지게차로 철근 하역작업 중 철근 낙하
- 소형 부재 인양 중 낙하

☑ **주요 안전관리 포인트:** 철근작업 시 개구부 추락, 슬래브 단부 추락, 철근구조물 전도, 인양 중 낙하

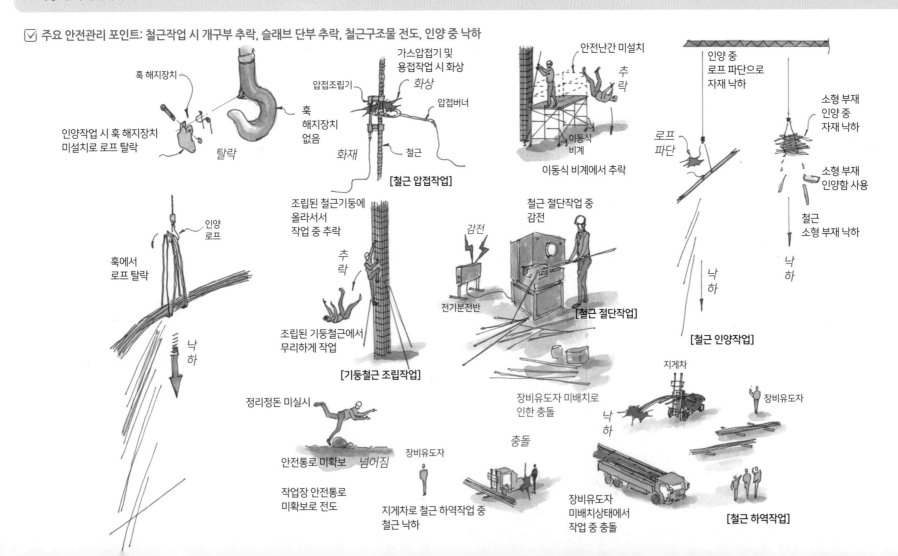

훅 해지장치

인양작업 시 훅 해지장치 미설치로 로프 탈락

탈락

압접조립기 / **가스압접기 및 용접작업 시 화상** / 화상 / 압접버너

훅 해지장치 없음

화재 / 철근

[철근 압접작업]

안전난간 미설치 / 추락 / 이동식 비계

이동식 비계에서 추락

인양 중 로프 파단으로 자재 낙하 / 로프 파단 / 낙하

소형 부재 인양 중 자재 낙하 / 소형 부재 인양함 사용 / 철근 소형 부재 낙하 / 낙하

[철근 인양작업]

인양 로프 / 훅에서 로프 탈락 / 낙하

조립된 철근기둥에 올라서서 작업 중 추락 / 추락 / 조립된 기둥철근에서 무리하게 작업

[기둥철근 조립작업]

철근 절단작업 중 감전 / 감전 / 전기분전반

[철근 절단작업]

정리정돈 미실시 / 안전통로 미확보 / 넘어짐 / 작업장 안전통로 미확보로 전도

장비유도자 / 지게차로 철근 하역작업 중 철근 낙하

장비유도자 미배치로 인한 충돌 / 낙하 / 충돌 / 지게차 / 장비유도자

장비유도자 미배치상태에서 작업 중 충돌

[철근 하역작업]

❷ 철근 반입작업

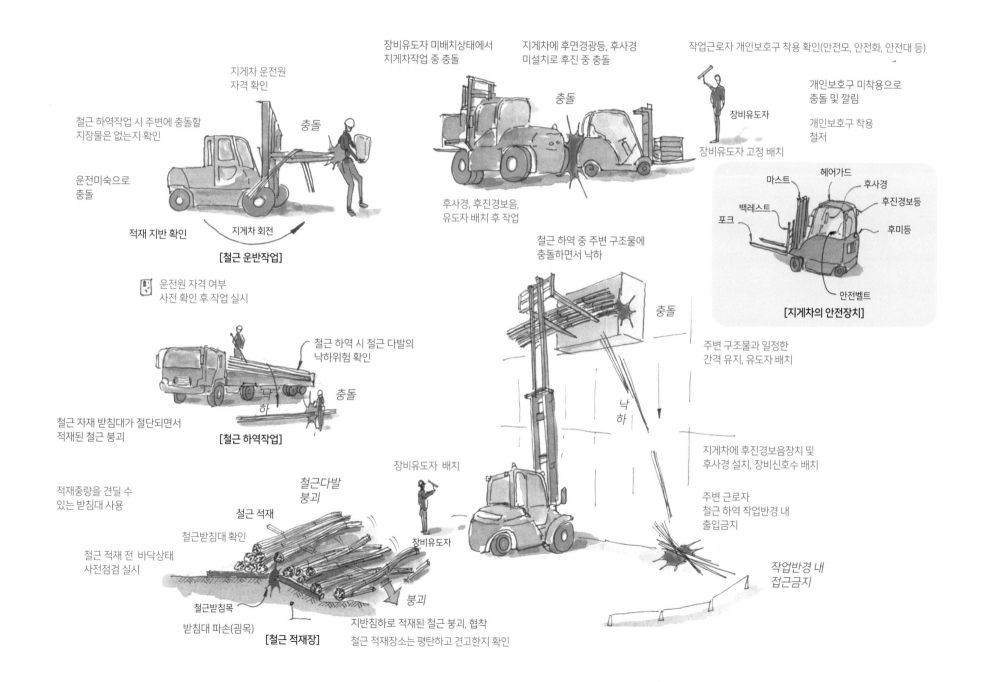

지게차 운전원
자격 확인

철근 하역작업 시 주변에 충돌할
지장물은 없는지 확인

운전미숙으로
충돌

충돌

적재 지반 확인

지게차 회전

[철근 운반작업]

운전원 자격 여부
사전 확인 후 작업 실시

철근 하역 시 철근 다발의
낙하위험 확인

낙하

충돌

철근 자재 받침대가 절단되면서
적재된 철근 붕괴

[철근 하역작업]

장비유도자 미배치상태에서
지게차작업 중 충돌

지게차에 후면경광등, 후사경
미설치로 후진 중 충돌

충돌

후사경, 후진경보음,
유도자 배치 후 작업

작업근로자 개인보호구 착용 확인(안전모, 안전화, 안전대 등)

개인보호구 미착용으로
충돌 및 깔림

장비유도자

개인보호구 착용
철저

장비유도자 고정 배치

마스트   헤어가드   후사경

백레스트   후진경보등

포크   후미등

안전벨트

[지게차의 안전장치]

철근 하역 중 주변 구조물에
충돌하면서 낙하

충돌

주변 구조물과 일정한
간격 유지, 유도자 배치

낙하

적재중량을 견딜 수
있는 받침대 사용

철근다발
붕괴

철근 적재

장비유도자 배치

철근받침대 확인

장비유도자

철근 적재 전 바닥상태
사전점검 실시

철근받침목

받침대 파손(굄목)

[철근 적재장]

지반침하로 적재된 철근 붕괴, 협착

철근 적재장소는 평탄하고 견고한지 확인

붕괴

지게차에 후진경보음장치 및
후사경 설치, 장비신호수 배치

주변 근로자
철근 하역 작업반경 내
출입금지

작업반경 내
접근금지

❸ 철근 가공 및 조립작업

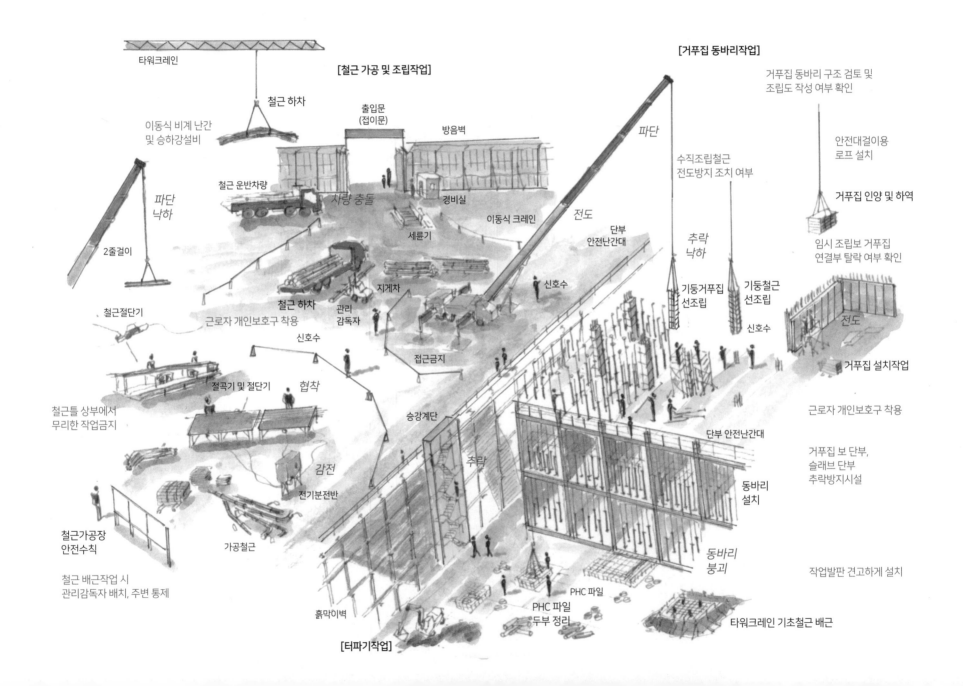

[철근 가공 및 조립작업]

[거푸집 동바리작업]

타워크레인

철근 하차

출입문
(접이문)

방음벽

거푸집 동바리 구조 검토 및
조립도 작성 여부 확인

이동식 비계 난간
및 승하강설비

파단

안전대걸이용
로프 설치

철근 운반차량

파단
낙하

차량 충돌

경비실

이동식 크레인

전도

수직조립철근
전도방지 조치 여부

거푸집 인양 및 하역

2줄걸이

세륜기

단부
안전난간대

추락
낙하

임시 조립보 거푸집
연결부 탈락 여부 확인

철근절단기

철근 하차

지게차

신호수

기둥거푸집
선조립

기둥철근
선조립

전도

근로자 개인보호구 착용

관리
감독자

신호수

거푸집 설치작업

철근틀 상부에서
무리한 작업금지

신호수

절곡기 및 절단기

협착

접근금지

승강계단

단부 안전난간대

근로자 개인보호구 착용

감전

추락

동바리
설치

거푸집 보 단부,
슬래브 단부
추락방지시설

철근가공장
안전수칙

전기분전반

가공철근

동바리
붕괴

동바리
붕괴

작업발판 견고하게 설치

철근 배근작업 시
관리감독자 배치, 주변 통제

흙막이벽

PHC 파일
두부 정리

PHC 파일

타워크레인 기초철근 배근

[터파기작업]

❹ 철근 가공 및 운반작업

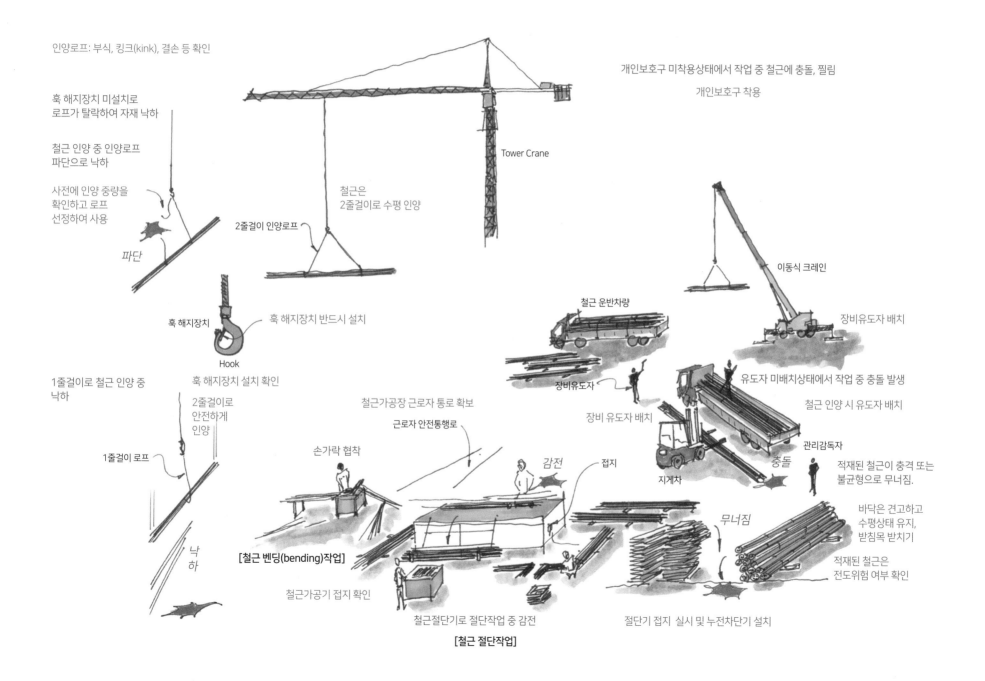

인양로프: 부식, 킹크(kink), 결손 등 확인

훅 해지장치 미설치로
로프가 탈락하여 자재 낙하

철근 인양 중 인양로프
파단으로 낙하

사전에 인양 중량을
확인하고 로프
선정하여 사용

파단

개인보호구 미착용상태에서 작업 중 철근에 충돌, 찔림

개인보호구 착용

Tower Crane

철근은
2줄걸이로 수평 인양

2줄걸이 인양로프

이동식 크레인

훅 해지장치

훅 해지장치 반드시 설치

Hook

장비유도자 배치

철근 운반차량

1줄걸이로 철근 인양 중
낙하

훅 해지장치 설치 확인

2줄걸이로
안전하게
인양

1줄걸이 로프

낙
하

장비유도자

유도자 미배치상태에서 작업 중 충돌 발생

철근 인양 시 유도자 배치

장비 유도자 배치

철근가공장 근로자 통로 확보

근로자 안전통행로

손가락 협착

감전

접지

지게차

충돌

관리감독자

적재된 철근이 충격 또는
불균형으로 무너짐.

[철근 벤딩(bending)작업]

철근가공기 접지 확인

철근절단기로 절단작업 중 감전

무너짐

바닥은 견고하고
수평상태 유지,
받침목 받치기

적재된 철근은
전도위험 여부 확인

절단기 접지 실시 및 누전차단기 설치

[철근 절단작업]

❺ 철근 배근작업

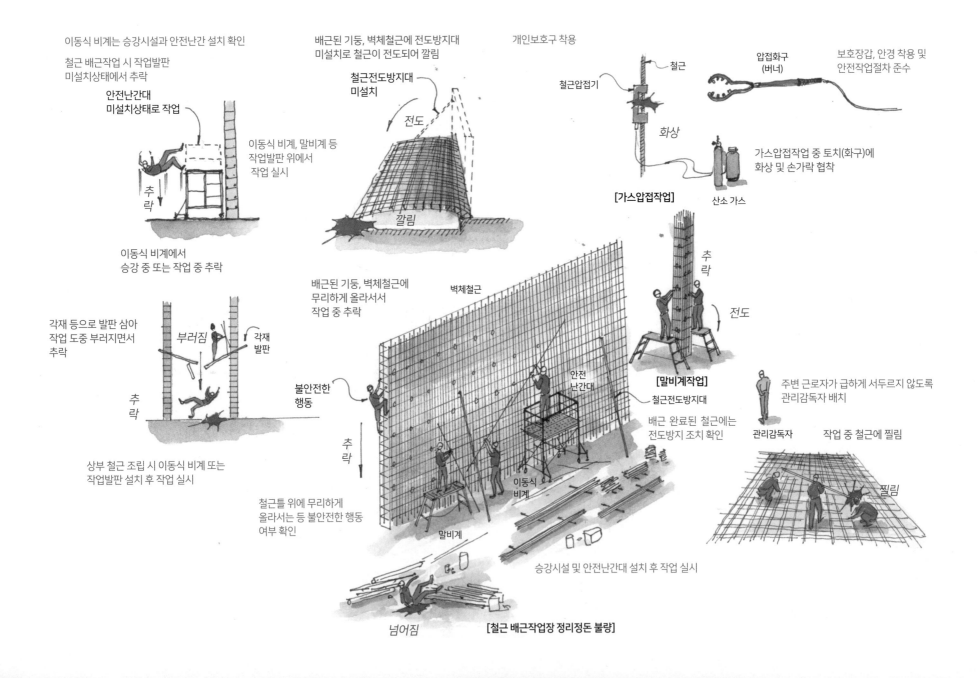

이동식 비계는 승강시설과 안전난간 설치 확인

철근 배근작업 시 작업발판
미설치상태에서 추락

**안전난간대
미설치상태로 작업**

추락

이동식 비계, 말비계 등
작업발판 위에서
작업 실시

이동식 비계에서
승강 중 또는 작업 중 추락

각재 등으로 발판 삼아
작업 도중 부러지면서
추락

부러짐

각재
발판

추락

상부 철근 조립 시 이동식 비계 또는
작업발판 설치 후 작업 실시

배근된 기둥, 벽체철근에 전도방지대
미설치로 철근이 전도되어 깔림

**철근전도방지대
미설치**

전도

깔림

배근된 기둥, 벽체철근에
무리하게 올라서서
작업 중 추락

벽체철근

불안전한
행동

안전
난간대

철근전도방지대

추락

철근틀 위에 무리하게
올라서는 등 불안전한 행동
여부 확인

이동식
비계

말비계

넘어짐

[철근 배근작업장 정리정돈 불량]

승강시설 및 안전난간대 설치 후 작업 실시

개인보호구 착용

철근

철근압접기

압접화구
(버너)

보호장갑, 안경 착용 및
안전작업절차 준수

화상

가스압접작업 중 토치(화구)에
화상 및 손가락 협착

[가스압접작업]

산소 가스

추락

전도

[말비계작업]

철근전도방지대

배근 완료된 철근에는
전도방지 조치 확인

주변 근로자가 급하게 서두르지 않도록
관리감독자 배치

관리감독자

작업 중 철근에 찔림

찔림

콘크리트작업
04 Concrete Casting Work

콘크리트작업

❶ 콘크리트작업 주요 재해사례 [핵심 통계자료: **콘크리트 반입 및 운반, 타설 및 다짐 양생과정** 중 재해가 많이 발생한다.]

- 레미콘차량 위에서 작업 중 추락
- 콘크리트 진동기(vibrator) 사용 중 감전
- 개인보호구 미착용으로 충돌, 피부질환 발생
- 펌프카 붐(boom)대 인장 또는 조작 시 고압선에 감전

- 양생작업 중 화재 발생
- 콘크리트 타설 중 자바라(flexible hose, 타설호스)에 충돌
- 타설 중 슬래브 단부에서 추락
- 레미콘차량 후진 중 충돌하여 깔림

- 콘크리트 펌프카, 레미콘차량 전도
- 양생장소 출입 중 산소결핍으로 인해 유해가스에 질식

☑ **주요 안전관리 포인트:** 레미콘차량에서 추락, 협착, 자바라(flexible hose) 요동에 의한 충돌, 전도, 슬래브 등 단부 추락

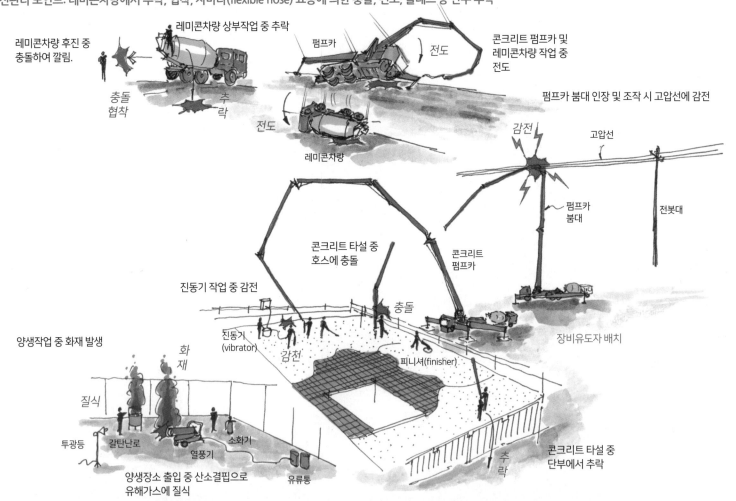

레미콘차량 후진 중 충돌하여 깔림.

레미콘차량 상부작업 중 추락

펌프카

전도

콘크리트 펌프카 및 레미콘차량 작업 중 전도

충돌 협착

추락

전도

레미콘차량

펌프카 붐대 인장 및 조작 시 고압선에 감전

감전

고압선

펌프카 붐대

전봇대

콘크리트 타설 중 호스에 충돌

콘크리트 펌프카

진동기 작업 중 감전

충돌

양생작업 중 화재 발생

진동기(vibrator)

감전

피니셔(finisher)

장비유도자 배치

화재

질식

투광등

갈탄난로

열풍기

소화기

유류통

양생장소 출입 중 산소결핍으로 유해가스에 질식

추락

콘크리트 타설 중 단부에서 추락

[콘크리트 반입 · 운반작업]　　　　[콘크리트 타설 · 다짐작업]

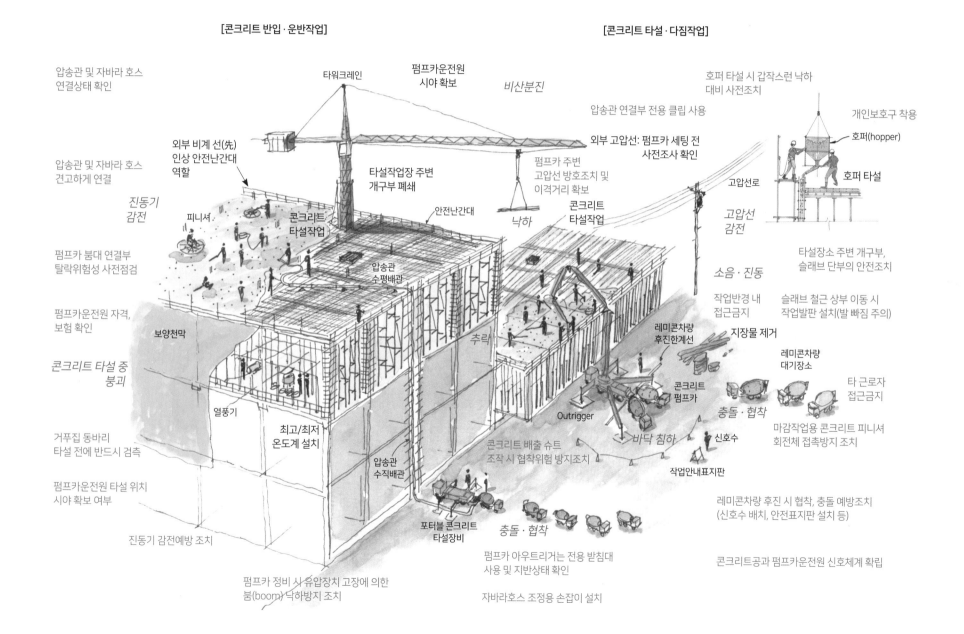

압송관 및 자바라 호스 연결상태 확인

타워크레인

펌프카운전원 시야 확보

비산분진

호퍼 타설 시 갑작스런 낙하 대비 사전조치

압송관 및 자바라 호스 견고하게 연결

외부 비계 선(先) 인상 안전난간대 역할

압송관 연결부 전용 클립 사용

외부 고압선: 펌프카 세팅 전 사전조사 확인

개인보호구 착용

호퍼(hopper)

진동기 감전

피니셔

타설작업장 주변 개구부 폐쇄

펌프카 주변 고압선 방호조치 및 이격거리 확보

고압선로

고압선 감전

호퍼 타설

안전난간대

콘크리트 타설작업

콘크리트 타설작업

낙하

펌프카 붐대 연결부 탈락위험성 사전점검

압송관 수평배관

타설장소 주변 개구부, 슬래브 단부의 안전조치

펌프카운전원 자격, 보험 확인

소음 · 진동

작업반경 내 접근금지

슬래브 철근 상부 이동 시 작업발판 설치(발 빠짐 주의)

보양천막

레미콘차량 후진한계선

지장물 제거

콘크리트 타설 중 붕괴

추락

레미콘차량 대기장소

콘크리트 펌프카

타 근로자 접근금지

열풍기

Outrigger

충돌 · 협착

마감작업용 콘크리트 피니셔 회전체 접촉방지 조치

거푸집 동바리 타설 전에 반드시 검측

최고/최저 온도계 설치

바닥 침하

신호수

펌프카운전원 타설 위치 시야 확보 여부

압송관 수직배관

콘크리트 배출 슈트 조작 시 협착위험 방지조치

작업안내표지판

레미콘차량 후진 시 협착, 충돌 예방조치 (신호수 배치, 안전표지판 설치 등)

진동기 감전예방 조치

포터블 콘크리트 타설장비

충돌 · 협착

콘크리트공과 펌프카운전원 신호체계 확립

펌프카 정비 시 유압장치 고장에 의한 붐(boom) 낙하방지 조치

펌프카 아우트리거는 전용 받침대 사용 및 지반상태 확인

자바라호스 조정용 손잡이 설치

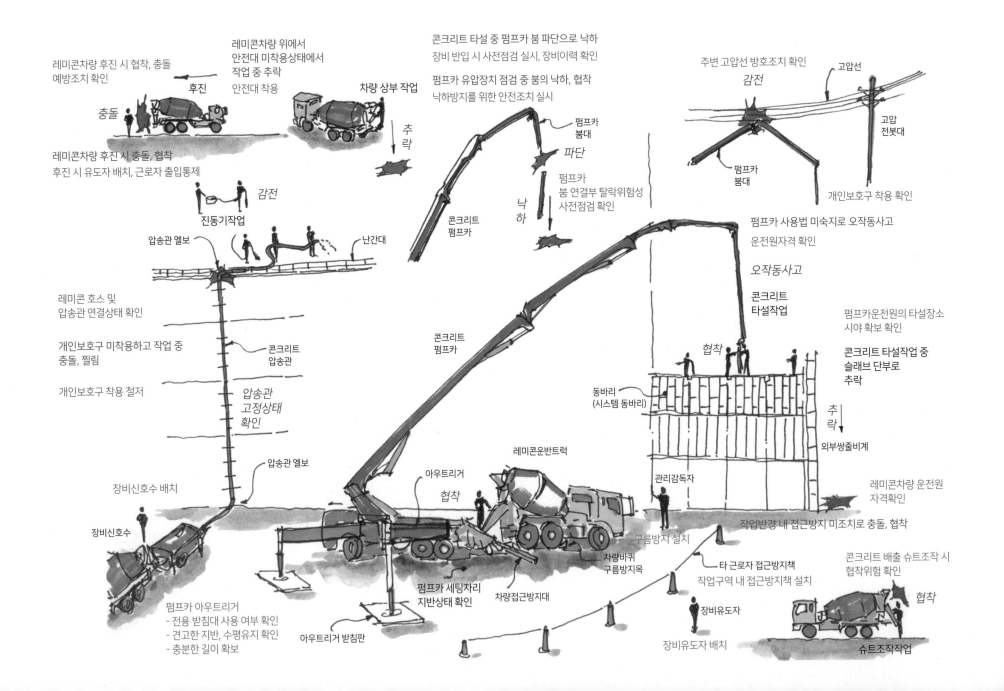

레미콘차량 후진 시 협착, 충돌
예방조치 확인

후진

충돌

레미콘차량 위에서
안전대 미착용상태에서
작업 중 추락
안전대 착용

차량 상부 작업

추락

콘크리트 타설 중 펌프카 붐 파단으로 낙하
장비 반입 시 사전점검 실시, 장비이력 확인

펌프카 유압장치 점검 중 붐의 낙하, 협착
낙하방지를 위한 안전조치 실시

주변 고압선 방호조치 확인
감전

고압선

고압
전봇대

펌프카
붐대

개인보호구 착용 확인

레미콘차량 후진 시 충돌, 협착
후진 시 유도자 배치, 근로자 출입통제

감전

진동기작업

난간대

펌프카
붐대

파단

콘크리트
펌프카

낙
하

펌프카
붐 연결부 탈락위험성
사전점검 확인

펌프카 사용법 미숙지로 오작동사고
운전원자격 확인

오작동사고

압송관 엘보

레미콘 호스 및
압송관 연결상태 확인

개인보호구 미착용하고 작업 중
충돌, 찔림

개인보호구 착용 철저

콘크리트
압송관

콘크리트
펌프카

콘크리트
타설작업

펌프카운전원의 타설장소
시야 확보 확인

협착

콘크리트 타설작업 중
슬래브 단부로
추락

압송관
고정상태
확인

동바리
(시스템 동바리)

추
락

외부쌍줄비계

압송관 엘보

레미콘운반트럭

관리감독자

레미콘차량 운전원
자격확인

장비신호수 배치

아웃트리거

협착

작업반경 내 접근방지 미조치로 충돌, 협착

장비신호수

구름방지 설치

차량바퀴
구름방지목

콘크리트 배출 슈트조작 시
협착위험 확인

펌프카 아웃트리거
- 전용 받침대 사용 여부 확인
- 견고한 지반, 수평유지 확인
- 충분한 길이 확보

아웃트리거 받침판

펌프카 세팅자리
지반상태 확인

차량접근방지대

타 근로자 접근방지책
작업구역 내 접근방지책 설치

장비유도자

장비유도자 배치

협착

슈트조작작업

❹ 콘크리트 타설·다짐작업 I

콘크리트 압송관 설치 시 유의사항
- 폐색*방지를 위해 직각 엘보(elbow)의 사용 최소화
- 압송관 연결부 견고하게 설치

*폐색(blockage): 압송관의 막힘 현상

콘크리트 타설 시 유의사항
- 타설순서 준수
- 집중타설 금지
- 진동기 사용
- 낙하고 1.2m 이하
- 재료분리 방지
- 슬래브 철근망 위 통로 확보(메시망 깔기)
- 장갑 착용(피부병 방지)
- 엔진형 진동기 사용(감전예방)

콘크리트 현장시험 항목
- 슬럼프시험(slump test)
- 공기량
- 염분량
- 공시체(압축강도)

레미콘차량 후진 시 협착, 충돌 예방조치
- 신호수 배치
- 접근금지표지판 설치
- 후진경보음
- 구름방지조치

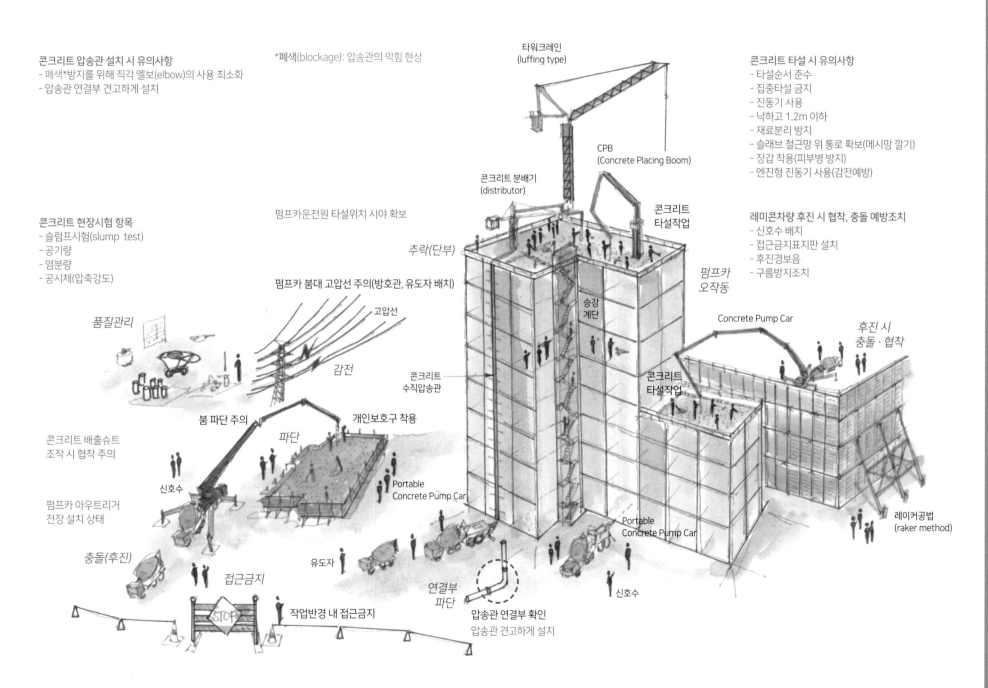

타워크레인
(luffing type)

CPB
(Concrete Placing Boom)

콘크리트 분배기
(distributor)

콘크리트 타설작업

펌프카운전원 타설위치 시야 확보

추락(단부)

펌프카 오작동

승강 계단

Concrete Pump Car

후진 시 충돌·협착

펌프카 붐대 고압선 주의(방호관, 유도자 배치)

고압선

감전

품질관리

콘크리트 수직압송관

콘크리트 타설작업

붐 파단 주의

파단

개인보호구 착용

콘크리트 배출슈트 조작 시 협착 주의

신호수

Portable Concrete Pump Car

레이커공법
(raker method)

펌프카 아우트리거 전장 설치 상태

충돌(후진)

접근금지

유도자

Portable Concrete Pump Car

신호수

작업반경 내 접근금지

연결부 파단

압송관 연결부 확인
압송관 견고하게 설치

신호수

STOP

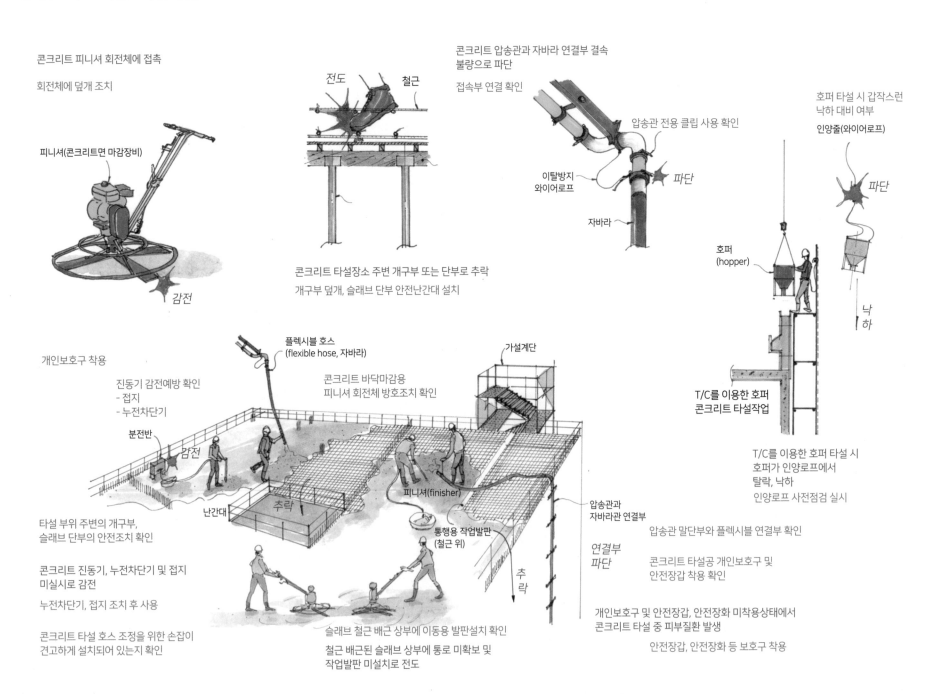

콘크리트 피니셔 회전체에 접촉

회전체에 덮개 조치

피니셔(콘크리트면 마감장비)

감전

전도   철근

콘크리트 타설장소 주변 개구부 또는 단부로 추락

개구부 덮개, 슬래브 단부 안전난간대 설치

콘크리트 압송관과 자바라 연결부 결속
불량으로 파단

접속부 연결 확인

압송관 전용 클립 사용 확인

이탈방지
와이어로프

파단

자바라

호퍼 타설 시 갑작스런
낙하 대비 여부

인양줄(와이어로프)

파단

호퍼
(hopper)

낙
하

T/C를 이용한 호퍼
콘크리트 타설작업

T/C를 이용한 호퍼 타설 시
호퍼가 인양로프에서
탈락, 낙하
인양로프 사전점검 실시

개인보호구 착용

진동기 감전예방 확인
- 접지
- 누전차단기

분전반

감전

플렉시블 호스
(flexible hose, 자바라)

콘크리트 바닥마감용
피니셔 회전체 방호조치 확인

가설계단

난간대

추락

피니셔(finisher)

통행용 작업발판
(철근 위)

추
락

압송관과
자바라관 연결부

연결부
파단

타설 부위 주변의 개구부,
슬래브 단부의 안전조치 확인

콘크리트 진동기, 누전차단기 및 접지
미실로 감전

누전차단기, 접지 조치 후 사용

콘크리트 타설 호스 조정을 위한 손잡이
견고하게 설치되어 있는지 확인

슬래브 철근 배근 상부에 이동용 발판설치 확인

철근 배근된 슬래브 상부에 통로 미확보 및
작업발판 미설치로 전도

압송관 말단부와 플렉시블 연결부 확인

콘크리트 타설공 개인보호구 및
안전장갑 착용 확인

개인보호구 및 안전장갑, 안전장화 미착용상태에서
콘크리트 타설 중 피부질환 발생

안전장갑, 안전장화 등 보호구 착용

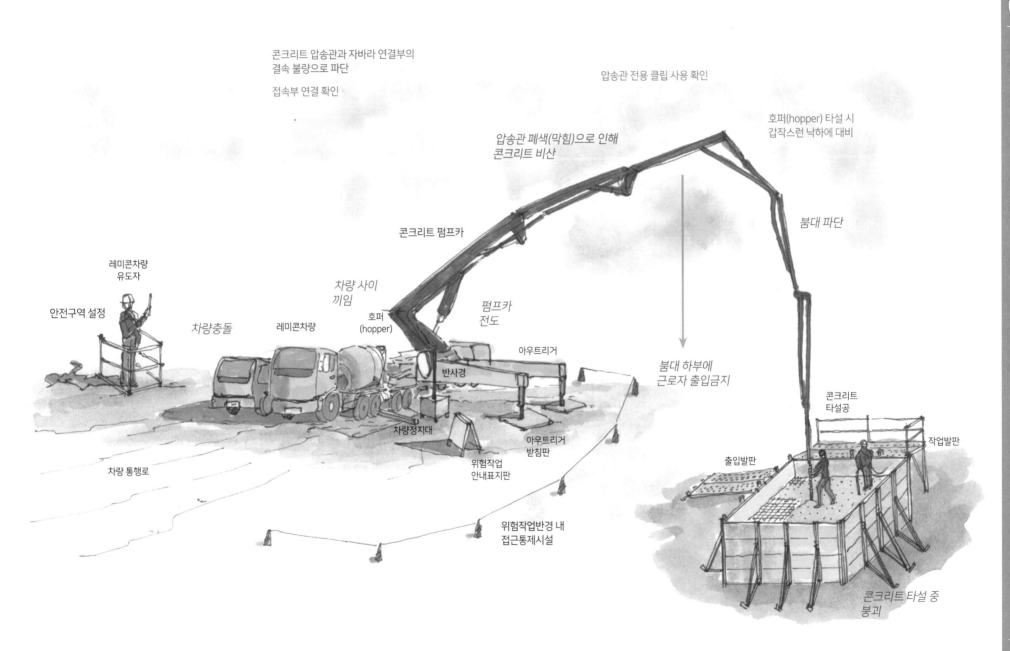

콘크리트 압송관과 자바라 연결부의
결속 불량으로 파단

접속부 연결 확인

압송관 전용 클립 사용 확인

호퍼(hopper) 타설 시
갑작스런 낙하에 대비

압송관 폐색(막힘)으로 인해
콘크리트 비산

붐대 파단

콘크리트 펌프카

차량 사이
끼임

펌프카
전도

레미콘차량
유도자

안전구역 설정

차량충돌

레미콘차량

호퍼
(hopper)

아우트리거

붐대 하부에
근로자 출입금지

반사경

콘크리트
타설공

작업발판

차량정지대

아우트리거
받침판

출입발판

위험작업
안내표지판

차량 통행로

위험작업반경 내
접근통제시설

콘크리트 타설 중
붕괴

❼ 콘크리트 양생작업 I

콘크리트 양생(curing): 아직 굳지 않은 콘크리트에서 원래 물로 채워져 있던 공간이 시멘트의 수화 생성물로 소요의 정도로 채워지기까지 콘크리트를 포수상태나 혹은 거기에 가깝게 유지하는 것

콘크리트 보호(protecting): 콘크리트 타설 후 수화작용을 충분히 발휘시킴과 동시에 건조 및 외력에 의한 균열 발생을 예방하고 오손·변형·파손 등으로부터 콘크리트를 보호하는 것

갈탄 교체작업 2인 1조 운영

갈탄난로
2인 1조 작업

갈탄 사용 시 환기조치

보양용 하우스 설치 시
찔림주의

보양천막지
(틈새 없이 밀실하게)

최고/최저온도계 설치
(3개소 이상)

철야 양생작업 시 조도 확보

질식재해발생 위험장소
관계자 외 출입금지

위험

O2

보양용 하우스구조물
(철근 또는 강관비계파이프)

외부 쌍줄비계

조명등

보양시설
수직지지대

외부 쌍줄비계

조명등

일산화탄소
질식주의

보양천막지는 백색으로 설치해야
내부 조도를 확보할 수 있다.

안전표지판 부착

콘크리트 타설층
(동절기 보양구간)

온도계

방열판

갈탄양생장소 출입 시
호흡용 보호구 착용

천막 설치 시
추락주의

급열장치
(열풍기)

파이프
서포트

급열장치
(갈탄난로)

급열장치
(열풍기)

보양천막지 타설 하부층까지
연장하여 설치

양생장소 주변의
개구부 방호조치

열풍기 감전방지 조치

양생장소 화재예방조치 및
소화기 비치

화재주의

하부 개구부 막기
(외기유입 차단)

방호선반

[공동주택 콘크리트 보양 / 양생사례]

콘크리트 보온양생으로 인한 질식사고예방법
1. 교육 및 질식위험 경고표지판
2. 환기 및 공기 상태 측정
3. 산소호흡기 또는 송기마스크 사용
4. 전기열풍기 사용
5. 안전수칙 준수

콘크리트 양생 시 주의사항
1. 일광의 직사·풍우·강설에 대해 노출면 보호
2. 콘크리트가 충분히 경화될 때까지 충격·하중 금지
   (타설 후 3일간 보행금지 및 중량물 적재 금지)
3. 충분한 온도(5℃)를 유지하고 급격한 건조방지
4. 수화작용이 충분히 되도록 습윤상태 유지
5. 초기 동해예상시 한중콘크리트 적용
   (일평균기온 4℃ 이하 시)

❽ 콘크리트 양생작업 Ⅱ

☑ 주요 안전관리 포인트

갈탄난로는 연소과정에서 일산화탄소를 발생시킨다. 일산화탄소는 적혈구에 들어 있는 헤모글로빈에 대한 결합력이 산소보다 200~300배 높아서 우리 몸 속의 산소 전달을 방해하여 질식시키는데, 열이 빠져나가지 못하도록 양생작업공간을 천막 등으로 가리면 갈탄연소과정에서 발생한 일산화탄소도 함께 빠져나가지 않아서 질식위험이 더욱 높아진다. 특히, 1,200 ppm 이상의 고농도 일산화탄소가 포함된 공기를 한 번 들이마시는 것만으로도 쓰러져 사망할 수 있으므로 각별한 주의가 필요하다.

콘크리트 양생방법

1. 습윤양생(moist curing): 수중(담수)양생, 살수양생 등 가장 대중적인 방법으로 충분히 살수하고 방수지를 덮어서 봉합 양생한다.
2. 증기양생(steam curing): 단기간에 강도를 얻기 위해 고온·고압으로 증기 양생한다. 한중 콘크리트, PC, PS 부재에 적합하고 알루미나시멘트의 사용은 금한다.
3. 전기양생(electric curing): 저압 교류전기에 의해 전기저항의 발열을 유발한다.

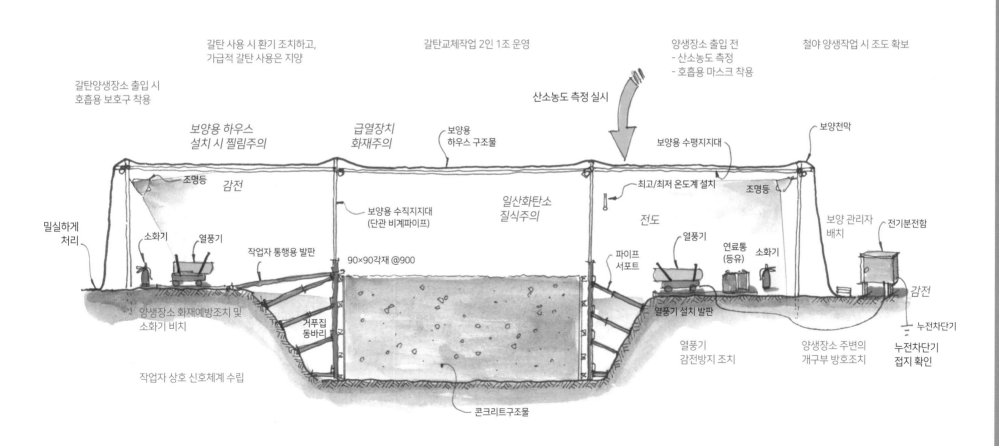

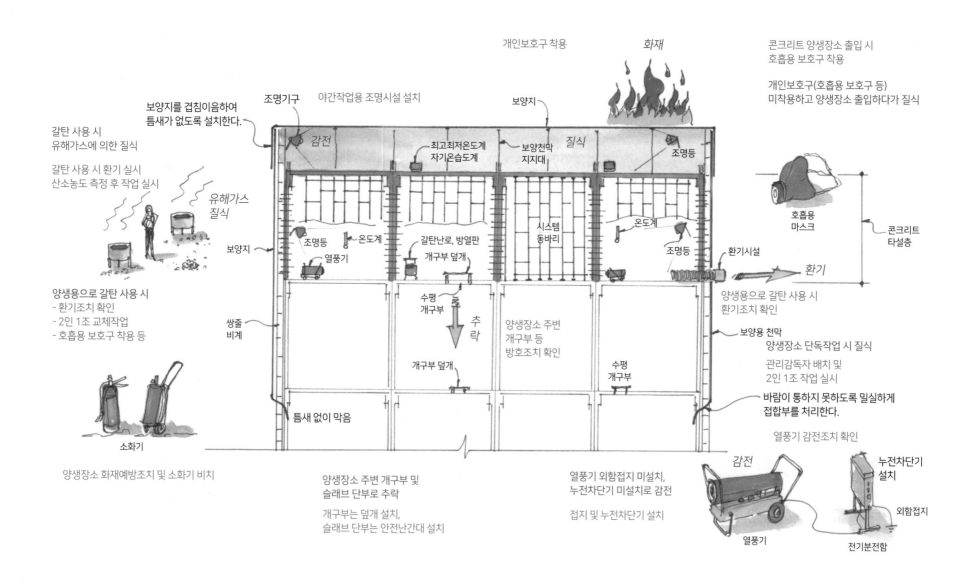

개인보호구 착용

화재

콘크리트 양생장소 출입 시
호흡용 보호구 착용

개인보호구(호흡용 보호구 등)
미착용하고 양생장소 출입하다가 질식

조명기구

야간작업용 조명시설 설치

보양지

보양지를 겹침이음하여
틈새가 없도록 설치한다.

감전

질식

갈탄 사용 시
유해가스에 의한 질식

최고최저온도계
자기온습도계

보양천막
지지대

조명등

갈탄 사용 시 환기 실시
산소농도 측정 후 작업 실시

유해가스
질식

호흡용
마스크

콘크리트
타설층

보양지

시스템
동바리

온도계

온도계

조명등

환기시설

조명등

열풍기

갈탄난로, 방열판
개구부 덮개

환기

양생용으로 갈탄 사용 시
- 환기조치 확인
- 2인 1조 교체작업
- 호흡용 보호구 착용 등

양생용으로 갈탄 사용 시
환기조치 확인

수평
개구부

쌍줄
비계

추락

양생장소 주변
개구부 등
방호조치 확인

보양용 천막
양생장소 단독작업 시 질식

개구부 덮개

수평
개구부

관리감독자 배치 및
2인 1조 작업 실시

바람이 통하지 못하도록 밀실하게
접합부를 처리한다.

틈새 없이 막음

소화기

열풍기 감전조치 확인

감전

누전차단기
설치

양생장소 화재예방조치 및 소화기 비치

양생장소 주변 개구부 및
슬래브 단부로 추락

개구부는 덮개 설치,
슬래브 단부는 안전난간대 설치

열풍기 외함접지 미설치,
누전차단기 미설치로 감전

접지 및 누전차단기 설치

외함접지

열풍기

전기분전함

❿ 필로티층 콘크리트 타설 전 점검사항[사례]

필로티층(1F) 콘크리트 타설 전 Q · HSE 확인사항

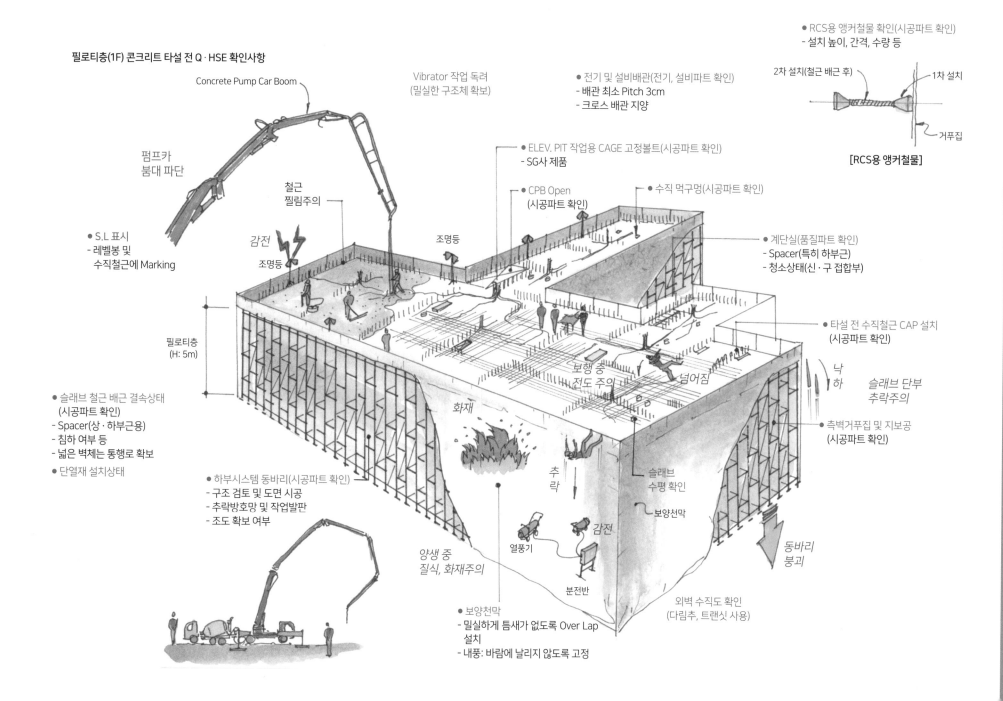

Concrete Pump Car Boom

Vibrator 작업 독려
(밀실한 구조체 확보)

● 전기 및 설비배관(전기, 설비파트 확인)
- 배관 최소 Pitch 3cm
- 크로스 배관 지양

● RCS용 앵커철물 확인(시공파트 확인)
- 설치 높이, 간격, 수량 등

2차 설치(철근 배근 후)

1차 설치

거푸집

[RCS용 앵커철물]

펌프카
붐대 파단

● ELEV. PIT 작업용 CAGE 고정볼트(시공파트 확인)
- SG사 제품

● CPB Open
(시공파트 확인)

● 수직 먹구멍(시공파트 확인)

철근
찔림주의

감전

조명등

조명등

● S.L 표시
- 레벨봉 및
  수직철근에 Marking

● 계단실(품질파트 확인)
- Spacer(특히 하부근)
- 청소상태(신 · 구 접합부)

필로티층
(H: 5m)

● 타설 전 수직철근 CAP 설치
(시공파트 확인)

보행 중
전도 주의

넘어짐

낙
하

슬래브 단부
추락주의

● 슬래브 철근 배근 결속상태
(시공파트 확인)
- Spacer(상 · 하부근용)
- 침하 여부 등
- 넓은 벽체는 통행로 확보

● 단열재 설치상태

화재

추
락

슬래브
수평 확인

● 측벽거푸집 및 지보공
(시공파트 확인)

● 하부시스템 동바리(시공파트 확인)
- 구조 검토 및 도면 시공
- 추락방호망 및 작업발판
- 조도 확보 여부

감전

보양선막

동바리
붕괴

열풍기

양생 중
질식, 화재주의

분전반

외벽 수직도 확인
(다림추, 트랜싯 사용)

● 보양천막
- 밀실하게 틈새가 없도록 Over Lap
  설치
- 내풍: 바람에 날리지 않도록 고정

철골작업
05 Steel Work

05 철골작업

❶ 철골작업 주요 재해사례 [핵심 통계자료: 철골작업은 **부재 반입 및 운반, 인양 및 조립, 데크플레이트(deck plate) 설치** 중 재해의 발생빈도가 가장 높다.]

- 철골부재 조립 중 추락(떨어짐)
- 볼트, 용접작업 중 감전
- 데크플레이트(deck plate) 작업 중 개구부, 슬래브 단부로 추락

- 용접작업 시 불꽃에 의한 화재
- 철골부재 반입, 하차 시 협착(끼임)
- 장비(이동식 크레인 등)로 철골자재 하역 시 충돌

- 인양작업 시 결속부 탈락에 의한 낙하
- 가조립된 철골부재의 도괴
- 철골작업 승하강 시 추락

☑ 주요 안전관리 포인트: 철골조립 중 추락, 가조립 철골의 전도 또는 도괴, 데크플레이트 작업 중 단부로 추락 등 재해가 많이 발생한다.

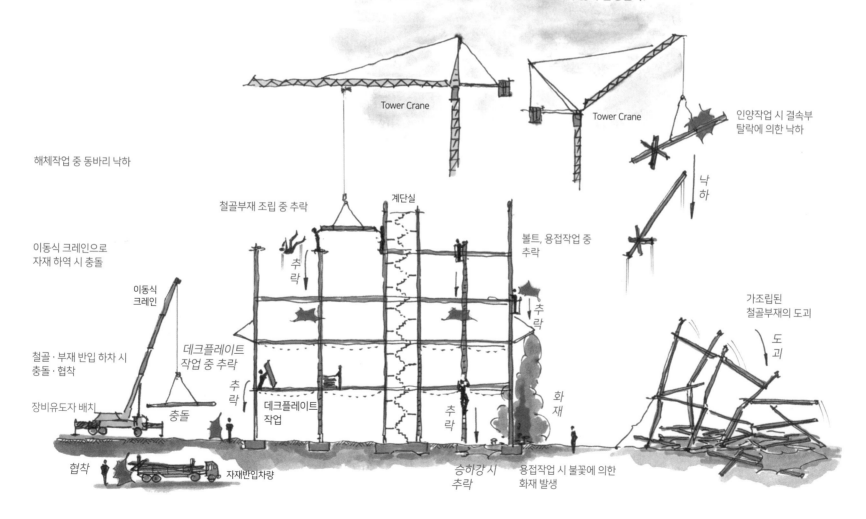

50

51

❷ 철골자재 반입작업 Ⅰ

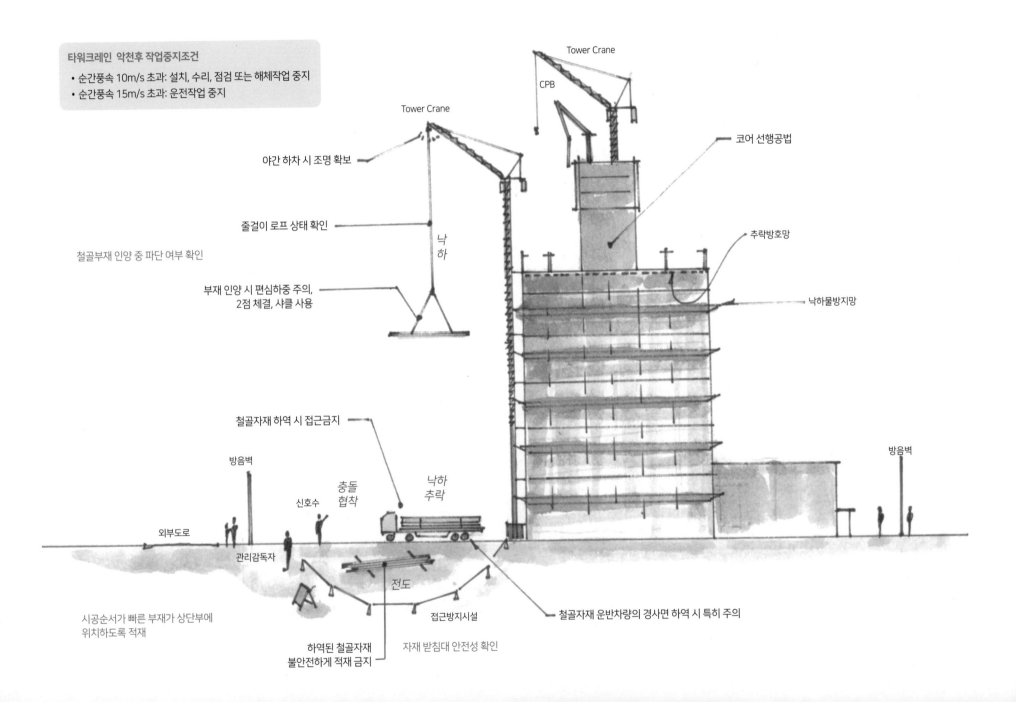

타워크레인 악천후 작업중지조건
- 순간풍속 10m/s 초과: 설치, 수리, 점검 또는 해체작업 중지
- 순간풍속 15m/s 초과: 운전작업 중지

Tower Crane

Tower Crane

CPB

코어 선행공법

야간 하차 시 조명 확보

줄걸이 로프 상태 확인

철골부재 인양 중 파단 여부 확인

낙하

추락방호망

낙하물방지망

부재 인양 시 편심하중 주의,
2점 체결, 샤클 사용

철골자재 하역 시 접근금지

방음벽

낙하
추락

방음벽

충돌
협착

외부도로

신호수

관리감독자

전도

접근방지시설

철골자재 운반차량의 경사면 하역 시 특히 주의

시공순서가 빠른 부재가 상단부에
위치하도록 적재

하역된 철골자재
불안전하게 적재 금지

자재 받침대 안전성 확인

❸ 철골자재 반입작업 Ⅱ

철골부재 반입 시 확인사항
- 송장 확인
- 부재의 수량
- 부재의 변형 및 손상 유무
- 철골세우기 순서에 따라 적재

중량물 취급작업 규정 준수

야간 하차 시 조명 확보

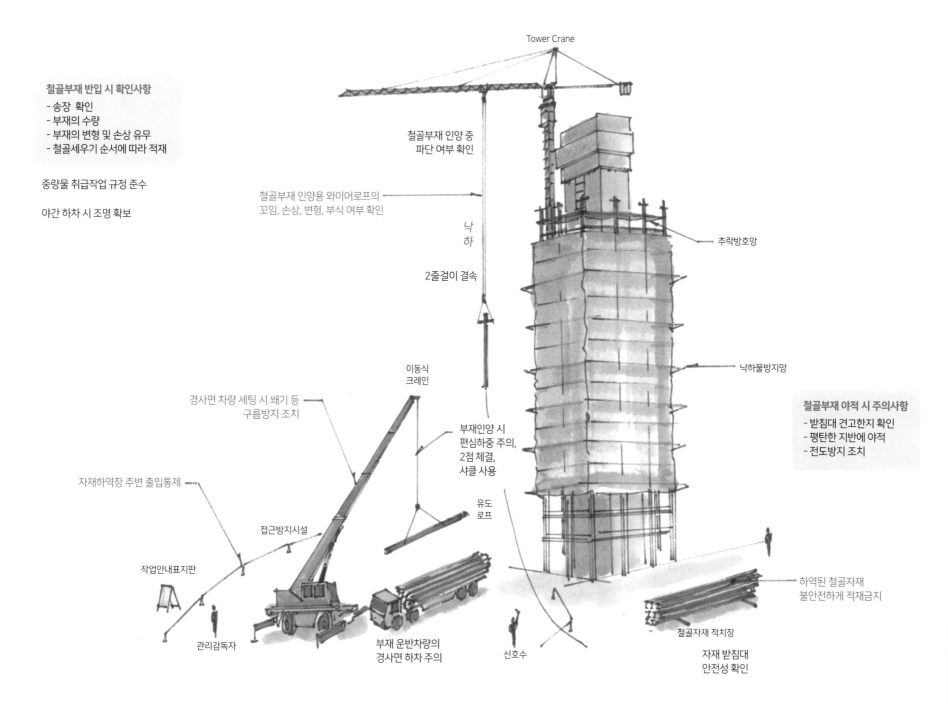

Tower Crane

철골부재 인양 중
파단 여부 확인

철골부재 인양용 와이어로프의
꼬임, 손상, 변형, 부식 여부 확인

낙
하

2줄걸이 결속

추락방호망

낙하물방지망

이동식
크레인

경사면 차량 세팅 시 쐐기 등
구름방지 조치

부재인양 시
편심하중 주의,
2점 체결,
샤클 사용

철골부재 야적 시 주의사항
- 받침대 견고한지 확인
- 평탄한 지반에 야적
- 전도방지 조치

자재하역장 주변 출입통제

접근방지시설

유도
로프

작업안내표지판

관리감독자

부재 운반차량의
경사면 하차 주의

신호수

하역된 철골자재
불안전하게 적재금지

철골자재 적치장

자재 받침대
안전성 확인

❹ 데크플레이트(Deck Plate) 판개작업

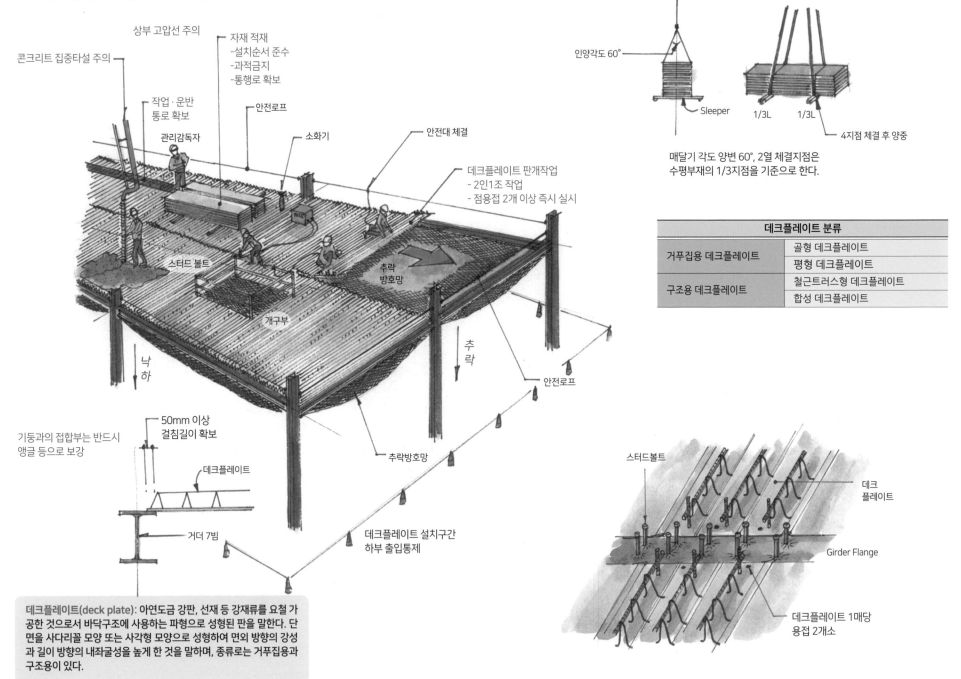

상부 고압선 주의

콘크리트 집중타설 주의

자재 적재
-설치순서 준수
-과적금지
-통행로 확보

작업·운반
통로 확보

안전로프

관리감독자

소화기

안전대 체결

데크플레이트 판개작업
- 2인1조 작업
- 점용접 2개 이상 즉시 실시

스터드 볼트

추락
방호망

낙하

개구부

추락

안전로프

추락방호망

50mm 이상
걸침길이 확보

기둥과의 접합부는 반드시
앵글 등으로 보강

데크플레이트

거더 7빔

데크플레이트 설치구간
하부 출입통제

데크플레이트(deck plate): 아연도금 강판, 선재 등 강재류를 요철 가
공한 것으로서 바닥구조에 사용하는 파형으로 성형된 판을 말한다. 단
면을 사다리꼴 모양 또는 사각형 모양으로 성형하여 면외 방향의 강성
과 길이 방향의 내좌굴성을 높게 한 것을 말하며, 종류로는 거푸집용과
구조용이 있다.

인양각도 60°

Sleeper

1/3L   1/3L

4지점 체결 후 양중

매달기 각도 양변 60°, 2열 체결지점은
수평부재의 1/3지점을 기준으로 한다.

데크플레이트 분류	
거푸집용 데크플레이트	골형 데크플레이트
	평형 데크플레이트
구조용 데크플레이트	철근트러스형 데크플레이트
	합성 데크플레이트

스터드볼트

데크
플레이트

Girder Flange

데크플레이트 1매당
용접 2개소

❺ 철골부재 인양 후 수평이동작업

재해방지설비

1. **안전설비 종류**
   비계, 달비계, 수평통로, 추락방지용 방망, 안전보호망, 난간 울타리, 방호철망, 차면포, 방호 Sheet, 승강용 Trap, 구명줄
2. **추락방지용 설비:** 안전사고 76% 차지
   추락방지용 방망 , 안전보호망, 표준안전난간대, 안전대, 작업발판
3. **용접불꽃 비산방지설비**
   방호 시트, 소화기 배치, 차면포 및 차광시설 설치, 인화물질 제거
4. **승강설비 설치**
   사다리, 계단, 승강용 엘리베이터, 기둥승강용 트랩, 수직로프
5. **낙하비래 방지설비**
   - 높이 10m 이상 시 방호선반 1단
   - 높이 20m 이상 시 방호선반 2단

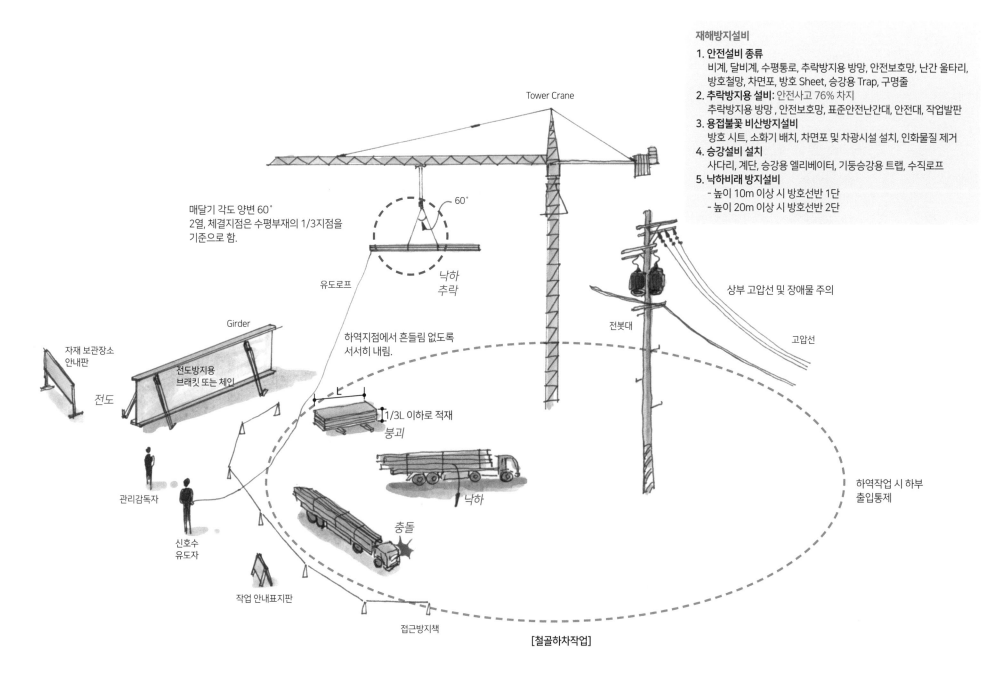

Tower Crane

매달기 각도 양변 60˚
2열, 체결지점은 수평부재의 1/3지점을 기준으로 함.

60˚

낙하
추락

유도로프

상부 고압선 및 장애물 주의

전봇대

고압선

Girder

하역지점에서 흔들림 없도록 서서히 내림.

자재 보관장소
안내판

전도방지용
브래킷 또는 체인

전도

1/3L 이하로 적재

붕괴

낙하

하역작업 시 하부
출입통제

관리감독자

신호수
유도자

충돌

작업 안내표지판

접근방지책

[철골하차작업]

❻ 철골기둥 세우기 작업

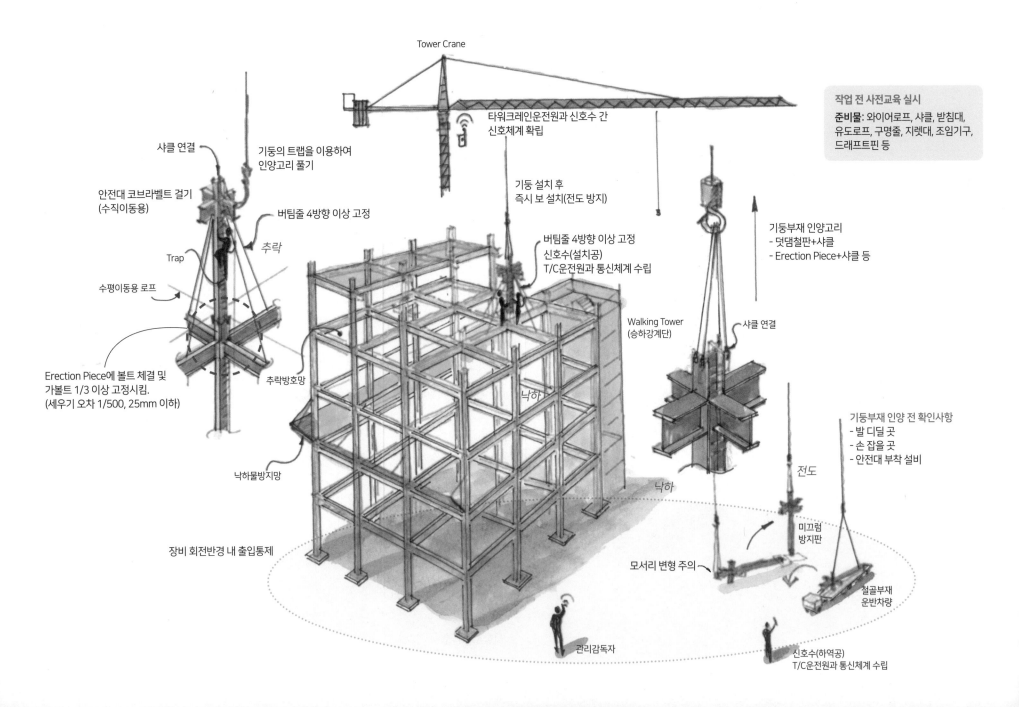

작업 전 사전교육 실시

준비물: 와이어로프, 샤클, 받침대, 유도로프, 구명줄, 지렛대, 조임기구, 드래프트핀 등

Tower Crane

타워크레인운전원과 신호수 간 신호체계 확립

샤클 연결

기둥의 트랩을 이용하여 인양고리 풀기

안전대 코브라벨트 걸기 (수직이동용)

버팀줄 4방향 이상 고정

추락

Trap

수평이동용 로프

기둥 설치 후 즉시 보 설치(전도 방지)

버팀줄 4방향 이상 고정 신호수(설치공) T/C운전원과 통신체계 수립

기둥부재 인양고리
- 덧댐철판+샤클
- Erection Piece+샤클 등

Erection Piece에 볼트 체결 및 가볼트 1/3 이상 고정시킴. (세우기 오차 1/500, 25mm 이하)

추락방호망

Walking Tower (승하강계단)

샤클 연결

낙하

기둥부재 인양 전 확인사항
- 발 디딜 곳
- 손 잡을 곳
- 안전대 부착 설비

낙하물방지망

낙하

전도

장비 회전반경 내 출입통제

모서리 변형 주의

미끄럼 방지판

철골부재 운반차량

관리감독자

신호수(하역공) T/C운전원과 통신체계 수립

❼ 철골 조립작업

철골공사 중점 안전관리사항

- 수직이동용 트랩이나 사다리 이동 시 안전고리 고정 확인
- T/C 자재 이동 시 신호수 배치하고 자재 인양 시 하부 통제
- 보 상부 볼트 등 적재(가볼트 체결 후 본조립)
- 작업용 소부재 수직 이동 시 달줄, 달포대 이용
- 용접작업의 비산물 방지를 위한 방풍막 설치(불연재료)
- 기둥부재 리프팅 러그(lug) 사용 시 고정방법 관리(shackle 사용)
- 작업용 도구 사용 중 낙하 방지를 위해 작업자 연결줄 설치
- 철골 상부 공도구용 도구함 사용
- 용접작업 시 용접기의 용량 부족으로 인한 과부하
- 수평이동 시 단차 부위 안전난간대 설치
- 자재 적재 불량으로 인한 작업자 위해요소 제거
- 상하 동시 작업금지
- 전체식 안전벨트 사용
- 작업 전후 안전교육 실시

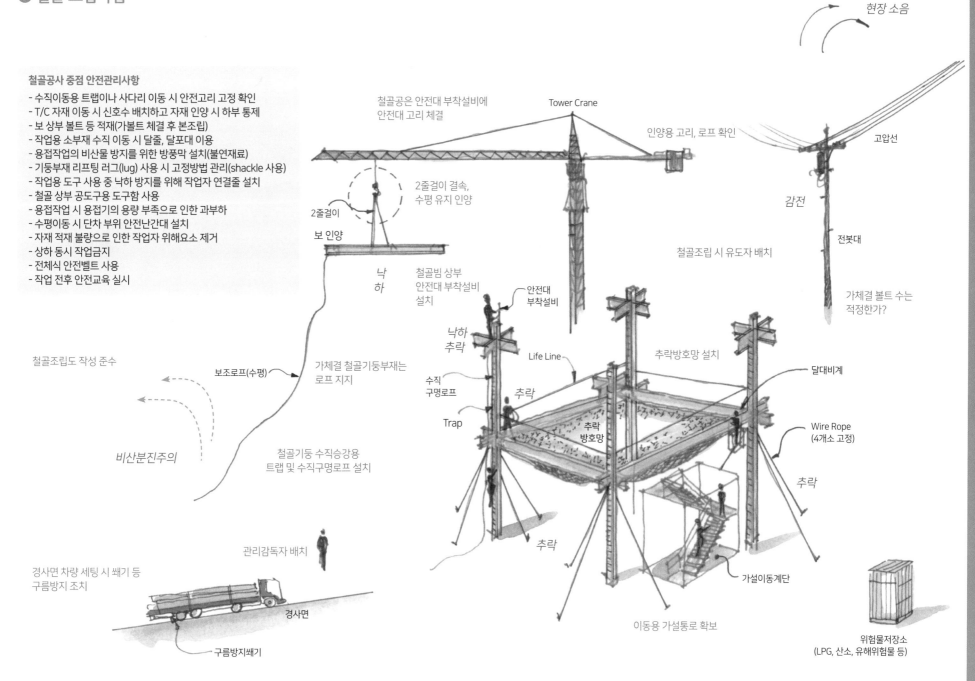

현장 소음

철골공은 안전대 부착설비에 안전대 고리 체결

Tower Crane

인양용 고리, 로프 확인

고압선

2줄걸이 결속, 수평 유지 인양

감전

2줄걸이

보 인양

전봇대

낙하

철골빔 상부 안전대 부착설비 설치

철골조립 시 유도자 배치

안전대 부착설비

가체결 볼트 수는 적정한가?

철골조립도 작성 준수

낙하 추락

Life Line

추락방호망 설치

달대비계

보조로프(수평)

가체결 철골기둥부재는 로프 지지

수직 구멍로프

추락

Wire Rope (4개소 고정)

Trap

추락 방호망

추락

비산분진주의

철골기둥 수직승강용 트랩 및 수직구멍로프 설치

추락

관리감독자 배치

경사면 차량 세팅 시 쐐기 등 구름방지 조치

경사면

가설이동계단

이동용 가설통로 확보

위험물저장소 (LPG, 산소, 유해위험물 등)

구름방지쐐기

❽ 철골보 설치작업 Ⅰ

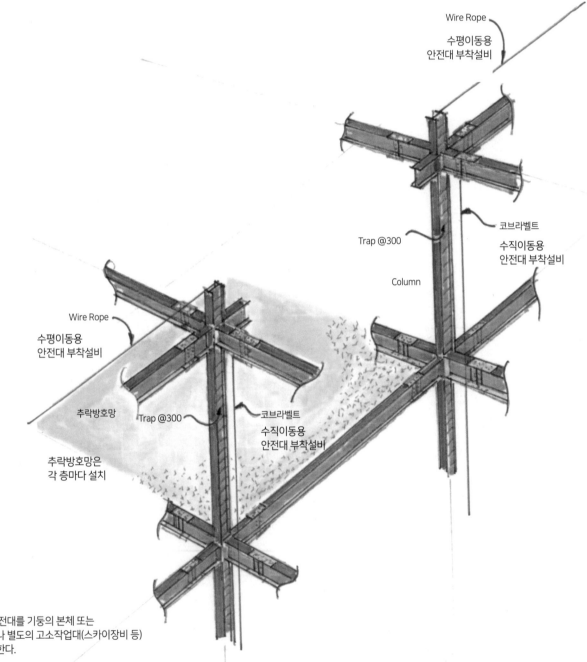

Wire Rope
수평이동용
안전대 부착설비

Trap @300

코브라벨트
수직이동용
안전대 부착설비

Column

Wire Rope
수평이동용
안전대 부착설비

추락방호망

Trap @300

코브라벨트
수직이동용
안전대 부착설비

추락방호망은
각 층마다 설치

보의 설치
보의 설치작업을 할 경우 반드시 안전대를 기둥의 본체 또는
기둥 승강용 트랩에 걸어 작업하거나 별도의 고소작업대(스카이장비 등)
등에 탑승하여 추락을 방지하여야 한다.

❾ 철골보 설치작업 Ⅱ

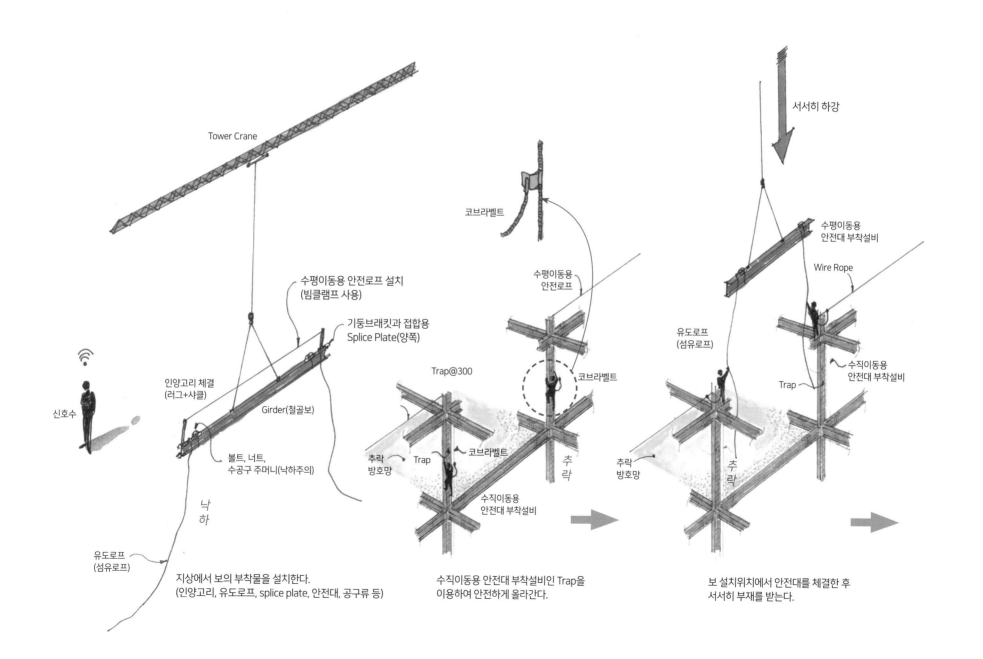

Tower Crane

수평이동용 안전로프 설치
(빔클램프 사용)

기둥브래킷과 접합용
Splice Plate(양쪽)

인양고리 체결
(러그+샤클)

신호수

Girder(철골보)

볼트, 너트,
수공구 주머니(낙하주의)

낙
하

유도로프
(섬유로프)

지상에서 보의 부착물을 설치한다.
(인양고리, 유도로프, splice plate, 안전대, 공구류 등)

코브라벨트

수평이동용
안전로프

Trap@300

추락
방호망

Trap

코브라벨트

코브라벨트

추
락

수직이동용
안전대 부착설비

수직이동용 안전대 부착설비인 Trap을
이용하여 안전하게 올라간다.

서서히 하강

수평이동용
안전대 부착설비

Wire Rope

유도로프
(섬유로프)

Trap

수직이동용
안전대 부착설비

추락
방호망

추
락

보 설치위치에서 안전대를 체결한 후
서서히 부재를 받는다.

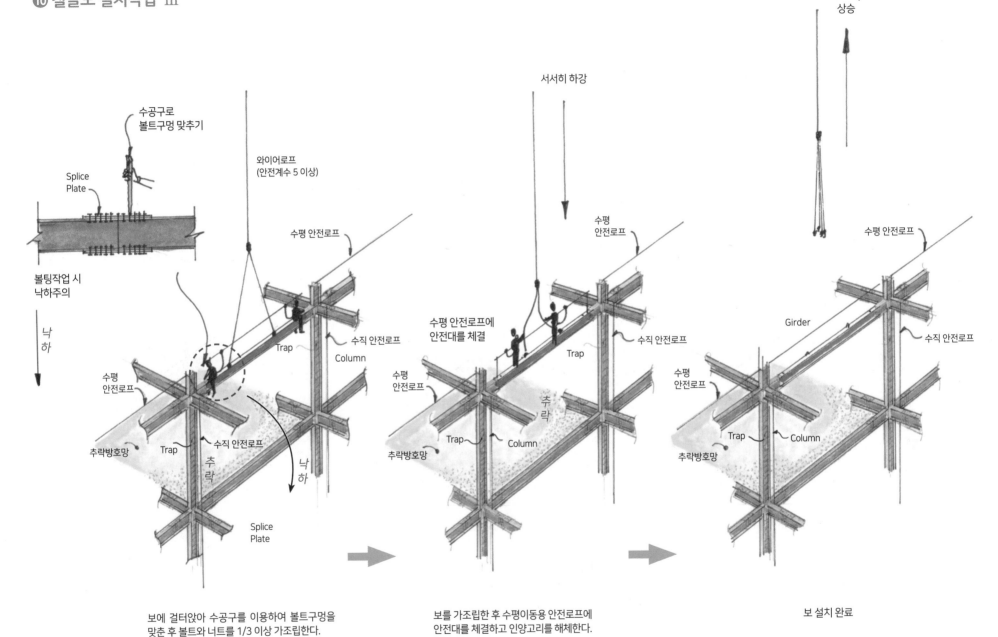

수공구로 볼트구멍 맞추기

Splice Plate

와이어로프 (안전계수 5 이상)

수평 안전로프

볼팅작업 시 낙하주의

낙하

Trap

수직 안전로프

Column

수평 안전로프

추락방호망

Trap

수직 안전로프

추락

낙하

Splice Plate

서서히 하강

수평 안전로프

수평 안전로프에 안전대를 체결

Trap

수직 안전로프

수평 안전로프

추락

추락방호망

Trap

Column

Wire Rope 상승

수평 안전로프

Girder

수직 안전로프

수평 안전로프

Trap

Column

추락방호망

보에 걸터앉아 수공구를 이용하여 볼트구멍을 맞춘 후 볼트와 너트를 1/3 이상 가조립한다.

보를 가조립한 후 수평이동용 안전로프에 안전대를 체결하고 인양고리를 해체한다.

보 설치 완료

⑪ 철골보 인양작업

보의 인양 시 조건

- 인양 와이어로프 훅의 중심에 건다.
- 신호수는 운전자가 보기 용이한 곳에 위치
- 인양고리 용접상태 확인
- 불안정 시 재체결(지상에서)
- 균형을 유지하며 서서히 인양
- 유도로프 사용

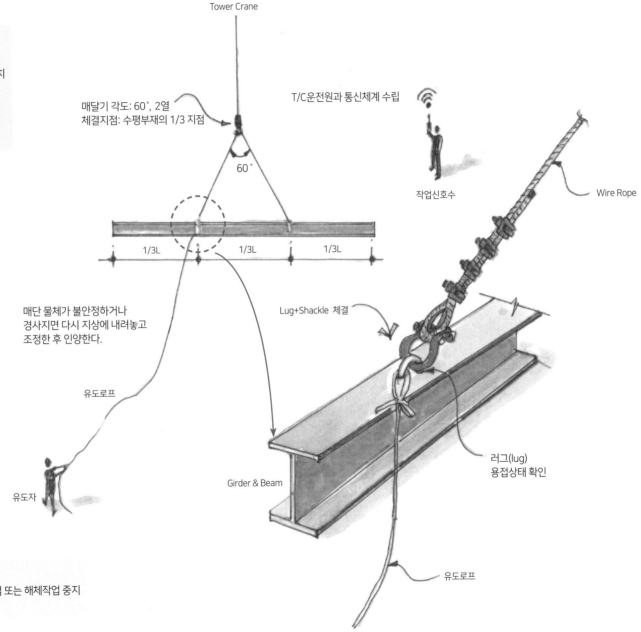

Tower Crane

매달기 각도: 60˚, 2열
체결지점: 수평부재의 1/3 지점

T/C운전원과 통신체계 수립

60˚

작업신호수

Wire Rope

매단 물체가 불안정하거나
경사지면 다시 지상에 내려놓고
조정한 후 인양한다.

Lug+Shackle 체결

1/3L 1/3L 1/3L

유도로프

러그(lug)
용접상태 확인

유도자

Girder & Beam

유도로프

Tower Crane 악천후 작업중지 조건

- **순간풍속 10m/s 초과:** 설치, 수리, 점검 또는 해체작업 중지
- **순간풍속 15m/s 초과:** 운전작업 중지

⑫ 철골보의 다부재 인양작업 Ⅰ

다(多)부재 인양작업 시 순서
1. 부재의 중심 확인
2. 샤클 사용원칙 준수
3. 유도로프 사용
4. 설치
5. 신호체계 수립
6. 순서대로 걸기

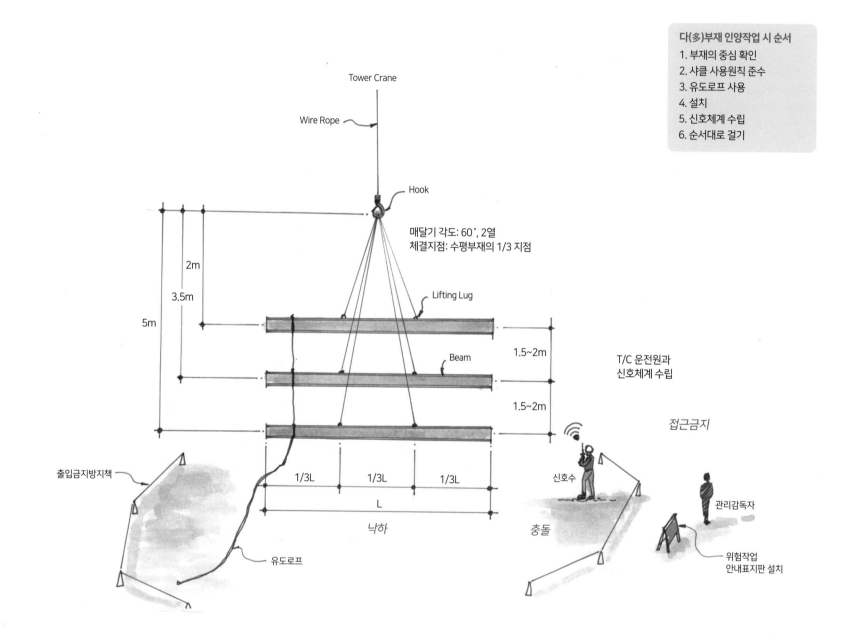

Tower Crane

Wire Rope

Hook

매달기 각도: 60°, 2열
체결지점: 수평부재의 1/3 지점

2m
3.5m
5m

Lifting Lug

Beam

1.5~2m

1.5~2m

T/C 운전원과
신호체계 수립

접근금지

신호수

관리감독자

출입금지방지책

1/3L   1/3L   1/3L
L
낙하

충돌

위험작업
안내표지판 설치

유도로프

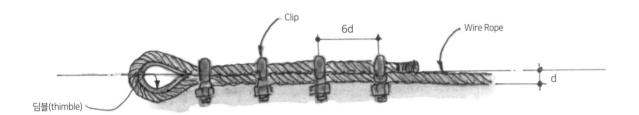

6d

Clip

Wire Rope

딤블(thimble)

d

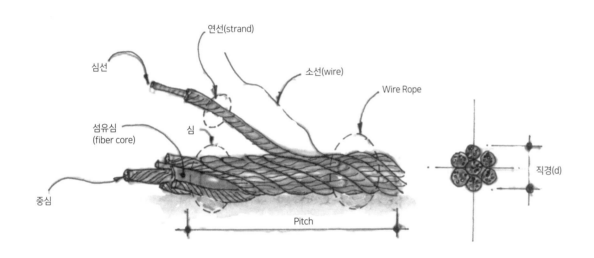

심선

연선(strand)

소선(wire)

Wire Rope

섬유심
(fiber core)

심

중심

Pitch

직경(d)

[와이어로프의 구조]

1단계: 클립 1번 체결

2단계: 딤블(thimble) 쪽 방향 클립 체결

3단계: 딤블 쪽 방향에서 2, 3번째 클립 체결

[클립(clip) 설치 순서]

⑭ 철골공사 표준안전작업지침 도해

철골공사는 공사 전 검토사항과 철골건립작업으로 나눌 수 있다. 먼저 공사 전 검토사항으로는 설계도 및 공작도 확인, 건립계획, 앵커볼트의 매립, 기본치수의 측정으로 나누며, 철골건립 작업은 건립 준비 및 철골 반입이 있으며, 세부사항으로는 기둥의 인양, 기둥의 고정, 보의 인양, 보의 설치, 비계, 재료적치장소와 통로, 동력 및 용접설비, 재해방지설비가 있다.

● 철골공사 중점 안전관리사항
- 수직이동용 Trap이나 Ladder 이동 시 안전고리 고정 확인
- T/C 자재 이동 시 신호수 배치하고 자재 인양 시 하부 통제
- 보 상부 볼트 등 적재(가볼트 체결 후 본조립용)
- 작업용 소부재 수직이동 시 달줄, 달포대 이용
- 용접작업 비산물 방지를 위한 방풍막 설치(불연재료)
- 기둥부재 리프팅 러그(lug) 사용 시 고정방법 관리(shackle 사용)
- 작업용 도구 사용 중 낙하 방지를 위한 작업자 연결줄 설치
- 철골 상부 공도구용 도구함 사용
- 용접작업 시 용접기 용량 부족으로 인한 과부하
- 수평이동 시 단차 부위 안전난간대 설치
- 자재 적재 불량으로 인한 작업자 위해요소 제거
- 상하 동시 작업금지
- 전체식 안전벨트 사용
- 작업 전후 안전교육 실시

작업장 전체가 대형 개구부이며, 장비를 이용한 중량의 선형부재 취급. 작업발판, 가설통로, 안전시설의 설치, 활용상 장애요인이 많다. 작업자의 육체적, 심리적 부담이 크다.

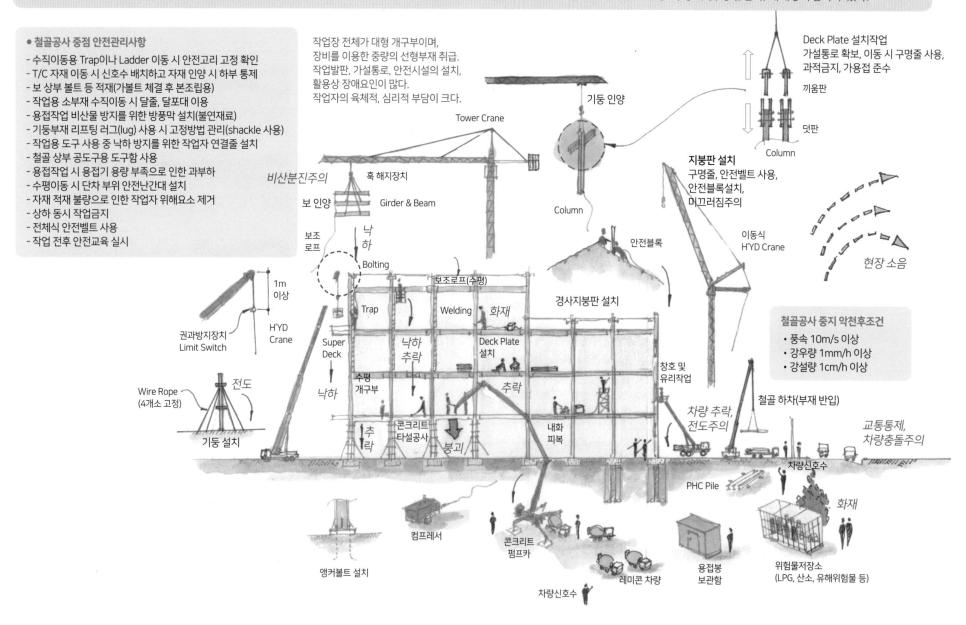

Deck Plate 설치작업
가설통로 확보, 이동 시 구명줄 사용, 과적금지, 가용접 준수

지붕판 설치
구명줄, 안전벨트 사용, 안전블록설치, 미끄러짐주의

철골공사 중지 악천후조건
- 풍속 10m/s 이상
- 강우량 1mm/h 이상
- 강설량 1cm/h 이상

⓯ 철골공사 재해방지설비(추락, 비래, 비산)

	재해방지설비		
	기능	용도, 사용장소, 조건	설비
추락방지	안전한 작업이 가능한 작업발판	높이 2m 이상의 장소로서 추락의 우려가 있는 작업	비계, 달비계, 수평통로, 안전난간, 고소작업대
	추락자를 보호할 수 있는 것	작업발판 설치 시 어렵거나 개구부 주위로 안전난간 설치가 어려운 곳	추락방지용 방망
	추락의 우려가 있는 위험장소에서 작업자의 행동을 제한하는 것	개구부 및 작업발판의 끝	안전난간, 방호울
	작업자의 신체를 유지시키는 것	안전한 작업발판이나 안전난간을 설치할 수 없는 곳	안전대 부착설비, 안전대, 구명줄
낙하, 비래 및 비산방지	위에서 낙하된 것을 막는 것	철골 건립, 볼트 체결 및 기타 상하작업	방호철망, 방호울, 가설앵커설비
	제3자의 위해 방지	볼트, 콘크리트 덩어리, 거푸집, 일반 자재, 먼지 등이 낙하 비산할 우려가 있는 작업	방호철망, 방호시트, 방호울, 방호선반, 낙하물방지망
	불꽃의 비산 방지	용접, 용단을 수반하는 작업	방염포, 불연포(glass wool 등)

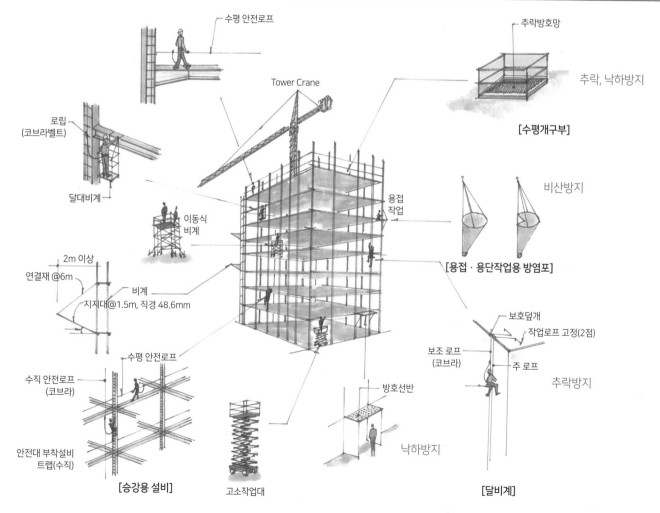

수평 안전로프

추락방호망

Tower Crane

추락, 낙하방지

[수평개구부]

로립
(코브라벨트)

달대비계

이동식
비계

비산방지

용접
작업

[용접·용단작업용 방염포]

2m 이상

연결재 @6m

비계

지지대@1.5m, 직경 48.6mm

보호덮개

작업로프 고정(2점)

보조 로프
(코브라)

주 로프

추락방지

수평 안전로프

수직 안전로프
(코브라)

방호선반

안전대 부착설비
트랩(수직)

낙하방지

[승강용 설비]

고소작업대

[달비계]

미장, 조적 및 견출작업
Plaster, Masonry Work

06

06 미장, 조적 및 견출작업

❶ 미장, 조적 및 견출작업 주요 재해사례 [핵심 통계자료: 조적작업보다는 **미장과 견출작업** 시 발생빈도 및 강도가 높다.]

- 달비계상에서 미장작업 중 추락
- 벽돌쌓기 작업 중 주변 개구부로 추락
- 벽돌 팔릿(pallet) 하역작업 중 벽돌 낙하
- 비계 위에서 미장작업 중 작업발판 탈락

- 견출작업 중 비산물에 의한 안구 손상
- 조적작업(벽돌, 블록 등) 중 자재 낙하
- 리프트 탑승구에서 리어카로 벽돌 운반 중 추락
- 이동식 비계 위에서 벽돌쌓기 작업 중 추락

- 벽돌자재 운반 중 지게차(fork lift)에 충돌
- 달비계에서 견출작업 중 로프가 풀리면서 추락

☑ 주요 안전관리 포인트: 미장·조적·견출작업 시 작업발판에서 추락하거나, 달비계에서 추락하는 등의 재해 주의

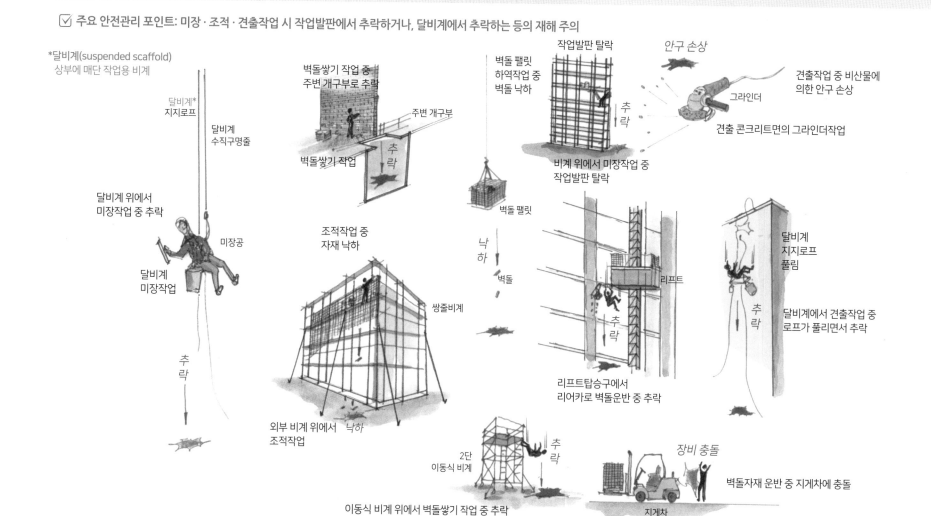

*달비계(suspended scaffold)
 상부에 매단 작업용 비계

달비계* 지지로프
달비계 수직구명줄

달비계 위에서 미장작업 중 추락

미장공

달비계 미장작업

추락

벽돌쌓기 작업 중 주변 개구부로 추락

벽돌쌓기 작업

주변 개구부

추락

조적작업 중 자재 낙하

쌍줄비계

외부 비계 위에서 조적작업   낙하

벽돌 팔릿 하역작업 중 벽돌 낙하

벽돌 팔릿

낙하

벽돌

작업발판 탈락

추락

비계 위에서 미장작업 중 작업발판 탈락

안구 손상

그라인더

견출작업 중 비산물에 의한 안구 손상

견출 콘크리트면의 그라인더작업

리프트

추락

리프트탑승구에서 리어카로 벽돌운반 중 추락

2단 이동식 비계

추락

이동식 비계 위에서 벽돌쌓기 작업 중 추락

장비 충돌

지게차

벽돌자재 운반 중 지게차에 충돌

달비계 지지로프 풀림

추락

달비계에서 견출작업 중 로프가 풀리면서 추락

❷ 자재 반입 및 운반작업

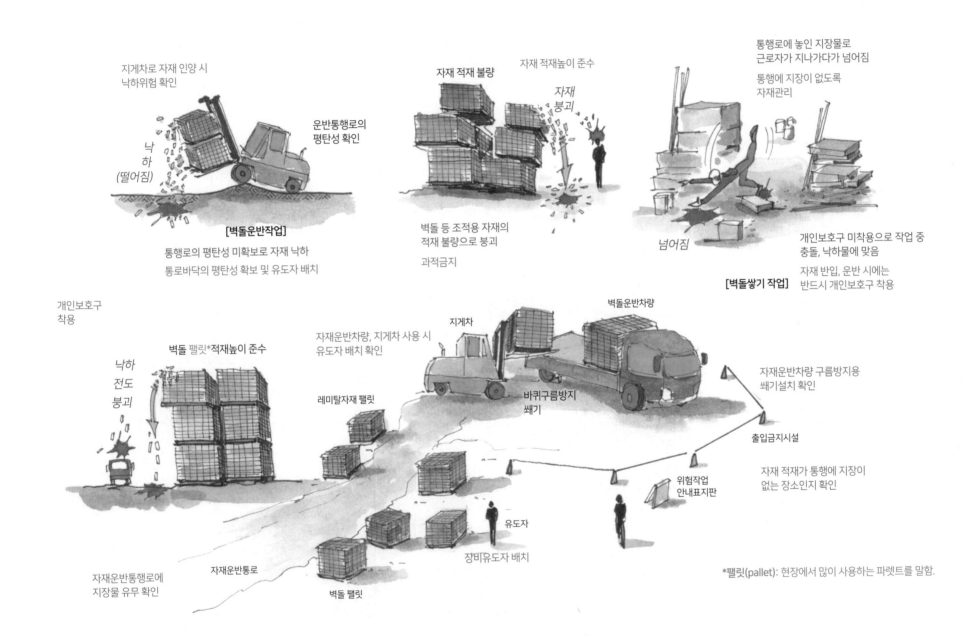

지게차로 자재 인양 시
낙하위험 확인

낙하
(떨어짐)

운반통행로의
평탄성 확인

[벽돌운반작업]

통행로의 평탄성 미확보로 자재 낙하

통로바닥의 평탄성 확보 및 유도자 배치

자재 적재 불량

자재 적재높이 준수

자재
붕괴

벽돌 등 조적용 자재의
적재 불량으로 붕괴

과적금지

통행로에 놓인 지장물로
근로자가 지나가다가 넘어짐

통행에 지장이 없도록
자재관리

넘어짐

개인보호구 미착용으로 작업 중
충돌, 낙하물에 맞음

자재 반입, 운반 시에는
반드시 개인보호구 착용

[벽돌쌓기 작업]

개인보호구
착용

낙하
전도
붕괴

벽돌 팰릿*적재높이 준수

자재운반차량, 지게차 사용 시
유도자 배치 확인

레미탈자재 팰릿

지게차

벽돌운반차량

바퀴구름방지
쐐기

자재운반차량 구름방지용
쐐기설치 확인

출입금지시설

자재 적재가 통행에 지장이
없는 장소인지 확인

위험작업
안내표지판

유도자

장비유도자 배치

자재운반통행로에
지장물 유무 확인

자재운반통로

벽돌 팰릿

*팰릿(pallet): 현장에서 많이 사용하는 파렛트를 말함.

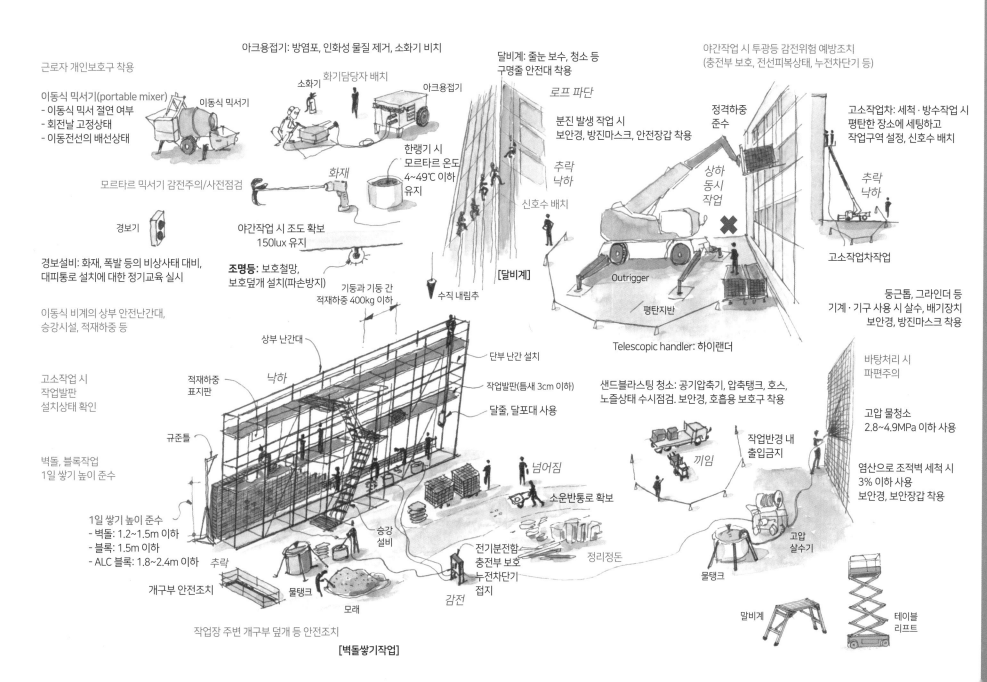

근로자 개인보호구 착용

이동식 믹서기(portable mixer)
- 이동식 믹서 절연 여부
- 회전날 고정상태
- 이동전선의 배선상태

이동식 믹서기

아크용접기: 방염포, 인화성 물질 제거, 소화기 비치

소화기

화기담당자 배치

아크용접기

모르타르 믹서기 감전주의/사전점검

화재

경보기

경보설비: 화재, 폭발 등의 비상사태 대비, 대피통로 설치에 대한 정기교육 실시

이동식 비계의 상부 안전난간대, 승강시설, 적재하중 등

고소작업 시 작업발판 설치상태 확인

벽돌, 블록작업 1일 쌓기 높이 준수

1일 쌓기 높이 준수
- 벽돌: 1.2~1.5m 이하
- 블록: 1.5m 이하
- ALC 블록: 1.8~2.4m 이하

추락

개구부 안전조치

물탱크

모래

작업장 주변 개구부 덮개 등 안전조치

달비계: 줄눈 보수, 청소 등 구명줄 안전대 착용

로프 파단

분진 발생 작업 시 보안경, 방진마스크, 안전장갑 착용

추락 낙하

신호수 배치

한랭기 시 모르타르 온도 4~49℃ 이하 유지

야간작업 시 조도 확보 150lux 유지

조명등: 보호철망, 보호덮개 설치(파손방지)

기둥과 기둥 간 적재하중 400kg 이하

수직 내림추

[달비계]

야간작업 시 투광등 감전위험 예방조치 (충전부 보호, 전선피복상태, 누전차단기 등)

정격하중 준수

상하 동시 작업

Outrigger

평탄지반

Telescopic handler: 하이랜더

고소작업차: 세척·방수작업 시 평탄한 장소에 세팅하고 작업구역 설정, 신호수 배치

추락 낙하

고소작업차작업

둥근톱, 그라인더 등 기계·기구 사용 시 살수, 배기장치 보안경, 방진마스크 착용

바탕처리 시 파편주의

고압 물청소 2.8~4.9MPa 이하 사용

염산으로 조적벽 세척 시 3% 이하 사용 보안경, 보안장갑 착용

상부 난간대

적재하중 표지판

낙하

규준틀

단부 난간 설치

작업발판(틈새 3cm 이하)

달줄, 달포대 사용

샌드블라스팅 청소: 공기압축기, 압축탱크, 호스, 노즐상태 수시점검. 보안경, 호흡용 보호구 착용

작업반경 내 출입금지

끼임

넘어짐

소운반통로 확보

승강 설비

전기분전함 충전부 보호 누전차단기 접지

정리정돈

감전

고압 살수기

물탱크

말비계

테이블 리프트

[벽돌쌓기작업]

❹ 조적작업 Ⅱ

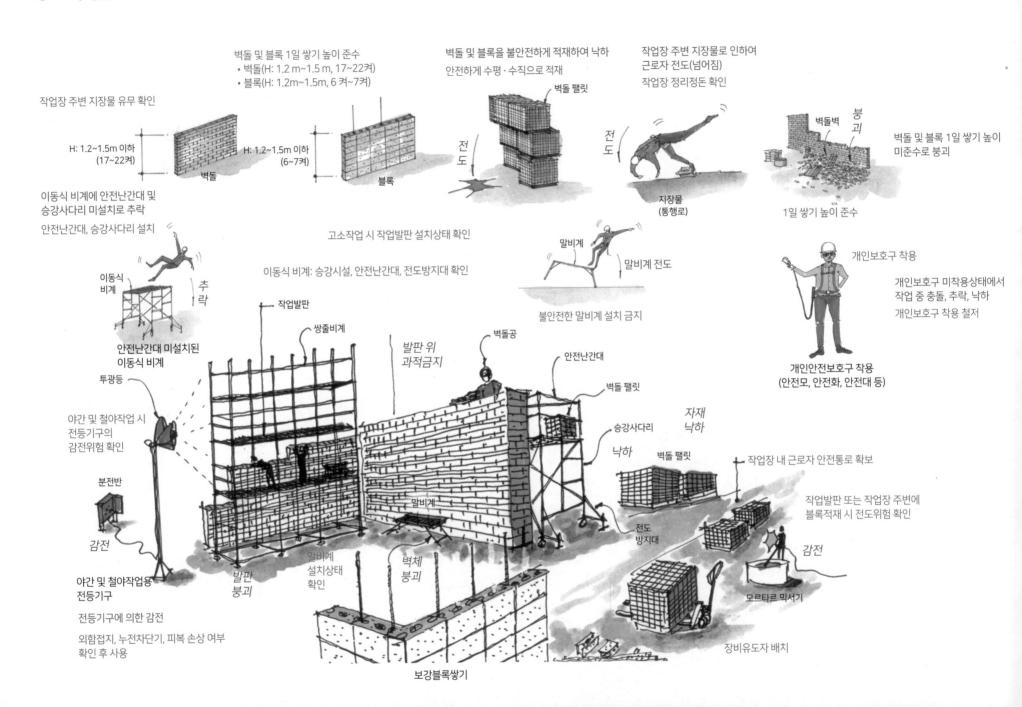

작업장 주변 지장물 유무 확인

H: 1.2~1.5m 이하
(17~22켜)

벽돌

벽돌 및 블록 1일 쌓기 높이 준수
• 벽돌(H: 1.2 m~1.5 m, 17~22켜)
• 블록(H: 1.2m~1.5m, 6 켜~7켜)

H: 1.2~1.5m 이하
(6~7켜)

블록

벽돌 및 블록을 불안전하게 적재하여 낙하

안전하게 수평·수직으로 적재

벽돌 팰릿

전도

작업장 주변 지장물로 인하여
근로자 전도(넘어짐)

작업장 정리정돈 확인

전도

지장물
(통행로)

벽돌벽

붕괴

벽돌 및 블록 1일 쌓기 높이
미준수로 붕괴

1일 쌓기 높이 준수

이동식 비계에 안전난간대 및
승강사다리 미설치로 추락

안전난간대, 승강사다리 설치

이동식
비계

추락

안전난간대 미설치된
이동식 비계

투광등

야간 및 철야작업 시
전등기구의
감전위험 확인

분전반

감전

야간 및 철야작업용
전등기구

전등기구에 의한 감전

외함접지, 누전차단기, 피복 손상 여부
확인 후 사용

고소작업 시 작업발판 설치상태 확인

이동식 비계: 승강시설, 안전난간대, 전도방지대 확인

작업발판

쌍줄비계

발판 위
과적금지

벽돌공

말비계

말비계 전도

불안전한 말비계 설치 금지

안전난간대

벽돌 팰릿

승강사다리

자재
낙하

낙하

개인보호구 착용

개인보호구 미착용상태에서
작업 중 충돌, 추락, 낙하

개인보호구 착용 철저

개인안전보호구 착용
(안전모, 안전화, 안전대 등)

벽돌 팰릿

작업장 내 근로자 안전통로 확보

작업발판 또는 작업장 주변에
블록적재 시 전도위험 확인

전도
방지대

감전

모르타르 믹서기

발판
붕괴

말비계
설치상태
확인

벽체
붕괴

말비계

장비유도자 배치

보강블록쌓기

❺ 미장·견출작업

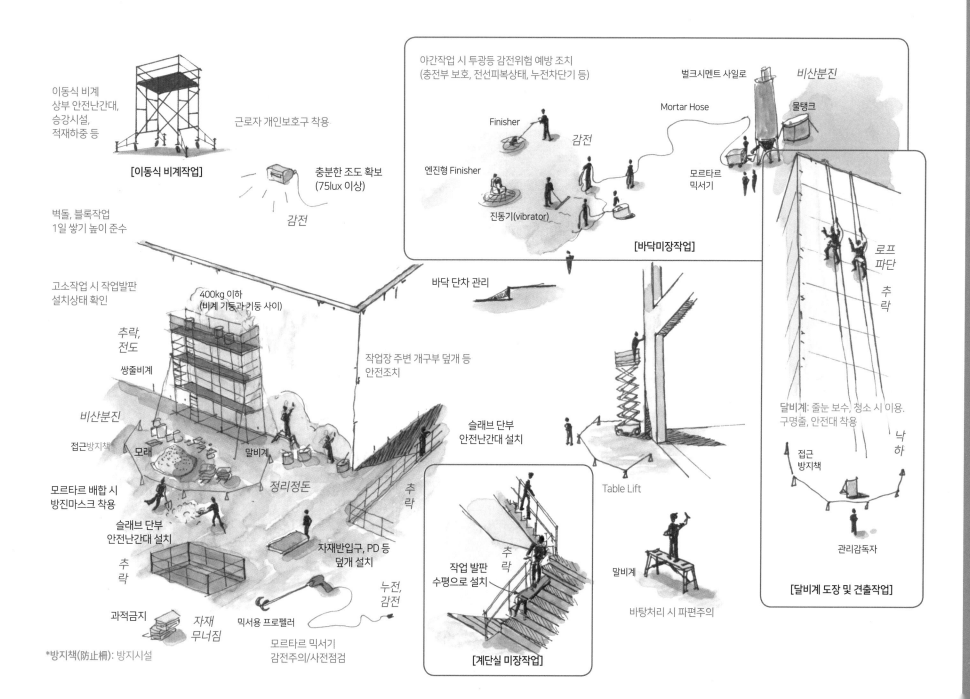

이동식 비계
상부 안전난간대,
승강시설,
적재하중 등

[이동식 비계작업]

근로자 개인보호구 착용

충분한 조도 확보
(75lux 이상)

감전

벽돌, 블록작업
1일 쌓기 높이 준수

고소작업 시 작업발판
설치상태 확인

400kg 이하
(비계 기둥과 기둥 사이)

추락,
전도

쌍줄비계

비산분진

접근방지책   모래

말비계

모르타르 배합 시
방진마스크 착용

슬래브 단부
안전난간대 설치

추락

정리정돈

과적금지   자재
무너짐

믹서용 프로펠러

모르타르 믹서기
감전주의/사전점검

*방지책(防止柵): 방지시설

야간작업 시 투광등 감전위험 예방 조치
(충전부 보호, 전선피복상태, 누전차단기 등)

Finisher

감전

엔진형 Finisher

진동기(vibrator)

[바닥미장작업]

벌크시멘트 사일로

비산분진

Mortar Hose

물탱크

모르타르
믹서기

바닥 단차 관리

작업장 주변 개구부 덮개 등
안전조치

슬래브 단부
안전난간대 설치

추락

자재반입구, PD 등
덮개 설치

누전,
감전

Table Lift

작업 발판
수평으로 설치

추락

말비계

바탕처리 시 파편주의

[계단실 미장작업]

로프
파단

추락

달비계: 줄눈 보수, 청소 시 이용.
구명줄, 안전대 착용

낙
하

접근
방지책

관리감독자

[달비계 도장 및 견출작업]

방수작업
Waterproof Work

07

❶ 방수작업 주요 재해사례
❷ 방수 바탕 만들기 및 방수작업

방수작업
옥외에 면한 벽, 지붕의 빗물 침투, 지하실의 내·외 벽면 등의 지하수 침투, 욕실, 저수탱크, 수영장 등의 누수를 방지하는 작업이다.
사용하는 재료에 따라 시멘트 액체방수, 아스팔트 루핑방수, 합성고분자 루핑방수 등이 있다.

7 방수작업

❶ 방수작업 주요 재해사례 [핵심 통계자료: 재해가 발생하는 빈도 및 강도는 **방수면 처리, 방수 및 보호모르타르 등의 시공과정**에서 가장 많이 발생한다.]

- 야간, 철야작업 중 전등 외함에 감전
- 그라인더 및 커팅기 작업 중 비산물에 의해 안구 손상
- 사다리를 놓고 방수작업 중 전도, 추락
- 작업대차에 탑승한 채 이동 중 자재가 전도되면서 충돌

- 방수자재 인력운반 중 지장물에 걸려 전도
- 이동식 비계 위에서 작업 중 단부 추락
- 방수작업 중 개구부로 추락
- 말비계 위에서 작업 중 전도

- 자재운반 중 리프트 탑승구에서 추락
- 지하 밀폐공간에서 에폭시페인트(epoxy paint)작업 중 질식

☑ 주요 안전관리 포인트: 비계 또는 이동식 비계에서 추락, 말비계에서 추락, 이동 중 개구부로 추락, 밀폐공간에서 작업 중 질식 등의 재해가 발생한다.

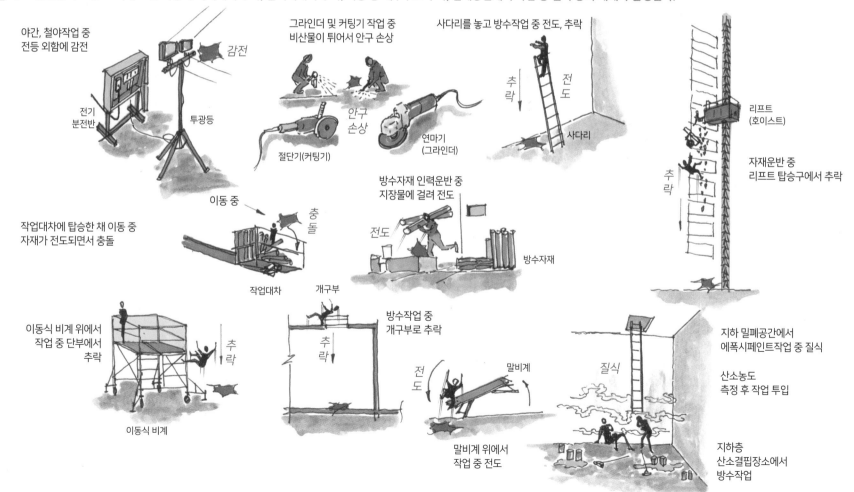

❷ 방수 바탕 만들기 및 방수작업

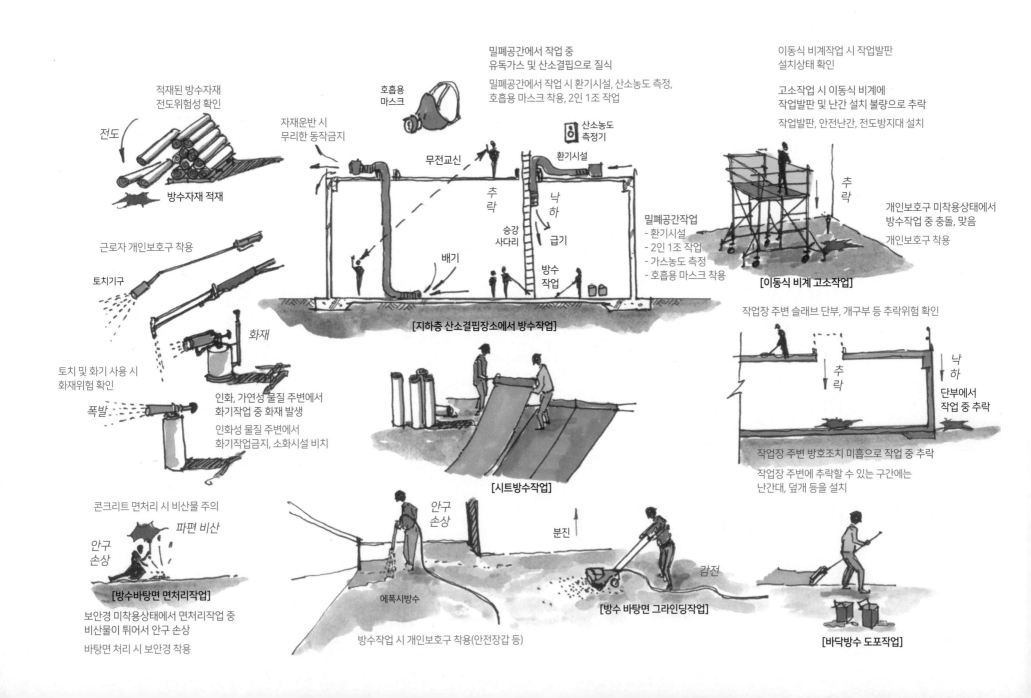

적재된 방수자재
전도위험성 확인

전도

방수자재 적재

자재운반 시
무리한 동작금지

호흡용
마스크

밀폐공간에서 작업 중
유독가스 및 산소결핍으로 질식

밀폐공간에서 작업 시 환기시설, 산소농도 측정,
호흡용 마스크 착용, 2인 1조 작업

이동식 비계작업 시 작업발판
설치상태 확인

고소작업 시 이동식 비계에
작업발판 및 난간 설치 불량으로 추락

작업발판, 안전난간, 전도방지대 설치

무전교신

산소농도
측정기

환기시설

추락

낙하

급기

승강
사다리

배기

방수
작업

밀폐공간작업
- 환기시설
- 2인 1조 작업
- 가스농도 측정
- 호흡용 마스크 착용

추락

개인보호구 미착용상태에서
방수작업 중 충돌, 맞음

개인보호구 착용

[이동식 비계 고소작업]

[지하층 산소결핍장소에서 방수작업]

근로자 개인보호구 착용

토치기구

토치 및 화기 사용 시
화재위험 확인

화재

인화, 가연성 물질 주변에서
화기작업 중 화재 발생

인화성 물질 주변에서
화기작업금지, 소화시설 비치

폭발

[시트방수작업]

작업장 주변 슬래브 단부, 개구부 등 추락위험 확인

추락

낙하

단부에서
작업 중 추락

작업장 주변 방호조치 미흡으로 작업 중 추락

작업장 주변에 추락할 수 있는 구간에는
난간대, 덮개 등을 설치

콘크리트 면처리 시 비산물 주의

파편 비산

안구
손상

[방수바탕면 면처리작업]

보안경 미착용상태에서 면처리작업 중
비산물이 튀어서 안구 손상

바탕면 처리 시 보안경 착용

안구
손상

에폭시방수

방수작업 시 개인보호구 착용(안전장갑 등)

분진

감전

[방수 바탕면 그라인딩작업]

[바닥방수 도포작업]

석재 및 타일작업
Stone & Tile Work

08

석재 및 타일작업

❶ 석재 및 타일작업 주요 재해사례 [핵심 통계자료: 재해가 발생하는 빈도 및 강도는 **석재 및 타일붙임작업과 타일 줄눈넣기, 코킹시공과정**에서 가장 많이 발생한다.]

- 자재 반입, 운반 하역 시 장비에 충돌, 협착
- 외벽 석재 상하 동시 작업 중 낙하, 맞음
- 석재자재 소운반 중 충돌(균형상실)
- 중량석재 소운반 중 손가락 협착(끼임)

- 윈치(winch)로 석재 인양작업 중 낙하
- 이동식 비계 위에서 자재정리작업 중 추락(떨어짐)
- 윈치로 자재 양중작업 중 작업자 추락
- 외부 비계 및 작업발판 설치 불량으로 석재작업 중 추락

- 곤돌라를 이용하여 석재 외벽작업 중 편심으로 추락(조작 불량)
- 줄눈작업 시 달비계 고정 불량, 수직용 안전벨트 미착용으로 추락

☑ 주요 안전관리 포인트: 외벽 비계 및 작업발판 설치 불량으로 추락, 이동식 비계 위에서 추락, 석재 소운반 중 협착

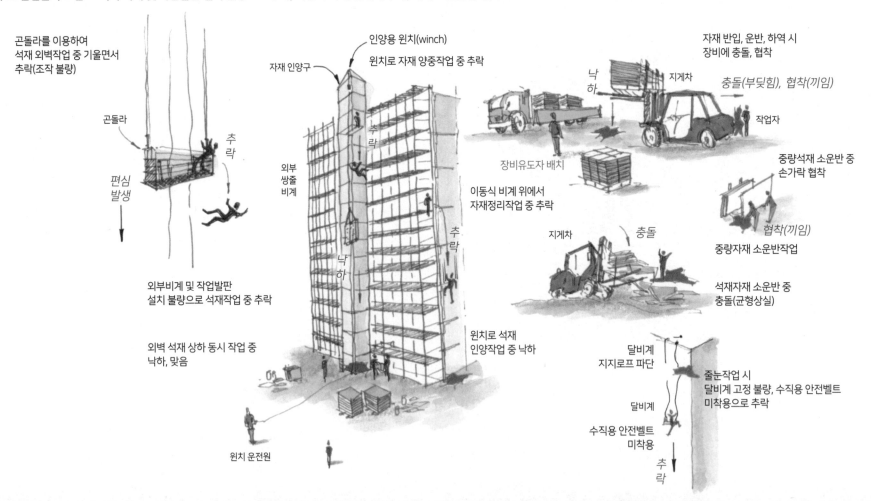

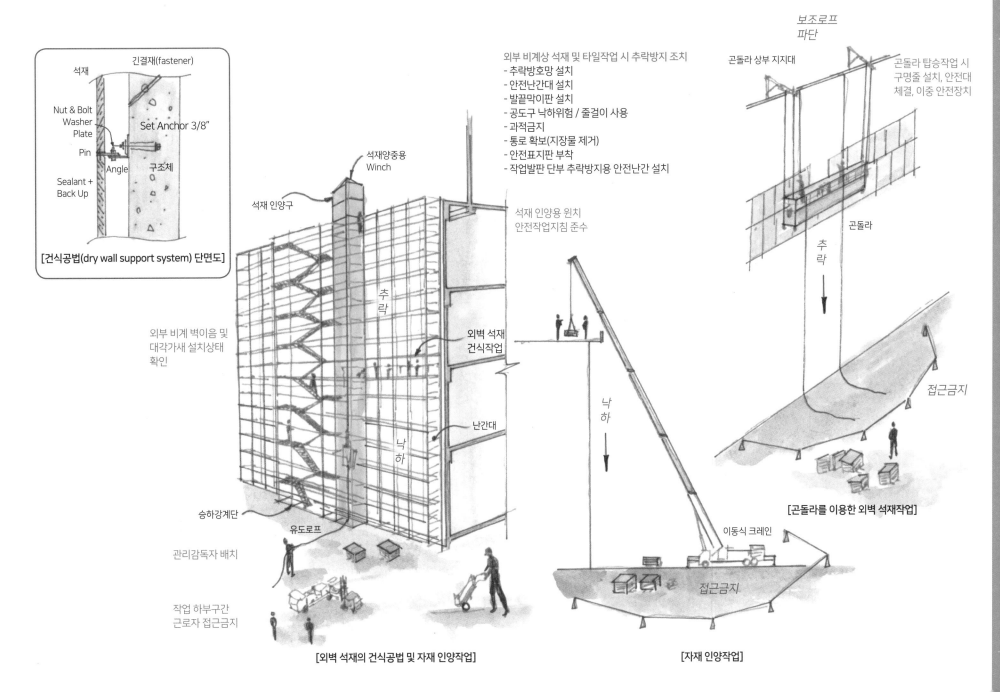

[건식공법(dry wall support system) 단면도]

긴결재(fastener)

석재

Nut & Bolt
Washer
Plate

Pin

Angle

Set Anchor 3/8"

구조체

Sealant +
Back Up

석재 인양구

석재양중용 Winch

외부 비계상 석재 및 타일작업 시 추락방지 조치
- 추락방호망 설치
- 안전난간대 설치
- 발끝막이판 설치
- 공도구 낙하위험 / 줄걸이 사용
- 과적금지
- 통로 확보(지장물 제거)
- 안전표지판 부착
- 작업발판 단부 추락방지용 안전난간 설치

석재 인양용 윈치
안전작업지침 준수

외부 비계 벽이음 및
대각가새 설치상태
확인

추락

낙하

외벽 석재
건식작업

난간대

승하강계단

유도로프

관리감독자 배치

작업 하부구간
근로자 접근금지

[외벽 석재의 건식공법 및 자재 인양작업]

낙하

이동식 크레인

접근금지

[자재 인양작업]

보조로프
파단

곤돌라 상부 지지대

곤돌라 탑승작업 시
구명줄 설치, 안전대
체결, 이중 안전장치

곤돌라

추락

접근금지

[곤돌라를 이용한 외벽 석재작업]

❸ 석재 및 타일작업 Ⅱ

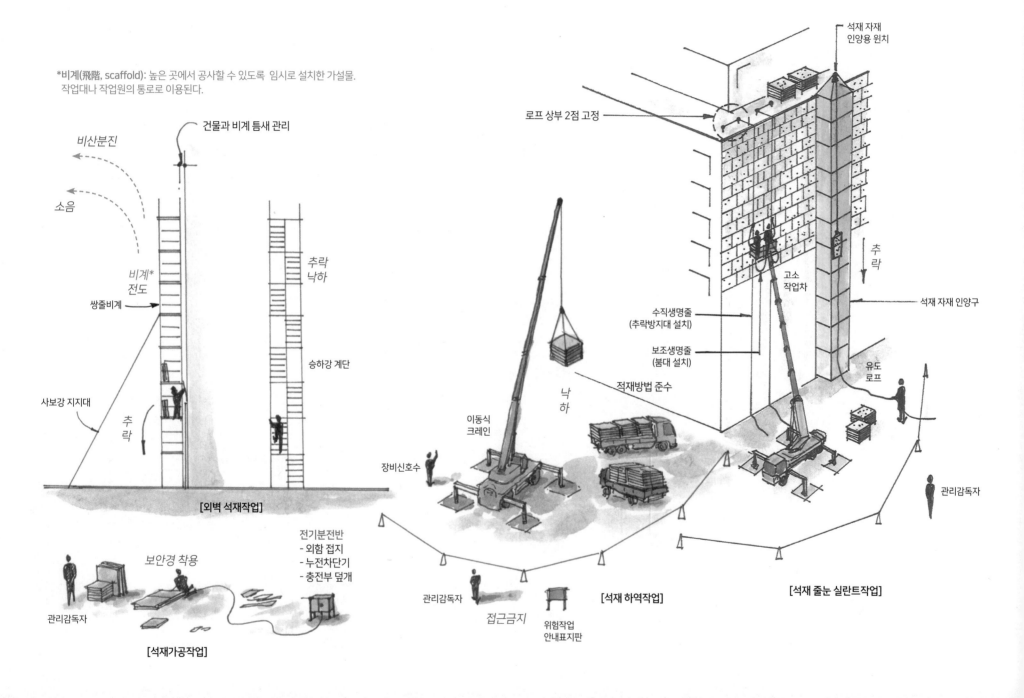

*비계(飛階, scaffold): 높은 곳에서 공사할 수 있도록 임시로 설치한 가설물.
작업대나 작업원의 통로로 이용된다.

건물과 비계 틈새 관리

비산분진

소음

비계*
전도

쌍줄비계

사보강 지지대

추락

추락
낙하

승하강 계단

[외벽 석재작업]

보안경 착용

전기분전반
- 외함 접지
- 누전차단기
- 충전부 덮개

관리감독자

[석재가공작업]

석재 자재
인양용 윈치

로프 상부 2점 고정

추락

고소
작업차

석재 자재 인양구

수직생명줄
(추락방지대 설치)

보조생명줄
(붐대 설치)

적재방법 준수

낙
하

이동식
크레인

장비신호수

유도
로프

관리감독자

관리감독자

접근금지

위험작업
안내표지판

[석재 하역작업]

[석재 줄눈 실란트작업]

❹ 석재 및 타일작업 Ⅲ

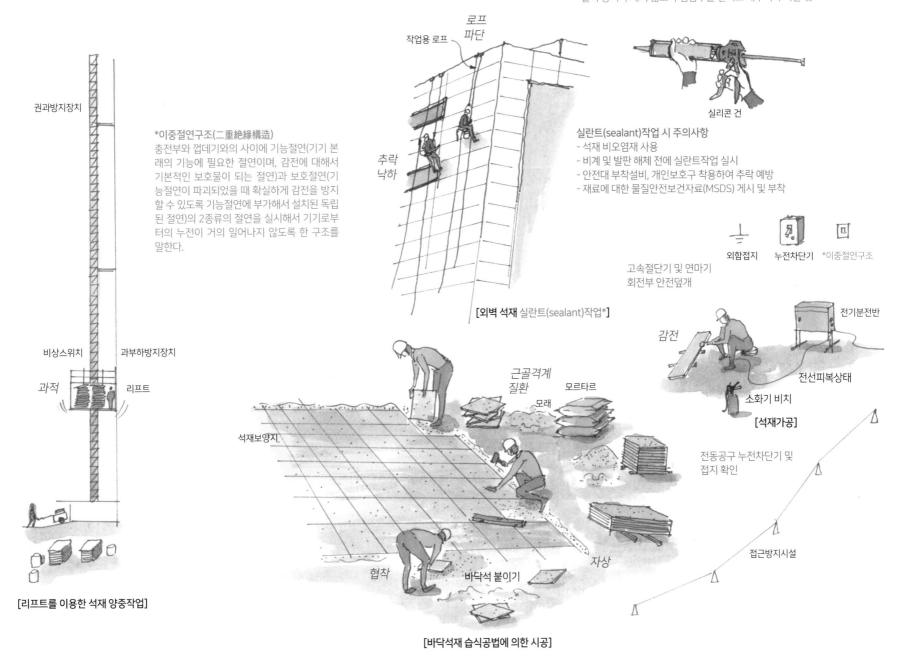

*실란트(sealant)작업: 코킹(caulking)작업과 같은 의미이며,
물과 공기가 새지 않도록 접합부를 실러로 채우거나 막는 것

로프
파단

작업용 로프

실리콘 건

*이중절연구조(二重絶緣構造)
충전부와 껍데기와의 사이에 기능절연(기기 본래의 기능에 필요한 절연이며, 감전에 대해서 기본적인 보호물이 되는 절연)과 보호절연(기능절연이 파괴되었을 때 확실하게 감전을 방지할 수 있도록 기능절연에 부가해서 설치된 독립된 절연)의 2종류의 절연을 실시해서 기기로부터의 누전이 거의 일어나지 않도록 한 구조를 말한다.

추락
낙하

실란트(sealant)작업 시 주의사항
- 석재 비오염재 사용
- 비계 및 발판 해체 전에 실란트작업 실시
- 안전대 부착설비, 개인보호구 착용하여 추락 예방
- 재료에 대한 물질안전보건자료(MSDS) 게시 및 부착

외함접지   누전차단기   *이중절연구조

권과방지장치

고속절단기 및 연마기
회전부 안전덮개

[외벽 석재 실란트(sealant)작업*]

전기분전반

감전

비상스위치   과부하방지장치

과적   리프트

근골격계
질환   모르타르

모래

전선피복상태

소화기 비치

[석재가공]

석재보양지

전동공구 누전차단기 및
접지 확인

접근방지시설

협착   바닥석 붙이기

자상

[리프트를 이용한 석재 양중작업]

[바닥석재 습식공법에 의한 시공]

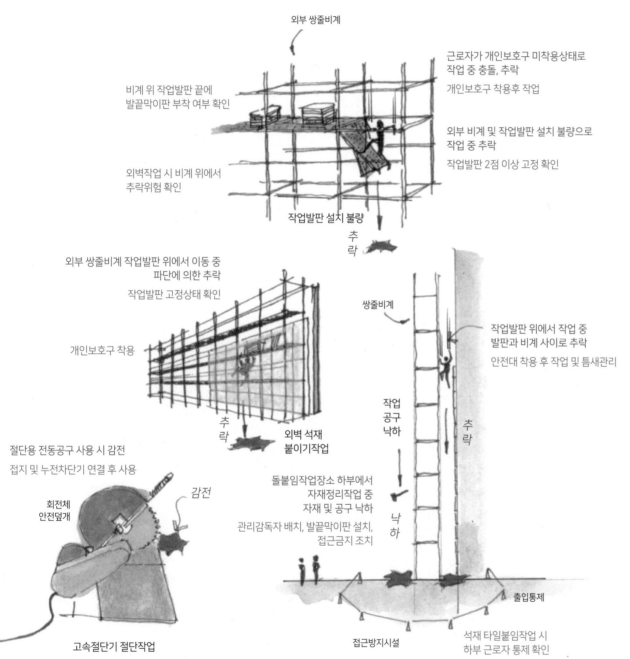

외부 쌍줄비계

비계 위 작업발판 끝에
발끝막이판 부착 여부 확인

외벽작업 시 비계 위에서
추락위험 확인

근로자가 개인보호구 미착용상태로
작업 중 충돌, 추락

개인보호구 착용후 작업

외부 비계 및 작업발판 설치 불량으로
작업 중 추락

작업발판 2점 이상 고정 확인

작업발판 설치 불량

추락

외부 쌍줄비계 작업발판 위에서 이동 중
파단에 의한 추락

작업발판 고정상태 확인

개인보호구 착용

추락

외벽 석재
붙이기작업

쌍줄비계

작업발판 위에서 작업 중
발판과 비계 사이로 추락

안전대 착용 후 작업 및 틈새관리

작업
공구
낙하

추락

낙하

절단용 전동공구 사용 시 감전

접지 및 누전차단기 연결 후 사용

회전체
안전덮개

감전

고속절단기 절단작업

돌붙임작업장소 하부에서
자재정리작업 중
자재 및 공구 낙하

관리감독자 배치, 발끝막이판 설치,
접근금지 조치

접근방지시설

출입통제

석재 타일붙임작업 시
하부 근로자 통제 확인

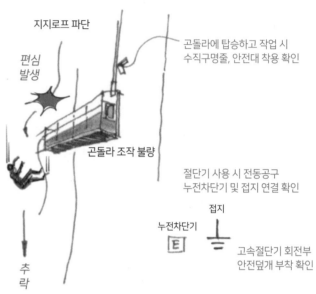

곤돌라 하강 조작 시 조작 불량으로
편심이 발생하면서 추락

적정 중량 준수, 안전장치 확인, 코브라벨트 착용

지지로프 파단

편심
발생

곤돌라 조작 불량

곤돌라에 탑승하고 작업 시
수직구명줄, 안전대 착용 확인

절단기 사용 시 전동공구
누전차단기 및 접지 연결 확인

접지

누전차단기

E

고속절단기 회전부
안전덮개 부착 확인

추락

비계기둥 간의 적재하중은 400kg을 초과하지 않도록 할 것.

산업안전보건기준에 관한 규칙 제60조(강관비계의 구조)		
	현행	개정
비계기둥 간격	띠장 방향: 1.5~1.8m 이하 장선 방향: 1.5 이하	띠장 방향: 1.85m 이하 장선 방향: 1.5m 이하
띠장 설치 간격 (수직 방향)	첫 단: 2.0m 이하 그 외: 1.5m 이하	첫 단 및 그외: 2.0m 이하

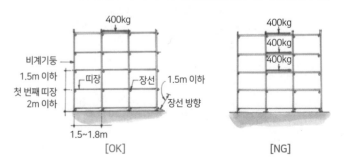

400kg

비계기둥

1.5m 이하

첫 번째 띠장
2m 이하

띠장

장선

1.5m 이하

장선 방향

1.5~1.8m

[OK]

400kg
400kg
400kg

[NG]

❻ 석재 및 타일 자재 반입, 운반작업

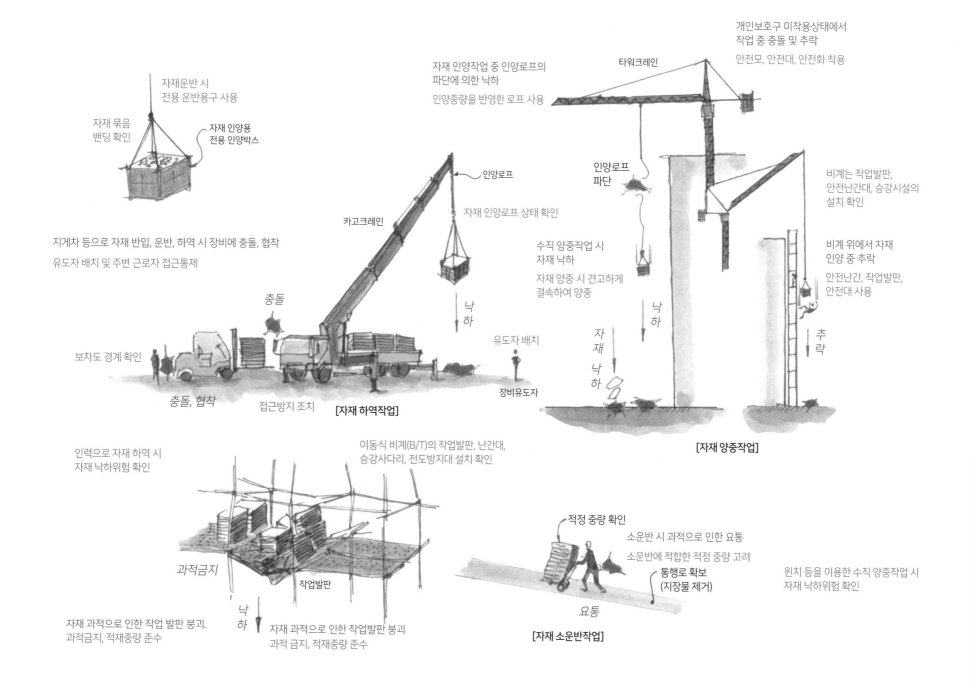

자재운반 시
전용 운반용구 사용

자재 묶음
밴딩 확인

자재 인양용
전용 인양박스

자재 인양작업 중 인양로프의
파단에 의한 낙하

인양중량을 반영한 로프 사용

타워크레인

개인보호구 미착용상태에서
작업 중 충돌 및 추락

안전모, 안전대, 안전화 착용

인양로프
파단

인양로프

비계는 작업발판,
안전난간대, 승강시설의
설치 확인

카고크레인

자재 인양로프 상태 확인

지게차 등으로 자재 반입, 운반, 하역 시 장비에 충돌, 협착

유도자 배치 및 주변 근로자 접근통제

수직 양중작업 시
자재 낙하

자재 양중 시 견고하게
결속하여 양중

비계 위에서 자재
인양 중 추락

안전난간, 작업발판,
안전대 사용

낙하

보차도 경계 확인

충돌

유도자 배치

자
재
낙
하

낙
하

추
락

충돌, 협착

접근방지 조치

[자재 하역작업]

장비유도자

[자재 양중작업]

인력으로 자재 하역 시
자재 낙하위험 확인

이동식 비계(B/T)의 작업발판, 난간대,
승강사다리, 전도방지대 설치 확인

적정 중량 확인

소운반 시 과적으로 인한 요통

소운반에 적합한 적정 중량 고려

**통행로 확보
(지장물 제거)**

윈치 등을 이용한 수직 양중작업 시
자재 낙하위험 확인

과적금지

작업발판

낙
하

자재 과적으로 인한 작업 발판 붕괴.
과적금지, 적재중량 준수

자재 과적으로 인한 작업발판 붕괴
과적 금지, 적재중량 준수

요통

[자재 소운반작업]

❼ 달비계 코킹작업 Ⅰ

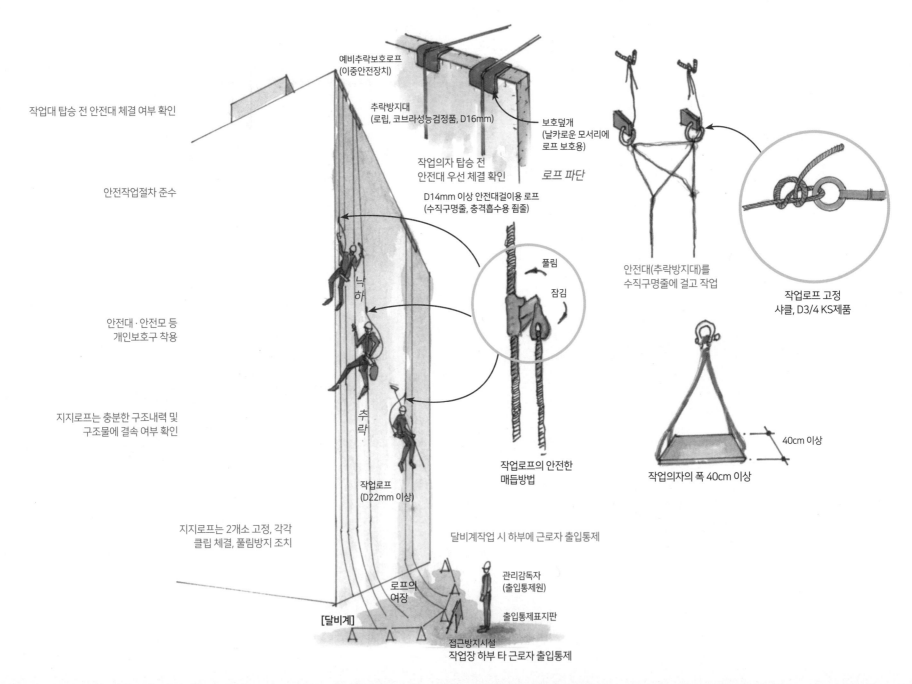

2개소 고정점, 클립 체결, 풀림방지 조치

작업대 탑승 전 안전대 체결 여부 확인

예비추락보호로프
(이중안전장치)

추락방지대
(로립, 코브라성능검정품, D16mm)

보호덮개
(날카로운 모서리에
로프 보호용)

로프 파단

작업의자 탑승 전
안전대 우선 체결 확인

안전작업절차 준수

D14mm 이상 안전대걸이용 로프
(수직구명줄, 충격흡수용 죔줄)

안전대(추락방지대)를
수직구명줄에 걸고 작업

작업로프 고정
샤클, D3/4 KS제품

안전대·안전모 등
개인보호구 착용

낙하

풀림

잠김

추락

지지로프는 충분한 구조내력 및
구조물에 결속 여부 확인

작업로프의 안전한
매듭방법

작업로프
(D22mm 이상)

40cm 이상

작업의자의 폭 40cm 이상

지지로프는 2개소 고정, 각각
클립 체결, 풀림방지 조치

달비계작업 시 하부에 근로자 출입통제

로프의
여장

[달비계]

관리감독자
(출입통제원)

출입통제표지판

접근방지시설
작업장 하부 타 근로자 출입통제

❽ 달비계 코킹작업 Ⅱ

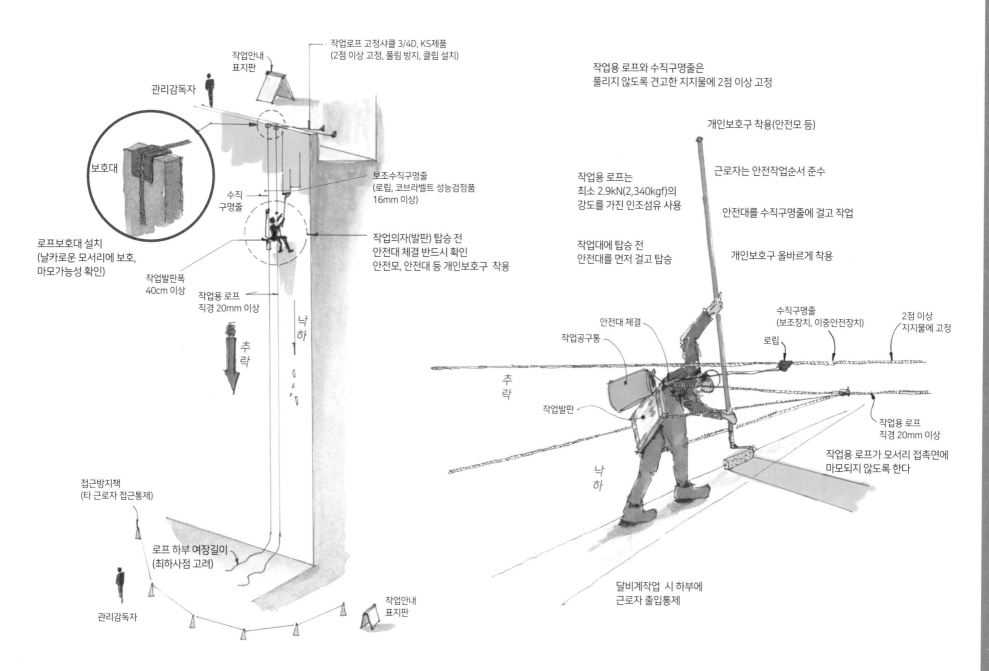

작업로프 고정샤클 3/4D, KS제품
(2점 이상 고정, 풀림 방지, 클립 설치)

작업안내
표지판

관리감독자

보호대

보조수직구명줄
(로립, 코브라벨트 성능검정품
16mm 이상)

로프보호대 설치
(날카로운 모서리에 보호,
마모가능성 확인)

수직
구명줄

작업의자(발판) 탑승 전
안전대 체결 반드시 확인
안전모, 안전대 등 개인보호구 착용

작업발판폭
40cm 이상

작업용 로프
직경 20mm 이상

추락

낙하

접근방지책
(타 근로자 접근통제)

로프 하부 여장길이
(최하사점 고려)

관리감독자

작업안내
표지판

작업용 로프와 수직구명줄은
풀리지 않도록 견고한 지지물에 2점 이상 고정

개인보호구 착용(안전모 등)

근로자는 안전작업순서 준수

작업용 로프는
최소 2.9kN(2,340kgf)의
강도를 가진 인조섬유 사용

안전대를 수직구명줄에 걸고 작업

작업대에 탑승 전
안전대를 먼저 걸고 탑승

개인보호구 올바르게 착용

안전대 체결

작업공구통

작업발판

추락

낙하

수직구명줄
(보조장치, 이중안전장치)

로립

2점 이상
지지물에 고정

작업용 로프
직경 20mm 이상

작업용 로프가 모서리 접촉면에
마모되지 않도록 한다

달비계작업 시 하부에
근로자 출입통제

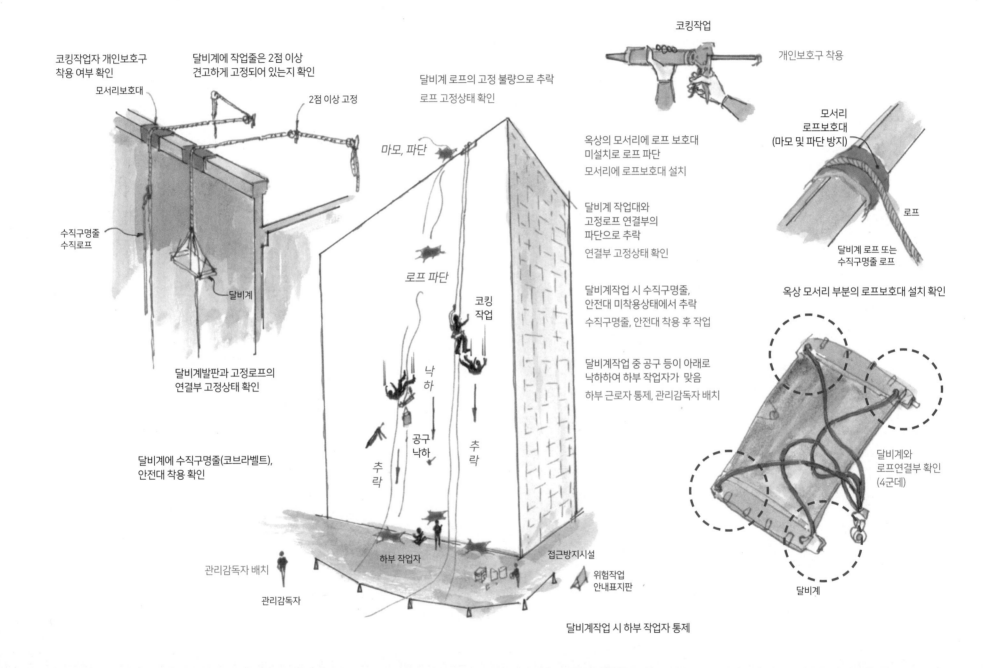

코킹작업

개인보호구 착용

코킹작업자 개인보호구
착용 여부 확인

모서리보호대

달비계에 작업줄은 2점 이상
견고하게 고정되어 있는지 확인

2점 이상 고정

달비계 로프의 고정 불량으로 추락
로프 고정상태 확인

마모, 파단

모서리
로프보호대
(마모 및 파단 방지)

로프

옥상의 모서리에 로프 보호대
미설치로 로프 파단
모서리에 로프보호대 설치

수직구명줄
수직로프

달비계

달비계 로프 또는
수직구명줄 로프

달비계 작업대와
고정로프 연결부의
파단으로 추락
연결부 고정상태 확인

로프 파단

코킹
작업

옥상 모서리 부분의 로프보호대 설치 확인

달비계작업 시 수직구명줄,
안전대 미착용상태에서 추락
수직구명줄, 안전대 착용 후 작업

달비계발판과 고정로프의
연결부 고정상태 확인

낙하

공구
낙하

추락

달비계작업 중 공구 등이 아래로
낙하하여 하부 작업자가 맞음
하부 근로자 통제, 관리감독자 배치

추락

달비계에 수직구명줄(코브라벨트),
안전대 착용 확인

달비계와
로프연결부 확인
(4군데)

관리감독자 배치

하부 작업자

접근방지시설

달비계

관리감독자

위험작업
안내표지판

달비계작업 시 하부 작업자 통제

도장(塗裝)작업
Painting Work

09

도장작업

❶ 도장작업 주요 재해사례 [핵심 통계자료: 재해가 발생하는 빈도 및 강도는 **실내·외 도장작업** 시 가장 많이 발생한다.]

- 용접작업 부근에서 도장작업 중 화재
- 유기용제의 관리 소홀로 화재
- 그라인더 방호장치의 파손으로 비산, 안구 손상
- 안전난간 미비로 추락(고소작업차, 전용 탑승설비 등)

- 모르타르 믹서기를 잘못 사용하여 감전(누전차단기 미설치, 전선 피복 손상 등)
- 고소작업 시 작업발판 설치 불량으로 추락
- 계단실작업 시 경사면 말비계 설치 불량으로 추락

- 달비계 로프가 풀리면서 추락(외벽도장작업)
- 사다리 도장작업 중 추락
- 달비계 사용 시 상부 로프 고정 불량 및 코브라벨트 미착용으로 추락

☑ 주요 안전관리 포인트: 작업발판에서 추락, 외벽 달비계 로프가 풀리면서 추락하는 재해가 많이 발생

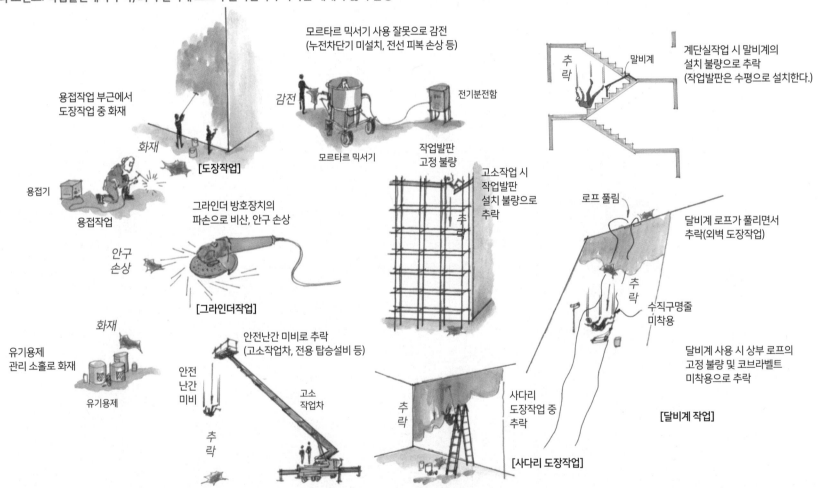

모르타르 믹서기 사용 잘못으로 감전
(누전차단기 미설치, 전선 피복 손상 등)

계단실작업 시 말비계의
설치 불량으로 추락
(작업발판은 수평으로 설치한다.)

추락 말비계

용접작업 부근에서
도장작업 중 화재

화재 [도장작업]

감전 전기분전함

용접기

용접작업

모르타르 믹서기

작업발판
고정 불량

그라인더 방호장치의
파손으로 비산, 안구 손상

안구
손상

고소작업 시
작업발판
설치 불량으로
추락

로프 풀림

달비계 로프가 풀리면서
추락(외벽 도장작업)

추락

[그라인더작업]

추락

수직구명줄
미착용

유기용제
관리 소홀로 화재

화재

안전난간 미비로 추락
(고소작업차, 전용 탑승설비 등)

달비계 사용 시 상부 로프의
고정 불량 및 코브라벨트
미착용으로 추락

유기용제

안전
난간
미비

고소
작업차

추락

추락

사다리
도장작업 중
추락

[달비계 작업]

추락

[사다리 도장작업]

❷ 도장작업

도장작업 시 주요 재해 발생원인

외부 구조물 도장작업 시 달비계 로프 체결 부위 풀림, 좌우 이동으로 인한 구조물 단부와 마찰로 인한 파단, 말비계에 안착 또는 작업 중 현기증이나 로프 조작 실수로 인한 떨어짐. 내부작업 중 유성도료 희석제인 시너 등에 인화되어 발생하는 화재, 밀폐된 공간에서 작업 시 환기가 충분치 않아 유해가스 질식, 작업발판으로 사용하는 말비계, 이동식 비계 등이 전도되어 추락, 도장작업 시 고속작업대의 작업대 이탈 및 꺾임, 고소작업대 넘어짐, 이동통로, 승강사다리의 설치 및 사용 시 안전기준 미준수 등

*MSDS(Material Safety Data Sheet, 물질안전보건자료): 화학물질을 안전하게 사용하고 관리하기 위하여 필요한 정보를 기재한 sheet. 제조자명, 제품명, 성분과 성질, 취급상의 주의, 적용 법규, 사고 시의 응급처치방법 등이 기재됨.

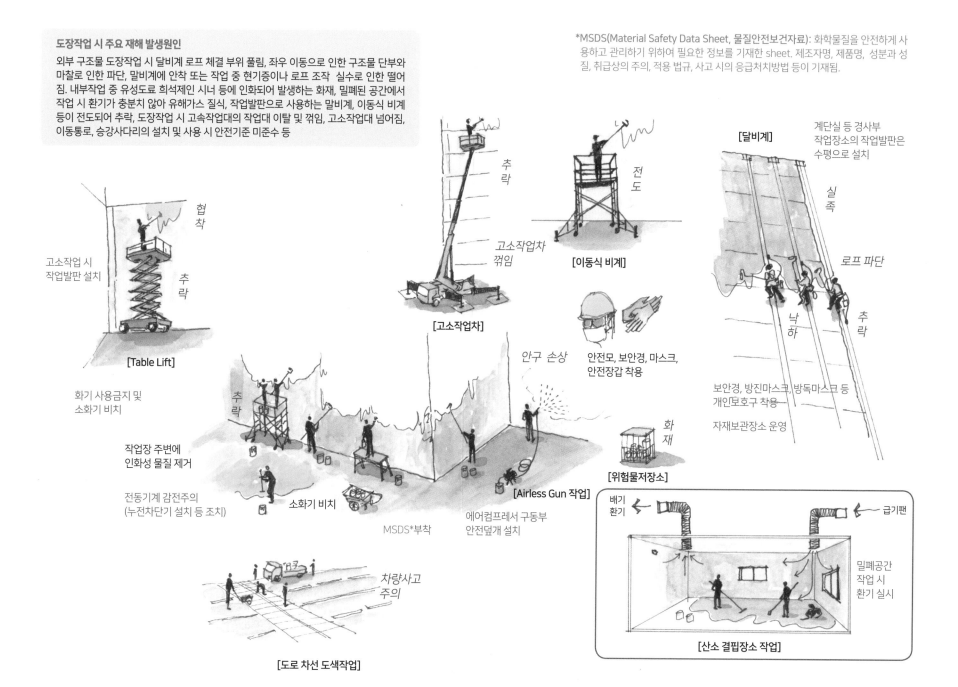

[Table Lift]

협착

추락

고소작업 시
작업발판 설치

화기 사용금지 및
소화기 비치

작업장 주변에
인화성 물질 제거

전동기계 감전주의
(누전차단기 설치 등 조치)

추락

소화기 비치

MSDS*부착

[도로 차선 도색작업]

차량사고
주의

추락

고소작업차
꺾임

[고소작업차]

전도

[이동식 비계]

안구 손상

안전모, 보안경, 마스크,
안전장갑 착용

화재

[위험물저장소]

에어컴프레서 구동부
안전덮개 설치

[Airless Gun 작업]

[달비계]

계단실 등 경사부
작업장소의 작업발판은
수평으로 설치

실족

로프 파단

낙하

추락

보안경, 방진마스크, 방독마스크 등
개인보호구 착용

자재보관장소 운영

배기
환기

급기팬

밀폐공간
작업 시
환기 실시

[산소 결핍장소 작업]

❸ 도장 바탕면 만들기 작업(면처리작업)

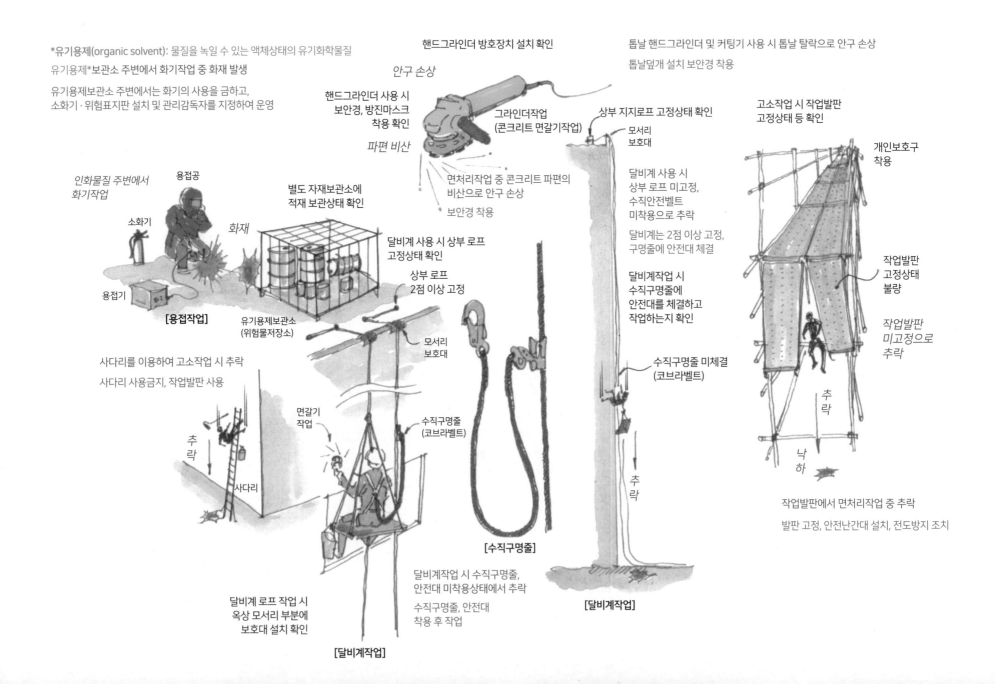

*유기용제(organic solvent): 물질을 녹일 수 있는 액체상태의 유기화학물질

유기용제*보관소 주변에서 화기작업 중 화재 발생

유기용제보관소 주변에서는 화기의 사용을 금하고,
소화기·위험표지판 설치 및 관리감독자를 지정하여 운영

핸드그라인더 방호장치 설치 확인

안구 손상

핸드그라인더 사용 시
보안경, 방진마스크
착용 확인

파편 비산

그라인더작업
(콘크리트 면갈기작업)

면처리작업 중 콘크리트 파편의
비산으로 안구 손상

보안경 착용

톱날 핸드그라인더 및 커팅기 사용 시 톱날 탈락으로 안구 손상

톱날덮개 설치 보안경 착용

상부 지지로프 고정상태 확인

모서리
보호대

달비계 사용 시
상부 로프 미고정,
수직안전벨트
미착용으로 추락

달비계는 2점 이상 고정,
구명줄에 안전대 체결

달비계작업 시
수직구명줄에
안전대를 체결하고
작업하는지 확인

수직구명줄 미체결
(코브라벨트)

추
락

[달비계작업]

고소작업 시 작업발판
고정상태 등 확인

개인보호구
착용

작업발판
고정상태
불량

작업발판
미고정으로
추락

추
락

낙
하

작업발판에서 면처리작업 중 추락

발판 고정, 안전난간대 설치, 전도방지 조치

인화물질 주변에서
화기작업

용접공

소화기

화재

용접기

[용접작업]

별도 자재보관소에
적재 보관상태 확인

유기용제보관소
(위험물저장소)

달비계 사용 시 상부 로프
고정상태 확인

상부 로프
2점 이상 고정

모서리
보호대

수직구명줄
(코브라벨트)

사다리를 이용하여 고소작업 시 추락

사다리 사용금지, 작업발판 사용

추
락

사다리

면갈기
작업

달비계 로프 작업 시
옥상 모서리 부분에
보호대 설치 확인

[달비계작업]

달비계작업 시 수직구명줄,
안전대 미착용상태에서 추락

수직구명줄, 안전대
착용 후 작업

[수직구명줄]

❹ 실내 도장작업

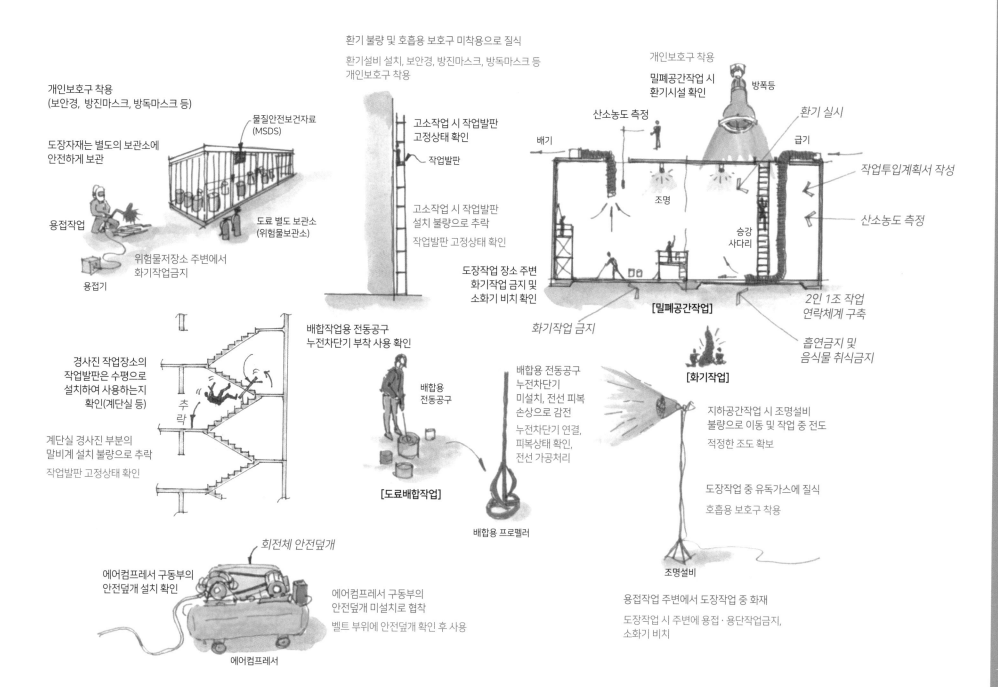

개인보호구 착용
(보안경, 방진마스크, 방독마스크 등)

도장자재는 별도의 보관소에
안전하게 보관

물질안전보건자료
(MSDS)

용접작업

위험물저장소 주변에서
화기작업금지

도료 별도 보관소
(위험물보관소)

용접기

환기 불량 및 호흡용 보호구 미착용으로 질식

환기설비 설치, 보안경, 방진마스크, 방독마스크 등
개인보호구 착용

고소작업 시 작업발판
고정상태 확인

작업발판

고소작업 시 작업발판
설치 불량으로 추락

작업발판 고정상태 확인

도장작업 장소 주변
화기작업 금지 및
소화기 비치 확인

개인보호구 착용

밀폐공간작업 시
환기시설 확인

방폭등

산소농도 측정

환기 실시

배기

급기

조명

작업투입계획서 작성

산소농도 측정

승강
사다리

2인 1조 작업
연락체계 구축

흡연금지 및
음식물 취식금지

[밀폐공간작업]

화기작업 금지

[화기작업]

경사진 작업장소의
작업발판은 수평으로
설치하여 사용하는지
확인(계단실 등)

추락

계단실 경사진 부분의
말비계 설치 불량으로 추락

작업발판 고정상태 확인

배합작업용 전동공구
누전차단기 부착 사용 확인

배합용
전동공구

배합용 전동공구
누전차단기
미설치, 전선 피복
손상으로 감전

누전차단기 연결,
피복상태 확인,
전선 가공처리

[도료배합작업]

배합용 프로펠러

지하공간작업 시 조명설비
불량으로 이동 및 작업 중 전도

적정한 조도 확보

도장작업 중 유독가스에 질식

호흡용 보호구 착용

회전체 안전덮개

에어컴프레서 구동부의
안전덮개 설치 확인

에어컴프레서 구동부의
안전덮개 미설치로 협착

벨트 부위에 안전덮개 확인 후 사용

에어컴프레서

조명설비

용접작업 주변에서 도장작업 중 화재

도장작업 시 주변에 용접·용단작업금지,
소화기 비치

❺ 실외 도장작업

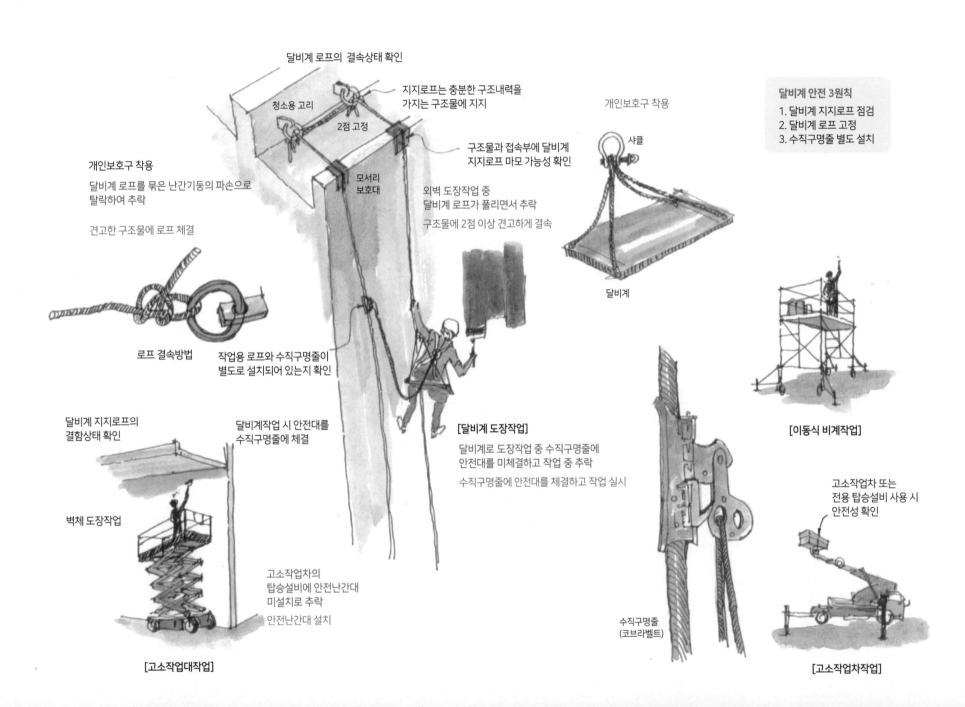

달비계 로프의 결속상태 확인

청소용 고리

2점 고정

지지로프는 충분한 구조내력을 가지는 구조물에 지지

개인보호구 착용

샤클

달비계 안전 3원칙
1. 달비계 지지로프 점검
2. 달비계 로프 고정
3. 수직구명줄 별도 설치

개인보호구 착용

달비계 로프를 묶은 난간기둥의 파손으로 탈락하여 추락

견고한 구조물에 로프 체결

모서리 보호대

구조물과 접속부에 달비계 지지로프 마모 가능성 확인

외벽 도장작업 중 달비계 로프가 풀리면서 추락

구조물에 2점 이상 견고하게 결속

달비계

로프 결속방법

작업용 로프와 수직구명줄이 별도로 설치되어 있는지 확인

[달비계 도장작업]

달비계로 도장작업 중 수직구명줄에 안전대를 미체결하고 작업 중 추락

수직구명줄에 안전대를 체결하고 작업 실시

[이동식 비계작업]

달비계 지지로프의 결함상태 확인

달비계작업 시 안전대를 수직구명줄에 체결

벽체 도장작업

고소작업차 또는 전용 탑승설비 사용 시 안전성 확인

고소작업차의 탑승설비에 안전난간대 미설치로 추락

안전난간대 설치

수직구명줄 (코브라벨트)

[고소작업대작업]

[고소작업차작업]

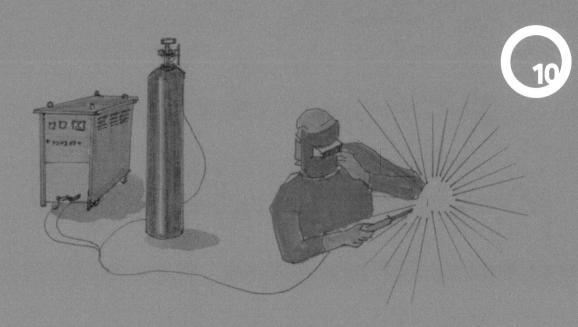

금속(잡철)작업
Metal Work
10

❶ 금속(잡철)작업 주요 재해사례
❷ 금속(잡철)자재 반입, 가공, 운반작업
❸ 금속(잡철)작업

금속(잡철)작업

❶ 금속(잡철)작업 주요 재해사례 [핵심 통계자료: 재해가 발생하는 빈도 및 강도는 **금속 및 잡철물시공** 시 가장 많이 발생한다.]

- 건물 외측에서 무리하게 자재를 인양 및 하역 중 자재 낙하
- 미검정된 전동드릴(drill)에 감전
- 절단, 가공, 그라인딩작업 시 보안경 미착용으로 안구 손상
- 고속절단기 회전부의 덮개 파손으로 신체 절상

- 용접 및 용단작업 시 불티가 인화물질에 옮겨 붙어 화재
- 불안전한 달비계 또는 이동식 비계를 사용 중 추락
- 교류아크용접기, 자동전격방지기 미부착상태에서 작업 중 감전

- 자재 반입, 운반 시 장비(지게차 등)에 의한 충돌, 협착
- 리프트 등으로 자재운반 시 주변 개구부로 추락
- 고소작업 및 외부 비계에서 작업 시 작업발판 불량으로 추락

☑ 주요 안전관리 포인트: 작업발판에서 추락, 전기기계·기구 사용 시 절단 및 감전재해 주의

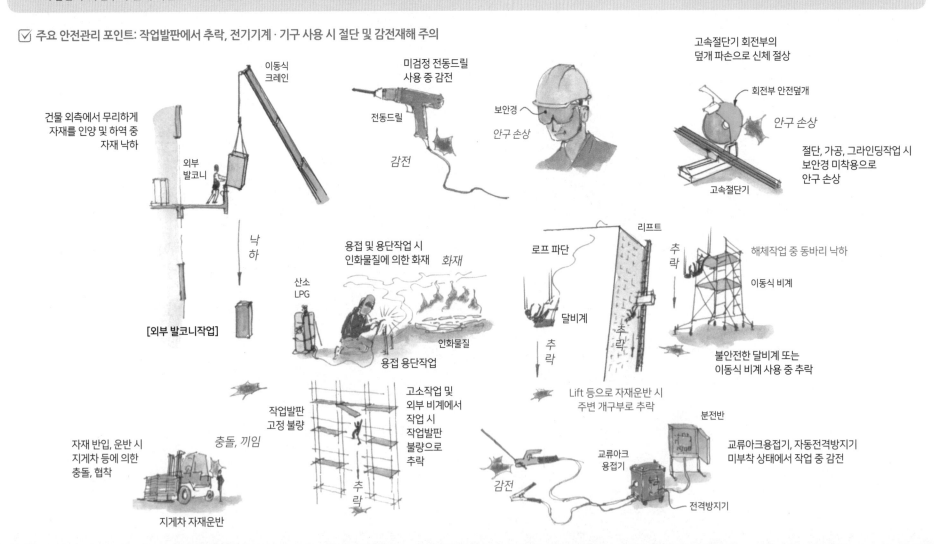

❷ 금속(잡철)자재 반입, 가공, 운반작업

*연삭기(grinder): 고속으로 회전하는 연삭숫돌을 사용해서
물체의 면을 깎는 기계

절단·가공작업 시
보안경을 미착용하여 안구 손상
보안경 등 보호구 착용

고속절단기 회전부에
안전덮개 미설치로 신체 절상
안전덮개 부착 후 사용

자재는 전도위험이 없도록 적재

개인보호구 착용
(보안경, 방진마스크,
방독마스크 등)

불티비산방지포

신체 절상

안전
덮개

전
도

자재 과적

차량
유도자

자재운반차량

리프트 지붕 위에서 자재를
양중하다가 추락

리프트 지붕 위 자재 양중금지

고속절단기 회전부
안전덮개 설치 확인

화재

연삭기*사용 시
불티비산방지포 설치

차량 진입 시
유도자 배치

[고속절단기작업]

자재 반입, 운반 시
지게차 등으로부터 충돌, 협착
차량유도자 배치 및 근로자 접근통제

인화물질(시너, 페인트 등) 위험물
주변에서 화기작업 중 화재 발생

인화물질 주변에서 화기작업금지,
위험물 별도 보관

화기작업

낙하

화기감시자
배치

화재

충돌

인화성 물질

Lift

추
락

협착

위험작업 안내표지판

통행로

근로자 통행로 확보

소화기

건물 발코니 등
외부에서 무리하게 자재를 인양,
하역하다가 추락, 낙하

하역장비 적정 중량
인양 확인

절단·가공작업 시 보안경 등
개인보호구 착용 확인

자재운반 시 단독으로 중량물 운반 중
요통 발생

자재 인양작업 시
인양용 기계기구 사용

양중장비

낙
하

적정 중량 인양

적정 중량 운반, 2인 1조 운반,
전용 운반구 사용하여 운반

자재운반 시 적정 중량 준수

보안경 착용

안구 손상

요통

건물 외부
발코니에서
인양작업

각종 철물의 절단작업 시
불티비산으로 인해 화재 발생

불티비산방지용 커버 설치 및
소화기 비치, 화기감시자 배치

화재

[단독 중량물 운반작업]

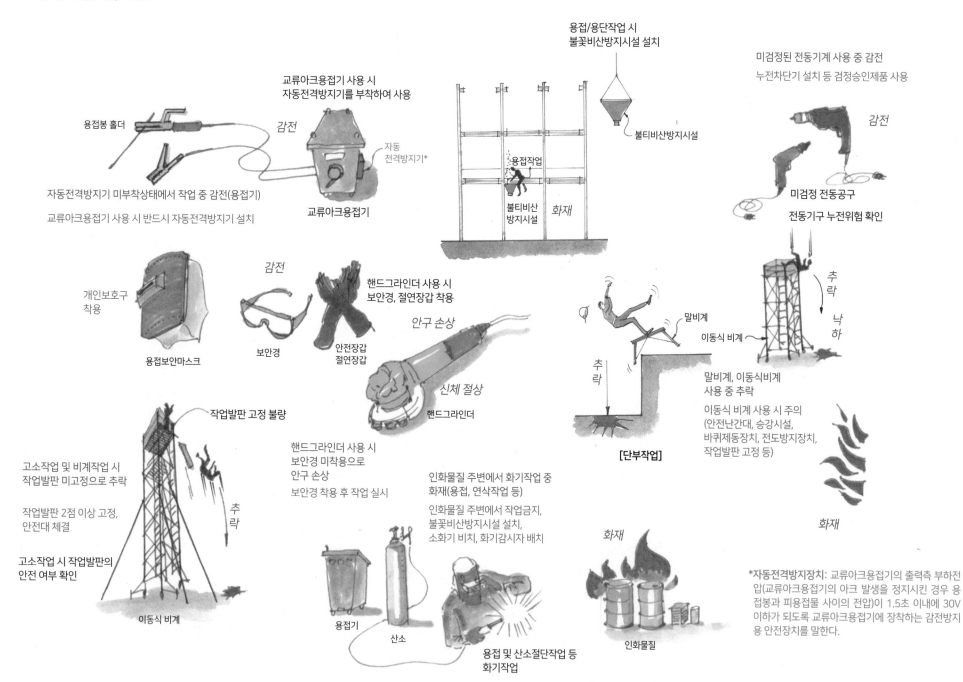

교류아크용접기 사용 시
자동전격방지기를 부착하여 사용

용접봉 홀더

감전

자동
전격방지기*

자동전격방지기 미부착상태에서 작업 중 감전(용접기)

교류아크용접기 사용 시 반드시 자동전격방지기 설치

교류아크용접기

용접/용단작업 시
불꽃비산방지시설 설치

불티비산방지시설

용접작업

불티비산
방지시설

화재

미검정된 전동기계 사용 중 감전

누전차단기 설치 등 검정승인제품 사용

감전

미검정 전동공구

전동기구 누전위험 확인

개인보호구
착용

용접보안마스크

감전

보안경

안전장갑
절연장갑

핸드그라인더 사용 시
보안경, 절연장갑 착용

안구 손상

신체 절상

핸드그라인더

추락

말비계

이동식 비계

추락
낙
하

말비계, 이동식비계
사용 중 추락

이동식 비계 사용 시 주의
(안전난간대, 승강시설,
바퀴제동장치, 전도방지장치,
작업발판 고정 등)

[단부작업]

작업발판 고정 불량

고소작업 및 비계작업 시
작업발판 미고정으로 추락

작업발판 2점 이상 고정,
안전대 체결

고소작업 시 작업발판의
안전 여부 확인

이동식 비계

추락

핸드그라인더 사용 시
보안경 미착용으로
안구 손상

보안경 착용 후 작업 실시

인화물질 주변에서 화기작업 중
화재(용접, 연삭작업 등)

인화물질 주변에서 작업금지,
불꽃비산방지시설 설치,
소화기 비치, 화기감시자 배치

용접기

산소

용접 및 산소절단작업 등
화기작업

화재

인화물질

화재

*자동전격방지장치: 교류아크용접기의 출력측 부하전
압(교류아크용접기의 아크 발생을 정지시킨 경우 용
접봉과 피용접물 사이의 전압)이 1.5초 이내에 30V
이하가 되도록 교류아크용접기에 장착하는 감전방지
용 안전장치를 말한다.

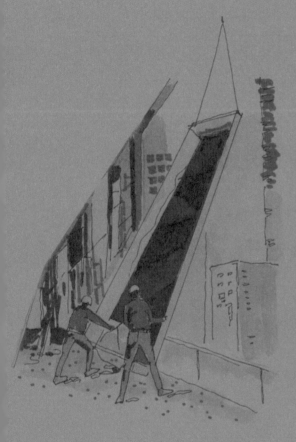

창호 및 유리작업

Door & Window, Glass Work

11

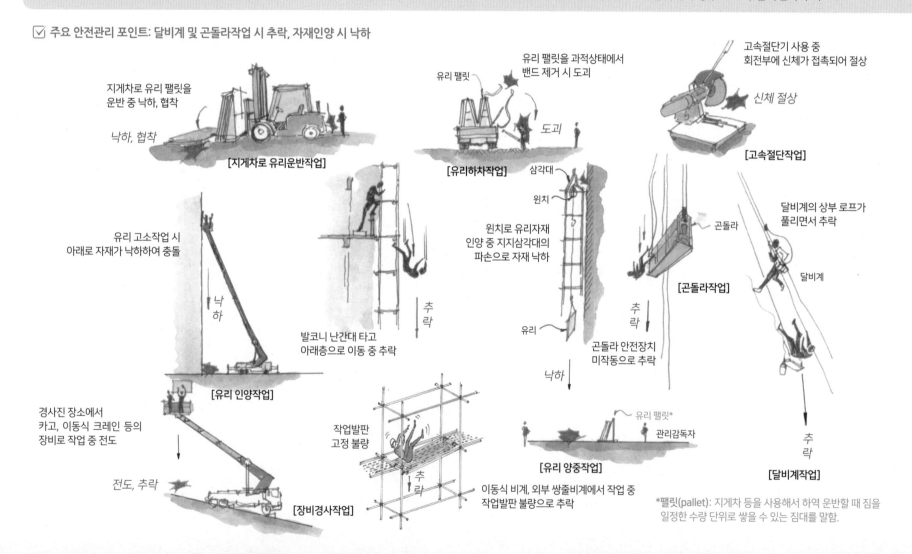

11 창호 및 유리작업

❶ 창호 및 유리작업 주요 재해사례 [핵심 통계자료: 재해가 발생하는 빈도 및 강도는 **창호 및 유리시공** 시 가장 많이 발생한다.]

- 발코니 난간대를 타고 아래층으로 이동 중 추락
- 유리 팰릿(pallet)을 지게차로 운반 중 낙하, 협착
- 유리 팰릿을 과적상태에서 밴드 제거 시 도괴
- 유리 고소작업 시 아래로 자재가 낙하하여 충돌

- 고속절단기 사용 중 회전부에 신체가 접촉되어 절상
- 윈치(winch)로 유리자재 인양 중 지지삼각대의 파손으로 자재 낙하
- 경사진 장소에서 카고, 이동식 크레인 등의 장비로 작업 중 전도

- 곤돌라안전장치 미작동으로 추락
- 이동식 비계, 외부 쌍줄비계에서 작업 중 작업발판 불량으로 추락
- 달비계의 상부 로프가 풀리면서 추락

☑ 주요 안전관리 포인트: 달비계 및 곤돌라작업 시 추락, 자재인양 시 낙하

지게차로 유리 팰릿을 운반 중 낙하, 협착

낙하, 협착

[지게차로 유리운반작업]

유리 팰릿을 과적상태에서 밴드 제거 시 도괴

유리 팰릿

도괴

[유리하차작업]

고속절단기 사용 중 회전부에 신체가 접촉되어 절상

신체 절상

[고속절단작업]

유리 고소작업 시 아래로 자재가 낙하하여 충돌

낙하

[유리 인양작업]

발코니 난간대 타고 아래층으로 이동 중 추락

추락

윈치로 유리자재 인양 중 지지삼각대의 파손으로 자재 낙하

삼각대

윈치

유리

낙하

달비계의 상부 로프가 풀리면서 추락

곤돌라

달비계

[곤돌라작업]

추락

곤돌라 안전장치 미작동으로 추락

추락

[달비계작업]

경사진 장소에서 카고, 이동식 크레인 등의 장비로 작업 중 전도

전도, 추락

[장비경사작업]

작업발판 고정 불량

추락

이동식 비계, 외부 쌍줄비계에서 작업 중 작업발판 불량으로 추락

유리 팰릿*

관리감독자

[유리 양중작업]

*팰릿(pallet): 지게차 등을 사용해서 하역 운반할 때 짐을 일정한 수량 단위로 쌓을 수 있는 짐대를 말함.

❷ 창호 및 유리 부착작업 Ⅰ

창호 및 유리공사의 경우 달비계·곤돌라작업 시 추락하거나
자재인양 시 낙하 등의 재해가 발생한다.

- 창호 종류: 목재, 철재, 금속재
- 유리 종류: 투명, 컬러, 접합, 강화, 망입, 유리타일, 스테인드글라스, 복층

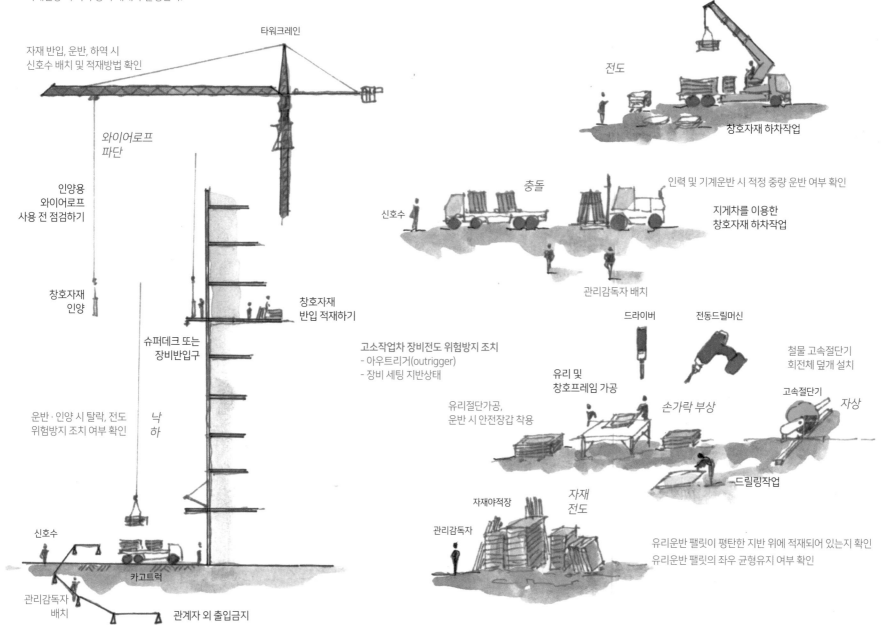

자재 반입, 운반, 하역 시
신호수 배치 및 적재방법 확인

타워크레인

와이어로프
파단

인양용
와이어로프
사용 전 점검하기

창호자재
인양

슈퍼데크 또는
장비반입구

창호자재
반입 적재하기

운반·인양 시 탈락, 전도
위험방지 조치 여부 확인

낙
하

신호수

카고트럭

관리감독자
배치

관계자 외 출입금지

전도

창호자재 하차작업

충돌

신호수

인력 및 기계운반 시 적정 중량 운반 여부 확인

지게차를 이용한
창호자재 하차작업

관리감독자 배치

드라이버

전동드릴머신

철물 고속절단기
회전체 덮개 설치

고속절단기

자상

유리 및
창호프레임 가공

손가락 부상

유리절단가공,
운반 시 안전장갑 착용

드릴링작업

자재야적장

자재
전도

관리감독자

고소작업차 장비전도 위험방지 조치
- 아우트리거(outrigger)
- 장비 세팅 지반상태

유리운반 팰릿이 평탄한 지반 위에 적재되어 있는지 확인
유리운반 팰릿의 좌우 균형유지 여부 확인

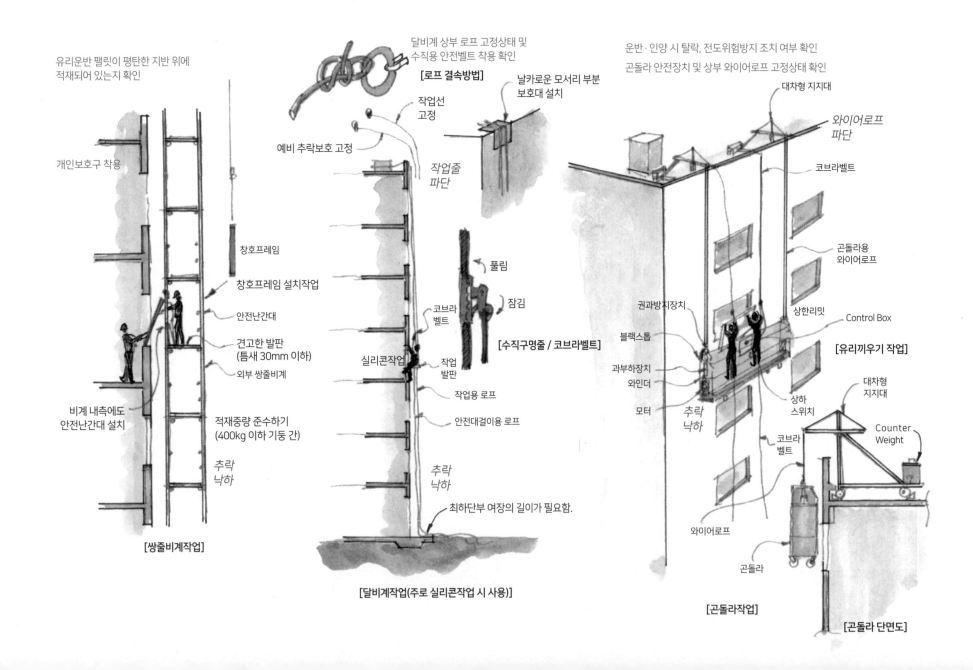

유리운반 팰릿이 평탄한 지반 위에
적재되어 있는지 확인

달비계 상부 로프 고정상태 및
수직용 안전벨트 착용 확인

[로프 결속방법]

날카로운 모서리 부분
보호대 설치

운반·인양 시 탈락, 전도위험방지 조치 여부 확인

곤돌라 안전장치 및 상부 와이어로프 고정상태 확인

대차형 지지대

와이어로프
파단

개인보호구 착용

예비 추락보호 고정

작업선
고정

작업줄
파단

코브라벨트

창호프레임

창호프레임 설치작업

풀림

곤돌라용
와이어로프

안전난간대

잠김

견고한 발판
(틈새 30mm 이하)

코브라
벨트

[수직구명줄 / 코브라벨트]

권과방지장치

상한리밋

외부 쌍줄비계

실리콘작업

작업
발판

블랙스톱

Control Box

[유리끼우기 작업]

비계 내측에도
안전난간대 설치

작업용 로프

과부하장치
와인더

상하
스위치

적재중량 준수하기
(400kg 이하 기둥 간)

안전대걸이용 로프

모터

추락
낙하

대차형
지지대

추락
낙하

추락
낙하

코브라
벨트

Counter
Weight

와이어로프

[쌍줄비계작업]

최하단부 여장의 길이가 필요함.

곤돌라

[달비계작업(주로 실리콘작업 시 사용)]

[곤돌라작업]

[곤돌라 단면도]

❹ 창호 및 유리자재 양중작업

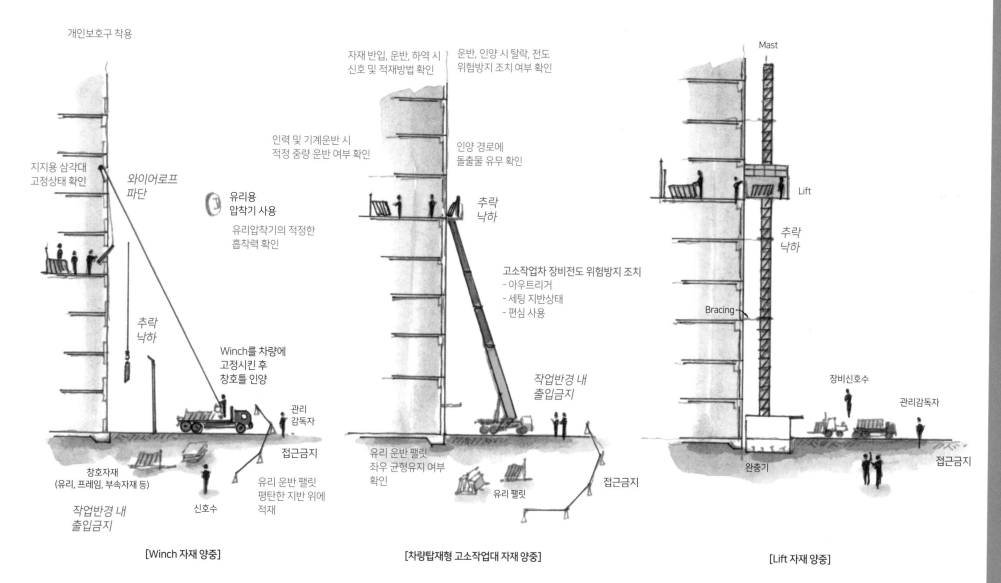

[Winch 자재 양중]

개인보호구 착용

지지용 삼각대
고정상태 확인

와이어로프
파단

유리용
압착기 사용

유리압착기의 적정한
흡착력 확인

추락
낙하

Winch를 차량에
고정시킨 후
창호틀 인양

관리
감독자

접근금지

창호자재
(유리, 프레임, 부속자재 등)

신호수

유리 운반 팰릿
평탄한 지반 위에
적재

작업반경 내
출입금지

[차량탑재형 고소작업대 자재 양중]

자재 반입, 운반, 하역 시
신호 및 적재방법 확인

운반, 인양 시 탈락, 전도
위험방지 조치 여부 확인

인력 및 기계운반 시
적정 중량 운반 여부 확인

인양 경로에
돌출물 유무 확인

추락
낙하

고소작업차 장비전도 위험방지 조치
- 아우트리거
- 세팅 지반상태
- 편심 사용

작업반경 내
출입금지

유리 운반 팰릿
좌우 균형유지 여부
확인

유리 팰릿

접근금지

[Lift 자재 양중]

Mast

Lift

추락
낙하

Bracing

장비신호수

관리감독자

완충기

접근금지

❺ 창호 및 유리 부착, 경사면작업

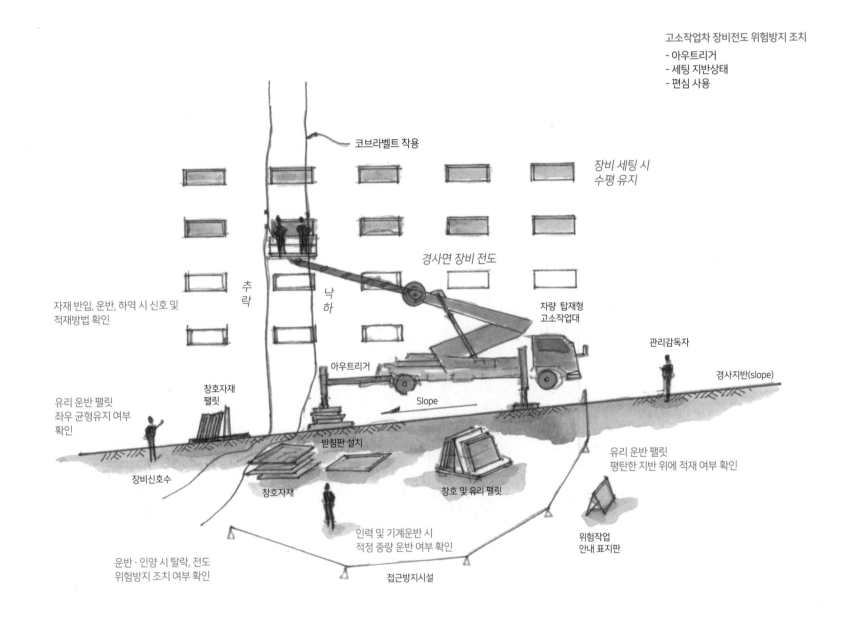

고소작업차 장비전도 위험방지 조치

- 아우트리거
- 세팅 지반상태
- 편심 사용

코브라벨트 착용

장비 세팅 시
수평 유지

경사면 장비 전도

자재 반입, 운반, 하역 시 신호 및
적재방법 확인

추락

낙하

차량 탑재형
고소작업대

관리감독자

아우트리거

경사지반(slope)

Slope

유리 운반 팰릿
좌우 균형유지 여부
확인

창호자재
팰릿

받침판 설치

유리 운반 팰릿
평탄한 지반 위에 적재 여부 확인

장비신호수

창호자재

창호 및 유리 팰릿

위험작업
안내 표지판

운반·인양 시 탈락, 전도
위험방지 조치 여부 확인

인력 및 기계운반 시
적정 중량 운반 여부 확인

접근방지시설

❻ 창호 및 유리자재 반입, 가공, 운반작업

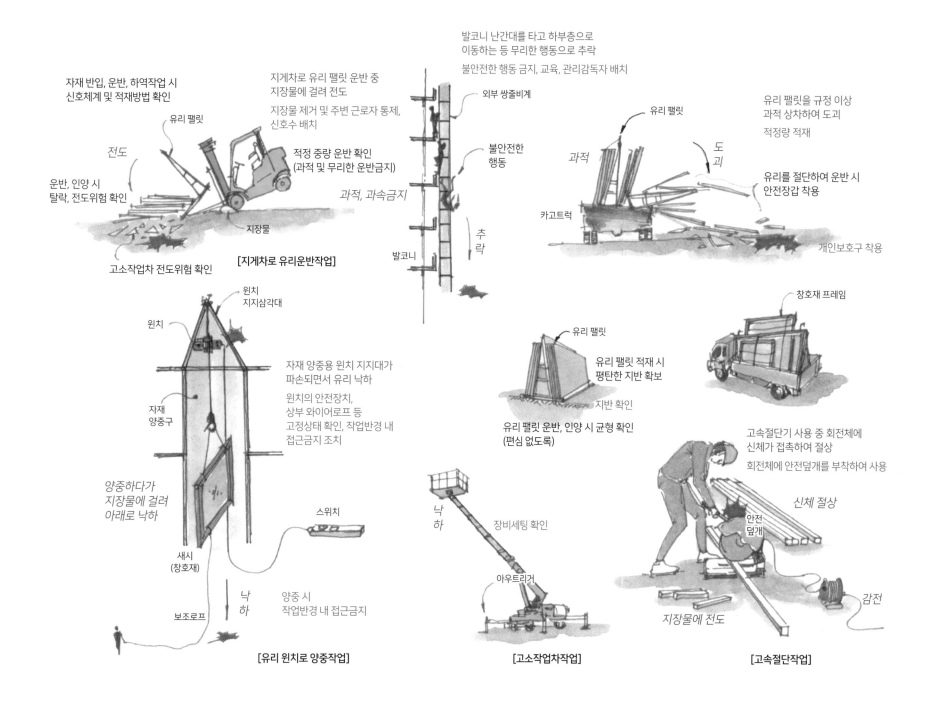

자재 반입, 운반, 하역작업 시
신호체계 및 적재방법 확인

유리 팰릿

전도

운반, 인양 시
탈락, 전도위험 확인

지장물

고소작업차 전도위험 확인

지게차로 유리 팰릿 운반 중
지장물에 걸려 전도

지장물 제거 및 주변 근로자 통제,
신호수 배치

적정 중량 운반 확인
(과적 및 무리한 운반금지)

과적, 과속금지

[지게차로 유리운반작업]

발코니 난간대를 타고 하부층으로
이동하는 등 무리한 행동으로 추락

불안전한 행동 금지, 교육, 관리감독자 배치

외부 쌍줄비계

불안전한
행동

추락

발코니

유리 팰릿

과적

카고트럭

도괴

유리 팰릿을 규정 이상
과적 상차하여 도괴

적정량 적재

유리를 절단하여 운반 시
안전장갑 착용

개인보호구 착용

윈치
지지삼각대

윈치

자재
양중구

자재 양중용 윈치 지지대가
파손되면서 유리 낙하

윈치의 안전장치,
상부 와이어로프 등
고정상태 확인, 작업반경 내
접근금지 조치

양중하다가
지장물에 걸려
아래로 낙하

새시
(창호재)

스위치

낙하

보조로프

양중 시
작업반경 내 접근금지

[유리 윈치로 양중작업]

유리 팰릿

유리 팰릿 적재 시
평탄한 지반 확보

지반 확인

유리 팰릿 운반, 인양 시 균형 확인
(편심 없도록)

낙하

장비세팅 확인

아웃트리거

[고소작업차작업]

창호재 프레임

고속절단기 사용 중 회전체에
신체가 접촉하여 절상

회전체에 안전덮개를 부착하여 사용

신체 절상

안전
덮개

감전

지장물에 전도

[고속절단작업]

❼ 창호 및 유리작업

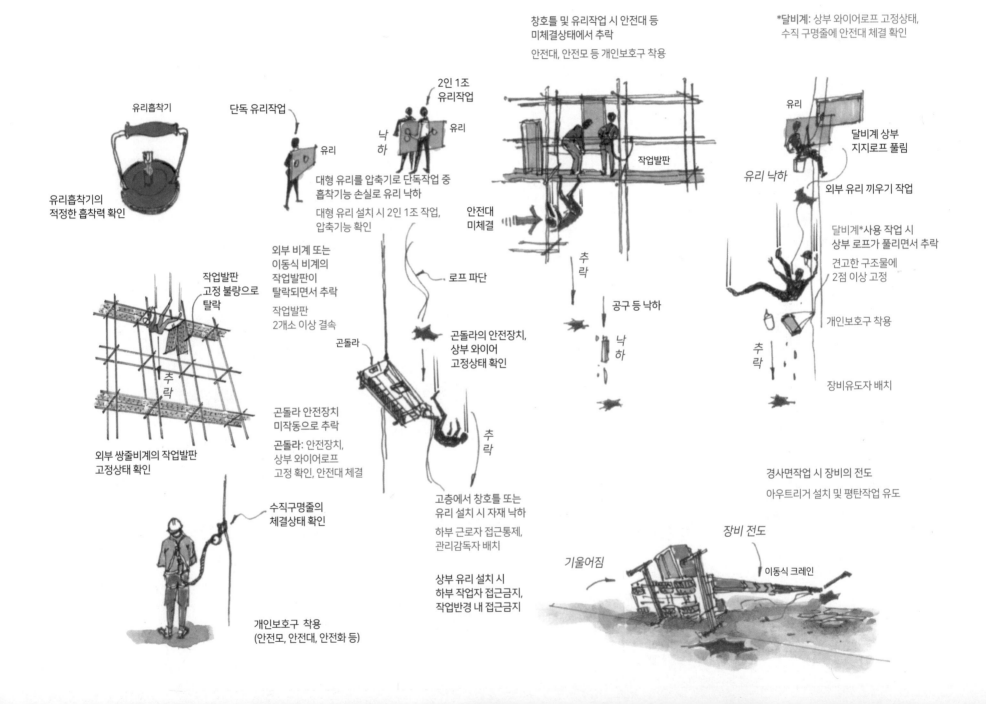

유리흡착기

유리흡착기의
적정한 흡착력 확인

단독 유리작업

유리

대형 유리를 압축기로 단독작업 중
흡착기능 손실로 유리 낙하

대형 유리 설치 시 2인 1조 작업,
압축기능 확인

낙하

2인 1조
유리작업

유리

창호틀 및 유리작업 시 안전대 등
미체결상태에서 추락

안전대, 안전모 등 개인보호구 착용

작업발판

안전대
미체결

추락

공구 등 낙하

낙하

*달비계: 상부 와이어로프 고정상태,
수직 구명줄에 안전대 체결 확인

유리

달비계 상부
지지로프 풀림

유리 낙하

외부 유리 끼우기 작업

달비계*사용 작업 시
상부 로프가 풀리면서 추락

견고한 구조물에
2점 이상 고정

개인보호구 착용

추락

장비유도자 배치

작업발판
고정 불량으로
탈락

추락

외부 쌍줄비계의 작업발판
고정상태 확인

외부 비계 또는
이동식 비계의
작업발판이
탈락되면서 추락

작업발판
2개소 이상 결속

곤돌라 안전장치
미작동으로 추락

곤돌라: 안전장치,
상부 와이어로프
고정 확인, 안전대 체결

로프 파단

곤돌라

곤돌라의 안전장치,
상부 와이어
고정상태 확인

추락

고층에서 창호틀 또는
유리 설치 시 자재 낙하

하부 근로자 접근통제,
관리감독자 배치

상부 유리 설치 시
하부 작업자 접근금지,
작업반경 내 접근금지

수직구명줄의
체결상태 확인

개인보호구 착용
(안전모, 안전대, 안전화 등)

경사면작업 시 장비의 전도

아우트리거 설치 및 평탄작업 유도

기울어짐

장비 전도

이동식 크레인

수장작업
Interior Finishing Work

12

❶ 수장작업 주요 재해사례 [핵심 통계자료: 재해가 발생하는 빈도는 **수장작업** 시 , 발생강도는 **자재 반입 및 운반** 시 가장 높다.]

- 리프트 케이지(lift cage) 상부에 올라서서 자재 하역작업 중 추락
- 타정총, 타카건 사용 시 부주의로 안전장치 해제 사용 중 비산
- 용접ㆍ용단작업 시 주변 인화물질에 의해 화재
- 전동기계공구 사용 시 안전장치가 파손되어 신체 접촉, 협착

- 천장텍스 등 Over Head 작업 시 이물질에 의한 안구 손상
- 지게차 등으로 자재운반 시 충돌, 협착
- 자재운반 시 주변 개구부 또는 슬래브 단부로 추락
- 전동기구작업 중 감전

- 말비계, 사다리, 이동식 비계 등 사용 중 추락
- 리프트로 자재 인양 중 출입구 밖으로 신체를 내밀었다가 실족하여 추락

☑ 주요 안전관리 포인트: 자재 인양 중 추락, 작업발판 위에서 추락, 전기기계ㆍ기구 사용 중 감전

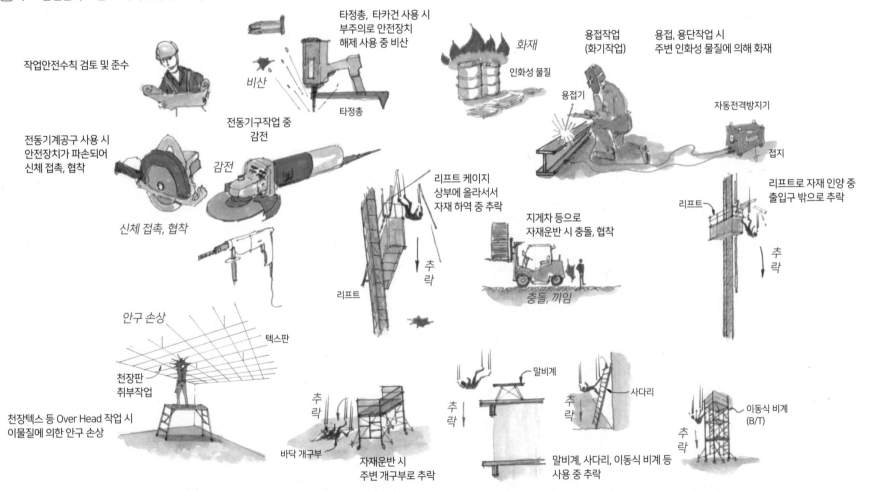

작업안전수칙 검토 및 준수

타정총, 타카건 사용 시
부주의로 안전장치
해제 사용 중 비산

비산

타정총

화재

인화성 물질

용접작업
(화기작업)

용접, 용단작업 시
주변 인화성 물질에 의해 화재

용접기

자동전격방지기

접지

전동기계공구 사용 시
안전장치가 파손되어
신체 접촉, 협착

전동기구작업 중
감전

감전

신체 접촉, 협착

리프트 케이지
상부에 올라서서
자재 하역 중 추락

리프트

추락

지게차 등으로
자재운반 시 충돌, 협착

충돌, 끼임

리프트로 자재 인양 중
출입구 밖으로 추락

리프트

추락

안구 손상

텍스판

천장판
취부작업

천장텍스 등 Over Head 작업 시
이물질에 의한 안구 손상

바닥 개구부

추락

자재운반 시
주변 개구부로 추락

말비계

추락

사다리

추락

말비계, 사다리, 이동식 비계 등
사용 중 추락

이동식 비계
(B/T)

추락

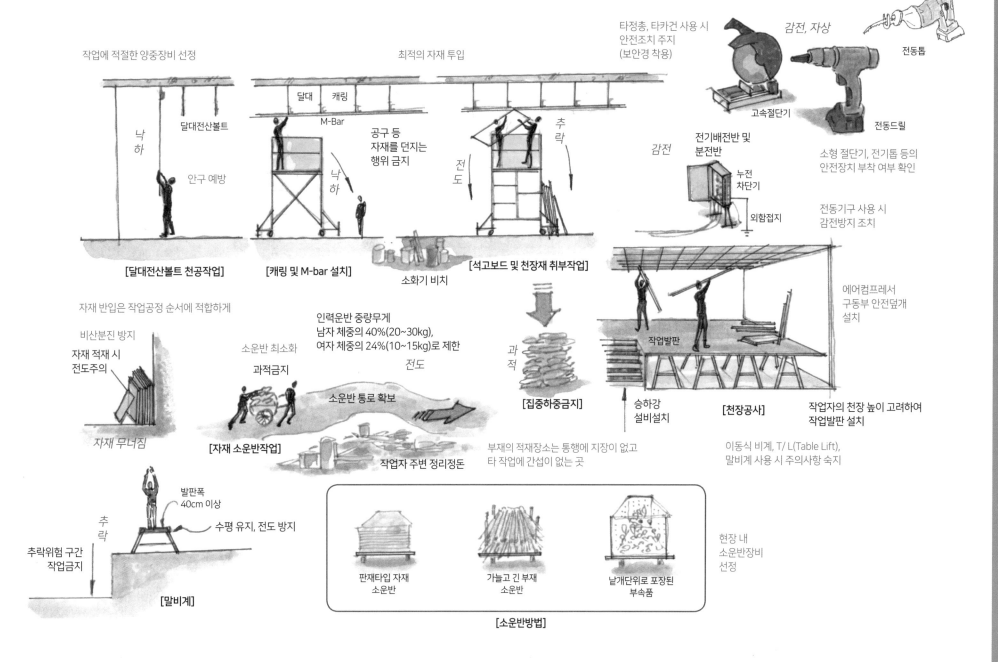

작업에 적절한 양중장비 선정

최적의 자재 투입

타정총, 타카건 사용 시
안전조치 주지
(보안경 착용)

감전, 자상

전동톱

달대   캐링
M-Bar

공구 등
자재를 던지는
행위 금지

추락

감전

전기배전반 및
분전반

고속절단기

전동드릴

낙하

달대전산볼트

낙하

전도

누전
차단기

소형 절단기, 전기톱 등의
안전장치 부착 여부 확인

안구 예방

외함접지

전동기구 사용 시
감전방지 조치

[달대전산볼트 천공작업]

[캐링 및 M-bar 설치]

소화기 비치

[석고보드 및 천장재 취부작업]

자재 반입은 작업공정 순서에 적합하게

비산분진 방지

자재 적재 시
전도주의

소운반 최소화

과적금지

인력운반 중량무게
남자 체중의 40%(20~30kg),
여자 체중의 24%(10~15kg)로 제한

전도

과적

에어컴프레서
구동부 안전덮개
설치

작업발판

자재 무너짐

소운반 통로 확보

[집중하중금지]

승하강
설비설치

[천장공사]

작업자의 천장 높이 고려하여
작업발판 설치

[자재 소운반작업]

작업자 주변 정리정돈

부재의 적재장소는 통행에 지장이 없고
타 작업에 간섭이 없는 곳

이동식 비계, T/ L(Table Lift),
말비계 사용 시 주의사항 숙지

발판폭
40cm 이상

수평 유지, 전도 방지

추락

추락위험 구간
작업금지

판재타입 자재
소운반

가늘고 긴 부재
소운반

낱개단위로 포장된
부속품

현장 내
소운반장비
선정

[말비계]

[소운반방법]

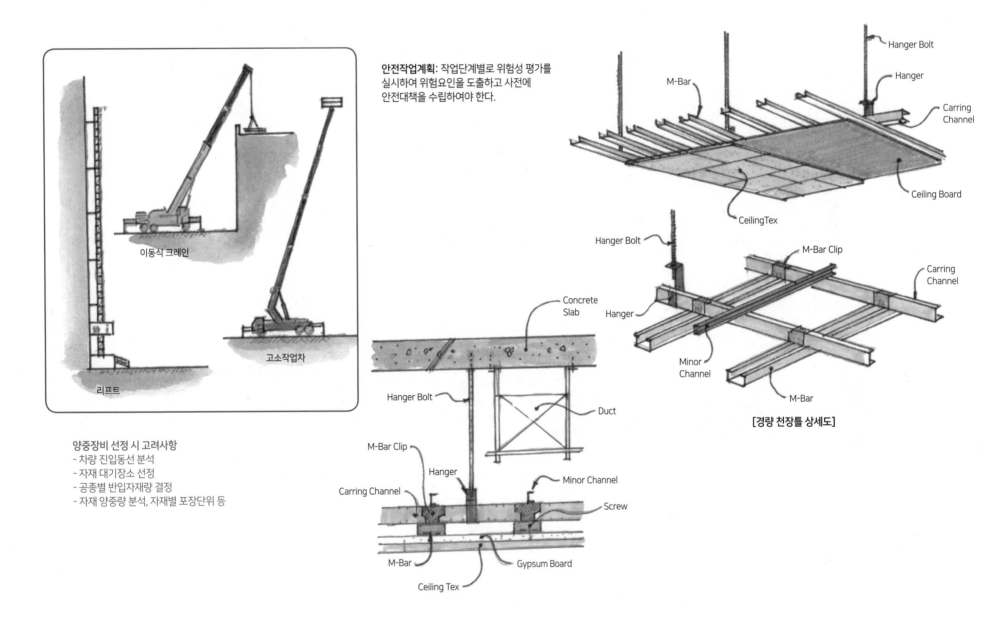

안전작업계획: 작업단계별로 위험성 평가를 실시하여 위험요인을 도출하고 사전에 안전대책을 수립하여야 한다.

이동식 크레인

리프트

고소작업차

양중장비 선정 시 고려사항
- 차량 진입동선 분석
- 자재 대기장소 선정
- 공종별 반입자재량 결정
- 자재 양중량 분석, 자재별 포장단위 등

Hanger Bolt

M-Bar

Hanger

Carring Channel

Ceiling Board

CeilingTex

Hanger Bolt

Hanger

M-Bar Clip

Carring Channel

Minor Channel

M-Bar

[경량 천장틀 상세도]

Concrete Slab

Hanger Bolt

Duct

M-Bar Clip

Hanger

Minor Channel

Carring Channel

Screw

M-Bar

Gypsum Board

Ceiling Tex

[경량 천장틀 단면도]

❹ 수장자재 반입, 운반작업

지게차로 자재 반입 시
낙하위험 확인

무리한 과중량 운반

낙하

과중량 운반 금지
(근골격계 질환의 위험)

무리한 단독
운반작업

인양, 운반 시 적정 중량 확인

단독으로 무리하게 자재를
운반하다가 요통 발생

단독작업 지양, 2인 1조 작업 지향

개구부 추락방지 조치
미흡

추락

개구부

리어카로 자재운반 시
주변 개구부로 추락

운반로 주변 개구부 등
추락방지 조치

운반로 정비, 지장물 없도록 관리

개인보호구 착용(안전모, 안전화, 안전대 등)

운반차량 위에 무리하게 올라서서 작업하는지 확인
불안전한 행동

운반차량 상부로
무리하게 올라가는
행위금지

추락

관리감독자 배치

자재 반입, 운반작업 전
안전교육 실시

자재 반입 시 장비에 의하여
충돌, 협착

유도자 배치

고압선 감전

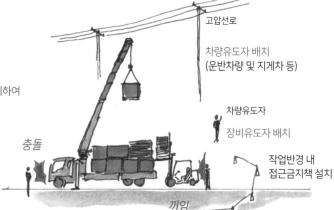

고압선로

차량유도자 배치
(운반차량 및 지게차 등)

차량유도자

장비유도자 배치

작업반경 내
접근금지책 설치

충돌

끼임

안전모 등 개인보호구 미착용상태에서
작업 중 충돌, 낙하

자재 반입작업 시 반드시 개인보호구 착용

리프트 상부에서 긴 자재
하역 중 추락

리프트에서 불안전한 행동 금지

리프트 출입문에서
신체를 내밀고 작업 중 추락

리프트 출입문은 항상
닫힌 상태로 관리

무리한 자재
하차작업 금지

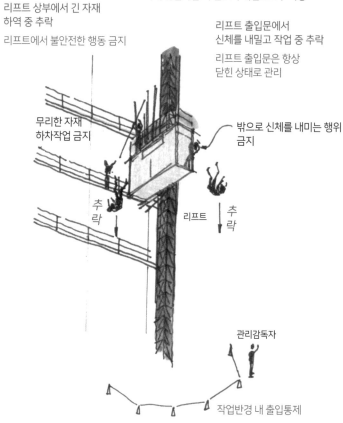

밖으로 신체를 내미는 행위
금지

추락

리프트

추락

관리감독자

작업반경 내 출입통제

❺ 수장작업(천장, 벽체 등)

불안전한 말비계, 사다리, 이동식 비계 사용 중 추락

- **이동식 비계**: 브레이크 쐐기 고정, 전도방지장치, 승강사다리, 최상부 안전난간대 설치
- **사다리**: 작업용으로 사용금지
- **말비계**: 지주부재 하단 미끄럼방지장치, 발판 양측 끝부분 닫지 못하 도록 함.
  지주부재와 수평면의 기울기 75˚이하, 지주부재와 지주부재 사이를 고정시키는 보조부재 설치, 높이 2m 초과 금지, 작업발판폭은 40cm 이상

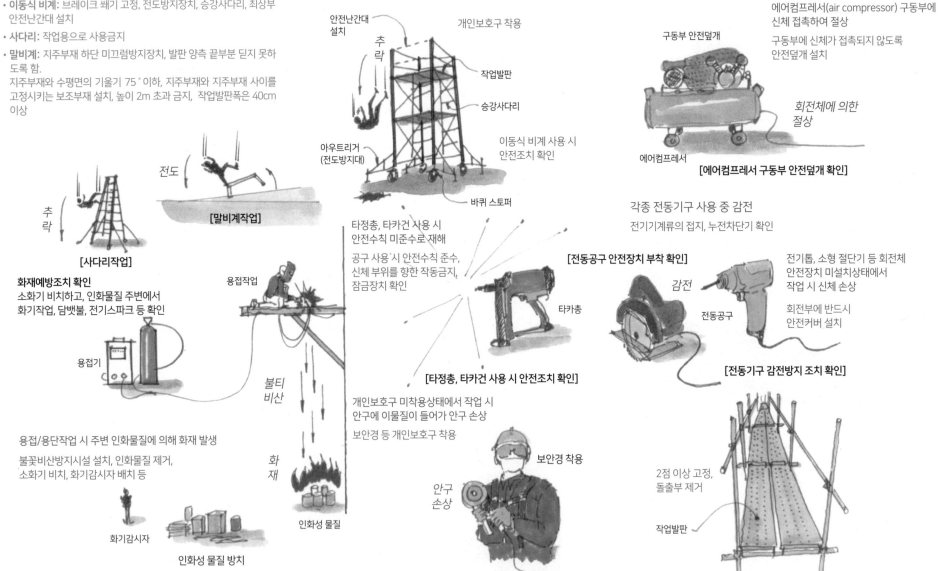

안전난간대 설치

추락

개인보호구 착용

작업발판

승강사다리

아웃트리거 (전도방지대)

이동식 비계 사용 시 안전조치 확인

바퀴 스토퍼

전도

[말비계작업]

추락

[사다리작업]

화재예방조치 확인
소화기 비치하고, 인화물질 주변에서
화기작업, 담뱃불, 전기스파크 등 확인

용접작업

용접기

불티 비산

화재

용접/용단작업 시 주변 인화물질에 의해 화재 발생
불꽃비산방지시설 설치, 인화물질 제거,
소화기 비치, 화기감시자 배치 등

화기감시자

인화성 물질 방치

인화성 물질

타정총, 타카건 사용 시
안전수칙 미준수로 재해

공구 사용 시 안전수칙 준수,
신체 부위를 향한 작동금지,
잠금장치 확인

타카총

[타정총, 타카건 사용 시 안전조치 확인]

개인보호구 미착용상태에서 작업 시
안구에 이물질이 들어가 안구 손상

보안경 등 개인보호구 착용

보안경 착용

안구 손상

에어컴프레서(air compressor) 구동부에
신체 접촉하여 절상

구동부 안전덮개

구동부에 신체가 접촉되지 않도록
안전덮개 설치

회전체에 의한 절상

에어컴프레서

[에어컴프레서 구동부 안전덮개 확인]

각종 전동기구 사용 중 감전
전기기계류의 접지, 누전차단기 확인

[전동공구 안전장치 부착 확인]

감전

전동공구

전기톱, 소형 절단기 등 회전체
안전장치 미설치상태에서
작업 시 신체 손상

회전부에 반드시
안전커버 설치

[전동기구 감전방지 조치 확인]

2점 이상 고정,
돌출부 제거

작업발판

[작업발판 설치상태 확인]

외장작업
Exterior Work
13

❶ 외장작업 주요 재해사례 [핵심 통계자료: 재해가 발생하는 빈도와 강도는 **패널 등 외장작업** 시 가장 높다.]

- 곤돌라작업 중 곤돌라 추락
- 곤돌라 상부 고정부가 탈락하여 곤돌라 낙하
- 달비계 지지로프가 풀리면서 추락
- 자재 양중작업 시 작업대에서 낙하

- 양중장비작업 중 전도
- 곤돌라에서 패널작업 중 낙하
- 불안전하게 적재된 패널 전도
- 이동식 크레인으로 자재 하역작업 중 자재 낙하

- 자재 하역작업 중 협착(끼임)
- 자재 하역작업 중 트럭에서 추락

☑ **주요 안전관리 포인트:** 자재 반입 시 또는 곤돌라 및 고소작업차 작업 시 낙하 또는 추락재해 주의

*곤돌라(gondola): 건축물의 외벽이나 창의 보수, 청소, 도장 등에 사용하는 간이비계

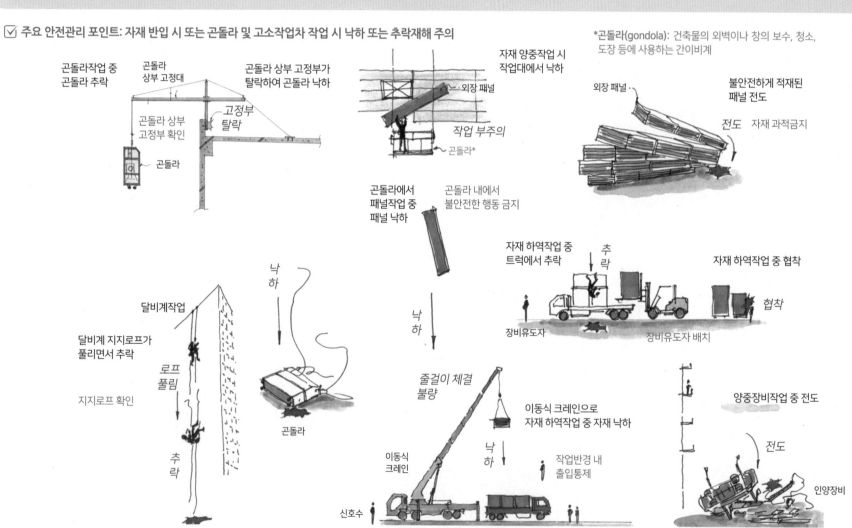

❷ 외장자재 반입, 운반작업

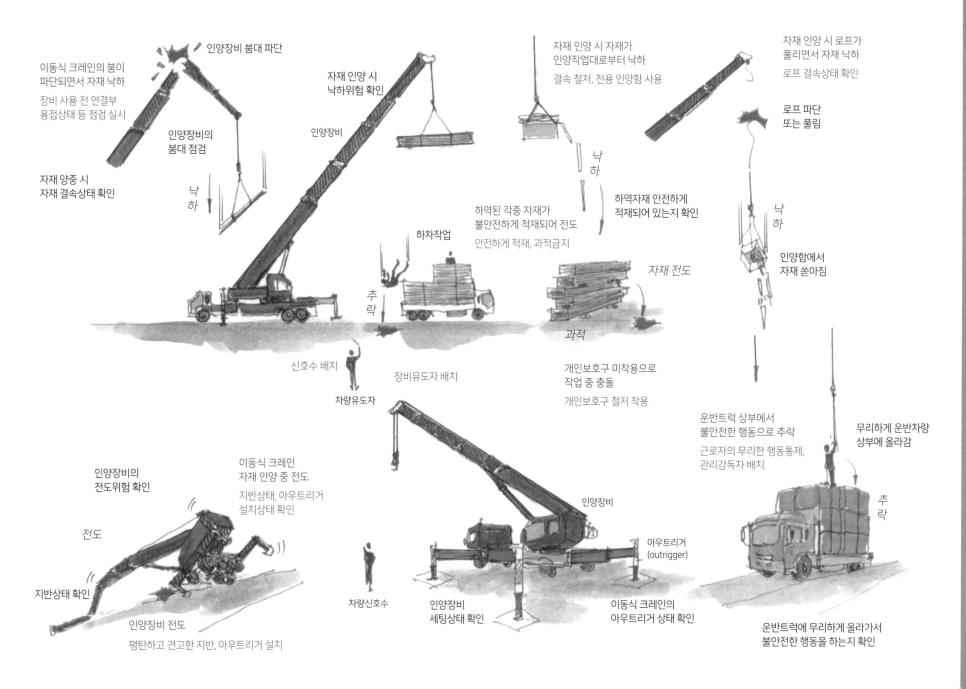

이동식 크레인의 붐이 파단되면서 자재 낙하
장비 사용 전 연결부 용접상태 등 점검 실시

인양장비 붐대 파단

인양장비의 붐대 점검

자재 양중 시 자재 결속상태 확인

낙하

자재 인양 시 낙하위험 확인

인양장비

자재 인양 시 자재가 인양작업대로부터 낙하
결속 철저, 전용 인양함 사용

낙하

자재 인양 시 로프가 풀리면서 자재 낙하
로프 결속상태 확인

로프 파단 또는 풀림

낙하

인양함에서 자재 쏟아짐

하차작업

하역된 각종 자재가 불안전하게 적재되어 전도
안전하게 적재, 과적금지

하역자재 안전하게 적재되어 있는지 확인

자재 전도

추락

과적

신호수 배치

차량유도자

장비유도자 배치

개인보호구 미착용으로 작업 중 충돌
개인보호구 철저 착용

운반트럭 상부에서 불안전한 행동으로 추락
근로자의 무리한 행동통제, 관리감독자 배치

무리하게 운반차량 상부에 올라감

추락

인양장비의 전도위험 확인

전도

지반상태 확인

인양장비 전도
평탄하고 견고한 지반, 아우트리거 설치

이동식 크레인 자재 인양 중 전도
지반상태, 아우트리거 설치상태 확인

차량신호수

인양장비 세팅상태 확인

인양장비

아우트리거 (outrigger)

이동식 크레인의 아우트리거 상태 확인

운반트럭에 무리하게 올라가서 불안전한 행동을 하는지 확인

❸ 외장작업(패널 등 각종 외부 마감작업)

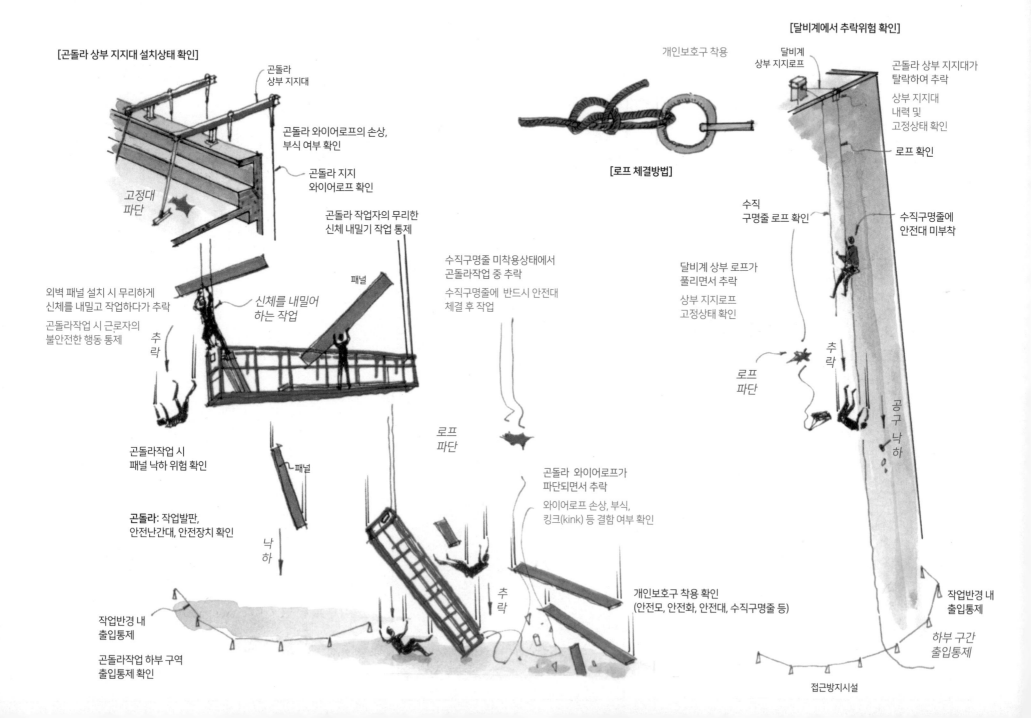

[곤돌라 상부 지지대 설치상태 확인]

곤돌라 상부 지지대

곤돌라 와이어로프의 손상, 부식 여부 확인

곤돌라 지지 와이어로프 확인

고정대 파단

외벽 패널 설치 시 무리하게 신체를 내밀고 작업하다가 추락

곤돌라작업 시 근로자의 불안전한 행동 통제

곤돌라 작업자의 무리한 신체 내밀기 작업 통제

신체를 내밀어 하는 작업

패널

추락

곤돌라작업 시 패널 낙하 위험 확인

곤돌라: 작업발판, 안전난간대, 안전장치 확인

패널

낙하

작업반경 내 출입통제

곤돌라작업 하부 구역 출입통제 확인

수직구명줄 미착용상태에서 곤돌라작업 중 추락

수직구명줄에 반드시 안전대 체결 후 작업

로프 파단

추락

곤돌라 와이어로프가 파단되면서 추락

와이어로프 손상, 부식, 킹크(kink) 등 결함 여부 확인

개인보호구 착용 확인
(안전모, 안전화, 안전대, 수직구명줄 등)

개인보호구 착용

[로프 체결방법]

[달비계에서 추락위험 확인]

달비계 상부 지지로프

곤돌라 상부 지지대가 탈락하여 추락

상부 지지대 내력 및 고정상태 확인

로프 확인

수직 구명줄 로프 확인

수직구명줄에 안전대 미부착

달비계 상부 로프가 풀리면서 추락

상부 지지로프 고정상태 확인

추락

로프 파단

공구 낙하

작업반경 내 출입통제

하부 구간 출입통제

접근방지시설

❹ 마감자재 인양작업

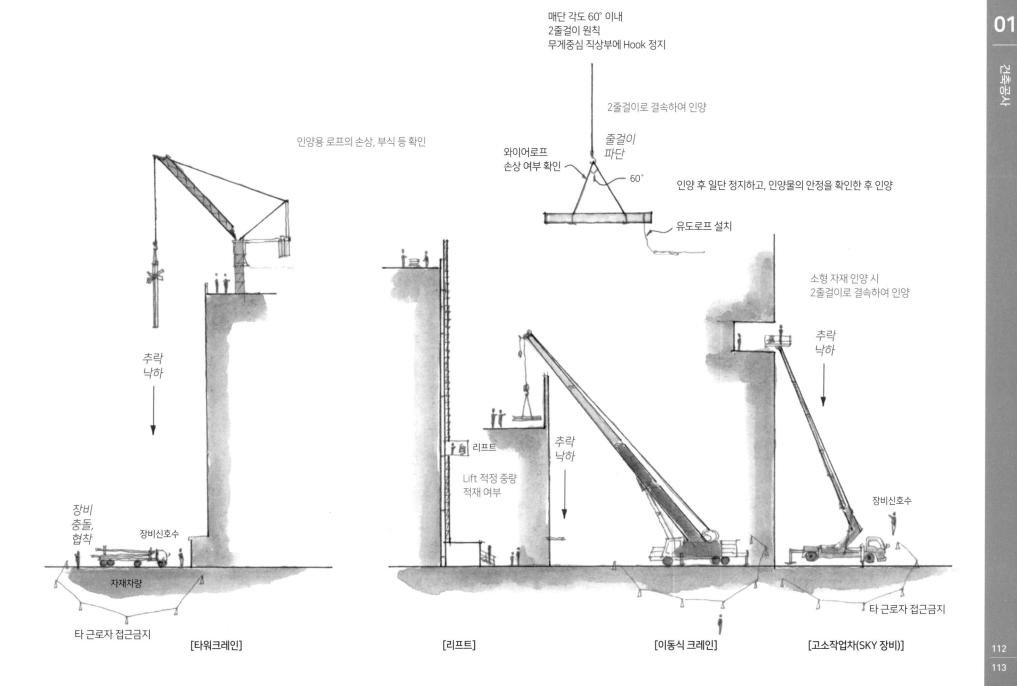

매단 각도 60° 이내
2줄걸이 원칙
무게중심 직상부에 Hook 정지

2줄걸이로 결속하여 인양

줄걸이
파단

인양용 로프의 손상, 부식 등 확인

와이어로프
손상 여부 확인

60°

인양 후 일단 정지하고, 인양물의 안정을 확인한 후 인양

유도로프 설치

소형 자재 인양 시
2줄걸이로 결속하여 인양

추락
낙하

추락
낙하

추락
낙하

리프트

Lift 적정 중량
적재 여부

장비신호수

장비
충돌,
협착

장비신호수

자재차량

타 근로자 접근금지

타 근로자 접근금지

[타워크레인]

[리프트]

[이동식 크레인]

[고소작업차(SKY 장비)]

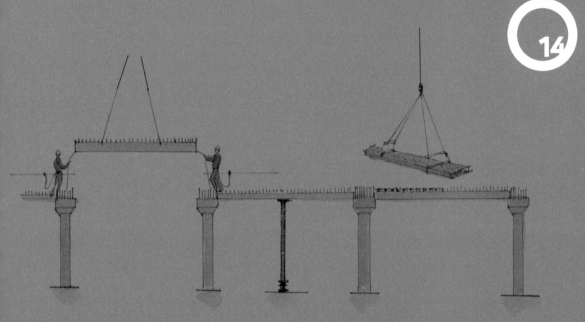

PC작업
14
Precast Concrete Work

① 프리캐스트콘크리트 건축구조물 조립작업 주요 재해사례 [핵심 통계자료: 재해가 발생하는 빈도와 강도는 **PC 부재 조립작업** 시 가장 높다.]

- PC 부재 양중 시 와이어로프 파단으로 낙하
- PC 조립작업장 내 타 공정작업자 출입으로 충돌
- 기둥 조립 시 기둥의 전도
- 기둥 조립 후 양중고리 해체작업 시 실족으로 추락

- 거더(girder) 조립 시 걸침길이 부족으로 낙하
- PC 부재 반입 시 차량에 의한 협착 및 충돌
- 불안전하게 적재된 PC 자재 전도
- 이동식 크레인으로 자재 하역작업 중 자재 낙하

- 고소작업대(렌탈) 작업 시 과상승방지센서 및 비상하강장치 불량으로 협착
- HCS(Hollow Core Slab) 조립 시 단부 구간에서 추락

☑ 주요 안전관리 포인트: 자재 하역 또는 조립 시 낙하 및 추락이 가장 크므로 작업 시 관리감독자 배치 후 작업을 진행한다.

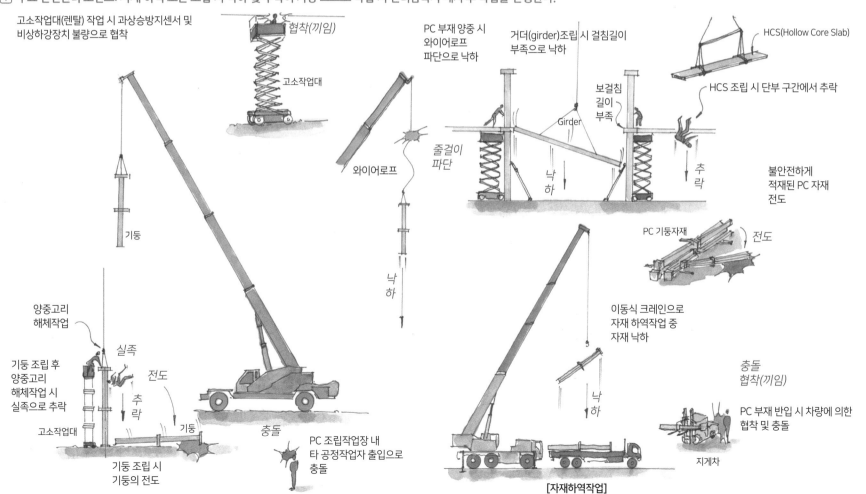

[자재하역작업]

● 임시 보관

- 수평보관 원칙
- 받침대 사용(위치: L/5)
- 불량 적재의 경우
  (긴 부재 위에 짧은 부재 적재, 짧은 부재 위에 긴 부재
  적재, 받침목의 상하 불일치, 받침목의 3개소 설치)
- 부재의 제조번호, 기호 식별 용이하게 적재

● 부재운반 계획

- 운반차량의 종류, 주행시간
- 과적 여부(도로교통법상 제한 확인)
- 현장조건, 진입도로 확인(급커브길 등)
- 최대 하중에 대한 적합 양중장비
- 지상/지중구조물 확인(고압선, 지하탱크, 웅덩이 등)

● 작업순서 및 방법

- 전체 공정
- 기초, 기둥, 벽체, 바닥판 등 세부사항
- 사용기계, 도구 및 관리방법
- 인원 배치, 작업 시 위험요인 분석 및 위험관리계획 등

● 세우기 및 인양

- 인양용 앵커 주변 균열 확인
- 샤클 확인
- 부재 인양 시 매트로 보호
- 줄걸이 확인(지그, 샤클, 와이어로프 등)
- 보조로프 사용

● 자재 하역작업

- 출입금지구역 설정
- 자재 고정용 줄 해제 시 붕괴 확인
- 적재함 내 대피공간 확보
- 슬링 단독작업 금지
- 와이어로프 60°, 안전계수 5 이상
- 하역 시 차량 균형유지
- 부재 매단 채 급선회 금지

● 조립 전 현장 준비사항

- 작업통로, 부재별 적정 배치 여부
- 전원설비
- 작업순서, 방법
- 기자재, 공구 점검
- Jig 및 Wire Rope 인양장비 점검
- 근로자 배치구성

● 조립작업

- 현장조립도 및 작업계획서상의 순서대로 작업
- 상하 동시 작업금지
- 강풍, 우천 등 악천후 시 작업 중지
- 작업통제구역 설정
- 추락위험장소 안전대 사용
- 달줄, 달포대 사용
- 임시지지용 버팀대 고정, 체결 여부 확인

● 양중장비

- 부재 종류
- 부재 무게
- 작업반경
- 크레인의 양중용량 및 속도
- 입지적 조건

● 용접작업

- 외함접지
- 용접봉 홀더 손상 여부
- 작업 중단, 종료 시 홀더용접봉 뽑기
- 불꽃비산 방지
- 가연성 물질 제거
- 소화기 등 진화장비 비치
- 상하 동시 작업금지
- 나일론계통 작업복 착용금지
- 차광안경, 보호면, 방진마스크 등 보호구 사용

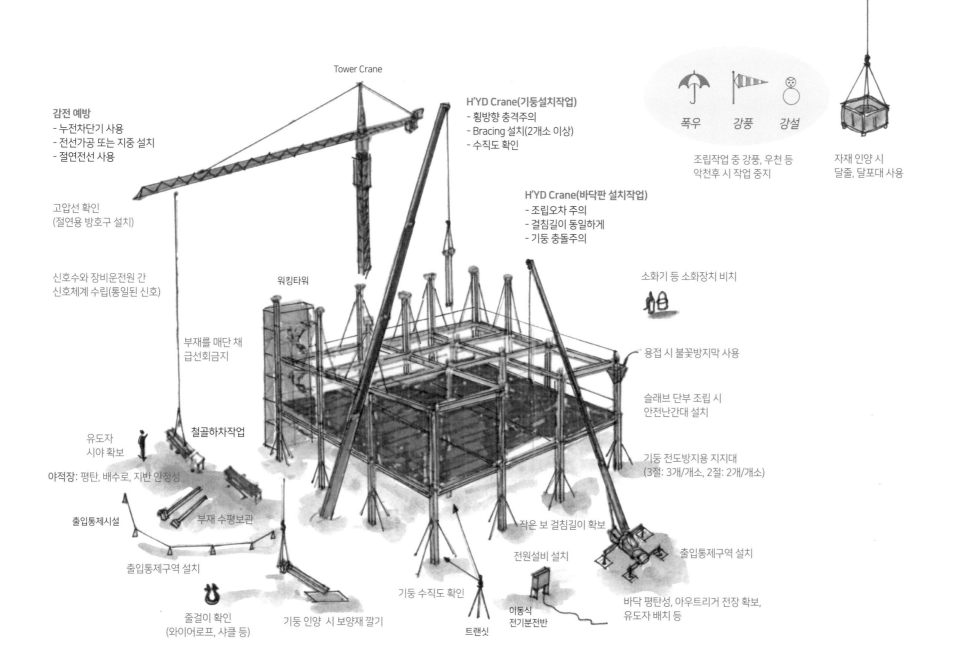

Tower Crane

감전 예방
- 누전차단기 사용
- 전선가공 또는 지중 설치
- 절연전선 사용

H'YD Crane(기둥설치작업)
- 횡방향 충격주의
- Bracing 설치(2개소 이상)
- 수직도 확인

폭우 강풍 강설

조립작업 중 강풍, 우천 등
악천후 시 작업 중지

자재 인양 시
달줄, 달포대 사용

고압선 확인
(절연용 방호구 설치)

H'YD Crane(바닥판 설치작업)
- 조립오차 주의
- 걸침길이 동일하게
- 기둥 충돌주의

신호수와 장비운전원 간
신호체계 수립(통일된 신호)

워킹타워

소화기 등 소화장치 비치

부재를 매단 채
급선회금지

용접 시 불꽃방지막 사용

철골하차작업

슬래브 단부 조립 시
안전난간대 설치

유도자
시야 확보

기둥 전도방지용 지지대
(3절: 3개/개소, 2절: 2개/개소)

야적장: 평탄, 배수로, 지반 안정성

부재 수평보관

작은 보 걸침길이 확보

출입통제시설

출입통제구역 설치

전원설비 설치

출입통제구역 설치

줄걸이 확인
(와이어로프, 샤클 등)

기둥 인양 시 보양재 깔기

기둥 수직도 확인

트랜싯

이동식
전기분전반

바닥 평탄성, 아웃트리거 전장 확보,
유도자 배치 등

부재운반계획

- 운반차량 종류, 주행시간
- 과적 여부(도로교통법상 제한 확인)
- 현장조건, 진입도로 확인(급커브길 등)
- 최대 하중에 대한 적합 양중장비
- 지상/지중구조물 확인(고압선, 지하탱크, 웅덩이 등)

공시체 제작

- 총 9개 제작(탈형용 3개, 재령 7일 강도용 3개, 재령 28일 강도용 3개)
- 콘크리트 표준시방서를 따르며, 고강도 콘크리트 사용 시는 배합강도기준 적용
- 슬럼프는 80~120mm 기준

거푸집 탈형 및 출하강도기준			
구분	설계강도	탈형강도	출하강도
기둥(column)	45MPa	설계강도의 70% 이상	설계강도의 80% 이상
보(girder)	40MPa		
HCS 슬래브(slab)	45MPa		

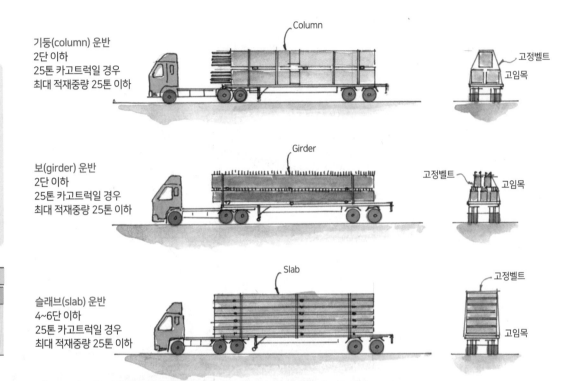

기둥(column) 운반
2단 이하
25톤 카고트럭일 경우
최대 적재중량 25톤 이하

보(girder) 운반
2단 이하
25톤 카고트럭일 경우
최대 적재중량 25톤 이하

슬래브(slab) 운반
4~6단 이하
25톤 카고트럭일 경우
최대 적재중량 25톤 이하

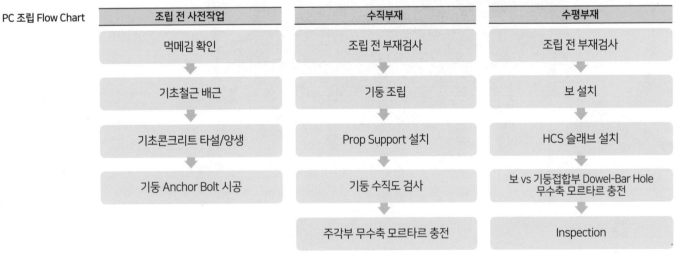

PC 조립 Flow Chart

조립 전 사전작업	수직부재	수평부재
먹메김 확인	조립 전 부재검사	조립 전 부재검사
기초철근 배근	기둥 조립	보 설치
기초콘크리트 타설/양생	Prop Support 설치	HCS 슬래브 설치
기둥 Anchor Bolt 시공	기둥 수직도 검사	보 vs 기둥접합부 Dowel-Bar Hole 무수축 모르타르 충전
	주각부 무수축 모르타르 충전	Inspection

❺ 프리캐스트콘크리트 건축구조물 조립순서도 Ⅱ

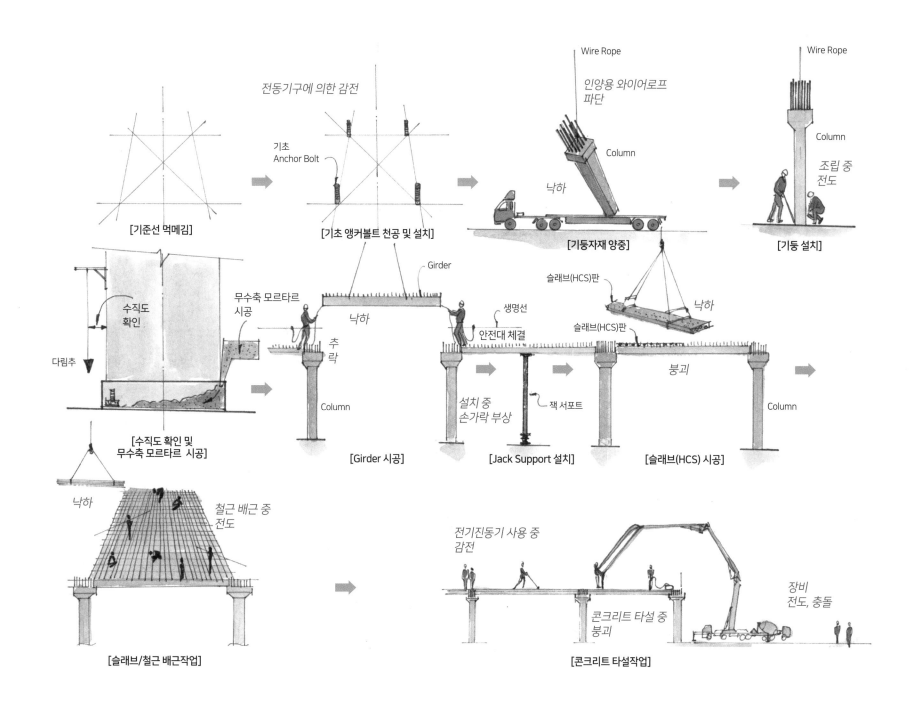

전동기구에 의한 감전

기초
Anchor Bolt

[기준선 먹메김]

[기초 앵커볼트 천공 및 설치]

인양용 와이어로프
파단

Wire Rope

Column

낙하

[기둥자재 양중]

Wire Rope

Column

조립 중
전도

[기둥 설치]

수직도
확인

다림추

무수축 모르타르
시공

[수직도 확인 및
무수축 모르타르 시공]

Girder

낙하

추
락

Column

[Girder 시공]

생명선

안전대 체결

설치 중
손가락 부상

잭 서포트

[Jack Support 설치]

슬래브(HCS)판

낙하

슬래브(HCS)판

붕괴

Column

[슬래브(HCS) 시공]

낙하

철근 배근 중
전도

[슬래브/철근 배근작업]

전기진동기 사용 중
감전

콘크리트 타설 중
붕괴

장비
전도, 충돌

[콘크리트 타설작업]

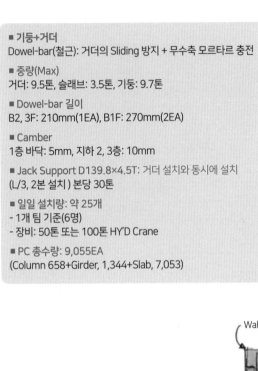

■ 기둥+거더
Dowel-bar(철근): 거더의 Sliding 방지 + 무수축 모르타르 충전

■ 중량(Max)
거더: 9.5톤, 슬래브: 3.5톤, 기둥: 9.7톤

■ Dowel-bar 길이
B2, 3F: 210mm(1EA), B1F: 270mm(2EA)

■ Camber
1층 바닥: 5mm, 지하 2, 3층: 10mm

■ Jack Support D139.8×4.5T: 거더 설치와 동시에 설치
(L/3, 2본 설치) 본당 30톤

■ 일일 설치량: 약 25개
- 1개 팀 기준(6명)
- 장비: 50톤 또는 100톤 HY'D Crane

■ PC 총수량: 9,055EA
(Column 658+Girder, 1,344+Slab, 7,053)

장비
Setting
Center Line

줄걸이 확인

Topping Con'c 타설 90% 시 비닐보양,
살수양생, f_{ck} 이상 확보

신호체계 확립
(장비 vs 설치작업자)

추락
낙하

HCS 설치범위: 2 span

상하 동시 작업금지,
인양고리 해체 시
추락 위험

전용 지그 사용

조인트 콘크리트 타설
골재치수 19mm 사용
(용이하게 충전하기 위해서)

PC기둥 설치범위: 1 span

거더 설치용 안전난간 로프
(전수 설치)

PC 설치용
HY'D Crane
(50톤 또는 100톤)

Walking Tower

보 단부 추락위험:(안전로프 체결)

Camber:10mm

보 및 슬래브
걸침길이 확인

HCS
걸침길이:
80mm

Column
W:9.7톤

Camber:
10mm

Girder
W: 9.5톤

Column
3층 1절 시공

Joint 보강근 확인

받침철물

Slab
W: 3.5톤

추락
낙하

장비 전도주의
아우트리거+받침

장비
신호수

Prop
Support
(3개소)

협착

붕괴

전도

장비 동선
기초철근 보강

기둥 Anchor Bolt
PIN 접합
앵커길이 L 350mm, D 24mm
천공깊이 210mm 이상, 천공직경 28mm
수량: 6개

Jack Support

Table Lift(2톤) 사용

현장 자재 야적기준:
2단 이하 적재(각재 사용)

과적 위험

접근방지책

전선피복 점검 Drilling 시
철근 간섭에 의한
손목 부상

자재 하차 시 낙하위험

❼ 프리캐스트콘크리트 건축구조물 조립사례 Ⅱ

PC Girder 설치 시 유의사항
- 기둥 상단부로 이동 시 사다리를 사용한다.
  (아우트리거 또는 2인 1조 작업)
- 거더 설치 시 작업자는 안전대를 반드시 기둥 주근에
  체결한다.
- 거더 거치 후 하강 시에는 사다리를 통하여 내려온다.

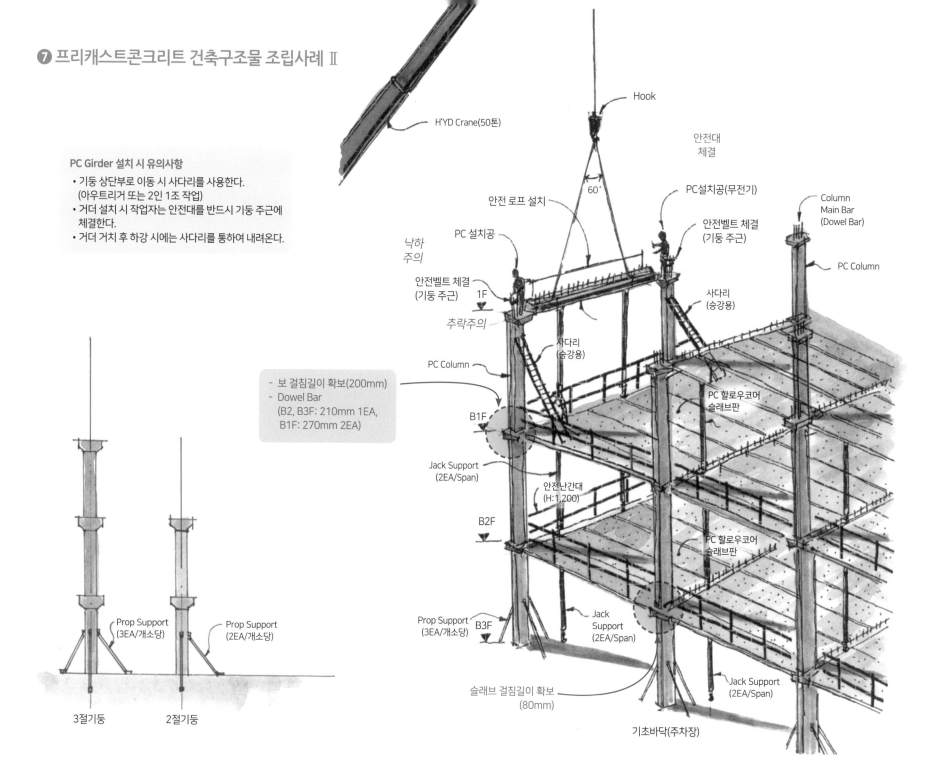

H'YD Crane(50톤)

Hook

안전대
체결

PC설치공(무전기)

Column
Main Bar
(Dowel Bar)

안전 로프 설치

60°

안전벨트 체결
(기둥 주근)

PC Column

낙하
주의

PC 설치공

사다리
(승강용)

안전벨트 체결
(기둥 주근)

1F

추락주의

사다리
(승강용)

PC Column

PC 할로우코어
슬래브판

- 보 걸침길이 확보(200mm)
- Dowel Bar
  (B2, B3F: 210mm 1EA,
  B1F: 270mm 2EA)

B1F

Jack Support
(2EA/Span)

안전난간대
(H:1,200)

B2F

PC 할로우코어
슬래브판

Prop Support
(3EA/개소당)

Prop Support
(2EA/개소당)

Prop Support
(3EA/개소당)

B3F

Jack
Support
(2EA/Span)

3절기둥

2절기둥

슬래브 걸침길이 확보
(80mm)

Jack Support
(2EA/Span)

기초바닥(주차장)

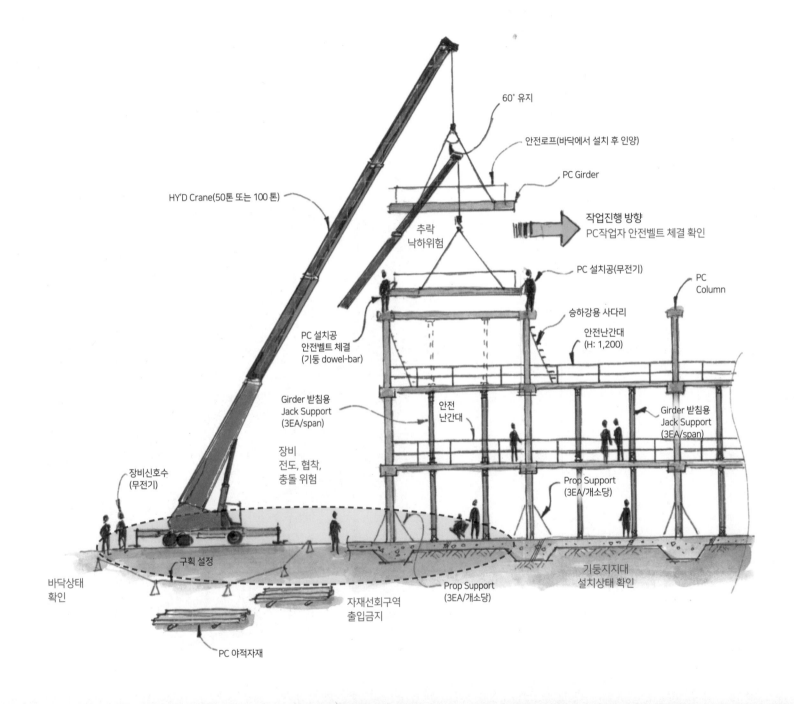

60° 유지

안전로프(바닥에서 설치 후 인양)

PC Girder

HY'D Crane(50톤 또는 100 톤)

추락
낙하위험

작업진행 방향
PC작업자 안전벨트 체결 확인

PC 설치공(무전기)

PC
Column

승하강용 사다리

안전난간대
(H: 1,200)

PC 설치공
안전벨트 체결
(기둥 dowel-bar)

Girder 받침용
Jack Support
(3EA/span)

안전
난간대

Girder 받침용
Jack Support
(3EA/span)

장비
전도, 협착,
충돌 위험

장비신호수
(무전기)

Prop Support
(3EA/개소당)

바닥상태
확인

구획 설정

Prop Support
(3EA/개소당)

기둥지지대
설치상태 확인

자재선회구역
출입금지

PC 야적자재

❾ 프리캐스트콘크리트 안전장치(보 vs 기둥) 사례 Ⅰ

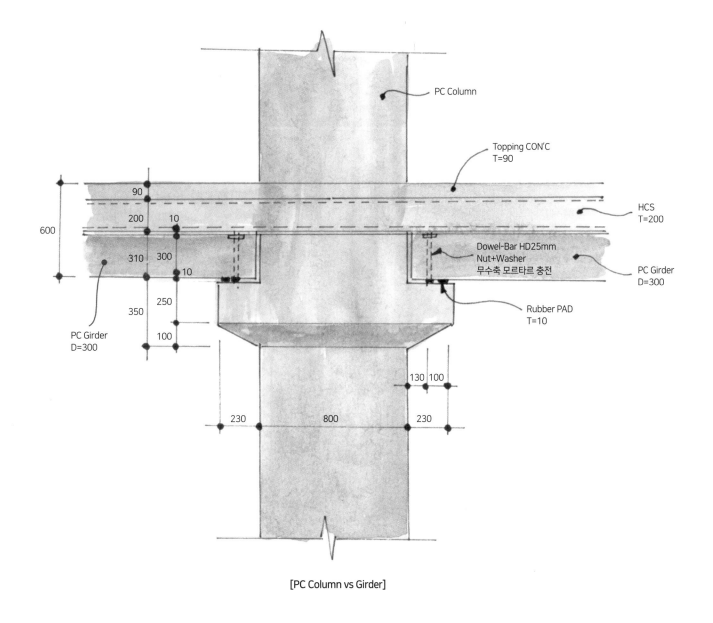

PC Column

Topping CON'C
T=90

HCS
T=200

Dowel-Bar HD25mm
Nut+Washer
무수축 모르타르 충전

PC Girder
D=300

Rubber PAD
T=10

PC Girder
D=300

90
200
10
600
310 300
10
350 250
100
130 100
230 800 230

[PC Column vs Girder]

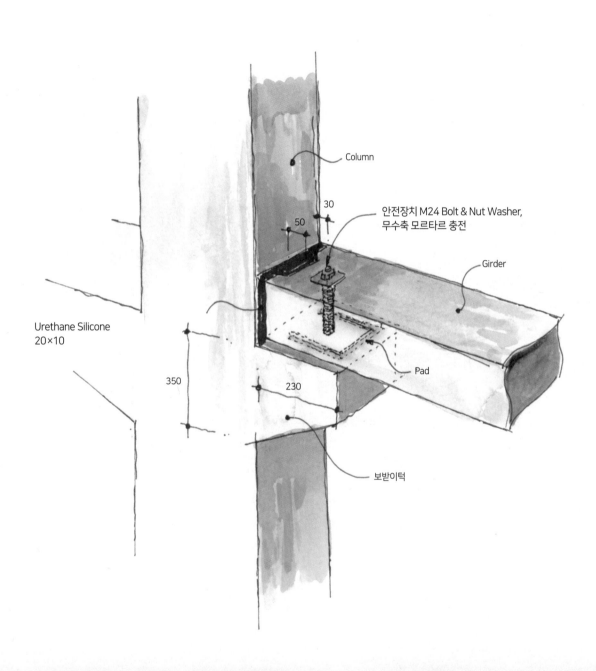

Column

안전장치 M24 Bolt & Nut Washer,
무수축 모르타르 충전

Girder

30

50

Urethane Silicone
20×10

Pad

350

230

보받이턱

⑪ 프리캐스트콘크리트 안전장치(보 vs 슬래브) 사례 Ⅲ

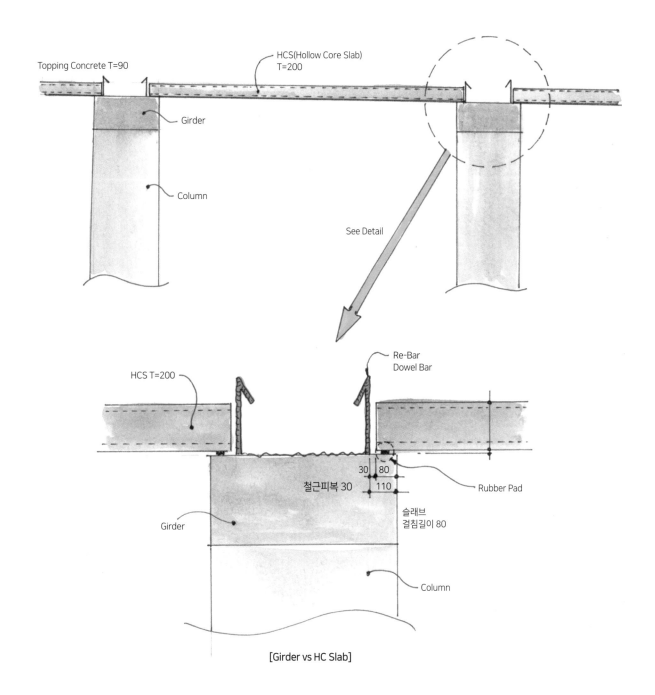

Topping Concrete T=90

HCS(Hollow Core Slab)
T=200

Girder

Column

See Detail

HCS T=200

Re-Bar
Dowel Bar

철근피복 30

30 80

110

Rubber Pad

슬래브
걸침길이 80

Girder

Column

[Girder vs HC Slab]

⑫ 프리캐스트콘크리트 안전장치(PC vs RC) 사례 Ⅳ

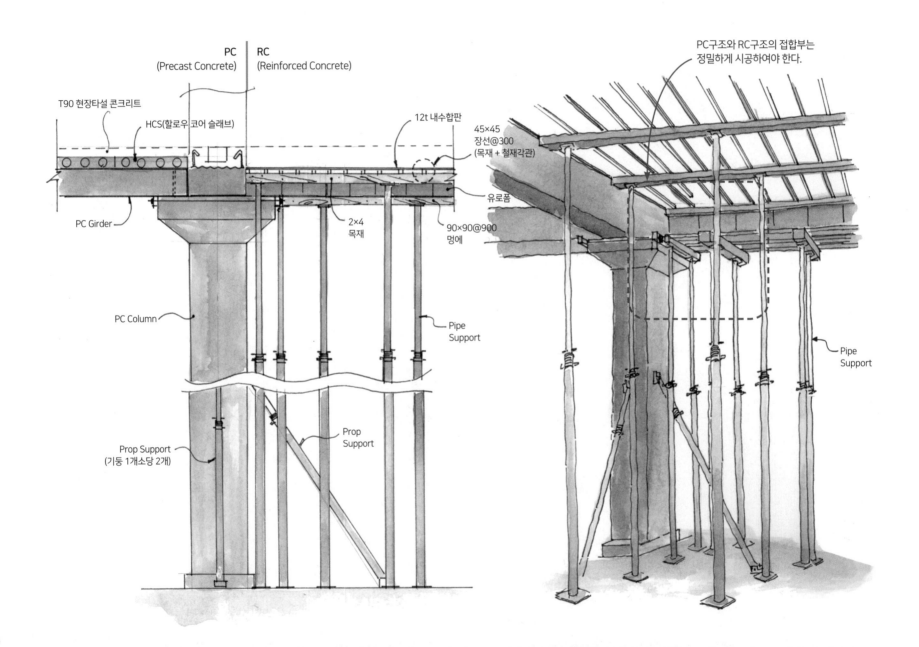

PC
(Precast Concrete)

RC
(Reinforced Concrete)

PC구조와 RC구조의 접합부는
정밀하게 시공하여야 한다.

T90 현장타설 콘크리트

HCS(할로우 코어 슬래브)

12t 내수합판

45×45
장선@300
(목재 + 철재각관)

PC Girder

유로폼

2×4
목재

90×90@900
멍에

PC Column

Pipe
Support

Pipe
Support

Prop
Support

Prop Support
(기둥 1개소당 2개)

PC공사 단계별 안전관리계획		
작업 내용	재해 유형	안전 대책
조립작업 전 안전점검	• 와이어로프 절단에 의한 부재 떨어짐(낙하) • 장비작업 반경 내 타 공종 근로자 끼임, 충돌	• 조립작업 전 와이어로프 및 인양고리 점검 • 장비작업 반경 내 출입통제시설 및 통제원 배치
기둥 조립 시	• 기둥의 넘어짐(전도) • 양중고리 해체 시 떨어짐(추락)	• 타 공종 장비의 통제 및 기초 앵커볼트 체결 확인 • 기둥 조립 후 양중고리 해체 시 고소작업대 사용
보 조립 시 (RC+PC)	• 보의 떨어짐(낙하) • 작업의 추락	• 작업반경 내 타 근로자 통제 • 일정한 걸침길이 확인 후 양중고리 해체 • 작업자 상하 이동 시 고소작업대 사용 • 조립 중 보상부 이동 시 안전로프에 안전고리 체결 후 작업
부재 반입 시	• 접촉 • 장비 침하 및 전도	• 진입로 평활도 확인 • 차량 이동 시 신호수 배치
장비 이동 및 하역 시	• 끼임(협착)	• 하역장비 적정성 사전 검토(지게차 5~7톤 사용) • 하역 시 주변 인원 통제 • 차량 이동 시 유도원 배치
보 조립 시(RC+PC)	• 자재 떨어짐(낙하) • 작업자 추락	• RC와 접합되는 경우 시공순서 준수 시공순서: RC 거푸집 설치 → 시스템 동바리 설치 → 보 조립 • 시스템 동바리 확인
슬래브(HCS) 조립 시	• 걸침길이 부족으로 인한 부재 떨어짐(낙하) • 작업자 추락 • 손가락 끼임(협착)	• 조립공 이동 시 보의 노출된 Stirrup-Bar에 걸림 주의(끈 없는 안전화 착용) • 걸침길이 확인 후 양중고리 해체 • 타 공정 근로자 출입통제 • 생명줄(life line 16mm)에 안전고리 2중 체결
당일 조립작업 완료 구간	• 작업자 떨어짐(추락)	• 조립작업이 완료된 단부 추락위험지역에 안전로프 및 안전표지판 부착
보수작업 시	• 작업원 떨어짐(추락)	• 사다리 사용금지(이동식 틀비계 또는 이동식 수직 리프트 사용) • 이동식 틀비계 사용 시 안전난간대 및 바퀴고정장치, 전도방지대 설치
고소작업차 사용 시	• 과상승방지 센서 및 비상하강장치 이상으로 인한 협착	• 작업 전 장비사용자는 사용장비의 과상승방지센서 및 기타 장치의 이상 유무를 작동 점검 후 실시 • 정기적인 고소작업차의 안전점검을 통하여 사전 고장 유무 확인 • 운전원 교육을 이수한 자에 한하여 사용 및 실명제 카드 실시 • 작업 전 사용장비에 대한 안전교육 완료 후 작업 실시

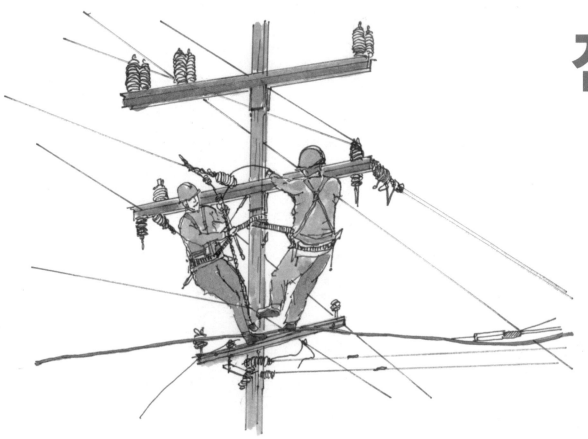

전기공사 02
Electric Work

① 가설전기작업
② 전기설비작업
③ 엘리베이터 설치작업

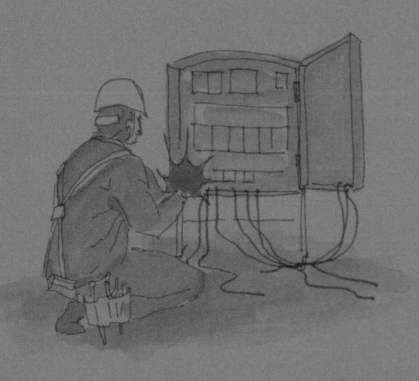

가설전기작업
Temporary Electric Work

01

❶ 가설전기작업 주요 재해사례 Ⅰ [핵심 통계자료: 재해가 발생하는 빈도 및 강도는 **전기충전부**에서 가장 높다.]

- 전기가 통하는 가설전선을 절단기로 절단하던 중 감전
- 습기가 많은 지역에서 용접기 충전부에 접촉되어 감전
- 투광등의 전선피복 손상으로 누전되어 감전
- 수배전설비 설치 시 충전부에 감전
- 가설분전함 내부의 전선연결 중 충전부에 감전

☑ **주요 안전관리 포인트**: 접지 · 누전차단기 등이 연결되어 있지 않아서 작업 중 누전 및 감전재해가 발생한다.

가설전기작업: 건축물공사 시 임의로 전기를
인입하여 사용하거나 발전기 등을 설치하여
전기를 사용하는 것을 일컬음.

충전부에
감전

가설분전함 내부의 전선 연결 중
충전부에 감전

옥외 가설분전반

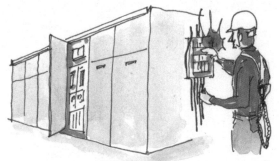

수배전설비 설치 시
충전부*에 감전

옥내 가설분전반

*충전부(open electric charging part):
전압이 걸려 있는 부분을 말한다.

전기가 통하는 가설전선을 절단기로
절단작업 중 감전

전선 절단작업 중
감전

[전선절단작업]

투광등의
전선피복 손상으로
누전되어 감전

투광등

습기가 많은 지역에서
용접기 충전부에 접촉되어 감전

용접기 충전부에 접촉되어
감전

용접기

습한 바닥 환경

[용접작업]

❷ 가설전기작업 주요 재해사례 Ⅱ [핵심 통계자료: **전기충전부**에서 재해가 가장 많이 발생한다.]

- 수배전설비 전주에서 작업 중 충전부에 접촉하여 사망
- 교류아크용접기작업 중 자동전격방지기 미설치로 감전
- 핸드그라인더작업 중 외함으로 누전되어 감전
- 접지하지 않은 상태에서 작업 중 누전되어 감전
- 차단기를 내리고 전기기구 수리 중 동료 작업자가 차단기를 올려서 감전

☑ **주요 안전관리 포인트:** 접지 · 누전차단기 등이 연결되어 있지 않아서 작업 중 누전 및 감전재해가 발생한다.

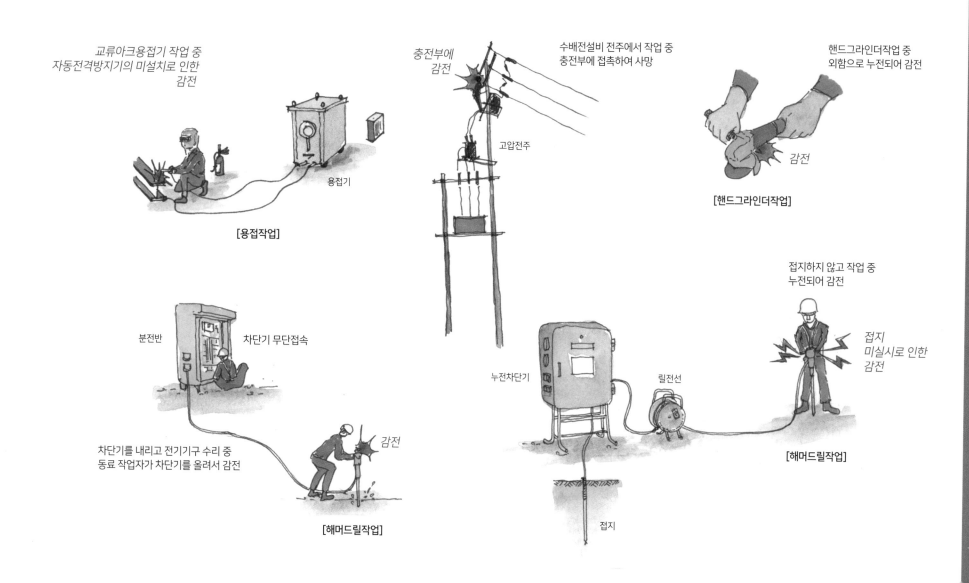

교류아크용접기 작업 중
자동전격방지기의 미설치로 인한
감전

[용접작업]

용접기

충전부에
감전

수배전설비 전주에서 작업 중
충전부에 접촉하여 사망

고압전주

핸드그라인더작업 중
외함으로 누전되어 감전

감전

[핸드그라인더작업]

분전반

차단기 무단접속

차단기를 내리고 전기기구 수리 중
동료 작업자가 차단기를 올려서 감전

감전

[해머드릴작업]

누전차단기

릴전선

접지

접지하지 않고 작업 중
누전되어 감전

접지
미실시로 인한
감전

[해머드릴작업]

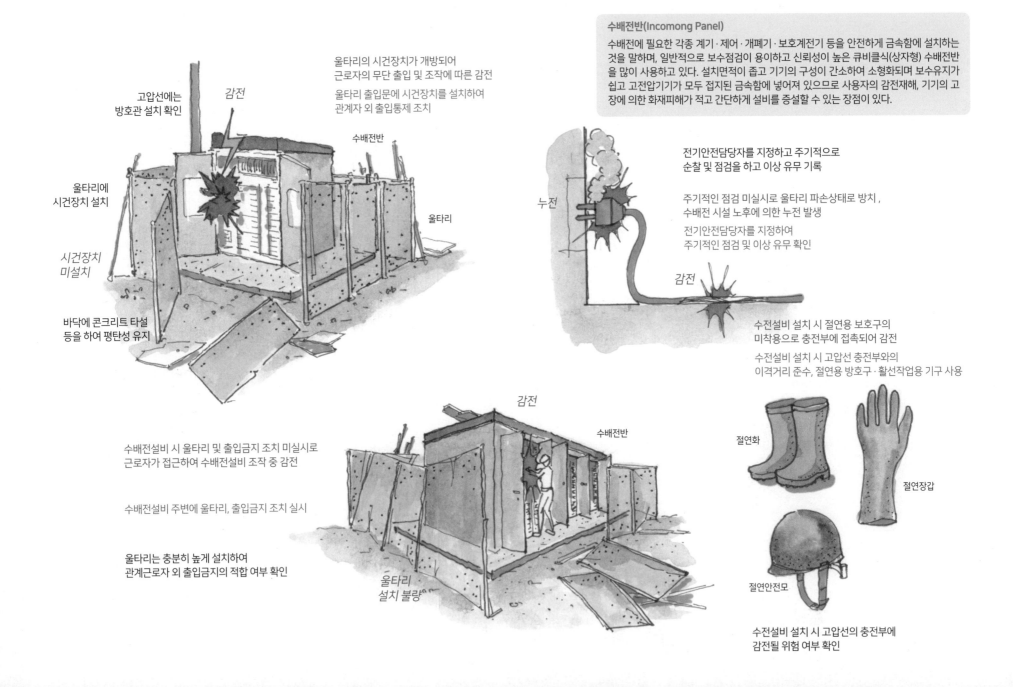

고압선에는
방호관 설치 확인

감전

울타리의 시건장치가 개방되어
근로자의 무단 출입 및 조작에 따른 감전

울타리 출입문에 시건장치를 설치하여
관계자 외 출입통제 조치

수배전반

울타리에
시건장치 설치

시건장치
미설치

울타리

바닥에 콘크리트 타설
등을 하여 평탄성 유지

수배전반(Incomong Panel)

수배전에 필요한 각종 계기·제어·개폐기·보호계전기 등을 안전하게 금속함에 설치하는
것을 말하며, 일반적으로 보수점검이 용이하고 신뢰성이 높은 큐비클식(상자형) 수배전반
을 많이 사용하고 있다. 설치면적이 좁고 기기의 구성이 간소하여 소형화되며 보수유지가
쉽고 고전압기기가 모두 접지된 금속함에 넣어져 있으므로 사용자의 감전재해, 기기의 고
장에 의한 화재피해가 적고 간단하게 설비를 증설할 수 있는 장점이 있다.

전기안전담당자를 지정하고 주기적으로
순찰 및 점검을 하고 이상 유무 기록

누전

주기적인 점검 미실시로 울타리 파손상태로 방치,
수배전 시설 노후에 의한 누전 발생

전기안전담당자를 지정하여
주기적인 점검 및 이상 유무 확인

감전

수전설비 설치 시 절연용 보호구의
미착용으로 충전부에 접촉되어 감전

수전설비 설치 시 고압선 충전부와의
이격거리 준수, 절연용 방호구·활선작업용 기구 사용

감전

수배전설비 시 울타리 및 출입금지 조치 미실시로
근로자가 접근하여 수배전설비 조작 중 감전

수배전설비 주변에 울타리, 출입금지 조치 실시

울타리는 충분히 높게 설치하여
관계근로자 외 출입금지의 적합 여부 확인

수배전반

울타리
설치 불량

절연화

절연장갑

절연안전모

수전설비 설치 시 고압선의 충전부에
감전될 위험 여부 확인

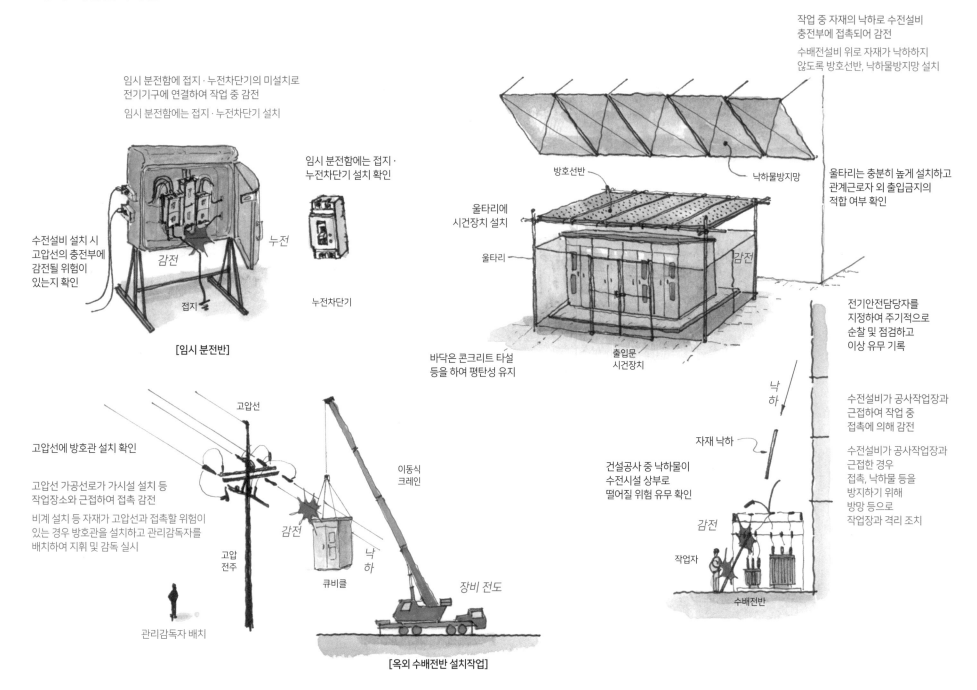

작업 중 자재의 낙하로 수전설비 충전부에 접촉되어 감전

수배전설비 위로 자재가 낙하하지 않도록 방호선반, 낙하물방지망 설치

임시 분전함에 접지·누전차단기의 미설치로 전기기구에 연결하여 작업 중 감전

임시 분전함에는 접지·누전차단기 설치

임시 분전함에는 접지·누전차단기 설치 확인

누전

수전설비 설치 시 고압선의 충전부에 감전될 위험이 있는지 확인

감전

접지

누전차단기

[임시 분전반]

방호선반

낙하물방지망

울타리에 시건장치 설치

울타리

감전

울타리는 충분히 높게 설치하고 관계근로자 외 출입금지의 적합 여부 확인

바닥은 콘크리트 타설 등을 하여 평탄성 유지

출입문 시건장치

전기안전담당자를 지정하여 주기적으로 순찰 및 점검하고 이상 유무 기록

고압선에 방호관 설치 확인

고압선 가공선로가 가시설 설치 등 작업장소와 근접하여 접촉 감전

비계 설치 등 자재가 고압선과 접촉할 위험이 있는 경우 방호관을 설치하고 관리감독자를 배치하여 지휘 및 감독 실시

고압선

고압전주

감전

큐비클

낙하

이동식 크레인

장비 전도

관리감독자 배치

[옥외 수배전반 설치작업]

낙하

자재 낙하

건설공사 중 낙하물이 수전시설 상부로 떨어질 위험 유무 확인

감전

작업자

수배전반

수전설비가 공사작업장과 근접하여 작업 중 접촉에 의해 감전

수전설비가 공사작업장과 근접한 경우 접촉, 낙하물 등을 방지하기 위해 방망 등으로 작업장과 격리 조치

❺ 수배전반이란?

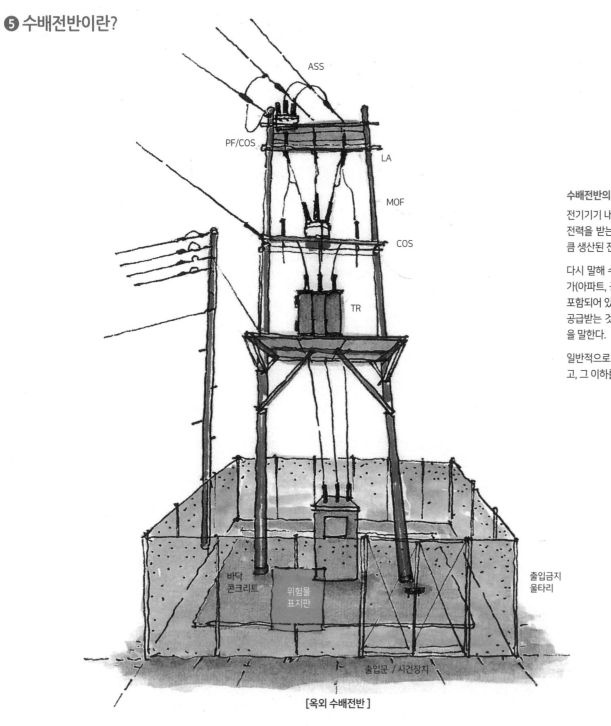

ASS

PF/COS

LA

MOF

COS

TR

바닥
콘크리트

위험물
표지판

출입금지
울타리

출입문 / 시건장치

[옥외 수배전반]

수배전반의 정의

전기기기 내부에 설치되어 있는 전기용 패널을 말한다. 발전소에서 생산된 전력을 받는 것을 "수전"이라고 하고, 각각의 수용가에서 필요로 하는 만큼 생산된 전력을 받는 것을 "배전"이라고 한다.

다시 말해 수배전반(수전반+배전반)이란 발전설비로 생산된 전기를 수용가(아파트, 공장 등)까지 보내주는 전기설비에 관련된 기자재(전력기기)가 포함되어 있는 전기용 패널을 말한다. 일반 수용가에서의 수전은 한전에서 공급받는 것을 말하고, 배전은 수용가 안에서 여러 부하로 나누어지는 것을 말한다.

일반적으로 수전변압기의 메인차단기가 수용된 패널까지를 수전이라 하고, 그 이하를 배전이라고 한다.

❻ 분전반(Panel Board)작업 Ⅰ

안전모 · 절연장갑을
착용하지 않고 조작 중
충전부에 감전

분전함 내부 전선,
충전부, 차단기 조작 시
절연장갑 등 보호구
필히 착용

절연모

절연장갑

외함 접지상태
실시 여부 확인

분전반
임의 조작

외함잠금장치 및
안전표지판 부착

분전반

안전작업 절차를 무시하고 분전함의 차단기를 조작하여 연삭기 등
전기기구로 작업 중인 근로자의 손가락 절단 재해 발생

분전함 차단기 조작 시 연결된 기계기구의 사용 여부를 확인하여
급작스런 전기 차단 또는 통전에 의한 재해발생 방지 조치

전기취급작업용 공구를 사용하여
안전하게 작업을 진행하고 있는지 확인

분전반에 우수의 침투로 누전에 의한 감전

분전함을 옥외에 설치할 때에는 우수 등이
침투하지 않도록 옥외형 사용

근로자는
안전작업 절차 준수

절연장갑 · 절연화 등
개인보호구와
방호구 착용 확인

절연화(장화)

감전

전기 인출 시
누전차단기를
연결하여
사용 여부 확인

분전반 옥외 설치 시
비 · 바람 · 눈으로부터
안전한 옥외형인지 확인

분전반

감전

우수 침투로 감전

최하단부 설치 시 물과 격리시키기 위해
분전함 자체를 띄워서 설치

감전

회로명 미표기로
차단기를 임의로 조작하여
전기기구 사용 중인 근로자 상해

분전함에 연결된 전선은 회로명을 표기하여
식별이 용이하도록 조치하고, 차단기 조작 시
기계기구 사용 여부 확인

[전기기구작업]

전기담당자 명시

분전반

시건장치 미설치로
감전

누전차단기 설치 및
작동상태 확인

외함 시건장치 미설치상태에서
임의 조작 중 근로자 감전

외함 시건장치를 설치하고 전기
담당자가 조작하도록 조치

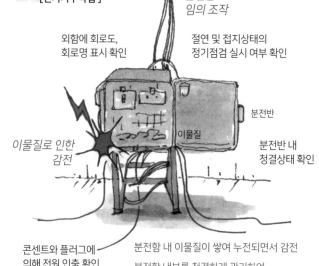

분전반
임의 조작

외함에 회로도,
회로명 표시 확인

절연 및 접지상태의
정기점검 실시 여부 확인

분전반

이물질

이물질로 인한
감전

분전반 내
청결상태 확인

콘센트와 플러그에
의해 전원 인출 확인

분전함 내 이물질이 쌓여 누전되면서 감전

분전함 내부를 청결하게 관리하여
이물질에 의한 누전 예방

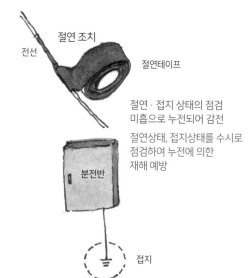

절연 조치

전선

절연테이프

절연 · 접지 상태의 점검
미흡으로 누전되어 감전

절연상태, 접지상태를 수시로
점검하여 누전에 의한
재해 예방

분전반

접지

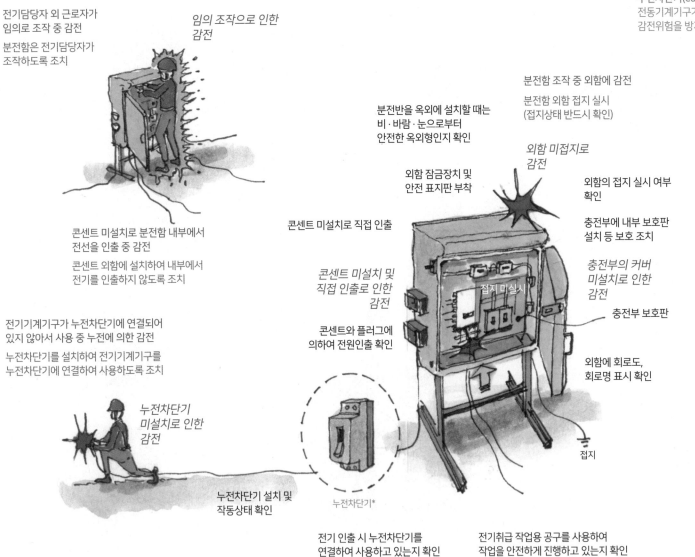

전기담당자 외 근로자가
임의로 조작 중 감전

분전함은 전기담당자가
조작하도록 조치

*임의 조작으로 인한
감전*

*누전차단기(earth leakage breaker)
전동기계기구가 접속되어 있는 전로에서 누전에 의한
감전위험을 방지하기 위해 사용되는 기기

분전함 조작 중 외함에 감전

분전함 외함 접지 실시
(접지상태 반드시 확인)

분전반을 옥외에 설치할 때는
비·바람·눈으로부터
안전한 옥외형인지 확인

*외함 미접지로
감전*

외함의 접지 실시 여부
확인

근로자의 안전작업 절차 준수 확인

외함 잠금장치 및
안전 표지판 부착

충전부에 내부 보호판
설치 등 보호 조치

콘센트 미설치로 분전함 내부에서
전선을 인출 중 감전

콘센트 외함에 설치하여 내부에서
전기를 인출하지 않도록 조치

콘센트 미설치로 직접 인출

*콘센트 미설치 및
직접 인출로 인한
감전*

콘센트와 플러그에
의하여 전원인출 확인

*충전부의 커버
미설치로 인한
감전*

충전부 보호판

접지 미실시

충전부 내부 보호판 미설치로
조작 중 충전부에 감전

충전부 내부 보호판 설치로
충전부 접촉에 의한 재해 예방

전기기계기구가 누전차단기에 연결되어
있지 않아서 사용 중 누전에 의한 감전

누전차단기를 설치하여 전기기계기구를
누전차단기에 연결하여 사용하도록 조치

*누전차단기
미설치로 인한
감전*

외함에 회로도,
회로명 표시 확인

절연펜치 사용

[절연펜치]

*미절연공구
사용으로 인한
감전*

누전차단기 설치 및
작동상태 확인

누전차단기*

접지

전기 인출 시 누전차단기를
연결하여 사용하고 있는지 확인

전기취급 작업용 공구를 사용하여
작업을 안전하게 진행하고 있는지 확인

전기취급 전용 공구를 사용하지 않고
절연성이 없는 공구로 임의 조작 중 감전

분전함 등 전기기계기구 사용 시
절연성이 있는 전용 기계기구 사용

❽ 전선작업 Ⅰ

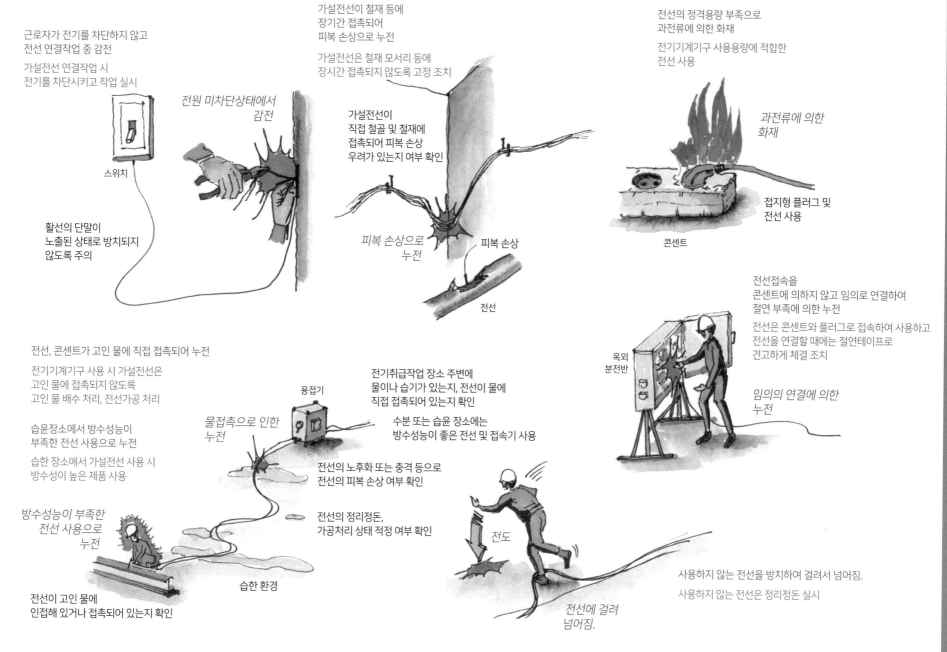

근로자가 전기를 차단하지 않고
전선 연결작업 중 감전

가설전선 연결작업 시
전기를 차단시키고 작업 실시

스위치

전원 미차단상태에서
감전

활선의 단말이
노출된 상태로 방치되지
않도록 주의

가설전선이 철재 등에
장기간 접촉되어
피복 손상으로 누전

가설전선은 철재 모서리 등에
장시간 접촉되지 않도록 고정 조치

가설전선이
직접 철골 및 철재에
접촉되어 피복 손상
우려가 있는지 여부 확인

피복 손상으로
누전

피복 손상

전선

전선의 정격용량 부족으로
과전류에 의한 화재

전기기계기구 사용용량에 적합한
전선 사용

과전류에 의한
화재

접지형 플러그 및
전선 사용

콘센트

전선접속을
콘센트에 의하지 않고 임의로 연결하여
절연 부족에 의한 누전

전선은 콘센트와 플러그로 접속하여 사용하고
전선을 연결할 때에는 절연테이프로
견고하게 체결 조치

옥외
분전반

임의의 연결에 의한
누전

전선, 콘센트가 고인 물에 직접 접촉되어 누전

전기기계기구 사용 시 가설전선은
고인 물에 접촉되지 않도록
고인 물 배수 처리, 전선가공 처리

습윤장소에서 방수성능이
부족한 전선 사용으로 누전

습한 장소에서 가설전선 사용 시
방수성이 높은 제품 사용

방수성능이 부족한
전선 사용으로
누전

전선이 고인 물에
인접해 있거나 접촉되어 있는지 확인

물접촉으로 인한
누전

용접기

습한 환경

전기취급작업 장소 주변에
물이나 습기가 있는지, 전선이 물에
직접 접촉되어 있는지 확인

수분 또는 습윤 장소에는
방수성능이 좋은 전선 및 접속기 사용

전선의 노후화 또는 충격 등으로
전선의 피복 손상 여부 확인

전선의 정리정돈,
가공처리 상태 적정 여부 확인

전도

전선에 걸려
넘어짐.

사용하지 않는 전선을 방치하여 걸려서 넘어짐.

사용하지 않는 전선은 정리정돈 실시

*가공(overhead): 어떤 시설물을
공중에 가설하는 것

사용하지 않는 전선
방치 여부 확인

전선을 바닥에 포설하여 사용함에 따라
전도, 피복 손상에 의한 감전

가설전선은 가공*처리하여 전도 및 피복 손상 방지

콘센트·플러그를 과연결하여
과부하에 의한 화재

콘센트·플러그는 한 곳에 과하게
연결하여 사용하는 것을 금함.

콘센트에 플러그를 과하게
연결하여 사용하고 있는지 확인

화재

전선의 정격용량 부족으로
과전류에 의한 화재

전기기계기구 사용용량에
적합한 전선 사용

접지형 플러그 및 전선 사용

*충전부(open electric charging part):
전압이 걸려 있는 부분

전선드럼

릴선(reel wire)
드럼(drem)에
누전차단기 설치 및
작동상태 확인

가설전선이 직접 철골 및 철재에
접촉되어 피복 손상 우려가 있는지
여부 확인

전선의 노후화 또는 충격 등으로
전선의 피복 손상 유무 확인

전선에 걸려
전도

피복 손상

ELP관

콘센트

전선이 충격·접촉 등으로 피복이 손상되어
충전부*노출에 의한 접촉, 감전

전선의 충격·노후화 등에 의한 피복 손상 여부
수시 확인, 충전부는 절연 조치

전선에 걸려 전도

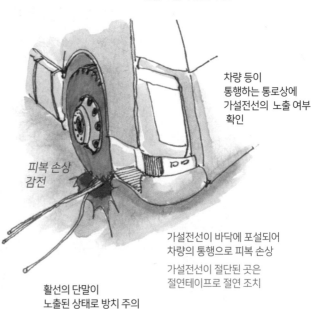

차량 등이
통행하는 통로상에
가설전선의 노출 여부
확인

피복 손상
감전

가설전선이 바닥에 포설되어
차량의 통행으로 피복 손상

가설전선이 절단된 곳은
절연테이프로 절연 조치

활선의 단말이
노출된 상태로 방치 주의

이동식 분전반

임시전선은 정격용량의 규격품 사용

전선 끝단이 절단된 상태로
노출, 방치되어 감전

전선이 절단된 곳은
절연*테이프로 절연 조치 실시

고인 물

전선의 정리정돈, 가공처리 상태가
적정한지 확인

전선이 고인 물에
인접해 있거나
접촉되어 있는지 확인

수분 또는 습윤장소에는 방수성능이 좋은
전선 및 접속기 사용

피복 손상
감전

*절연(Insulation): 전기 또는 열이 통하지 않게
하는 것

❿ 충전부작업

근로자는 절연장갑·절연화 등
개인보호구 착용

안전모·절연장갑 등 미착용상태에서
작업 중 충전부에 감전

가설전선·용접기 등 충전부에 절연 조치하고
작업 시에는 절연장갑 등 개인보호구 착용

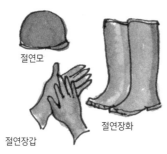

절연모

절연장갑

절연장화

고압선 충전부에 근접작업 시
절연복 미착용으로 접촉 감전

고압선 충전부 근접작업 시에는
절연복 등을 착용하고 활선 작업대차 사용

**고압선 충전부에 접근하여 작업 시
절연복 등 보호구 착용 여부 확인**

고압선 충전부에 근접작업 시
절연기구를 사용하지 않고
작업하다가 감전

고압선 충전부 근접작업 시
절연기구 사용

고압선, 충전부에서
작업 시 절연기구 사용

충전부에 보호판 등 접촉방지 조치를
하지 않아 충전부에 감전

용접기, 가설전선 등 충전부에 테이핑 등
절연 조치 철저

충전부 보호판

감전

고압선

*절연복
미착용으로 인한
감전*

*절연기구
미사용으로
감전*

고압전주
전용 작업대

고압전주

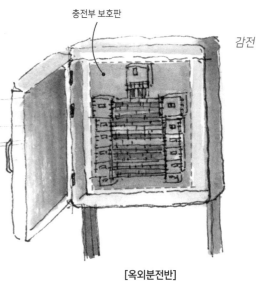

[옥외분전반]

용접기, 가설전선 충전부에 테이핑 등
절연 조치를 하지 않아 접촉하여 감전

발전기, 교류아크용접기, 분전함 등 충전부에는
보호판·보호캡 등 방호 조치 실시

*절연 미조치로
감전*

충전부의
통전전압에 따라
접근한계거리 유지 등
안전조치

충전부

[발전기]

전선·접전·단자·스위치 등 전기가
통하는 곳의 피복상태 확인

**충전부에는 보호판·보호캡·테이핑 등 근로자가
충전부에 접촉되지 않도록 조치 여부 확인**

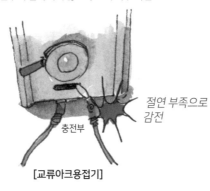

충전부

*절연 부족으로
감전*

[교류아크용접기]

전선의 접속부 절연 부족으로 접촉하여 감전

전선의 접속부는 절연 조치를 철저히 할 것

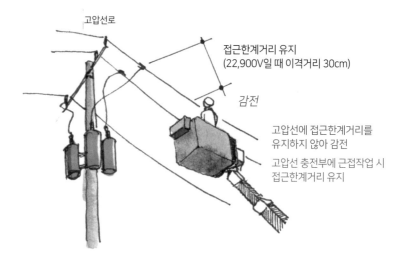

고압선로

접근한계거리 유지
(22,900V일 때 이격거리 30cm)

감전

고압선에 접근한계거리를
유지하지 않아 감전

고압선 충전부에 근접작업 시
접근한계거리 유지

전등 교체 중 충전부에 감전

전등 교체작업 시 절연장갑 착용

접지형 플러그를 비접지식 콘센트에 꽂아서
접지선 미연결로 누전에 의한 감전

접지형 플러그는 접지형 콘센트에 접속

조명시설 파손 후 방치되어
조명등에 감전

**조명시설 파손 시
즉시 교체 조치**

임시 조명투광등의 받침대가 넘어지면서
손상된 투광등에 누전되어 감전

투광등 받침대는 넘어지지 않고
이동이 용이하도록 제작해서 사용

충전부에
감전

*전구 교체 시
절연장갑 착용*

*파손 방치로 인한
감전*

*손상된 투광등에
감전*

이동식
투광등

**조명등 설치 시 파손 및 감전 방지를 위해
보호망 설치 및 내열보호 유지 확인**

[천장등기구 교체작업]

*외함 미접지로 인한
감전*

등기구 철재외함이 미접지되어
외함으로 누전되어 감전

등기구 철재외함은 접지 실시

방호망

**등기구는 철재외함
접지 여부 확인**

전기담당자가 정기점검 실시

등기구, 콘센트 등이 고인 물 등에
접촉되어 누전에 의한 감전

등기구, 콘센트 등은 고인 물에 접촉되거나
습기가 많은 곳에 장기간 방치되지 않도록 조치

*습기로 인한
감전*

가설전등 누전차단기의 미연결로
누전에 따른 감전

가설전등 전선은 누전차단기에
연결하여 사용

**분전반의 누전차단기
작동 여부 확인**

습기가 많은 장소의
등기구 및 소켓은
방수형으로 설치

콘센트

**전기취급작업장소
주변에 물·습기 유무 확인**

콘센트 주변의 물기

임시 조명기구 이동설치용
지지대는 전도위험이 없고
이동이 용이한지 확인

**이동용 조명기구 및 매달기식
전등에는 보호망 설치**

전기담당자에 의한 정기점검 미실시로
가설전등 절연 파괴에 의한 감전

전기담당자에 의한 가설전등 수시점검 실시

*파손된 투광등/
충전부 노출*

투광등 인입부 전선의 피복이
손상되어 누전 감전

투광등 인입부 전선은
피복 손상방지 조치 실시(고무패킹 등)

이동식
투광등

**접지선이 포함된 구심형 케이블을
접지형 콘센트에 연결하여 사용하고 있는지 확인**

가설전선의 피복보호 조치 미흡으로
피복 손상에 의한 누전 및 충전부에 감전

가설전선은 피복 손상 방지를 위해
가공처리하거나 전선거치대 사용

*피복 손상으로 인한
감전*

콘센트

**투광등 전선인입부
절연고무의 손상 유무 확인**

매달기식 전등의 보호망 미설치로
전등 파손에 따른 재해 발생

매달기식 전등에 보호망을 설치하여
전등 파손 방지

⑫ 교류아크용접기작업

자동전격방지기*미설치로 접지 측과
용접기 홀더 측에 접촉되어 감전

자동전격방지기를 설치하여 무부하 시
25V 이하로 유지

용접작업에서 신체가 모재 또는 접지 측과
용접봉의 홀더에 접촉되어 감전

용접작업 시 모재 또는 접지 측과 용접봉 홀더 측에
접촉되지 않도록 하고 개인보호구 착용 철저,
자동전격방지기 설치

*자동전격방지기(automatic electric shock prevention
apparatus): 교류아크용접기의 출력 측 무부하전압이 1.5초
이내에 30V 이하가 되도록 하는 감전방지용 안전장치

자동전격방지기가 부착되어 있고
정상적으로 작동되는지 주기적으로 점검

용접기 자동전격방지기
미설치에 의한
감전

자동전격방지기 미설치

절연캡이 파손된
용접기 홀더 사용 여부 확인

용접기 홀더

용접기 홀더에 의한
감전

용접기 홀더 파손
용접선 손상

손상된 용접선에 의한
감전

용접기 홀더가 파손되어
절연되지 않은 곳에
접촉되어 감전

파손된 용접봉 홀더는
즉시 교체, 절연성 유지

고소 용접작업 시 안전대 착용 및
하부에 불티방지포 설치

용접기 외함에 접지 미실시로 1차측
전류가 외함에 누전되어 감전

용접기 외함은 누전에 따른
감전재해 예방을 위해 접지 실시

특별안전교육 미실시로
안전수칙 미준수에 따른 감전

용접작업 전 감전재해예방에 대한
교육 실시

접지
미실시로 인한
감전

용접기

용접기 본체의 외함
접지 실시 유무 확인

접지

외함접지 미실시

용접기를 사용하지 않을 때 전원을 차단하지 않아
접지 측과 용접봉 홀더에 접촉하여 감전

용접기를 사용하지 않을 때는 전원을 차단시키고
차단이 용이하도록 용접기 가까이에 차단기 설치

소화기 비치

용접작업에 의한 안전작업수칙 등
특별안전교육 실시

전격방지기

아크용접기

접지

차광보안면 등 보호구를
착용하고 용접 실시

용접 안전장구 미설치로 인한
화재

어스
클램프

케이블 커넥터

[용접작업]

보안경

용접면

용접앞치마

용접장갑

불티방지막 설치

불꽃 비산을 방지하고
소화기 설치

충전부
노출에 의한
감전

용접기 충전부
노출

용접기 충전부는
절연테이핑하거나
절연캡 설치

차광보안면, 용접장갑 등을
착용하지 않고 용접 중 화상

차광보안면, 용접장갑,
용접앞치마 등 개인보호구 착용

용접기 충전부가 절연 조치되지
않아 충전부에 접촉하여 감전

용접기 충전부는 절연테이프 등으로
절연 조치 실시

⑬ 이동식 전기기계기구작업

톱날접촉방지장치가 미설치되어
작업 중 접촉되어 절단

톱날 등 회전부에는
접촉방지장치(덮개 등)를 설치하여 사용

작업장 주변의 정리정돈 미실시로
작업 중 걸려 넘어짐.

작업장 주변은 정리정돈을 하여
전도 재해를 예방함.

안전모 · 보안경 등을 미착용하고
작업 중 파편 등에 의해 재해 발생

근로자는 안전모 등
개인보호구 착용

전기기계기구 사용 시 안전모 · 보안경 등
개인보호구 착용하고 작업 실시

톱날접촉방지장치
미설치로
절단

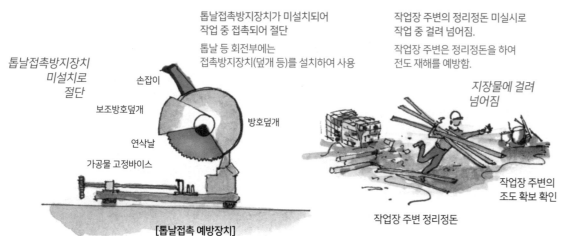

손잡이

보조방호덮개

방호덮개

연삭날

가공물 고정바이스

[톱날접촉 예방장치]

지장물에 걸려
넘어짐

작업장 주변의
조도 확보 확인

작업장 주변 정리정돈

충전부
노출에 의한
감전

전선피복이 벗겨지거나
충전부가 노출된 상태로 작업 중
접촉하여 감전

전선의 피복이 손상되고,
충전부가 노출된 것은 절연 조치하고,
가공 처리하여 사용

충전부 노출

콘센트 · 플러그 등이
파손된 상태로 사용 중 충전부에 감전

콘센트 · 플러그 등은
파손 즉시 교체

이동식 전기기계기구는 접지가
되어 있어야 하며, 누전차단기 부착 하여 사용

누전차단기를 설치하지 않고 접지하지
않은 상태에서 기계기구 사용 중 감전

누전차단기 설치, 접지를 실시하여
전기기계기구 사용 또는 이중절연구조의 제품 사용

접지

누전차단기

전선피복 노출에 의한
감전

전선의 피복상태 확인

주기적인 점검
으로
이상 유무 확인 및 조치

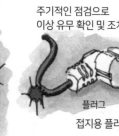

콘센트

충전부 노출에 의한
감전

플러그

접지용 플러그 사용

플러그와 콘센트 파손 여부 확인

감전

[전기기계기구작업]

회전 시 이상소음
발생 여부 확인

접지선
미접지상태

주기적인 점검 미실시로 접지 등이
탈락된 상태로 작업 중 감전 발생

주기적으로 점검하여
접지 등의 이상 유무,
누전차단기 동작 유무 등 점검

감전

고속 회전 시 이상음을 무시하고
작업 중 톱날 비산

고속회전 시 전기기계기구에서 이상음이 발생되면
중지하고 점검 및 보수 실시

조작스위치의 정상 작동상태 확인

조작스위치 이상으로 인한
재해

조작스위치

톱날접촉방지장치(덮개)
설치 여부 확인

톱날덮개 고정 불량으로 인한
재해

덮개 · 톱날 등 부품의 부착상태 확인

전기기계기구 조작스위치의 이상으로
작업 중 이상동작에 의한 재해 발생

전기기계기구의 조작스위치 등은 고장 유무를 확인하여
이상동작을 하지 않도록 조치

[동근톱작업대]

작업 중 톱날 · 덮개 등 부품이 견고하게
고정되지 않아 작업 중 탈락하면서 재해 발생

톱날 · 덮개 등 전기기계기구부품은
탈락되지 않도록 견고하게 고정하여 사용

⑭ 접지작업

*접지(earth): 전기회로나 전기장비의 한 부분을 도체를 이용하여
땅에 연결하는 것을 의미함.

접지*선을 규정품으로 사용하지 않아
누전 시 접지 역할을 하지 못하여 감전

접지선은 녹색 피복을 한 규정품 사용

접지 역할 불량으로
감전

접지선 탈락

접지선(녹색)

근로자는 접지 등 전기작업 시
개인보호구 착용

접지선은 녹색 피복의
규정품 사용

콘센트 또는 인출전선의 접지 여부 확인

접지봉을 수분이 많고 산류 등이 있는 장소에
매립하여 부식으로 인한 접지성능 저하

접지봉 설치장소는 습기가 없고
부식의 우려가 없는 장소에 설치

접지단자에 접지선이
올바르게 결속되어 있는지 확인

접지단자에 접지선이 탈락된 상태로
전기기계기구 사용 중 감전

접지단자에 접지선을 견고하게 체결하여
탈락되지 않도록 조치

접지 탈락으로 인한
감전

콘센트

접지선(녹색)

주기적인 접지상태 점검 미실시로
접지가 탈락된 상태로 작업 중 감전

주기적으로 접지상태를 점검(3종 접지 100Ω 이하)하고
접지선이 접지단자에 정확히 결속될 수 있도록 조치

접지봉

[접지봉 설치작업]

손잡이 접지봉을 매립하는 장소는 수분을 함유하거나
산류 등 금속을 부식시키는 장소가 아닌 곳을 선정

철제분전반 외함, 전동기계기구
외함의 접지 여부 확인

외함의 접지 미실시로
감전

주기적으로 접지선의
부착상태 점검 및 보수

시건장치

위험
표지판

관리자표지판

누전
차단기

외함접지
(제3종 접지)

철제분전함 외함, 전동기계기구
외함의 접지 미실시로 사용 중 감전

철제분전함, 전동기계기구
외함에 접지 실시

절연장갑 미착용으로
감전

절연장갑을 착용하지 않고 접지선 연결작업 중
분전함 등 충전부에 접촉하여 감전

접지선 연결 등 전기작업 시에는
절연장갑 등 개인보호구 착용

미접지상태에서
작업 중
감전

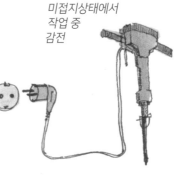

콘센트 또는 인출전선에 접지가 되어
있지 않아 전기기계기구 사용 중 감전

콘센트 또는 인출전선에 접지선 연결

전기설비작업

02 Electric Engineering and Construction Work

02 전기설비작업

❶ 전기설비작업의 주요 재해사례 [핵심 통계자료: 전기설비배선작업 시 재해가 가장 많이 발생한다.]

- 전기실 배선작업 중 충전선로에 접촉하여 감전
- 전봇대 세우기 작업 중 협착
- 전봇대 상부에서 작업 중 안전대 미체결로 추락

- 철탑에서 전선 연결작업 중 추락
- 전봇대 전선 철거작업 중 충전부에 접촉하여 감전
- 전등전선 배선작업 중 추락

- 전기 트레이작업 중 이동식 비계 전도로 추락
- 전기배선 사다리작업 중 추락
- 전선관 배관작업 중 전도

☑ 주요 안전관리 포인트: ① 건물 골조공사 시 사다리, 이동식 비계 등에서 재해가 발생한다.
　　　　　　　　　　② 전주·철탑의 특고압선로공사 시 접근한계거리 미준수에 의한 감전 및 고소작업에 의한 추락재해가 발생한다.

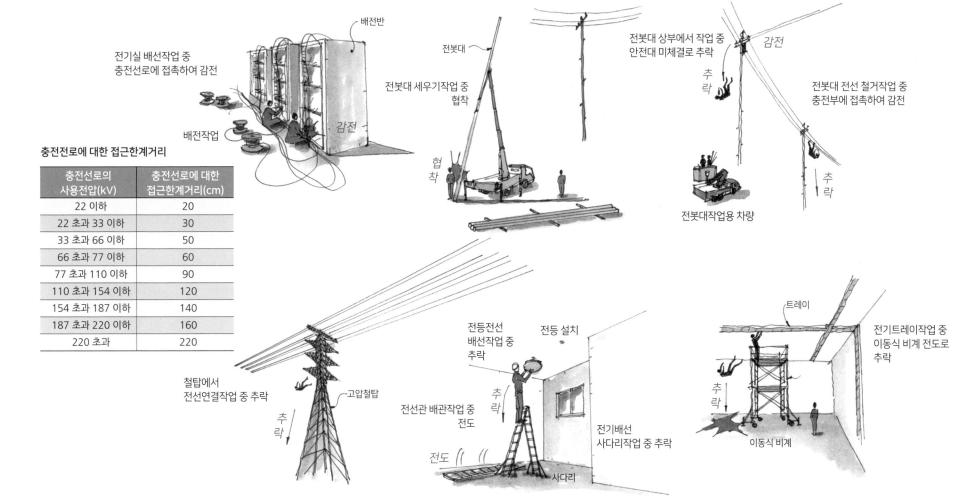

전기실 배선작업 중
충전선로에 접촉하여 감전

배전반

배전작업

감전

전봇대

전봇대 세우기작업 중
협착

협착

전봇대 상부에서 작업 중
안전대 미체결로 추락

감전

추락

전봇대 전선 철거작업 중
충전부에 접촉하여 감전

추락

전봇대작업용 차량

충전전로에 대한 접근한계거리

충전선로의 사용전압(kV)	충전선로에 대한 접근한계거리(cm)
22 이하	20
22 초과 33 이하	30
33 초과 66 이하	50
66 초과 77 이하	60
77 초과 110 이하	90
110 초과 154 이하	120
154 초과 187 이하	140
187 초과 220 이하	160
220 초과	220

철탑에서
전선연결작업 중 추락

고압철탑

추락

전등전선
배선작업 중
추락

전등 설치

추락

전선관 배관작업 중
전도

전도

전기배선
사다리작업 중 추락

사다리

트레이

전기트레이작업 중
이동식 비계 전도로
추락

추락

이동식 비계

❷ 전기설비작업: 자재 반입, 가공 및 운반 작업 Ⅰ

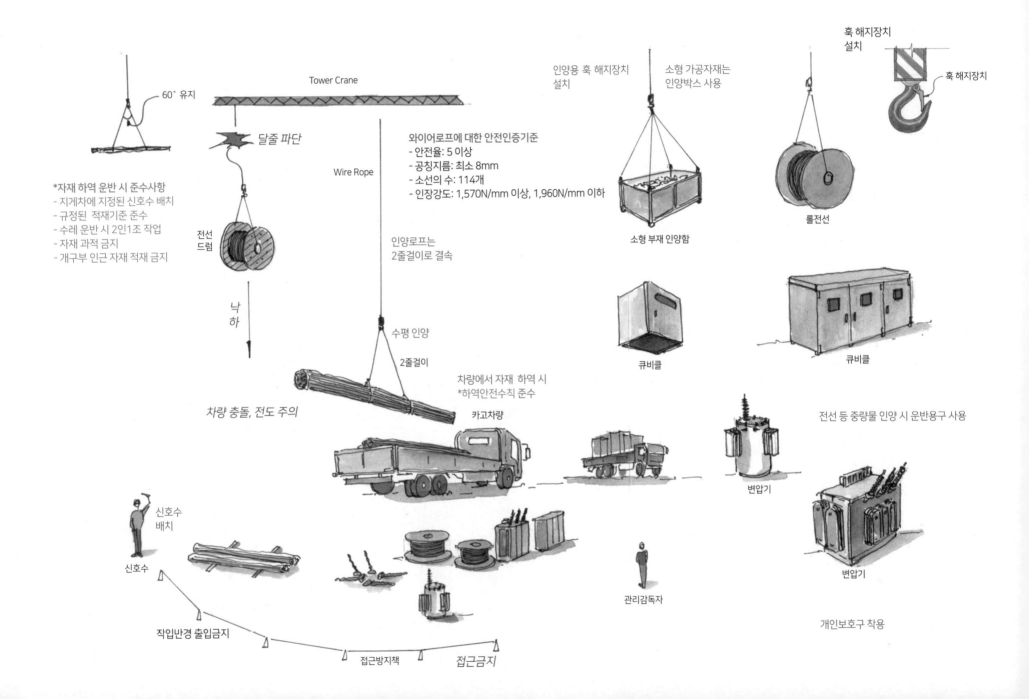

60° 유지

Tower Crane

훅 해지장치 설치

인양용 훅 해지장치 설치

소형 가공자재는 인양박스 사용

훅 해지장치

달줄 파단

Wire Rope

와이어로프에 대한 안전인증기준
- 안전율: 5 이상
- 공칭지름: 최소 8mm
- 소선의 수: 114개
- 인장강도: 1,570N/mm 이상, 1,960N/mm 이하

롤전선

*자재 하역 운반 시 준수사항
- 지게차에 지정된 신호수 배치
- 규정된 적재기준 준수
- 수레 운반 시 2인1조 작업
- 자재 과적 금지
- 개구부 인근 자재 적재 금지

전선 드럼

낙하

인양로프는 2줄걸이로 결속

소형 부재 인양함

큐비클

큐비클

수평 인양

2줄걸이

차량에서 자재 하역 시
*하역안전수칙 준수

차량 충돌, 전도 주의

카고차량

전선 등 중량물 인양 시 운반용구 사용

변압기

신호수 배치

신호수

관리감독자

변압기

작입반경 출입금지

접근방지책

접근금지

개인보호구 착용

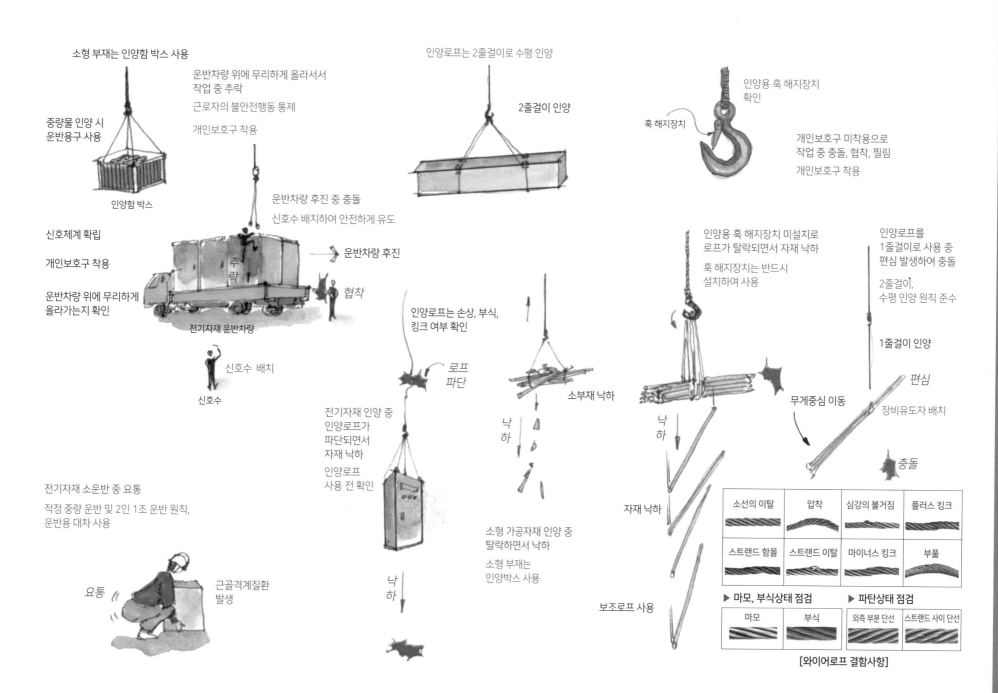

소형 부재는 인양함 박스 사용

운반차량 위에 무리하게 올라서서 작업 중 추락
근로자의 불안전행동 통제
개인보호구 착용

중량물 인양 시 운반용구 사용

인양함 박스

신호체계 확립

개인보호구 착용

운반차량 위에 무리하게 올라가는지 확인

운반차량 후진 중 충돌
신호수 배치하여 안전하게 유도

추락

협착

운반차량 후진

전기자재 운반차량

신호수 배치

신호수

전기자재 소운반 중 요통

적정 중량 운반 및 2인 1조 운반 원칙, 운반용 대차 사용

요통

근골격계질환 발생

인양로프는 2줄걸이로 수평 인양

2줄걸이 인양

인양용 훅 해지장치 확인

훅 해지장치

개인보호구 미착용으로 작업 중 충돌, 협착, 찔림
개인보호구 착용

인양로프는 손상, 부식, 킹크 여부 확인

로프 파단

전기자재 인양 중 인양로프가 파단되면서 자재 낙하
인양로프 사용 전 확인

낙하

소형 가공자재 인양 중 탈락하면서 낙하
소형 부재는 인양박스 사용

소부재 낙하

낙하

인양용 훅 해지장치 미설치로 로프가 탈락되면서 자재 낙하
훅 해지장치는 반드시 설치하여 사용

낙하

자재 낙하

보조로프 사용

무게중심 이동

인양로프를 1줄걸이로 사용 중 편심 발생하여 충돌
2줄걸이, 수평 인양 원칙 준수

1줄걸이 인양

편심

장비유도자 배치

충돌

소선의 이탈	압착	심강의 불거짐	플러스 킹크
스트랜드 함몰	스트랜드 이탈	마이너스 킹크	부풂

▶ 마모, 부식상태 점검   ▶ 파탄상태 점검

마모	부식	외측 부분 단선	스트랜드 사이 단선

[와이어로프 결함사항]

❹ 전기설비작업: 배선작업

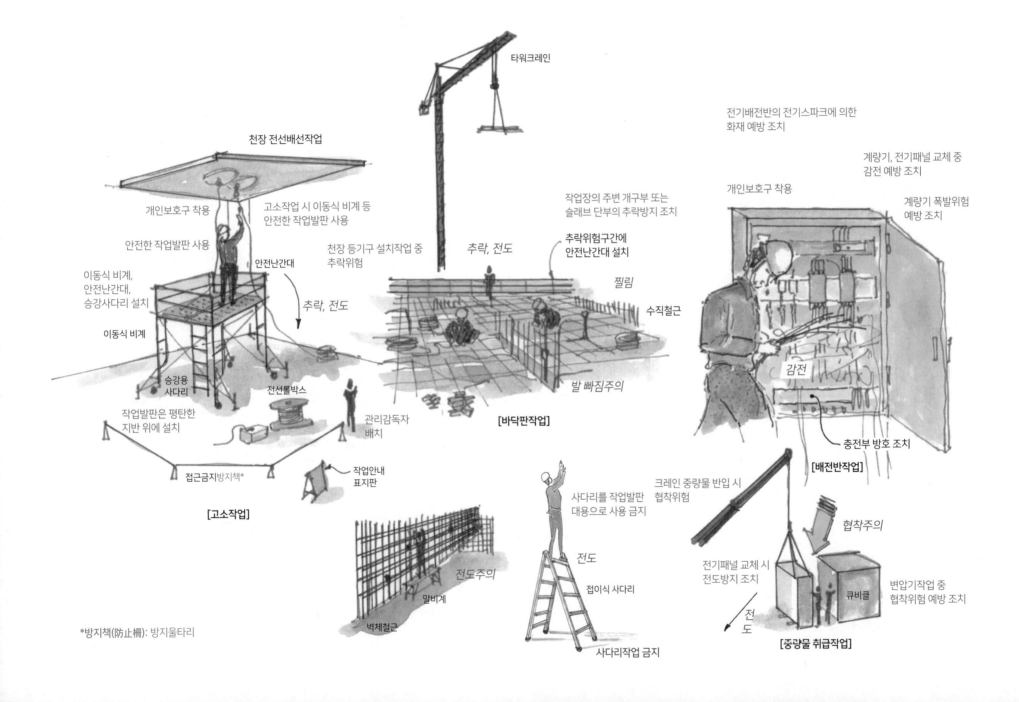

타워크레인

전기배전반의 전기스파크에 의한
화재 예방 조치

계량기, 전기패널 교체 중
감전 예방 조치

계량기 폭발위험
예방 조치

천장 전선배선작업

개인보호구 착용

작업장의 주변 개구부 또는
슬래브 단부의 추락방지 조치

개인보호구 착용

고소작업 시 이동식 비계 등
안전한 작업발판 사용

안전한 작업발판 사용

천장 등기구 설치작업 중
추락위험

추락, 전도

추락위험구간에
안전난간대 설치

안전난간대

이동식 비계,
안전난간대,
승강사다리 설치

추락, 전도

찔림

수직철근

이동식 비계

감전

승강용
사다리

전선롤박스

작업발판은 평탄한
지반 위에 설치

관리감독자
배치

발 빠짐주의

충전부 방호 조치

[배전반작업]

접근금지방지책*

작업안내
표지판

[바닥판작업]

크레인 중량물 반입 시
협착위험

[고소작업]

사다리를 작업발판
대용으로 사용 금지

협착주의

전도

전기패널 교체 시
전도방지 조치

전도주의

접이식 사다리

큐비클

변압기작업 중
협착위험 예방 조치

*방지책(防止柵): 방지울타리

말비계

벽체철근

사다리작업 금지

전도

[중량물 취급작업]

❺ 전기설비설치작업

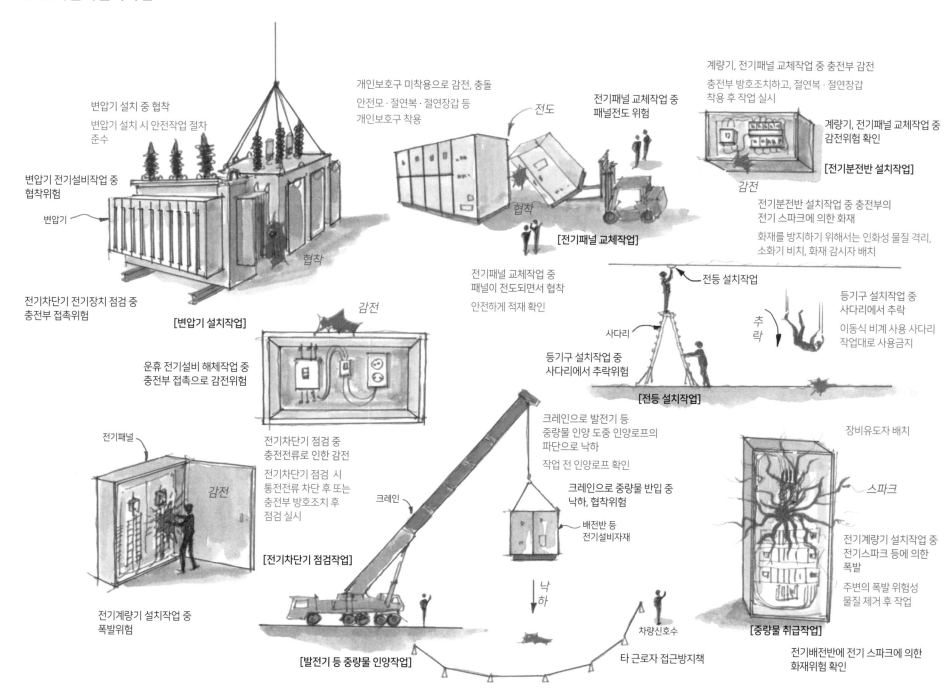

변압기 설치 중 협착
변압기 설치 시 안전작업 절차
준수

변압기 전기설비작업 중
협착위험

변압기

전기차단기 전기장치 점검 중
충전부 접촉위험

[변압기 설치작업]

개인보호구 미착용으로 감전, 충돌
안전모 · 절연복 · 절연장갑 등
개인보호구 착용

전도

전기패널 교체작업 중
패널전도 위험

협착

[전기패널 교체작업]

전기패널 교체작업 중
패널이 전도되면서 협착
안전하게 적재 확인

계량기, 전기패널 교체작업 중 충전부 감전
충전부 방호조치하고, 절연복 · 절연장갑
착용 후 작업 실시

계량기, 전기패널 교체작업 중
감전위험 확인

[전기분전반 설치작업]

감전

전기분전반 설치작업 중 충전부의
전기 스파크에 의한 화재
화재를 방지하기 위해서는 인화성 물질 격리,
소화기 비치, 화재 감시자 배치

전등 설치작업

등기구 설치작업 중
사다리에서 추락
이동식 비계 사용 사다리
작업대로 사용금지

사다리

추락

등기구 설치작업 중
사다리에서 추락위험

[전등 설치작업]

운휴 전기설비 해체작업 중
충전부 접촉으로 감전위험

감전

전기차단기 점검 중
충전전류로 인한 감전

전기차단기 점검 시
통전전류 차단 후 또는
충전부 방호조치 후
점검 실시

전기패널

감전

크레인

[전기차단기 점검작업]

전기계량기 설치작업 중
폭발위험

크레인으로 발전기 등
중량물 인양 도중 인양로프의
파단으로 낙하
작업 전 인양로프 확인

크레인으로 중량물 반입 중
낙하, 협착위험

배전반 등
전기설비자재

낙하

차량신호수

타 근로자 접근방지책

[발전기 등 중량물 인양작업]

장비유도자 배치

스파크

전기계량기 설치작업 중
전기스파크 등에 의한
폭발
주변의 폭발 위험성
물질 제거 후 작업

[중량물 취급작업]

전기배전반에 전기 스파크에 의한
화재위험 확인

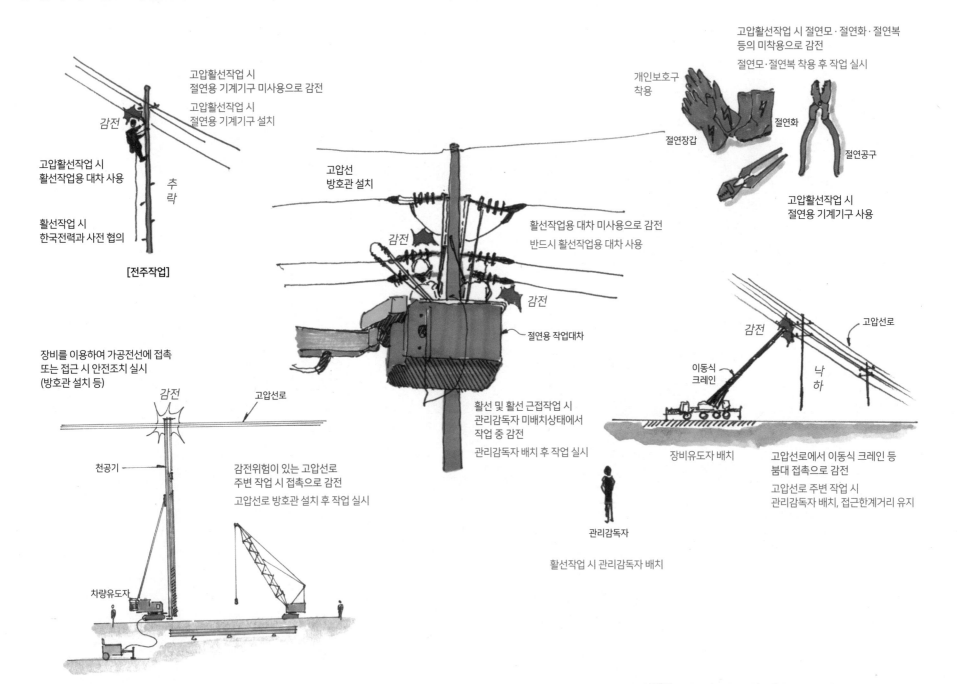

고압활선작업 시
절연용 기계기구 미사용으로 감전

고압활선작업 시
절연용 기계기구 설치

감전

추락

[전주작업]

고압활선작업 시
활선작업용 대차 사용

활선작업 시
한국전력과 사전 협의

고압선
방호관 설치

감전

감전

절연용 작업대차

고압활선작업 시 절연모 · 절연화 · 절연복
등의 미착용으로 감전

절연모 · 절연복 착용 후 작업 실시

개인보호구
착용

절연장갑

절연화

절연공구

고압활선작업 시
절연용 기계기구 사용

활선작업용 대차 미사용으로 감전

반드시 활선작업용 대차 사용

장비를 이용하여 가공전선에 접촉
또는 접근 시 안전조치 실시
(방호관 설치 등)

감전

고압선로

천공기

감전위험이 있는 고압선로
주변 작업 시 접촉으로 감전

고압선로 방호관 설치 후 작업 실시

차량유도자

활선 및 활선 근접작업 시
관리감독자 미배치상태에서
작업 중 감전

관리감독자 배치 후 작업 실시

관리감독자

활선작업 시 관리감독자 배치

감전

이동식
크레인

고압선로

낙
하

장비유도자 배치

고압선로에서 이동식 크레인 등
붐대 접촉으로 감전

고압선로 주변 작업 시
관리감독자 배치, 접근한계거리 유지

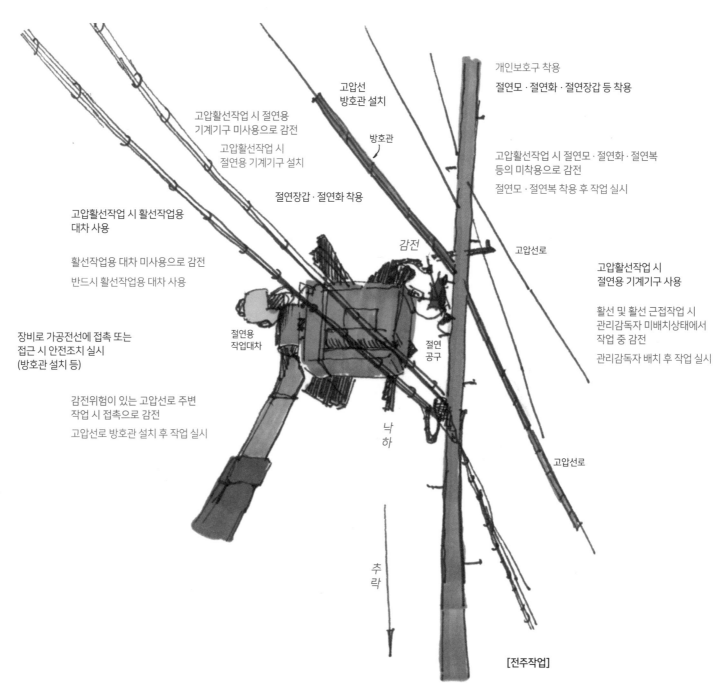

고압선 방호관 설치

고압활선작업 시 절연용 기계기구 미사용으로 감전

고압활선작업 시 절연용 기계기구 설치

방호관

절연장갑 · 절연화 착용

개인보호구 착용

절연모 · 절연화 · 절연장갑 등 착용

고압활선작업 시 절연모 · 절연화 · 절연복 등의 미착용으로 감전

절연모 · 절연복 착용 후 작업 실시

고압활선작업 시 활선작업용 대차 사용

활선작업용 대차 미사용으로 감전

반드시 활선작업용 대차 사용

감전

고압선로

고압활선작업 시 절연용 기계기구 사용

활선 및 활선 근접작업 시 관리감독자 미배치상태에서 작업 중 감전

관리감독자 배치 후 작업 실시

장비로 가공전선에 접촉 또는 접근 시 안전조치 실시 (방호관 설치 등)

감전위험이 있는 고압선로 주변 작업 시 접촉으로 감전

고압선로 방호관 설치 후 작업 실시

절연용 작업대차

절연 공구

낙하

고압선로

추락

[전주작업]

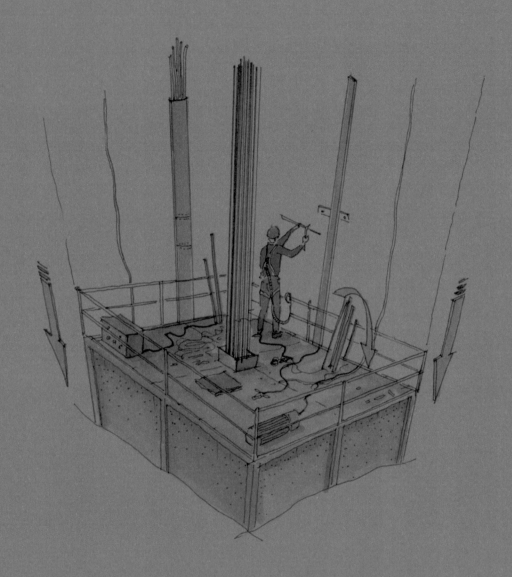

03 엘리베이터 설치작업

❶ 엘리베이터 설치작업 주요 재해사례 [핵심 통계자료: 재해가 발생하는 빈도는 **가이드레일 설치** 시, 강도는 **기계설치** 시 가장 높다.]

- 가이드레일을 지게차로 운반 중 지게차에 근로자 충돌
- 기계식 주차장설비 설치작업 중 추락
- 주차기 보수작업 중 시운전 시 주차리프트 낙하
- 엘리베이터 설치 조립작업 중 안전난간 미설치로 추락
- 엘리베이터 설치작업 중 안전난간 밟고 이동 중 추락
- 엘리베이터 내부에서 승강장치 설치 중 균형을 잃고 추락
- 엘리베이터 동력선 교체 중 충전선로에 접촉 감전
- 자재운반 중 엘리베이터 출입문 개구부로 추락
- 엘리베이터 기계 설치작업 중 기계기구에 협착
- 엘리베이터 인양로프 설치 중 로프와 드럼(drum)에 협착

☑ 주요 안전관리 포인트: 엘리베이터 설치 시 피트(pit)로 추락하는 재해를 예방해야 한다.

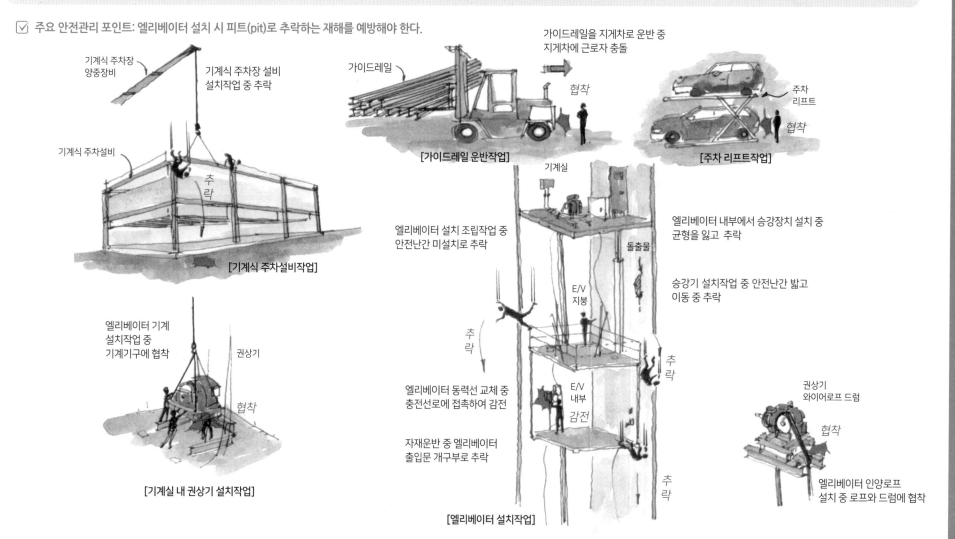

기계식 주차장 양중장비

기계식 주차장 설비 설치작업 중 추락

기계식 주차설비

추락

[기계식 주차설비작업]

가이드레일

가이드레일을 지게차로 운반 중 지게차에 근로자 충돌

협착

[가이드레일 운반작업]

주차 리프트

협착

[주차 리프트작업]

엘리베이터 기계 설치작업 중 기계기구에 협착

권상기

협착

[기계실 내 권상기 설치작업]

기계실

엘리베이터 설치 조립작업 중 안전난간 미설치로 추락

엘리베이터 내부에서 승강장치 설치 중 균형을 잃고 추락

돌출물

승강기 설치작업 중 안전난간 밟고 이동 중 추락

E/V 지붕

추락

추락

엘리베이터 동력선 교체 중 충전선로에 접촉하여 감전

E/V 내부

감전

자재운반 중 엘리베이터 출입문 개구부로 추락

추락

권상기 와이어로프 드럼

협착

엘리베이터 인양로프 설치 중 로프와 드럼에 협착

[엘리베이터 설치작업]

❷ 엘리베이터 기계(捲上機, Traction Machine) 설치작업

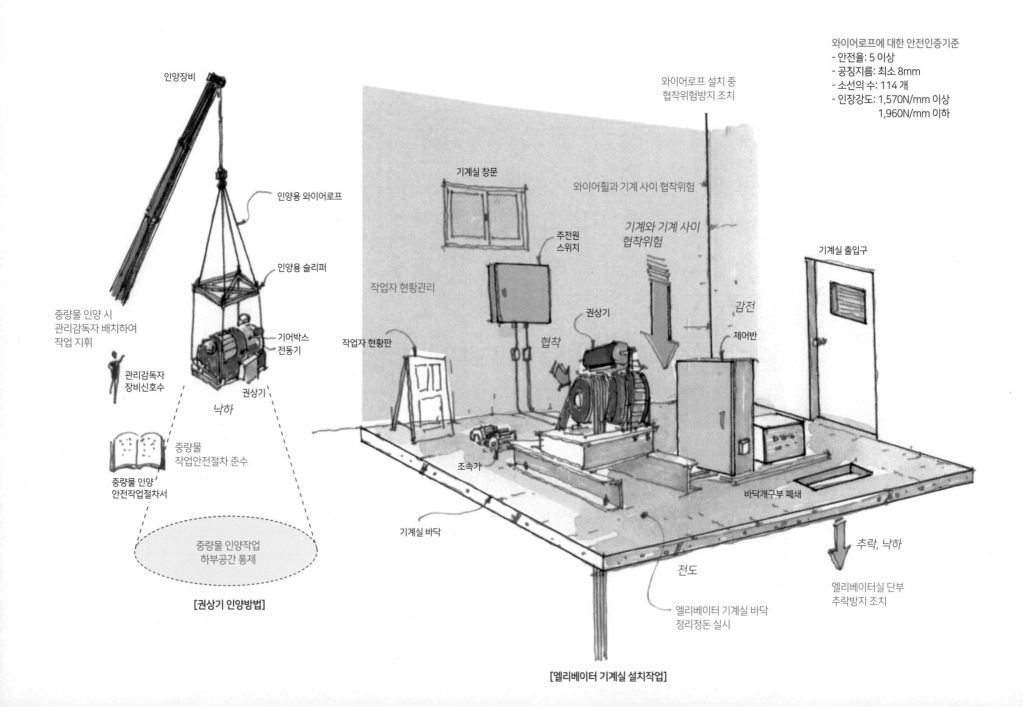

인양장비

인양용 와이어로프

인양용 슬리퍼

기어박스
전동기

권상기

낙하

중량물 인양 시
관리감독자 배치하여
작업 지휘

관리감독자
장비신호수

중량물
작업안전절차 준수

중량물 인양
안전작업절차서

중량물 인양작업
하부공간 통제

[권상기 인양방법]

와이어로프에 대한 안전인증기준
- 안전율: 5 이상
- 공칭지름: 최소 8mm
- 소선의 수: 114 개
- 인장강도: 1,570N/mm 이상
  1,960N/mm 이하

와이어로프 설치 중
협착위험방지 조치

기계실 창문

와이어휠과 기계 사이 협착위험

기계와 기계 사이
협착위험

기계실 출입구

주전원
스위치

작업자 현황관리

권상기

감전

작업자 현황판

제어반

협착

조속가

기계실 바닥

바닥개구부 폐쇄

전도

추락, 낙하

엘리베이터 기계실 바닥
정리정돈 실시

엘리베이터실 단부
추락방지 조치

[엘리베이터 기계실 설치작업]

❸ 엘리베이터 승강구(Elevator Cage) 조립작업

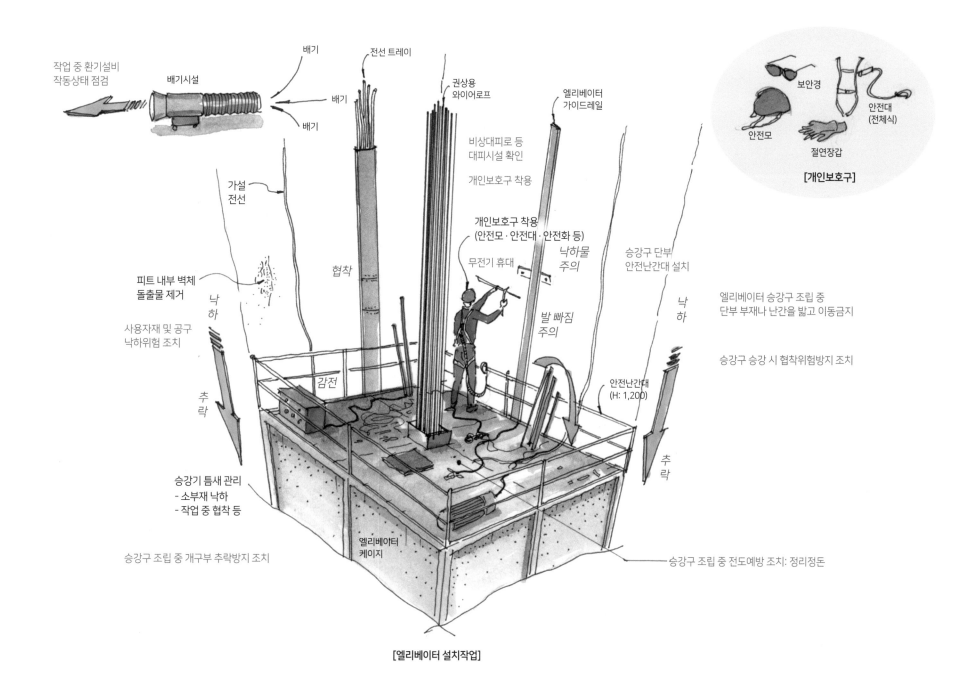

작업 중 환기설비
작동상태 점검

배기시설

배기

배기

배기

전선 트레이

권상용
와이어로프

엘리베이터
가이드레일

보안경

안전모

절연장갑

안전대
(전체식)

[개인보호구]

가설
전선

비상대피로 등
대피시설 확인

개인보호구 착용

피트 내부 벽체
돌출물 제거

사용자재 및 공구
낙하위험 조치

협착

낙
하

개인보호구 착용
(안전모·안전대·안전화 등)

무전기 휴대

낙하물
주의

발 빠짐
주의

승강구 단부
안전난간대 설치

낙
하

엘리베이터 승강구 조립 중
단부 부재나 난간을 밟고 이동금지

승강구 승강 시 협착위험방지 조치

추
락

감전

안전난간대
(H: 1,200)

추
락

승강기 틈새 관리
- 소부재 낙하
- 작업 중 협착 등

엘리베이터
케이지

승강구 조립 중 개구부 추락방지 조치

승강구 조립 중 전도예방 조치: 정리정돈

[엘리베이터 설치작업]

❹ 엘리베이터 가이드레일(Guide Rail) 설치작업

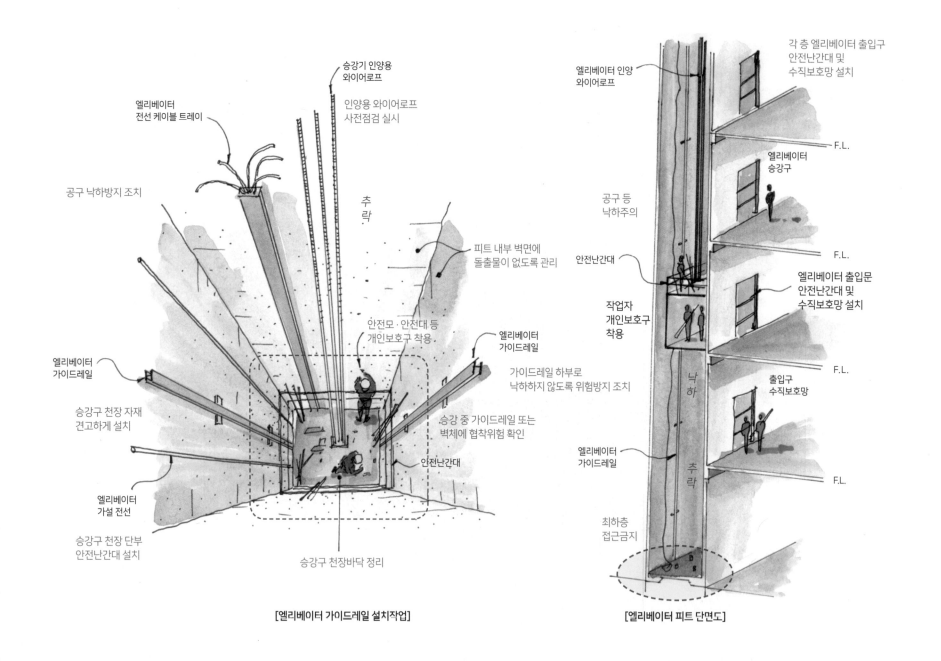

엘리베이터 전선 케이블 트레이

승강기 인양용 와이어로프

인양용 와이어로프 사전점검 실시

공구 낙하방지 조치

추락

피트 내부 벽면에 돌출물이 없도록 관리

안전모·안전대 등 개인보호구 착용

엘리베이터 가이드레일

엘리베이터 가이드레일

가이드레일 하부로 낙하하지 않도록 위험방지 조치

승강구 천장 자재 견고하게 설치

승강 중 가이드레일 또는 벽체에 협착위험 확인

안전난간대

엘리베이터 가설 전선

승강구 천장 단부 안전난간대 설치

승강구 천장바닥 정리

[엘리베이터 가이드레일 설치작업]

엘리베이터 인양 와이어로프

각 층 엘리베이터 출입구 안전난간대 및 수직보호망 설치

F.L.

엘리베이터 승강구

공구 등 낙하주의

안전난간대

작업자 개인보호구 착용

F.L.

엘리베이터 출입문 안전난간대 및 수직보호망 설치

낙하

추락

F.L.

출입구 수직보호망

엘리베이터 가이드레일

최하층 접근금지

F.L.

[엘리베이터 피트 단면도]

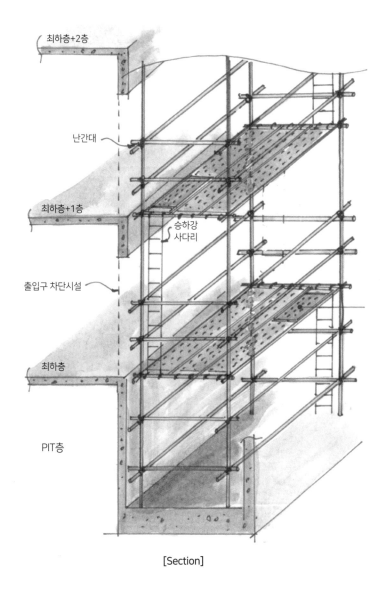

최하층+2층

난간대

최하층+1층

승하강
사다리

출입구 차단시설

최하층

PIT층

[Section]

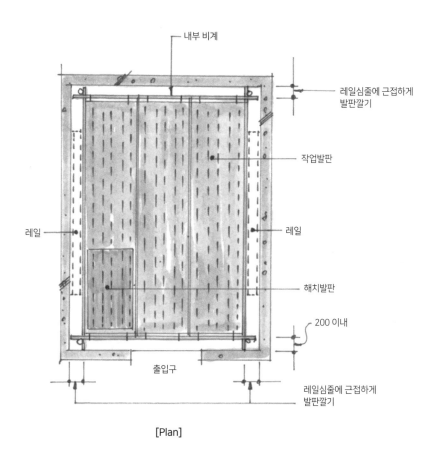

내부 비계

레일심줄에 근접하게
발판깔기

작업발판

레일

레일

해치발판

200 이내

레일심줄에 근접하게
발판깔기

출입구

[Plan]

[승강기 비계설치 사례]

기계(설비)작업 03
Mechanical Work

① 기계설비작업

기계설비작업
Machine Equipment Work

기계설비작업

❶ 기계설비작업 주요 재해사례 [핵심 통계자료: 재해가 발생하는 강도는 **자재 반입·가공·운반작업** 시 높고, 빈도는 **기계설비 설치** 시 가장 많이 발생한다.]

- 덕트(duct) 설치작업 중 추락
- 사다리에서 천장배관 설치 중 추락
- 배관 드릴(drill)작업 중 배관 사이에 협착
- 배관작업 중 단부로 추락

- 보일러설비 점검 중 가스누출로 폭발
- 압력계 계기 설치작업 중 폭발
- 가스배관작업 중 전도
- 중량물 하역작업 중 샤클(shackle)이 풀려서 깔림.

- 덕트 소운반 중 바닥 지장물에 걸려서 전도
- 보온재 운반작업 중 전도

☑ **주요 안전관리 포인트:** 덕트 설치, 냉난방배관 설치, 기계 설치작업 도중 추락 및 중량물에 의한 낙하, 협착재해가 발생한다.

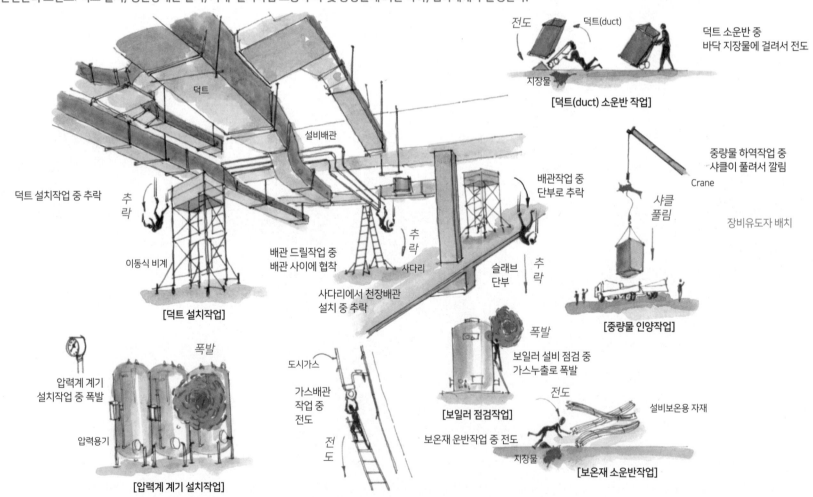

전도 덕트(duct)
덕트 소운반 중
바닥 지장물에 걸려서 전도
지장물
[덕트(duct) 소운반 작업]

덕트

설비배관

덕트 설치작업 중 추락
추락
이동식 비계
[덕트 설치작업]

배관작업 중
단부로 추락

배관 드릴작업 중
배관 사이에 협착
추락
사다리
사다리에서 천장배관
설치 중 추락

슬래브
단부
추락

중량물 하역작업 중
샤클이 풀려서 깔림
Crane
샤클
풀림
장비유도자 배치
[중량물 인양작업]

폭발
압력계 계기
설치작업 중 폭발
압력용기
[압력계 계기 설치작업]

도시가스
가스배관
작업 중
전도
전도

폭발
보일러 설비 점검 중
가스누출로 폭발
[보일러 점검작업]
보온재 운반작업 중 전도
전도
지장물

설비보온용 자재
[보온재 소운반작업]

❷ 기계설비 자재 반입, 가공, 운반작업

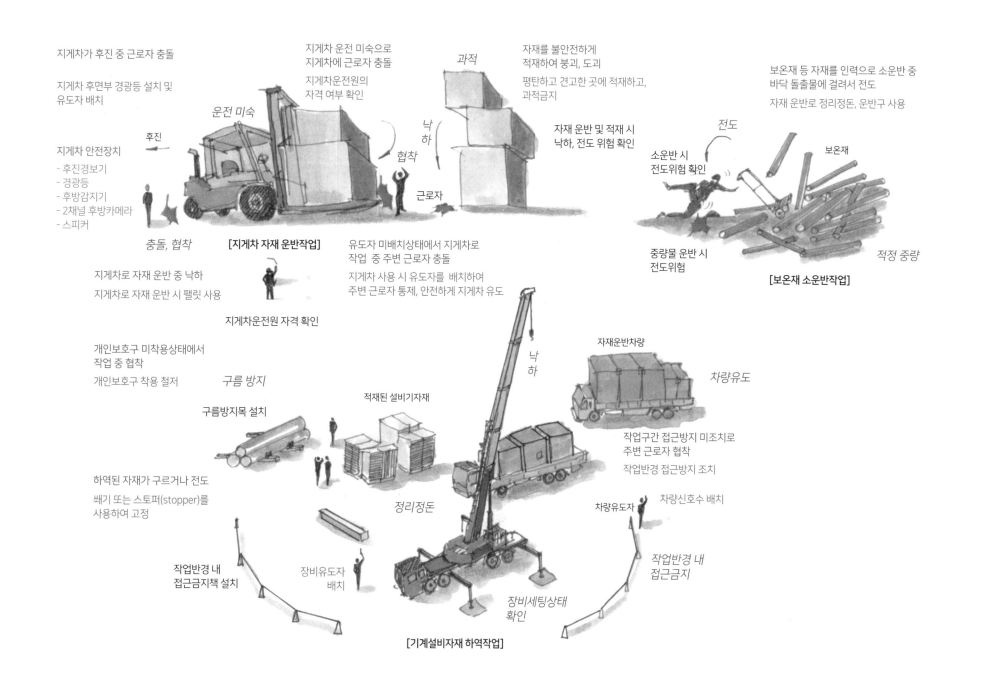

지게차가 후진 중 근로자 충돌

지게차 후면부 경광등 설치 및 유도자 배치

지게차 안전장치
- 후진경보기
- 경광등
- 후방감지기
- 2채널 후방카메라
- 스피커

충돌, 협착

후진

운전 미숙

[지게차 자재 운반작업]

지게차 운전 미숙으로 지게차에 근로자 충돌

지게차운전원의 자격 여부 확인

낙하

협착

근로자

지게차로 자재 운반 중 낙하

지게차로 자재 운반 시 팰릿 사용

지게차운전원 자격 확인

유도자 미배치상태에서 지게차로 작업 중 주변 근로자 충돌

지게차 사용 시 유도자를 배치하여 주변 근로자 통제, 안전하게 지게차 유도

과적

자재를 불안전하게 적재하여 붕괴, 도괴

평탄하고 견고한 곳에 적재하고, 과적금지

자재 운반 및 적재 시 낙하, 전도 위험 확인

보온재 등 자재를 인력으로 소운반 중 바닥 돌출물에 걸려서 전도

자재 운반로 정리정돈, 운반구 사용

전도

소운반 시 전도위험 확인

보온재

중량물 운반 시 전도위험

적정 중량

[보온재 소운반작업]

개인보호구 미착용상태에서 작업 중 협착

개인보호구 착용 철저

구름 방지

구름방지목 설치

적재된 설비기자재

자재운반차량

차량유도

낙하

하역된 자재가 구르거나 전도

쐐기 또는 스토퍼(stopper)를 사용하여 고정

정리정돈

작업구간 접근방지 미조치로 주변 근로자 협착

작업반경 접근방지 조치

작업반경 내 접근금지책 설치

장비유도자 배치

장비세팅상태 확인

차량유도자

차량신호수 배치

작업반경 내 접근금지

[기계설비자재 하역작업]

❸ 기계설비 설치작업

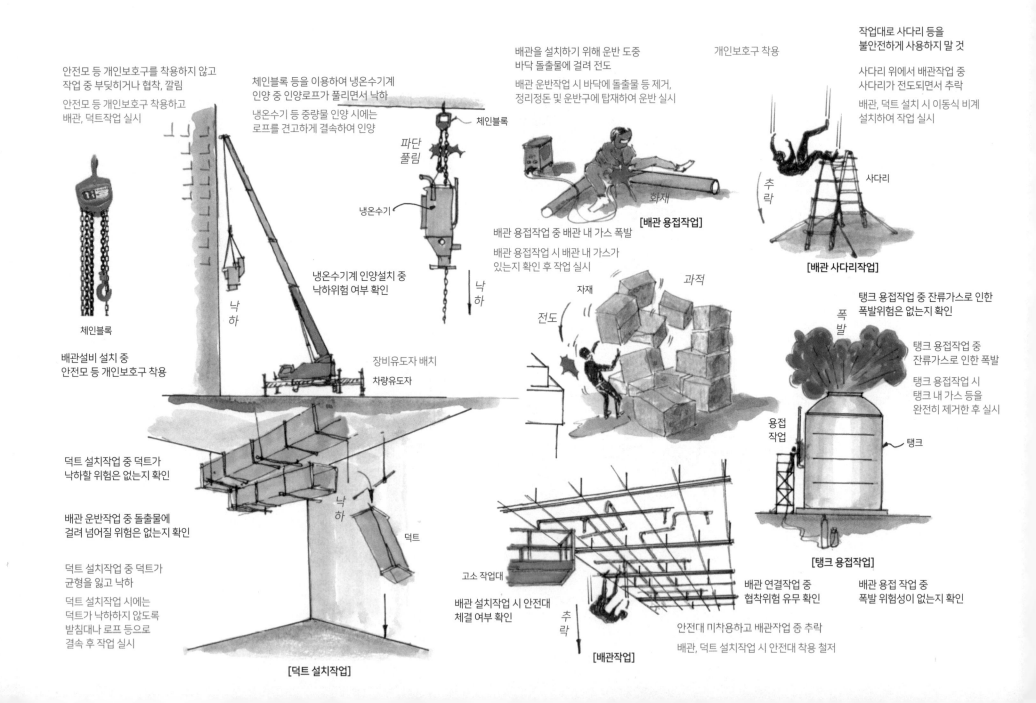

안전모 등 개인보호구를 착용하지 않고
작업 중 부딪히거나 협착, 깔림

안전모 등 개인보호구 착용하고
배관, 덕트작업 실시

체인블록 등을 이용하여 냉온수기계
인양 중 인양로프가 풀리면서 낙하

냉온수기 등 중량물 인양 시에는
로프를 견고하게 결속하여 인양

파단
풀림

체인블록

냉온수기

체인블록

배관설비 설치 중
안전모 등 개인보호구 착용

냉온수기계 인양설치 중
낙하위험 여부 확인

장비유도자 배치
차량유도자

낙
하

낙
하

덕트 설치작업 중 덕트가
낙하할 위험은 없는지 확인

배관 운반작업 중 돌출물에
걸려 넘어질 위험은 없는지 확인

덕트 설치작업 중 덕트가
균형을 잃고 낙하

덕트 설치작업 시에는
덕트가 낙하하지 않도록
받침대나 로프 등으로
결속 후 작업 실시

낙
하

덕트

[덕트 설치작업]

배관을 설치하기 위해 운반 도중
바닥 돌출물에 걸려 전도

배관 운반작업 시 바닥에 돌출물 등 제거,
정리정돈 및 운반구에 탑재하여 운반 실시

개인보호구 착용

화재

[배관 용접작업]

배관 용접작업 중 배관 내 가스 폭발

배관 용접작업 시 배관 내 가스가
있는지 확인 후 작업 실시

자재   과적

전도

작업대로 사다리 등을
불안전하게 사용하지 말 것

사다리 위에서 배관작업 중
사다리가 전도되면서 추락

배관, 덕트 설치 시 이동식 비계
설치하여 작업 실시

추
락

사다리

[배관 사다리작업]

탱크 용접작업 중 잔류가스로 인한
폭발위험은 없는지 확인

폭
발

탱크 용접작업 중
잔류가스로 인한 폭발

탱크 용접작업 시
탱크 내 가스 등을
완전히 제거 후 실시

용접
작업

탱크

[탱크 용접작업]

고소 작업대

배관 설치작업 시 안전대
체결 여부 확인

추
락

배관 연결작업 중
협착위험 유무 확인

안전대 미착용하고 배관작업 중 추락

배관, 덕트 설치작업 시 안전대 착용 철저

[배관작업]

배관 용접 작업 중
폭발 위험성이 없는지 확인

❹ 도시가스 배관작업 Ⅰ

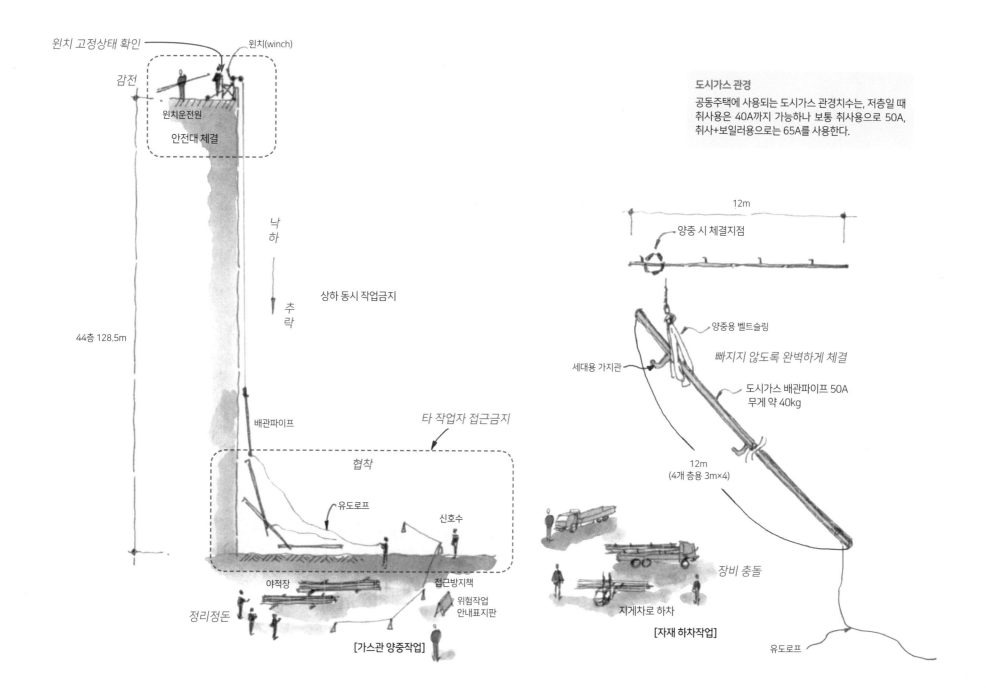

윈치 고정상태 확인

윈치(winch)

감전

윈치운전원

안전대 체결

낙하

추락

상하 동시 작업금지

44층 128.5m

배관파이프

타 작업자 접근금지

협착

유도로프

신호수

야적장

접근방지책

정리정돈

위험작업
안내표지판

[가스관 양중작업]

도시가스 관경

공동주택에 사용되는 도시가스 관경치수는, 저층일 때 취사용은 40A까지 가능하나 보통 취사용으로 50A, 취사+보일러용으로는 65A를 사용한다.

12m

양중 시 체결지점

양중용 벨트슬링

빠지지 않도록 완벽하게 체결

세대용 가지관

도시가스 배관파이프 50A
무게 약 40kg

12m
(4개 층용 3m×4)

장비 충돌

지게차로 하차

[자재 하차작업]

유도로프

❺ 도시가스 배관작업 Ⅱ

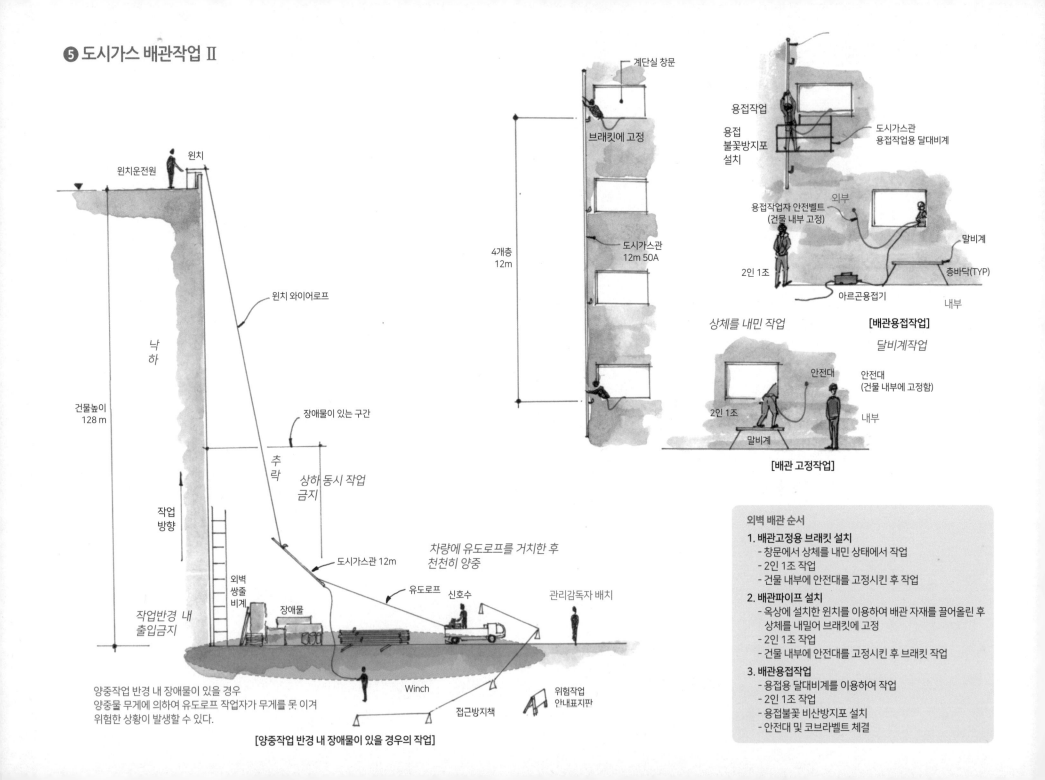

원치운전원
윈치

윈치 와이어로프

낙하

추락

상하 동시 작업
금지

장애물이 있는 구간

상체를 내민 작업

건물높이
128 m

작업
방향

작업반경 내
출입금지

도시가스관 12m

외벽
쌍줄
비계

장애물

Winch

유도로프
신호수

관리감독자 배치

차량에 유도로프를 거치한 후
천천히 양중

접근방지책

위험작업
안내표지판

양중작업 반경 내 장애물이 있을 경우
양중물 무게에 의하여 유도로프 작업자가 무게를 못 이겨
위험한 상황이 발생할 수 있다.

[양중작업 반경 내 장애물이 있을 경우의 작업]

계단실 창문

브래킷에 고정

4개층
12m

도시가스관
12m 50A

용접작업

용접
불꽃방지포
설치

도시가스관
용접작업용 달대비계

용접작업자 안전벨트
(건물 내부 고정)

외부

2인 1조

아르곤용접기

말비계

층바닥(TYP)

내부

[배관용접작업]

상체를 내민 작업

달비계작업

안전대

안전대
(건물 내부에 고정함)

2인 1조

말비계

내부

[배관 고정작업]

외벽 배관 순서

1. 배관고정용 브래킷 설치
- 창문에서 상체를 내민 상태에서 작업
- 2인 1조 작업
- 건물 내부에 안전대를 고정시킨 후 작업

2. 배관파이프 설치
- 옥상에 설치한 윈치를 이용하여 배관 자재를 끌어올린 후 상체를 내밀어 브래킷에 고정
- 2인 1조 작업
- 건물 내부에 안전대를 고정시킨 후 브래킷 작업

3. 배관용접작업
- 용접용 달대비계를 이용하여 작업
- 2인 1조 작업
- 용접불꽃 비산방지포 설치
- 안전대 및 코브라벨트 체결

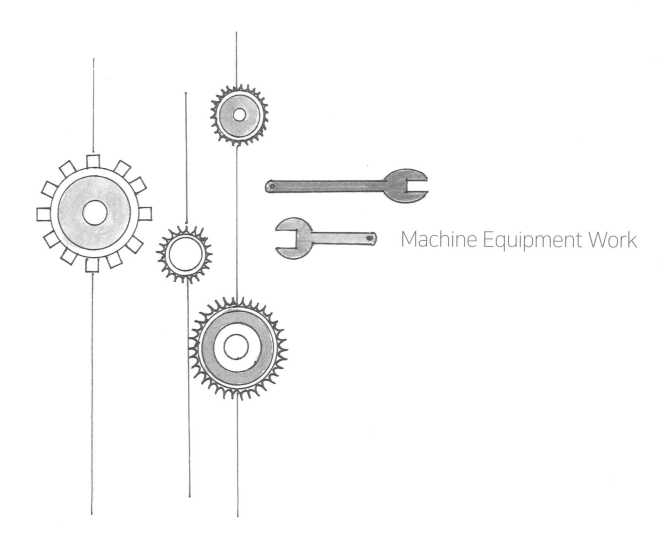

Machine Equipment Work

해체공사 04
Demolition Work

① 해체작업

01 해체작업
Demolition Work

❶ 해체작업 주요 재해사례 [핵심 통계자료: **압쇄작업** 시 재해가 가장 많이 발생한다.]

- 살수시설을 설치하지 않은 상태에서 작업하다가 비산분진 발생
- 해체작업순서 미준수로 건물 붕괴 및 전도
- 달포대 및 인양함 없이 자재를 인양하다가 낙하

- 구조물 단부에서 철거작업 중 추락
- 압쇄장비 이동 중 돌출물에 걸려서 전도
- 화기작업 중 인화물질에 옮겨붙어 화재 발생

- 압쇄장비와 굴착기 간의 작업 중 충돌 및 협착

☑ 주요 안전관리 포인트: 비산분진 및 발파 시 파편물에 주의하고, 철거·해체작업 시 작업순서 준수할 것

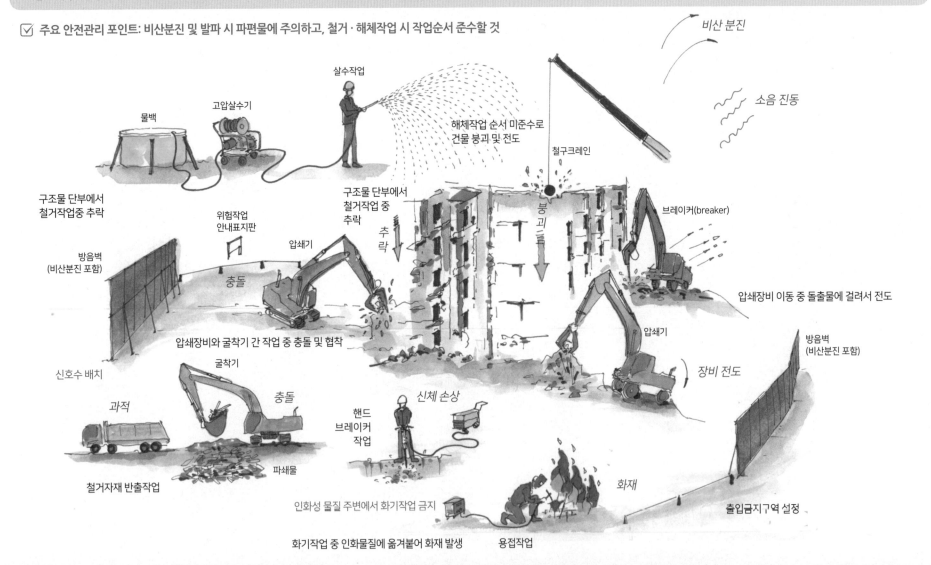

❷ 해체작업 표준안전작업지침

해체공사 전 확인사항

- 구조(RC, SRC) 특성, 층수, 높이, 면적
- 평면 구성상태, 폭, 층고, 벽 배치상태
- 부재별 치수, 배근상태, 해체 시 취약 부분
- 해체 시 전도 우려가 있는 내·외장재
- 설비·전기·배관계통 상세 확인
- 구조물 건립연도, 사용목적
- 노후 정도, 재해(화재·동해 등) 유무
- 증설, 개축, 보강 등 구조변경 현황
- 해체공법의 특성에 의한 비산각도, 낙하반경 사전 확인
- 진동, 소음, 분진의 예상치 측정, 대책방법
- 해체물 집적, 운반방법
- 재이용 또는 이설을 요하는 부재 현황

해체공사작업용 기계기구

- 압쇄기
- 대형 브레이커
- 철제 해머
- 화약류
- 핸드브레이커
- 팽창제
- 절단톱
- 재키
- 쐐기타입기
- 화염방사기
- 절단 줄톱

해체공사 전 부지상황 조사

- 부지 내 공지 유무, 해체용 기계설비 위치, 발생재 처리 장소
- 해체공사 착수에 앞서 철거, 이설, 보호해야 할 필요가 있는 공사장애물 현황
- 접속도로의 폭, 출입구 개수 및 매설물의 종류 및 개폐 위치
- 인근 건물 동수 및 거주자 현황
- 도로상황조사, 가공고압선 유무
- 차량 대기장소 유무 및 교통량(통행인 포함)
- 진동, 소음 발생 영향권 조사

해체공사 작업계획 수립 시 안전일반사항

- 작업구역 내에는 관계자 외 출입통제
- 강풍·폭우·폭설 등 악천후 시에는 작업중지
- 사용기계기구 등을 인양하거나 내릴 때에는 그물망, 그물포대 사용
- 외벽과 기둥 등을 전도시킬 때에는 전도낙하 위치 검토 및 파편 비산거리를 예측하여 작업 반경을 설정
- 전도작업 수행 시 작업자 외에 모두 대피시키고 안전대피상태를 확인 후 전도
- 해체건물 외곽에 방호용 비계를 설치하고 해체물의 전도, 낙하, 비산의 안전거리 유지
- 파쇄공법의 특성에 따라 방진벽, 비산차단벽, 분진억제 살수시설 설치
- 작업자 상호 간 신호규정 준수, 신호방식 및 신호기기 사용법은 사전 교육 숙지
- 대피소 설치

해체작업에 따른 공해 방지

소음 및 진동
- 공기압축기: 소음진동기준 준수
- 전도공법 적용 시 전도물 규모(중량·높이 등)를 작게
- 철제 해머공법: 해머의 높이는 낮게, 중량은 적게
- 현장 내 대형 부재로 해체하고 작게 파쇄하여 반출
- 방진, 방음 가시설 설치

분진
- 살수작업 실시(피라미드식, 수평살수식)
- 방진시트, 분진차단막 설치

지반침하
- 작업 전 대상 건물의 깊이, 토질, 주변 상황 파악
- 중기운행에 따른 지반 영향 고려

폐기물
- 관계법령에 따라 처리

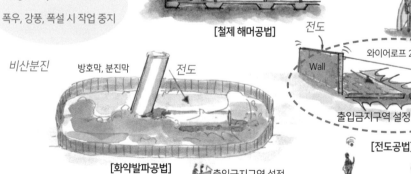

타워크레인

산업안전보건법 제27조

가공고압선로 확인

인양물은 그물망, 그물포대 설치

소음 진동

장비 간 안전거리 확보

시스템비계
(매직패널,
롤마대)

고소작업자
(안전대 부착 설비)

살수

추락 낙하

[대형 브레이커공법]

[압쇄기공법]

파편 비산방지망

비산분진

잭서포트

RPP 방음울타리

붕괴

낙하

잭 서포트

인근 건물현황 파악

대형 브레이커

에어매트
(소음방지용)

물차(항시 대기)

[철제 해머공법]

전도

폭우, 강풍, 폭설 시 작업 중지

와이어로프 2본

Wall

비산분진

방호막, 분진막

전도

완충재 깔기

출입금지구역 설정

[전도공법]

[화약발파공법]

출입금지구역 설정

대피소
(안전거리 확보)

대피소
(안전거리 확보)

신호체계 수립

❸ 철거 · 해체 작업

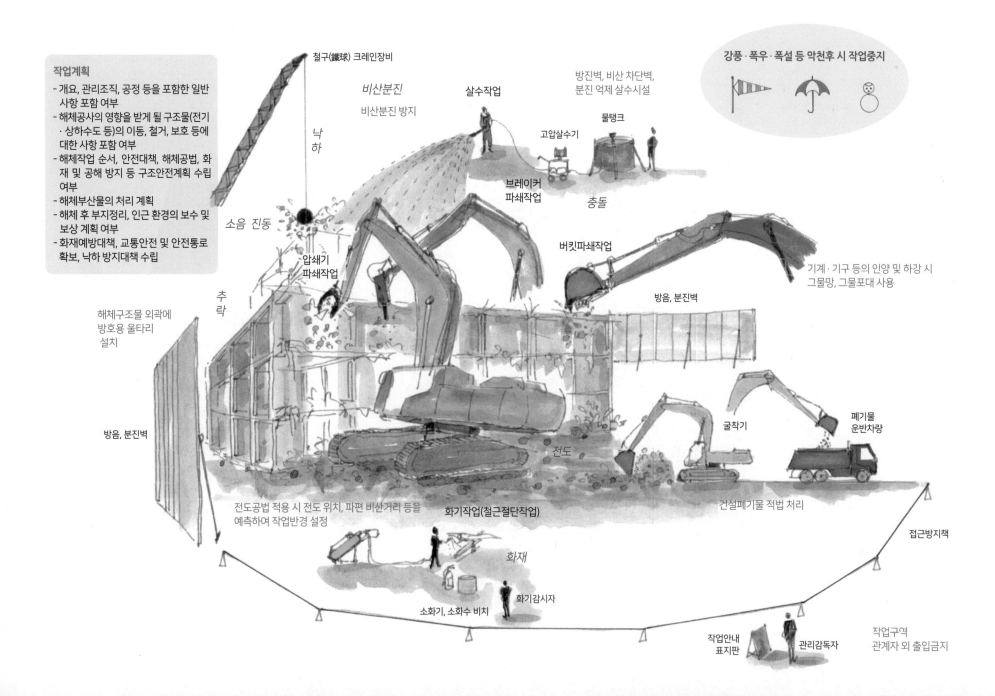

작업계획
- 개요, 관리조직, 공정 등을 포함한 일반사항 포함 여부
- 해체공사의 영향을 받게 될 구조물(전기·상하수도 등)의 이동, 철거, 보호 등에 대한 사항 포함 여부
- 해체작업 순서, 안전대책, 해체공법, 화재 및 공해 방지 등 구조안전계획 수립 여부
- 해체부산물의 처리 계획
- 해체 후 부지정리, 인근 환경의 보수 및 보상 계획 여부
- 화재예방대책, 교통안전 및 안전통로 확보, 낙하 방지대책 수립

강풍 · 폭우 · 폭설 등 악천후 시 작업중지

철구(鐵球) 크레인장비

비산분진
비산분진 방지

낙하

살수작업

방진벽, 비산 차단벽, 분진 억제 살수시설

물탱크

고압살수기

소음 진동

압쇄기 파쇄작업

브레이커 파쇄작업

충돌

버킷파쇄작업

기계 · 기구 등의 인양 및 하강 시 그물망, 그물포대 사용

방음, 분진벽

추락

해체구조물 외곽에 방호용 울타리 설치

방음, 분진벽

전도

굴착기

폐기물 운반차량

전도공법 적용 시 전도 위치, 파편 비산거리 등을 예측하여 작업반경 설정

화기작업(철근절단작업)

건설폐기물 적법 처리

접근방지책

화재

소화기, 소화수 비치

화기감시자

작업안내 표지판

관리감독자

작업구역 관계자 외 출입금지

❹ 지붕층 철거작업

지붕층 철거작업은 외부 1스팬을 남겨두고 내부구조물을 철거한다. 그리고 외부 비계 긴결 부분을 해체하고 외부 구조물 및 마감재와 외부 비계를 순차적으로 해체한다.

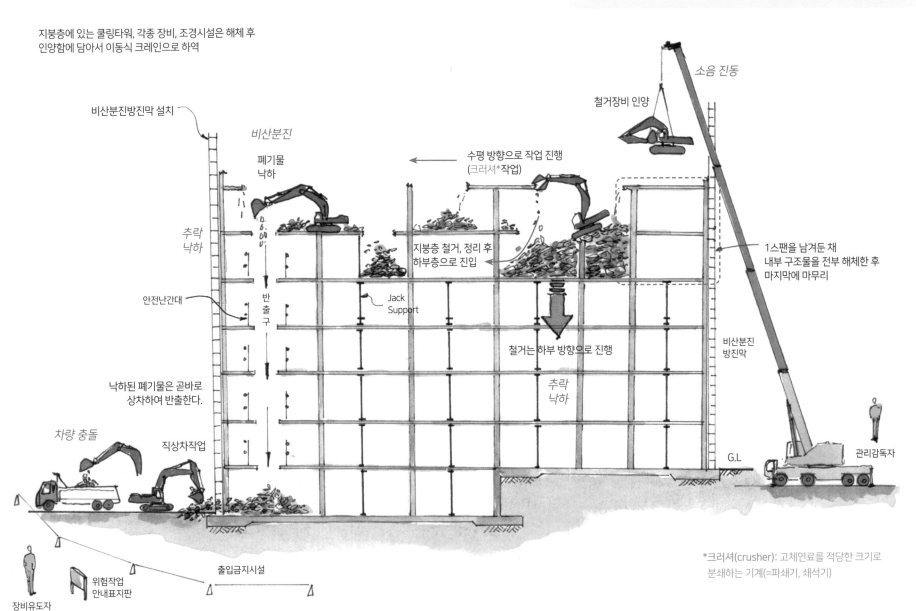

지붕층에 있는 쿨링타워, 각종 장비, 조경시설은 해체 후 인양함에 담아서 이동식 크레인으로 하역

비산분진방진막 설치

비산분진

소음 진동

철거장비 인양

폐기물 낙하

수평 방향으로 작업 진행 (크러셔*작업)

추락 낙하

지붕층 철거, 정리 후 하부층으로 진입

1스팬을 남겨둔 채 내부 구조물을 전부 해체한 후 마지막에 마무리

안전난간대

Jack Support

반출구

철거는 하부 방향으로 진행

비산분진 방진막

낙하된 폐기물은 곧바로 상차하여 반출한다.

추락 낙하

차량 충돌

직상차작업

G.L

관리감독자

장비유도자

위험작업 안내표지판

출입금지시설

*크러셔(crusher): 고체연료를 적당한 크기로 분쇄하는 기계(=파쇄기, 쇄석기)

❺ Mat 기초판 철거작업

※ 버스터(buster) 공법은 콘크리트 두께가 800mm 이상일 때 적용한다.

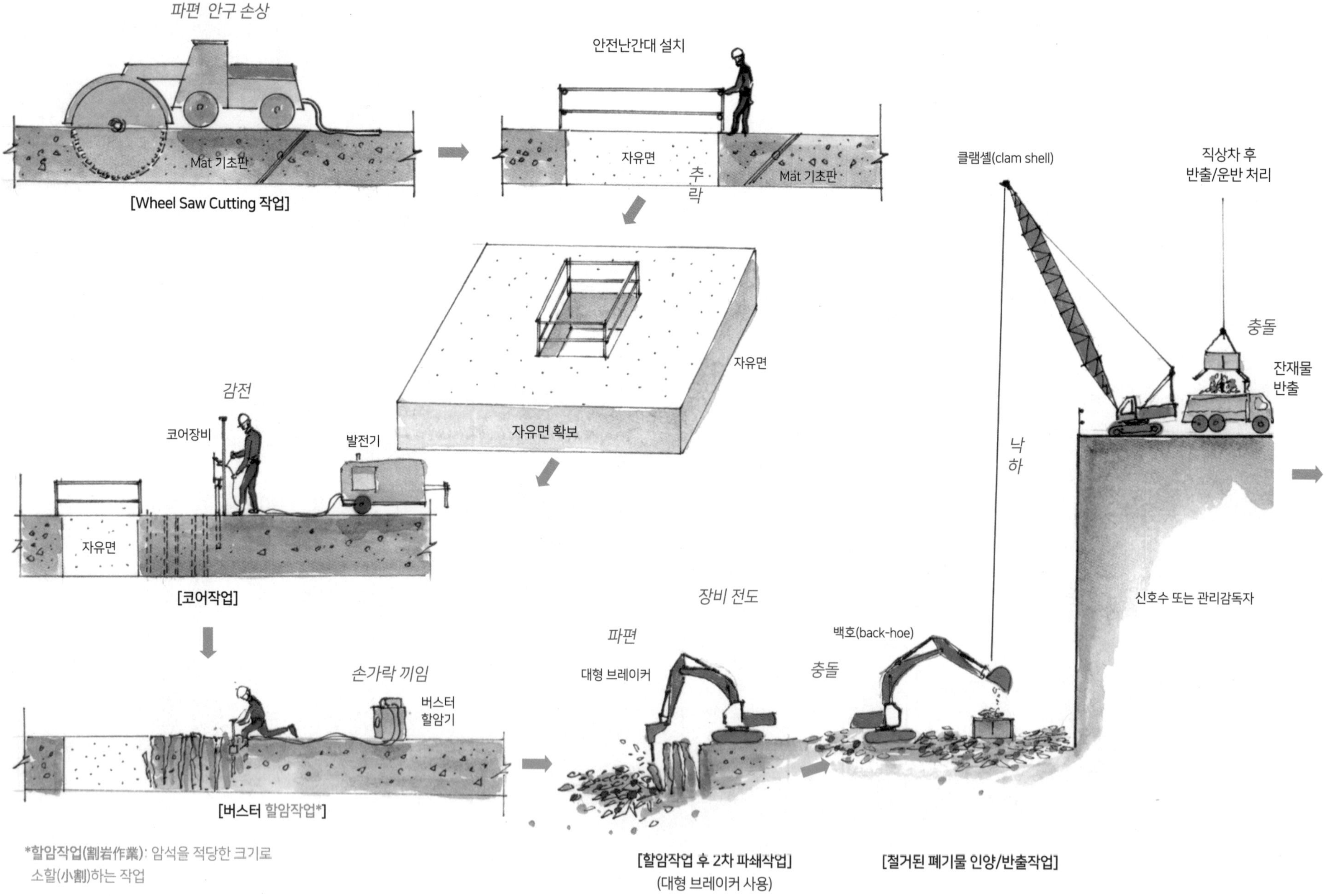

파편 안구 손상

Mat 기초판

[Wheel Saw Cutting 작업]

안전난간대 설치

자유면

추락

Mat 기초판

자유면

자유면 확보

감전

코어장비

발전기

자유면

[코어작업]

손가락 끼임

버스터
할암기

[버스터 할암작업*]

*할암작업(割岩作業): 암석을 적당한 크기로
소할(小割)하는 작업

장비 전도

파편

대형 브레이커

백호(back-hoe)

충돌

[할암작업 후 2차 파쇄작업]
(대형 브레이커 사용)

클램셸(clam shell)

직상차 후
반출/운반 처리

충돌

잔재물
반출

낙
하

신호수 또는 관리감독자

[철거된 폐기물 인양/반출작업]

❻ Jack Support 설치작업

작업 전에 철거장비에 따른 검토를 실시해야 한다.

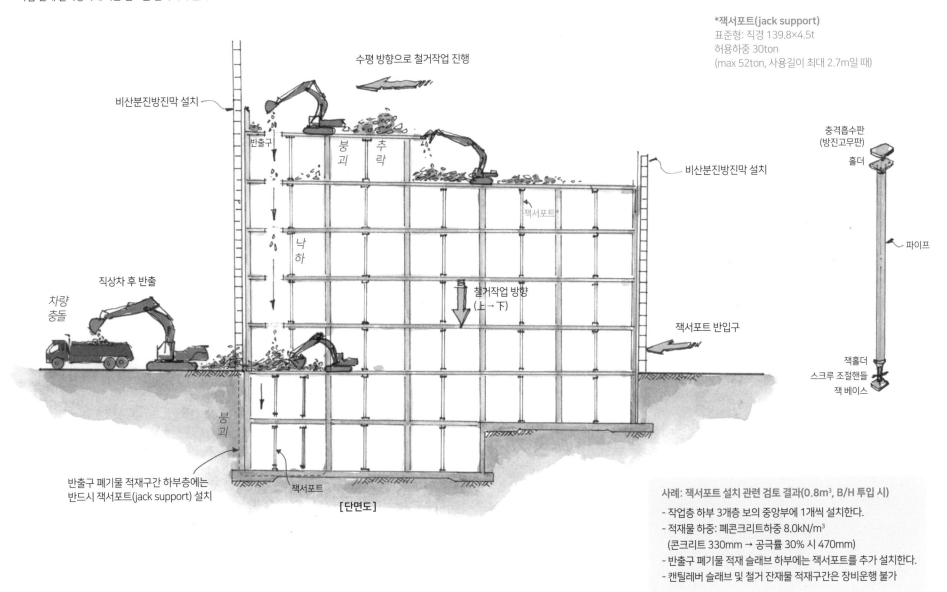

*잭서포트(jack support)
표준형: 직경 139.8×4.5t
허용하중 30ton
(max 52ton, 사용길이 최대 2.7m일 때)

수평 방향으로 철거작업 진행

비산분진방진막 설치

반출구

붕괴 추락

낙하

직상차 후 반출

차량
충돌

철거작업 방향
(上 → 下)

붕괴

반출구 폐기물 적재구간 하부층에는
반드시 잭서포트(jack support) 설치

잭서포트

[단면도]

충격흡수판
(방진고무판)

홀더

비산분진방진막 설치

잭서포트*

잭서포트 반입구

파이프

잭홀더
스크루 조절핸들
잭 베이스

사례: 잭서포트 설치 관련 검토 결과(0.8m³, B/H 투입 시)
- 작업층 하부 3개층 보의 중앙부에 1개씩 설치한다.
- 적재물 하중: 폐콘크리트하중 8.0kN/m³
  (콘크리트 330mm → 공극률 30% 시 470mm)
- 반출구 폐기물 적재 슬래브 하부에는 잭서포트를 추가 설치한다.
- 캔틸레버 슬래브 및 철거 잔재물 적재구간은 장비운행 불가

❼ 지상 1~3층 철거작업

G.L+13m 정도 높이의 구조물은 크러셔(crusher)를 백호(back-hoe)에 장착하여 철거할 수 있다.

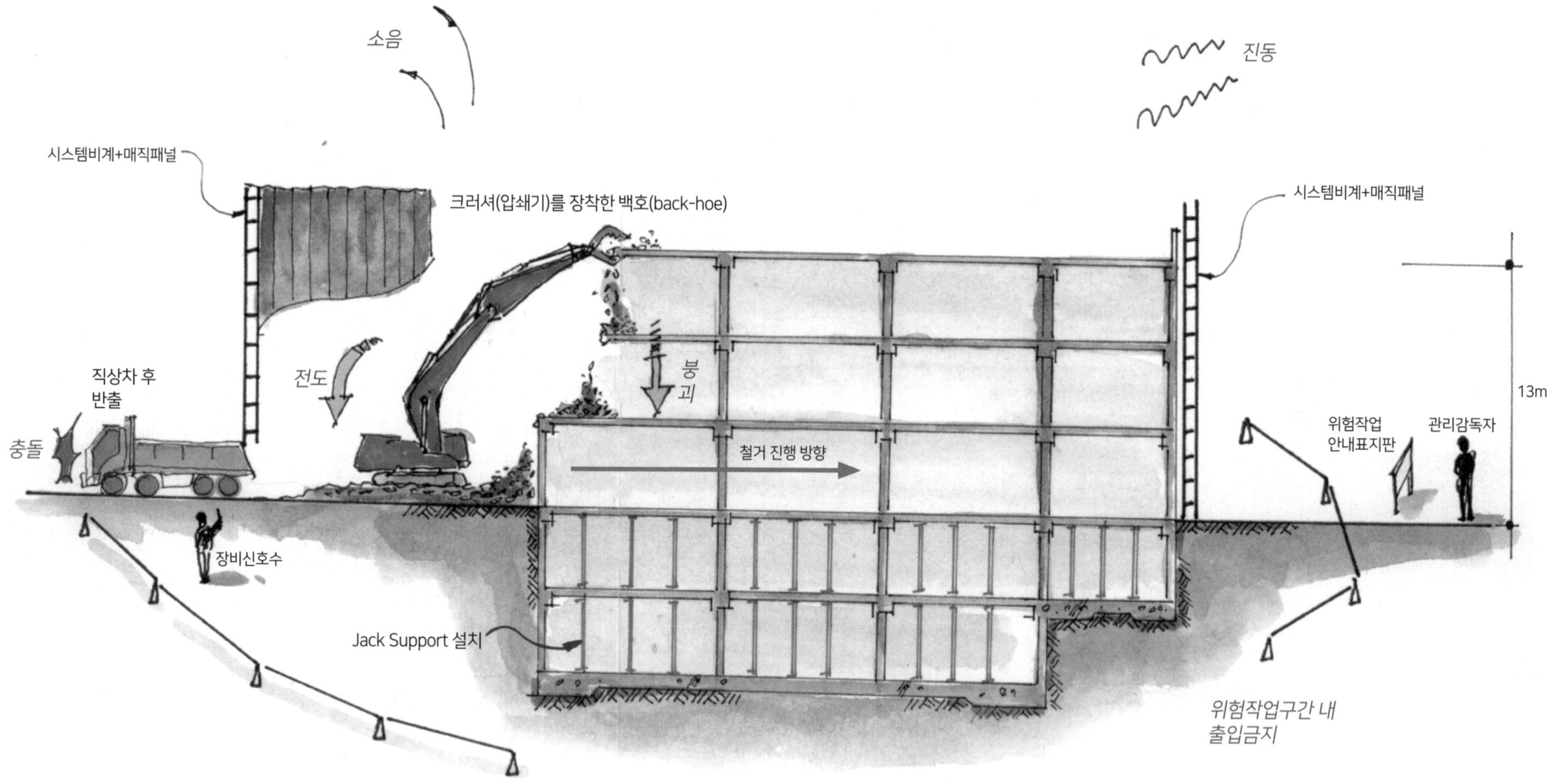

소음
진동
시스템비계+매직패널
크러셔(압쇄기)를 장착한 백호(back-hoe)
시스템비계+매직패널
직상차 후
반출
전도
붕
괴
13m
충돌
위험작업
안내표지판
관리감독자
철거 진행 방향
장비신호수
Jack Support 설치
위험작업구간 내
출입금지

Demolition Work

조경공사 05
Landscape Work

① 조경작업(Landscape Work)

조경작업
Landscape Work

❶ 조경작업 주요 재해사례 [핵심 통계자료: 조경 시공 및 설치작업 시 재해가 가장 많이 발생한다.]

- 수목 전지작업 중 추락
- 조경석 그라인더(grinder) 작업 중 조경석 낙하
- 수목 절단작업 중 수목에 맞음.
- 수목 인양 중 송전선로 접촉에 의한 감전

- 수목 이식작업 중 수목 조경석에서 전도 추락
- 법면 정리 중 단부로 추락
- 잔디 식재작업 중 이동통로 단부로 추락
- 조경석 설치 중 로프 파단에 의한 조경석 낙하

- 조경석 설치 중 굴착기에 접촉 충돌
- 조경 식재 중 옹벽 단부로 추락

☑ 주요 안전관리 포인트: 조경석 인양(引揚) 시 낙하, 조경수 식재 시 수목에 협착, 굴착기에 충돌

*전지(剪枝, prunning): 가지치기라고도 하며, 곧고 길며 마디가 없는 형질의 우량나무를 만들기 위하여 나무 하부의 가지 일부를 잘라주는 일

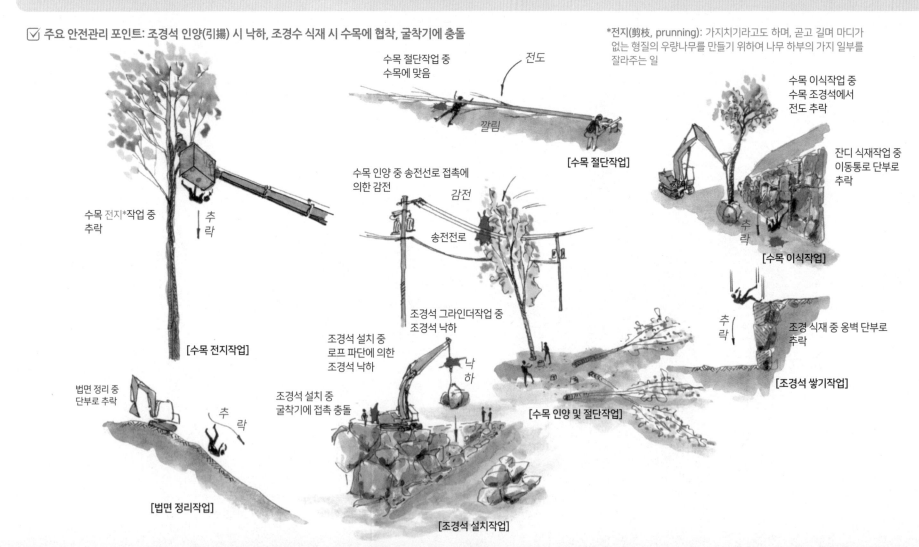

수목 전지*작업 중 추락
추락
[수목 전지작업]

법면 정리 중 단부로 추락
추락
[법면 정리작업]

수목 절단작업 중 수목에 맞음
전도
깔림
[수목 절단작업]

수목 인양 중 송전선로 접촉에 의한 감전
감전
송전전로

조경석 그라인더작업 중 조경석 낙하

조경석 설치 중 로프 파단에 의한 조경석 낙하
낙하

조경석 설치 중 굴착기에 접촉 충돌
[조경석 설치작업]

[수목 인양 및 절단작업]

수목 이식작업 중 수목 조경석에서 전도 추락

잔디 식재작업 중 이동통로 단부로 추락
추락
[수목 이식작업]

추락
조경 식재 중 옹벽 단부로 추락
[조경석 쌓기작업]

❷ 조경부지 정리작업

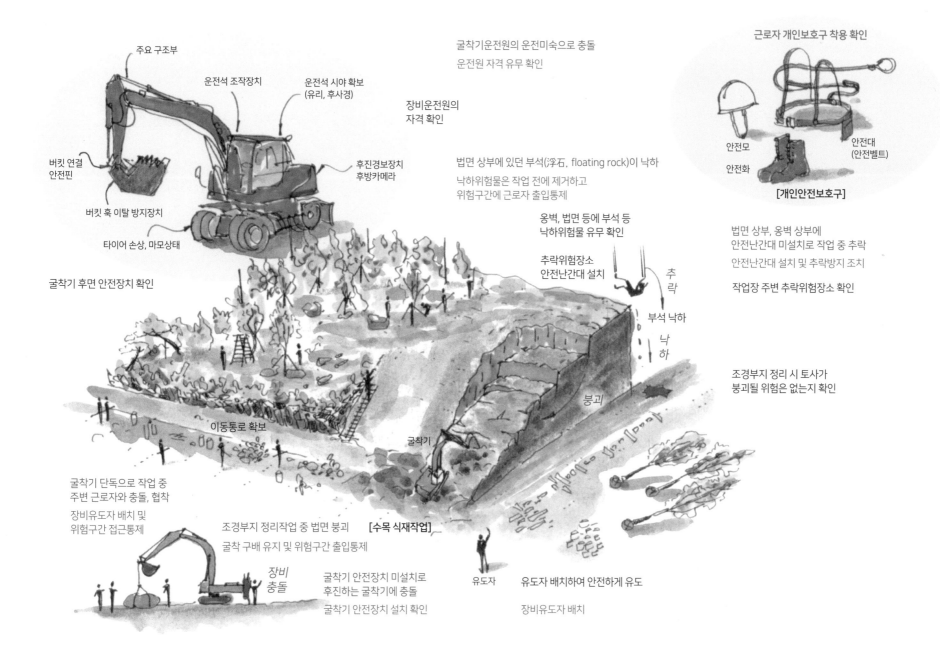

주요 구조부

운전석 조작장치

운전석 시야 확보
(유리, 후사경)

버킷 연결
안전핀

버킷 훅 이탈 방지장치

타이어 손상, 마모상태

후진경보장치
후방카메라

굴착기 후면 안전장치 확인

이동통로 확보

굴착기 단독으로 작업 중
주변 근로자와 충돌, 협착

장비유도자 배치 및
위험구간 접근통제

조경부지 정리작업 중 법면 붕괴

굴착 구배 유지 및 위험구간 출입통제

굴착기 안전장치 미설치로
후진하는 굴착기에 충돌

굴착기 안전장치 설치 확인

장비
충돌

굴착기운전원의 운전미숙으로 충돌

운전원 자격 유무 확인

장비운전원의
자격 확인

법면 상부에 있던 부석(浮石, floating rock)이 낙하

낙하위험물은 작업 전에 제거하고
위험구간에 근로자 출입통제

옹벽, 법면 등에 부석 등
낙하위험물 유무 확인

추락위험장소
안전난간대 설치

추락

부석 낙하

낙하

붕괴

굴착기

[수목 식재작업]

유도자

유도자 배치하여 안전하게 유도

장비유도자 배치

근로자 개인보호구 착용 확인

안전모

안전화

안전대
(안전벨트)

[개인안전보호구]

법면 상부, 옹벽 상부에
안전난간대 미설치로 작업 중 추락

안전난간대 설치 및 추락방지 조치

작업장 주변 추락위험장소 확인

조경부지 정리 시 토사가
붕괴될 위험은 없는지 확인

❸ 조경 시공 및 설치작업

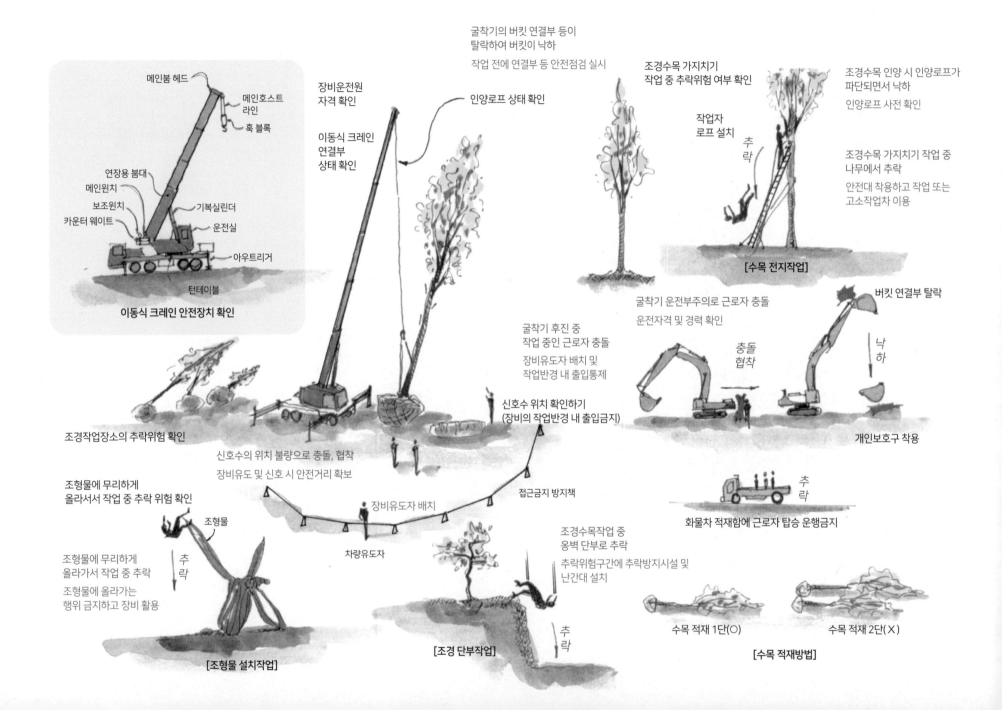

이동식 크레인 안전장치 확인

- 메인붐 헤드
- 메인호스트 라인
- 혹 블록
- 연장용 붐대
- 메인윈치
- 보조윈치
- 카운터 웨이트
- 기복실린더
- 운전실
- 아우트리거
- 턴테이블

굴착기의 버킷 연결부 등이 탈락하여 버킷이 낙하
작업 전에 연결부 등 안전점검 실시

장비운전원 자격 확인

이동식 크레인 연결부 상태 확인

인양로프 상태 확인

조경수목 가지치기 작업 중 추락위험 여부 확인

작업자 로프 설치

추락

조경수목 인양 시 인양로프가 파단되면서 낙하
인양로프 사전 확인

조경수목 가지치기 작업 중 나무에서 추락
안전대 착용하고 작업 또는 고소작업차 이용

[수목 전지작업]

버킷 연결부 탈락

굴착기 운전부주의로 근로자 충돌
운전자격 및 경력 확인

굴착기 후진 중 작업 중인 근로자 충돌
장비유도자 배치 및 작업반경 내 출입통제

충돌 협착

낙하

개인보호구 착용

조경작업장소의 추락위험 확인

신호수 위치 확인하기
(장비의 작업반경 내 출입금지)

신호수의 위치 불량으로 충돌, 협착
장비유도 및 신호 시 안전거리 확보

장비유도자 배치

접근금지 방지책

차량유도자

조형물에 무리하게 올라서서 작업 중 추락 위험 확인

조형물

조형물에 무리하게 올라가서 작업 중 추락
조형물에 올라가는 행위 금지하고 장비 활용

추락

조경수목작업 중 옹벽 단부로 추락
추락위험구간에 추락방지시설 및 난간대 설치

추락

[조경 단부작업]

추락

화물차 적재함에 근로자 탑승 운행금지

수목 적재 1단(O)

수목 적재 2단(X)

[수목 적재방법]

[조형물 설치작업]

❹ 조경시설물 설치작업 Ⅰ

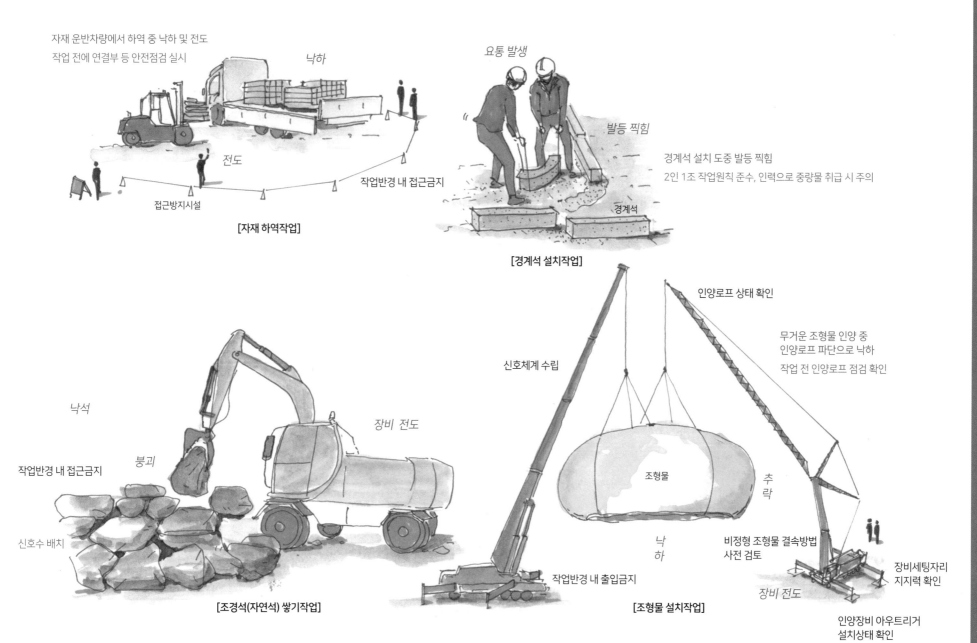

자재 운반차량에서 하역 중 낙하 및 전도
작업 전에 연결부 등 안전점검 실시

낙하

전도

접근방지시설

작업반경 내 접근금지

[자재 하역작업]

요통 발생

발등 찍힘

경계석 설치 도중 발등 찍힘
2인 1조 작업원칙 준수, 인력으로 중량물 취급 시 주의

경계석

[경계석 설치작업]

인양로프 상태 확인

무거운 조형물 인양 중
인양로프 파단으로 낙하
작업 전 인양로프 점검 확인

신호체계 수립

조형물

추락

낙하

비정형 조형물 결속방법
사전 검토

장비세팅자리
지지력 확인

장비 전도

작업반경 내 출입금지

[조형물 설치작업]

인양장비 아우트리거
설치상태 확인

낙석

붕괴

작업반경 내 접근금지

장비 전도

신호수 배치

[조경석(자연석) 쌓기작업]

❺ 조경시설물 설치작업 Ⅱ

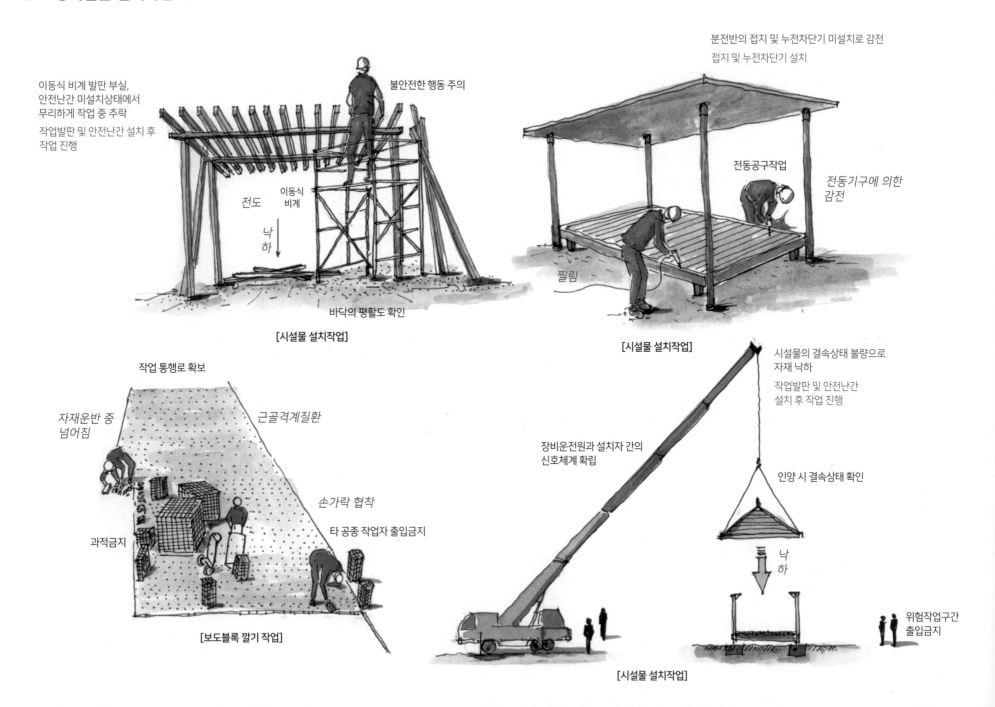

이동식 비계 발판 부실, 안전난간 미설치상태에서 무리하게 작업 중 추락
작업발판 및 안전난간 설치 후 작업 진행

불안전한 행동 주의

전도

이동식 비계

낙하

바닥의 평활도 확인

[시설물 설치작업]

분전반의 접지 및 누전차단기 미설치로 감전
접지 및 누전차단기 설치

전동공구작업

전동기구에 의한 감전

찔림

[시설물 설치작업]

작업 통행로 확보

자재운반 중 넘어짐

근골격계질환

과적금지

손가락 협착

타 공종 작업자 출입금지

[보도블록 깔기 작업]

시설물의 결속상태 불량으로 자재 낙하
작업발판 및 안전난간 설치 후 작업 진행

장비운전원과 설치자 간의 신호체계 확립

인양 시 결속상태 확인

낙하

위험작업구간 출입금지

[시설물 설치작업]

Landscape Work

토목공사 06
Civil Engineering Work

기초파일작업
PHC Pile Work

❶ 기초파일작업 주요 재해사례

[핵심 통계자료: 발생빈도는 **파일 항타작업** 중에, 발생강도는 **두부(頭部) 정리**, 자재·장비의 반입·운반·보관 중에 발생할 확률이 높다.]

- 파일 인양 중 와이어로프 파단으로 파일 낙하
- 적재된 강관파일을 지게차로 운반 도중 전도, 끼임(협착)
- 파일 하역 중 협착

- 파일을 지게차로 하역 중 지게차와 충돌
- 항타기 후진 중 충돌, 끼임(협착)
- 파일 천공작업 중 항타기 전도

- 항타기 붐대연결부 파단으로 낙하
- 항타기 운전원이 장비조작 중 붐(boom)대와 차량 사이에 끼임
- 파일박기 작업 중 해머(hammer)에 머리 타격

☑ **주요 안전관리 포인트:** 파일 인양 중 파일 낙하, 파일박기 중 해머 낙하, 파일 항타기의 전도, 두부정리작업 중에 재해가 발생한다.

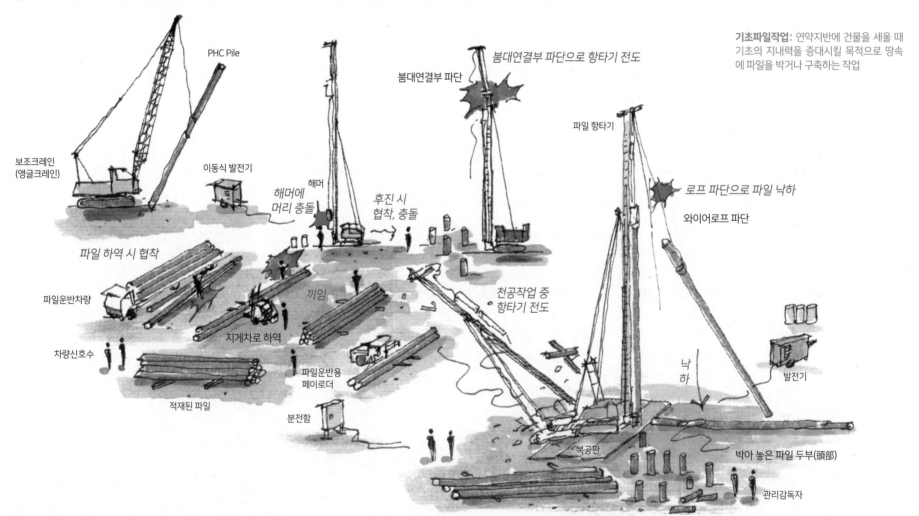

기초파일작업: 연약지반에 건물을 세울 때 기초의 지내력을 증대시킬 목적으로 땅속에 파일을 박거나 구축하는 작업

PHC Pile
붐대연결부 파단으로 항타기 전도
붐대연결부 파단
파일 항타기
보조크레인 (앵글크레인)
이동식 발전기
해머
로프 파단으로 파일 낙하
와이어로프 파단
해머에 머리 충돌
후진 시 협착, 충돌
파일 하역 시 협착
끼임
천공작업 중 항타기 전도
파일운반차량
지게차로 하역
차량신호수
파일운반용 페이로더
낙하
발전기
적재된 파일
분전함
복공판
박아 놓은 파일 두부(頭部)
관리감독자

❷ 파일 항타작업 단계별 안전사항 요약 - 전 공정

항타기 조립
- 충분한 공간 확보
- 리더(leader) 세우기 전 안전대 부착설비 설치
- 작업 전 와이어로프 점검
  - 이음매
  - 소선 10% 이상
  - 지름 감소(공칭지름의 7% 초과)
  - 심한 변형, 부식
  - 꼬임, 꺾임, 비틀림 발생 시 사용금지

파일 운반
- 장비로 운반 시 급제동·급전환 금지
- 지게차 안전운행에 관한 기술지침 준수
- 파일 구름방지 설치
- 파일 하차 및 운반 시
  - 신호수·유도원 반드시 배치
- 작업반경 내 출입통제

천공
- 바닥의 평탄성 지지력 확보 깔목, 깔판 사용
- 장비 아우트리거(outrigger) 사용
- 천공 시 상부 토사, 돌덩이 등 낙하주의
- 작업반경 내 접근 금지
- 천공 홀 추락방지용 덮개 설치

파일 인양 및 근입
- 와이어로프 안전계수 5 이상 사용
- 묶는 방법
- 작업반경 내 출입통제
- 신호수·운전원 간 신호체계 확립

파일 항타
- 파일 항타작업 시공순서
  ① 항타기 조립
  ② 파일 운반
  ③ 천공
  ④ 파일 인양 및 근입
  ⑤ 파일 항타
  ⑥ 두부 정리

두부 정리
- 그라인딩 절단작업 시 베임, 비산, 감전주의
- 압쇄기 사용 시 파일 전도 주의
- 강선절단 시 비산, 찔림주의
  - 안면보호구, 안전장갑 착용

항타기 해체
- 고소작업 시 안전대 체결
  - 리더 승하강 시
- 작업반경 내 출입통제
- 항타용 해머 인양 시 하부 통제
- 신호체계 확립
- ram 해체 시 리더의 수직사다리 이용 및 추락방지대(완강기) 착용
- 파일 용접이음 시 보안면 착용
- 전동기계·기구 접지, 누전 상태 수시 점검
- 항타기의 권상장치에 하중이 실린 상태에서
  - 쐐기장치, 역회전방지 브레이크 사용
  - 운전자 자리이탈 금지

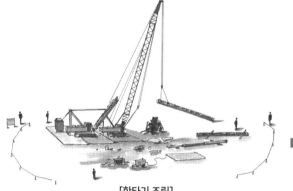

[항타기 조립]

[파일 운반]

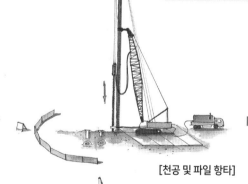

[천공 및 파일 항타]

[파일 인양 및 근입]

[두부 정리]

[항타기 해체]

❸ 파일 항타작업 단계별 안전사항 요약 - 항타기 조립작업

항타기 조립 시 필수 점검사항

1. 본체 연결부의 풀림 또는 손상 유무 점검
2. 권상용 와이어로프(권상용 와이어로프의 안전계수는 5 이상), 드럼 및 도르래의 부착상태 점검
3. 권상장치의 브레이크 및 쐐기장치 기능의 이상 유무 점검
4. 권상기 설치상태의 이상 유무 점검
5. 버팀의 방법 및 고정상태의 이상 유무 점검

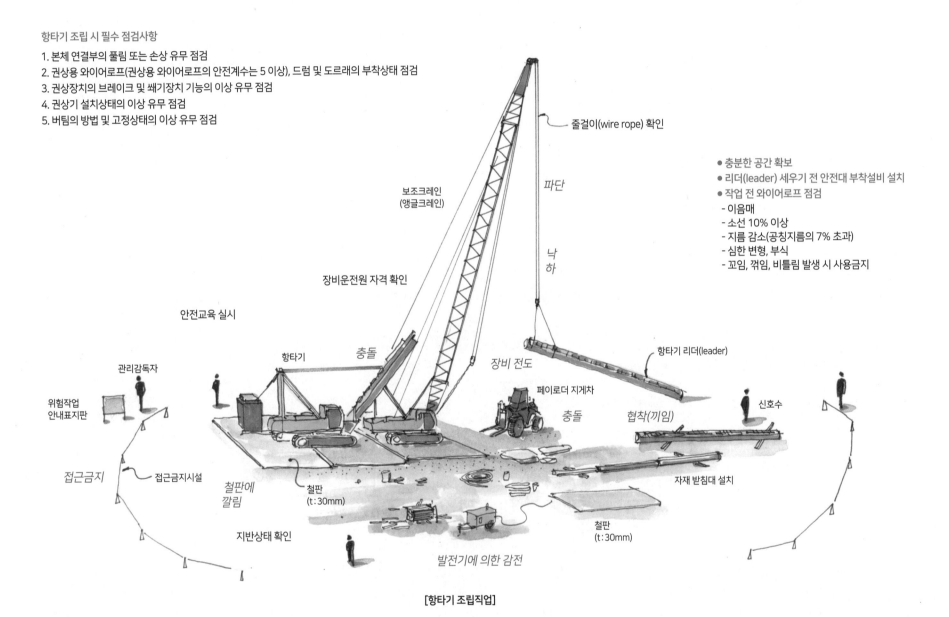

줄걸이(wire rope) 확인

● 충분한 공간 확보
● 리더(leader) 세우기 전 안전대 부착설비 설치
● 작업 전 와이어로프 점검
 - 이음매
 - 소선 10% 이상
 - 지름 감소(공칭지름의 7% 초과)
 - 심한 변형, 부식
 - 꼬임, 꺾임, 비틀림 발생 시 사용금지

보조크레인
(앵글크레인)

파단

낙하

장비운전원 자격 확인

안전교육 실시

항타기 리더(leader)

항타기

충돌

장비 전도

관리감독자

페이로더 지게차

신호수

위험작업
안내표지판

충돌

협착(끼임)

접근금지

접근금지시설

철판에
깔림

철판
(t : 30mm)

자재 받침대 설치

지반상태 확인

철판
(t : 30mm)

발전기에 의한 감전

[항타기 조립직업]

❹ 파일 항타작업 단계별 안전사항 요약 - 파일 운반작업

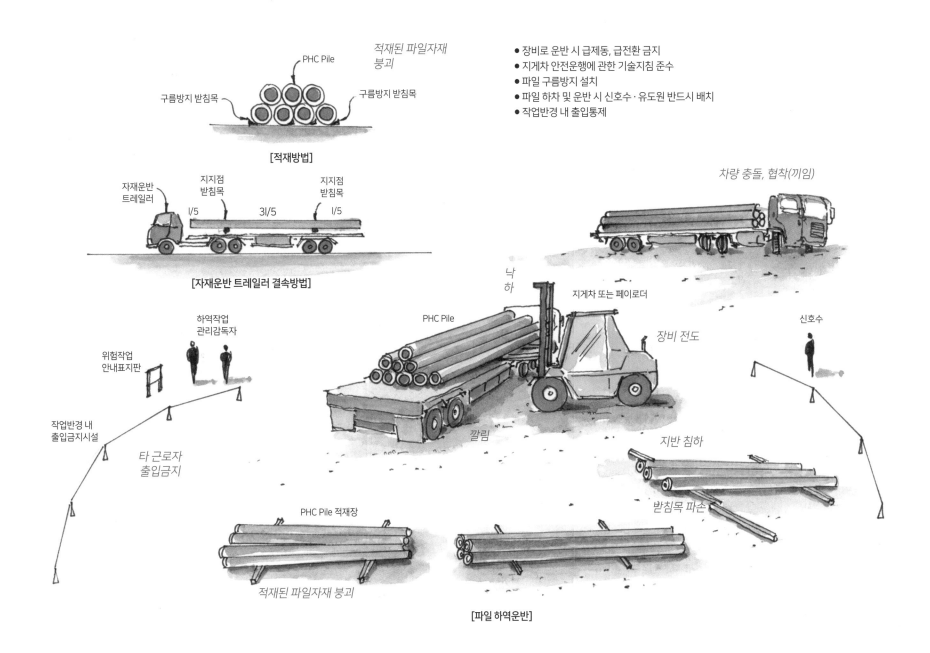

PHC Pile

적재된 파일자재 붕괴

구름방지 받침목

구름방지 받침목

[적재방법]

- 장비로 운반 시 급제동, 급전환 금지
- 지게차 안전운행에 관한 기술지침 준수
- 파일 구름방지 설치
- 파일 하차 및 운반 시 신호수·유도원 반드시 배치
- 작업반경 내 출입통제

자재운반 트레일러

지지점 받침목

지지점 받침목

l/5   3l/5   l/5

[자재운반 트레일러 결속방법]

차량 충돌, 협착(끼임)

낙하

지게차 또는 페이로더

PHC Pile

장비 전도

신호수

하역작업 관리감독자

위험작업 안내표지판

작업반경 내 출입금지시설

타 근로자 출입금지

깔림

지반 침하

받침목 파손

PHC Pile 적재장

적재된 파일자재 붕괴

[파일 하역운반]

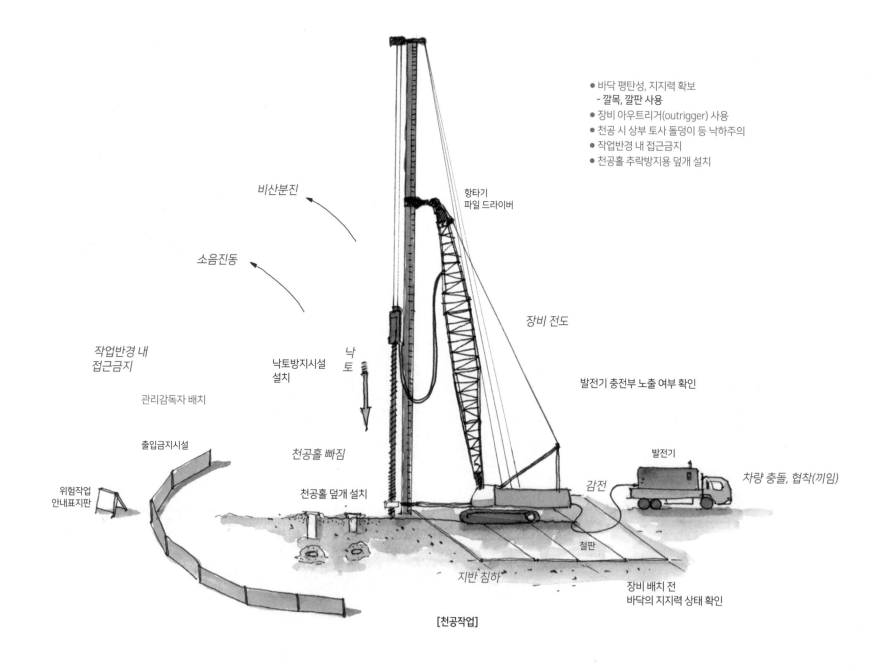

바닥 평탄성, 지지력 확보
 - 깔목, 깔판 사용
장비 아우트리거(outrigger) 사용
천공 시 상부 토사 돌덩이 등 낙하주의
작업반경 내 접근금지
천공홀 추락방지용 덮개 설치

비산분진

소음진동

항타기
파일 드라이버

장비 전도

작업반경 내
접근금지

관리감독자 배치

낙
토방지시설
설치

낙
토

발전기 충전부 노출 여부 확인

출입금지시설

천공홀 빠짐

발전기

위험작업
안내표지판

천공홀 덮개 설치

감전

차량 충돌, 협착(끼임)

철판

지반 침하

장비 배치 전
바닥의 지지력 상태 확인

[천공작업]

❻ 파일 항타작업 단계별 안전사항 요약 - 파일 인양 및 근입작업

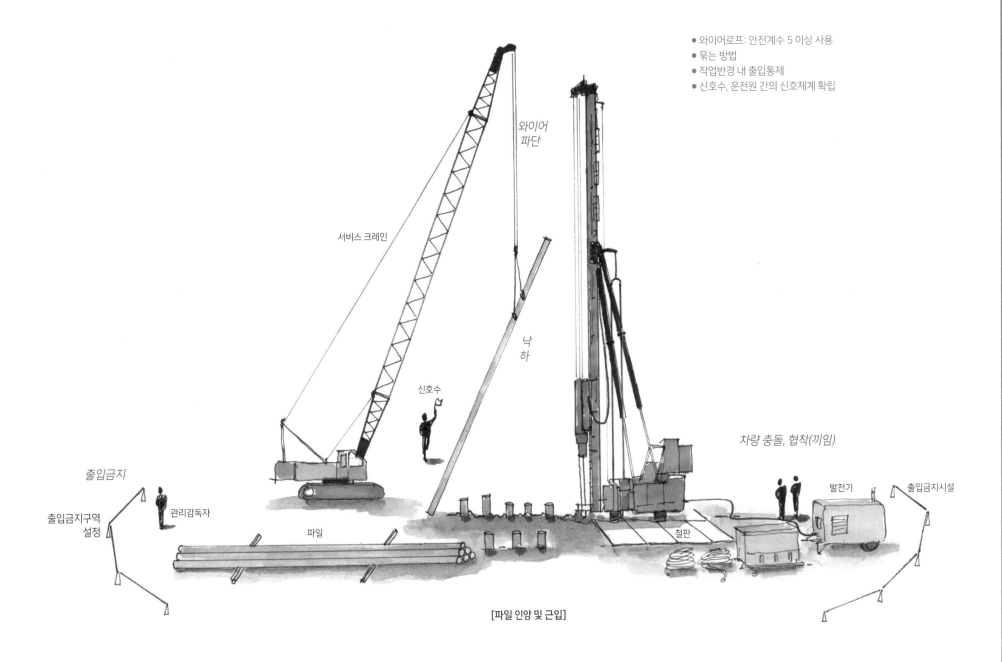

- 와이어로프: 안전계수 5 이상 사용
- 묶는 방법
- 작업반경 내 출입통제
- 신호수, 운전원 간의 신호체계 확립

와이어
파단

서비스 크레인

낙
하

신호수

차량 충돌, 협착(끼임)

출입금지

출입금지구역
설정

관리감독자

발전기

출입금지시설

파일

철판

[파일 인양 및 근입]

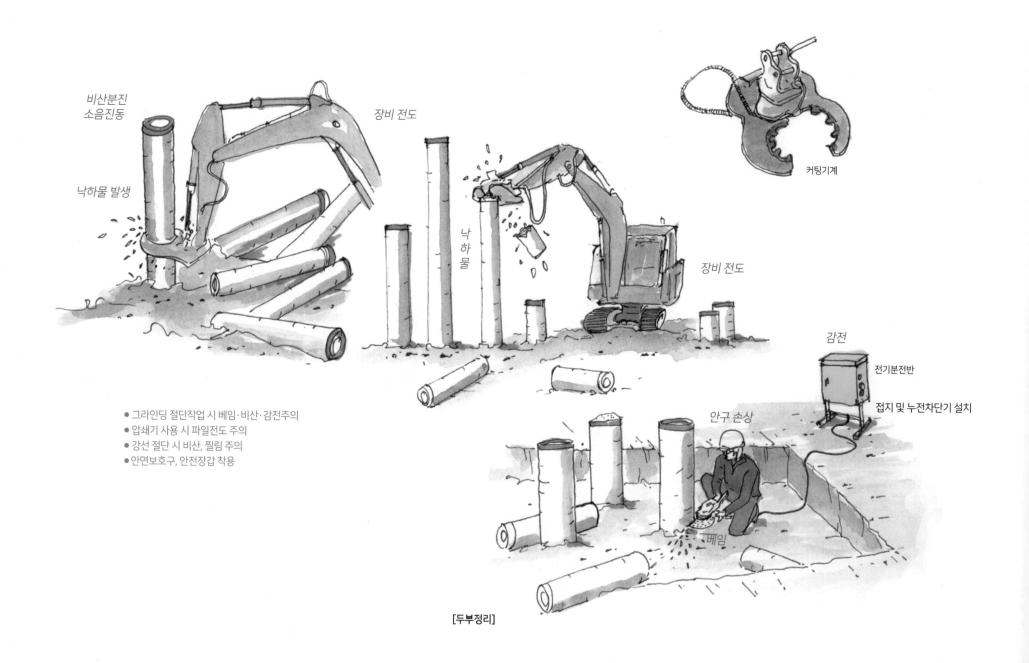

비산분진
소음진동

낙하물 발생

장비 전도

낙하물

장비 전도

커팅기계

감전

전기분전반

접지 및 누전차단기 설치

안구 손상

베임

- 그라인딩 절단작업 시 베임·비산·감전주의
- 압쇄기 사용 시 파일전도 주의
- 강선 절단 시 비산, 찔림 주의
- 안면보호구, 안전장갑 착용

[두부정리]

항타기 해체 순서
1. 케이싱 천공
2. 스크루 해체
3. 케이싱 인발
4. 하부 오거
5. 상부 오거
6. 해머 해체
7. 백스테이지 분리
8. 리더 눕히기
9. 와이어 및 백스테이지 해체
10. 볼트 제거
11. 리더 분리, 해체
12. 발전기 해체
13. 와이어 분리
14. 상차
15. 반출

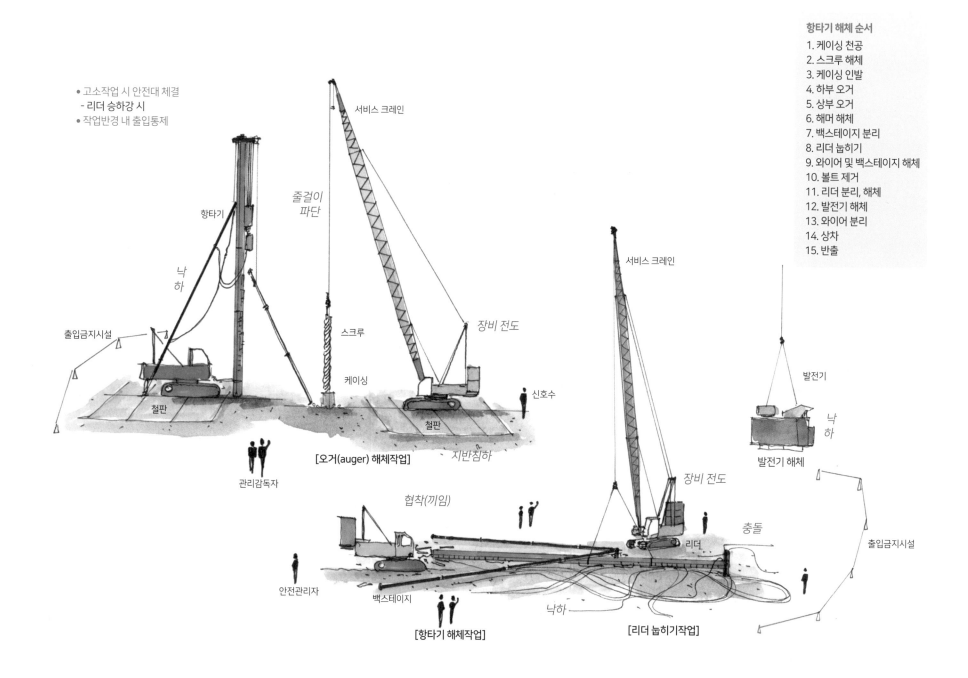

• 고소작업 시 안전대 체결
 - 리더 승하강 시
• 작업반경 내 출입통제

서비스 크레인

줄걸이 파단

항타기

낙하

출입금지시설

철판

관리감독자

스크루

케이싱

장비 전도

신호수

철판

지반침하

[오거(auger) 해체작업]

서비스 크레인

발전기

낙하

발전기 해체

협착(끼임)

장비 전도

충돌

출입금지시설

리더

안전관리자

백스테이지

낙하

[항타기 해체작업]

[리더 눕히기작업]

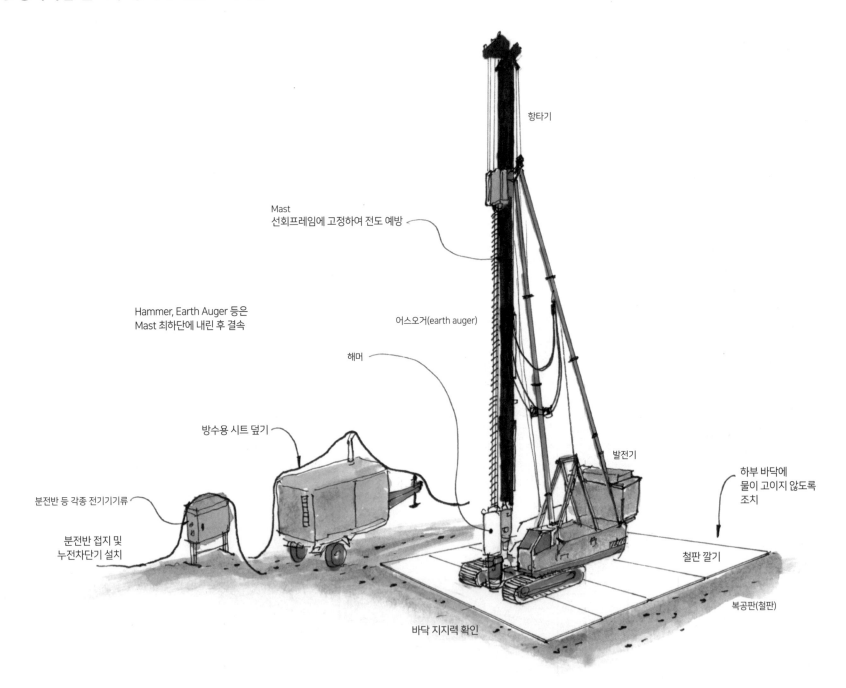

항타기

Mast
선회프레임에 고정하여 전도 예방

Hammer, Earth Auger 등은
Mast 최하단에 내린 후 결속

어스오거(earth auger)

해머

방수용 시트 덮기

발전기

하부 바닥에
물이 고이지 않도록
조치

분전반 등 각종 전기기기류

분전반 접지 및
누전차단기 설치

철판 깔기

복공판(철판)

바닥 지지력 확인

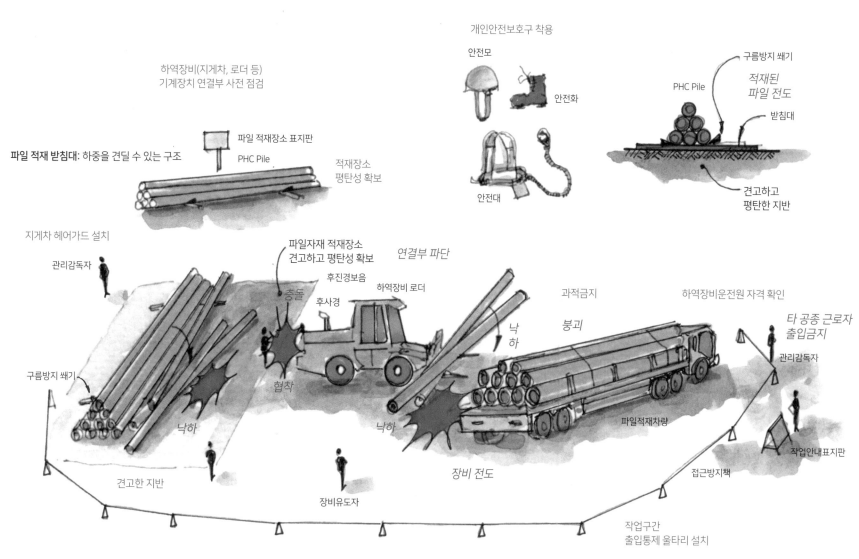

하역장비(지게차, 로더 등)
기계장치 연결부 사전 점검

개인안전보호구 착용

안전모

안전화

안전대

구름방지 쐐기

적재된
파일 전도

PHC Pile

받침대

견고하고
평탄한 지반

파일 적재 받침대: 하중을 견딜 수 있는 구조

파일 적재장소 표지판

PHC Pile

적재장소
평탄성 확보

지게차 헤어가드 설치

관리감독자

파일자재 적재장소
견고하고 평탄성 확보

연결부 파단

후진경보음

하역장비 로더

과적금지

하역장비운전원 자격 확인

충돌

후사경

낙하

붕괴

타 공종 근로자
출입금지

관리감독자

구름방지 쐐기

낙하

협착

낙하

파일적재차량

견고한 지반

장비유도자

장비 전도

접근방지책

작업안내표지판

작업구간
출입통제 울타리 설치

하역장비 후진경보등, 경보음, 후사경 설치

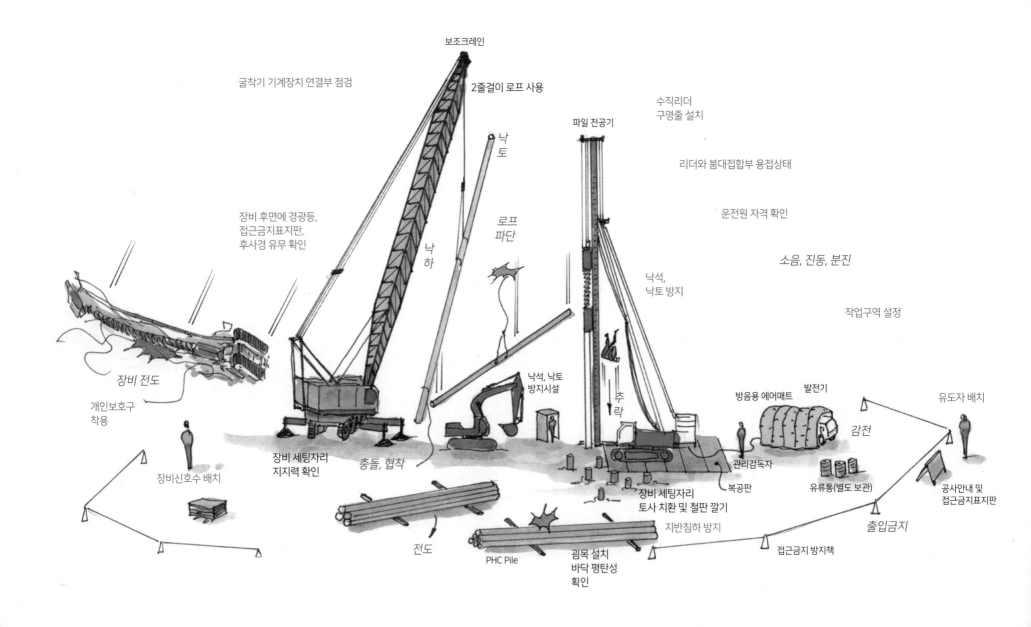

보조크레인

굴착기 기계장치 연결부 점검

2줄걸이 로프 사용

수직리더
구명줄 설치

파일 천공기

낙토

리더와 붐대접합부 용접상태

장비 후면에 경광등,
접근금지표지판,
후사경 유무 확인

로프
파단

운전원 자격 확인

낙하

낙석,
낙토 방지

소음, 진동, 분진

작업구역 설정

낙석, 낙토
방지시설

방음용 에어매트

발전기

유도자 배치

장비 전도

추락

개인보호구
착용

감전

장비 세팅자리
지지력 확인

충돌, 협착

관리감독자

공사안내 및
접근금지표지판

장비신호수 배치

복공판

유류통(별도 보관)

출입금지

장비 세팅자리
토사 치환 및 철판 깔기

지반침하 방지

전도

접근금지 방지책

PHC Pile

굄목 설치
바닥 평탄성
확인

⑫ 항타 및 항발작업 시 재해유형

1. 항타 및 항발작업 시 예상되는 재해의 유형

① 항타작업 준비 중 Con'c Pile에 근로자 충돌
② 카고차량에서 Con'c Pile 하차 중 파일이 붕괴되면서 협착
③ 천공작업 중 천공기 로드에서 오거(auger)가 이탈
④ 항타용 크레인 설치작업 중 크레인(crane) 전도
⑤ 항타 후 콘크리트 파일 두부 절단작업 중 넘어지는 파일에 압착

2. 항타 및 항발작업 안전기준

① 항타·항발기 설치 시 연약지반 보강 및 아우트리거(outrigger) 받침대 사용 철저
② Pile 인양용 와이어로프 상태 점검
③ 항타·항발기·설치 시 주변 가공전선, 지장물 보호 조치 선행
④ 항타·항발작업 시 소음·진동으로 인한 민원 발생 대비 및 인근 구조물 보호 조치
⑤ Pile은 견고한 지반 위에 적치하고, 무리하게 쌓아놓지 말 것
⑥ 해체된 Pile 및 부재는 정리정돈 및 장외 반출

3. 항타 및 항발작업 시 근로자 안전수칙

① Pile 하차 시 장비를 사용하고 무리한 하역금지
② 모든 장비는 사용 전 유압계통, 와이어로프, 브레이크 상태 등 점검
③ 작업반경 내 모든 이동자 통제
④ 근로자의 안전모, 안전대 착용 철저
⑤ 파일 두부 절단은 유압식 절단기 등 장비를 사용하고, 두부 상부에는 캡(cap) 설치
⑥ 항타기·항발기·천공기 작업구간에는 당해 작업자 외 출입금지 조치

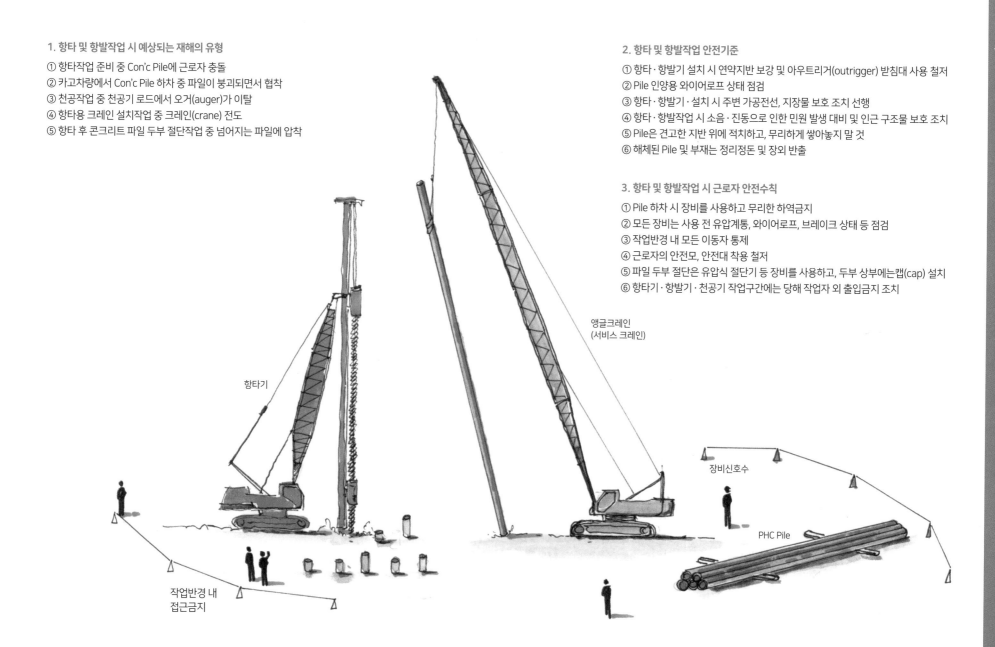

항타기

앵글크레인
(서비스 크레인)

장비신호수

PHC Pile

작업반경 내
접근금지

⓭ 기초파일 두부 정리작업

두부정리작업 시 위험요인 확인사항

① 파일 커터장비에 헤드커버 설치 상태
② 장비운전원 자격증 보유 여부
③ 파일 절단 반경 출입금지 조치(접근금지시설 설치)
④ 절단된 파일 상단부 철근 보호 커버 및 덮개 설치 여부
⑤ 장비 이동경로 침하방지 조치
⑥ 파일 커터장비의 붐대 등이 견고하게 체결되어 있는지 확인

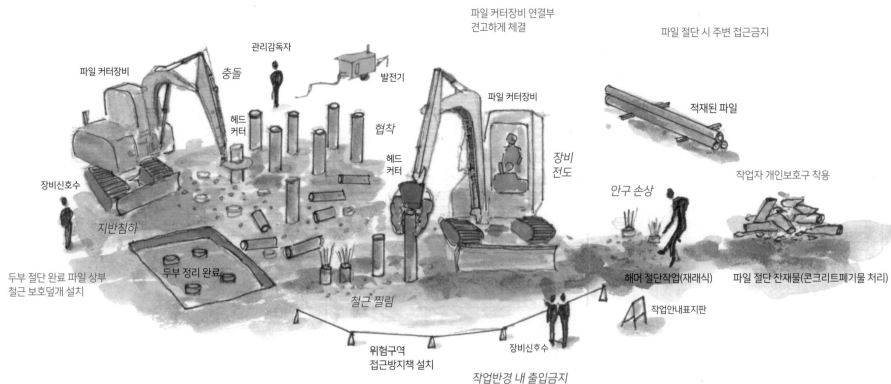

장비운전원 자격증 확인

그라인더

[그라인더를 이용한 파일 커팅작업]

장비 이동경로 침하 여부 확인

작업장소 주변 추락,
전도위험 여부 확인

파일 커터장비 연결부
견고하게 체결

파일 절단 시 주변 접근금지

파일 커터장비   충돌   관리감독자   발전기   파일 커터장비   적재된 파일

헤드
커터   협착

장비신호수   헤드
커터   장비
전도   안구 손상   작업자 개인보호구 착용

지반침하

두부 절단 완료 파일 상부   두부 정리 완료
철근 보호덮개 설치   철근 찔림   해머 절단작업(재래식)   파일 절단 잔재물(콘크리트폐기물 처리)

작업안내표지판

위험구역   장비신호수
접근방지책 설치

작업반경 내 출입금지

⑭ 기초파일 항타작업 Ⅰ

악천후 시 작업중지

풍속
10m/s 이상

강설
1cm/h 이상

*항타기(pile driver): 기초공사에서 동력을 사용해 말뚝을 땅에 박는 기계. 강관파일, 콘크리트파일, 시트파일 등 역순으로 파일을 뽑는 기계는 항발기라고 한다.

역회전 방지 브레이크: 브레이크 이상 시 드럼이 회전하지 않도록 래칫(ratchet)에 의해 작동을 방지하는 장치

개인안전보호구 지급

비산분진
방지막

비산
분진

야간작업 시
조도 75lux 확보

권과방지장치
과다 권상방지장치 오거와
탑 시브의 접촉 방지

파일 건입 시
위험반경 출입통제

플랜트 설치장소

리더(leader)

충돌

항타기 조립장소

전기기계·기구
접지 및 누전차단기(ELB)

오거(augger) 인발하중계
리더의 허용하중 이상의
하중 시 경보 발생

장비 충돌

장비 전도

감전

파일 야적장소

리더 경사각도계
본체 및 리더의 경사각도를
표시하는 장치 0~±5도, 본체가
좌우 각각 1.5° 이상 경사 시 경보 발생

동일한 위치
굄목(받침대) 설치

지반 배수 양호하고 견고한 곳

[자재야적장]

추락

복공판

[항타기*주요 안전장치]

분전반

파일 항타구간

작업장
주변 낭떠러지

작업반경 내
출입통제

가스관, 지중선로 등 지하매설물 확인

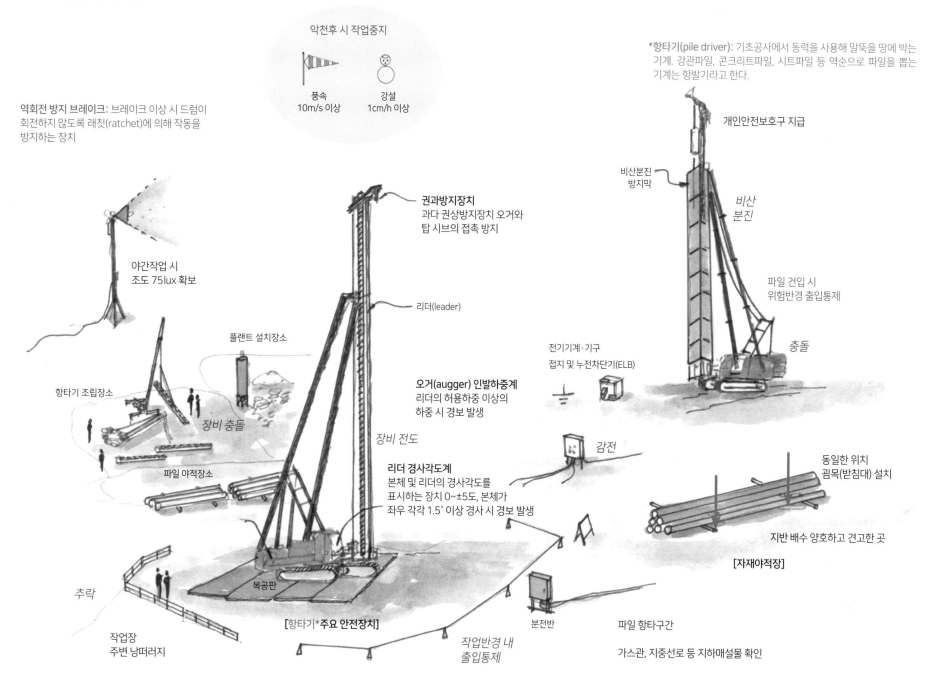

⓯ 기초파일 항타작업 Ⅱ

파일 천공작업: 항타기는 100% 철판을 깔면서 이동

Pile Driver
DRA(Double Rod Auger) 공법

Angle Crane
(Service Crane)

■ Angle Crane 제원
- **제조사명**: 일본 KOBELCO
- **건설기계명**: 기중기
- **형식**: 6D22C
- **길이**: 19.73m
- **너비**: 3.4m
- **총중량**: 59.6톤
- **주행방식**: 비자주식, 무한궤도식
- **정격출력**: 180/2200(PS/RPM)
- **기통 수**: 6기통
- **연료 종류**: 경유

낙하
추락

Stock Yard(PHC pile)
- 2단 이하 적재
- 구름방지목, 받침목 설치

Welding(CO₂)

항타기
전도주의

법면 보호

백호(Back Hoe)
(02)

붕괴

안식각 유지

협착, 충돌

지반상태 확인

철판(30T)

지반침하

페이로더(파일 운반작업)

집수정(양수기 설치)

발전기

Mixer

Water Tank

기초파일 항타 시 확인사항

1. 장비전도 방지를 위하여 지반상태를 확인한 후 별도의 골재 포설(두께 300mm)
2. 파일길이 평균 22~25m, 용접이음 1개소
3. 하부 파일길이 13m를 사용하였으며, 상부 파일로 나머지 길이를 조정함.
4. 파일 생산회사는 DL사 파일과 DS사 파일을 사용 (DS사는 autoclave시설 없음)
5. 용접 Detail 확인

Bulk Cement Tank

[PHC Pile 공사 안전작업계획]

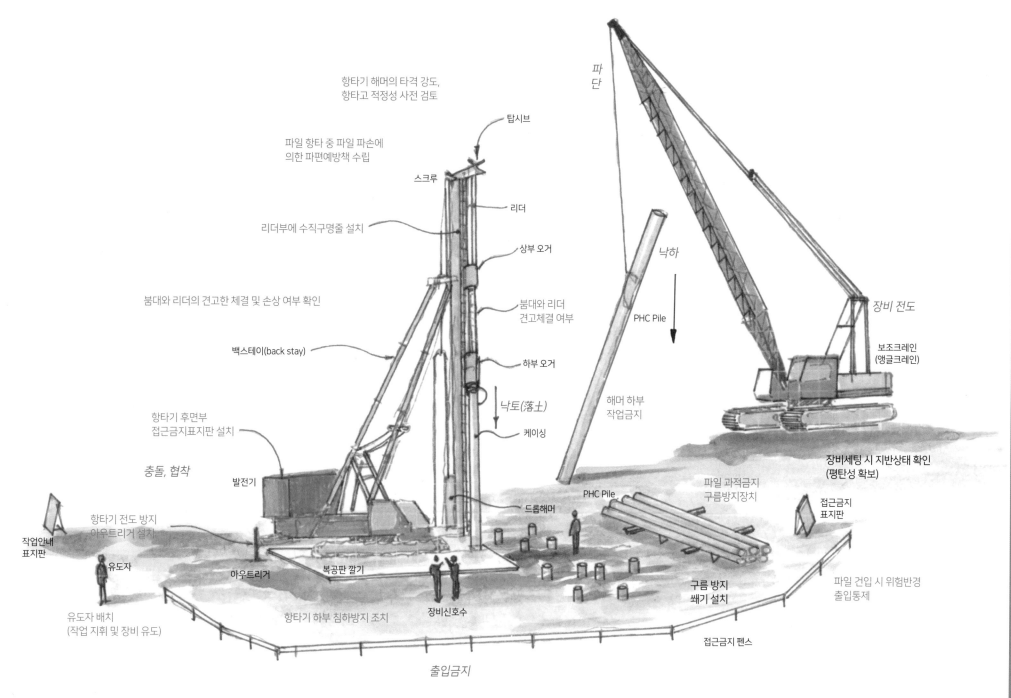

항타기 해머의 타격 강도,
항타고 적정성 사전 검토

파일 항타 중 파일 파손에
의한 파편예방책 수립

리더부에 수직구명줄 설치

붐대와 리더의 견고한 체결 및 손상 여부 확인

백스테이(back stay)

항타기 후면부
접근금지표지판 설치

충돌, 협착

항타기 전도 방지
아웃트리거 설치

작업안내
표지판

유도자

유도자 배치
(작업 지휘 및 장비 유도)

파단

탑시브

스크루

리더

상부 오거

붐대와 리더
견고체결 여부

하부 오거

낙토(落土)

케이싱

발전기

드롭해머

아웃트리거

복공판 깔기

항타기 하부 침하방지 조치

장비신호수

낙하

PHC Pile

해머 하부
작업금지

PHC Pile

파일 과적금지
구름방지장치

구름 방지
쐐기 설치

출입금지

접근금지 펜스

장비 전도

보조크레인
(앵글크레인)

장비세팅 시 지반상태 확인
(평탄성 확보)

접근금지
표지판

파일 건입 시 위험반경
출입통제

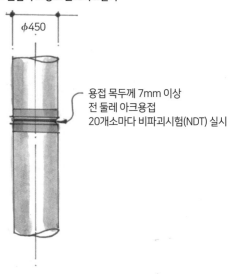

■ Pre - Tension 원심력 고강도 콘크리트말뚝

$\phi 450$

용접 목두께 7mm 이상
전 둘레 아크용접
20개소마다 비파괴시험(NDT) 실시

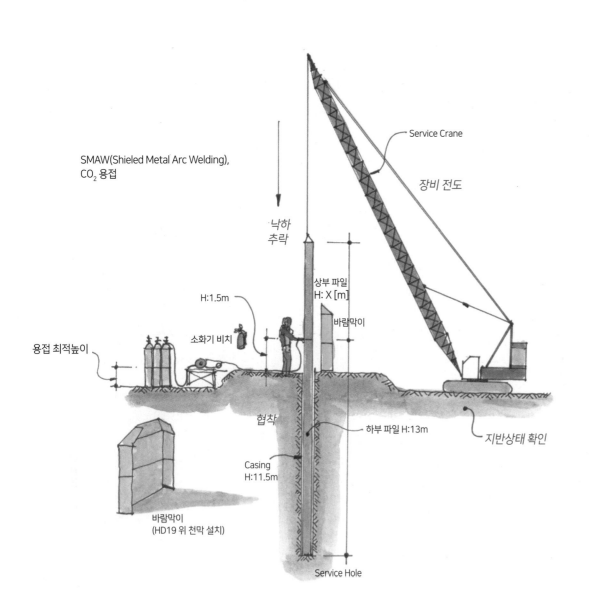

SMAW(Shieled Metal Arc Welding),
CO_2 용접

Service Crane

장비 전도

낙하
추락

상부 파일
H: X [m]

H:1.5m

바람막이

소화기 비치

용접 최적높이

하부 파일 H:13m

지반상태 확인

협착

Casing
H:11.5m

바람막이
(HD19 위 천막 설치)

Service Hole

현장용접이음부 검사

1. 외관검사
- 전체 이음부에 대하여 검사 실시

구분	검사내용
용접부 형상	비드표면요철, 비드폭, 용접치수, 보강살, 용접길이
용접결함	균열, Under Cut, Over Lap, 피트
마무리 정도	슬래그, Spatter의 제거, 그라인더 마감상태, 용접 누락

2. 비파괴검사
- MT검사(Magnetic particle Test, 자분탐상검사)
- KS D 0213, KS B ISO 9934-1, 2

3. 합격판정기준
- 균열에 의한 자분모양인 경우 ·········· 불합격
- 선상 및 원형상 결함자분모양의 길이 ··· 4mm 이하 합격
- 분산결함자분모양의 길이 ·············· 8mm 이하 합격

⑱ 항타기 경사로 이동 시 주의사항

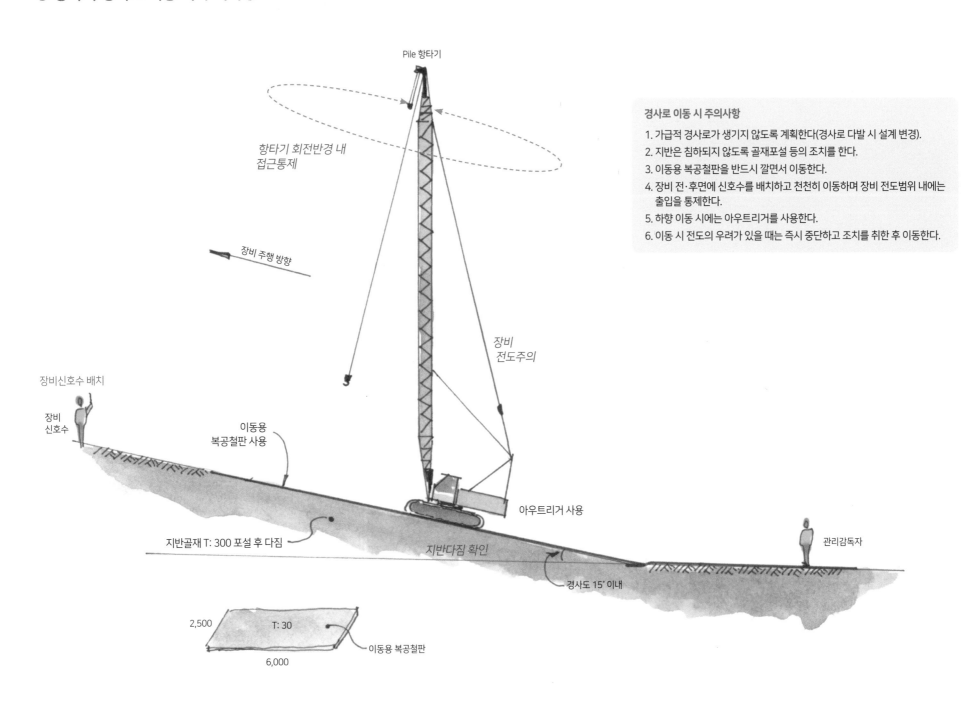

Pile 항타기

항타기 회전반경 내
접근통제

장비 주행 방향

장비
전도주의

장비신호수 배치

장비
신호수

이동용
복공철판 사용

아우트리거 사용

지반골재 T: 300 포설 후 다짐

지반다짐 확인

관리감독자

경사도 15° 이내

2,500

T: 30

6,000

이동용 복공철판

경사로 이동 시 주의사항

1. 가급적 경사로가 생기지 않도록 계획한다(경사로 다발 시 설계 변경).
2. 지반은 침하되지 않도록 골재포설 등의 조치를 한다.
3. 이동용 복공철판을 반드시 깔면서 이동한다.
4. 장비 전·후면에 신호수를 배치하고 천천히 이동하며 장비 전도범위 내에는 출입을 통제한다.
5. 하향 이동 시에는 아우트리거를 사용한다.
6. 이동 시 전도의 우려가 있을 때는 즉시 중단하고 조치를 취한 후 이동한다.

굴착작업
Excavation Work

02 굴착작업

❶ 굴착작업 주요 재해사례 [핵심 통계자료: 재해가 발생하는 빈도는 굴착작업 시, 강도는 굴착 및 장비 반입 시 가장 높다.]

- 굴착작업 중 흙막이 붕괴
- 흙막이 H-빔 지보공 위에서 용접 및 볼트 체결작업 중 추락
- Slurry Wall 철근망 인양 중 낙하
- 토사 인양작업 중 버킷 낙하

- 굴착기 작업 중 작업자 충돌
- 지하 굴착작업 중 굴착 법면으로 추락
- 지상 굴착면 단부에서 지하 굴착작업장으로 추락
- 흙막이 자재 하역 중 낙하

- 흙막이 버팀대 위에 자재 과적으로 붕괴, 낙하
- 적재된 흙막이용 자재 붕괴

☑ 주요 안전관리 포인트: 흙막이 붕괴, 흙막이 버팀보 위에서 추락, 굴착기에 의한 충돌, 협착 재해

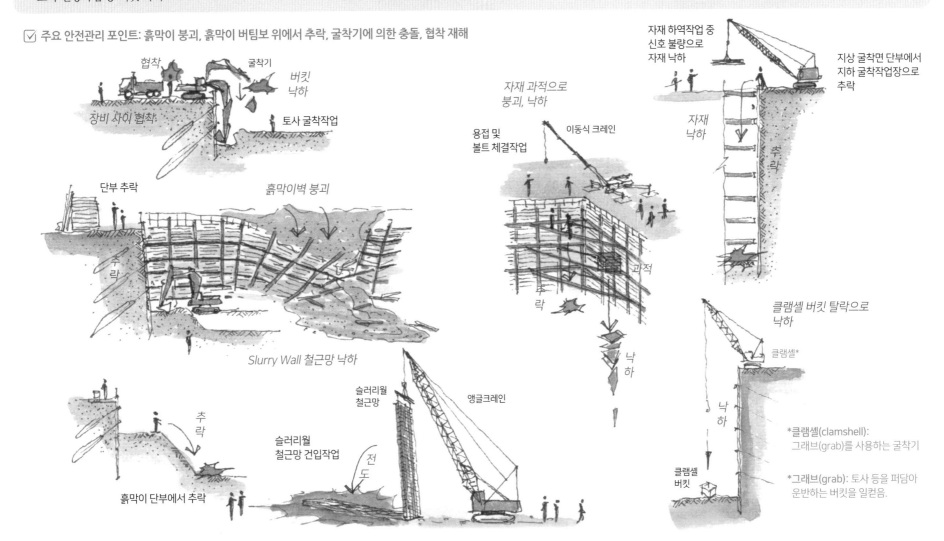

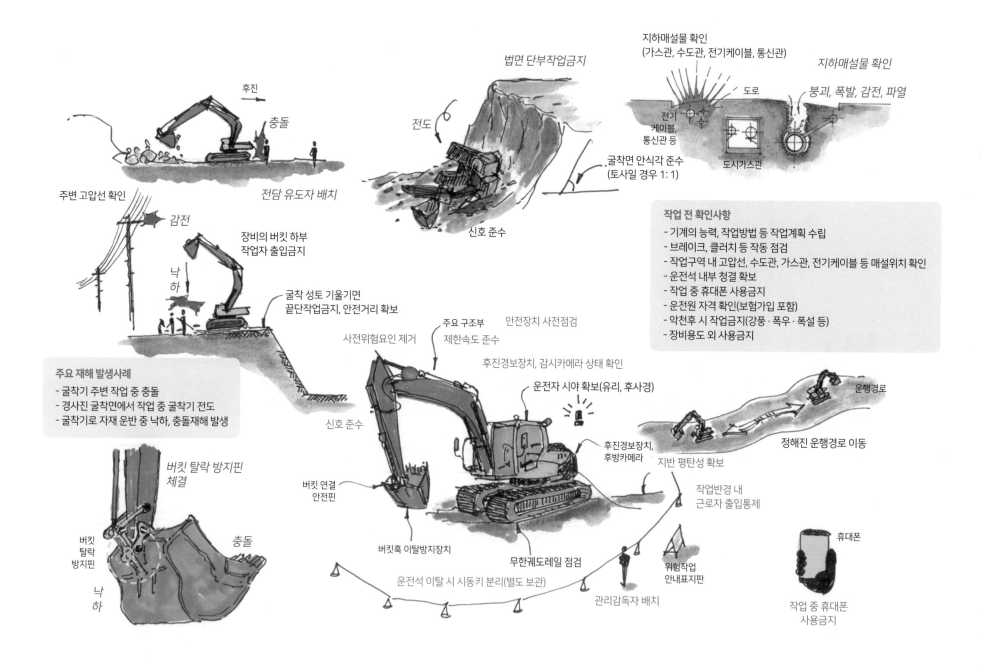

법면 단부작업금지

지하매설물 확인
(가스관, 수도관, 전기케이블, 통신관)

지하매설물 확인

도로

붕괴, 폭발, 감전, 파열

전기
케이블,
통신관 등

도시가스관

후진

충돌

전도

굴착면 안식각 준수
(토사일 경우 1:1)

전담 유도자 배치

신호 준수

주변 고압선 확인

감전

낙하

장비의 버킷 하부
작업자 출입금지

굴착 성토 기울기면
끝단작업금지, 안전거리 확보

주요 구조부
제한속도 준수

안전장치 사전점검

사전위험요인 제거

후진경보장치, 감시카메라 상태 확인

운전자 시야 확보(유리, 후사경)

작업 전 확인사항
- 기계의 능력, 작업방법 등 작업계획 수립
- 브레이크, 클러치 등 작동 점검
- 작업구역 내 고압선, 수도관, 가스관, 전기케이블 등 매설위치 확인
- 운전석 내부 청결 확보
- 작업 중 휴대폰 사용금지
- 운전원 자격 확인(보험가입 포함)
- 악천후 시 작업금지(강풍·폭우·폭설 등)
- 장비용도 외 사용금지

주요 재해 발생사례
- 굴착기 주변 작업 중 충돌
- 경사진 굴착면에서 작업 중 굴착기 전도
- 굴착기로 자재 운반 중 낙하, 충돌재해 발생

신호 준수

운행경로

정해진 운행경로 이동

버킷 탈락 방지핀
체결

버킷 연결
안전핀

후진경보장치,
후방카메라

지반 평탄성 확보

작업반경 내
근로자 출입통제

버킷
탈락
방지핀

충돌

버킷훅 이탈방지장치

무한궤도레일 점검

위험작업
안내표지판

휴대폰

낙하

운전석 이탈 시 시동키 분리(별도 보관)

관리감독자 배치

작업 중 휴대폰
사용금지

❸ 굴착장비 반입작업

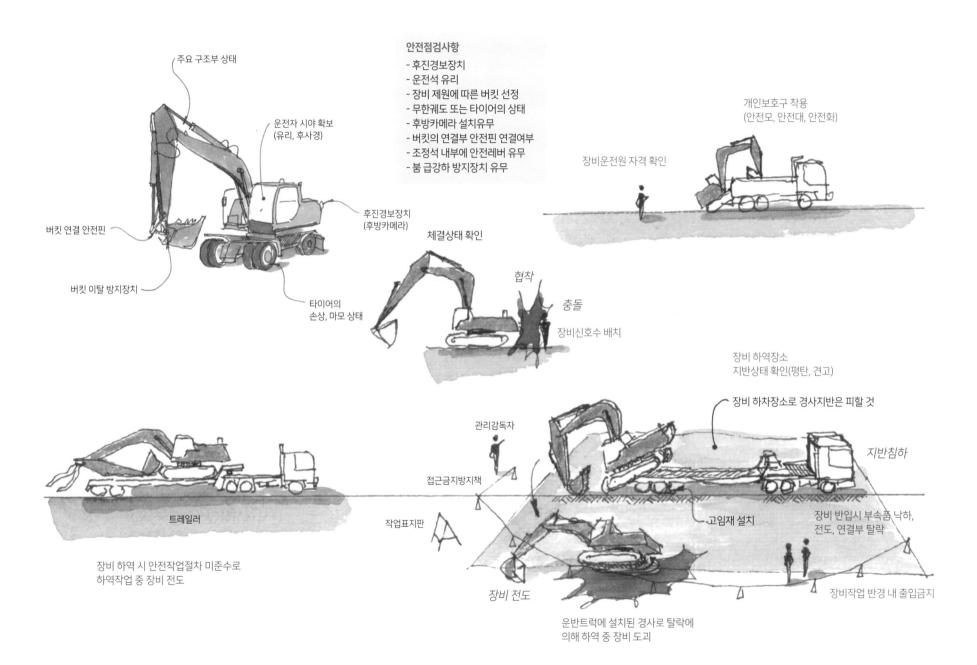

주요 구조부 상태

운전자 시야 확보
(유리, 후사경)

버킷 연결 안전핀

버킷 이탈 방지장치

타이어의
손상, 마모 상태

후진경보장치
(후방카메라)

안전점검사항
- 후진경보장치
- 운전석 유리
- 장비 제원에 따른 버킷 선정
- 무한궤도 또는 타이어의 상태
- 후방카메라 설치유무
- 버킷의 연결부 안전핀 연결여부
- 조정석 내부에 안전레버 유무
- 붐 급강하 방지장치 유무

체결상태 확인

협착

충돌

장비신호수 배치

개인보호구 착용
(안전모, 안전대, 안전화)

장비운전원 자격 확인

장비 하역장소
지반상태 확인(평탄, 견고)

장비 하차장소로 경사지반은 피할 것

관리감독자

접근금지방지책

작업표지판

트레일러

장비 하역 시 안전작업절차 미준수로
하역작업 중 장비 전도

지반침하

고임재 설치

장비 반입시 부속품 낙하,
전도, 연결부 탈락

장비 전도

운반트럭에 설치된 경사로 탈락에
의해 하역 중 장비 도괴

장비작업 반경 내 출입금지

❹ 터파기작업

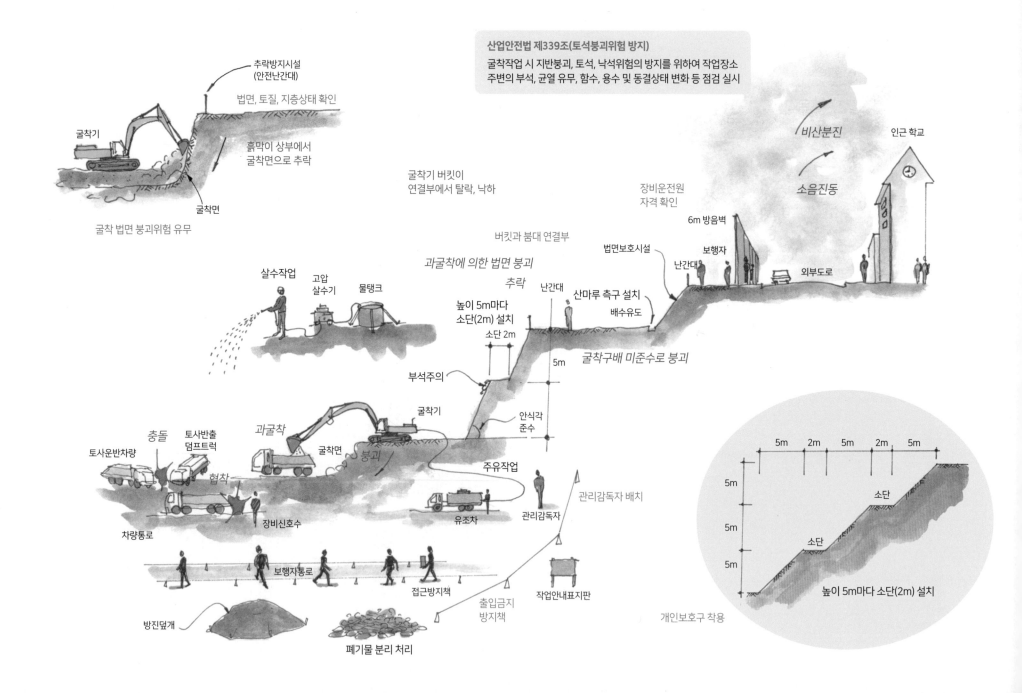

산업안전법 제339조(토석붕괴위험 방지)
굴착작업 시 지반붕괴, 토석, 낙석위험의 방지를 위하여 작업장소 주변의 부석, 균열 유무, 함수, 용수 및 동결상태 변화 등 점검 실시

추락방지시설
(안전난간대)

법면, 토질, 지층상태 확인

굴착기

흙막이 상부에서
굴착면으로 추락

굴착면

굴착 법면 붕괴위험 유무

비산분진

소음진동

인근 학교

굴착기 버킷이
연결부에서 탈락, 낙하

장비운전원
자격 확인

6m 방음벽

버킷과 붐대 연결부

법면보호시설

보행자

살수작업

고압
살수기

물탱크

과굴착에 의한 법면 붕괴

추락

난간대

난간대

외부도로

산마루 측구 설치

높이 5m마다
소단(2m) 설치

소단 2m

배수유도

5m

부석주의

굴착구배 미준수로 붕괴

과굴착

굴착기

안식각
준수

토사운반차량

충돌

토사반출
덤프트럭

굴착면

붕괴

주유작업

관리감독자 배치

협착

5m   2m   5m   2m   5m

차량통로

장비신호수

유조차

관리감독자

5m

소단

보행자통로

접근방지책

작업안내표지판

5m

소단

방진덮개

출입금지
방지책

개인보호구 착용

5m

폐기물 분리 처리

높이 5m마다 소단(2m) 설치

❺ 굴착작업

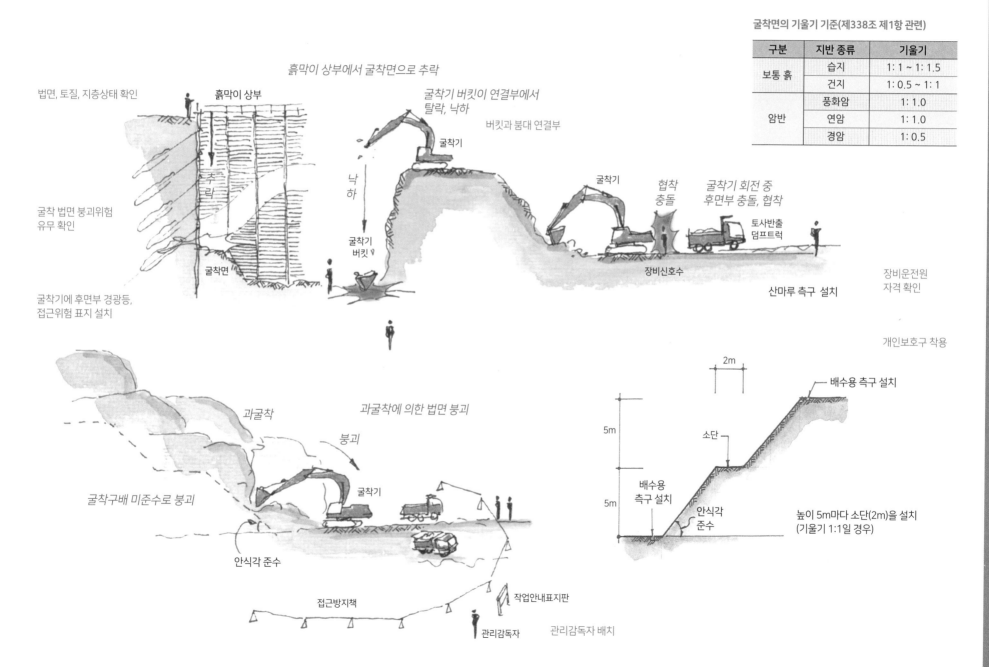

굴착면의 기울기 기준(제338조 제1항 관련)

구분	지반 종류	기울기
보통 흙	습지	1 : 1 ~ 1 : 1.5
	건지	1 : 0.5 ~ 1 : 1
암반	풍화암	1 : 1.0
	연암	1 : 1.0
	경암	1 : 0.5

법면, 토질, 지층상태 확인

흙막이 상부에서 굴착면으로 추락

흙막이 상부

굴착기 버킷이 연결부에서 탈락, 낙하

버킷과 붐대 연결부

굴착기

추락

낙하

굴착기

굴착기 회전 중 후면부 충돌, 협착

협착 충돌

굴착 법면 붕괴위험 유무 확인

낙하

굴착기 버킷

토사반출 덤프트럭

장비운전원 자격 확인

굴착면

굴착기에 후면부 경광등, 접근위험 표지 설치

장비신호수

산마루 측구 설치

개인보호구 착용

과굴착

과굴착에 의한 법면 붕괴

붕괴

배수용 측구 설치

2m

5m

소단

굴착구배 미준수로 붕괴

굴착기

안식각 준수

배수용 측구 설치

안식각 준수

5m

접근방지책

작업안내표지판

높이 5m마다 소단(2m)을 설치 (기울기 1:1일 경우)

관리감독자

관리감독자 배치

❻ 굴착토사 인양, 적재, 반출작업

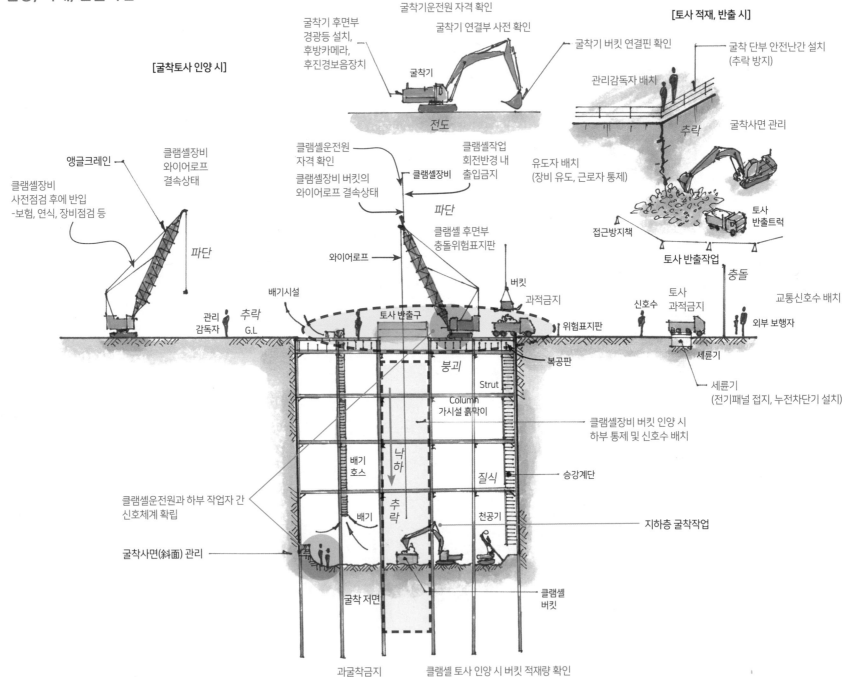

[굴착토사 인양 시]

[토사 적재, 반출 시]

굴착기운전원 자격 확인

굴착기 연결부 사전 확인

굴착기 후면부 경광등 설치, 후방카메라, 후진경보음장치

굴착기 버킷 연결핀 확인

굴착 단부 안전난간 설치 (추락 방지)

굴착기

관리감독자 배치

전도

추락

굴착사면 관리

앵글크레인

클램셸장비 와이어로프 결속상태

클램셸운전원 자격 확인

클램셸작업 회전반경 내 출입금지

클램셸장비

유도자 배치 (장비 유도, 근로자 통제)

클램셸장비 사전점검 후에 반입 -보험, 연식, 장비점검 등

클램셸장비 버킷의 와이어로프 결속상태

파단

접근방지책

토사 반출트럭

파단

클램셸 후면부 충돌위험표지판

와이어로프

배기시설

버킷 과적금지

토사 반출구

추락 G.L

관리 감독자

토사 반출작업

충돌

토사 과적금지

교통신호수 배치

신호수

신호수

외부 보행자

위험표지판

복공판

붕괴

세륜기

Strut

세륜기 (전기패널 접지, 누전차단기 설치)

Column 가시설 흙막이

클램셸장비 버킷 인양 시 하부 통제 및 신호수 배치

배기 호스

낙하 추락

질식

승강계단

클램셸운전원과 하부 작업자 간 신호체계 확립

배기

천공기

지하층 굴착작업

굴착사면(斜面) 관리

굴착 저면

클램셸 버킷

과굴착금지

클램셸 토사 인양 시 버킷 적재량 확인

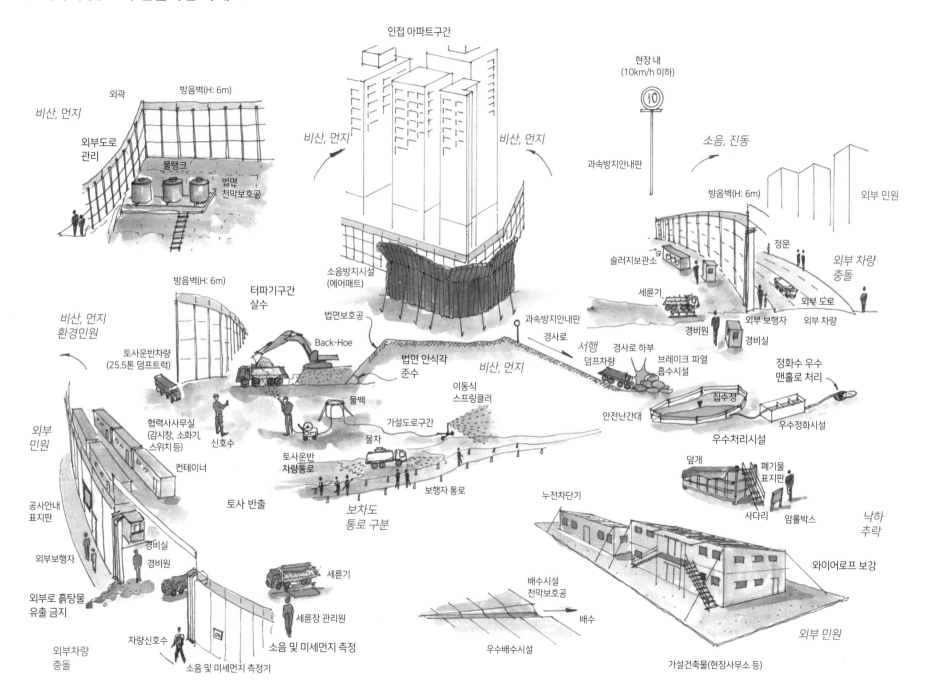

인접 아파트구간

비산, 먼지

외곽

방음벽(H: 6m)

외부도로 관리

물탱크

법면 천막보호공

비산, 먼지

비산, 먼지

현장 내 (10km/h 이하)

10

과속방지안내판

소음, 진동

방음벽(H: 6m)

외부 민원

슬러지보관소

정문

외부 차량 충돌

세륜기

외부 도로

외부 보행자

외부 차량

경비원

경비실

비산, 먼지 환경민원

방음벽(H: 6m)

터파기구간 살수

소음방지시설 (에어매트)

법면보호공

Back-Hoe

과속방지안내판

경사로

서행 덤프차량

경사로 하부

브레이크 파열 흡수시설

정화수 우수 맨홀로 처리

토사운반차량 (25.5톤 덤프트럭)

법면 안식각 준수

비산, 먼지

집수정

외부 민원

협력사사무실 (감시창, 소화기, 스위치 등)

신호수

물백

이동식 스프링클러

가설도로구간

안전난간대

우수정화시설

우수처리시설

컨테이너

물차

토사운반 차량통로

보행자 통로

덮개

폐기물 표지판

낙하 추락

공사안내 표지판

토사 반출

보차도 통로 구분

누전차단기

사다리

암롤박스

와이어로프 보강

외부보행자

경비실

경비원

외부로 흙탕물 유출 금지

세륜기

배수시설 천막보호공

외부 민원

차량신호수

세륜장 관리원

소음 및 미세먼지 측정

배수

외부차량 충돌

소음 및 미세먼지 측정기

우수배수시설

가설건축물(현장사무소 등)

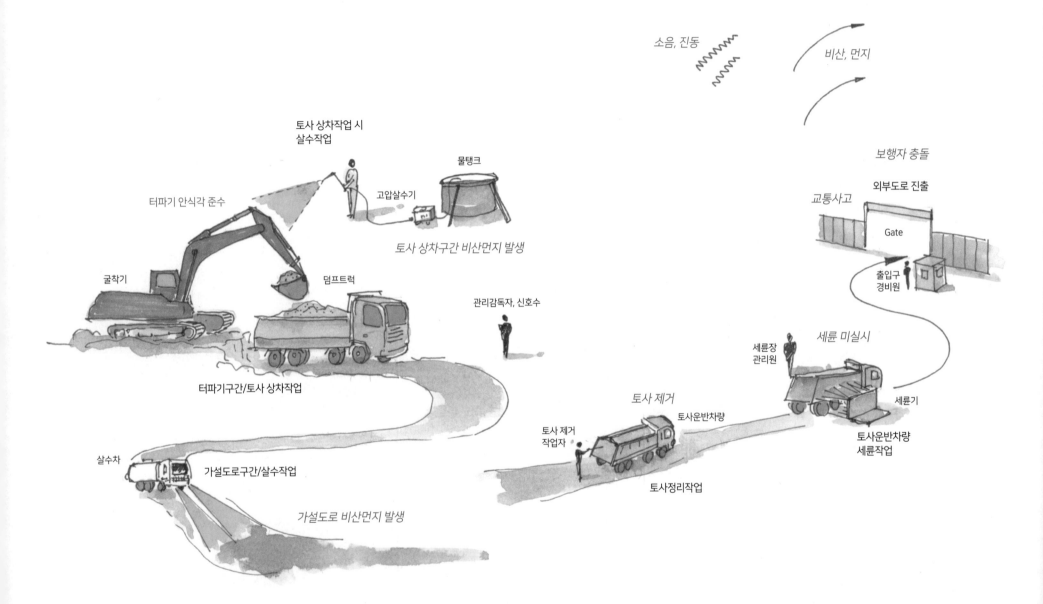

소음, 진동

비산, 먼지

토사 상차작업 시
살수작업

물탱크

보행자 충돌

터파기 안식각 준수

고압살수기

외부도로 진출

교통사고

Gate

굴착기

덤프트럭

토사 상차구간 비산먼지 발생

출입구
경비원

관리감독자, 신호수

세륜 미실시

세륜장
관리원

토사 제거

토사운반차량

토사 제거
작업자

세륜기

터파기구간/토사 상차작업

토사운반차량
세륜작업

살수차

가설도로구간/살수작업

토사정리작업

가설도로 비산먼지 발생

03 맨홀 및 관(管) 부설작업
Manhole & Conduit Line Work

❶ 맨홀 및 관 부설작업 주요 재해사례
❷ 맨홀 및 관 부설 굴착작업
❸ 맨홀 및 관 부설작업

❶ 맨홀 및 관 부설작업 주요 재해사례 [핵심 통계자료: 재해가 발생하는 빈도는 **맨홀 및 관 부설** 시에, 발생강도는 **굴착** 시에 가장 높다.]

- 트렌치(trench) 굴착 후 관로 부설작업 중 법면 붕괴
- 관로 터파기작업 중 추락
- 관로 터파기작업 중 굴착기 버킷(burket)과 접촉하여 충돌
- 옹벽 하부 터파기작업 중 옹벽 전도

- 관로 포설 중 후진하는 굴착기에 접촉하여 깔림.
- 굴착기로 관로 부설작업 중 버킷의 인양고리 파단으로 관로 자재 낙하
- 관로 연결작업 중 전도

- 그라인더(grinder)작업 중 관 사이에 끼임(협착)
- 맨홀작업 중 도로교통사고
- 수직강관 아크용접(arc welding) 중 불꽃 비산으로 화재

☑ 주요 안전관리 포인트: 트렌치(trench) 굴착에 따른 토사 붕괴, 맨홀 개구부로 추락, 굴착장비에 의한 협착, 충돌사고

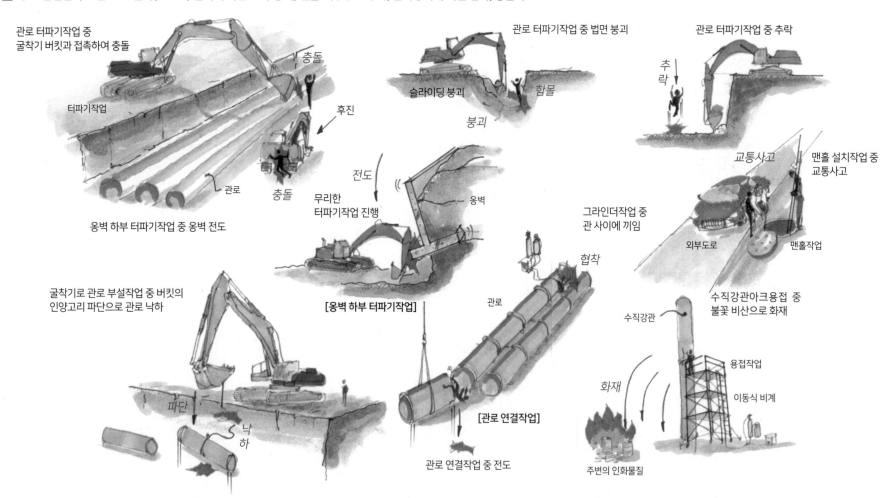

❷ 맨홀 및 관 부설 굴착작업

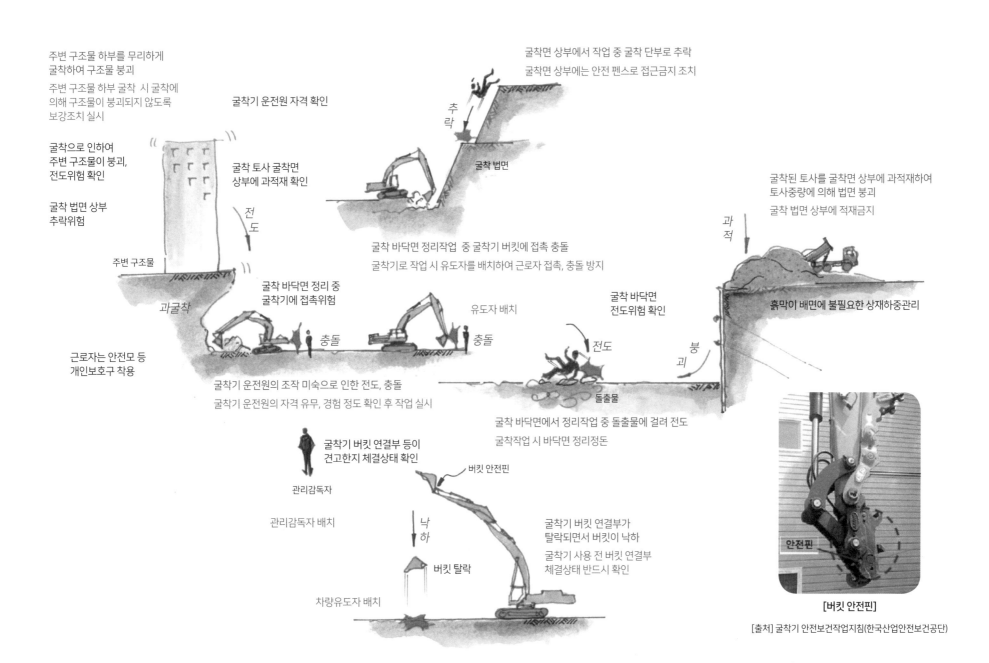

주변 구조물 하부를 무리하게
굴착하여 구조물 붕괴

주변 구조물 하부 굴착 시 굴착에
의해 구조물이 붕괴되지 않도록
보강조치 실시

굴착으로 인하여
주변 구조물이 붕괴,
전도위험 확인

굴착 법면 상부
추락위험

근로자는 안전모 등
개인보호구 착용

굴착기 운전원 자격 확인

굴착 토사 굴착면
상부에 과적재 확인

굴착 바닥면 정리 중
굴착기에 접촉위험

굴착면 상부에서 작업 중 굴착 단부로 추락

굴착면 상부에는 안전 펜스로 접근금지 조치

추락

굴착 법면

굴착 바닥면 정리작업 중 굴착기 버킷에 접촉 충돌

굴착기로 작업 시 유도자를 배치하여 근로자 접촉, 충돌 방지

굴착기 운전원의 조작 미숙으로 인한 전도, 충돌

굴착기 운전원의 자격 유무, 경험 정도 확인 후 작업 실시

주변 구조물

과굴착

전도

충돌

유도자 배치

충돌

굴착된 토사를 굴착면 상부에 과적재하여
토사중량에 의해 법면 붕괴

굴착 법면 상부에 적재금지

과적

굴착 바닥면
전도위험 확인

전도

돌출물

굴착 바닥면에서 정리작업 중 돌출물에 걸려 전도

굴착작업 시 바닥면 정리정돈

흙막이 배면에 불필요한 상재하중관리

붕괴

굴착기 버킷 연결부 등이
견고한지 체결상태 확인

관리감독자

관리감독자 배치

낙하

버킷 탈락

차량유도자 배치

버킷 안전핀

굴착기 버킷 연결부가
탈락되면서 버킷이 낙하

굴착기 사용 전 버킷 연결부
체결상태 반드시 확인

안전핀

[버킷 안전핀]

[출처] 굴착기 안전보건작업지침(한국산업안전보건공단)

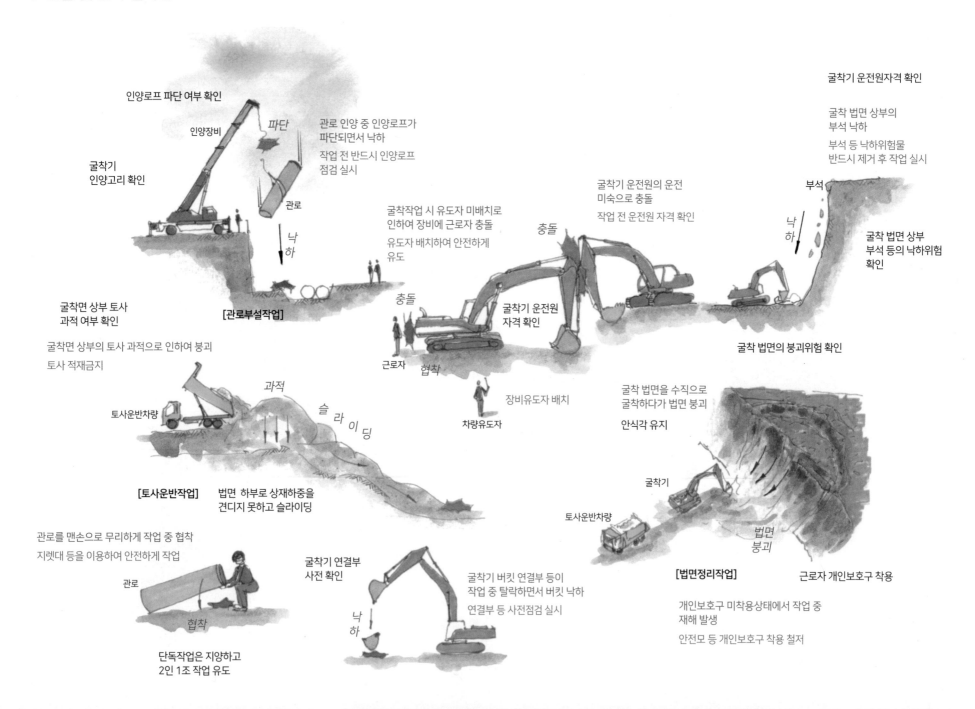

인양로프 파단 여부 확인

인양장비

파단

굴착기
인양고리 확인

관로 인양 중 인양로프가
파단되면서 낙하

작업 전 반드시 인양로프
점검 실시

관로

낙하

굴착기 운전원자격 확인

굴착 법면 상부의
부석 낙하

부석 등 낙하위험물
반드시 제거 후 작업 실시

부석

낙하

굴착 법면 상부
부석 등의 낙하위험
확인

굴착작업 시 유도자 미배치로
인하여 장비에 근로자 충돌

유도자 배치하여 안전하게
유도

굴착기 운전원의 운전
미숙으로 충돌

작업 전 운전원 자격 확인

충돌

굴착면 상부 토사
과적 여부 확인

굴착면 상부의 토사 과적으로 인하여 붕괴

토사 적재금지

[관로부설작업]

충돌

근로자

협착

굴착기 운전원
자격 확인

장비유도자 배치

차량유도자

굴착 법면의 붕괴위험 확인

과적

슬
라
이
딩

토사운반차량

굴착 법면을 수직으로
굴착하다가 법면 붕괴

안식각 유지

[토사운반작업]

법면 하부로 상재하중을
견디지 못하고 슬라이딩

굴착기

토사운반차량

법면
붕괴

관로를 맨손으로 무리하게 작업 중 협착

지렛대 등을 이용하여 안전하게 작업

관로

협착

굴착기 연결부
사전 확인

굴착기 버킷 연결부 등이
작업 중 탈락하면서 버킷 낙하

연결부 등 사전점검 실시

낙
하

[법면정리작업]

근로자 개인보호구 착용

개인보호구 미착용상태에서 작업 중
재해 발생

안전모 등 개인보호구 착용 철저

단독작업은 지양하고
2인 1조 작업 유도

발파작업
04
Blasting Work

발파작업
건축물을 구축하기 위한 지하 암석 파쇄작업 또는 터널작업을 위하여 암석굴착작업 등에 이용되며, 암석을 천공한 뒤 폭약과 뇌관을 천공구멍에 넣고 화약의 강력한 폭발력으로 암석을 파쇄하는 작업을 말한다.

❶ 발파작업 주요 재해사례 [핵심 통계자료: 재해가 발생하는 빈도는 **천공작업** 시, 강도는 **발파** 시 가장 높다.]

- 천공작업 중 천공장비에 협착(끼임)
- 천공장비의 전도(넘어짐)
- 장약작업 시 굴착 단부로의 추락
- 발파작업 시 암석 비산(흩어짐)

- 발파작업 시 화약 폭발
- 터널 상부에서 부석 낙하
- 암석 상차 시 덤프트럭과 협착
- 파쇄암 정리 시 굴착기에 의한 충돌

- 파쇄암 상차작업 시 암석 낙하
- 화약고 주변에서 화기 사용 중 화약고 폭발

☑ 주요 안전관리 포인트: 화약의 반입, 보관관리, 천공장비에 의한 재해, 발파 시 암석의 비산

❷ 발파 천공

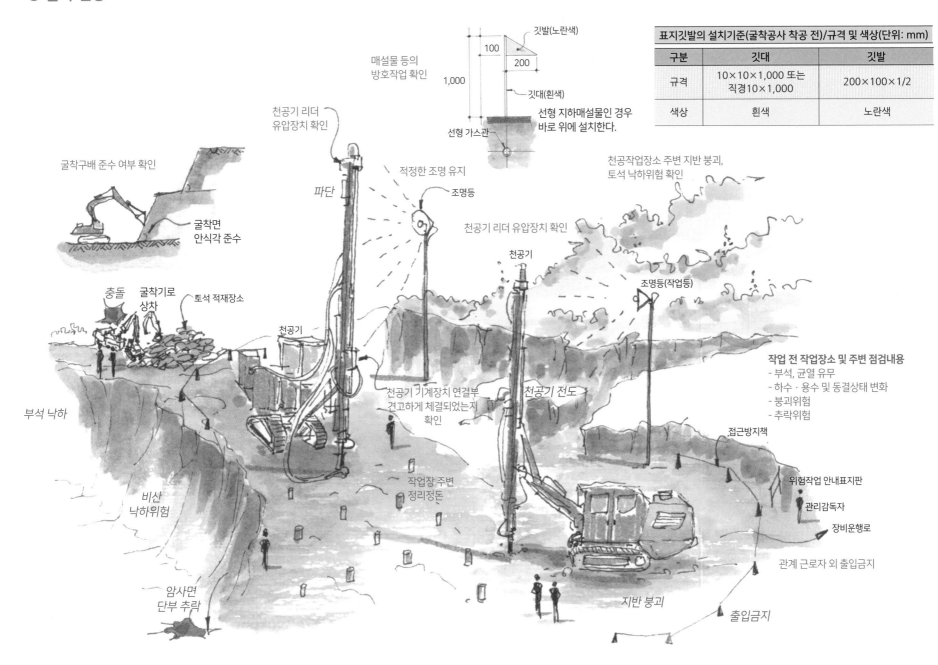

표지깃발의 설치기준(굴착공사 착공 전)/규격 및 색상(단위: mm)		
구분	깃대	깃발
규격	10×10×1,000 또는 직경10×1,000	200×100×1/2
색상	흰색	노란색

깃발(노란색)
100
200
1,000
깃대(흰색)
선형 지하매설물인 경우 바로 위에 설치한다.
선형 가스관

매설물 등의 방호작업 확인

굴착구배 준수 여부 확인
굴착면 안식각 준수

천공기 리더 유압장치 확인
파단
적정한 조명 유지
조명등

천공작업장소 주변 지반 붕괴, 토석 낙하위험 확인
천공기 리더 유압장치 확인
천공기
조명등(작업등)

충돌
굴착기로 상차
토석 적재장소
천공기

작업 전 작업장소 및 주변 점검내용
- 부석, 균열 유무
- 하수·용수 및 동결상태 변화
- 붕괴위험
- 추락위험

부석 낙하

천공기 기계장치 연결부 견고하게 체결되었는지 확인
천공기 전도

접근방지책
위험작업 안내표지판
관리감독자
장비운행로

비산 낙하위험
작업장 주변 정리정돈

관계 근로자 외 출입금지

암사면 단부 추락
지반 붕괴
출입금지

❸ 발파 장약

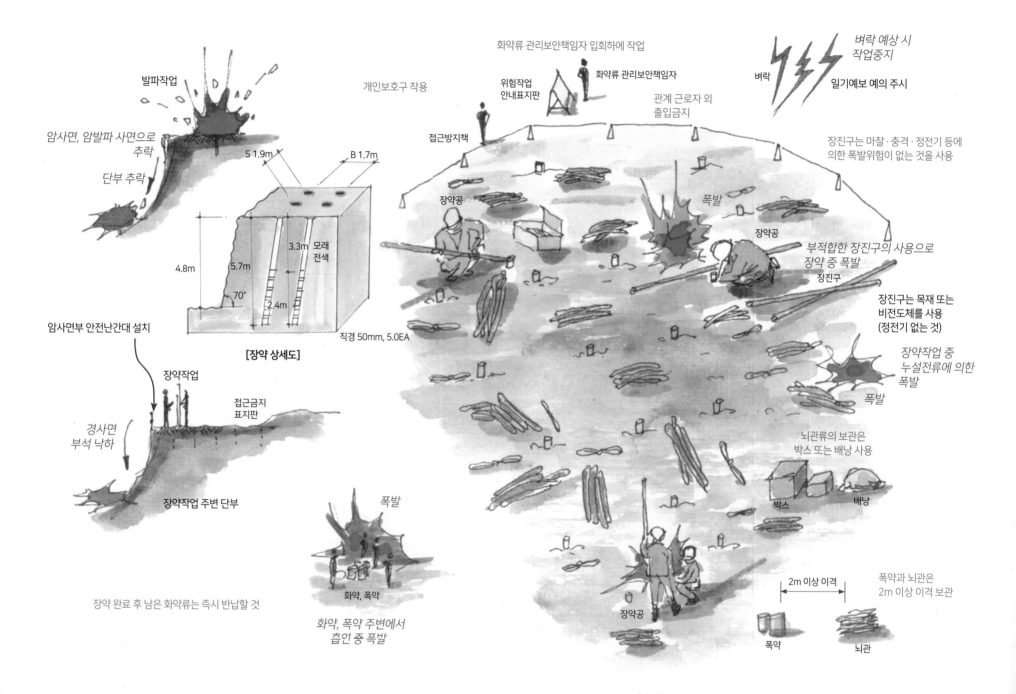

발파작업

암사면, 암발파 사면으로 추락

단부 추락

암사면부 안전난간대 설치

장약작업

경사면 부석 낙하

접근금지 표지판

장약작업 주변 단부

장약 완료 후 남은 화약류는 즉시 반납할 것

[장약 상세도]

S 1.9m B 1.7m

4.8m

5.7m

3.3m 모래 전색

70°

2.4m

직경 50mm, 5.0EA

개인보호구 착용

화약류 관리보안책임자 입회하에 작업

위험작업 안내표지판

화약류 관리보안책임자

접근방지책

장약공

관계 근로자 외 출입금지

폭발

장약공

벼락 예상 시 작업중지

벼락

일기예보 예의 주시

장진구는 마찰·충격·정전기 등에 의한 폭발위험이 없는 것을 사용

부적합한 장진구의 사용으로 장약 중 폭발

장진구

장진구는 목재 또는 비전도체를 사용 (정전기 없는 것)

장약작업 중 누설전류에 의한 폭발

폭발

뇌관류의 보관은 박스 또는 배낭 사용

박스 배낭

폭발

화약, 폭약

화약, 폭약 주변에서 흡연 중 폭발

장약공

2m 이상 이격

폭약과 뇌관은 2m 이상 이격 보관

폭약 뇌관

❹ 발파작업

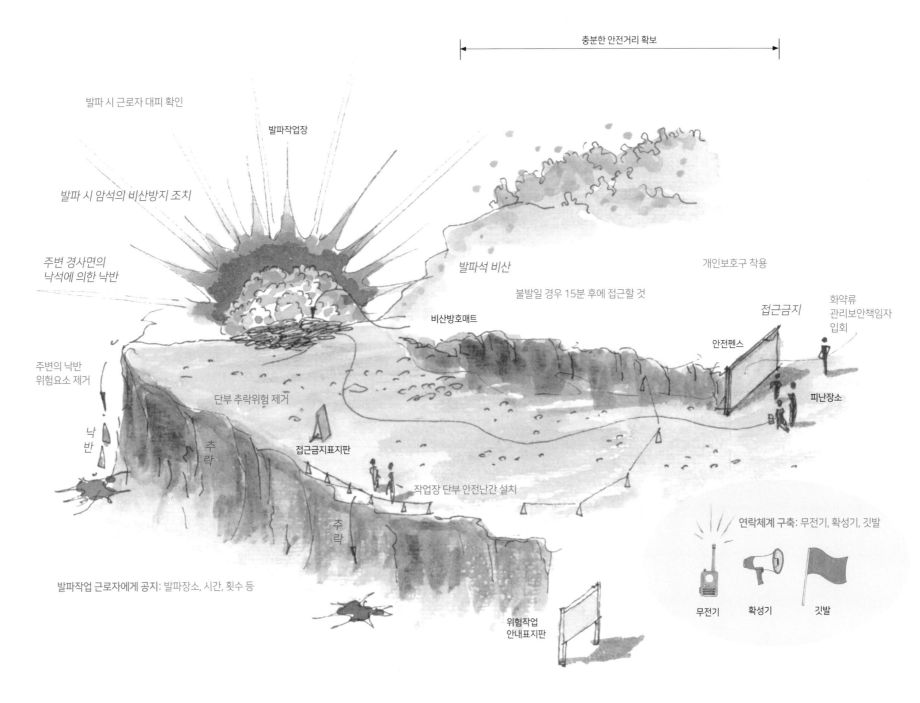

충분한 안전거리 확보

발파 시 근로자 대피 확인

발파작업장

발파 시 암석의 비산방지 조치

주변 경사면의
낙석에 의한 낙반

발파석 비산

개인보호구 착용

불발일 경우 15분 후에 접근할 것

접근금지

화약류
관리보안책임자
입회

비산방호매트

안전펜스

주변의 낙반
위험요소 제거

단부 추락위험 제거

피난장소

낙
반

추
락

접근금지표지판

작업장 단부 안전난간 설치

추
락

연락체계 구축: 무전기, 확성기, 깃발

발파작업 근로자에게 공지: 발파장소, 시간, 횟수 등

위험작업
안내표지판

무전기   확성기   깃발

❺ 발파암 처리

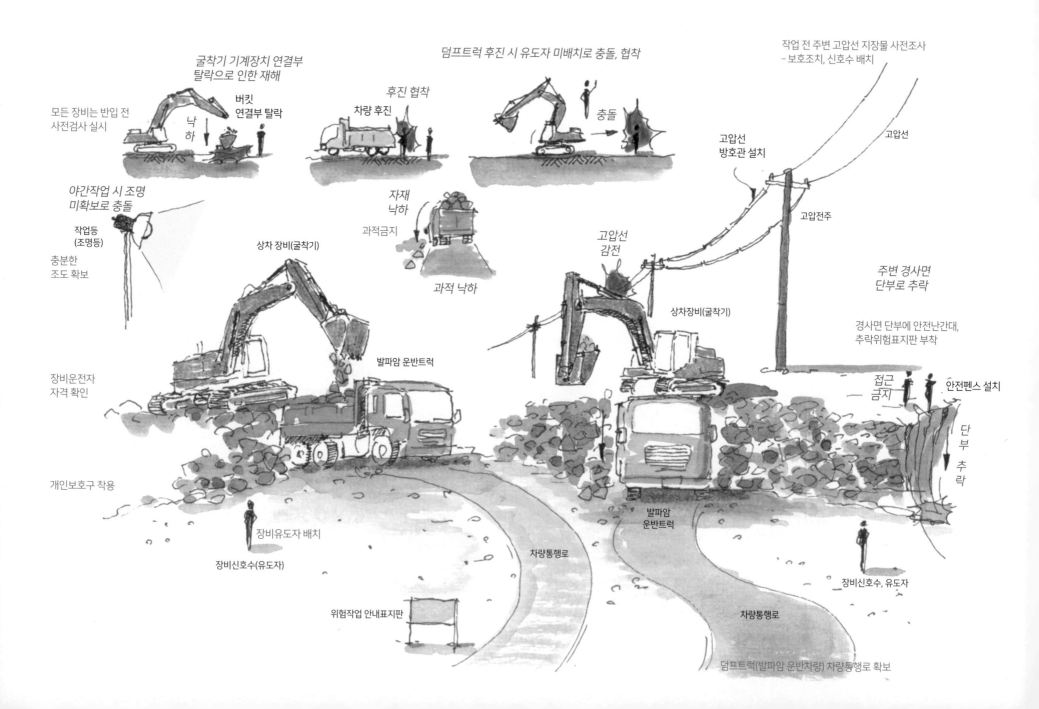

굴착기 기계장치 연결부
탈락으로 인한 재해

버킷
연결부 탈락

낙
하

모든 장비는 반입 전
사전검사 실시

덤프트럭 후진 시 유도자 미배치로 충돌, 협착

후진 협착

차량 후진

충돌

작업 전 주변 고압선 지장물 사전조사
- 보호조치, 신호수 배치

고압선
방호관 설치

고압선

고압전주

야간작업 시 조명
미확보로 충돌

작업등
(조명등)

충분한
조도 확보

자재
낙하

과적금지

과적 낙하

상차 장비(굴착기)

고압선
감전

상차장비(굴착기)

주변 경사면
단부로 추락

경사면 단부에 안전난간대,
추락위험표지판 부착

장비운전자
자격 확인

발파암 운반트럭

접근
금지

안전펜스 설치

단
부
추
락

개인보호구 착용

장비유도자 배치

장비신호수(유도자)

위험작업 안내표지판

차량통행로

발파암
운반트럭

장비신호수, 유도자

차량통행로

덤프트럭(발파암 운반차량) 차량통행로 확보

❻ 화약고(火藥庫) 관리

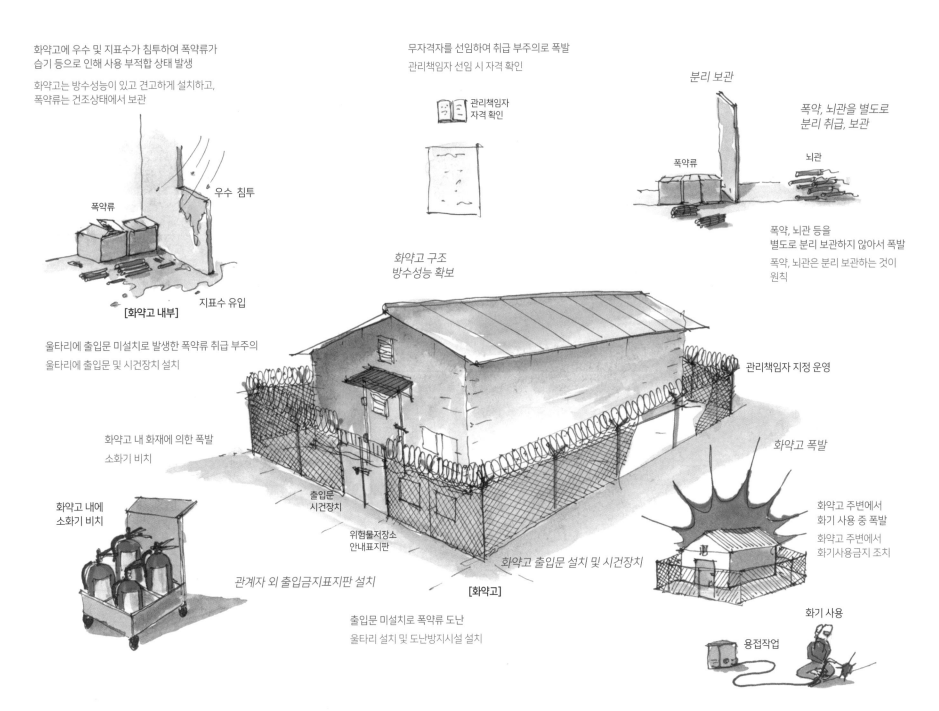

화약고에 우수 및 지표수가 침투하여 폭약류가
습기 등으로 인해 사용 부적합 상태 발생

화약고는 방수성능이 있고 견고하게 설치하고,
폭약류는 건조상태에서 보관

폭약류

우수 침투

지표수 유입

[화약고 내부]

무자격자를 선임하여 취급 부주의로 폭발

관리책임자 선임 시 자격 확인

관리책임자
자격 확인

화약고 구조
방수성능 확보

분리 보관

폭약, 뇌관을 별도로
분리 취급, 보관

폭약류

뇌관

폭약, 뇌관 등을
별도로 분리 보관하지 않아서 폭발

폭약, 뇌관은 분리 보관하는 것이
원칙

울타리에 출입문 미설치로 발생한 폭약류 취급 부주의

울타리에 출입문 및 시건장치 설치

관리책임자 지정 운영

화약고 내 화재에 의한 폭발

소화기 비치

화약고 내에
소화기 비치

출입문
시건장치

위험물저장소
안내표지판

관계자 외 출입금지표지판 설치

화약고 출입문 설치 및 시건장치

[화약고]

화약고 폭발

화약고 주변에서
화기 사용 중 폭발

화약고 주변에서
화기사용금지 조치

출입문 미설치로 폭약류 도난

울타리 설치 및 도난방지시설 설치

화기 사용

용접작업

흙막이 가시설 지보공작업
Retaining Wall Timbering Work

흙막이 지보공(sheathing timbering)
건설공사에서 흙막이를 실시하기 위한 지보공(timbering)으로 충분히 목적을 달성하기 위해서는
지반에 걸리는 형상, 지질, 지층, 균열, 함수, 용수, 동결 및 매설물의 상태에 대응하는 강도를 구비하는 것이 필요하다.
이 때문에 손상, 변형, 부식이 없는 재료를 사용해서 이것을 목적에 맞는 조직구조로 한다.

05

흙막이 가시설 지보공작업

❶ 흙막이 가시설 지보공작업 주요 재해사례 [핵심 통계자료: 재해가 발생하는 빈도는 **흙막이 지보공** 설치 시, 강도는 **자재 반입** 시 가장 높다.]

- 흙막이 자재 반입, 인양 시 H-pile 등 자재 낙하
- 반입된 자재(H-pile 등) 적재 중 협착
- 흙막이 상부 굴착 단부에서 작업 중 추락
- 흙막이 버팀보 위에 적재된 자재의 낙하

- H-pile 용접작업 중 감전
- H-pile로 흙막이 설치 중 추락
- H-pile 흙막이 위에서 이동 중 추락
- 흙막이 해체 중 해체된 H-pile과 함께 추락

- H-pile 인양 시 H-pile이 훅(hook)에서 탈락되면서 낙하
- 흙막이 지보공 부실시공에 의한 붕괴

☑ 주요 안전관리 포인트: H-pile의 낙하, 가시설 버팀보 상부에서 추락

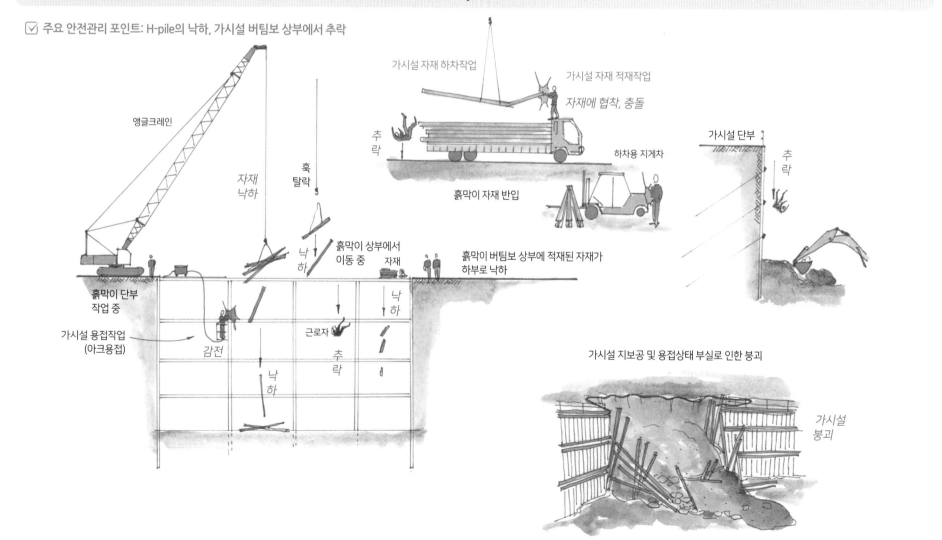

앵글크레인

가시설 자재 하차작업

가시설 자재 적재작업

자재에 협착, 충돌

추락

가시설 단부

추락

자재 낙하

훅 탈락

하차용 지게차

흙막이 자재 반입

낙하

흙막이 상부에서 이동 중

자재

흙막이 버팀보 상부에 적재된 자재가 하부로 낙하

낙하

흙막이 단부 작업 중

가시설 용접작업 (아크용접)

감전

근로자

추락

낙하

추락

가시설 지보공 및 용접상태 부실로 인한 붕괴

가시설 붕괴

❷ 흙막이 가시설 지보공작업 - 자재 반입작업

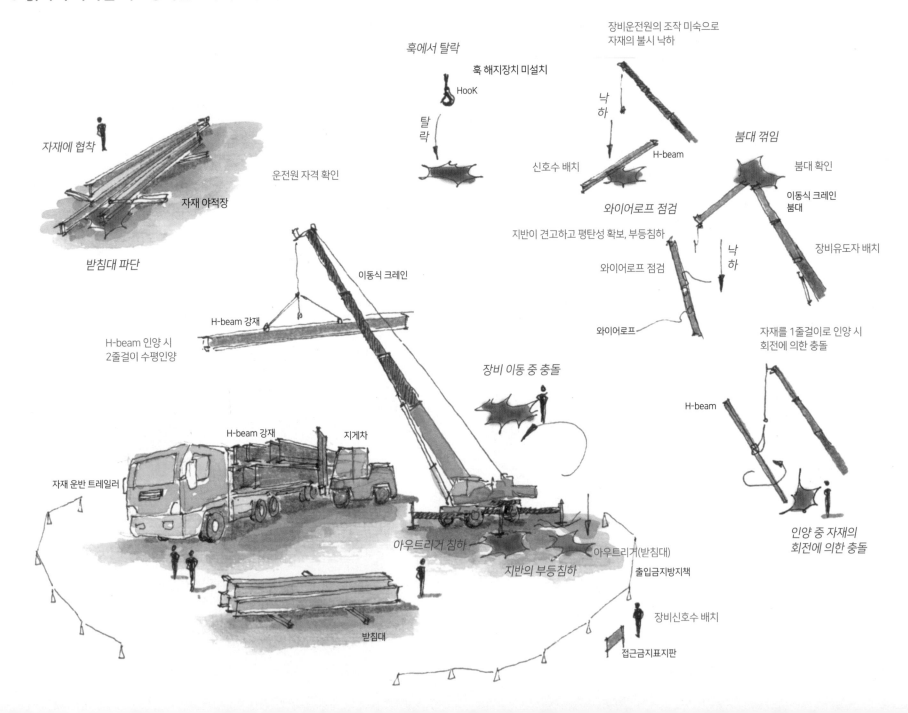

자재에 협착

자재 야적장

받침대 파단

운전원 자격 확인

훅에서 탈락

혹 해지장치 미설치

HooK

탈락

낙하

장비운전원의 조작 미숙으로 자재의 불시 낙하

신호수 배치

낙하

H-beam

와이어로프 점검

붐대 꺾임

붐대 확인

이동식 크레인 붐대

장비유도자 배치

지반이 견고하고 평탄성 확보, 부등침하

와이어로프 점검

낙하

와이어로프

H-beam 강재

이동식 크레인

H-beam 인양 시 2줄걸이 수평인양

장비 이동 중 충돌

자재를 1줄걸이로 인양 시 회전에 의한 충돌

H-beam

H-beam 강재

지게차

자재 운반 트레일러

아우트리거 침하

아우트리거(받침대)

지반의 부등침하

출입금지방지책

인양 중 자재의 회전에 의한 충돌

받침대

장비신호수 배치

접근금지표지판

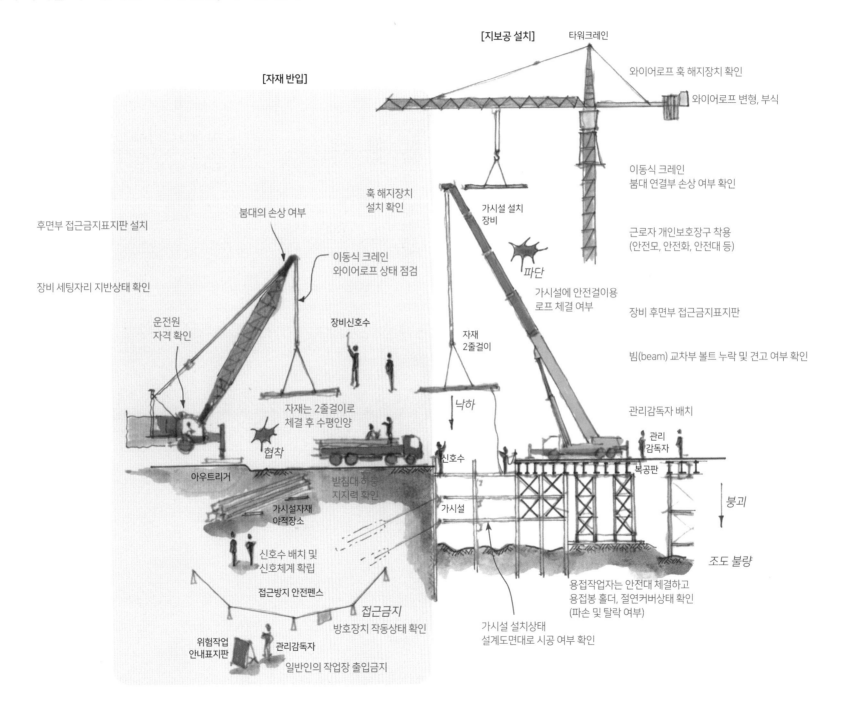

[지보공 설치]　타워크레인

와이어로프 훅 해지장치 확인

와이어로프 변형, 부식

이동식 크레인
붐대 연결부 손상 여부 확인

근로자 개인보호장구 착용
(안전모, 안전화, 안전대 등)

장비 후면부 접근금지표지판

빔(beam) 교차부 볼트 누락 및 견고 여부 확인

관리감독자 배치

[자재 반입]

훅 해지장치
설치 확인

가시설 설치
장비

파단

가시설에 안전걸이용
로프 체결 여부

자재
2줄걸이

낙하

붕괴

조도 불량

후면부 접근금지표지판 설치

붐대의 손상 여부

이동식 크레인
와이어로프 상태 점검

장비 세팅자리 지반상태 확인

운전원
자격 확인

장비신호수

자재는 2줄걸이로
체결 후 수평인양

협착

아우트리거

받침대 하중
지지력 확인

신호수

관리
감독자

복공판

가시설

가시설자재
야적장소

신호수 배치 및
신호체계 확립

접근방지 안전펜스

접근금지
방호장치 작동상태 확인

위험작업
안내표지판

관리감독자

일반인의 작업장 출입금지

용접작업자는 안전대 체결하고
용접봉 홀더, 절연커버상태 확인
(파손 및 탈락 여부)

가시설 설치상태
설계도면대로 시공 여부 확인

❹ 흙막이 가시설 지보공작업 - 지보공 해체, 자재 반출

[지보공 해체]

[자재 반출]

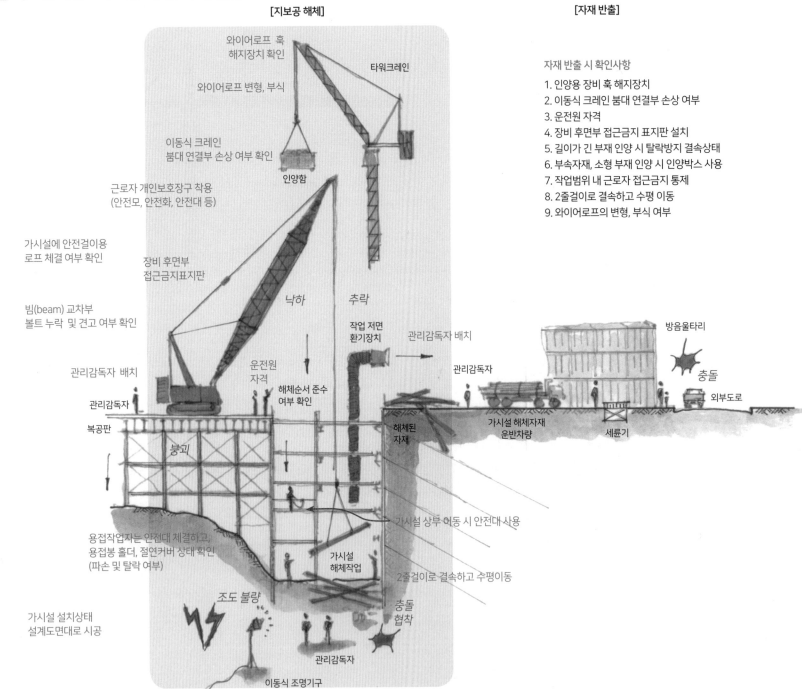

와이어로프 훅
해지장치 확인

와이어로프 변형, 부식

타워크레인

이동식 크레인
붐대 연결부 손상 여부 확인

근로자 개인보호장구 착용
(안전모, 안전화, 안전대 등)

인양함

가시설에 안전걸이용
로프 체결 여부 확인

장비 후면부
접근금지표지판

빔(beam) 교차부
볼트 누락 및 견고 여부 확인

낙하

추락

작업 저면
환기장치

관리감독자 배치

관리감독자 배치

운전원
자격

해체순서 준수
여부 확인

관리감독자

관리감독자

복공판

붕괴

해체된
자재

가시설 해체자재
운반차량

세륜기

방음울타리

충돌

외부도로

가시설 상부 이동 시 안전대 사용

용접작업자는 안전대 체결하고,
용접봉 홀더, 절연커버 상태 확인
(파손 및 탈락 여부)

가시설
해체작업

2줄걸이로 결속하고 수평이동

충돌
협착

가시설 설치상태
설계도면대로 시공

조도 불량

관리감독자

이동식 조명기구

자재 반출 시 확인사항

1. 인양용 장비 훅 해지장치
2. 이동식 크레인 붐대 연결부 손상 여부
3. 운전원 자격
4. 장비 후면부 접근금지 표지판 설치
5. 길이가 긴 부재 인양 시 탈락방지 결속상태
6. 부속자재, 소형 부재 인양 시 인양박스 사용
7. 작업범위 내 근로자 접근금지 통제
8. 2줄걸이로 결속하고 수평 이동
9. 와이어로프의 변형, 부식 여부

❺ 흙막이 가시설 안정성 확인사항

장기간의 장마 및 국지성 폭우로 인하여 방치 상태에서
다시 작업을 재개할 때 반드시 사전 점검할 사항

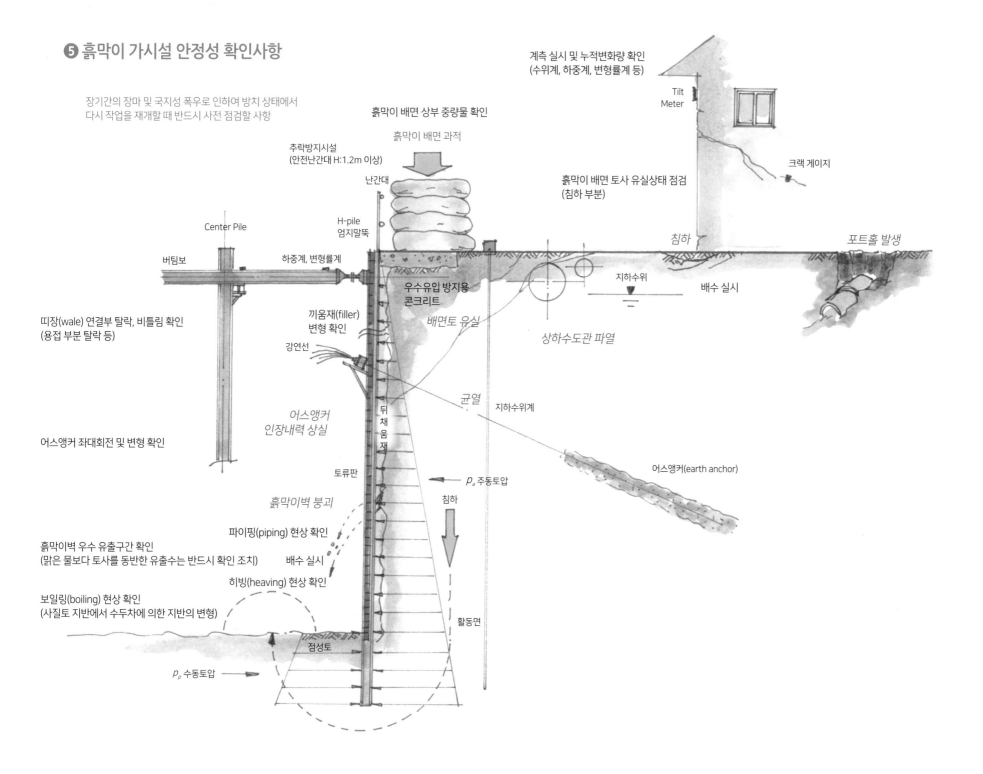

계측 실시 및 누적변화량 확인
(수위계, 하중계, 변형률계 등)

흙막이 배면 상부 중량물 확인

흙막이 배면 과적

추락방지시설
(안전난간대 H:1.2m 이상)

난간대

Tilt Meter

크랙 게이지

흙막이 배면 토사 유실상태 점검
(침하 부분)

침하

포트홀 발생

Center Pile

H-pile
엄지말뚝

버팀보

하중계, 변형률계

우수유입 방지용
콘크리트

지하수위

배수 실시

띠장(wale) 연결부 탈락, 비틀림 확인
(용접 부분 탈락 등)

끼움재(filler)
변형 확인

배면토 유실

상하수도관 파열

강연선

어스앵커
인장내력 상실

어스앵커 좌대회전 및 변형 확인

뒤채움재

균열

지하수위계

어스앵커(earth anchor)

토류판

흙막이벽 붕괴

p_a 주동토압

침하

흙막이벽 우수 유출구간 확인
(맑은 물보다 토사를 동반한 유출수는 반드시 확인 조치)

파이핑(piping) 현상 확인

배수 실시

히빙(heaving) 현상 확인

보일링(boiling) 현상 확인
(사질토 지반에서 수두차에 의한 지반의 변형)

활동면

점성토

p_p 수동토압

❻ 계측기 종류 및 설치 위치

계측대상	계측항목	계측기기명
지보공 (strut)	버팀대 축력 변형률	하중계(load cell) 변형률계(strain gauge)
토류벽 (흙막이 벽체)	측압, 토압 수압 수위	토압계(soil pressure gauge) 간극수압계(piezometer) 지하수위계(water level meter)
지중(地中)	수평변위 수직변위	지중경사계(inclino meter) 수직변위계(extension meter)
주변 지반	주변 침하 수평이동	레벨기, 지표침하계(level & staff) 광파기(transit)
인접구조물 (건물)	균열 기울기 침하	균열측정기(crack gauge) 기울기측정기(tilt meter) 레벨기(level & staff)
기타	소음 진동	소음측정기(sound level meter) 진동계(vibro meter)

❼ 지반개량공법(SGR Grouting, 약액주입공법)

SGR 그라우팅공법: 지반을 천공한 후 주입관을 삽입하여 시멘트액 또는 화학용액, 혼화제 등을 저압으로 지중에 침투시켜 지반을 고결하는 것으로, 지반의 불투수화 또는 강도 증대를 목적으로 하는 공법이다.

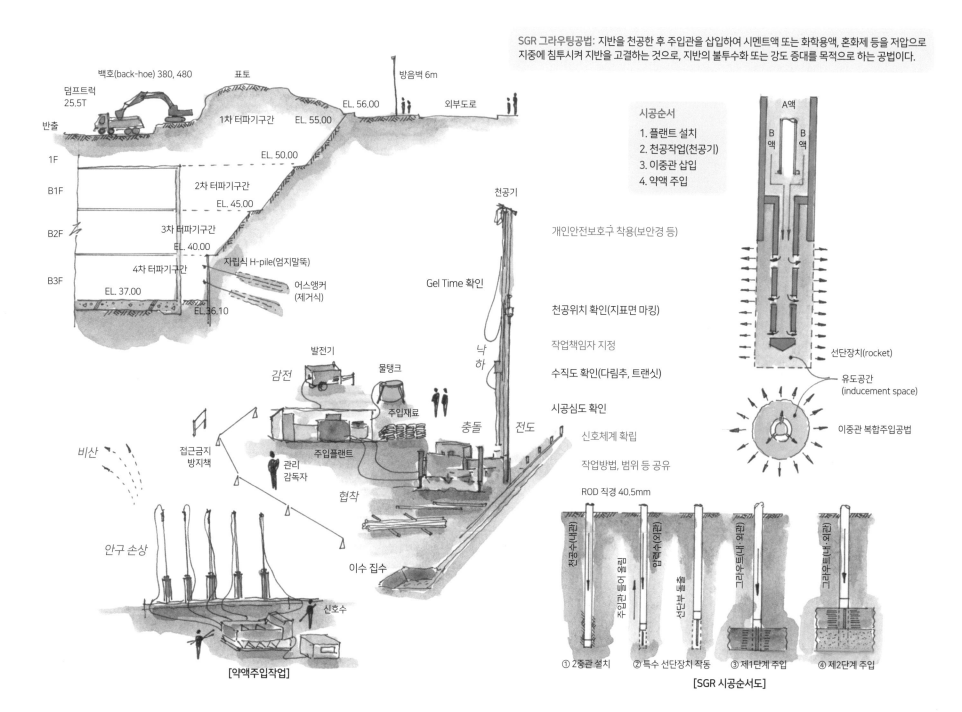

백호(back-hoe) 380, 480
표토
방음벽 6m
덤프트럭 25.5T
외부도로
EL. 56.00
1차 터파기구간
EL. 55.00
반출
EL. 50.00
1F
B1F
2차 터파기구간
EL. 45.00
B2F
3차 터파기구간
EL. 40.00
4차 터파기구간
자립식 H-pile(엄지말뚝)
B3F
EL. 37.00
어스앵커 (제거식)
EL.36.10

천공기
Gel Time 확인
낙하

발전기
물탱크
감전
주입재료
접근금지 방지책
주입플랜트
관리 감독자
충돌
전도
협착
비산
안구 손상
신호수
이수 집수

[약액주입작업]

시공순서
1. 플랜트 설치
2. 천공작업(천공기)
3. 이중관 삽입
4. 약액 주입

개인안전보호구 착용(보안경 등)
천공위치 확인(지표면 마킹)
작업책임자 지정
수직도 확인(다림추, 트랜싯)
시공심도 확인
신호체계 확립
작업방법, 범위 등 공유

A액
B액
B액
선단장치(rocket)
유도공간 (inducement space)
이중관 복합주입공법

ROD 직경 40.5mm
천공수(내관)
송수관 특수관
압력수(외관)
그라우트 내관
그라우트(외관)
그라우트(내관)

① 2중관 설치
② 특수 선단장치 작동
③ 제1단계 주입
④ 제2단계 주입

[SGR 시공순서도]

되메우기작업
Backfilling Work

06

❶ 되메우기작업 주요 재해사례
❷ 토사 반입 및 되메우기작업
❸ 토사 다짐작업

되메우기(backfilling)
지하구조물공사 등을 하기 위해 여분으로 파낸 부분을 공사 종료 후 토사를 메워서 원상 복구하는 작업

다짐(compaction)
토양에 외부 압력이 가해져 조직이 치밀해지는 현상 또는 토양의 강도를 증가시키거나 투수성의 억제를 목적으로 충격 또는 하중을 가하여
토양의 기상부피와 공극률을 감소시키고 전용적밀도를 높이는 행위를 말하며, 토양안밀 또는 안밀이라고도 한다.
포화된 토양이나 토양의 수분함량이 높은 상태의 토양은 다짐할 때 용적이 줄어들기 때문에 과잉의 물이 빠져 나온다.
건조한 토양을 다짐할 때에는 토양으로부터 물이 빠지지는 않는다.

되메우기작업

❶ 되메우기작업 주요 재해사례 [핵심 통계자료: 재해가 발생하는 빈도는 토사 반입 및 **되메우기작업** 시 가장 높으며, **토사 다짐** 시 가장 위험하다.]

- 토사 운반트럭 후진 중 충돌, 협착
- 굴착 법면 단부로 운반트럭 전도
- 타워크레인을 이용한 되메우기작업 중 버킷에 충돌

- 열차선로상에서 되메우기작업 중 열차에 충돌
- 굴착기 버킷(bucket)에 충돌
- 굴착 법면에서 단부 추락 및 부석 낙하

- 토사 다짐용 롤러에(roller) 협착
- 복공판 상부에서 운반트럭 추락
- 토사운반용 클램셸 버킷(clamshell)에 근로자 충돌

☑ 주요 안전관리 포인트: 굴착 법면 단부 추락, 다짐 및 차량계 건설기계에 충돌, 협착

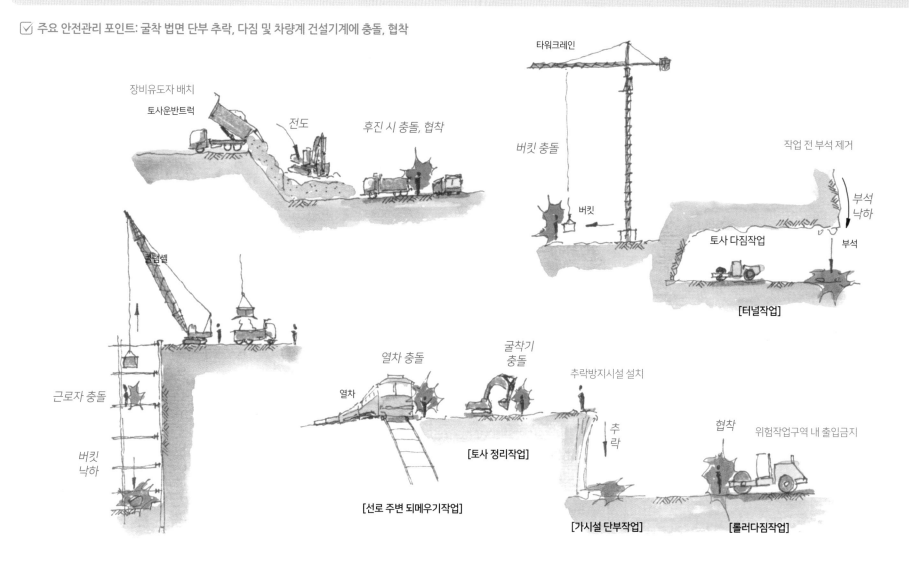

장비유도자 배치

토사운반트럭

전도

후진 시 충돌, 협착

타워크레인

버킷 충돌

버킷

작업 전 부석 제거

부석 낙하

토사 다짐작업

부석

[터널작업]

클램셸

근로자 충돌

버킷 낙하

열차 충돌

열차

굴착기 충돌

추락방지시설 설치

[토사 정리작업]

추락

협착

위험작업구역 내 출입금지

[선로 주변 되메우기작업]

[가시설 단부작업]

[롤러다짐작업]

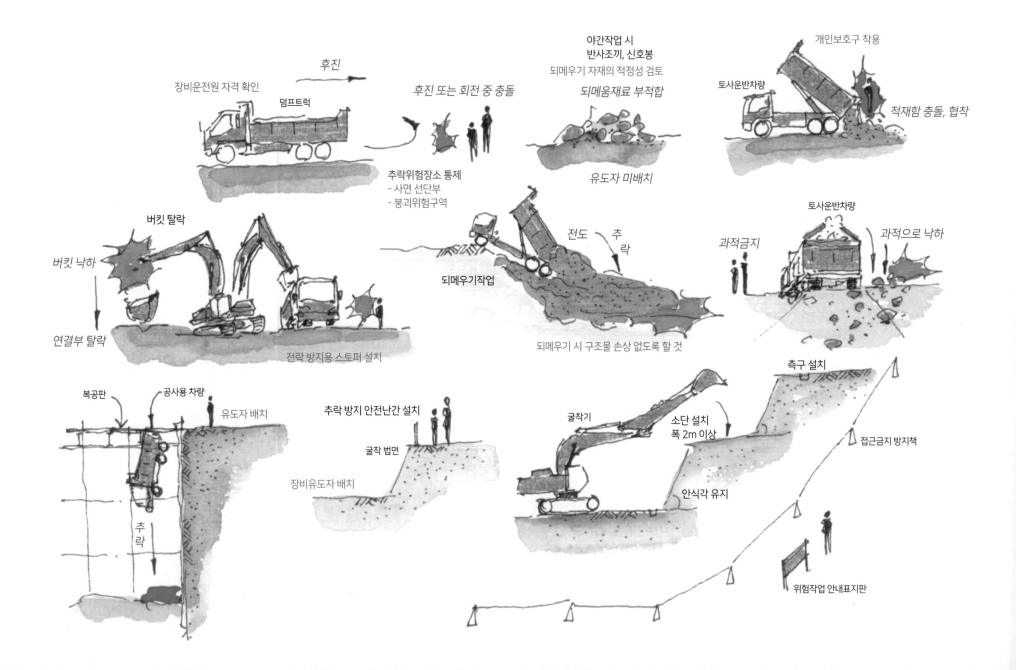

장비운전원 자격 확인

후진

덤프트럭

후진 또는 회전 중 충돌

추락위험장소 통제
- 사면 선단부
- 붕괴위험구역

야간작업 시
반사조끼, 신호봉
되메우기 자재의 적정성 검토
되메움재료 부적합

유도자 미배치

개인보호구 착용

토사운반차량

적재함 충돌, 협착

버킷 탈락

버킷 낙하

연결부 탈락

전락 방지용 스토퍼 설치

되메우기작업

전도   추
          락

되메우기 시 구조물 손상 없도록 할 것

토사운반차량

과적금지

과적으로 낙하

복공판

공사용 차량

유도자 배치

추락
락

추락 방지 안전난간 설치

굴착 법면

장비유도자 배치

굴착기

소단 설치
폭 2m 이상

안식각 유지

측구 설치

접근금지 방지책

위험작업 안내표지판

❸ 토사 다짐작업

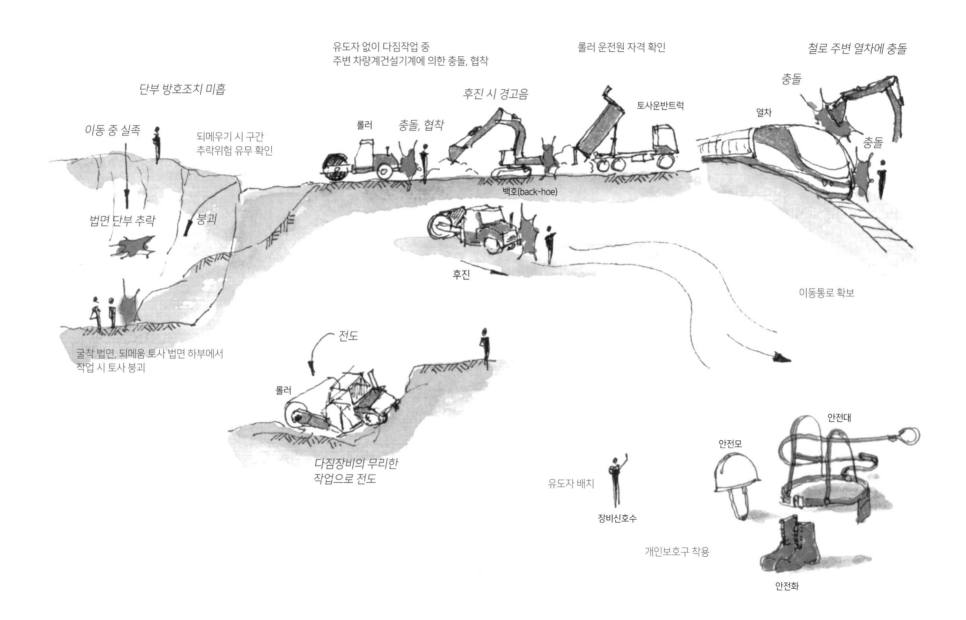

단부 방호조치 미흡

이동 중 실족

되메우기 시 구간
추락위험 유무 확인

유도자 없이 다짐작업 중
주변 차량계건설기계에 의한 충돌, 협착

롤러 운전원 자격 확인

철로 주변 열차에 충돌

충돌

후진 시 경고음

롤러   충돌, 협착

토사운반트럭

열차   충돌

법면 단부 추락   붕괴

백호(back-hoe)

굴착 법면, 되메움 토사 법면 하부에서
작업 시 토사 붕괴

후진

이동통로 확보

전도

롤러

다짐장비의 무리한
작업으로 전도

유도자 배치

장비신호수

안전대

안전모

개인보호구 착용

안전화

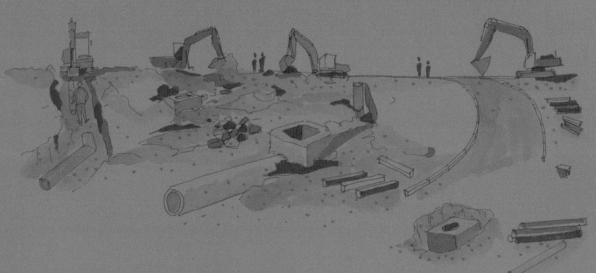

07 부대(附帶)토목작업
Auxiliary Civil Engineering Work

07 부대토목작업

❶ 부대토목작업 주요 재해사례 [핵심 통계자료: **옹벽 시공작업** 시 재해가 가장 많이 발생한다.]

- 부지 정리 중 수직 굴착된 토사 붕괴
- 옹벽작업 중 작업발판에서 추락
- 옹벽 철근에 올라가서 작업 중 추락
- 롤러작업 중 후진하는 롤러에 깔림

- 콘크리트 포장작업 중 레미콘트럭에 충돌
- 옹벽, 굴착된 집수정으로 근로자 추락
- 철근 배근작업 중 벽체철근 전도(쓰러짐)
- 토석 정리작업 중 법면 상부에서 부석 낙하

- 굴착기로 법면 굴착 중 후진하는 굴착기에 충돌, 협착
- 굴착기로 굴착작업 중 굴착기에 근로자 충돌

☑ 주요 안전관리 포인트: 굴착기, 롤러 등 건설기계장비에 충돌하거나 굴착 법면 붕괴, 옹벽 상부로부터 추락하는 재해 주의

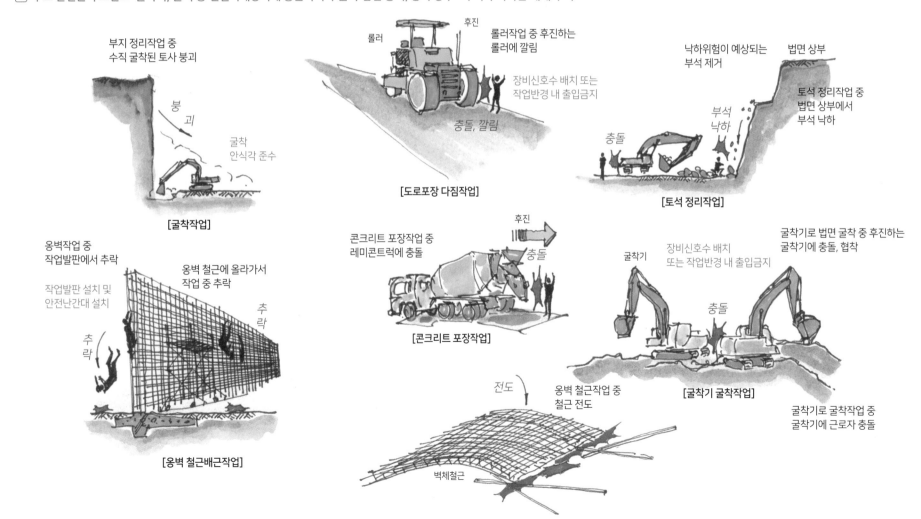

부지 정리작업 중
수직 굴착된 토사 붕괴

붕괴

굴착
안식각 준수

[굴착작업]

롤러   후진   롤러작업 중 후진하는
롤러에 깔림

장비신호수 배치 또는
작업반경 내 출입금지

충돌, 깔림

[도로포장 다짐작업]

낙하위험이 예상되는   법면 상부
부석 제거

토석 정리작업 중
법면 상부에서
부석 낙하

부석
낙하

충돌

[토석 정리작업]

옹벽작업 중
작업발판에서 추락

옹벽 철근에 올라가서
작업 중 추락

작업발판 설치 및
안전난간대 설치

추락

추락

[옹벽 철근배근작업]

콘크리트 포장작업 중
레미콘트럭에 충돌

후진

충돌

[콘크리트 포장작업]

전도

옹벽 철근작업 중
철근 전도

벽체철근

굴착기   장비신호수 배치
또는 작업반경 내 출입금지

굴착기로 법면 굴착 중 후진하는
굴착기에 충돌, 협착

충돌

[굴착기 굴착작업]

굴착기로 굴착작업 중
굴착기에 근로자 충돌

❷ 부대토목 옹벽 설치작업

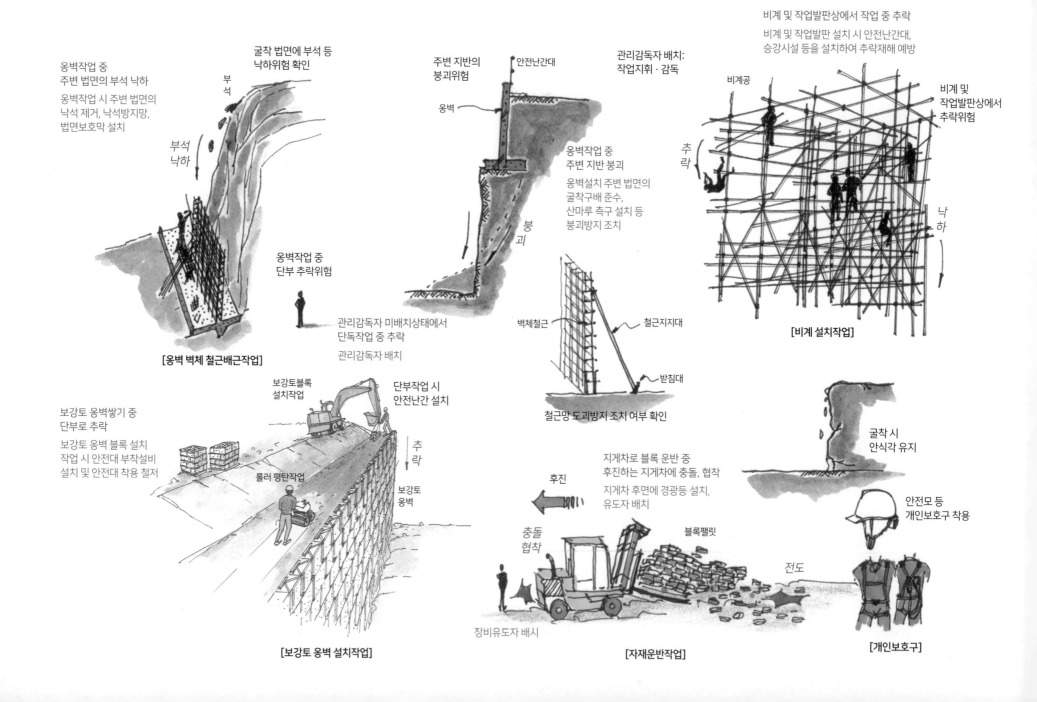

옹벽작업 중
주변 법면의 부석 낙하
옹벽작업 시 주변 법면의
낙석 제거, 낙석방지망,
법면보호막 설치

굴착 법면에 부석 등
낙하위험 확인

부석

부석
낙하

옹벽작업 중
단부 추락위험

관리감독자 미배치상태에서
단독작업 중 추락
관리감독자 배치

[옹벽 벽체 철근배근작업]

주변 지반의
붕괴위험

안전난간대

옹벽

옹벽작업 중
주변 지반 붕괴

옹벽설치 주변 법면의
굴착구배 준수,
산마루 측구 설치 등
붕괴방지 조치

붕괴

관리감독자 배치:
작업지휘 · 감독

벽체철근

철근지지대

받침대

철근망 도괴방지 조치 여부 확인

비계 및 작업발판상에서 작업 중 추락
비계 및 작업발판 설치 시 안전난간대,
승강시설 등을 설치하여 추락재해 예방

비계공

추락

낙하

비계 및
작업발판상에서
추락위험

[비계 설치작업]

보강토블록
설치작업

단부작업 시
안전난간 설치

보강토 옹벽쌓기 중
단부로 추락

보강토 옹벽 블록 설치
작업 시 안전대 부착설비
설치 및 안전대 착용 철저

롤러 평탄작업

추락

보강토
옹벽

[보강토 옹벽 설치작업]

지게차로 블록 운반 중
후진하는 지게차에 충돌, 협착
지게차 후면에 경광등 설치,
유도자 배치

후진

충돌
협착

블록팰릿

전도

장비유도자 배시

[자재운반작업]

굴착 시
안식각 유지

안전모 등
개인보호구 착용

[개인보호구]

❸ 부대토목 구내 포장작업

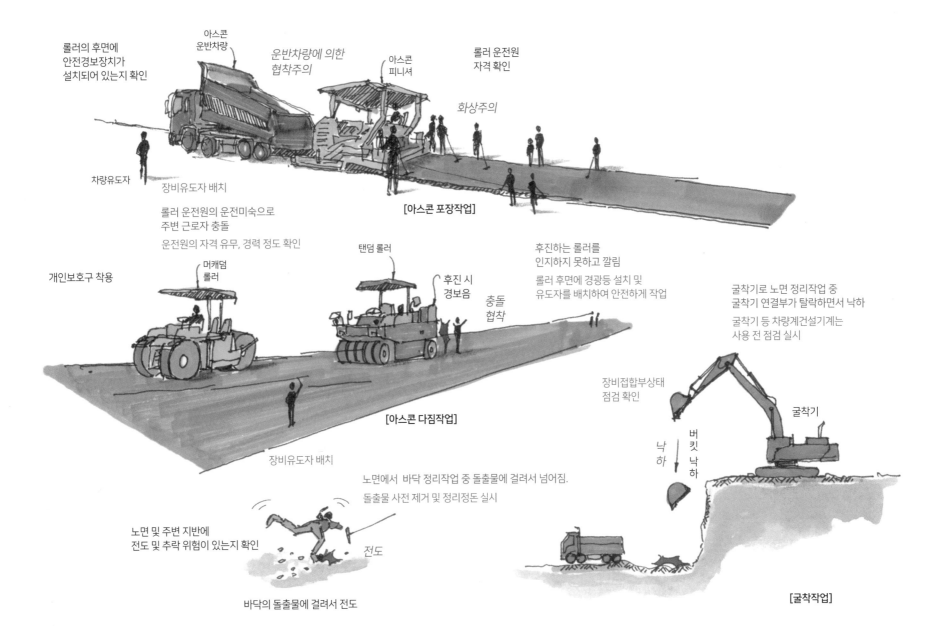

롤러의 후면에
안전경보장치가
설치되어 있는지 확인

아스콘
운반차량

운반차량에 의한
협착주의

아스콘
피니셔

롤러 운전원
자격 확인

화상주의

차량유도자

장비유도자 배치

롤러 운전원의 운전미숙으로
주변 근로자 충돌

운전원의 자격 유무, 경력 정도 확인

[아스콘 포장작업]

개인보호구 착용

머캐덤
롤러

탠덤 롤러

후진 시
경보음

충돌
협착

후진하는 롤러를
인지하지 못하고 깔림

롤러 후면에 경광등 설치 및
유도자를 배치하여 안전하게 작업

굴착기로 노면 정리작업 중
굴착기 연결부가 탈락하면서 낙하

굴착기 등 차량계건설기계는
사용 전 점검 실시

장비접합부상태
점검 확인

굴착기

낙
하

버
킷
낙
하

[아스콘 다짐작업]

장비유도자 배치

노면에서 바닥 정리작업 중 돌출물에 걸려서 넘어짐.

돌출물 사전 제거 및 정리정돈 실시

노면 및 주변 지반에
전도 및 추락 위험이 있는지 확인

전도

바닥의 돌출물에 걸려서 전도

[굴착작업]

08 가설도로작업
Temporary Road Construction Work

08 가설도로작업

❶ 가설도로작업 주요 재해사례 [핵심 통계자료: 벌목 및 표토 제거작업 시 재해가 가장 많이 발생하고, 재해강도는 가설도로 시공 시 가장 높다.]

- 가설도로공사 시 노면 굴착작업 중 굴착기 전도
- 가설도로공사 시 법면 붕괴
- 가설도로의 노면 정리 중 롤러(roller)에 깔림
- 벌목작업 중 쓰러지는 나무에 깔림

- 벌목작업 중 경사면에서 전도
- 벌목작업 중 나무 위에서 추락
- 벌목, 표토처리작업 중 굴착 법면으로 추락
- 굴착기 사용 중 버킷(bucket)에 충돌

- 벌목장비의 연결부가 작업 중 탈락하여 낙하
- 전기톱 등 사용 중 회전부에 접촉, 절단

☑ 주요 안전관리 포인트: 장비에 의한 충돌·협착 및 벌목작업 시 전도·추락 등의 재해가 주로 발생한다.

가설도로공사 시
노면 굴착작업 중 굴착기 전도

굴착기

가설도로공사 시 법면 붕괴

법면
붕괴

굴착 시 법면기울기 준수

장비유도자 배치

추락

벌목작업 중
나무 위에서 추락

[벌목작업]

벌목작업 중
경사면에서 전도

법면 상단부
안전난간대 설치

추락

벌목, 표토처리작업 중
굴착 법면으로 추락

가설도로의 노면 정리 중
롤러(roller)에 깔림

[가설도로작업]

벌목작업 중 쓰러지는
나무에 깔림

깔림

작업반경 내 출입금지

롤러

장비작업반경 내
출입금지

장비신호수 배치

[가설도로 노면정리작업]

절단공

관리감독자 배치하에
벌목작업 진행

[벌목작업]

장비 사용 전
사전점검 확인

벌목장비의
연결부가 작업 중
탈락하여 낙하

벌목장비

버킷연결부

연결부 탈락으로
낙하

[벌목작업]

전기톱 등 사용 중
회전부에 접촉, 절단

절단, 자상

[전기용 절단톱작업]

충돌, 끼임

굴착기 사용 중 버킷에 충돌

장비유도자 배치

[굴착기 이용작업]

❷ 가설도로 벌목 및 표토 제거작업

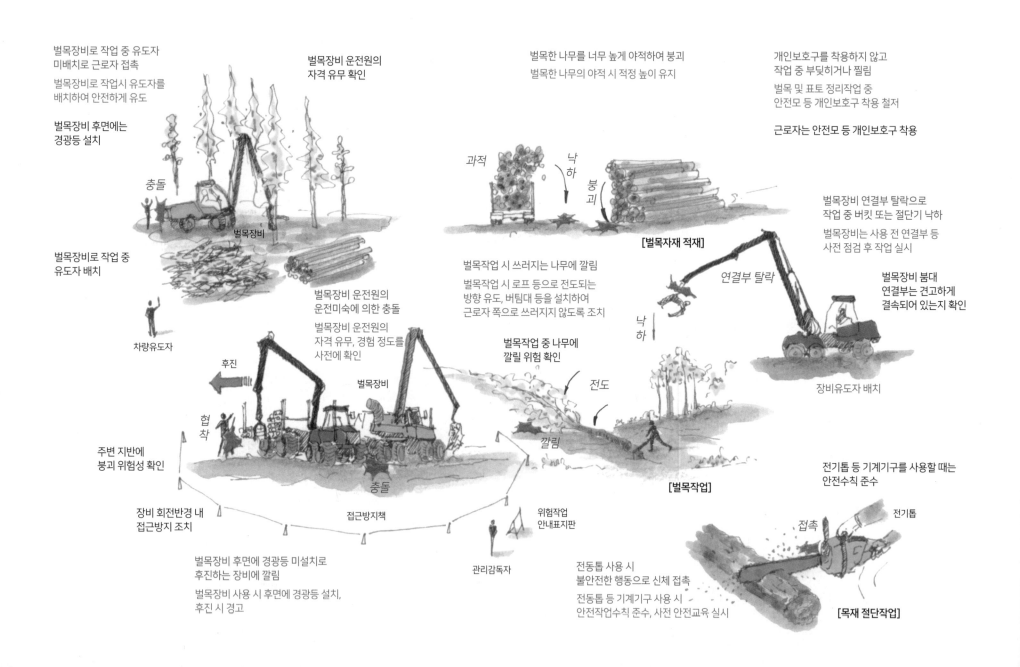

벌목장비로 작업 중 유도자
미배치로 근로자 접촉

벌목장비로 작업시 유도자를
배치하여 안전하게 유도

벌목장비 후면에는
경광등 설치

벌목장비 운전원의
자격 유무 확인

충돌

벌목장비

벌목장비로 작업 중
유도자 배치

차량유도자

벌목장비 운전원의
운전미숙에 의한 충돌

벌목장비 운전원의
자격 유무, 경험 정도를
사전에 확인

벌목한 나무를 너무 높게 야적하여 붕괴

벌목한 나무의 야적 시 적정 높이 유지

과적

낙하

붕괴

[벌목자재 적재]

개인보호구를 착용하지 않고
작업 중 부딪히거나 찔림

벌목 및 표토 정리작업 중
안전모 등 개인보호구 착용 철저

근로자는 안전모 등 개인보호구 착용

벌목장비 연결부 탈락으로
작업 중 버킷 또는 절단기 낙하

벌목장비는 사용 전 연결부 등
사전 점검 후 작업 실시

벌목장비 붐대
연결부는 견고하게
결속되어 있는지 확인

연결부 탈락

벌목작업 시 쓰러지는 나무에 깔림

벌목작업 시 로프 등으로 전도되는
방향 유도, 버팀대 등을 설치하여
근로자 쪽으로 쓰러지지 않도록 조치

벌목작업 중 나무에
깔릴 위험 확인

낙하

전도

장비유도자 배치

후진

협착

벌목장비

주변 지반에
붕괴 위험성 확인

장비 회전반경 내
접근방지 조치

접근방지책

충돌

깔림

[벌목작업]

전기톱 등 기계기구를 사용할 때는
안전수칙 준수

접촉

전기톱

벌목장비 후면에 경광등 미설치로
후진하는 장비에 깔림

벌목장비 사용 시 후면에 경광등 설치,
후진 시 경고

위험작업
안내표지판

관리감독자

전동톱 사용 시
불안전한 행동으로 신체 접촉

전동톱 등 기계기구 사용 시
안전작업수칙 준수, 사전 안전교육 실시

[목재 절단작업]

❸ 가설도로작업

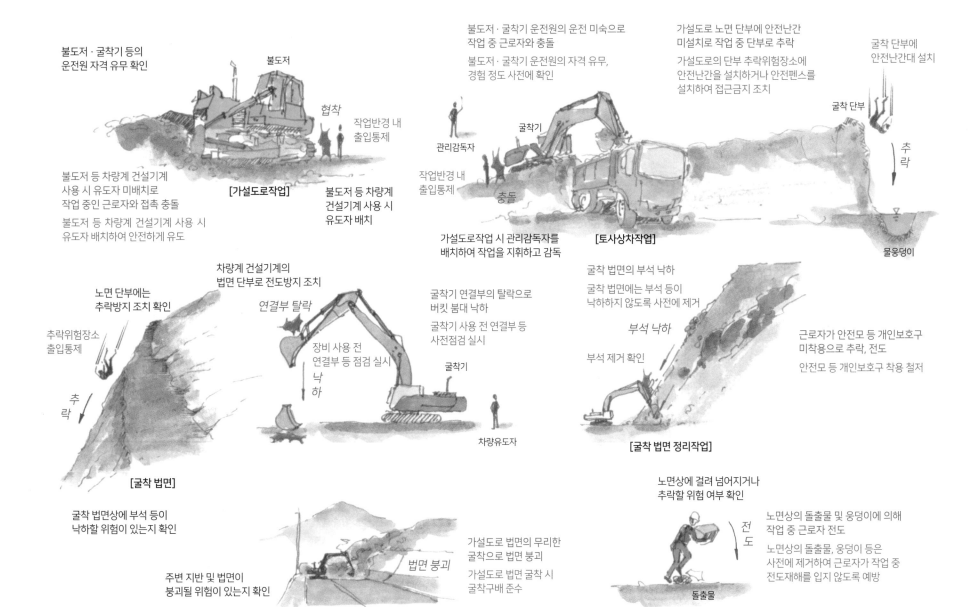

불도저 · 굴착기 등의
운전원 자격 유무 확인

불도저

협착

작업반경 내
출입통제

[가설도로작업]

불도저 등 차량계 건설기계
사용 시 유도자 미배치로
작업 중인 근로자와 접촉 충돌

불도저 등 차량계 건설기계 사용 시
유도자 배치하여 안전하게 유도

불도저 등 차량계
건설기계 사용 시
유도자 배치

불도저 · 굴착기 운전원의 운전 미숙으로
작업 중 근로자와 충돌

불도저 · 굴착기 운전원의 자격 유무,
경험 정도 사전에 확인

관리감독자

굴착기

작업반경 내
출입통제

충돌

가설도로작업 시 관리감독자를
배치하여 작업을 지휘하고 감독

가설도로 노면 단부에 안전난간
미설치로 작업 중 단부로 추락

가설도로의 단부 추락위험장소에
안전난간을 설치하거나 안전펜스를
설치하여 접근금지 조치

[토사상차작업]

굴착 단부에
안전난간대 설치

굴착 단부

추락

물웅덩이

차량계 건설기계의
법면 단부로 전도방지 조치

노면 단부에는
추락방지 조치 확인

연결부 탈락

추락위험장소
출입통제

추락

[굴착 법면]

굴착 법면상에 부석 등이
낙하할 위험이 있는지 확인

장비 사용 전
연결부 등 점검 실시

낙하

굴착기 연결부의 탈락으로
버킷 붐대 낙하

굴착기 사용 전 연결부 등
사전점검 실시

굴착기

차량유도자

굴착 법면의 부석 낙하

굴착 법면에는 부석 등이
낙하하지 않도록 사전에 제거

부석 낙하

부석 제거 확인

근로자가 안전모 등 개인보호구
미착용으로 추락, 전도

안전모 등 개인보호구 착용 철저

[굴착 법면 정리작업]

주변 지반 및 법면이
붕괴될 위험이 있는지 확인

법면 붕괴

가설도로 법면의 무리한
굴착으로 법면 붕괴

가설도로 법면 굴착 시
굴착구배 준수

노면상에 걸려 넘어지거나
추락할 위험 여부 확인

전도

돌출물

노면상의 돌출물 및 웅덩이에 의해
작업 중 근로자 전도

노면상의 돌출물, 웅덩이 등은
사전에 제거하여 근로자가 작업 중
전도재해를 입지 않도록 예방

09

지장물 조사 및 이설작업
Inspection of Obstruction and Moving Work

지장물 조사 및 이설작업

❶ 지장물 조사 및 이설작업 주요 재해사례 [핵심 통계자료: 지장물 보호, 보강작업 시 재해가 많이 발생하고 가장 위험하다.]

- 지장물 조사를 위한 굴착 중 토사 붕괴(무너짐)
- 지장물 주변에서 굴착 중 가스 누출, 화재
- 굴착작업 중 상수도관 파열
- 굴착작업 중 굴착기에 접촉, 충돌
- 지중케이블 보강작업 중 추락
- 가스관 이설작업 중 용접기에 화상
- 굴착작업 중 주변 근로자와 장비의 충돌
- 굴착작업 중 굴착 단부에서 추락(떨어짐)
- 굴착기 연결부가 작업 중 탈락, 버킷(bucket) 낙하
- 굴착작업 중 돌출물에 걸려서 전도(넘어짐)

☑ 주요 안전관리 포인트: 지장물의 종류와 위치를 사전에 정확하게 파악하여 공사 중 손상 방지를 위하여 보강 또는 이설 조치

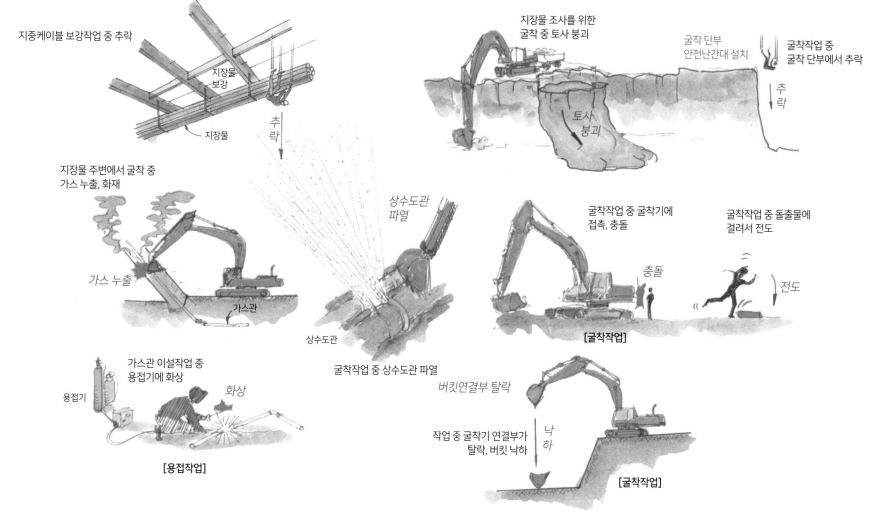

지중케이블 보강작업 중 추락

지장물 보강

지장물

추락

지장물 조사를 위한 굴착 중 토사 붕괴

토사 붕괴

굴착 단부 안전난간대 설치

굴착작업 중 굴착 단부에서 추락

추락

지장물 주변에서 굴착 중 가스 누출, 화재

가스 누출

가스관

상수도관 파열

상수도관

굴착작업 중 상수도관 파열

굴착작업 중 굴착기에 접촉, 충돌

충돌

[굴착작업]

굴착작업 중 돌출물에 걸려서 전도

전도

가스관 이설작업 중 용접기에 화상

용접기

화상

[용접작업]

버킷연결부 탈락

작업 중 굴착기 연결부가 탈락, 버킷 낙하

낙하

[굴착작업]

❷ 지장물 조사 굴착작업

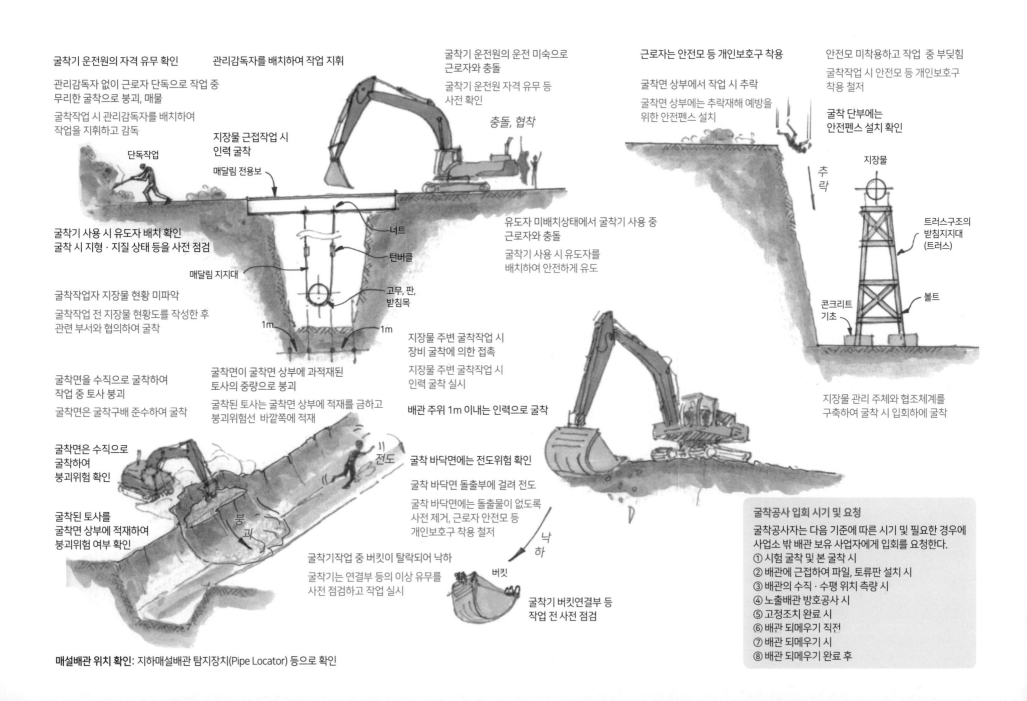

굴착기 운전원의 자격 유무 확인

관리감독자 없이 근로자 단독으로 작업 중
무리한 굴착으로 붕괴, 매몰

굴착작업 시 관리감독자를 배치하여
작업을 지휘하고 감독

단독작업

굴착기 사용 시 유도자 배치 확인
굴착 시 지형·지질 상태 등을 사전 점검

굴착작업자 지장물 현황 미파악

굴착작업 전 지장물 현황도를 작성한 후
관련 부서와 협의하여 굴착

굴착면을 수직으로 굴착하여
작업 중 토사 붕괴

굴착면은 굴착구배 준수하여 굴착

굴착면은 수직으로
굴착하여
붕괴위험 확인

굴착된 토사를
굴착면 상부에 적재하여
붕괴위험 여부 확인

관리감독자를 배치하여 작업 지휘

지장물 근접작업 시
인력 굴착

매달림 전용보

너트

턴버클

매달림 지지대

고무, 판,
받침목

1m   1m

굴착면이 굴착면 상부에 과적재된
토사의 중량으로 붕괴

굴착된 토사는 굴착면 상부에 적재를 금하고
붕괴위험선 바깥쪽에 적재

붕괴

전도

굴착 바닥면에는 전도위험 확인

굴착 바닥면 돌출부에 걸려 전도

굴착 바닥면에는 돌출물이 없도록
사전 제거, 근로자 안전모 등
개인보호구 착용 철저

굴착기작업 중 버킷이 탈락되어 낙하

굴착기는 연결부 등의 이상 유무를
사전 점검하고 작업 실시

굴착기 운전원의 운전 미숙으로
근로자와 충돌

굴착기 운전원 자격 유무 등
사전 확인

충돌, 협착

유도자 미배치상태에서 굴착기 사용 중
근로자와 충돌

굴착기 사용 시 유도자를
배치하여 안전하게 유도

지장물 주변 굴착작업 시
장비 굴착에 의한 접촉

지장물 주변 굴착작업 시
인력 굴착 실시

배관 주위 1m 이내는 인력으로 굴착

낙하

버킷

굴착기 버킷연결부 등
작업 전 사전 점검

근로자는 안전모 등 개인보호구 착용

굴착면 상부에서 작업 시 추락

굴착면 상부에는 추락재해 예방을
위한 안전펜스 설치

추락

안전모 미착용하고 작업 중 부딪힘

굴착작업 시 안전모 등 개인보호구
착용 철저

굴착 단부에는
안전펜스 설치 확인

지장물

트러스구조의
받침지지대
(트러스)

콘크리트
기초

볼트

지장물 관리 주체와 협조체계를
구축하여 굴착 시 입회하에 굴착

굴착공사 입회 시기 및 요청

굴착공사자는 다음 기준에 따른 시기 및 필요한 경우에
사업소 밖 배관 보유 사업자에게 입회를 요청한다.
① 시험 굴착 및 본 굴착 시
② 배관에 근접하여 파일, 토류판 설치 시
③ 배관의 수직·수평 위치 측량 시
④ 노출배관 방호공사 시
⑤ 고정조치 완료 시
⑥ 배관 되메우기 직전
⑦ 배관 되메우기 시
⑧ 배관 되메우기 완료 후

매설배관 위치 확인: 지하매설배관 탐지장치(Pipe Locator) 등으로 확인

❸ 지장물 보호·보강작업

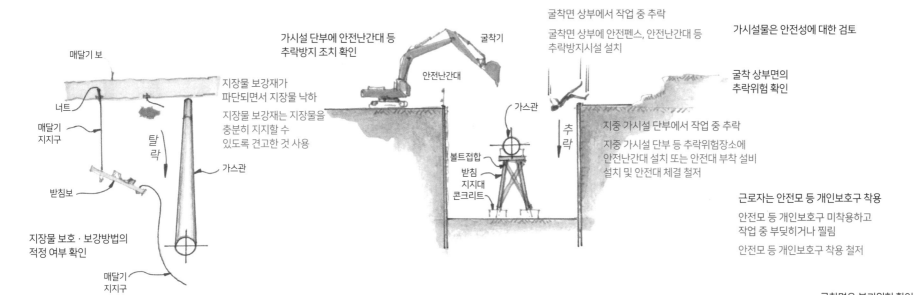

매달기 보

너트

매달기
지지구

받침보

탈락

가스관

지장물 보강재가
파단되면서 지장물 낙하

지장물 보강재는 지장물을
충분히 지지할 수
있도록 견고한 것 사용

지장물 보호 · 보강방법의
적정 여부 확인

매달기
지지구

가시설 단부에 안전난간대 등
추락방지 조치 확인

굴착기

안전난간대

가스관

볼트접합

받침
지지대
콘크리트

굴착면 상부에서 작업 중 추락

굴착면 상부에 안전펜스, 안전난간대 등
추락방지시설 설치

추락

지중 가시설 단부에서 작업 중 추락

지중 가시설 단부 등 추락위험장소에
안전난간대 설치 또는 안전대 부착 설비
설치 및 안전대 체결 철저

가시설물은 안전성에 대한 검토

굴착 상부면의
추락위험 확인

근로자는 안전모 등 개인보호구 착용

안전모 등 개인보호구 미착용하고
작업 중 부딪히거나 찔림

안전모 등 개인보호구 착용 철저

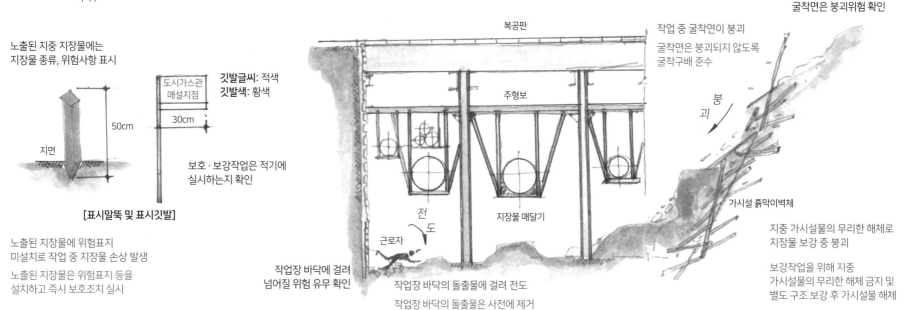

노출된 지중 지장물에는
지장물 종류, 위험사항 표시

도시가스관
매설지점

깃발글씨: 적색
깃발색: 황색

50cm

30cm

지면

[표시말뚝 및 표시깃발]

보호 · 보강작업은 적기에
실시하는지 확인

노출된 지장물에 위험표지
미설치로 작업 중 지장물 손상 발생

노출된 지장물은 위험표지 등을
설치하고 즉시 보호조치 실시

복공판

주형보

전
도

근로자

지장물 매달기

작업장 바닥에 걸려
넘어질 위험 유무 확인

작업장 바닥의 돌출물에 걸려 전도

작업장 바닥의 돌출물은 사전에 제거

굴착면은 붕괴위험 확인

작업 중 굴착면이 붕괴

굴착면은 붕괴되지 않도록
굴착구배 준수

붕
괴

가시설 흙막이벽체

지중 가시설물의 무리한 해체로
지장물 보강 중 붕괴

보강작업을 위해 지중
가시설물의 무리한 해체 금지 및
별도 구조 보강 후 가시설물 해체

❹ 지장물 이설작업

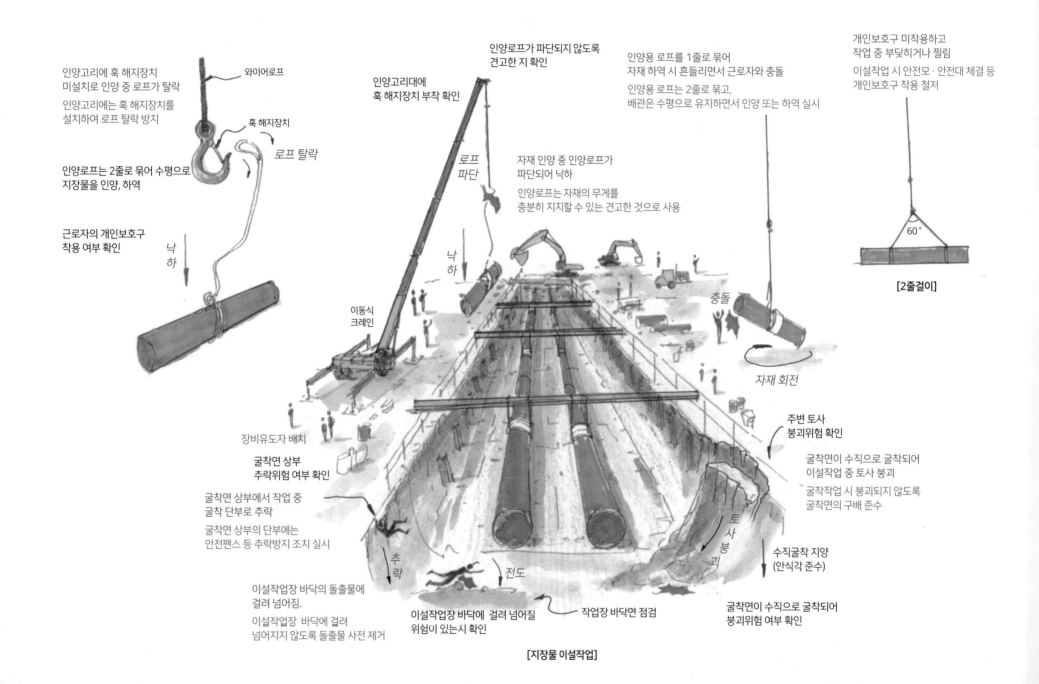

인양고리에 훅 해지장치
미설치로 인양 중 로프가 탈락

인양고리에는 훅 해지장치를
설치하여 로프 탈락 방지

인양로프는 2줄로 묶어 수평으로
지장물을 인양, 하역

근로자의 개인보호구
착용 여부 확인

와이어로프

훅 해지장치

로프 탈락

낙하

인양로프가 파단되지 않도록
견고한 지 확인

인양고리대에
훅 해지장치 부착 확인

로프
파단

낙하

자재 인양 중 인양로프가
파단되어 낙하

인양로프는 자재의 무게를
충분히 지지할 수 있는 견고한 것으로 사용

인양용 로프를 1줄로 묶어
자재 하역 시 흔들리면서 근로자와 충돌

인양용 로프는 2줄로 묶고,
배관은 수평으로 유지하면서 인양 또는 하역 실시

개인보호구 미착용하고
작업 중 부딪히거나 찔림

이설작업 시 안전모 · 안전대 체결 등
개인보호구 착용 철저

60°

[2줄걸이]

이동식
크레인

충돌

자재 회전

장비유도자 배치

굴착면 상부
추락위험 여부 확인

굴착면 상부에서 작업 중
굴착 단부로 추락

굴착면 상부의 단부에는
안전펜스 등 추락방지 조치 실시

추락

전도

이설작업장 바닥의 돌출물에
걸려 넘어짐.

이설작업장 바닥에 걸려
넘어지지 않도록 돌출물 사전 제거

이설작업장 바닥에 걸려 넘어질
위험이 있는지 확인

작업장 바닥면 점검

주변 토사
붕괴위험 확인

굴착면이 수직으로 굴착되어
이설작업 중 토사 붕괴

굴착작업 시 붕괴되지 않도록
굴착면의 구배 준수

토사 붕괴

수직굴착 지양
(안식각 준수)

굴착면이 수직으로 굴착되어
붕괴위험 여부 확인

[지장물 이설작업]

❺ 지장물 되메우기(back fill)작업

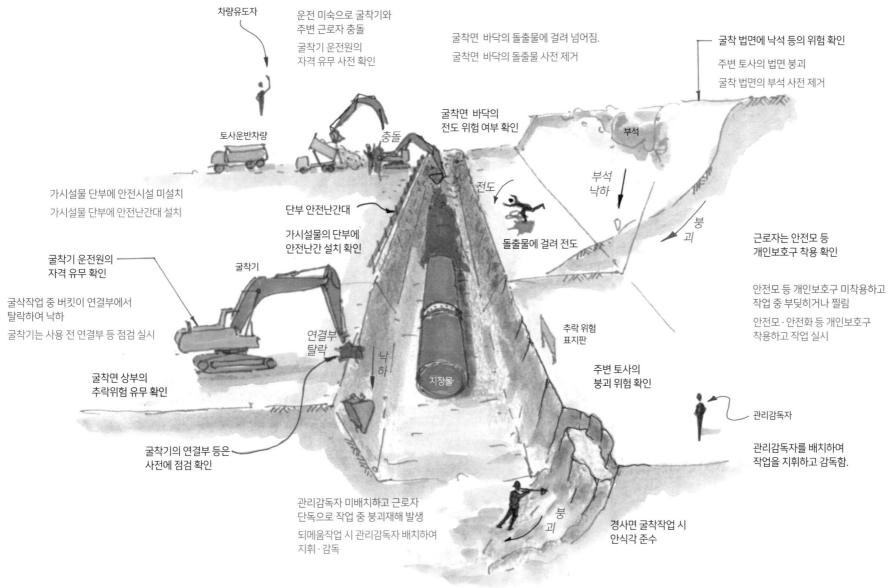

차량유도자

운전 미숙으로 굴착기와
주변 근로자 충돌
굴착기 운전원의
자격 유무 사전 확인

굴착면 바닥의 돌출물에 걸려 넘어짐.
굴착면 바닥의 돌출물 사전 제거

굴착 법면에 낙석 등의 위험 확인
주변 토사의 법면 붕괴
굴착 법면의 부석 사전 제거

토사운반차량

충돌

굴착면 바닥의
전도 위험 여부 확인

부석

부석
낙하

붕괴

가시설물 단부에 안전시설 미설치
가시설물 단부에 안전난간대 설치

단부 안전난간대

전도

가시설물의 단부에
안전난간 설치 확인

돌출물에 걸려 전도

근로자는 안전모 등
개인보호구 착용 확인

굴착기 운전원의
자격 유무 확인

굴착기

안전모 등 개인보호구 미착용하고
작업 중 부딪히거나 찔림
안전모·안전화 등 개인보호구
착용하고 작업 실시

굴삭작업 중 버킷이 연결부에서
탈락하여 낙하
굴착기는 사용 전 연결부 등 점검 실시

연결부
탈락

낙하

추락 위험
표지판

지장물

주변 토사의
붕괴 위험 확인

굴착면 상부의
추락위험 유무 확인

관리감독자

굴착기의 연결부 등은
사전에 점검 확인

관리감독자를 배치하여
작업을 지휘하고 감독함.

관리감독자 미배치하고 근로자
단독으로 작업 중 붕괴재해 발생
되메움작업 시 관리감독자 배치하여
지휘·감독

붕괴

경사면 굴착작업 시
안식각 준수

[지장물 되메우기작업]

토목구조물 제작장 설치작업
Civil Structure Manufacturing Plant Installation Work

❶ 토목구조물 제작장 설치작업 주요 재해사례
❷ 토목구조물 제작장 부지 조성작업
❸ 토목구조물 제작장 설치작업

토목구조물 제작장
건설현장 내에서 부재를 제작하기 위해 제작장을 만드는 것으로,
ILM교량 상판 제작, PSC 거더(girder) 제작 등이 해당된다.

10

토목구조물 제작장 설치작업

❶ 토목구조물 제작장 설치작업 주요 재해사례 [핵심 통계자료: 제작물 조립 및 해체, 인양 시 재해가 가장 많이 발생한다.]

- 굴착기를 이용하여 부지조성공사 중 굴착기 전도
- 굴착기 버킷 스윙 중 작업근로자와 접촉, 충돌
- 부지 조성 중 법면 붕괴, 매몰
- 롤러로 지반다짐작업 중 롤러에 깔림

- 제작장 기둥 철골조립 중 추락
- 제작장 지붕 천막 설치작업 중 추락
- 제작장 내 유압장치 작동 중 유압장치 사이에 협착
- 제작장의 레일과 구조물 사이에 끼임(협착)

- 콘크리트 증기(蒸氣)양생 중 화상
- 콘크리트 양생 중 산소 부족에 의한 질식

☑ 주요 안전관리 포인트: 현장 내에 임시 제작장 설치에 따라 가시설물이 불안전한 구조가 될 수 있다. 제작시설물의 조립 시 추락, 굴착기·롤러 등에 의한 충돌 및 끼임, 전기기계기구·콘크리트 양생기계 등에 의한 재해가 예상된다.

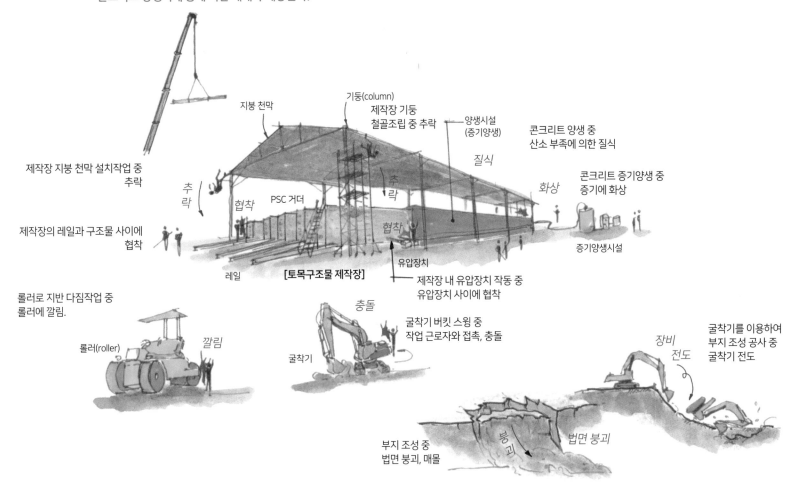

[토목구조물 제작장]

❷ 토목구조물 제작장 부지 조성작업

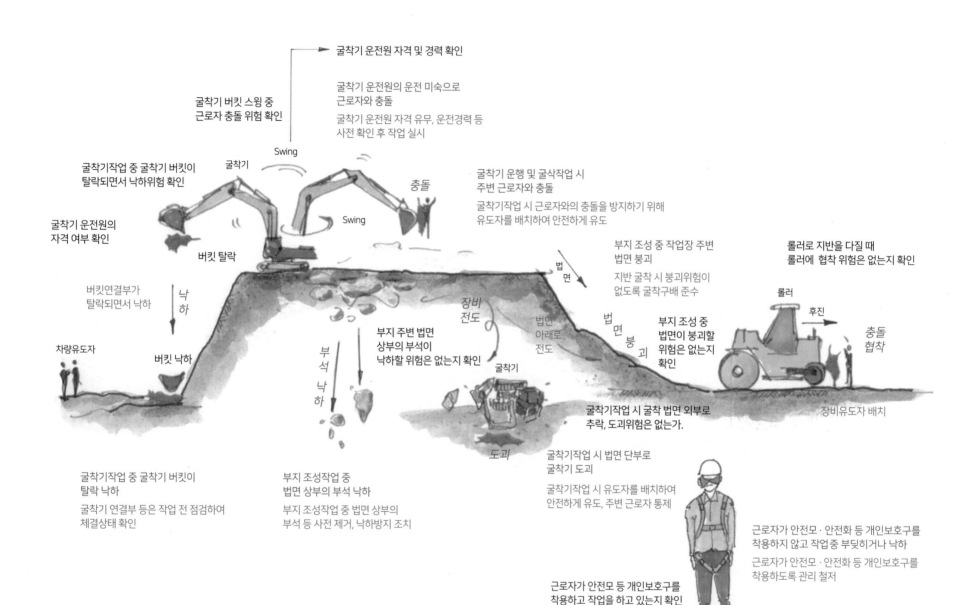

굴착기 운전원 자격 및 경력 확인

굴착기 운전원의 운전 미숙으로
근로자와 충돌

굴착기 운전원 자격 유무, 운전경력 등
사전 확인 후 작업 실시

굴착기 버킷 스윙 중
근로자 충돌 위험 확인

Swing

굴착기작업 중 굴착기 버킷이
탈락되면서 낙하위험 확인

굴착기

충돌

굴착기 운행 및 굴삭작업 시
주변 근로자와 충돌

굴착기작업 시 근로자와의 충돌을 방지하기 위해
유도자를 배치하여 안전하게 유도

Swing

굴착기 운전원의
자격 여부 확인

버킷 탈락

버킷연결부가
탈락되면서 낙하

낙하

법면

부지 조성 중 작업장 주변
법면 붕괴

지반 굴착 시 붕괴위험이
없도록 굴착구배 준수

롤러로 지반을 다질 때
롤러에 협착 위험은 없는지 확인

롤러

후진

차량유도자

버킷 낙하

부석
낙하

부지 주변 법면
상부의 부석이
낙하할 위험은 없는지 확인

장비
전도

굴착기

법면
아래로
전도

법면 붕괴

부지 조성 중
법면이 붕괴할
위험은 없는지
확인

충돌
협착

도괴

굴착기작업 시 굴착 법면 외부로
추락, 도괴위험은 없는가.

장비유도자 배치

굴착기작업 중 굴착기 버킷이
탈락 낙하

굴착기 연결부 등은 작업 전 점검하여
체결상태 확인

부지 조성작업 중
법면 상부의 부석 낙하

부지 조성작업 중 법면 상부의
부석 등 사전 제거, 낙하방지 조치

굴착기작업 시 법면 단부로
굴착기 도괴

굴착기작업 시 유도자를 배치하여
안전하게 유도, 주변 근로자 통제

근로자가 안전모 · 안전화 등 개인보호구를
착용하지 않고 작업중 부딪히거나 낙하

근로자가 안전모 · 안전화 등 개인보호구를
착용하도록 관리 철저

근로자가 안전모 등 개인보호구를
착용하고 작업을 하고 있는지 확인

개인보호구(안전모 · 안전화 등)

❸ 토목구조물 제작장 설치작업

*증기양생 (steam curing): 증기를 방출하는 양생실에
 콘크리트를 넣고 양생하는 것

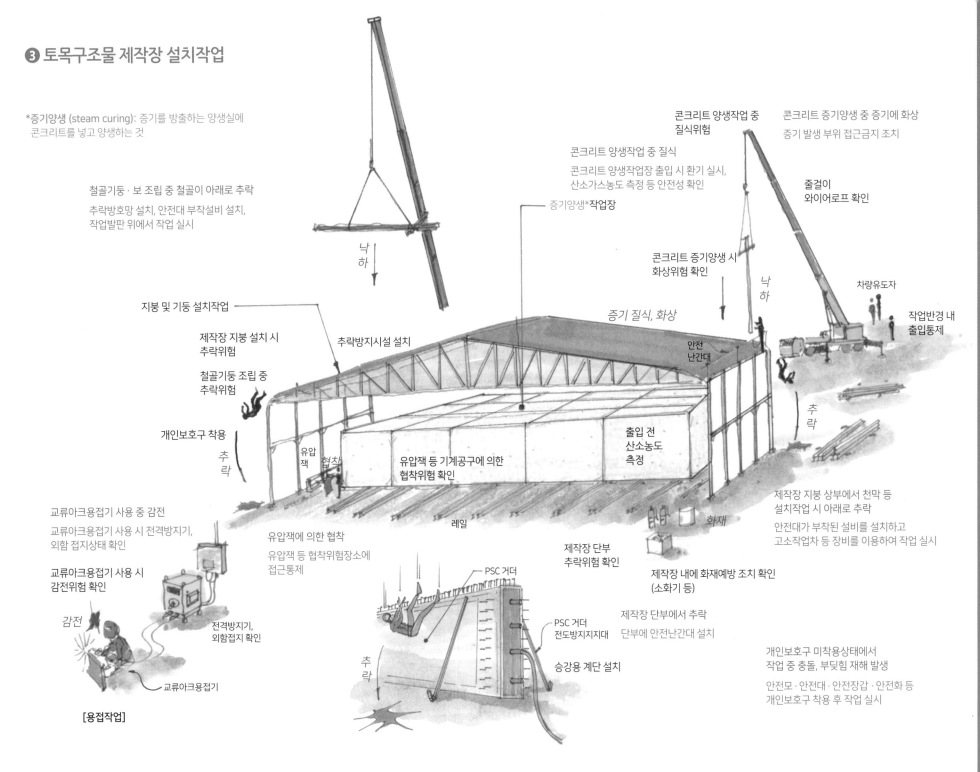

콘크리트 양생작업 중
질식위험

콘크리트 증기양생 중 증기에 화상

증기 발생 부위 접근금지 조치

철골기둥 · 보 조립 중 철골이 아래로 추락

추락방호망 설치, 안전대 부착설비 설치,
작업발판 위에서 작업 실시

콘크리트 양생작업 중 질식

콘크리트 양생작업장 출입 시 환기 실시,
산소가스농도 측정 등 안전성 확인

줄걸이
와이어로프 확인

증기양생*작업장

콘크리트 증기양생 시
화상위험 확인

낙하

낙하

차량유도자

작업반경 내
출입통제

지붕 및 기둥 설치작업

증기 질식, 화상

제작장 지붕 설치 시
추락위험

추락방지시설 설치

안전
난간대

철골기둥 조립 중
추락위험

추락

개인보호구 착용

추락

유압잭

협착

유압잭 등 기계공구에 의한
협착위험 확인

출입 전
산소농도
측정

제작장 지붕 상부에서 천막 등
설치작업 시 아래로 추락

안전대가 부착된 설비를 설치하고
고소작업차 등 장비를 이용하여 작업 실시

교류아크용접기 사용 중 감전

교류아크용접기 사용 시 전격방지기,
외함 접지상태 확인

유압잭에 의한 협착

유압잭 등 협착위험장소에
접근통제

레일

화재

제작장 단부
추락위험 확인

제작장 내에 화재예방 조치 확인
(소화기 등)

교류아크용접기 사용 시
감전위험 확인

감전

전격방지기,
외함접지 확인

PSC 거더

제작장 단부에서 추락

단부에 안전난간대 설치

개인보호구 미착용상태에서
작업 중 충돌, 부딪힘 재해 발생

안전모 · 안전대 · 안전장갑 · 안전화 등
개인보호구 착용 후 작업 실시

교류아크용접기

PSC 거더
전도방지지지대

추락

승강용 계단 설치

[용접작업]

케이슨 작업
Caisson Work
11

케이슨(Caisson)
교량의 기초, 해양구조물의 안벽 등을 설치하기 위하여 제작한
속이 빈 대형 콘크리트구조물

11 케이슨 작업(Caisson Work)

❶ 케이슨 작업 주요 재해사례 [핵심 통계자료: 케이슨 제작, 운반 및 거치 시 재해가 가장 많이 발생한다.]

- 케이슨 제작 중 철근 전도
- 케이슨 제작 중 비계구조물 붕괴
- 케이슨 제작 중 비계 작업발판 위에서 추락
- 케이슨 인양 중 케이슨에 근로자 충돌

- 케이슨 거치 시 잠수부의 공기호스가 스크루에 감겨 질식
- 교량 케이슨 내부 굴착 중 해수 침투로 익사
- 케이슨 내부 속채움 중 속채움용 골재에 맞아 중대재해
- 케이슨 내부 속채움 시 케이슨 상부에서 작업 중 추락

- 케이슨 거푸집 조립 시 개구부로 추락
- 워킹타워 전도방지 조치 미흡으로 전도, 붕괴재해

☑ 주요 안전관리 포인트: 케이슨의 제작·진수·운반·거치·속채움 등의 과정에서 중장비작업, 해상 및 수중작업에 따르는 협착·추락 등의 재해가 주로 발생한다.

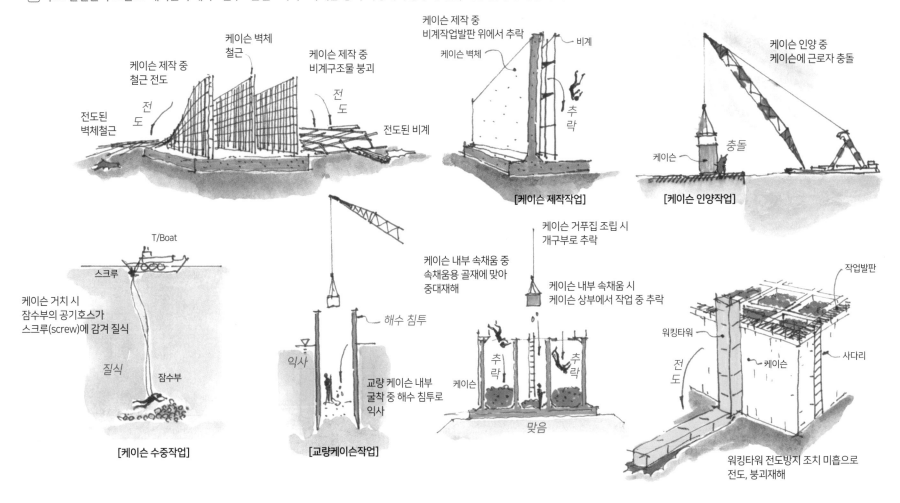

[케이슨 제작작업]

[케이슨 인양작업]

[케이슨 수중작업]

[교량케이슨작업]

❷ 케이슨 제작작업

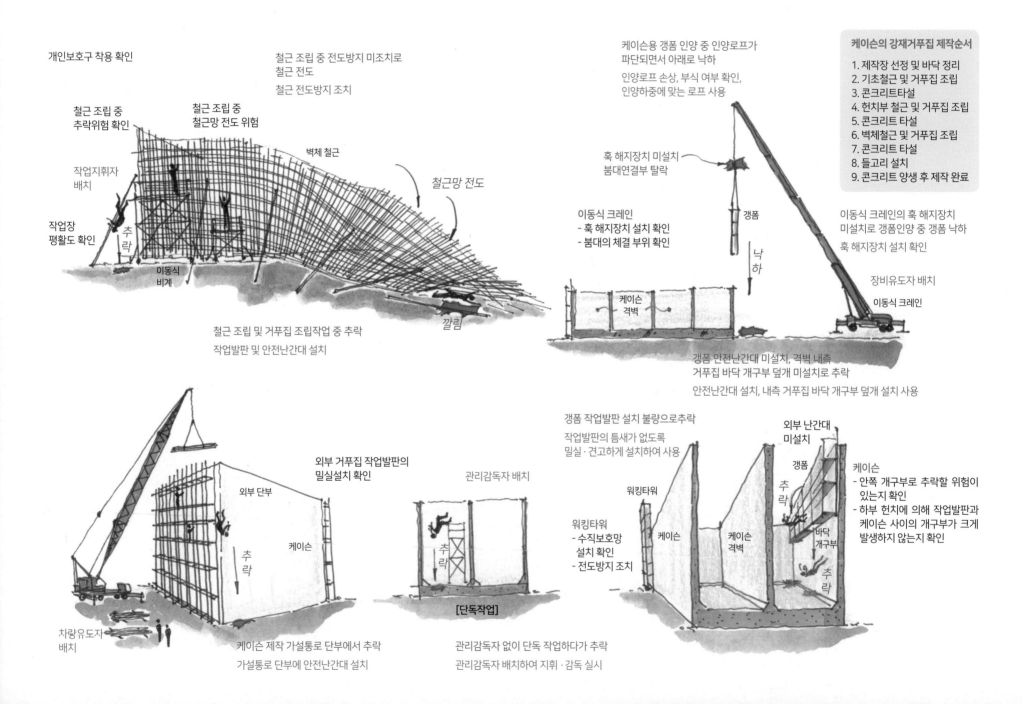

개인보호구 착용 확인

철근 조립 중 전도방지 미조치로
철근 전도
철근 전도방지 조치

철근 조립 중
추락위험 확인

철근 조립 중
철근망 전도 위험

작업지휘자
배치

벽체 철근

철근망 전도

작업장
평활도 확인

추락

이동식
비계

깔림

철근 조립 및 거푸집 조립작업 중 추락
작업발판 및 안전난간대 설치

케이슨용 갱폼 인양 중 인양로프가
파단되면서 아래로 낙하
인양로프 손상, 부식 여부 확인,
인양하중에 맞는 로프 사용

훅 해지장치 미설치
붐대연결부 탈락

이동식 크레인
- 훅 해지장치 설치 확인
- 붐대의 체결 부위 확인

갱폼

낙하

이동식 크레인의 훅 해지장치
미설치로 갱폼인양 중 갱폼 낙하
훅 해지장치 설치 확인

장비유도자 배치

이동식 크레인

케이슨
격벽

케이슨의 강재거푸집 제작순서
1. 제작장 선정 및 바닥 정리
2. 기초철근 및 거푸집 조립
3. 콘크리트타설
4. 헌치부 철근 및 거푸집 조립
5. 콘크리트 타설
6. 벽체철근 및 거푸집 조립
7. 콘크리트 타설
8. 들고리 설치
9. 콘크리트 양생 후 제작 완료

갱폼 안전난간대 미설치, 격벽 내측
거푸집 바닥 개구부 덮개 미설치로 추락

안전난간대 설치, 내측 거푸집 바닥 개구부 덮개 설치 사용

외부 거푸집 작업발판의
밀실설치 확인

외부 단부

추락

케이슨

차량유도자
배치

케이슨 제작 가설통로 단부에서 추락
가설통로 단부에 안전난간대 설치

관리감독자 배치

추락

[단독작업]

관리감독자 없이 단독 작업하다가 추락
관리감독자 배치하여 지휘·감독 실시

갱폼 작업발판 설치 불량으로추락
작업발판의 틈새가 없도록
밀실·견고하게 설치하여 사용

외부 난간대
미설치

워킹타워

갱폼

케이슨

추락

케이슨
격벽

바닥
개구부

추락

케이슨
- 안쪽 개구부로 추락할 위험이
  있는지 확인
- 하부 헌치에 의해 작업발판과
  케이슨 사이의 개구부가 크게
  발생하지 않는지 확인

워킹타워
- 수직보호망
  설치 확인
- 전도방지 조치

❸ 케이슨 운반 및 거치작업

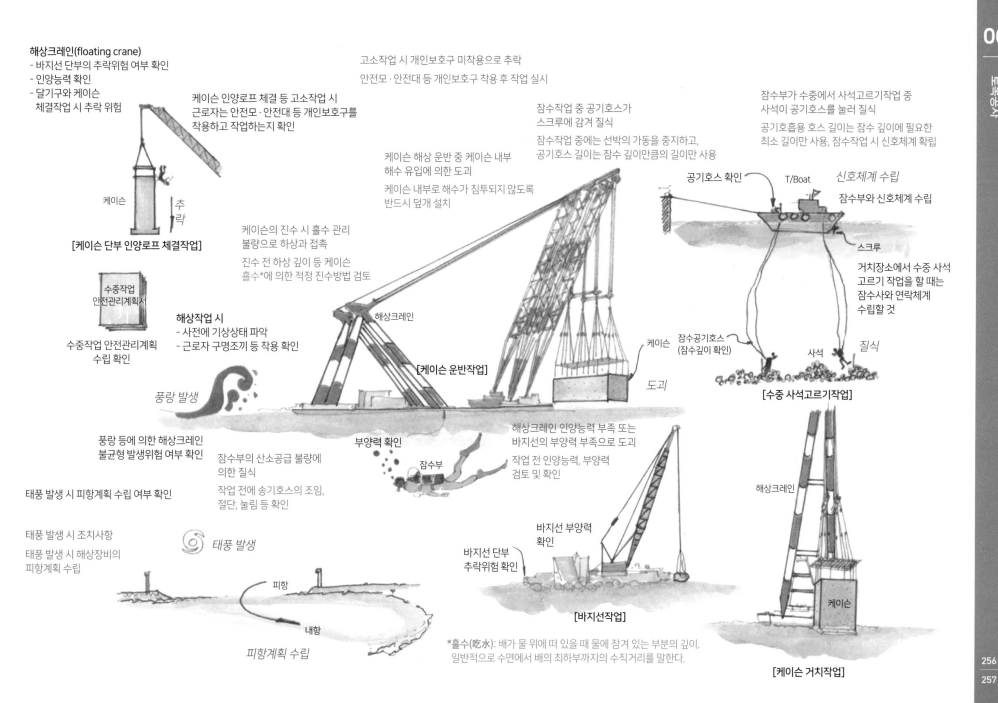

해상크레인(floating crane)
- 바지선 단부의 추락위험 여부 확인
- 인양능력 확인
- 달기구와 케이슨 체결작업 시 추락 위험

케이슨 인양로프 체결 등 고소작업 시 근로자는 안전모·안전대 등 개인보호구를 착용하고 작업하는지 확인

케이슨

추락

[케이슨 단부 인양로프 체결작업]

수중작업 안전관리계획서

수중작업 안전관리계획 수립 확인

케이슨의 진수 시 흘수 관리 불량으로 하상과 접촉

진수 전 하상 깊이 등 케이슨 흘수*에 의한 적정 진수방법 검토

해상작업 시
- 사전에 기상상태 파악
- 근로자 구명조끼 등 착용 확인

풍랑 발생

고소작업 시 개인보호구 미착용으로 추락

안전모·안전대 등 개인보호구 착용 후 작업 실시

케이슨 해상 운반 중 케이슨 내부 해수 유입에 의한 도괴

케이슨 내부로 해수가 침투되지 않도록 반드시 덮개 설치

잠수작업 중 공기호스가 스크루에 감겨 질식

잠수작업 중에는 선박의 가동을 중지하고, 공기호스 길이는 잠수 깊이만큼의 길이만 사용

잠수부가 수중에서 사석고르기작업 중 사석이 공기호스를 눌러 질식

공기흡흡용 호스 길이는 잠수 깊이에 필요한 최소 길이만 사용, 잠수작업 시 신호체계 확립

공기호스 확인 T/Boat *신호체계 수립*

잠수부와 신호체계 수립

스크루

거치장소에서 수중 사석 고르기 작업을 할 때는 잠수사와 연락체계 수립할 것

잠수공기호스 (잠수깊이 확인)

사석 *질식*

[수중 사석고르기작업]

해상크레인

[케이슨 운반작업]

케이슨

도괴

부양력 확인

잠수부

풍랑 등에 의한 해상크레인 불균형 발생위험 여부 확인

태풍 발생 시 피항계획 수립 여부 확인

잠수부의 산소공급 불량에 의한 질식

작업 전에 송기호스의 조임, 절단, 눌림 등 확인

해상크레인 인양능력 부족 또는 바지선의 부양력 부족으로 도괴

작업 전 인양능력, 부양력 검토 및 확인

태풍 발생 시 조치사항

태풍 발생 시 해상장비의 피항계획 수립

태풍 발생

피항

내항

피항계획 수립

바지선 부양력 확인

바지선 단부 추락위험 확인

[바지선작업]

해상크레인

케이슨

[케이슨 거치작업]

*흘수(吃水): 배가 물 위에 떠 있을 때 물에 잠겨 있는 부분의 깊이. 일반적으로 수면에서 배의 최하부까지의 수직거리를 말한다.

❹ 케이슨 내 속채움작업

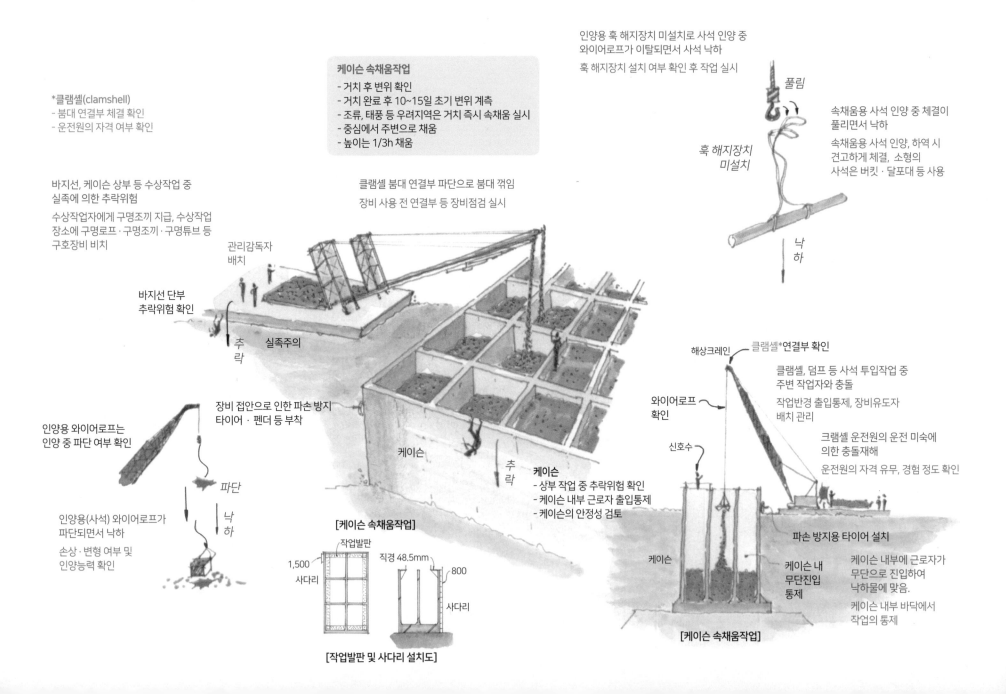

*클램셸(clamshell)
- 붐대 연결부 체결 확인
- 운전원의 자격 여부 확인

케이슨 속채움작업
- 거치 후 변위 확인
- 거치 완료 후 10~15일 초기 변위 계측
- 조류, 태풍 등 우려지역은 거치 즉시 속채움 실시
- 중심에서 주변으로 채움
- 높이는 1/3h 채움

인양용 훅 해지장치 미설치로 사석 인양 중
와이어로프가 이탈되면서 사석 낙하

훅 해지장치 설치 여부 확인 후 작업 실시

풀림

훅 해지장치
미설치

속채움용 사석 인양 중 체결이
풀리면서 낙하

속채움용 사석 인양, 하역 시
견고하게 체결, 소형의
사석은 버킷 · 달포대 등 사용

낙하

바지선, 케이슨 상부 등 수상작업 중
실족에 의한 추락위험

수상작업자에게 구명조끼 지급, 수상작업
장소에 구명로프 · 구명조끼 · 구명튜브 등
구호장비 비치

클램셸 붐대 연결부 파단으로 붐대 꺾임

장비 사용 전 연결부 등 장비점검 실시

관리감독자
배치

바지선 단부
추락위험 확인

추락

실족주의

인양용 와이어로프는
인양 중 파단 여부 확인

장비 접안으로 인한 파손 방지
타이어 · 펜더 등 부착

인양용(사석) 와이어로프가
파단되면서 낙하

파단

낙하

손상 · 변형 여부 및
인양능력 확인

케이슨

추락

해상크레인

클램셸*연결부 확인

와이어로프
확인

클램셸, 덤프 등 사석 투입작업 중
주변 작업자와 충돌

작업반경 출입통제, 장비유도자
배치 관리

신호수

크램셸 운전원의 운전 미숙에
의한 충돌재해

운전원의 자격 유무, 경험 정도 확인

케이슨
- 상부 작업 중 추락위험 확인
- 케이슨 내부 근로자 출입통제
- 케이슨의 안정성 검토

[케이슨 속채움작업]

작업발판

직경 48.5mm

1,500
사다리

800

사다리

[작업발판 및 사다리 설치도]

케이슨

케이슨 내
무단진입
통제

파손 방지용 타이어 설치

케이슨 내부에 근로자가
무단으로 진입하여
낙하물에 맞음.

케이슨 내부 바닥에서
작업의 통제

[케이슨 속채움작업]

클라이밍폼(슬립폼, 슬라이딩폼) 작업
Climbing Form Work

클라이밍폼(슬립폼, 슬라이딩폼) 작업

❶ **클라이밍폼 작업 주요 재해사례** [핵심 통계자료: **클라이밍폼 제작** 중에 재해가 가장 많이 발생한다.]

- 클라이밍폼 내에서 작업 중 인양잭에 협착
- 클라이밍폼 해체 중 추락
- 클라이밍폼 해체 중 부속자재 낙하
- 클라이밍폼 해체 중 이동식 크레인 전도
- 클라이밍폼 자재 인양 중 로프 파단에 의한 낙하
- 클라이밍폼 내부 사다리에서 이동 중 추락
- 연돌 내부 승강구에서 슬립폼으로 이동 중 추락
- 클라이밍폼 위에서 이동 중 전도 및 추락
- 클라이밍폼 위에서 아래로 내려오다가 지상으로 추락
- 클라이밍폼 위에서 이동 중 단부로 추락

☑ **주요 안전관리 포인트: 고소작업에 따른 추락재해가 주로 발생한다.**

슬립폼(슬라이딩폼): 콘크리트 타설 시 시공조인트가 발생하지 않도록 거푸집을 일정한 속도로 상승시키면서 콘크리트를 연속적으로 타설하는 공법. 연돌·굴뚝·교량의 교각 등에 적용한다.

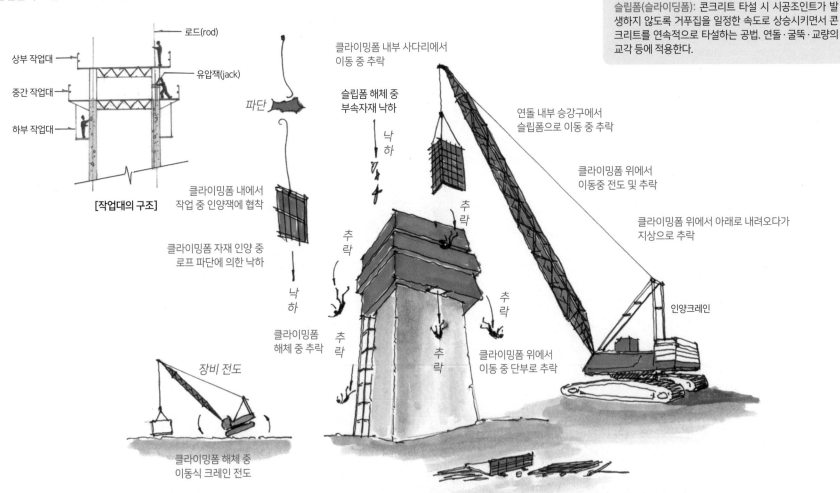

로드(rod)

상부 작업대
중간 작업대
하부 작업대

유압잭(jack)

[작업대의 구조]

파단

클라이밍폼 내에서
작업 중 인양잭에 협착

클라이밍폼 자재 인양 중
로프 파단에 의한 낙하

낙하

클라이밍폼
해체 중 추락

장비 전도

클라이밍폼 해체 중
이동식 크레인 전도

클라이밍폼 내부 사다리에서
이동 중 추락

슬립폼 해체 중
부속자재 낙하

낙하

추락

추락

추락

추락

클라이밍폼 위에서
이동 중 단부로 추락

연돌 내부 승강구에서
슬립폼으로 이동 중 추락

클라이밍폼 위에서
이동중 전도 및 추락

클라이밍폼 위에서 아래로 내려오다가
지상으로 추락

인양크레인

❷ 클라이밍폼 제작작업 Ⅰ

구분	슬립폼 (slip form)	활동식 거푸집 (sliding form)
원리	유압잭 견인식	연속타설식
단면 변화	가능	불가능
1일 타설 높이	3~5m	5~8m
특징	- 최상부 타설 시 안전 확보 - 부재 탈형 시 강도 5MPa 이상 - 교각 초고소화 피어(pier), 현수교 및 사장교 주탑 등 - 사일로(silo), 굴뚝, 탑, 건축공사의 코어(core)부 - 기초: 케이슨기초 - 불규칙한 단면 적용 등 - 공기 단축 - 품질 확보	- 주야 연속타설 인력 확보 - 초기투자비용 증대

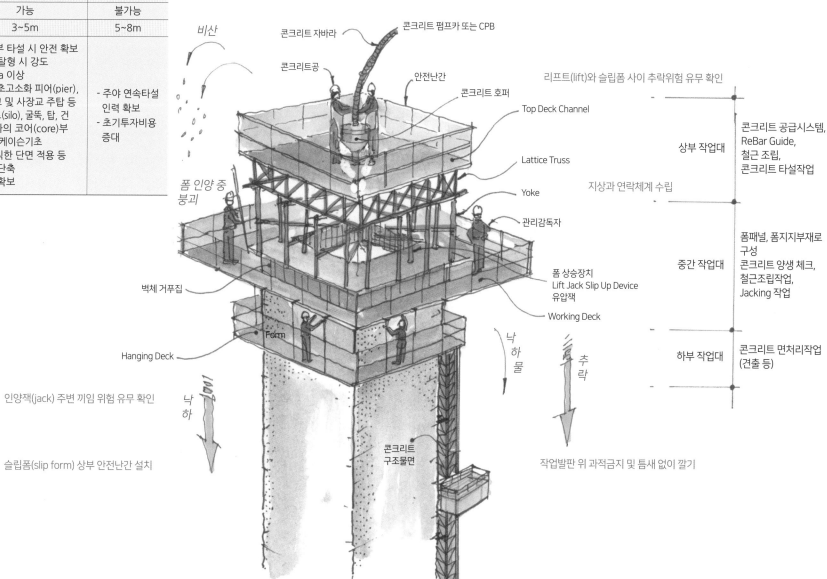

비산

폼 인양 중 붕괴

콘크리트 자바라

콘크리트공

콘크리트 펌프카 또는 CPB

안전난간

콘크리트 호퍼

Top Deck Channel

Lattice Truss

Yoke

관리감독자

폼 상승장치
Lift Jack Slip Up Device
유압잭

Working Deck

벽체 거푸집

Hanging Deck

Form

콘크리트
구조물면

낙하물

추락

낙하

리프트(lift)와 슬립폼 사이 추락위험 유무 확인

상부 작업대

콘크리트 공급시스템,
ReBar Guide,
철근 조립,
콘크리트 타설작업

지상과 연락체계 수립

중간 작업대

폼패널, 폼지지부재로 구성
콘크리트 양생 체크,
철근조립작업,
Jacking 작업

하부 작업대

콘크리트 면처리작업
(견출 등)

인양잭(jack) 주변 끼임 위험 유무 확인

슬립폼(slip form) 상부 안전난간 설치

작업발판 위 과적금지 및 틈새 없이 깔기

❸ 클라이밍폼 제작작업 Ⅱ

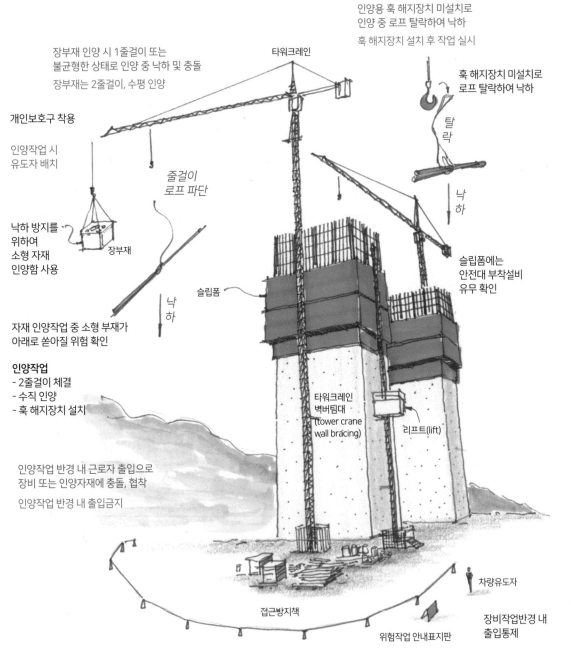

장부재 인양 시 1줄걸이 또는
불균형한 상태로 인양 중 낙하 및 충돌

장부재는 2줄걸이, 수평 인양

개인보호구 착용

인양작업 시
유도자 배치

낙하 방지를
위하여
소형 자재
인양함 사용

장부재

줄걸이
로프 파단

타워크레인

인양용 훅 해지장치 미설치로
인양 중 로프 탈락하여 낙하

훅 해지장치 설치 후 작업 실시

훅 해지장치 미설치로
로프 탈락하여 낙하

탈락

낙하

자재 인양작업 중 소형 부재가
아래로 쏟아질 위험 확인

인양작업
- 2줄걸이 체결
- 수직 인양
- 훅 해지장치 설치

슬립폼

슬립폼에는
안전대 부착설비
유무 확인

타워크레인
벽버팀대
(tower crane
wall bracing)

리프트(lift)

낙하

인양작업 반경 내 근로자 출입으로
장비 또는 인양자재에 충돌, 협착

인양작업 반경 내 출입금지

접근방지책

차량유도자

위험작업 안내표지판

장비작업반경 내
출입통제

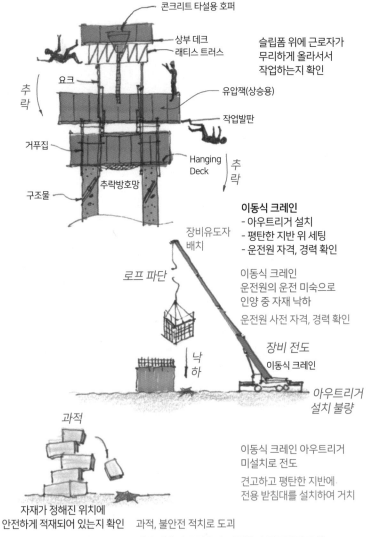

슬립폼에 근로자가 무리하게
올라서서 작업 중 추락

관리감독자 배치, 추락방지시설
설치, 안전 확보 후 작업 실시

슬립폼 상부에 추락방지시설
미설치로 추락

슬립폼 상부에 안전대 부착설비 부착

콘크리트 타설용 호퍼

상부 데크
래티스 트러스

요크

유압잭(상승용)

추락

거푸집

작업발판

Hanging
Deck

추락

추락방호망

구조물

슬립폼 위에 근로자가
무리하게 올라서서
작업하는지 확인

이동식 크레인
- 아우트리거 설치
- 평탄한 지반 위 세팅
- 운전원 자격, 경력 확인

이동식 크레인
운전원의 운전 미숙으로
인양 중 자재 낙하

운전원 사전 자격, 경력 확인

장비유도자
배치

로프 파단

낙하

장비 전도

이동식 크레인

**아우트리거
설치 불량**

이동식 크레인 아우트리거
미설치로 전도

견고하고 평탄한 지반에
전용 받침대를 설치하여 거치

과적

자재가 정해진 위치에
안전하게 적재되어 있는지 확인

과적, 불안전 적치로 도괴

자재 적재 시 수평유지, 과적금지, 전도방지 조치

❹ 클라이밍폼 인양작업

*클라이밍폼(climbing form) = 슬립폼(slip form), 슬라이딩폼(sliding form)

*슬립폼: 활동거푸집(sliding form)의 일종으로 콘크리트 타설 후 콘크리트가 자립할
수 있는 강도 이상이 되면 거푸집을 상방향으로 이동시키면서 연속적으로 철근 조립,
콘크리트 타설 등을 실시하여 구조물을 완성시키는 공법

야간작업용
조명시설 확인

슬립폼 상부에서 철근 배근작업 중
작업발판 단부로 추락

작업발판 단부에 안전난간대 설치

리프트와 슬립폼의 간격이
너무 넓어서 추락

공간 조정, 전담운전원 배치

슬립폼*
- 상부 안전난간대 설치
- 외부 수직보호망 설치
- 주기적으로 수직도 체크

인양용 잭 주변에서 작업 중 협착

인양용 잭 주변에 근로자 출입통제

추락

작업발판 틈새 없도록 설치

작업발판 위 과적

작업발판 위
과적금지

화재 대비 소화기
비치 확인

과적
소화기 비치

인양잭 주변
협착위험 확인

추락

리프트와 슬립폼 사이 공간
추락위험 확인

리프트

낙하

화기취급에 따른
화재 발생

소화기 비치

리프트 점검보수 불량으로
불시 낙하 재해

정기적으로 점검보수 및
유지관리

이동식
크레인

타워크레인

슬립폼에서 견출작업 시
공구 또는 자재가 외부로 낙하

수직보호망 설치(슬립폼 외측)

연돌출입구
주변에서
자재 낙하로 맞음

연돌출입구 상부 방호
선반 설치, 상부
인양ㆍ해체작업 시
출입통제

연돌

구조물 내부 출입 시
낙하물에 대한
위험 여부 확인

연돌 내부 출입 시
낙하물에 맞음

방호선반 설치

낙하

낙하

지상과
연락체계 수립
확인

리프트
- 정기적 검사 실시

■ 활동(滑動): 미끄러져 움직임.

❺ 클라이밍폼 해체작업

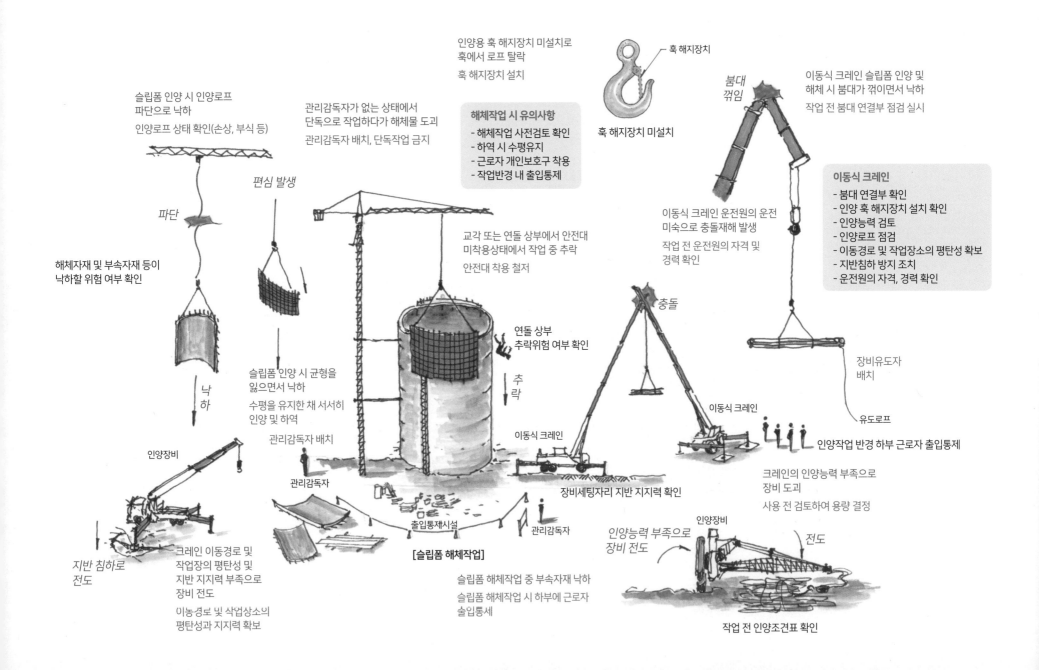

슬립폼 인양 시 인양로프
파단으로 낙하
인양로프 상태 확인(손상, 부식 등)

관리감독자가 없는 상태에서
단독으로 작업하다가 해체물 도괴
관리감독자 배치, 단독작업 금지

인양용 훅 해지장치 미설치로
훅에서 로프 탈락
훅 해지장치 설치

훅 해지장치

훅 해지장치 미설치

붐대 꺾임

이동식 크레인 슬립폼 인양 및
해체 시 붐대가 꺾이면서 낙하
작업 전 붐대 연결부 점검 실시

해체작업 시 유의사항
- 해체작업 사전검토 확인
- 하역 시 수평유지
- 근로자 개인보호구 착용
- 작업반경 내 출입통제

이동식 크레인
- 붐대 연결부 확인
- 인양 훅 해지장치 설치 확인
- 인양능력 검토
- 인양로프 점검
- 이동경로 및 작업장소의 평탄성 확보
- 지반침하 방지 조치
- 운전원의 자격, 경력 확인

편심 발생

파단

해체자재 및 부속자재 등이
낙하할 위험 여부 확인

교각 또는 연돌 상부에서 안전대
미착용상태에서 작업 중 추락
안전대 착용 철저

이동식 크레인 운전원의 운전
미숙으로 충돌재해 발생
작업 전 운전원의 자격 및
경력 확인

충돌

낙하

슬립폼 인양 시 균형을
잃으면서 낙하
수평을 유지한 채 서서히
인양 및 하역

연돌 상부
추락위험 여부 확인

추락

이동식 크레인

장비유도자
배치

유도로프

인양장비

관리감독자 배치

관리감독자

이동식 크레인

이동식 크레인

인양작업 반경 하부 근로자 출입통제

크레인의 인양능력 부족으로
장비 도괴
사용 전 검토하여 용량 결정

지반 침하로
전도

크레인 이동경로 및
작업장의 평탄성 및
지반 지지력 부족으로
장비 전도
이동경로 및 작업장소의
평탄성과 지지력 확보

출입통제시설

관리감독자

[슬립폼 해체작업]

장비세팅자리 지반 지지력 확인

인양능력 부족으로
장비 전도

인양장비

전도

슬립폼 해체작업 중 부속자재 낙하
슬립폼 해체작업 시 하부에 근로자
출입통제

작업 전 인양조견표 확인

강교(鋼橋) 설치작업
Steel Bridge Erection Work

13

❶ 강교 설치작업 주요 재해사례 [핵심 통계자료: 재해가 발생하는 빈도는 **부재 반입** 시, 강도는 **운반·인양** 시, 위험도 등급은 **부재 반입** 시 가장 높다.]

- 강부재를 크레인으로 인양작업 중 연결고리가 풀리면서 낙하
- 강부재 천공을 위해 해머로 위치를 조정하다가 손가락 타격
- 강교 H-beam 조절용 작업대 설치작업 중 실족, 추락

- 강재의 야적 굄목 파손으로 깔림.
- 강부재 체결을 위해 해머로 위치조정 중 중심을 잃고 추락
- 교량 하부 드릴 천공작업 중 드릴장비 유동에 의한 안면 충돌

- 가조립된 강부재 인양작업 중 유도로프 사용 중 전도
- 강재 브레이싱(bracing) 볼트 체결작업 중 브레이싱 낙하
- 강부재 인양작업 중 벨트슬링이 절단되면서 인양물 낙하

☑ 주요 안전관리 포인트: 상부공 인양, 거치, 조립하는 과정에서 중량물 취급 및 고소작업에 의한 붕괴, 추락 등 주의

강교(steel bridge)
교량의 상부 구조물을 볼트·용접 등을 이용하여 강부재를 박스형·트러스형 구조로
연결하여 교량을 만드는 것을 일컬음.

강교의 분류
들보교(형교, girder bridge), 트러스교(truss bridge), 아치교(arch bridge), 라멘교
(ramen bridge), 사장교(cable stayed bridge), 현수교(suspension bridge)

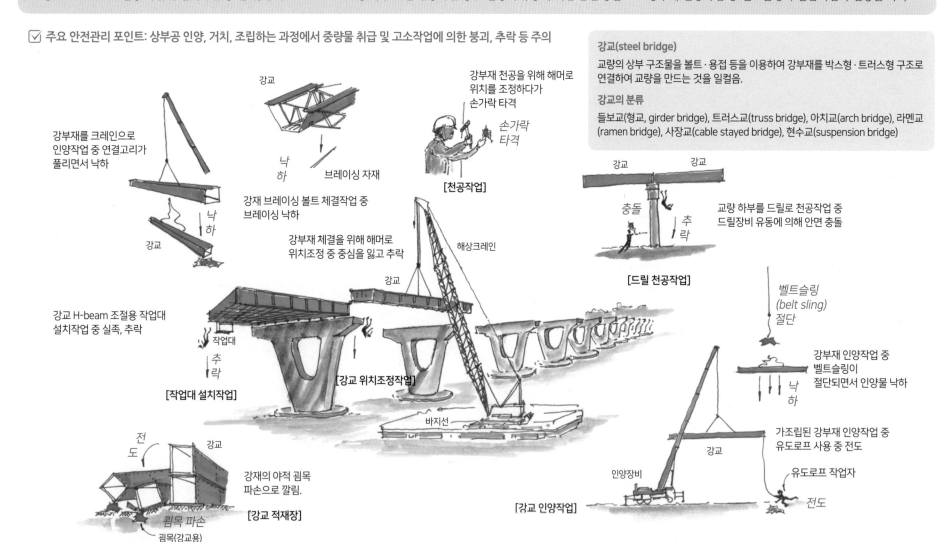

강부재를 크레인으로
인양작업 중 연결고리가
풀리면서 낙하

강교

낙하

강교

강교

브레이싱 자재

낙하

강재 브레이싱 볼트 체결작업 중
브레이싱 낙하

강부재 천공을 위해 해머로
위치를 조정하다가
손가락 타격

손가락
타격

[천공작업]

강부재 체결을 위해 해머로
위치조정 중 중심을 잃고 추락

해상크레인

강교

강교 H-beam 조절용 작업대
설치작업 중 실족, 추락

강교

작업대

추락

[작업대 설치작업]

[강교 위치조정작업]

바지선

충돌

추락

교량 하부를 드릴로 천공작업 중
드릴장비 유동에 의해 안면 충돌

[드릴 천공작업]

벨트슬링
(belt sling)
절단

강부재 인양작업 중
벨트슬링이
절단되면서 인양물 낙하

낙하

전
도

강교

강재의 야적 굄목
파손으로 깔림.

굄목 파손

굄목(강교용)

[강교 적재장]

인양장비

강교

가조립된 강부재 인양작업 중
유도로프 사용 중 전도

유도로프 작업자

전도

[강교 인양작업]

❷ 강교(Steel Box Girder)작업 Ⅰ

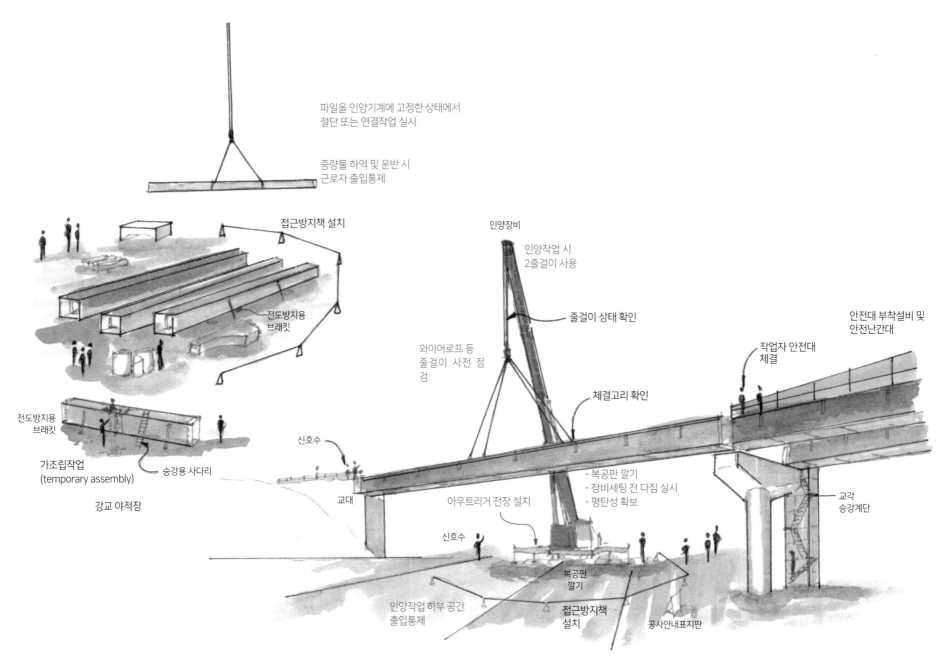

파일을 인양기계에 고정한 상태에서
절단 또는 연결작업 실시

중량물 하역 및 운반 시
근로자 출입통제

접근방지책 설치

전도방지용
브래킷

전도방지용
브래킷

가조립작업
(temporary assembly)

승강용 사다리

강교 야적장

인양장비

인양작업 시
2줄걸이 사용

줄걸이 상태 확인

와이어로프 등
줄걸이 사전 점
검

안전대 부착설비 및
안전난간대

작업자 안전대
체결

체결고리 확인

신호수

교대

아우트리거 전장 설치

- 복공판 깔기
- 장비세팅 전 다짐 실시
- 평탄성 확보

교각
승강계단

신호수

복공판
깔기

인양작업 하부 공간
출입통제

접근방지책
설치

공사안내표지판

❸ 강교(Steel Box Girder)작업 Ⅱ

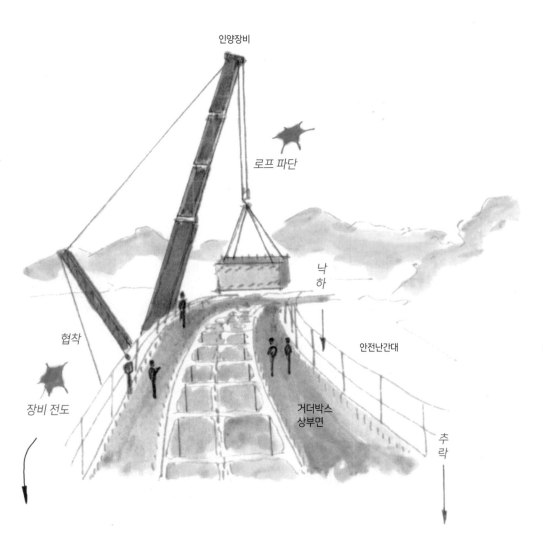

인양장비

로프 파단

낙하

협착

장비 전도

안전난간대

거더박스 상부면

추락

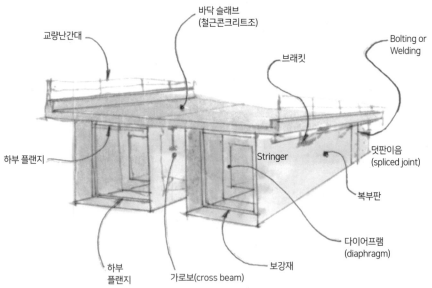

바닥 슬래브
(철근콘크리트조)

교량난간대

브래킷

Bolting or Welding

하부 플랜지

Stringer

덧판이음
(spliced joint)

복부판

다이어프램
(diaphragm)

하부 플랜지

가로보(cross beam)

보강재

❹ 강교 부재 반입작업

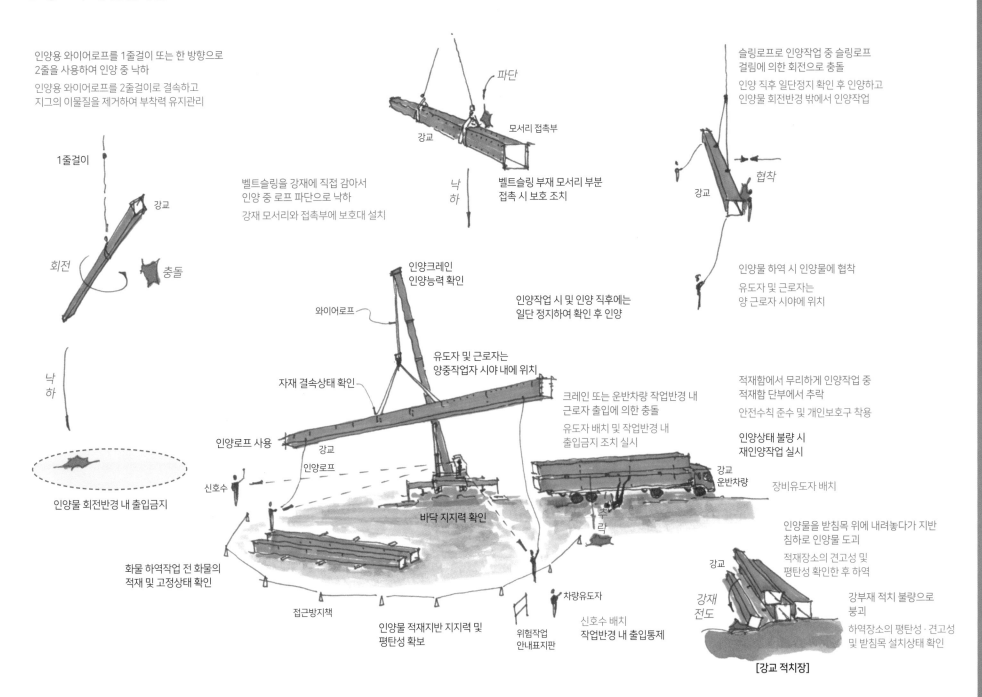

인양용 와이어로프를 1줄걸이 또는 한 방향으로
2줄을 사용하여 인양 중 낙하

인양용 와이어로프를 2줄걸이로 결속하고
지그의 이물질을 제거하여 부착력 유지관리

1줄걸이

강교

회전

충돌

낙하

인양물 회전반경 내 출입금지

파단

강교

모서리 접촉부

벨트슬링을 강재에 직접 감아서
인양 중 로프 파단으로 낙하

강재 모서리와 접촉부에 보호대 설치

낙하

벨트슬링 부재 모서리 부분
접촉 시 보호 조치

슬링로프로 인양작업 중 슬링로프
걸림에 의한 회전으로 충돌

인양 직후 일단정지 확인 후 인양하고
인양물 회전반경 밖에서 인양작업

강교

협착

인양물 하역 시 인양물에 협착

유도자 및 근로자는
양 근로자 시야에 위치

인양크레인
인양능력 확인

인양작업 시 및 인양 직후에는
일단 정지하여 확인 후 인양

와이어로프

자재 결속상태 확인

유도자 및 근로자는
양중작업자 시야 내에 위치

인양로프 사용

강교

인양로프

신호수

크레인 또는 운반차량 작업반경 내
근로자 출입에 의한 충돌

유도자 배치 및 작업반경 내
출입금지 조치 실시

적재함에서 무리하게 인양작업 중
적재함 단부에서 추락

안전수칙 준수 및 개인보호구 착용

**인양상태 불량 시
재인양작업 실시**

강교
운반차량

장비유도자 배치

바닥 지지력 확인

추락

화물 하역작업 전 화물의
적재 및 고정상태 확인

접근방지책

인양물 적재지반 지지력 및
평탄성 확보

위험작업
안내표지판

차량유도자

신호수 배치
작업반경 내 출입통제

인양물을 받침목 위에 내려놓다가 지반
침하로 인양물 도괴

적재장소의 견고성 및
평탄성 확인한 후 하역

강교

강재
전도

강부재 적치 불량으로
붕괴

하역장소의 평탄성 · 견고성
및 받침목 설치상태 확인

[강교 적치장]

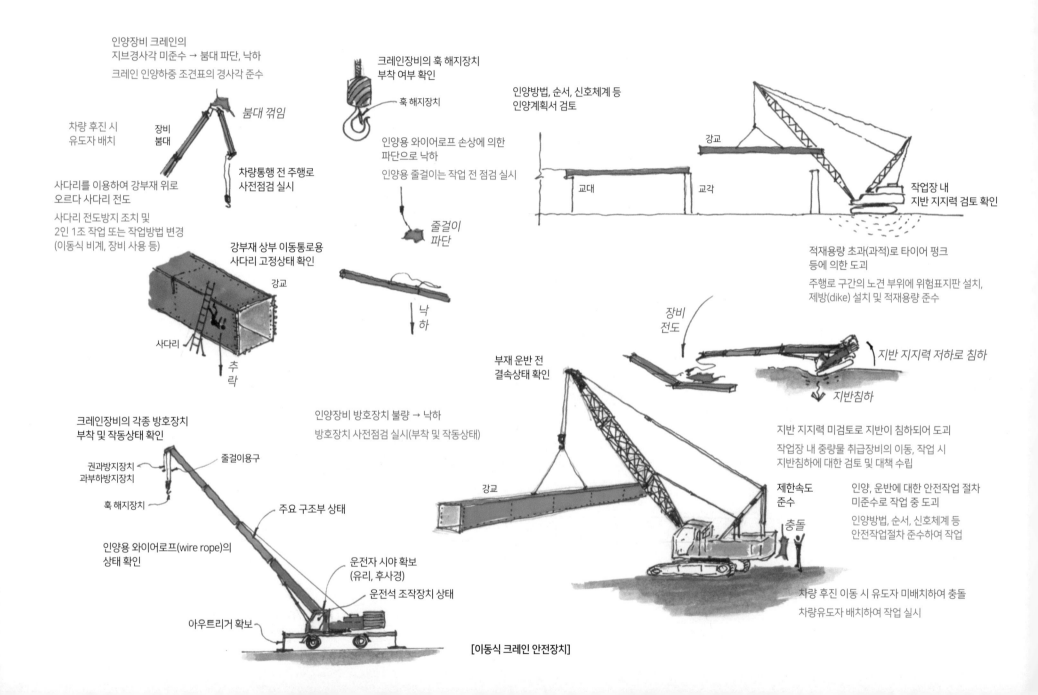

인양장비 크레인의
지브경사각 미준수 → 붐대 파단, 낙하
크레인 인양하중 조견표의 경사각 준수

크레인장비의 훅 해지장치
부착 여부 확인

인양방법, 순서, 신호체계 등
인양계획서 검토

붐대 꺾임

차량 후진 시
유도자 배치

장비
붐대

훅 해지장치

강교

차량통행 전 주행로
사전점검 실시

사다리를 이용하여 강부재 위로
오르다 사다리 전도

인양용 와이어로프 손상에 의한
파단으로 낙하
인양용 줄걸이는 작업 전 점검 실시

교대

교각

작업장 내
지반 지지력 검토 확인

사다리 전도방지 조치 및
2인 1조 작업 또는 작업방법 변경
(이동식 비계, 장비 사용 등)

강부재 상부 이동통로용
사다리 고정상태 확인

줄걸이
파단

적재용량 초과(과적)로 타이어 펑크
등에 의한 도괴

강교

주행로 구간의 노견 부위에 위험표지판 설치,
제방(dike) 설치 및 적재용량 준수

사다리

낙
하

장비
전도

지반 지지력 저하로 침하

추
락

부재 운반 전
결속상태 확인

지반침하

크레인장비의 각종 방호장치
부착 및 작동상태 확인

인양장비 방호장치 불량 → 낙하
방호장치 사전점검 실시(부착 및 작동상태)

지반 지지력 미검토로 지반이 침하되어 도괴
작업장 내 중량물 취급장비의 이동, 작업 시
지반침하에 대한 검토 및 대책 수립

권과방지장치
과부하방지장치

줄걸이용구

훅 해지장치

주요 구조부 상태

강교

제한속도
준수

인양, 운반에 대한 안전작업 절차
미준수로 작업 중 도괴

인양용 와이어로프(wire rope)의
상태 확인

운전자 시야 확보
(유리, 후사경)

운전석 조작장치 상태

충돌

인양방법, 순서, 신호체계 등
안전작업절차 준수하여 작업

아웃트리거 확보

차량 후진 이동 시 유도자 미배치하여 충돌
차량유도자 배치하여 작업 실시

[이동식 크레인 안전장치]

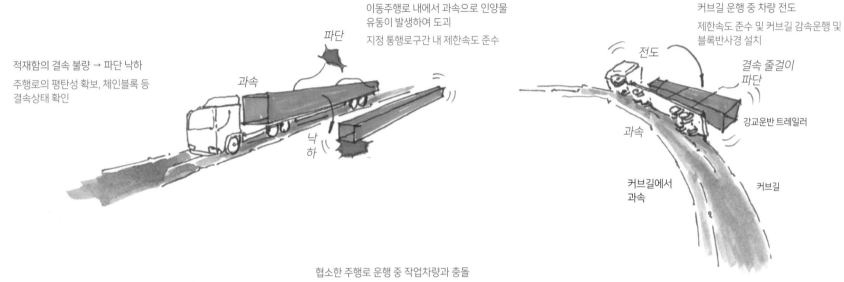

적재함의 결속 불량 → 파단 낙하
주행로의 평탄성 확보, 체인블록 등
결속상태 확인

파단

과속

낙하

이동주행로 내에서 과속으로 인양물
유동이 발생하여 도괴
지정 통행로구간 내 제한속도 준수

커브길 운행 중 차량 전도
제한속도 준수 및 커브길 감속운행 및
블록반사경 설치

전도

결속 줄걸이
파단

과속

강교운반 트레일러

커브길에서
과속

커브길

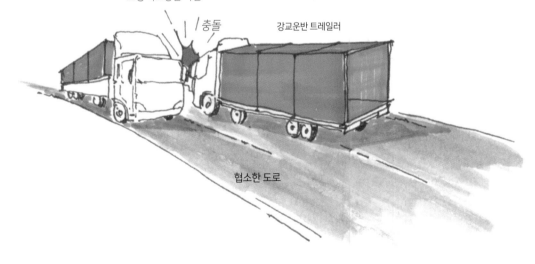

협소한 주행로 운행 중 작업차량과 충돌
이동경로 확보, 위험지역 순차교행 등
교행 확보방안 마련

충돌

강교운반 트레일러

협소한 도로

주행로 바닥 요철에 의한 적재물 도괴
차량운행 전 주행로 사전점검 및 보수

강교운반 트레일러

도괴

강교

요철이 심한 도로

❼ 강교 부재 조립작업

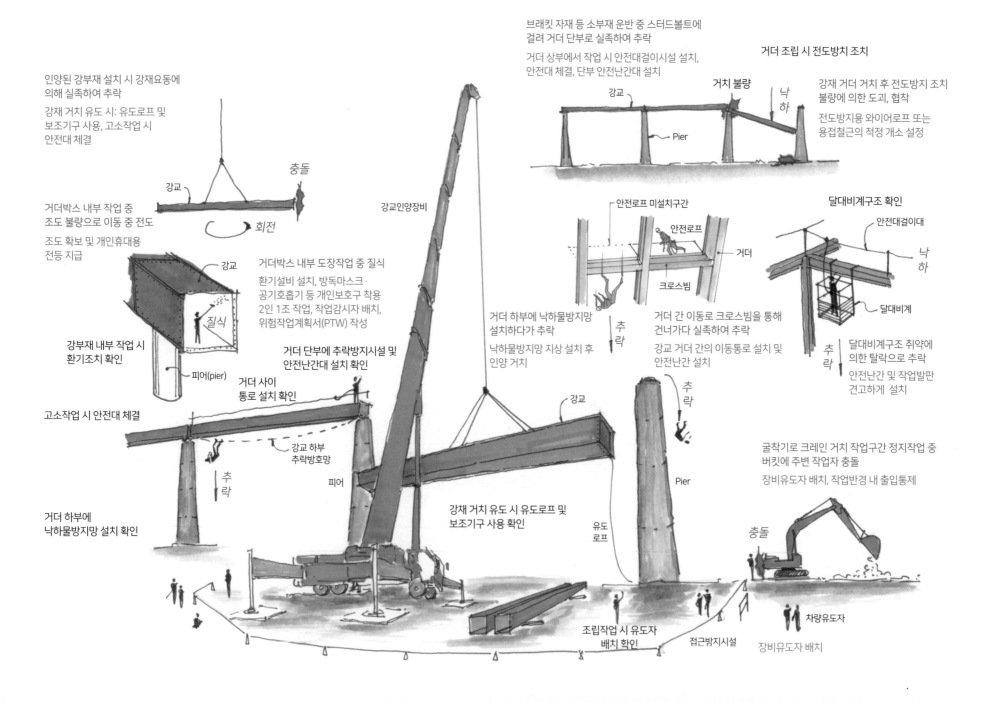

인양된 강부재 설치 시 강재요동에 의해 실족하여 추락

강재 거치 유도 시: 유도로프 및 보조기구 사용, 고소작업 시 안전대 체결

거더박스 내부 작업 중 조도 불량으로 이동 중 전도

조도 확보 및 개인휴대용 전등 지급

강부재 내부 작업 시 환기조치 확인

고소작업 시 안전대 체결

거더 하부에 낙하물방지망 설치 확인

충돌

강교

회전

강교

질식

피어(pier)

거더박스 내부 도장작업 중 질식

환기설비 설치, 방독마스크·공기호흡기 등 개인보호구 착용 2인 1조 작업, 작업감시자 배치, 위험작업계획서(PTW) 작성

거더 단부에 추락방지시설 및 안전난간대 설치 확인

거더 사이 통로 설치 확인

강교인양장비

강교 하부 추락방호망

피어

추락

강재 거치 유도 시 유도로프 및 보조기구 사용 확인

강교

피어

Pier

유도로프

추락

브래킷 자재 등 소부재 운반 중 스터드볼트에 걸려 거더 단부로 실족하여 추락

거더 상부에서 작업 시 안전대걸이시설 설치, 안전대 체결, 단부 안전난간대 설치

거더 조립 시 전도방치 조치

거치 불량

강교

Pier

낙하

강재 거더 거치 후 전도방지 조치 불량에 의한 도괴, 협착

전도방지용 와이어로프 또는 용접철근의 적정 개소 설정

안전로프 미설치구간

안전로프

거더

크로스빔

추락

거더 하부에 낙하물방지망 설치하다가 추락

낙하물방지망 지상 설치 후 인양 거치

거더 간 이동로 크로스빔을 통해 건너가다 실족하여 추락

강교 거더 간의 이동통로 설치 및 안전난간 설치

달대비계구조 확인

안전대걸이대

낙하

달대비계

추락

달대비계구조 취약에 의한 탈락으로 추락

안전난간 및 작업발판 견고하게 설치

굴착기로 크레인 거치 작업구간 정지작업 중 버킷에 주변 작업자 충돌

장비유도자 배치, 작업반경 내 출입통제

충돌

조립작업 시 유도자 배치 확인

접근방지시설

차량유도자

장비유도자 배치

❽ 강교 슬래브 작업

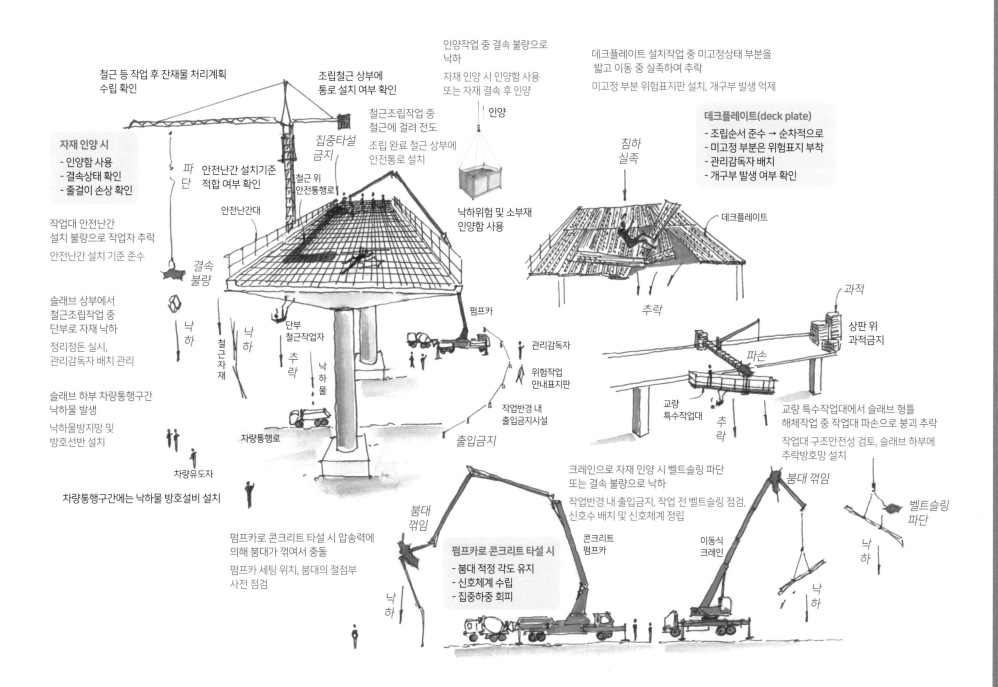

철근 등 작업 후 잔재물 처리계획
수립 확인

조립철근 상부에
통로 설치 여부 확인

인양작업 중 결속 불량으로
낙하
자재 인양 시 인양함 사용
또는 자재 결속 후 인양

데크플레이트 설치작업 중 미고정상태 부분을
밟고 이동 중 실족하여 추락
미고정 부분 위험표지판 설치, 개구부 발생 억제

자재 인양 시
- 인양함 사용
- 결속상태 확인
- 줄걸이 손상 확인

집중타설
금지

파
단

안전난간 설치기준
적합 여부 확인

철근조립작업 중
철근에 걸려 전도
조립 완료 철근 상부에
안전통로 설치

인양

침하
실족

데크플레이트(deck plate)
- 조립순서 준수 → 순차적으로
- 미고정 부분은 위험표지 부착
- 관리감독자 배치
- 개구부 발생 여부 확인

작업대 안전난간
설치 불량으로 작업자 추락
안전난간 설치 기준 준수

안전난간대

철근 위
안전통행로

낙하위험 및 소부재
인양함 사용

데크플레이트

슬래브 상부에서
철근조립작업 중
단부로 자재 낙하
정리정돈 실시,
관리감독자 배치 관리

결속
불량

낙
하

철근자재

낙
하

단부
철근작업자

추
락

낙
하
물

펌프카

관리감독자

위험작업
안내표지판

과적

상판 위
과적금지

파손

슬래브 하부 차량통행구간
낙하물 발생
낙하물방지망 및
방호선반 설치

작업반경 내
출입금지시설

교량
특수작업대

추
락

교량 특수작업대에서 슬래브 형틀
해체작업 중 작업대 파손으로 붕괴 추락
작업대 구조안전성 검토, 슬래브 하부에
추락방호망 설치

차량통행로

출입금지

차량유도자

붐대 꺾임

벨트슬링
파단

차량통행구간에는 낙하물 방호설비 설치

크레인으로 자재 인양 시 벨트슬링 파단
또는 결속 불량으로 낙하
작업반경 내 출입금지, 작업 전 벨트슬링 점검,
신호수 배치 및 신호체계 정립

붐대
꺾임

낙
하

펌프카로 콘크리트 타설 시 압송력에
의해 붐대가 꺾여서 충돌
펌프카 세팅 위치, 붐대의 절점부
사전 점검

붐대
꺾임

펌프카로 콘크리트 타설 시
- 붐대 적정 각도 유지
- 신호체계 수립
- 집중하중 회피

콘크리트
펌프카

이동식
크레인

낙
하

낙
하

PSC(Prestressed Concrete) 교량작업
PSC Bridge Erection Work

14

PSC 교량
PSC 거더를 지상에서 제작한 후 교각에 인양, 거치하여 상부구조를 형성시키는 작업

시스관(sheath pipe)
프리스트레스트 콘크리트를 구성하는 부품의 하나.
포스트텐션방식의 프리스트레스트 콘크리트에서 프리스트레스를 도입할 때
PC 강재와 콘크리트를 절연할 목적으로 사용하는 금속제 튜브

14 PSC 교량작업

❶ PSC 교량 거더작업 주요 재해사례 [핵심 통계자료: 거더 인양 및 거치, 크로스빔 설치 시 재해가 가장 많이 발생한다.]

- PSC 거더를 인양, 거치작업 중 인양 와이어로프에 손가락 협착
- PSC 강선 삽입작업 중 강선에 찔림.
- PSC 거더 인양 거치작업 중 손가락이 거더에 협착
- PSC 거더 시스관(sheath pipe)을 잡아당기다 조립철근에 충돌

- PSC 거더 크레인 인양작업 중 인양고리 낙하
- PSC 거더 크로스빔 설치 중 상부 형틀 자재에 걸려 실족하여 추락
- 크로스빔에 형틀을 설치하기 위해 하부 추락방호망 설치 중 추락

- PSC 거더 거치작업 중 전도방지 조치 소홀로 거더 도괴
- 슬래브 거푸집자재 소운반 중 거더 단부에서 추락
- 슬래브 거푸집 해체작업 중 교량 단부 개구부에서 실족하여 추락

☑ 주요 안전관리 포인트: PSC 거더의 제작·운반·거치 과정에서 중량물 취급 및 고소작업에 의한 붕괴·추락 등의 재해가 발생한다.

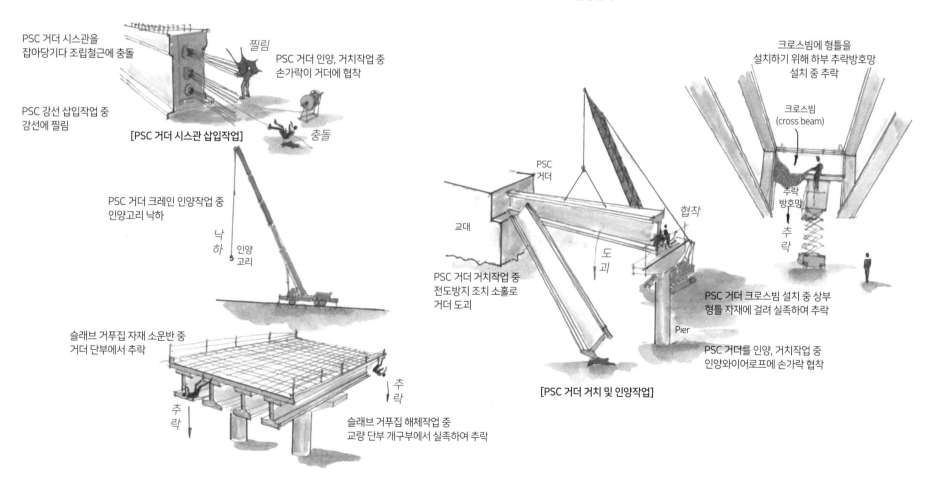

PSC 거더 시스관을 잡아당기다 조립철근에 충돌

PSC 강선 삽입작업 중 강선에 찔림

찔림

PSC 거더 인양, 거치작업 중 손가락이 거더에 협착

충돌

[PSC 거더 시스관 삽입작업]

PSC 거더 크레인 인양작업 중 인양고리 낙하

낙하

인양 고리

슬래브 거푸집 자재 소운반 중 거더 단부에서 추락

추락

추락

슬래브 거푸집 해체작업 중 교량 단부 개구부에서 실족하여 추락

PSC 거더

교대

도괴

PSC 거더 거치작업 중 전도방지 조치 소홀로 거더 도괴

Pier

[PSC 거더 거치 및 인양작업]

협착

PSC 거더 크로스빔 설치 중 상부 형틀 자재에 걸려 실족하여 추락

PSC 거더를 인양, 거치작업 중 인양와이어로프에 손가락 협착

크로스빔에 형틀을 설치하기 위해 하부 추락방호망 설치 중 추락

크로스빔 (cross beam)

추락 방호망

추락

❷ PSC 교량 거더 제작작업

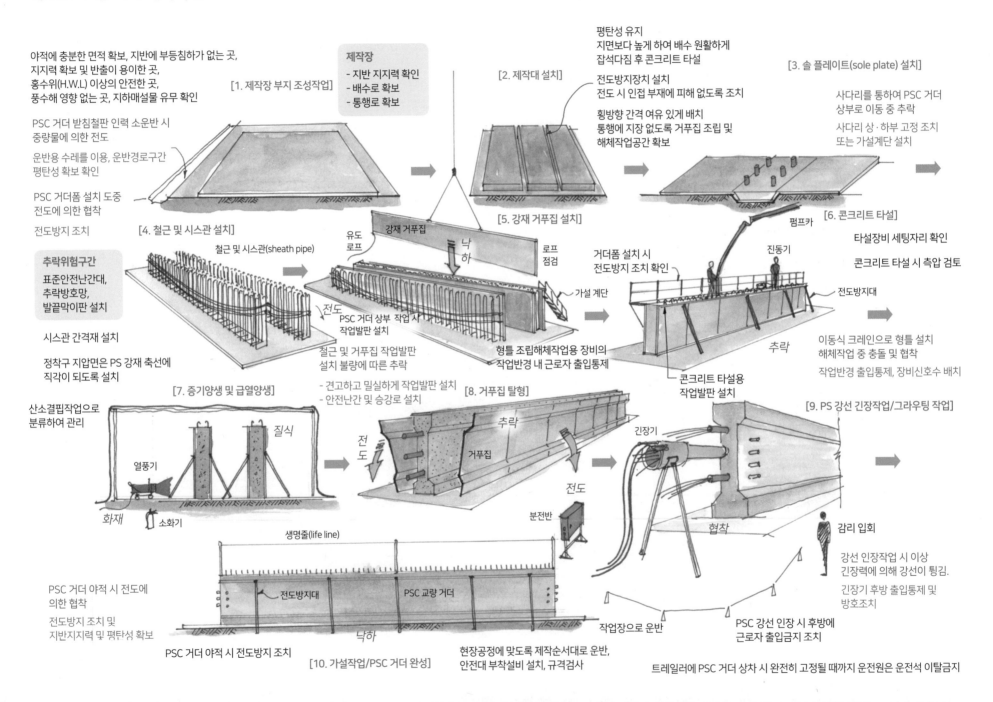

야적에 충분한 면적 확보, 지반에 부등침하가 없는 곳,
지지력 확보 및 반출이 용이한 곳,
홍수위(H.W.L) 이상의 안전한 곳,
풍수해 영향 없는 곳, 지하매설물 유무 확인

[1. 제작장 부지 조성작업]

제작장
- 지반 지지력 확인
- 배수로 확보
- 통행로 확보

[2. 제작대 설치]

평탄성 유지
지면보다 높게 하여 배수 원활하게
잡석다짐 후 콘크리트 타설

전도방지장치 설치
전도 시 인접 부재에 피해 없도록 조치

횡방향 간격 여유 있게 배치
통행에 지장 없도록 거푸집 조립 및
해체작업공간 확보

[3. 솔 플레이트(sole plate) 설치]

사다리를 통하여 PSC 거더
상부로 이동 중 추락

사다리 상·하부 고정 조치
또는 가설계단 설치

PSC 거더 받침철판 인력 소운반 시
중량물에 의한 전도

운반용 수레를 이용, 운반경로구간
평탄성 확보 확인

PSC 거더폼 설치 도중
전도에 의한 협착

전도방지 조치

[5. 강재 거푸집 설치]

[6. 콘크리트 타설]

타설장비 세팅자리 확인

콘크리트 타설 시 측압 검토

[4. 철근 및 시스관 설치]

철근 및 시스관(sheath pipe)

강재 거푸집

유도
로프

로프
점검

거더폼 설치 시
전도방지 조치 확인

펌프카

진동기

추락위험구간
표준안전난간대,
추락방호망,
발끝막이판 설치

시스관 간격재 설치

정착구 지압면은 PS 강재 축선에
직각이 되도록 설치

전도

가설 계단

PSC 거더 상부 작업 시
작업발판 설치

철근 및 거푸집 작업발판
설치 불량에 따른 추락

형틀 조립해체작업용 장비의
작업반경 내 근로자 출입통제

전도방지대

콘크리트 타설용
작업발판 설치

추락

이동식 크레인으로 형틀 설치
해체작업 중 충돌 및 협착

작업반경 출입통제, 장비신호수 배치

[7. 증기양생 및 급열양생]

산소결핍작업으로
분류하여 관리

열풍기

질식

화재

소화기

- 견고하고 밀실하게 작업발판 설치
- 안전난간 및 승강로 설치

[8. 거푸집 탈형]

추락

전도

거푸집

전도

긴장기

[9. PS 강선 긴장작업/그라우팅 작업]

감리 입회

강선 인장작업 시 이상
긴장력에 의해 강선이 튕김.

긴장기 후방 출입통제 및
방호조치

PSC 거더 야적 시 전도에
의한 협착

전도방지 조치 및
지반지지력 및 평탄성 확보

생명줄(life line)

분전반

협착

전도방지대

PSC 교량 거더

낙하

PSC 거더 야적 시 전도방지 조치

[10. 가설작업/PSC 거더 완성]

작업장으로 운반

현장공정에 맞도록 제작순서대로 운반,
안전대 부착설비 설치, 규격검사

PSC 강선 인장 시 후방에
근로자 출입금지 조치

트레일러에 PSC 거더 상차 시 완전히 고정될 때까지 운전원은 운전석 이탈금지

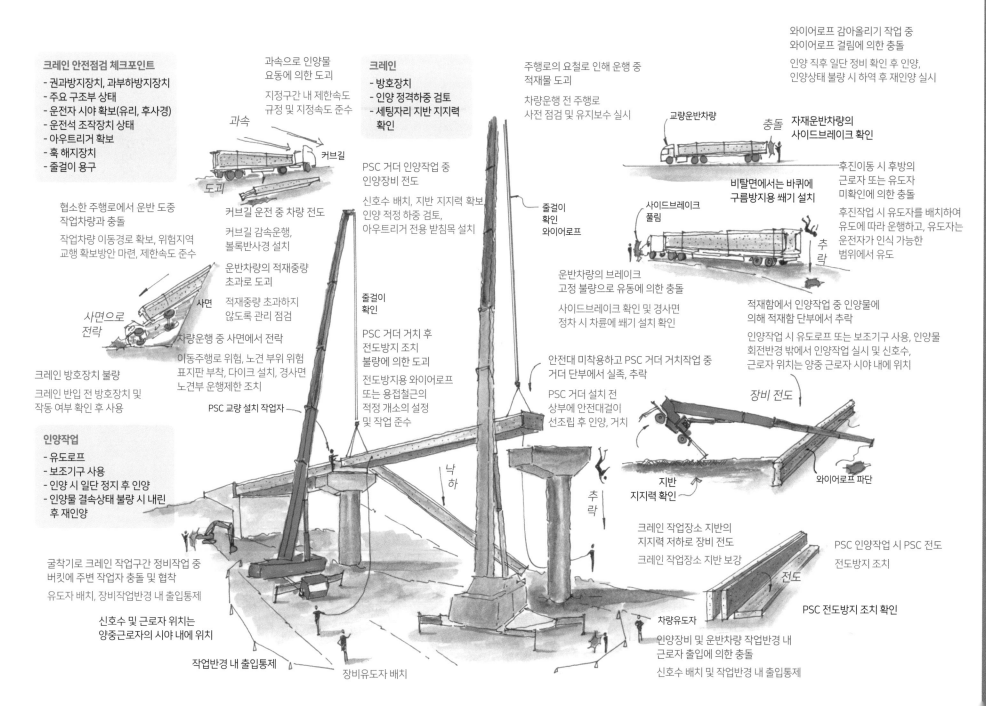

크레인 안전점검 체크포인트
- 권과방지장치, 과부하방지장치
- 주요 구조부 상태
- 운전자 시야 확보(유리, 후사경)
- 운전석 조작장치 상태
- 아우트리거 확보
- 훅 해지장치
- 줄걸이 용구

과속으로 인양물 요동에 의한 도괴

지정구간 내 제한속도 규정 및 지정속도 준수

커브길

과속

도괴

크레인
- 방호장치
- 인양 정격하중 검토
- 세팅자리 지반 지지력 확인

주행로의 요철로 인해 운행 중 적재물 도괴

차량운행 전 주행로 사전 점검 및 유지보수 실시

와이어로프 감아올리기 작업 중 와이어로프 걸림에 의한 충돌

인양 직후 일단 정비 확인 후 인양, 인양상태 불량 시 하역 후 재인양 실시

교량운반차량

충돌

자재운반차량의 사이드브레이크 확인

협소한 주행로에서 운반 도중 작업차량과 충돌

작업차량 이동경로 확보, 위험지역 교행 확보방안 마련, 제한속도 준수

커브길 운전 중 차량 전도

커브길 감속운행, 볼록반사경 설치

운반차량의 적재중량 초과로 도괴

적재중량 초과하지 않도록 관리 점검

사면

사면으로 전락

PSC 거더 인양작업 중 인양장비 전도

신호수 배치, 지반 지지력 확보, 인양 적정 하중 검토, 아우트리거 전용 받침목 설치

줄걸이 확인 와이어로프

사이드브레이크 풀림

추락

비탈면에서는 바퀴에 구름방지용 쐐기 설치

후진이동 시 후방의 근로자 또는 유도자 미확인에 의한 충돌

후진작업 시 유도자를 배치하여 유도에 따라 운행하고, 유도자는 운전자가 인식 가능한 범위에서 유도

운반차량의 브레이크 고정 불량으로 유동에 의한 충돌

사이드브레이크 확인 및 경사면 정차 시 차륜에 쐐기 설치 확인

적재함에서 인양작업 중 인양물에 의해 적재함 단부에서 추락

인양작업 시 유도로프 또는 보조기구 사용, 인양물 회전반경 밖에서 인양작업 실시 및 신호수, 근로자 위치는 양중 근로자 시야 내에 위치

크레인 방호장치 불량

크레인 반입 전 방호장치 및 작동 여부 확인 후 사용

차량운행 중 사면에서 전락

이동주행로 위험, 노견 부위 위험 표지판 부착, 다이크 설치, 경사면 노견부 운행제한 조치

줄걸이 확인

PSC 거더 거치 후 전도방지 조치 불량에 의한 도괴

전도방지용 와이어로프 또는 용접철근의 적정 개소의 설정 및 작업 준수

안전대 미착용하고 PSC 거더 거치작업 중 거더 단부에서 실족, 추락

PSC 거더 설치 전 상부에 안전대걸이 선조립 후 인양, 거치

장비 전도

PSC 교량 설치 작업자

낙하

추락

지반 지지력 확인

와이어로프 파단

인양작업
- 유도로프
- 보조기구 사용
- 인양 시 일단 정지 후 인양
- 인양물 결속상태 불량 시 내린 후 재인양

크레인 작업장소 지반의 지지력 저하로 장비 전도

크레인 작업장소 지반 보강

PSC 인양작업 시 PSC 전도 전도방지 조치

전도

굴착기로 크레인 작업구간 정비작업 중 버킷에 주변 작업자 충돌 및 협착

유도자 배치, 장비작업반경 내 출입통제

신호수 및 근로자 위치는 양중근로자의 시야 내에 위치

작업반경 내 출입통제

장비유도자 배치

차량유도자

인양장비 및 운반차량 작업반경 내 근로자 출입에 의한 충돌

신호수 배치 및 작업반경 내 출입통제

PSC 전도방지 조치 확인

❹ PSC 교량 거더 인양 및 거치작업

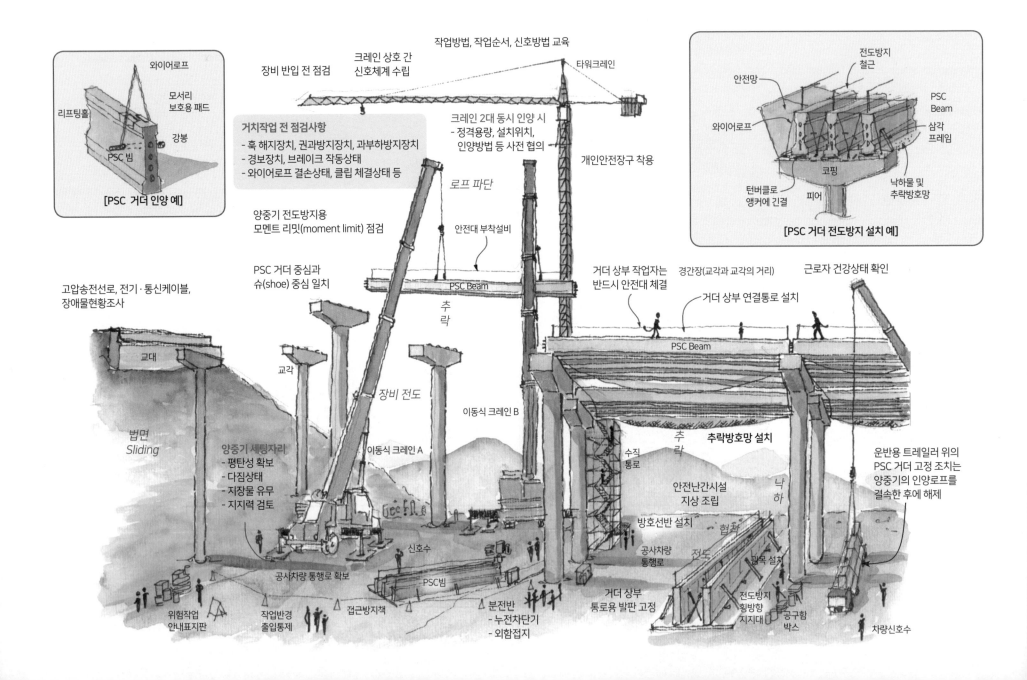

[PSC 거더 인양 예]
- 와이어로프
- 모서리 보호용 패드
- 리프팅홀
- 강봉
- PSC 빔

[PSC 거더 전도방지 설치 예]
- 전도방지 철근
- 안전망
- 와이어로프
- PSC Beam
- 삼각 프레임
- 코핑
- 턴버클로 앵커에 긴결
- 피어
- 낙하물 및 추락방호망

장비 반입 전 점검

크레인 상호 간 신호체계 수립

작업방법, 작업순서, 신호방법 교육

타워크레인

거치작업 전 점검사항
- 훅 해지장치, 권과방지장치, 과부하방지장치
- 경보장치, 브레이크 작동상태
- 와이어로프 결손상태, 클립 체결상태 등

크레인 2대 동시 인양 시
- 정격용량, 설치위치, 인양방법 등 사전 협의

개인안전장구 착용

로프 파단

양중기 전도방지용 모멘트 리밋(moment limit) 점검

안전대 부착설비

PSC 거더 중심과 슈(shoe) 중심 일치

PSC Beam

추락

거더 상부 작업자는 반드시 안전대 체결

경간장(교각과 교각의 거리)

거더 상부 연결통로 설치

근로자 건강상태 확인

고압송전선로, 전기·통신케이블, 장애물현황조사

교대

교각

PSC Beam

운반용 트레일러 위의 PSC 거더 고정 조치는 양중기의 인양로프를 결속한 후에 해제

법면 Sliding

양중기 세팅자리
- 평탄성 확보
- 다짐상태
- 지장물 유무
- 지지력 검토

장비 전도

이동식 크레인 B

이동식 크레인 A

추락방호망 설치

수직 통로

안전난간시설 지상 조립

낙하

방호선반 설치

공사차량 통행로

전도

받목 설치

신호수

PSC빔

거더 상부 통로용 발판 고정

공사차량 통행로 확보

접근방지책

분전반
- 누전차단기
- 외함접지

거더 상부 통로용 발판 고정

전도방지 횡방향 지지대

공구함 박스

위험작업 안내표지판

작업반경 출입통제

차량신호수

❺ PSC 교량 거더 크로스빔(Cross Beam) 설치작업

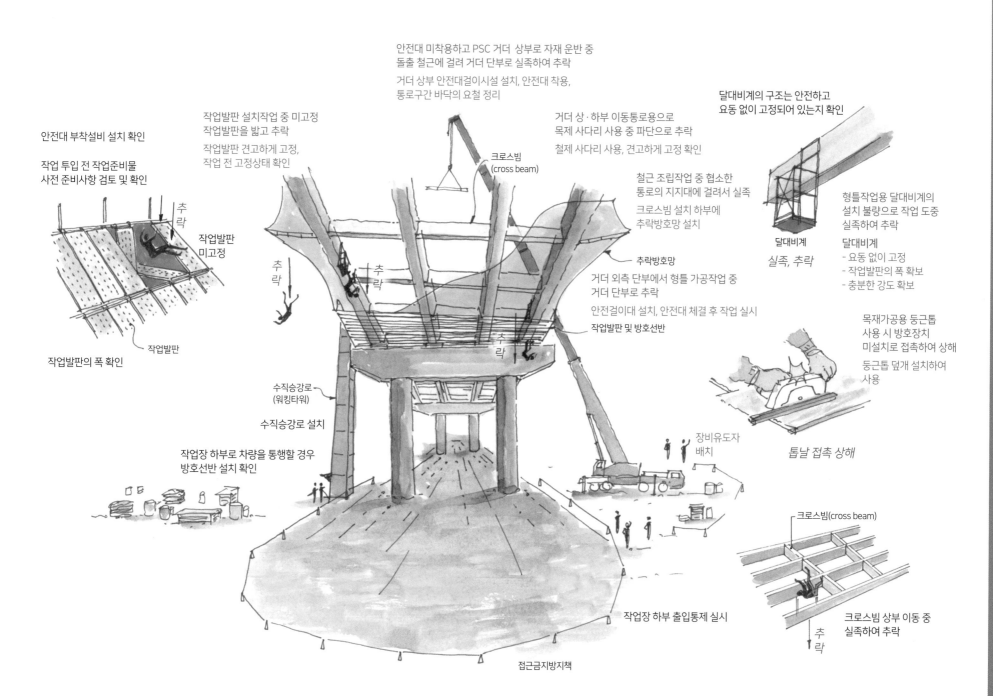

안전대 미착용하고 PSC 거더 상부로 자재 운반 중
돌출 철근에 걸려 거더 단부로 실족하여 추락

거더 상부 안전대걸이시설 설치, 안전대 착용,
통로구간 바닥의 요철 정리

달대비계의 구조는 안전하고
요동 없이 고정되어 있는지 확인

작업발판 설치작업 중 미고정
작업발판을 밟고 추락

작업발판 견고하게 고정,
작업 전 고정상태 확인

거더 상·하부 이동통로용으로
목제 사다리 사용 중 파단으로 추락

철제 사다리 사용, 견고하게 고정 확인

크로스빔
(cross beam)

철근 조립작업 중 협소한
통로의 지지대에 걸려서 실족

크로스빔 설치 하부에
추락방호망 설치

형틀작업용 달대비계의
설치 불량으로 작업 도중
실족하여 추락

달대비계
실족, 추락

달대비계
- 요동 없이 고정
- 작업발판의 폭 확보
- 충분한 강도 확보

안전대 부착설비 설치 확인

작업 투입 전 작업준비물
사전 준비사항 검토 및 확인

추락

작업발판
미고정

추락

추락

추락방호망

거더 외측 단부에서 형틀 가공작업 중
거더 단부로 추락

안전걸이대 설치, 안전대 체결 후 작업 실시

작업발판 및 방호선반

목재가공용 둥근톱
사용 시 방호장치
미설치로 접촉하여 상해

둥근톱 덮개 설치하여
사용

작업발판

작업발판의 폭 확인

추락

수직승강로
(워킹타워)

수직승강로 설치

장비유도자
배치

톱날 접촉 상해

작업장 하부로 차량을 통행할 경우
방호선반 설치 확인

크로스빔(cross beam)

작업장 하부 출입통제 실시

크로스빔 상부 이동 중
실족하여 추락

추락

접근금지방지책

❻ PSC 교량 거더 슬래브작업

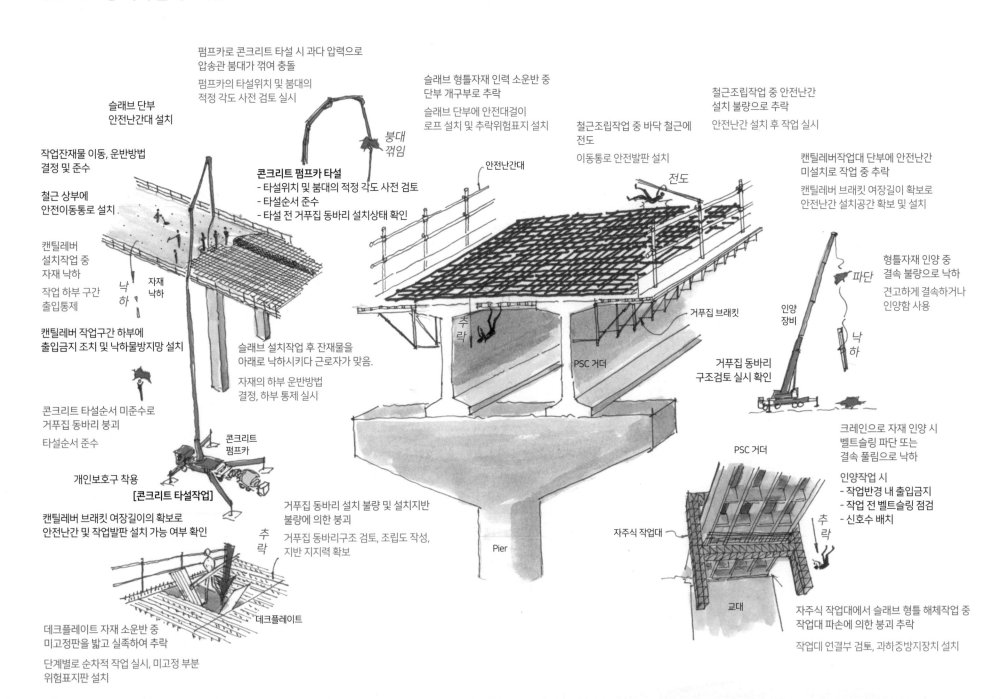

펌프카로 콘크리트 타설 시 과다 압력으로
압송관 붐대가 꺾여 충돌

펌프카의 타설위치 및 붐대의
적정 각도 사전 검토 실시

슬래브 형틀자재 인력 소운반 중
단부 개구부로 추락

슬래브 단부에 안전대걸이
로프 설치 및 추락위험표지 설치

철근조립작업 중 안전난간
설치 불량으로 추락

안전난간 설치 후 작업 실시

슬래브 단부
안전난간대 설치

작업잔재물 이동, 운반방법
결정 및 준수

철근 상부에
안전이동통로 설치

캔틸레버
설치작업 중
자재 낙하

작업 하부 구간
출입통제

캔틸레버 작업구간 하부에
출입금지 조치 및 낙하물방지망 설치

콘크리트 타설순서 미준수로
거푸집 동바리 붕괴

타설순서 준수

개인보호구 착용

캔틸레버 브래킷 여장길이의 확보로
안전난간 및 작업발판 설치 가능 여부 확인

데크플레이트 자재 소운반 중
미고정판을 밟고 실족하여 추락

단계별로 순차적 작업 실시, 미고정 부분
위험표지판 설치

붐대
꺾임

콘크리트 펌프카 타설
- 타설위치 및 붐대의 적정 각도 사전 검토
- 타설순서 준수
- 타설 전 거푸집 동바리 설치상태 확인

낙하

자재
낙하

슬래브 설치작업 후 잔재물을
아래로 낙하시키다 근로자가 맞음.

자재의 하부 운반방법
결정, 하부 통제 실시

콘크리트
펌프카

[콘크리트 타설작업]

거푸집 동바리 설치 불량 및 설치지반
불량에 의한 붕괴

거푸집 동바리구조 검토, 조립도 작성,
지반 지지력 확보

추락

데크플레이트

안전난간대

전도

철근조립작업 중 바닥 철근에
전도

이동통로 안전발판 설치

캔틸레버작업대 단부에 안전난간
미설치로 작업 중 추락

캔틸레버 브래킷 여장길이 확보로
안전난간 설치공간 확보 및 설치

추락

거푸집 브래킷

PSC 거더

거푸집 동바리
구조검토 실시 확인

Pier

PSC 거더

인양
장비

파단

낙하

형틀자재 인양 중
결속 불량으로 낙하

견고하게 결속하거나
인양함 사용

크레인으로 자재 인양 시
벨트슬링 파단 또는
결속 풀림으로 낙하

인양작업 시
- 작업반경 내 출입금지
- 작업 전 벨트슬링 점검
- 신호수 배치

자주식 작업대

추락

교대

자주식 작업대에서 슬래브 형틀 해체작업 중
작업대 파손에 의한 붕괴 추락

작업대 연결부 검토, 과하중방지장치 설치

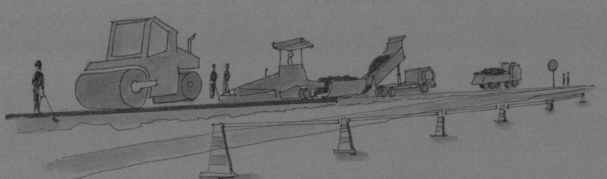

포장작업
Paving Work

15

❶ 포장작업 주요 재해사례
❷ 포장장비 반입작업
❸ 포장작업
❹ 포설 및 다짐작업

포장(pavement, paving)
교통을 원활하게 하고자 도로의 노면을 아스팔트혼합물이나 콘크리트를 사용하여 보강하고 평탄화하는 것.
아스팔트 등의 신축성 포장과 콘크리트 등의 강성 포장이 있다.

롤러(roller)
어떤 특정 방향으로만 미끄러지면서 움직이는 기계장치
1. 전압륜(轉壓輪)의 하중으로 노상·노반·지면을 다지는 장비의 총칭
2. 전압식(轉壓式)·충격식·진동식 등 3가지로 분류
3. 주로 원통형의 축으로 되어 돌거나 구르는 물건 등을 일컫는 말

❶ 포장작업 주요 재해사례 [핵심 통계자료: 재해가 발생하는 빈도와 강도는 **포장 시공** 시 가장 높다.]

- 롤러(roller) 다짐작업 중 후진하는 롤러에 유도자 충돌
- 아스팔트 포장작업 중 주행하는 차량에 충돌
- 콘크리트 신축줄눈 커팅작업 중 톱날에 접촉하여 베임.
- 끓인 아스팔트를 주전자로 줄눈에 붓는 과정에서 화상
- 콘크리트 포장 형틀 조립작업 중 측구에서 발을 헛디뎌 도로 단부 개구부에서 실족
- 아스팔트드럼통을 눕히다 발등에 떨어져 찍힘.
- 콘크리트 포장 형틀 해체작업 중 사면 단부에서 실족하여 추락
- 도로포장작업을 위한 도로교통신호를 보내다가 주행하던 차량에 충돌

☑ 주요 안전관리 포인트: 차량계건설기계를 이용한 작업과정에서 충돌·협착 등의 재해가 발생한다.

롤러 다짐작업 중 후진하는 롤러에 유도자 충돌

교통신호수 배치 및 접근금지

롤러

후진

충돌, 협착

도로포장작업을 위한 도로교통신호를 하다가 주행하던 차량에 충돌

포장작업용 차량

충돌, 협착

교통신호수 배치 및 접근금지

콘크리트 포장 형틀 해체작업 중 사면 단부에서 실족하여 추락

사면 단부 안전난간대 설치

사면 단부

추락

콘크리트 신축줄눈 커팅작업 중 톱날에 접촉하여 베임.

커팅기

자상

[아스팔트도로 커팅작업]

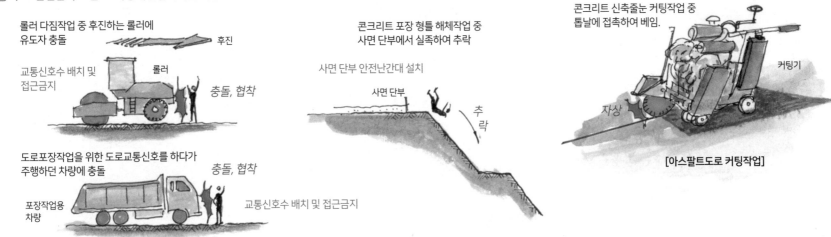

아스팔트 포장작업 중 주행하는 차량에 충돌

충돌, 협착

충돌

[아스콘포장작업]

추락방지시설 설치

측구

추락

콘크리트 포장 형틀 조립작업 중 측구에 발을 헛디뎌 도로 단부 개구부에서 실족

근골격계 질환

찍힘

아스팔트드럼통을 눕히다 발등에 떨어져 찍힘.

[아스팔트드럼통 이동작업]

끓인 아스팔트를 주전자로 줄눈에 붓다가 화상

화상

❷ 포장장비 반입작업

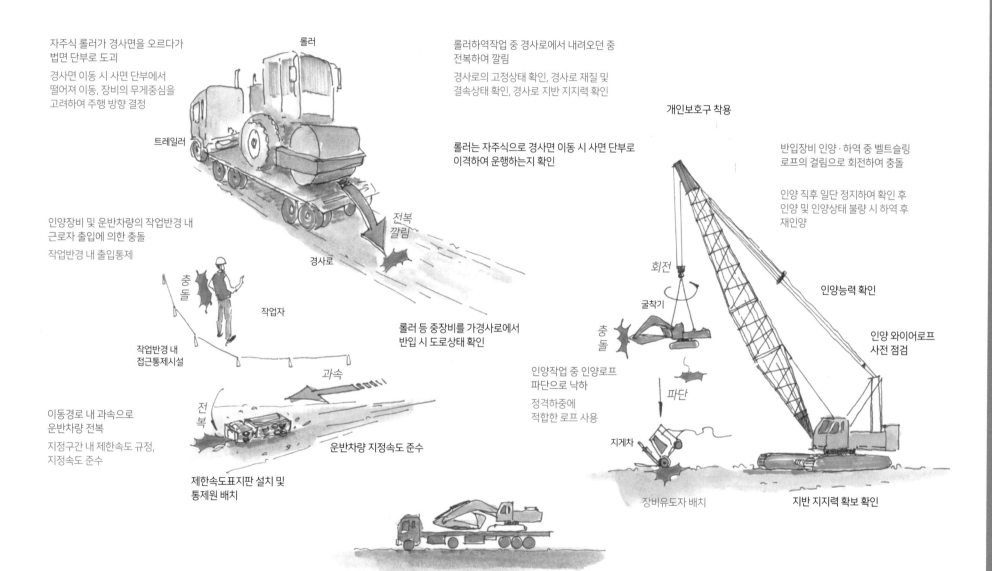

자주식 롤러가 경사면을 오르다가
법면 단부로 도괴

경사면 이동 시 사면 단부에서
떨어져 이동, 장비의 무게중심을
고려하여 주행 방향 결정

롤러

트레일러

인양장비 및 운반차량의 작업반경 내
근로자 출입에 의한 충돌

작업반경 내 출입통제

충돌

작업자

작업반경 내
접근통제시설

이동경로 내 과속으로
운반차량 전복

지정구간 내 제한속도 규정,
지정속도 준수

전복
깔림

경사로

롤러 등 중장비를 가경사로에서
반입 시 도로상태 확인

과속

전복

제한속도표지판 설치 및
통제원 배치

운반차량 지정속도 준수

롤러하역작업 중 경사로에서 내려오던 중
전복하여 깔림

경사로의 고정상태 확인, 경사로 재질 및
결속상태 확인, 경사로 지반 지지력 확인

롤러는 자주식으로 경사면 이동 시 사면 단부로
이격하여 운행하는지 확인

개인보호구 착용

반입장비 인양·하역 중 벨트슬링
로프의 걸림으로 회전하여 충돌

인양 직후 일단 정지하여 확인 후
인양 및 인양상태 불량 시 하역 후
재인양

회전

굴착기

충돌

인양작업 중 인양로프
파단으로 낙하

정격하중에
적합한 로프 사용

파단

지게차

장비유도자 배치

인양능력 확인

인양 와이어로프
사전 점검

지반 지지력 확보 확인

하역작업구간 내 접근금지

❸ 포장작업

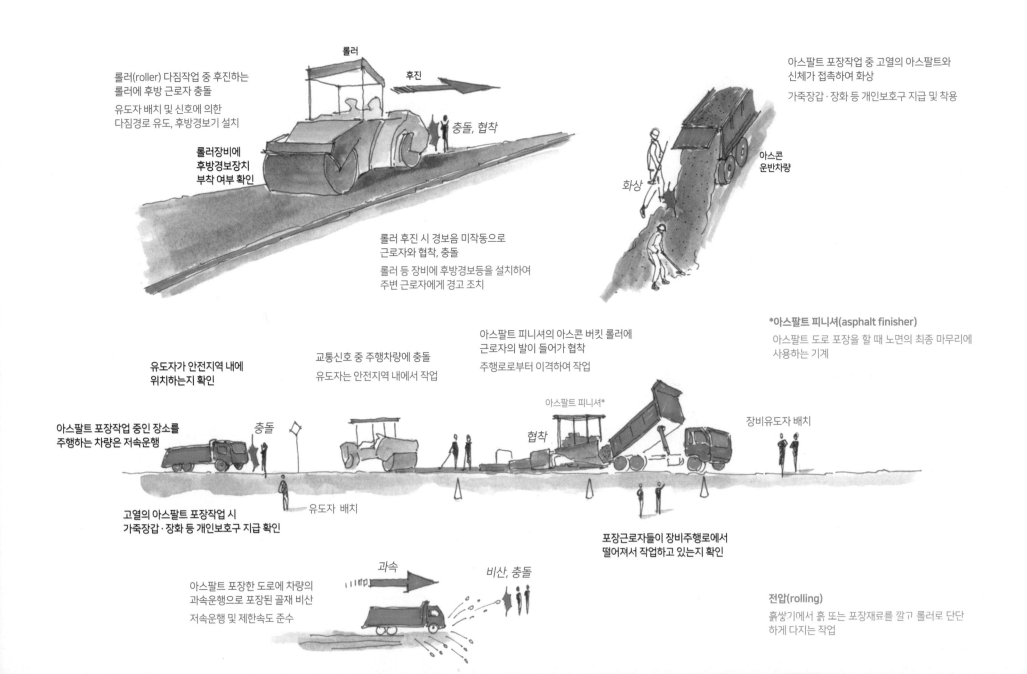

롤러(roller) 다짐작업 중 후진하는
롤러에 후방 근로자 충돌

유도자 배치 및 신호에 의한
다짐경로 유도, 후방경보기 설치

**롤러장비에
후방경보장치
부착 여부 확인**

롤러

후진

충돌, 협착

롤러 후진 시 경보음 미작동으로
근로자와 협착, 충돌

롤러 등 장비에 후방경보등을 설치하여
주변 근로자에게 경고 조치

아스팔트 포장작업 중 고열의 아스팔트와
신체가 접촉하여 화상

가죽장갑 · 장화 등 개인보호구 지급 및 착용

아스콘
운반차량

화상

**유도자가 안전지역 내에
위치하는지 확인**

**아스팔트 포장작업 중인 장소를
주행하는 차량은 저속운행**

충돌

고열의 아스팔트 포장작업 시
가죽장갑 · 장화 등 개인보호구 지급 확인

유도자 배치

교통신호 중 주행차량에 충돌
유도자는 안전지역 내에서 작업

아스팔트 피니셔의 아스콘 버킷 롤러에
근로자의 발이 들어가 협착

주행로로부터 이격하여 작업

아스팔트 피니셔*

협착

장비유도자 배치

아스팔트 피니셔(asphalt finisher)
아스팔트 도로 포장을 할 때 노면의 최종 마무리에
사용하는 기계

포장근로자들이 장비주행로에서
떨어져서 작업하고 있는지 확인

아스팔트 포장한 도로에 차량의
과속운행으로 포장된 골재 비산

저속운행 및 제한속도 준수

과속

비산, 충돌

전압(rolling)
흙쌓기에서 흙 또는 포장재료를 깔고 롤러로 단단
하게 다지는 작업

❹ 포설 및 다짐작업

운반차량의 적재함이
들린 상태에서 주행 여부 확인

고압선   고압선 감전

고압전주

적재함 들린 채로
이동

덤프트럭 적재함이 들린 채로
이동하다가 전선에 걸려 감전

적재함 들린 채로 이동금지

포설 및 다짐작업 시 근로자가 도로를
무단으로 횡단하다 중장비와 충돌

유도자 배치 및 작업반경 내 출입통제

충돌

무단횡단

정차 중인 차량 하부에서 근로자가
휴식하다 차량의 이동으로 협착

휴식장소 및 보행통로 지정 운영

이동

건설포장장비, 후방경보기
설치상태 확인

협착

차량 하부에서 휴식

장비 및 차량은 현장 내
제한속도 준수

보행자 지정통로

차량통로   보행자통로

작업 중
휴대폰 사용금지

굴착기로 토사 상차작업 중
주변 작업자 충돌, 협착

유도자 배치 및 작업반경 내
출입금지

토사운반차량 현장 내 과속으로
근로자 및 장비와 충돌

현장 내 제한속도 지정 및 준수

과속

충돌

작업분리선
설정

[장비작업]

[토사운반차량작업]

장비작업구간과 토사운반차량의
운행경로 설정 여부 확인

포설장비와 토사운반차량 간의
주행 중 충돌

유도자를 배치하여 차량 및
장비 유도

차량유도자

충돌

경사면 단부에서 휴식하다
사면 선단에서 낙석, 낙하

휴식장소 지정, 사면 단부에
근접하여 휴식금지

낙석
낙하

유도자
- 배치 여부
- 장비작업반경 밖에 위치 여부
- 신호체계 확립
- 시인성이 좋은 복장상태
- 장비와 운반차량의 시야 내에 위치

토사운반차량
과적에 의한 토사 낙하

과적금지,
운행 시 덮개 설치

과적, 낙하

전복

작업근로자
- 차량 및 장비 근접금지
- 경사면 하부 및 단부 등에서 휴식
  금지
- 작업 중 휴대폰 사용금지
- 흡연금지

[사면 단부 하부에서 휴식]

[사면 단부 다짐작업]

법면 단부 다짐작업 중 전복

법면 단부는 소형 다짐장비로 다짐하고
유도자를 배치하여 안전하게 작업 유도

특수교량작업
Special Bridge Erection Work

현수교(suspension bridge, 懸垂橋)
교상이 하중을 견디는 케이블에 매달려 있는 다리. 케이블은 다리 양끝 땅속에 고정되어 있는 주탑에 의해 지지된다.

사장교(cable stayed bridge, 斜張橋)
서스펜션 교량형식의 하나로, 장경간의 교량 판형을 경사진 직선형 케이블을 탑상기둥에서 인장하여 보강한 교량. 주 케이블의 각 지점에서 경사 아래 방향으로 걸린 직선케이블로 매다는 형식

FCM 공법(Free Cantilever Method)
교량의 시공방식 중 하나로, 교량 하부에 동바리를 사용하지 않고 특수한 가설장비를 이용하여 각 교각으로부터 좌우의 평형을 맞추면서 세그먼트를 순차적으로 접합하는 방식이다.
경간을 구성하면서 인접한 교각에서 만들어져 온 세그먼트와 접합하는 방식의 시공법이며, 고속도로의 교량들이 이 방식에 의해 건설되는 경우가 많다.

ILM 공법(Incremental Launching Method, 연속압출공법)
교량의 가설방식 중 하나로, 교량의 상부 구조물을 교량의 시작점이나 첫 번째 교각 인근의 제작장에서 거더(세그먼트)를 만들고 10~30미터 단위의 길이로 콘크리트를 타설하면서
교량 상판을 제작하여 압출장치를 통해 이 박스형태의 상판을 다음 위치의 교각으로 밀어내는 공법이다.

MSS 공법(Movable Scaffolding System, 이동식 비계공법)
교량의 가설방식 중 하나로, 교량의 상부 구조물(세그먼트)을 시공할 때 기계화된 거푸집이 부착된 특수한 이동식 비계를 사용, 현장에서 콘크리트를 타설하여 한 경간단위로 시공을 진행하는 공법이다.
이동식 비계는 하부에 지지거더가 장착되어 이것이 교각에 부착되어 있는 방식으로, 이 지지거더를 통해 비계 자체의 무게와 동바리, 콘크리트의 무게를 지지하는 구조로 되어 있다.

16

특수교량작업

❶ 특수교량작업 주요 재해사례 [핵심 통계자료: 가설공법에 따라 재해 발생강도와 빈도가 다르기 때문에 적용 공법에 대한 **면밀한 사전 검토**가 필요하다.]

- 이동식 비계(MSS) 이동작업 중 낙하
- 이동식 비계(MSS)에서 거푸집 해체작업 중 개구부로 추락
- 교량 상부 가설트러스 낙하
- 교량 상부로 사다리 타고 오르던 중 추락

- ILM(Incremental Launching Method) 추진코(launching nose) 철골에서 추락
- 사장교 상판 단부에서 작업 중 추락
- 태풍으로 인한 해상크레인 도괴

- 해상에서 교량 상부공 작업 시 추락, 익사
- 교량용 작업대차에서 작업 도중 작업대차 붕괴에 의한 추락
- 강봉 삽입작업 시 강봉을 손으로 잡고 당기다 손가락 협착

☑ **주요 안전관리 포인트:** 가설공법에 따라 작업방법 및 시공절차상 재해 발생위험이 높아 적용 공법에 대한 이해와 주의가 요구된다.

특수교량: 강재교량, PSC 거더교량 등과 같은 일반 거치식 교량 외에 상부 구조를 특수한 가설공법에 의해 시공하는 FCM, MSS, ILM, 사장교, 현수교 등의 교량을 일컬음.

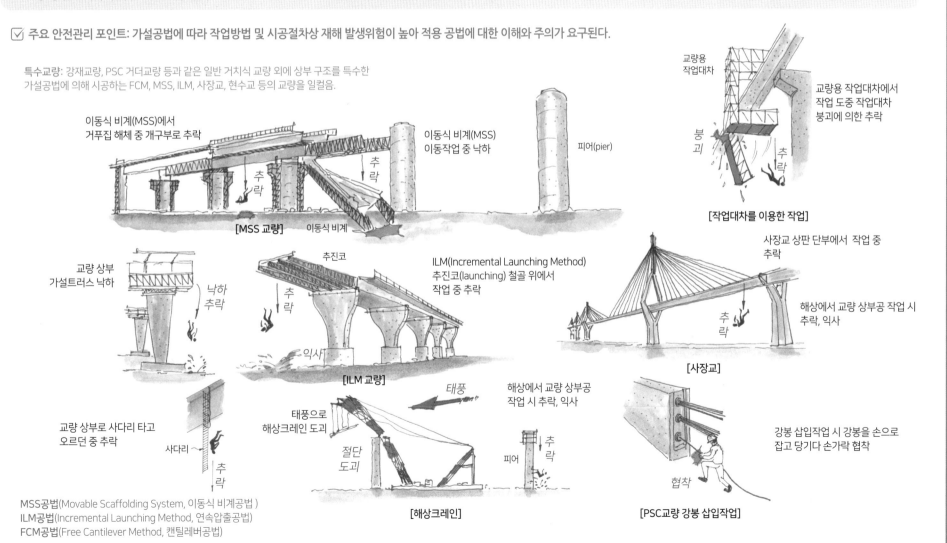

[MSS 교량]

[작업대차를 이용한 작업]

[ILM 교량]

[사장교]

[해상크레인]

[PSC교량 강봉 삽입작업]

MSS공법(Movable Scaffolding System, 이동식 비계공법)
ILM공법(Incremental Launching Method, 연속압출공법)
FCM공법(Free Cantilever Method, 캔틸레버공법)

❷ 사장교(Cable Stayed Bridge, 斜張橋) 작업 Ⅰ

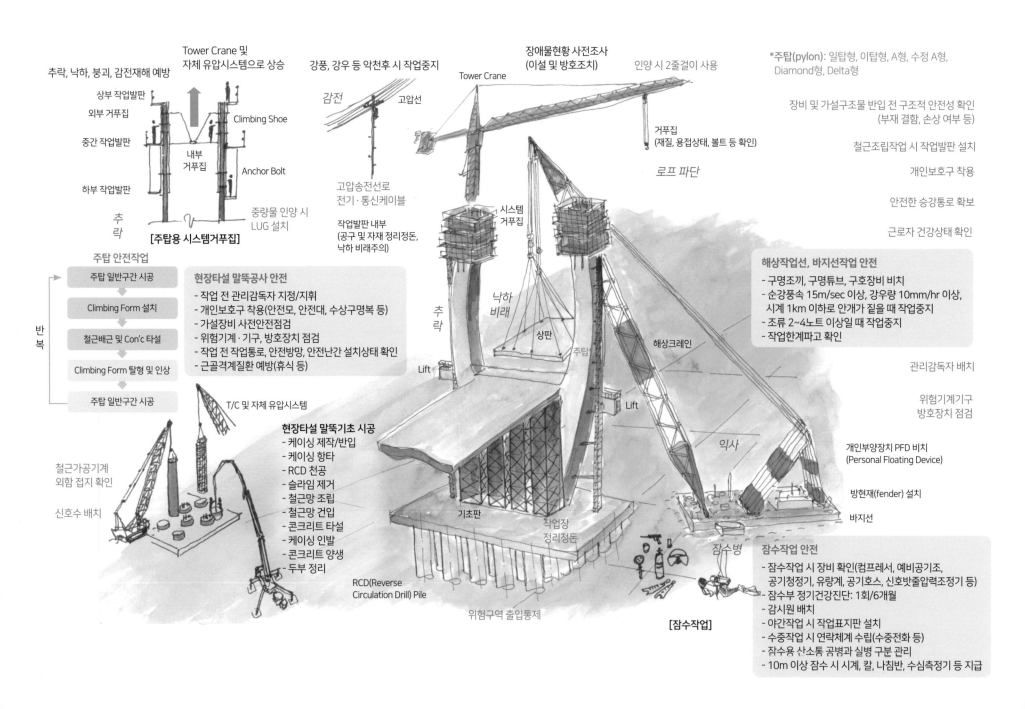

추락, 낙하, 붕괴, 감전재해 예방

Tower Crane 및 자체 유압시스템으로 상승

상부 작업발판
외부 거푸집
중간 작업발판
하부 작업발판

Climbing Shoe
내부 거푸집
Anchor Bolt

추락

중량물 인양 시 LUG 설치

[주탑용 시스템거푸집]

강풍, 강우 등 악천후 시 작업중지

감전
고압선

고압송전선로
전기·통신케이블

작업발판 내부
(공구 및 자재 정리정돈, 낙하 비래주의)

장애물현황 사전조사
(이설 및 방호조치)

인양 시 2줄걸이 사용

Tower Crane

거푸집
(재질, 용접상태, 볼트 등 확인)

로프 파단

*주탑(pylon): 일탑형, 이탑형, A형, 수정 A형, Diamond형, Delta형

장비 및 가설구조물 반입 전 구조적 안전성 확인
(부재 결함, 손상 여부 등)

철근조립작업 시 작업발판 설치

개인보호구 착용

안전한 승강통로 확보

근로자 건강상태 확인

주탑 안전작업

주탑 일반구간 시공
↓
Climbing Form 설치
↓
철근배근 및 Con'c 타설
↓
Climbing Form 탈형 및 인상
↓
주탑 일반구간 시공

반복

현장타설 말뚝공사 안전
- 작업 전 관리감독자 지정/지휘
- 개인보호구 착용(안전모, 안전대, 수상구명복 등)
- 가설장비 사전안전점검
- 위험기계·기구, 방호장치 점검
- 작업 전 작업통로, 안전방망, 안전난간 설치상태 확인
- 근골격계질환 예방(휴식 등)

T/C 및 자체 유압시스템

현장타설 말뚝기초 시공
- 케이싱 제작/반입
- 케이싱 항타
- RCD 천공
- 슬라임 제거
- 철근망 조립
- 철근망 건입
- 콘크리트 타설
- 케이싱 인발
- 콘크리트 양생
- 두부 정리

철근가공기계 외함 접지 확인

신호수 배치

RCD(Reverse Circulation Drill) Pile

시스템 거푸집

낙하 비래

상판

추락

Lift

주탑

해상크레인

Lift

익사

기초판

작업장 정리정돈

위험구역 출입통제

잠수병

[잠수작업]

해상작업선, 바지선작업 안전
- 구명조끼, 구명튜브, 구호장비 비치
- 순간풍속 15m/sec 이상, 강우량 10mm/hr 이상, 시계 1km 이하로 안개가 짙을 때 작업중지
- 조류 2~4노트 이상일 때 작업중지
- 작업한계파고 확인

관리감독자 배치

위험기계기구 방호장치 점검

개인부양장치 PFD 비치
(Personal Floating Device)

방현재(fender) 설치

바지선

잠수작업 안전
- 잠수작업 시 장비 확인(컴프레서, 예비공기조, 공기청정기, 유량계, 공기호스, 신호밧줄압력조정기 등)
- 잠수부 정기건강진단: 1회/6개월
- 감시원 배치
- 야간작업 시 작업표지판 설치
- 수중작업 시 연락체계 수립(수중전화 등)
- 잠수용 산소통 공병과 실병 구분 관리
- 10m 이상 잠수 시 시계, 칼, 나침반, 수심측정기 등 지급

❸ 사장교(Cable Stayed Bridge, 斜張橋) 작업 Ⅱ

*사장교: 거더교의 하중을 케이블로 지지하는 형식으로, 현수교보다는
비교적 짧은 경간에 사용되며 대표적인 장대교량이다. 현수교보다는
강성이 크며 거더에 압축력이 작용한다.

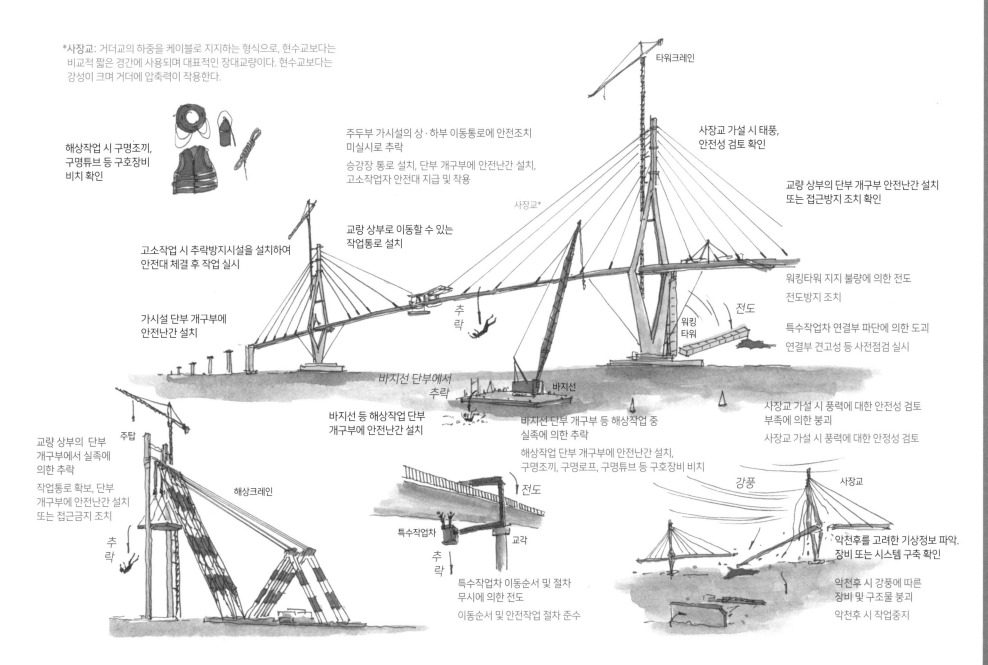

해상작업 시 구명조끼,
구명튜브 등 구호장비
비치 확인

주두부 가시설의 상·하부 이동통로에 안전조치
미실시로 추락

승강장 통로 설치, 단부 개구부에 안전난간 설치,
고소작업자 안전대 지급 및 착용

사장교 가설 시 태풍,
안전성 검토 확인

교량 상부의 단부 개구부 안전난간 설치
또는 접근방지 조치 확인

사장교*

타워크레인

교량 상부로 이동할 수 있는
작업통로 설치

고소작업 시 추락방지시설을 설치하여
안전대 체결 후 작업 실시

워킹타워 지지 불량에 의한 전도

전도방지 조치

가시설 단부 개구부에
안전난간 설치

추락

전도

워킹
타워

특수작업차 연결부 파단에 의한 도괴

연결부 견고성 등 사전점검 실시

바지선 단부에서
추락

바지선

바지선 등 해상작업 단부
개구부에 안전난간 설치

바지선 단부 개구부 등 해상작업 중
실족에 의한 추락

사장교 가설 시 풍력에 대한 안전성 검토
부족에 의한 붕괴

사장교 가설 시 풍력에 대한 안정성 검토

교량 상부의 단부
개구부에서 실족에
의한 추락

작업통로 확보, 단부
개구부에 안전난간 설치
또는 접근금지 조치

주탑

해상크레인

해상작업 단부 개구부에 안전난간 설치,
구명조끼, 구명로프, 구명튜브 등 구호장비 비치

강풍

사장교

추락

특수작업차

전도

교각

추락

악천후를 고려한 기상정보 파악.
장비 또는 시스템 구축 확인

특수작업차 이동순서 및 절차
무시에 의한 전도

이동순서 및 안전작업 절차 준수

악천후 시 강풍에 따른
장비 및 구조물 붕괴

악천후 시 작업중지

❹ 현수교(Suspension Bridge, 懸垂橋) 작업 I

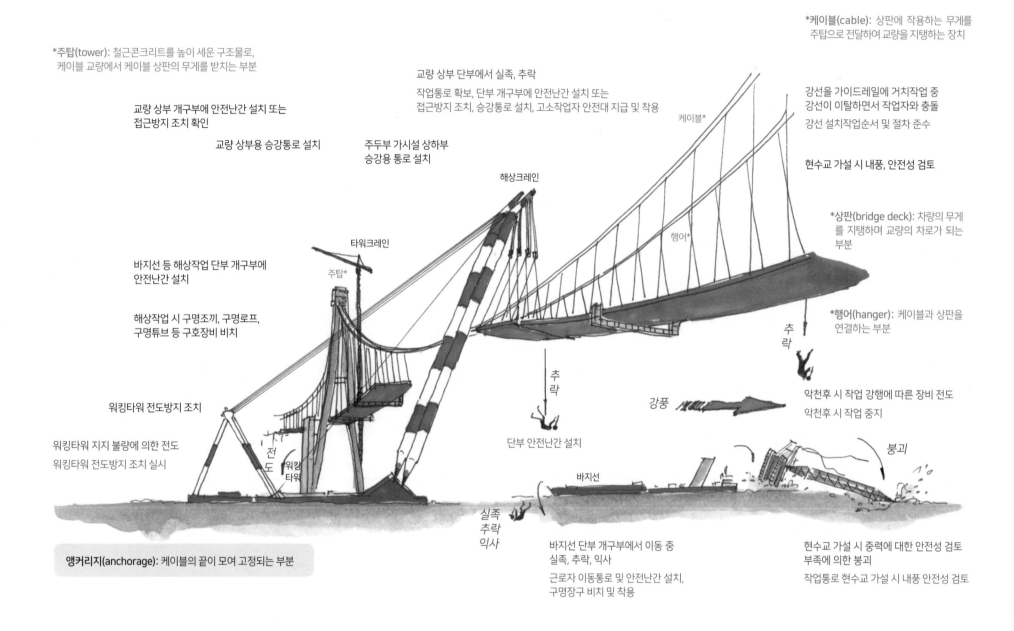

*케이블(cable): 상판에 작용하는 무게를 주탑으로 전달하여 교량을 지탱하는 장치

*주탑(tower): 철근콘크리트를 높이 세운 구조물로, 케이블 교량에서 케이블 상판의 무게를 받치는 부분

교량 상부 단부에서 실족, 추락

작업통로 확보, 단부 개구부에 안전난간 설치 또는 접근방지 조치, 승강통로 설치, 고소작업자 안전대 지급 및 착용

강선을 가이드레일에 거치작업 중 강선이 이탈하면서 작업자와 충돌

강선 설치작업순서 및 절차 준수

교량 상부 개구부에 안전난간 설치 또는 접근방지 조치 확인

교량 상부용 승강통로 설치

주두부 가시설 상하부 승강용 통로 설치

케이블*

현수교 가설 시 내풍, 안전성 검토

해상크레인

행어*

*상판(bridge deck): 차량의 무게를 지탱하며 교량의 차로가 되는 부분

타워크레인

바지선 등 해상작업 단부 개구부에 안전난간 설치

주탑*

*행어(hanger): 케이블과 상판을 연결하는 부분

추락

해상작업 시 구명조끼, 구명로프, 구명튜브 등 구호장비 비치

추락

악천후 시 작업 강행에 따른 장비 전도

악천후 시 작업 중지

워킹타워 전도방지 조치

강풍

전도

워킹타워

붕괴

워킹타워 지지 불량에 의한 전도
워킹타워 전도방지 조치 실시

단부 안전난간 설치

바지선

현수교 가설 시 중력에 대한 안전성 검토 부족에 의한 붕괴

작업통로 현수교 가설 시 내풍 안전성 검토

실족
추락
익사

앵커리지(anchorage): 케이블의 끝이 모여 고정되는 부분

바지선 단부 개구부에서 이동 중 실족, 추락, 익사

근로자 이동통로 및 안전난간 설치, 구명장구 비치 및 착용

❺ 현수교(Suspension Bridge, 懸垂橋) 작업 Ⅱ

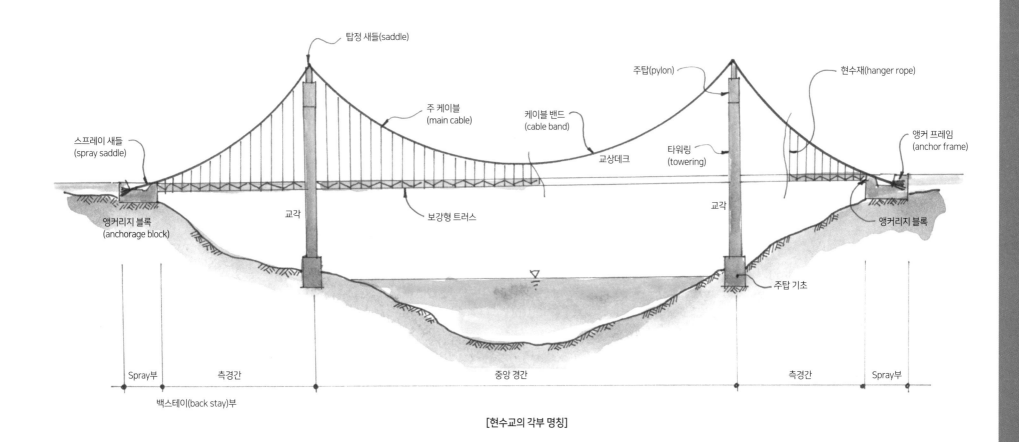

탑정 새들(saddle)

주탑(pylon)

현수재(hanger rope)

주 케이블
(main cable)

케이블 밴드
(cable band)

스프레이 새들
(spray saddle)

타워링
(towering)

앵커 프레임
(anchor frame)

교상데크

보강형 트러스

앵커리지 블록
(anchorage block)

교각

교각

앵커리지 블록

주탑 기초

Spray부

측경간

중앙 경간

측경간

Spray부

백스테이(back stay)부

[현수교의 각부 명칭]

❻ FCM(Free Cantilever Method) 공법(캔틸레버공법) 작업 Ⅰ

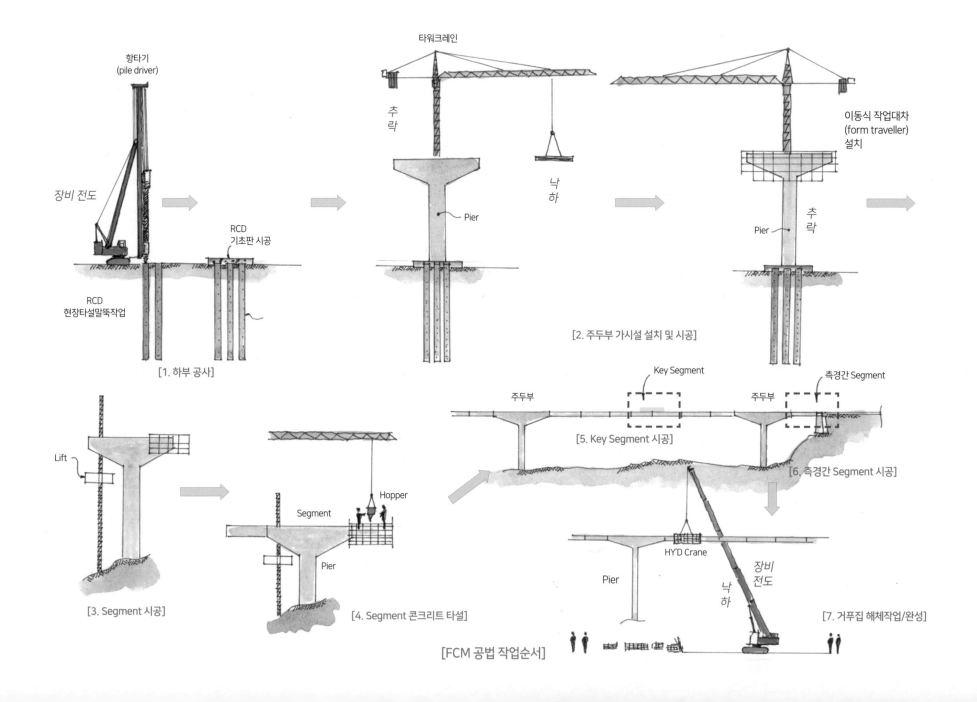

항타기
(pile driver)

장비 전도

RCD
기초판 시공

RCD
현장타설말뚝작업

[1. 하부 공사]

타워크레인

추락

낙하

Pier

[2. 주두부 가시설 설치 및 시공]

이동식 작업대차
(form traveller)
설치

Pier

추락

Lift

[3. Segment 시공]

Hopper

Segment

Pier

[4. Segment 콘크리트 타설]

Key Segment

주두부

측경간 Segment

주두부

[5. Key Segment 시공]

[6. 측경간 Segment 시공]

Pier

HY'D Crane

낙하

장비
전도

[7. 거푸집 해체작업/완성]

[FCM 공법 작업순서]

❼ FCM(Free Cantilever Method) 공법(캔틸레버공법) 작업 Ⅱ

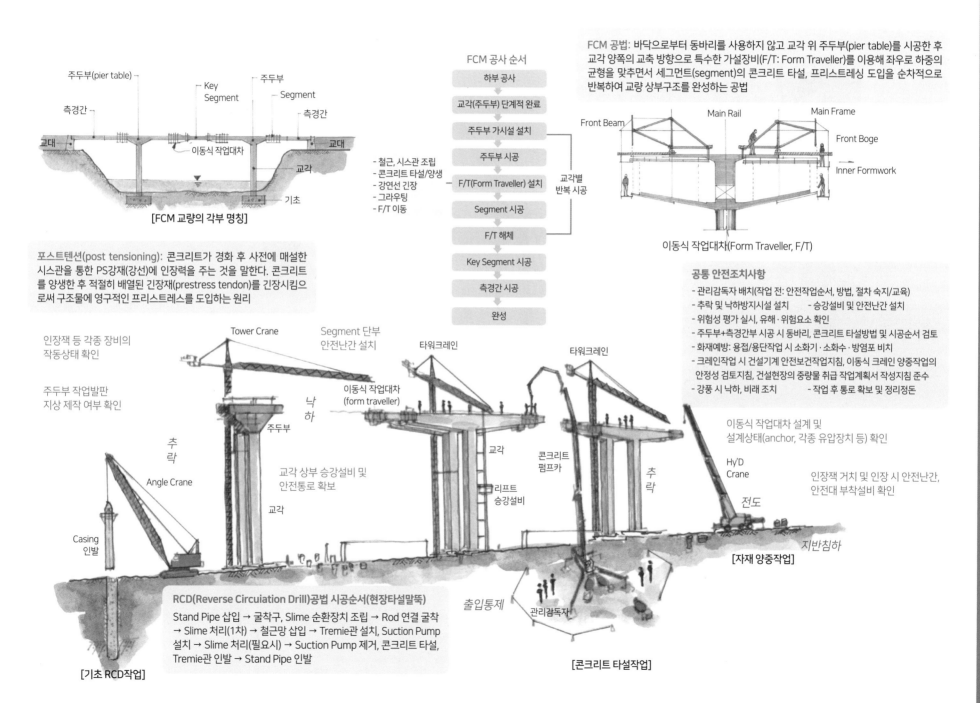

[FCM 교량의 각부 명칭]

주두부(pier table) · Key Segment · 주두부 · Segment · 측경간 · 측경간 · 교대 · 이동식 작업대차 · 교각 · 기초

FCM 공사 순서

- 하부 공사
- 교각(주두부) 단계적 완료
- 주두부 가시설 설치
- 주두부 시공
- F/T(Form Traveller) 설치 — 철근, 시스관 조립 / 콘크리트 타설/양생 / 강연선 긴장 / 그라우팅 / F/T 이동
- Segment 시공 ⟶ 교각별 반복 시공
- F/T 해체
- Key Segment 시공
- 측경간 시공
- 완성

포스트텐션(post tensioning): 콘크리트가 경화 후 사전에 매설한 시스관을 통한 PS강재(강선)에 인장력을 주는 것을 말한다. 콘크리트를 양생한 후 적절히 배열된 긴장재(prestress tendon)를 긴장시킴으로써 구조물에 영구적인 프리스트레스를 도입하는 원리

FCM 공법: 바닥으로부터 동바리를 사용하지 않고 교각 위 주두부(pier table)를 시공한 후 교각 양쪽의 교축 방향으로 특수한 가설장비(F/T: Form Traveller)를 이용해 좌우로 하중의 균형을 맞추면서 세그먼트(segment)의 콘크리트 타설, 프리스트레싱 도입을 순차적으로 반복하여 교량 상부구조를 완성하는 공법

Front Beam · Main Rail · Main Frame · Front Boge · Inner Formwork

이동식 작업대차(Form Traveller, F/T)

공통 안전조치사항
- 관리감독자 배치(작업 전: 안전작업순서, 방법, 절차 숙지/교육)
- 추락 및 낙하방지시설 설치   - 승강설비 및 안전난간 설치
- 위험성 평가 실시, 유해·위험요소 확인
- 주두부+측경간부 시공 시 동바리, 콘크리트 타설방법 및 시공순서 검토
- 화재예방: 용접/용단작업 시 소화기·소화수·방염포 비치
- 크레인작업 시 건설기계 안전보건작업지침, 이동식 크레인 양중작업의 안정성 검토지침, 건설현장의 중량물 취급 작업계획서 작성지침 준수
- 강풍 시 낙하, 비래 조치   - 작업 후 통로 확보 및 정리정돈

인장잭 등 각종 장비의 작동상태 확인

주두부 작업발판 지상 제작 여부 확인

Tower Crane · Segment 단부 안전난간 설치 · 타워크레인 · 타워크레인

낙하 · 추락 · 주두부 · Angle Crane · Casing 인발

이동식 작업대차 (form traveller)

교각 상부 승강설비 및 안전통로 확보 · 교각

교각 · 리프트 승강설비 · 콘크리트 펌프카 · 추락 · Hy'D Crane · 전도 · 지반침하

이동식 작업대차 설계 및 설계상태(anchor, 각종 유압장치 등) 확인

인장잭 거치 및 인장 시 안전난간, 안전대 부착설비 확인

[자재 양중작업]

RCD(Reverse Circuiation Drill)공법 시공순서(현장타설말뚝)
Stand Pipe 삽입 → 굴착구, Slime 순환장치 조립 → Rod 연결 굴착 → Slime 처리(1차) → 철근망 삽입 → Tremie관 설치, Suction Pump 설치 → Slime 처리(필요시) → Suction Pump 제거, 콘크리트 타설, Tremie관 인발 → Stand Pipe 인발

출입통제 · 관리감독자

[기초 RCD작업]

[콘크리트 타설작업]

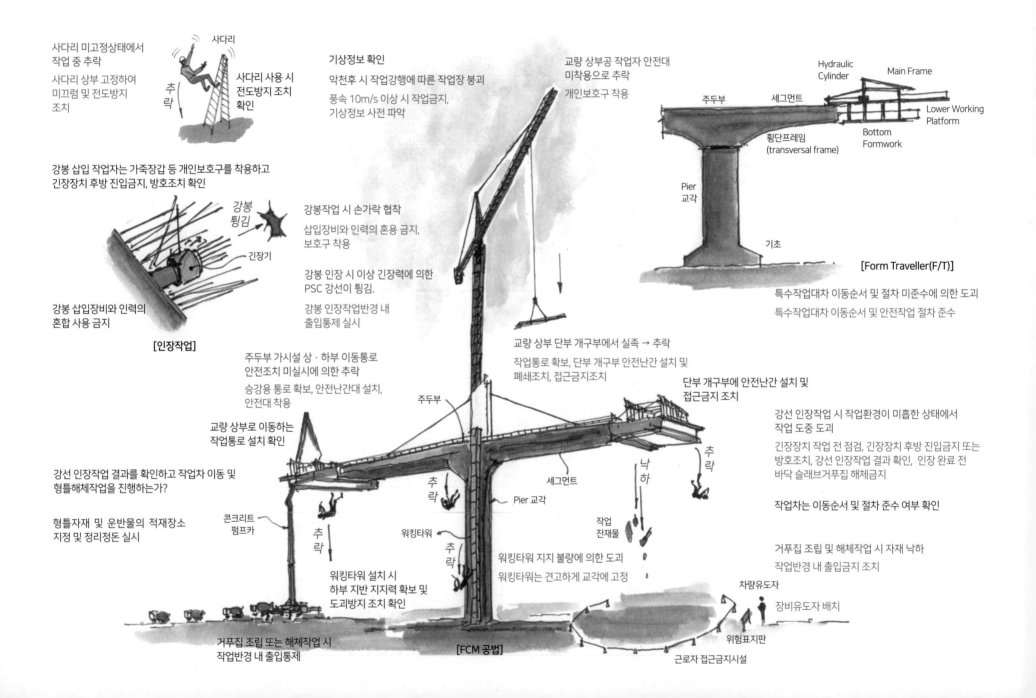

사다리 미고정상태에서
작업 중 추락
사다리 상부 고정하여
미끄럼 및 전도방지
조치

사다리

추락

사다리 사용 시
전도방지 조치
확인

기상정보 확인
악천후 시 작업강행에 따른 작업장 붕괴
풍속 10m/s 이상 시 작업금지,
기상정보 사전 파악

교량 상부공 작업자 안전대
미착용으로 추락
개인보호구 착용

Hydraulic
Cylinder

Main Frame

주두부   세그먼트

Lower Working
Platform

Pier
교각

횡단프레임
(transversal frame)

Bottom
Formwork

기초

강봉 삽입 작업자는 가죽장갑 등 개인보호구를 착용하고
긴장장치 후방 진입금지, 방호조치 확인

강봉
튕김

긴장기

강봉 삽입장비와 인력의
혼합 사용 금지

[인장작업]

강봉작업 시 손가락 협착
삽입장비와 인력의 혼용 금지,
보호구 착용

강봉 인장 시 이상 긴장력에 의한
PSC 강선이 튕김.
강봉 인장작업반경 내
출입통제 실시

[Form Traveller(F/T)]

특수작업대차 이동순서 및 절차 미준수에 의한 도괴
특수작업대차 이동순서 및 안전작업 절차 준수

주두부 가시설 상·하부 이동통로
안전조치 미실시에 의한 추락
승강용 통로 확보, 안전난간대 설치,
안전대 착용

주두부

교량 상부로 이동하는
작업통로 설치 확인

교량 상부 단부 개구부에서 실족 → 추락
작업통로 확보, 단부 개구부 안전난간 설치 및
폐쇄조치, 접근금지조치

단부 개구부에 안전난간 설치 및
접근금지 조치

강선 인장작업 시 작업환경이 미흡한 상태에서
작업 도중 도괴

긴장장치 작업 전 점검, 긴장장치 후방 진입금지 또는
방호조치, 강선 인장작업 결과 확인, 인장 완료 전
바닥 슬래브거푸집 해체금지

강선 인장작업 결과를 확인하고 작업차 이동 및
형틀해체작업을 진행하는가?

형틀자재 및 운반물의 적재장소
지정 및 정리정돈 실시

콘크리트
펌프카

추락

추락

세그먼트

Pier 교각

추락

낙하

추락

워킹타워

작업
잔재물

워킹타워 지지 불량에 의한 도괴
워킹타워는 견고하게 교각에 고정

작업차는 이동순서 및 절차 준수 여부 확인

거푸집 조립 및 해체작업 시 자재 낙하
작업반경 내 출입금지 조치

워킹타워 설치 시
하부 지반 지지력 확보 및
도괴방지 조치 확인

거푸집 조립 또는 해체작업 시
작업반경 내 출입통제

[FCM 공법]

차량유도자

장비유도자 배치

위험표지판

근로자 접근금지시설

❾ PSC 박스교량: ILM(Incremental Launching Method) 공법(연속압출공법) 작업 Ⅰ

ILM 공법(연속압출공법)

교대측에 거더제작장을 만들고, 10~30m의 블록으로 분할하여 콘크리트를 이어쳐서 교량거더를 제작하여 압출장치에 의해 박스거더를 다음 교각으로 밀어내는 공법이다. 제작장에서 만드는 거더는 품질관리가 용이하고 하부 지형에 영향을 받지 않아 주로 높은 교각이나 강 또는 바다를 통과하는 구간에 적용한다. 다만, 직선이나 원곡선부에만 적용이 가능하며, 제작장비용이 많이 소요되기 때문에 연장이 800~1,000m 이상이면 경제성이 좋다. 또한 FSM공법에 비하여 강연선이 많이 소요된다.

ILM 공법(Incremental Launching Method)

교량의 상부 구조를 한쪽 교대의 후방에 설치된 제작장(casting yard)에서 지간의 1/2 또는1/3 길이의 세그먼트를 포스트텐션방식을 적용하여 생산하고, 교축 방향으로 밀어 점차적으로 교량을 가설하는 방법

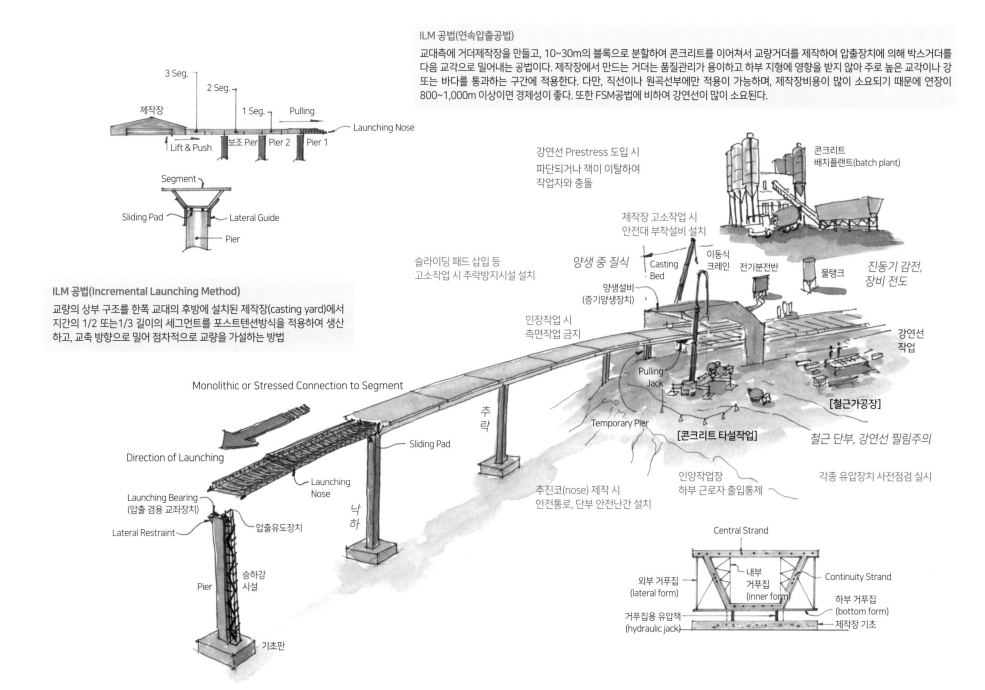

⑩ PSC 박스교량: ILM(Incremental Launching Method) 공법(연속압출공법) 작업 Ⅱ

크레인 안전수칙

- 지정운전원 배치
- 개인보호구 착용
- 안전장치를 임의로 제거 또는 변경 금지
- 크레인 운전 시 급운전, 급정지, 급강하, 급상승 금지
- 정격 인양하중 준수

ILM 공법(연속압출공법, Incremental Launching Method)

교량의 가설방식 중 하나로, 교량의 상부 구조물을 교량의 시작점이나 첫 번째 교각 인근의 제작장에서 거더(세그먼트) 제작장을 만들고 10~30m 단위의 길이로 콘크리트를 타설하면서 교량 상판을 제작하여 압출장치를 통하여 이 박스형태의 상판을 다음 위치의 교각으로 밀어내는 공법

안전대
안전모   보안경   안전화
개인보호구 착용 여부 확인

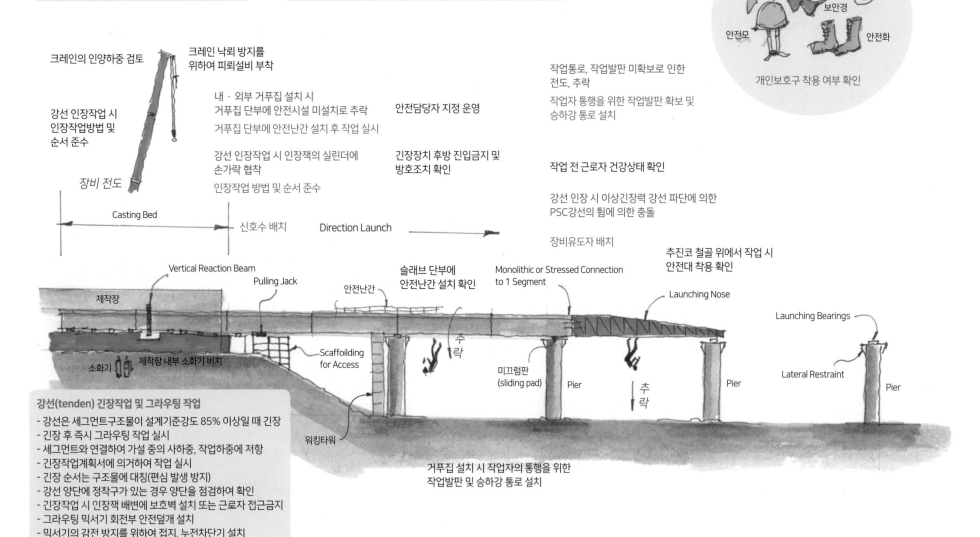

크레인의 인양하중 검토

크레인 낙뢰 방지를 위하여 피뢰설비 부착

강선 인장작업 시 인장작업방법 및 순서 준수

내·외부 거푸집 설치 시 거푸집 단부에 안전시설 미설치로 추락
거푸집 단부에 안전난간 설치 후 작업 실시

강선 인장작업 시 인장잭의 실린더에 손가락 협착
인장작업 방법 및 순서 준수

안전담당자 지정 운영

긴장장치 후방 진입금지 및 방호조치 확인

작업통로, 작업발판 미확보로 인한 전도, 추락
작업자 통행을 위한 작업발판 확보 및 승하강 통로 설치

작업 전 근로자 건강상태 확인

강선 인장 시 이상긴장력 강선 파단에 의한 PSC강선의 튐에 의한 충돌

장비유도자 배치

추진코 철골 위에서 작업 시 안전대 착용 확인

장비 전도

Casting Bed

신호수 배치

Direction Launch

Vertical Reaction Beam

Pulling Jack

안전난간

슬래브 단부에 안전난간 설치 확인

Monolithic or Stressed Connection to 1 Segment

Launching Nose

Launching Bearings

제작장

소화기   제작장 내부 소화기 비치

Scaffoilding for Access

추락

미끄럼판 (sliding pad)

Pier

추락

Pier

Lateral Restraint

Pier

워킹타워

거푸집 설치 시 작업자의 통행을 위한 작업발판 및 승하강 통로 설치

강선(tenden) 긴장작업 및 그라우팅 작업

- 강선은 세그먼트구조물이 설계기준강도 85% 이상일 때 긴장
- 긴장 후 즉시 그라우팅 작업 실시
- 세그먼트와 연결하여 가설 중의 사하중, 작업하중에 저항
- 긴장작업계획서에 의거하여 작업 실시
- 긴장 순서는 구조물에 대칭(편심 발생 방지)
- 강선 양단에 정착구가 있는 경우 양단을 점검하여 확인
- 긴장작업 시 인장잭 배변에 보호벽 설치 또는 근로자 접근금지
- 그라우팅 믹서기 회전부 안전덮개 설치
- 믹서기의 감전 방지를 위하여 접지, 누전차단기 설치

⓫ MSS(Movable Scaffolding System) 공법(이동식 비계공법) 작업 Ⅰ

MSS(이동식 지보공)는 지상의 동바리를 없애는 대신 거푸집이 부착된 특수이동식 지보인 비계보와 추진보를 이용하여 교각 위에서 이동하면서 교량을 가설하는공법으로, 주로 50~60m 지간에 적용한다.

MSS는 Main girder를 교각상에 놓인 지지 브래킷에 거치하고, Main girder 위에 거푸집을 얹어 콘크리트를 타설하고, 타설된 콘크리트가 소정의 강도에 도달하면 PC강재를 이용하여 프리스트레스를 도입한 후, 거푸집을 이탈시켜 지지 브래킷 위의 이동장비에 의해 다음 경간으로 이동하여 시공한다.

ILM이나 FCM에 비해 강선이 적으며 하부 지형에 영향을 받지 않고 시공할 수 있으며 교각이 높을수록 경제적이다. 그러나 MSS 장비가 고가여서 경간 수가 적고 연장이 짧은 경우는 비경제적이다.

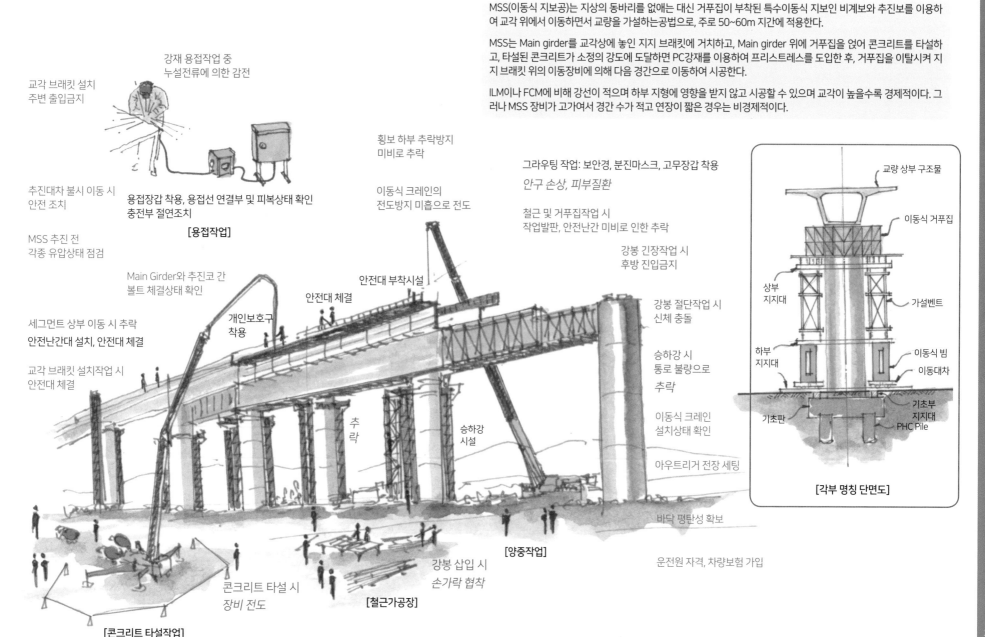

교각 브래킷 설치 주변 출입금지

강재 용접작업 중 누설전류에 의한 감전

추진대차 불시 이동 시 안전 조치

용접장갑 착용, 용접선 연결부 및 피복상태 확인 충전부 절연조치

MSS 추진 전 각종 유압상태 점검

[용접작업]

Main Girder와 추진코 간 볼트 체결상태 확인

세그먼트 상부 이동 시 추락
안전난간대 설치, 안전대 체결

개인보호구 착용

교각 브래킷 설치작업 시 안전대 체결

안전대 체결

추락

승하강 시설

[콘크리트 타설작업]

콘크리트 타설 시 장비 전도

강봉 삽입 시 손가락 협착

[철근가공장]

횡보 하부 추락방지 미비로 추락

이동식 크레인의 전도방지 미흡으로 전도

안전대 부착시설

그라우팅 작업: 보안경, 분진마스크, 고무장갑 착용
안구 손상, 피부질환

철근 및 거푸집작업 시 작업발판, 안전난간 미비로 인한 추락

강봉 긴장작업 시 후방 진입금지

강봉 절단작업 시 신체 충돌

승하강 시 통로 불량으로 *추락*

이동식 크레인 설치상태 확인

아웃트리거 전장 세팅

[양중작업]

바닥 평탄성 확보

운전원 자격, 차량보험 가입

교량 상부 구조물

이동식 거푸집

가설벤트

상부 지지대

이동식 빔

하부 지지대

이동대차

기초판

기초부 지지대 PHC Pile

[각부 명칭 단면도]

⑫ MSS(Movable Scaffolding System) 공법(이동식 비계공법) 작업 Ⅱ

강봉 인장 시 이상긴장력에 의해
PSC강선이 튐.

긴장장치작업 전 점검, 긴장장치
후방 진입금지 또는 방호조치

강봉 삽입 시 삽입 불량에 따른
인력조정작업에 의한 손가락 협착

강봉 인력작업 중 가죽장갑 등
개인보호구 착용

그라우팅 재료에 안구 손상,
피부질환 발생

그라우팅 재료에 노출되지 않도록
보안경 · 분진마스크 · 고무장갑 등
개인보호구 착용

강봉 커팅작업 시 강봉이 튀어 신체 충돌

강봉 커팅작업 전 강봉의 응력 제거

강봉이 튐

협착

교각브래킷 설치 후
작업발판, 안전난간 설치

[강봉 삽입작업]

내 · 외 거푸집 승하강 이동통로 설치
불량에 의한 추락

작업 개소에 적합한 승하강통로
설치 운용

이동식 크레인

콘크리트 펌프카

Rear
Cross Beam

교각 브래킷에 안전 가시설
미설치로 추락

교각 브래킷 설치 후 작업발판,
안전난간, 사다리 등 설치

**슬래브 단부
추락방호 조치**

Hand Rail

유도
로프

Pier Bracket

Outer Formwork

추
락

추락방호망

Main Box Girder

Truss Girder

횡보 하부에 추락방호 조치 미흡

횡보 하부에 추락방지시설 설치

Lifting & Moving
Unit

**횡보 하부에
추락방호망 설치**

Gang Way

접근금지시설

추
락

Nose

워킹타워

- 주두부 안전가시설 설치
- 이동식 비계 설치/해체 순서 준수
- 교량 상부 이동통로 전도방지 조치
- 이동식 크레인 전도방지 조치

내 · 외부 거푸집 승하강통로 설치
적합 여부 확인

세그먼트 상부에서 이동 중
단부 개구부에서 추락

이동통로를 세그먼트 중앙으로 설치
단부에 안전난간대 설치

접근금지
시설

장비 전도

주두부 작업발판,
안전난간 설치 확인

교량 상판 시공 시
시공순서 준수

안전난간

지반침하, 중량물 인양에
따른 크레인 전도위험 확인

신호수

위험작업
안내표지판

장비세팅자리
지지력 확인

장비유도자 배치

누전

이동식 비계
해체작업 순서 준수

승강용 통로의 전도방지 조치

이동식 비계 위에서 이동, 연결작업 시
안전대 부착설비 및 안전대 착용 여부 확인

[강재 용접작업]

추
락

강재용접작업 중 누설전류에 의한 감전

용접장갑 착용, 용접선의 연결부 또는
피복의 손상상태 확인, 충전부 절연 조치

벽체 철근조립 및 형틀작업 시
작업발판 및 안전난간 미설치로 추락

철근 및 형틀작업 시 작업발판 및 안전난간 설치

⓭ MSS(Movable Scaffolding System) 공법(이동식 비계공법) 작업 Ⅲ

MSS(Movable Scaffolding System)

지상의 동바리를 없애는 대신 거푸집이 부착된 특수 이동식 지보인 비계보와 추진보를 이용하여 교각 위에서 이동하면서 교량을 가설하는 공법으로, 주로 50~60m 지간에 적용함.

MSS 공법 시공순서

1. Outer Form Setting을 위한 Launching
2. Outer Form 설치 후 Camber 확인
3. 시스관 설치 및 철근 조립
4. Inner Form 이동을 위한 Rail 설치
5. Inner Form Setting
6. 슬래브 철근 조립
7. 콘크리트 타설
8. PSC강선 인장
9. 반복작업

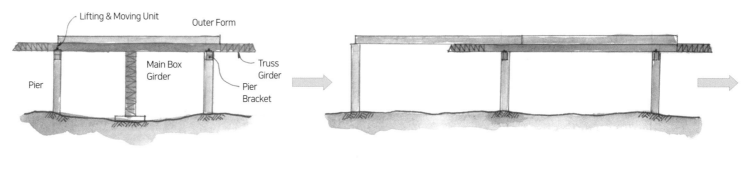

반복 시공

[MSS 공법 장단점]

장점	단점
- 동바리공이 필요 없으며 교량의 하부 지형조건과 무관 - 기계화 시공으로 공기단축이 가능하고 안전성 확보 - 반복 공정으로 성력화(省力化) 가능 - 장대교에 유리	- 이동식 비계중량이 크고 장비 제작비 고가 - 초기투자비 큼 - 변화 단면 적용이 곤란 - 소규모 교량은 비경제적

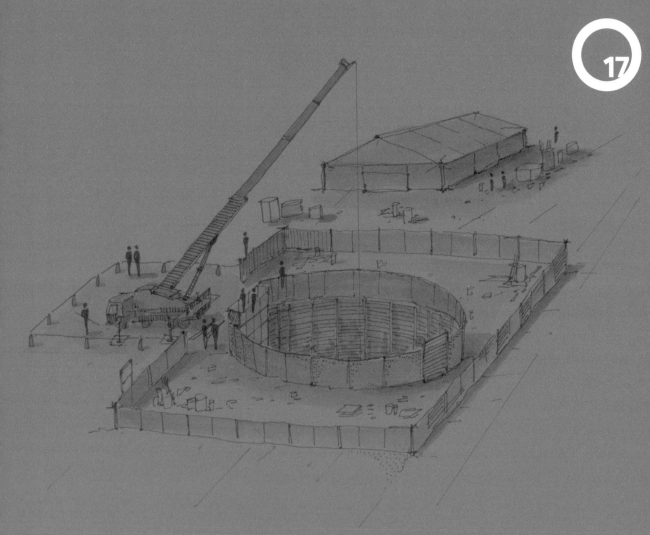

수직구(垂直口)작업
터널 굴착작업에서 디널 환기시설, 지히터널과 수직 연결통로 설치 등을 위해
지반을 수직으로 굴착하는 작업

17 수직구작업

❶ 수직구작업 주요 재해사례 [핵심 통계자료: 재해가 발생하는 빈도와 강도는 보강·굴착·토사반출 작업 시 가장 높다.]

- 토류판을 상부 지면에서 하부 작업장으로 던져서 하부 근로자 맞음.
- 사다리를 타고 토류판을 설치하다가 사다리 전도에 의한 추락
- 토류판을 1줄걸이로 결속하고 내리다가 토류판이 탈락, 낙하
- 수직구 상부의 단부 개구부에서 작업 도중 실족하여 추락

- 작업장에서 토류판 설치작업 중 배면토사 붕괴로 매몰
- 천공장비에 그리스 주입작업 중 물에 젖은 지반에서 미끄러짐.
- 클램셀 버킷이 하강하여 하부의 작업자와 충돌
- 그라우팅 작업 중 고압호스 파열에 의한 그라우팅 재료 비산

- 그라우팅 혼합기 내부에 끼인 덩어리를 제거하다가 기계에 손가락 협착
- 천공장비 보수작업 중 갑작스러운 운전으로 벨트 사이에 손가락 협착

☑ 주요 안전관리 포인트: 수직터널 형성을 위한 천공·발파·버럭처리 등 수직구를 형성해 나가는 과정에서 붕괴·추락 등의 위험이 있다.

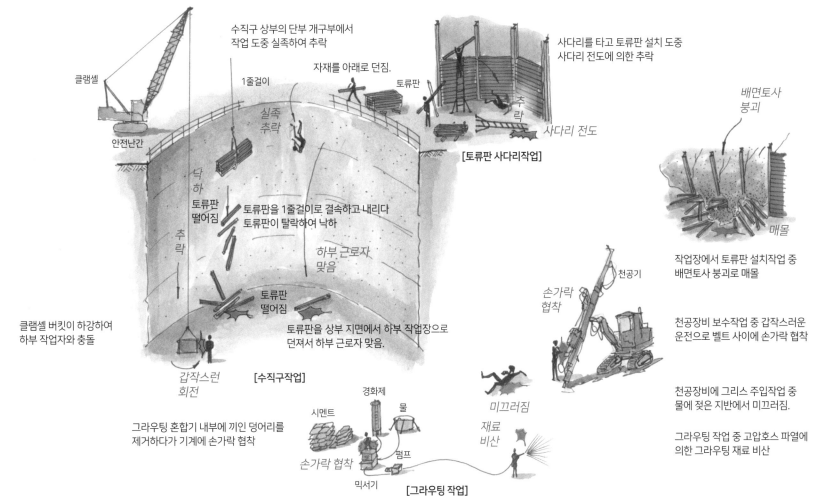

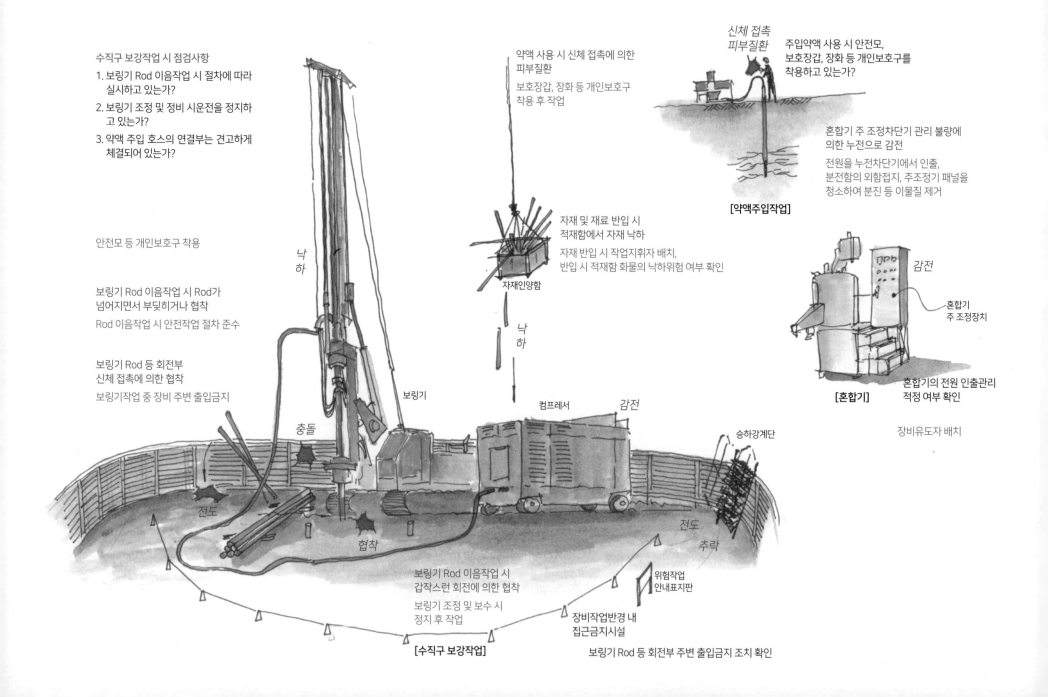

수직구 보강작업 시 점검사항

1. 보링기 Rod 이음작업 시 절차에 따라 실시하고 있는가?
2. 보링기 조정 및 정비 시운전을 정지하고 있는가?
3. 약액 주입 호스의 연결부는 견고하게 체결되어 있는가?

안전모 등 개인보호구 착용

보링기 Rod 이음작업 시 Rod가 넘어지면서 부딪히거나 협착
Rod 이음작업 시 안전작업 절차 준수

보링기 Rod 등 회전부 신체 접촉에 의한 협착
보링기작업 중 장비 주변 출입금지

약액 사용 시 신체 접촉에 의한 피부질환
보호장갑, 장화 등 개인보호구 착용 후 작업

신체 접촉 피부질환

주입약액 사용 시 안전모, 보호장갑, 장화 등 개인보호구를 착용하고 있는가?

[약액주입작업]

혼합기 주 조정차단기 관리 불량에 의한 누전으로 감전
전원을 누전차단기에서 인출, 분전함의 외함접지, 주조정기 패널을 청소하여 분진 등 이물질 제거

자재 및 재료 반입 시 적재함에서 자재 낙하
자재 반입 시 작업지휘자 배치, 반입 시 적재함 화물의 낙하위험 여부 확인

자재인양함

낙하

낙하

낙하

보링기

충돌

전도

협착

컴프레서

감전

승하강계단

전도

추락

감전

혼합기 주 조정장치

[혼합기]

혼합기의 전원 인출관리 적정 여부 확인

장비유도자 배치

보링기 Rod 이음작업 시 갑작스런 회전에 의한 협착
보링기 조정 및 보수 시 정지 후 작업

위험작업 안내표지판

장비작업반경 내 접근금지시설

[수직구 보강작업]

보링기 Rod 등 회전부 주변 출입금지 조치 확인

❸ 수직구 굴착작업

수직구 굴착작업 시 점검사항

1. 굴착작업 절차서에 따라 작업하고 있는가?

2. 굴착작업 전 매설물 여부 확인 후 작업하고 있는가?

3. 굴착 상·하부 간에 신호체계가 확립되어 있는가?

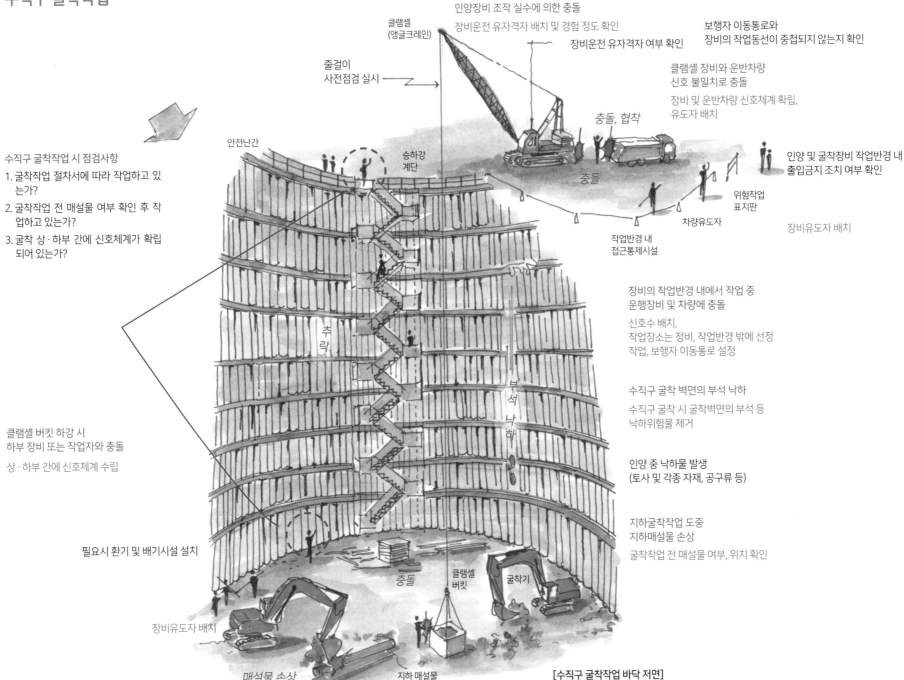

인양장비 조작 실수에 의한 충돌

장비운전 유자격자 배치 및 경험 정도 확인

장비운전 유자격자 여부 확인

보행자 이동통로와
장비의 작업동선이 중첩되지 않는지 확인

클램셸
(앵글크레인)

줄걸이
사전점검 실시

클램셸 장비와 운반차량
신호 불일치로 충돌

장비 및 운반차량 신호체계 확립,
유도자 배치

충돌, 협착

충돌

인양 및 굴착장비 작업반경 내
출입금지 조치 여부 확인

안전난간

승하강
계단

위험작업
표지판

차량유도자

장비유도자 배치

작업반경 내
접근통제시설

추락

장비의 작업반경 내에서 작업 중
운행장비 및 차량에 충돌

신호수 배치,
작업장소는 정비, 작업반경 밖에 선정
작업, 보행자 이동통로 설정

부석낙하

수직구 굴착 벽면의 부석 낙하

수직구 굴착 시 굴착벽면의 부석 등
낙하위험물 제거

클램셸 버킷 하강 시
하부 장비 또는 작업자와 충돌

상·하부 간에 신호체계 수립

인양 중 낙하물 발생
(토사 및 각종 자재, 공구류 등)

지하굴착작업 도중
지하매설물 손상

굴착작업 전 매설물 여부, 위치 확인

필요시 환기 및 배기시설 설치

충돌

클램셸
버킷

굴착기

장비유도자 배치

매설물 손상

지하 매설물

[수직구 굴착작업 바닥 저면]

❹ 수직구 토사반출작업

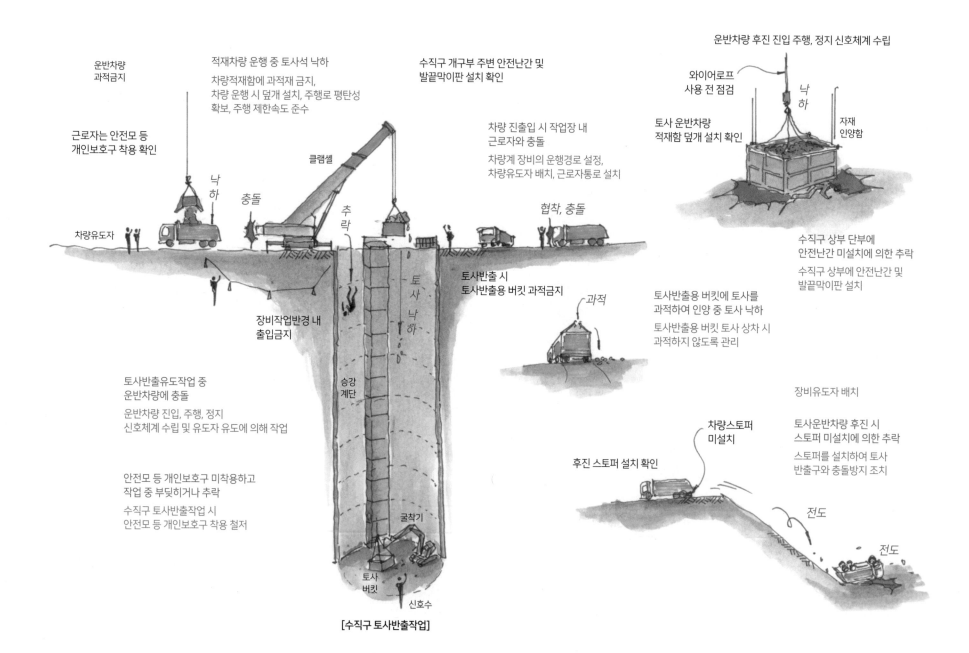

운반차량 후진 진입 주행, 정지 신호체계 수립

와이어로프
사용 전 점검

낙
하

토사 운반차량
적재함 덮개 설치 확인

자재
인양함

운반차량
과적금지

적재차량 운행 중 토사석 낙하

차량적재함에 과적재 금지,
차량 운행 시 덮개 설치, 주행로 평탄성
확보, 주행 제한속도 준수

수직구 개구부 주변 안전난간 및
발끝막이판 설치 확인

근로자는 안전모 등
개인보호구 착용 확인

차량 진출입 시 작업장 내
근로자와 충돌

차량계 장비의 운행경로 설정,
차량유도자 배치, 근로자통로 설치

클램셸

낙
하

충돌

추
락

협착, 충돌

차량유도자

토
사
낙
하

토사반출 시
토사반출용 버킷 과적금지

수직구 상부 단부에
안전난간 미설치에 의한 추락

수직구 상부에 안전난간 및
발끝막이판 설치

과적

장비작업반경 내
출입금지

토사반출용 버킷에 토사를
과적하여 인양 중 토사 낙하

토사반출용 버킷 토사 상차 시
과적하지 않도록 관리

승강
계단

토사반출유도작업 중
운반차량에 충돌

운반차량 진입, 주행, 정지
신호체계 수립 및 유도자 유도에 의해 작업

장비유도자 배치

차량스토퍼
미설치

토사운반차량 후진 시
스토퍼 미설치에 의한 추락

스토퍼를 설치하여 토사
반출구와 충돌방지 조치

안전모 등 개인보호구 미착용하고
작업 중 부딪히거나 추락

수직구 토사반출작업 시
안전모 등 개인보호구 착용 철저

굴착기

후진 스토퍼 설치 확인

전도

토사
버킷

신호수

전도

[수직구 토사반출작업]

❺ 수직구 흙막이지보공작업

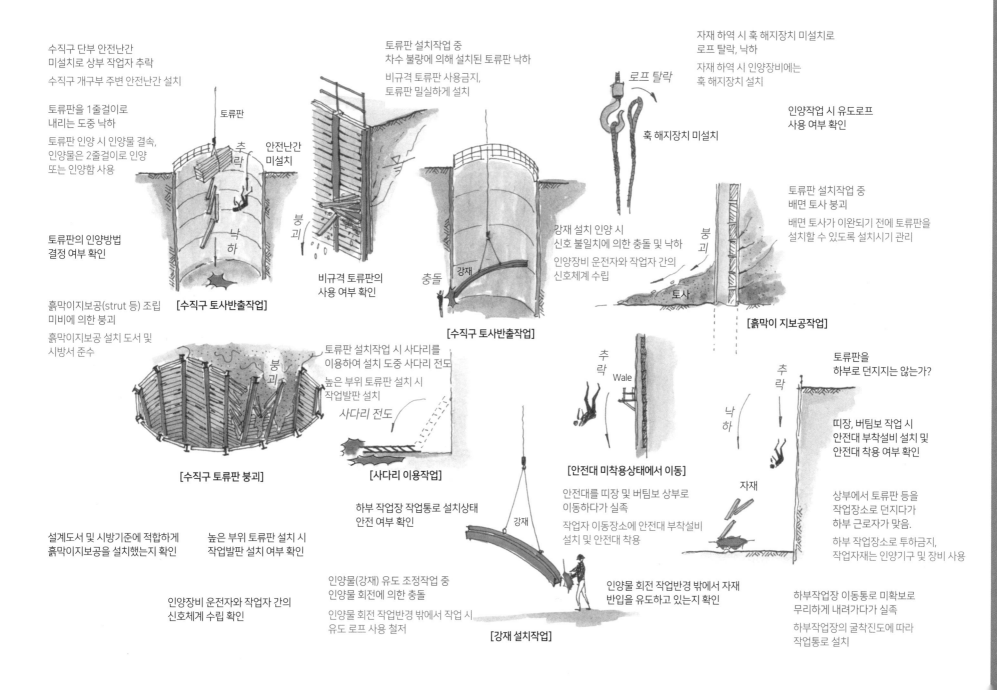

수직구 단부 안전난간
미설치로 상부 작업자 추락

수직구 개구부 주변 안전난간 설치

토류판을 1줄걸이로
내리는 도중 낙하

토류판 인양 시 인양물 결속,
인양물은 2줄걸이로 인양
또는 인양함 사용

토류판의 인양방법
결정 여부 확인

흙막이지보공(strut 등) 조립
미비에 의한 붕괴

흙막이지보공 설치 도서 및
시방서 준수

설계도서 및 시방기준에 적합하게
흙막이지보공을 설치했는지 확인

토류판 설치작업 중
차수 불량에 의해 설치된 토류판 낙하

비규격 토류판 사용금지,
토류판 밀실하게 설치

비규격 토류판의
사용 여부 확인

[수직구 토사반출작업]

[수직구 토류판 붕괴]

토류판 설치작업 시 사다리를
이용하여 설치 도중 사다리 전도

높은 부위 토류판 설치 시
작업발판 설치

[사다리 이용작업]

높은 부위 토류판 설치 시
작업발판 설치 여부 확인

하부 작업장 작업통로 설치상태
안전 여부 확인

인양장비 운전자와 작업자 간의
신호체계 수립 확인

자재 하역 시 훅 해지장치 미설치로
로프 탈락, 낙하

자재 하역 시 인양장비에는
훅 해지장치 설치

로프 탈락

훅 해지장치 미설치

강재 설치 인양 시
신호 불일치에 의한 충돌 및 낙하

인양장비 운전자와 작업자 간의
신호체계 수립

[수직구 토사반출작업]

[수직구 토사반출작업]

[안전대 미착용상태에서 이동]

안전대를 띠장 및 버팀보 상부로
이동하다가 실족

작업자 이동장소에 안전대 부착설비
설치 및 안전대 착용

인양물(강재) 유도 조정작업 중
인양물 회전에 의한 충돌

인양물 회전 작업반경 밖에서 작업 시
유도 로프 사용 철저

인양물 회전 작업반경 밖에서 자재
반입을 유도하고 있는지 확인

[강재 설치작업]

인양작업 시 유도로프
사용 여부 확인

토류판 설치작업 중
배면 토사 붕괴

배면 토사가 이완되기 전에 토류판을
설치할 수 있도록 설치시기 관리

[흙막이 지보공작업]

토류판을
하부로 던지지는 않는가?

띠장, 버팀보 작업 시
안전대 부착설비 설치 및
안전대 착용 여부 확인

상부에서 토류판 등을
작업장소로 던지다가
하부 근로자가 맞음.

하부 작업장소로 투하금지,
작업자재는 인양기구 및 장비 사용

하부작업장 이동통로 미확보로
무리하게 내려가다가 실족

하부작업장의 굴착진도에 따라
작업통로 설치

라이닝 거푸집작업
Lining Form Work

18

라이닝 거푸집
터널 굴착 완료 후 터널 내부에 라이닝 콘크리트를 타설하기 위하여 설치하는 철제 대형 거푸집

18 라이닝 거푸집작업

❶ 라이닝 거푸집작업 주요 재해사례 [핵심 통계자료: 자재 반입 하역, 설치 및 해체작업 시 재해가 가장 많이 발생한다.]

- 라이닝 거푸집용 철판 인양 중 가용접 부분이 탈락하며 낙하
- 철골 위에서 이동 시 추락
- 거푸집 승강 시 추락
- 작업발판 단부의 안전난간대 미설치로 추락

- 사다리를 사용하여 승강 중 전도되면서 추락
- 라이닝 거푸집을 레일탑재 운반 중 후진 차량에 충돌
- 거푸집 해체작업 중 작업대차 단부에서 실족, 추락
- 거푸집 상부에서 샤클 고정작업 중 실족, 추락

- 거푸집 조립작업 중 요통 발생
- 그라인딩 작업 시 감전

☑ 주요 안전관리 포인트: 설치와 해체를 반복하는 과정에서 중량물 취급에 따른 협착, 운반차량에 충돌, 작업대차의 단부에서 추락주의

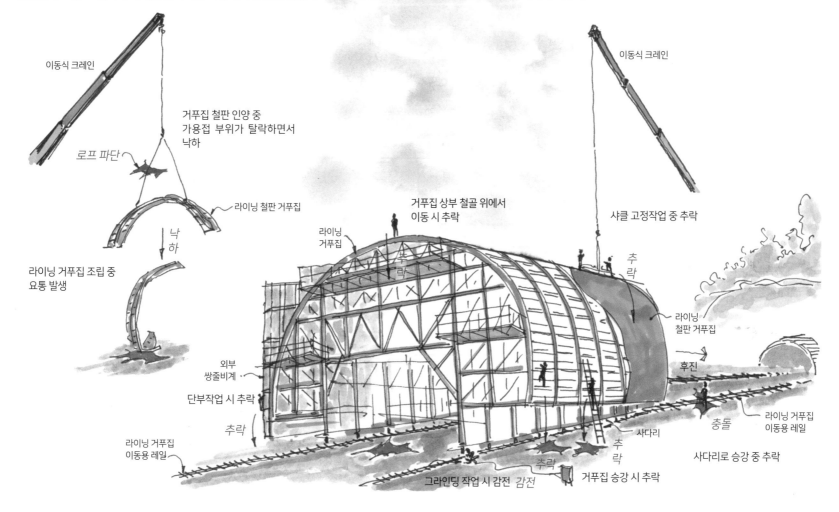

이동식 크레인

거푸집 철판 인양 중 가용접 부위가 탈락하면서 낙하

로프 파단

낙하

라이닝 철판 거푸집

라이닝 거푸집 조립 중 요통 발생

거푸집 상부 철골 위에서 이동 시 추락

라이닝 거푸집

외부 쌍줄비계

단부작업 시 추락

추락

라이닝 거푸집 이동용 레일

그라인딩 작업 시 감전 감전

추락

거푸집 승강 시 추락

사다리

이동식 크레인

샤클 고정작업 중 추락

추락

라이닝 철판 거푸집

후진

충돌

라이닝 거푸집 이동용 레일

사다리로 승강 중 추락

❷ 라이닝 거푸집 자재 반입·하역작업

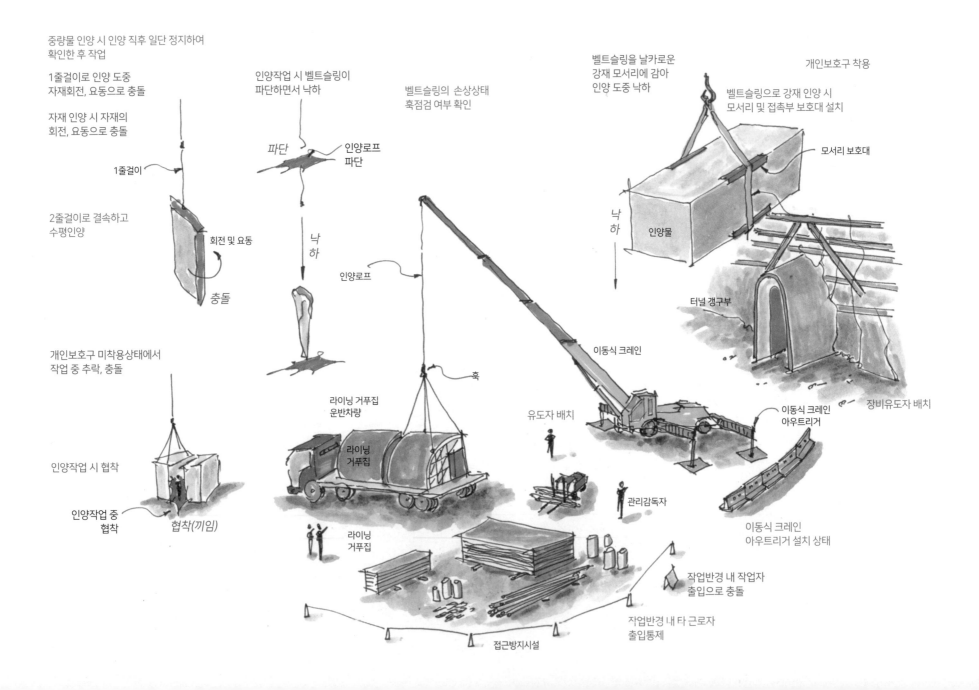

중량물 인양 시 인양 직후 일단 정지하여
확인한 후 작업

1줄걸이로 인양 도중
자재회전, 요동으로 충돌

자재 인양 시 자재의
회전, 요동으로 충돌

1줄걸이

2줄걸이로 결속하고
수평인양

회전 및 요동

충돌

인양작업 시 벨트슬링이
파단하면서 낙하

파단

인양로프
파단

낙하

벨트슬링의 손상상태
훅점검 여부 확인

인양로프

벨트슬링을 날카로운
강재 모서리에 감아
인양 도중 낙하

개인보호구 착용

벨트슬링으로 강재 인양 시
모서리 및 접촉부 보호대 설치

모서리 보호대

낙하

인양물

터널 갱구부

개인보호구 미착용상태에서
작업 중 추락, 충돌

인양작업 시 협착

인양작업 중
협착

협착(끼임)

라이닝 거푸집
운반차량

라이닝
거푸집

라이닝
거푸집

훅

유도자 배치

관리감독자

이동식 크레인

이동식 크레인
아우트리거

장비유도자 배치

이동식 크레인
아우트리거 설치 상태

작업반경 내 작업자
출입으로 충돌

작업반경 내 타 근로자
출입통제

접근방지시설

❸ 라이닝 거푸집 설치작업

라이닝 거푸집 내면 확대 설치 시 손·발 끼임.
유압잭의 순차적 조작순서 준수, 작업지휘자 배치,
절대 공기 확보 후 작업

라이닝 거푸집
내면 확대작업

작업장 주변 접근금지 조치

유압잭의 순차적 조작 준수 확인

측면: 거푸집 설치용 작업발판 및 안전난간 설치 확인

안전대 등 개인보호구 미착용상태에서
작업 중 추락
- 라이닝 거푸집 상부에 안전대 부착설비 및
  개인보호구 착용 후 작업
- 작업 투입 전 안전교육 실시

개인보호구 착용

라이닝 거푸집 이동 전 주행로 주변 확인 :
레일 설치상태, 타일면과 라이닝 거푸집면과의
간격 확인

라이닝 거푸집 측면부 설치 시
하부 출입금지조치 확인

측면 거푸집 설치 시 안전수칙
- 작업발판 설치
- 안전난간 설치
- 신체를 내민 상태에서의 작업금지 등
- 불안전한 행동통제

측면 거푸집 낙하로 하부 접근 근로자 충격
작업장 하부 출입금지 및 감시자 배치

라이닝 거푸집 이동 시 근로자 충돌
이동 전후 주행로 확인, 레일의 설치위치 재검토,
주변 접근금지 조치, 안전감시자 배치

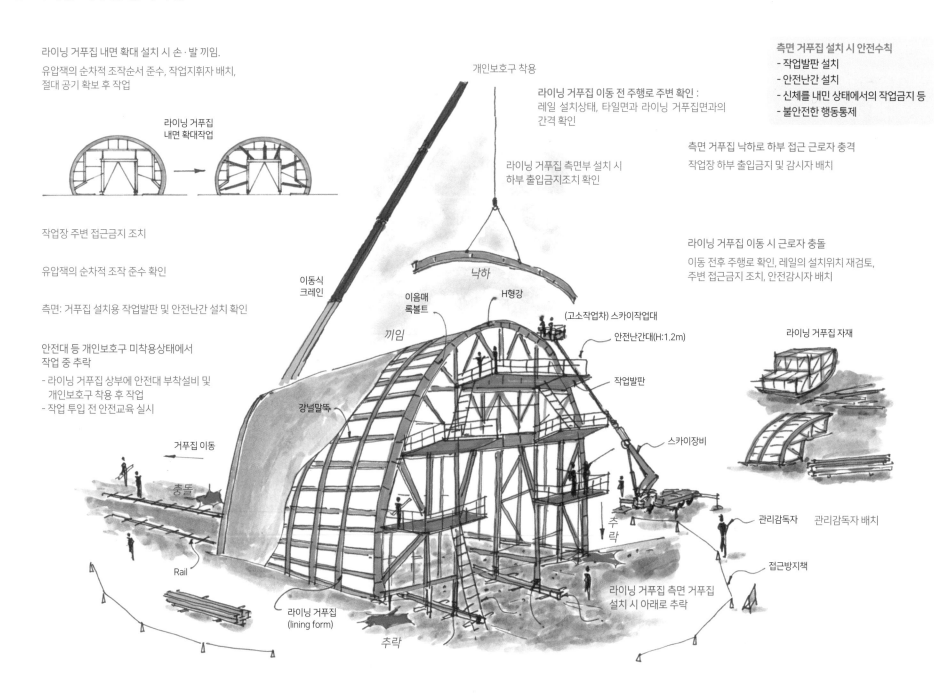

거푸집 이동

충돌

Rail

라이닝 거푸집
(lining form)

추락

이동식
크레인

이음매
록볼트

끼임

강널말뚝

낙하

H형강

(고소작업차) 스카이작업대

안전난간대(H:1.2m)

작업발판

스카이장비

추락

관리감독자   관리감독자 배치

접근방지책

라이닝 거푸집 측면 거푸집
설치 시 아래로 추락

라이닝 거푸집 자재

❹ 라이닝 거푸집 해체작업

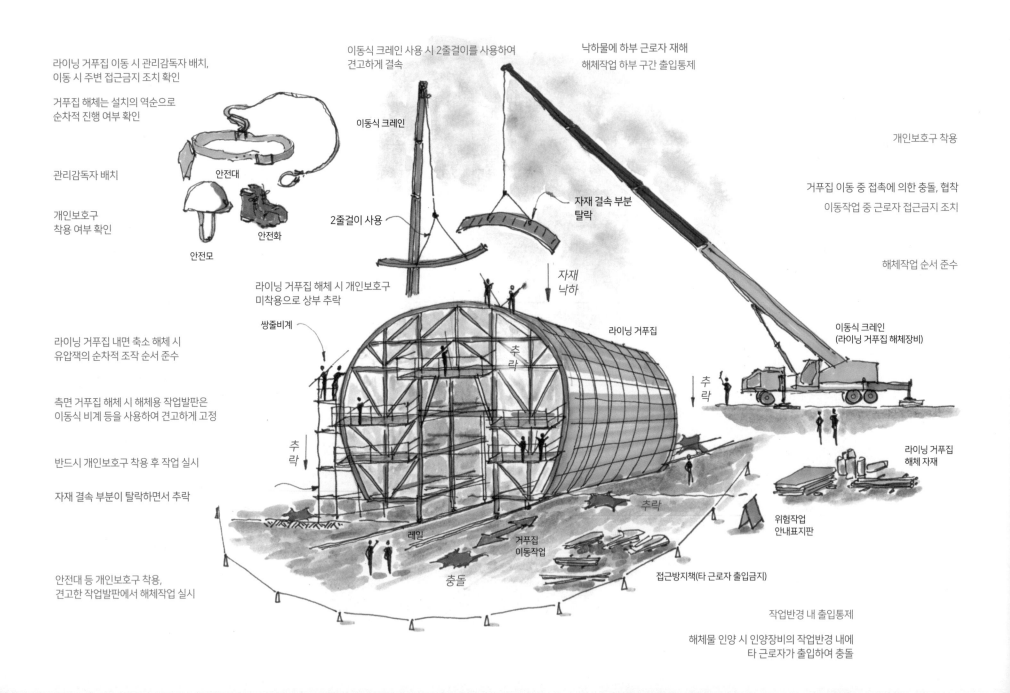

라이닝 거푸집 이동 시 관리감독자 배치,
이동 시 주변 접근금지 조치 확인

거푸집 해체는 설치의 역순으로
순차적 진행 여부 확인

관리감독자 배치

개인보호구
착용 여부 확인

안전대

안전화

안전모

이동식 크레인 사용 시 2줄걸이를 사용하여
견고하게 결속

이동식 크레인

2줄걸이 사용

자재 결속 부분
탈락

자재
낙하

낙하물에 하부 근로자 재해
해체작업 하부 구간 출입통제

개인보호구 착용

거푸집 이동 중 접촉에 의한 충돌, 협착

이동작업 중 근로자 접근금지 조치

해체작업 순서 준수

라이닝 거푸집 해체 시 개인보호구
미착용으로 상부 추락

쌍줄비계

추락

라이닝 거푸집

추락

이동식 크레인
(라이닝 거푸집 해체장비)

라이닝 거푸집 내면 축소 해체 시
유압잭의 순차적 조작 순서 준수

측면 거푸집 해체 시 해체용 작업발판은
이동식 비계 등을 사용하여 견고하게 고정

반드시 개인보호구 착용 후 작업 실시

자재 결속 부분이 탈락하면서 추락

추락

레일

거푸집
이동작업

충돌

추락

라이닝 거푸집
해체 자재

위험작업
안내표지판

접근방지책(타 근로자 출입금지)

안전대 등 개인보호구 착용,
견고한 작업발판에서 해체작업 실시

작업반경 내 출입통제

해체물 인양 시 인양장비의 작업반경 내에
타 근로자가 출입하여 충돌

터널 갱구부(坑口部)작업
Entrance of Tunnel work

19

① 터널 갱구부작업 주요 재해사례
② 터널 갱구부작업
③ 터널 갱구부 벌목 및 표토 제거작업
④ 터널 갱구부 보강작업

갱구부작업
터널 굴진 전에 지반이 연약한 갱 입구를 보강하고 터널 굴진작업을 안전하게 하기 위해
터널 입구에 설치하는 터널형상의 구조

갱구(pit mouth, 坑口)
지표에서 갱도로 들어가는 입구.
갱도가 수평갱(水平坑)인지, 사갱(斜坑) 인지, 수갱(竪坑)인지에 따라 각각 통동(通洞)갱구·
사(斜)갱구·수(竪)갱구라고 한다.

터널 갱구부작업

❶ 터널 갱구부작업 주요 재해사례 [핵심 통계자료: 재해가 발생하는 빈도와 강도는 **갱구부 보강작업** 시 가장 높다.]

- 벌목할 목재의 가지치기 작업 중 기계톱에 신체가 접촉하여 베임
- 굴착기를 이용하여 벌목한 목재를 운반작업 중 버킷과 벌목 근로자 충돌
- 경사 법면에서 벌목작업 중 경사면에 미끄러져 전도

- 기계톱으로 벌목작업 중 기계톱의 튐 등에 의해 신체 접촉
- 벌목한 목재를 인력으로 소운반하는 도중 경사면에서 전도
- 급경사면에서 벌개제근작업 중 안전로프가 풀려서 추락
- 혼합기 내부에 걸린 덩어리를 제거하다가 손가락 베임

- 로드(rod) 인양작업 중 로드가 인양로프에서 이탈하여 낙하
- 그라우팅 작업 중 고압호스 파열에 의한 비래
- 갱구부 보강용 보링작업 중 로드를 끼우다가 장비 위에서 실족

☑ **주요 안전관리 포인트:** 초기 갱구부를 형성하는 과정에서 사면붕괴 및 고소 급경사면 작업 시 추락재해 주의

*갱구부작업: 터널 굴진 전에 지반이 연약한 갱 입구를 보강하고 터널 굴진 작업을 안전하게 하기 위해 터널 입구에 설치하는 터널형상의 구조

급경사면에서 벌개제근 작업 중 안전로프 풀림에 의한 추락

[벌개제근작업]

혼합기 내부에 걸린 덩어리를 제거하다가 손가락 베임.

[혼합기작업]

그라우팅 작업 중 고압 호스 파열에 의한 비래

[그라우팅 작업]

기계톱으로 벌목작업 중 기계톱의 튐 등에 의해 신체 접촉

[기계톱을 이용한 벌목작업]

벌목할 목재의 가지치기작업 중 기계톱에 신체 접촉, 베임

로드 인양작업 중 로드가 인양로프에서 이탈하여 낙하

갱구부 보강용 보링작업 중 로드를 끼우다가 장비 위에서 실족

[벌목작업]

굴착기를 이용하여 벌목한 목재를 운반작업 중 버킷과 벌목 근로자 충돌

벌목한 목재를 인력으로 소운반하는 도중 경사면에서 전도

경사 법면에서 벌목작업 중 경사면에 미끄러져 전도

[터널 갱구부작업*]

❷ 터널 갱구부작업

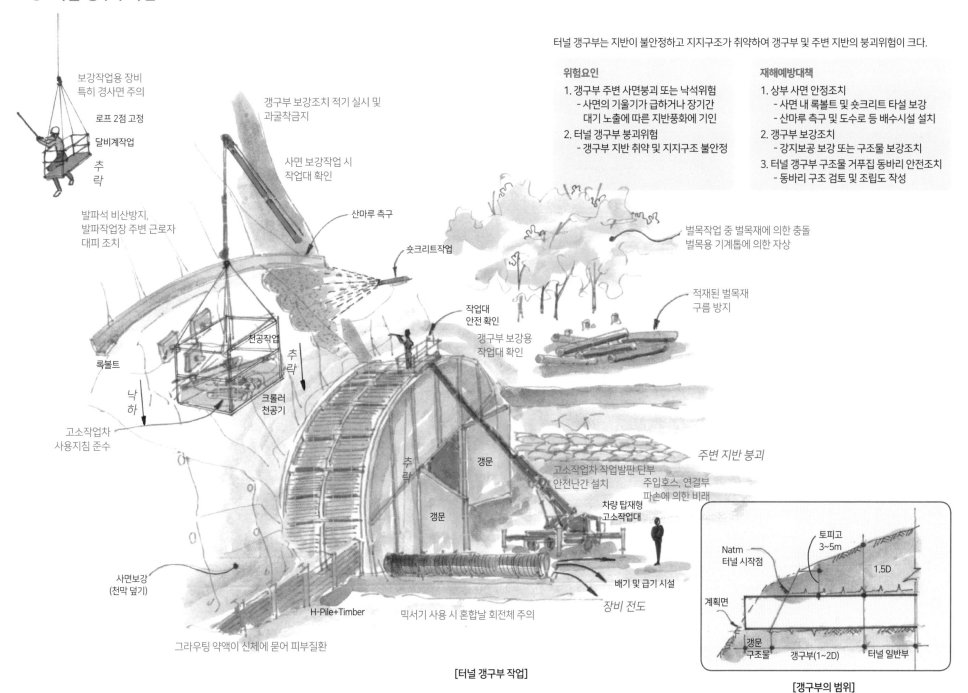

터널 갱구부는 지반이 불안정하고 지지구조가 취약하여 갱구부 및 주변 지반의 붕괴위험이 크다.

위험요인
1. 갱구부 주변 사면붕괴 또는 낙석위험
   - 사면의 기울기가 급하거나 장기간
     대기 노출에 따른 지반풍화에 기인
2. 터널 갱구부 붕괴위험
   - 갱구부 지반 취약 및 지지구조 불안정

재해예방대책
1. 상부 사면 안정조치
   - 사면 내 록볼트 및 숏크리트 타설 보강
   - 산마루 측구 및 도수로 등 배수시설 설치
2. 갱구부 보강조치
   - 강지보공 보강 또는 구조물 보강조치
3. 터널 갱구부 구조물 거푸집 동바리 안전조치
   - 동바리 구조 검토 및 조립도 작성

보강작업용 장비
특히 경사면 주의

로프 2점 고정

달비계작업

추락

갱구부 보강조치 적기 실시 및
과굴착금지

사면 보강작업 시
작업대 확인

산마루 측구

숏크리트작업

벌목작업 중 벌목재에 의한 충돌
벌목용 기계톱에 의한 자상

발파석 비산방지,
발파작업장 주변 근로자
대피 조치

적재된 벌목재
구름 방지

작업대
안전 확인

갱구부 보강용
작업대 확인

천공작업

추락

록볼트

낙하

크롤러
천공기

고소작업차
사용지침 준수

주변 지반 붕괴

갱문

추락

갱문

고소작업차 작업발판 단부
안전난간 설치

주입호스, 연결부
파손에 의한 비래

차량 탑재형
고소작업대

배기 및 급기 시설

장비 전도

사면보강
(천막 덮기)

H-Pile+Timber

믹서기 사용 시 혼합날 회전체 주의

그라우팅 약액이 신체에 묻어 피부질환

[터널 갱구부 작업]

토피고
3~5m

Natm
터널 시작점

1.5D

계획면

갱문
구조물

갱구부(1~2D)

터널 일반부

[갱구부의 범위]

❸ 터널 갱구부 벌목 및 표토 제거작업

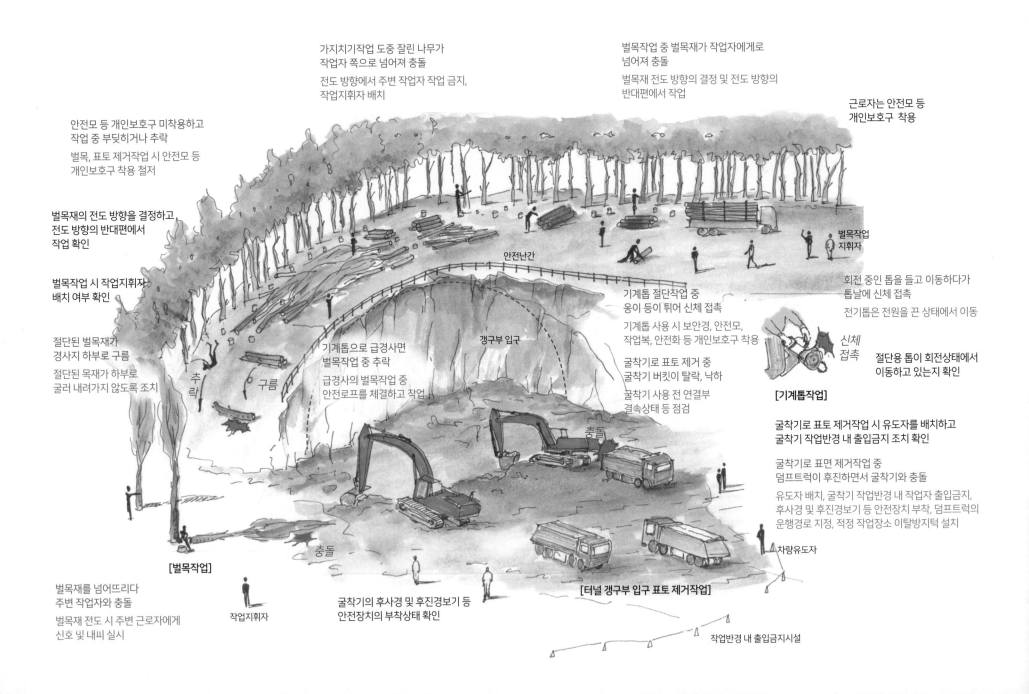

가지치기작업 도중 잘린 나무가
작업자 쪽으로 넘어져 충돌

전도 방향에서 주변 작업자 작업 금지,
작업지휘자 배치

벌목작업 중 벌목재가 작업자에게로
넘어져 충돌

벌목재 전도 방향의 결정 및 전도 방향의
반대편에서 작업

근로자는 안전모 등
개인보호구 착용

안전모 등 개인보호구 미착용하고
작업 중 부딪히거나 추락

벌목, 표토 제거작업 시 안전모 등
개인보호구 착용 철저

벌목재의 전도 방향을 결정하고
전도 방향의 반대편에서
작업 확인

벌목작업 시 작업지휘자
배치 여부 확인

절단된 벌목재가
경사지 하부로 구름

절단된 목재가 하부로
굴러 내려가지 않도록 조치

안전난간

기계톱 절단작업 중
옹이 등이 튀어 신체 접촉

기계톱 사용 시 보안경, 안전모,
작업복, 안전화 등 개인보호구 착용

굴착기로 표토 제거 중
굴착기 버킷이 탈락, 낙하

굴착기 사용 전 연결부
결속상태 등 점검

회전 중인 톱을 들고 이동하다가
톱날에 신체 접촉

전기톱은 전원을 끈 상태에서 이동

신체
접촉

절단용 톱이 회전상태에서
이동하고 있는지 확인

[기계톱작업]

기계톱으로 급경사면
벌목작업 중 추락

급경사의 벌목작업 중
안전로프를 체결하고 작업

갱구부 입구

추락

구름

충돌

굴착기로 표토 제거작업 시 유도자를 배치하고
굴착기 작업반경 내 출입금지 조치 확인

굴착기로 표면 제거작업 중
덤프트럭이 후진하면서 굴착기와 충돌

유도자 배치, 굴착기 작업반경 내 작업자 출입금지,
후사경 및 후진경보기 등 안전장치 부착, 덤프트럭의
운행경로 지정, 적정 작업장소 이탈방지턱 설치

차량유도자

[벌목작업]

벌목재를 넘어뜨리다
주변 작업자와 충돌

벌목재 전도 시 주변 근로자에게
신호 및 내끼 실시

충돌

작업지휘자

굴착기의 후사경 및 후진경보기 등
안전장치의 부착상태 확인

[터널 갱구부 입구 표토 제거작업]

작업반경 내 출입금지시설

❹ 터널 갱구부 보강작업

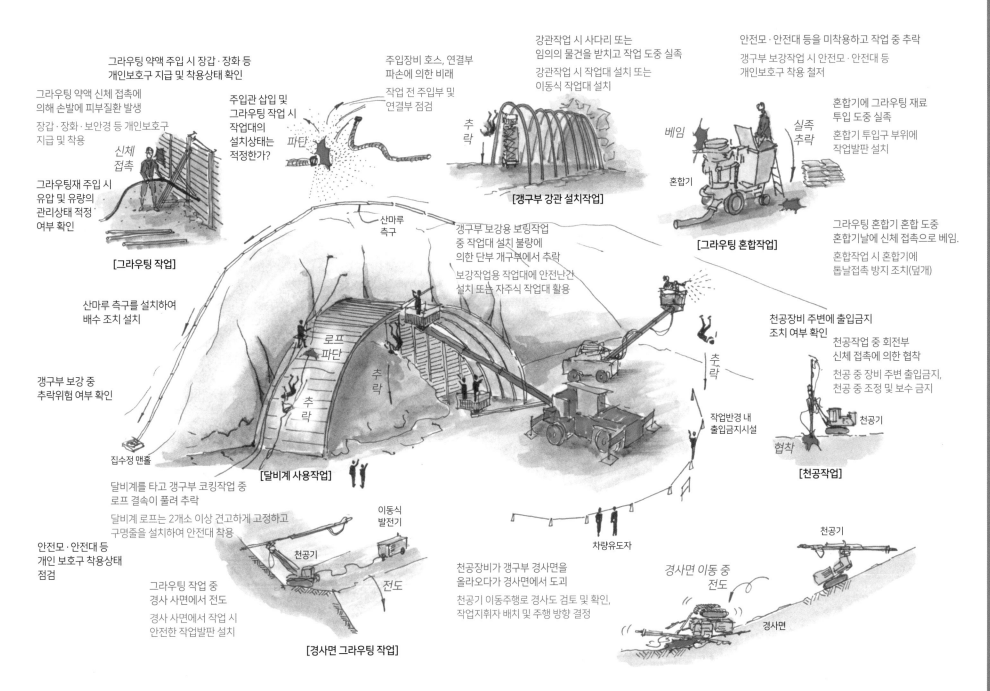

그라우팅 약액 주입 시 장갑·장화 등
개인보호구 지급 및 착용상태 확인

그라우팅 약액 신체 접촉에
의해 손발에 피부질환 발생

장갑·장화·보안경 등 개인보호구
지급 및 착용

**신체
접촉**

그라우팅재 주입 시
유압 및 유량의
관리상태 적정
여부 확인

[그라우팅 작업]

주입관 삽입 및
그라우팅 작업 시
작업대의
설치상태는
적정한가?

파탄

주입장비 호스, 연결부
파손에 의한 비래

작업 전 주입부 및
연결부 점검

강관작업 시 사다리 또는
임의의 물건을 받치고 작업 도중 실족

강관작업 시 작업대 설치 또는
이동식 작업대 설치

추락

[갱구부 강관 설치작업]

안전모·안전대 등을 미착용하고 작업 중 추락

갱구부 보강작업 시 안전모·안전대 등
개인보호구 착용 철저

혼합기에 그라우팅 재료
투입 도중 실족

혼합기 투입구 부위에
작업발판 설치

베임

**실족
추락**

혼합기

그라우팅 혼합기 혼합 도중
혼합기날에 신체 접촉으로 베임.

혼합작업 시 혼합기에
톱날접촉 방지 조치(덮개)

[그라우팅 혼합작업]

**산마루
측구**

갱구부 보강용 보링작업
중 작업대 설치 불량에
의한 단부 개구부에서 추락

보강작업용 작업대에 안전난간
설치 또는 자주식 작업대 활용

산마루 측구를 설치하여
배수 조치 설치

**로프
파탄**

추락

추락

갱구부 보강 중
추락위험 여부 확인

천공장비 주변에 출입금지
조치 여부 확인

천공작업 중 회전부
신체 접촉에 의한 협착

천공 중 장비 주변 출입금지,
천공 중 조정 및 보수 금지

추락

집수정 맨홀

[달비계 사용작업]

달비계를 타고 갱구부 코킹작업 중
로프 결속이 풀려 추락

달비계 로프는 2개소 이상 견고하게 고정하고
구명줄을 설치하여 안전대 착용

안전모·안전대 등
개인 보호구 착용상태
점검

그라우팅 작업 중
경사 사면에서 전도

경사 사면에서 작업 시
안전한 작업발판 설치

**이동식
발전기**

천공기

전도

[경사면 그라우팅 작업]

**작업반경 내
출입금지시설**

협착

천공기

[천공작업]

차량유도자

천공장비가 갱구부 경사면을
올라오다가 경사면에서 도괴

천공기 이동주행로 경사도 검토 및 확인,
작업지휘자 배치 및 주행 방향 결정

**경사면 이동 중
전도**

천공기

경사면

20 터널 굴착작업
Tunnel Excavation Work

20 터널 굴착작업

❶ 터널 굴착작업 주요 재해사례   [핵심 통계자료: 재해가 발생하는 빈도와 강도는 터널 천공작업과 버럭처리작업 시 가장 높다.]

- 터널 천공작업 중 천공기계 회전부에 손을 접촉하여 회전부에 협착(끼임)
- 터널 천공작업 중 천장에서 부석 낙하
- 장약작업 중 천장에서 부석 낙하

- 버럭처리 굴착기를 유도하던 유도자가 후진하는 덤프트럭에 깔림.
- 인력으로 버럭처리 및 막장 부석정리작업 중 상부에서 부석 낙하
- 천공작업 중 천공구멍 잔류 폭약에 의한 폭발

- 천공작업 중 작업대 발판이 아래로 접히면서 추락
- 화약저장고에서 화약 주임이 뇌관 수령 도중 부주의에 의해 폭발
- 점보드릴로 천공작업 중 무리하게 로드를 교환하다 손가락 협착
- 발파 직후 막장 상태를 확인하기 위해 접근 도중 부석 낙하

☑ 주요 안전관리 포인트: 폭발성이 강한 폭약·뇌관 등의 취급과 발파진동 등에 의한 지반 이완 등 철저한 관리 필요

터널굴착작업: 터널의 일정한 단면을 형성하기 위하여 폭약의 발파력을 이용, 단면을 형성하며 앞으로 굴진하는 작업

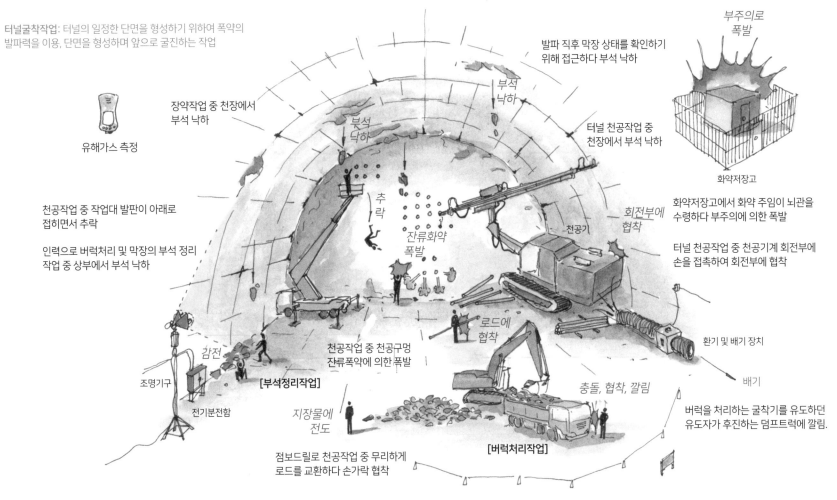

유해가스 측정

부주의로 폭발

발파 직후 막장 상태를 확인하기 위해 접근하다 부석 낙하

부석 낙하

장약작업 중 천장에서 부석 낙하

부석 낙하

터널 천공작업 중 천장에서 부석 낙하

화약저장고

추락

잔류화약 폭발

천공기

회전부에 협착

화약저장고에서 화약 주임이 뇌관을 수령하다 부주의에 의한 폭발

천공작업 중 작업대 발판이 아래로 접히면서 추락

인력으로 버럭처리 및 막장의 부석 정리 작업 중 상부에서 부석 낙하

터널 천공작업 중 천공기계 회전부에 손을 접촉하여 회전부에 협착

로드에 협착

환기 및 배기 장치

감전

조명기구

전기분전함

[부석정리작업]

천공작업 중 천공구멍 잔류폭약에 의한 폭발

충돌, 협착, 깔림

배기

지장물에 전도

[버럭처리작업]

버럭을 처리하는 굴착기를 유도하던 유도자가 후진하는 덤프트럭에 깔림.

점보드릴로 천공작업 중 무리하게 로드를 교환하다 손가락 협착

❷ 터널 굴착작업 Ⅰ

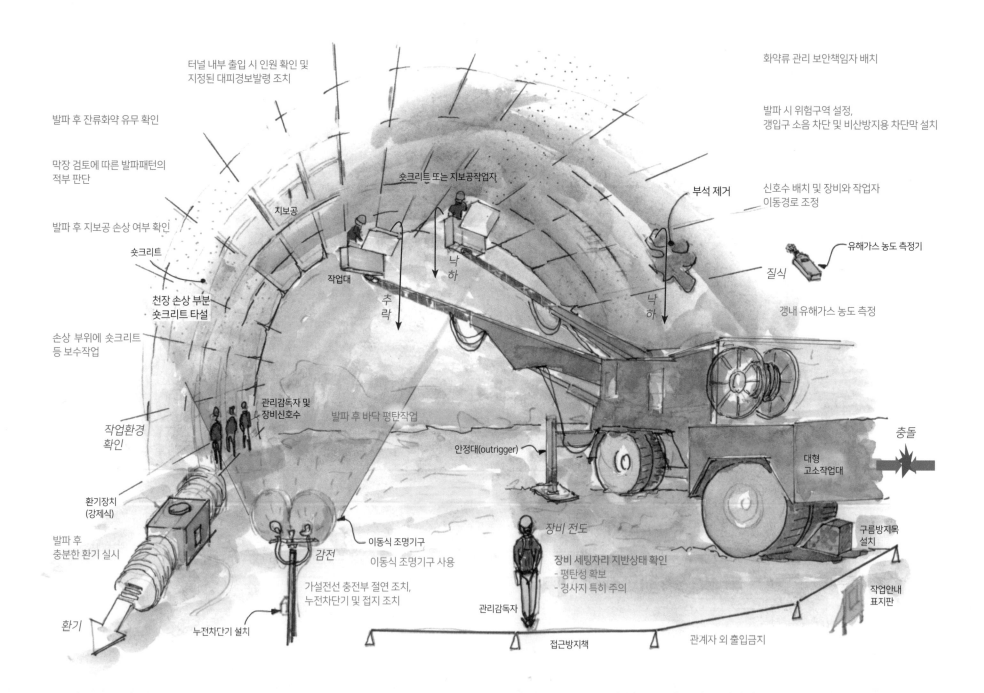

터널 내부 출입 시 인원 확인 및
지정된 대피경보발령 조치

화약류 관리 보안책임자 배치

발파 후 잔류화약 유무 확인

발파 시 위험구역 설정,
갱입구 소음 차단 및 비산방지용 차단막 설치

막장 검토에 따른 발파패턴의
적부 판단

숏크리트 또는 지보공작업자

부석 제거

신호수 배치 및 장비와 작업자
이동경로 조정

발파 후 지보공 손상 여부 확인

지보공

유해가스 농도 측정기

숏크리트

작업대

낙하

질식

천장 손상 부분
숏크리트 타설

추락

낙하

갱내 유해가스 농도 측정

손상 부위에 숏크리트
등 보수작업

관리감독자 및
장비신호수

발파 후 바닥 평탄작업

작업환경
확인

안정대(outrigger)

충돌

대형
고소작업대

환기장치
(강제식)

이동식 조명기구

장비 전도

구름방지목
설치

발파 후
충분한 환기 실시

감전

이동식 조명기구 사용

장비 세팅자리 지반상태 확인
- 평탄성 확보
- 경사지 특히 주의

작업안내
표지판

환기

가설전선 충전부 절연 조치,
누전차단기 및 접지 조치

관리감독자

누전차단기 설치

접근방지책

관계자 외 출입금지

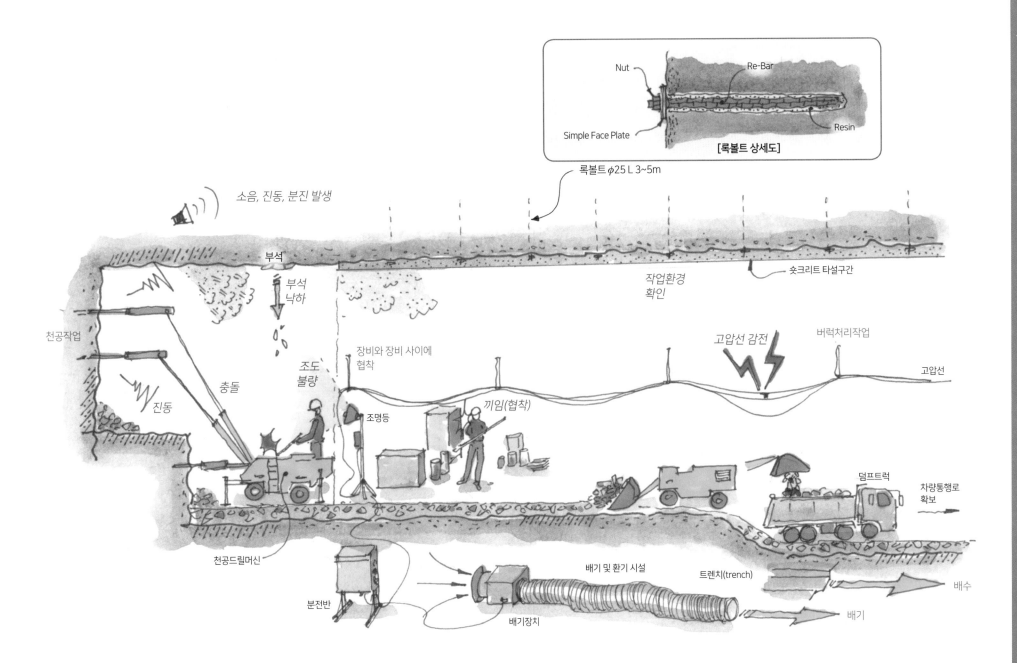

Nut
Re-Bar
Simple Face Plate
Resin

[록볼트 상세도]

록볼트 φ25 L 3~5m

소음, 진동, 분진 발생

부석

부석
낙하

숏크리트 타설구간

작업환경
확인

천공작업

고압선 감전

버럭처리작업

조도
불량

장비와 장비 사이에
협착

고압선

충돌

진동

조명등

끼임(협착)

덤프트럭

차량통행로
확보

천공드릴머신

배기 및 환기 시설

트렌치(trench)

배수

분전반

배기장치

배기

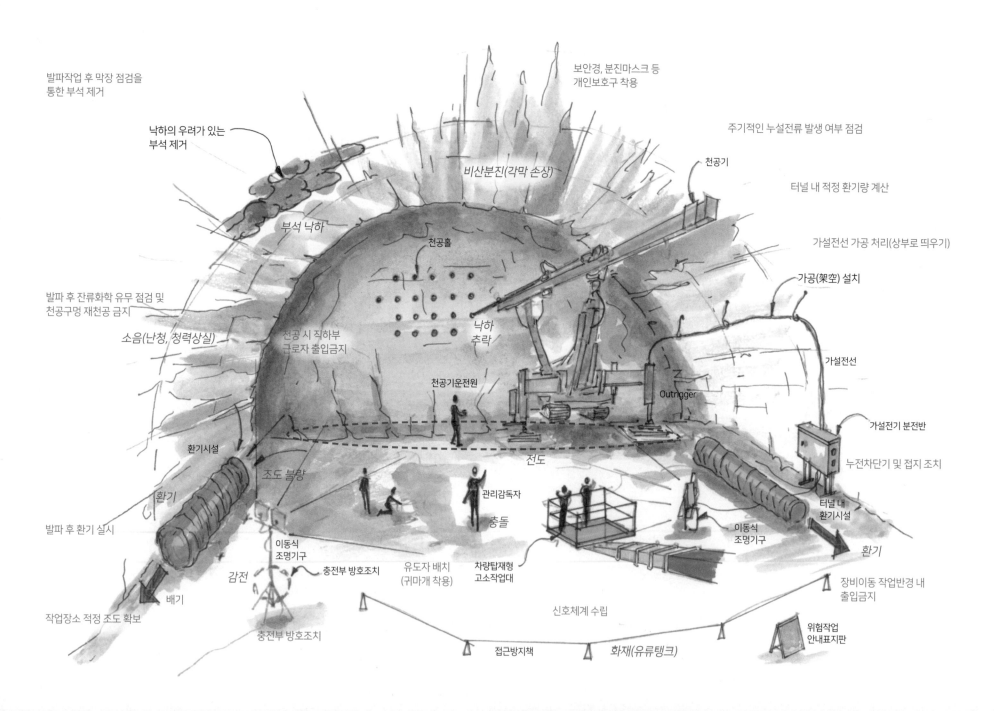

발파작업 후 막장 점검을
통한 부석 제거

보안경, 분진마스크 등
개인보호구 착용

주기적인 누설전류 발생 여부 점검

낙하의 우려가 있는
부석 제거

비산분진(각막 손상)

천공기

터널 내 적정 환기량 계산

부석 낙하

천공홀

가설전선 가공 처리(상부로 띄우기)

발파 후 잔류화학 유무 점검 및
천공구멍 재천공 금지

가공(架空) 설치

낙하
추락

소음(난청, 청력상실)

천공 시 직하부
근로자 출입금지

가설전선

천공기운전원

Outrigger

가설전기 분전반

환기시설

전도

누전차단기 및 접지 조치

조도 불량

터널 내
환기시설

환기

이동식
조명기구

관리감독자

이동식
조명기구

환기

발파 후 환기 실시

충돌

감전

배기

충전부 방호조치

유도자 배치
(귀마개 착용)

차량탑재형
고소작업대

장비이동 작업반경 내
출입금지

작업장소 적정 조도 확보

충전부 방호조치

신호체계 수립

위험작업
안내표지판

접근방지책

화재(유류탱크)

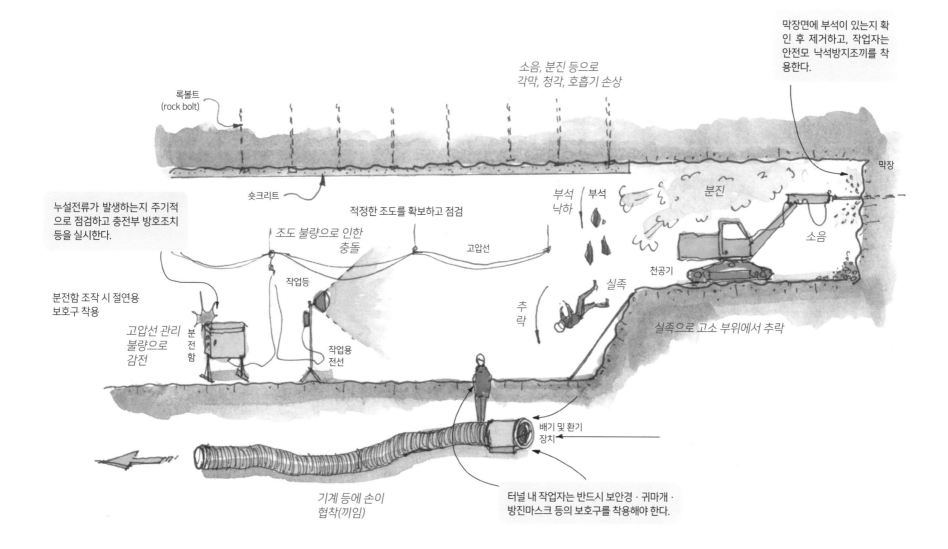

록볼트
(rock bolt)

소음, 분진 등으로
각막, 청각, 호흡기 손상

막장면에 부석이 있는지 확
인 후 제거하고, 작업자는
안전모 낙석방지조끼를 착
용한다.

숏크리트

막장

누설전류가 발생하는지 주기적
으로 점검하고 충전부 방호조치
등을 실시한다.

적정한 조도를 확보하고 점검

부석
낙하

부석

분진

분전함 조작 시 절연용
보호구 착용

조도 불량으로 인한
충돌

고압선

소음

천공기

고압선 관리
불량으로
감전

작업등

실족

분전
함

작업용
전선

추
락

실족으로 고소 부위에서 추락

배기 및 환기
장치

기계 등에 손이
협착(끼임)

터널 내 작업자는 반드시 보안경 · 귀마개 ·
방진마스크 등의 보호구를 착용해야 한다.

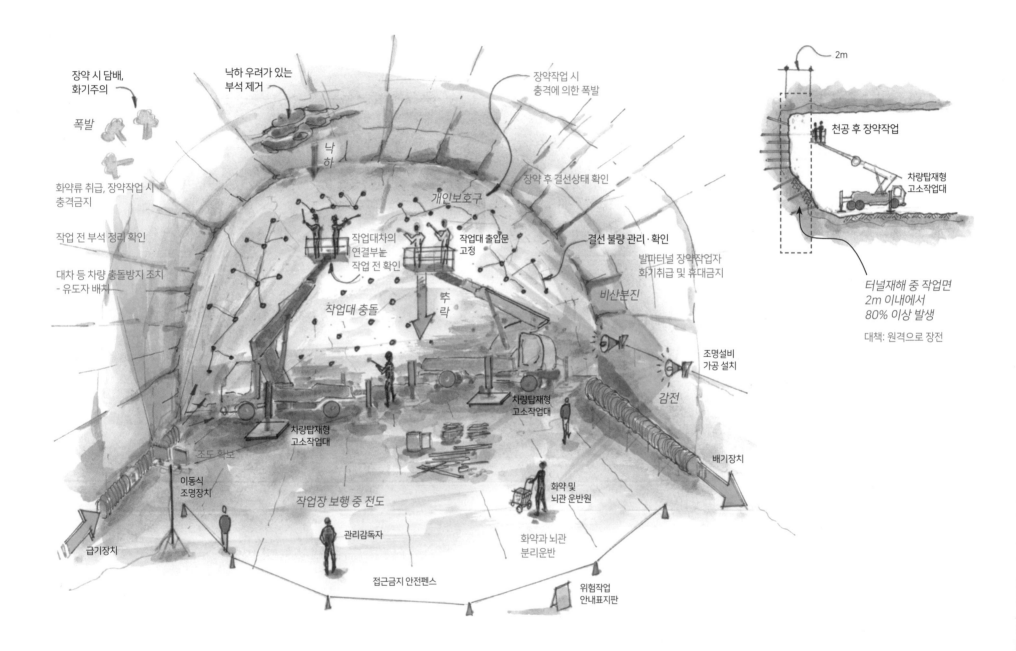

장약 시 담배, 화기주의

폭발

화약류 취급, 장약작업 시 충격금지

작업 전 부석 정리 확인

대차 등 차량 충돌방지 조치 - 유도자 배치

낙하 우려가 있는 부석 제거

낙하

개인보호구

작업대차의 연결부는 작업 전 확인

작업대 출입문 고정

작업대 충돌

뚝락

장약작업 시 충격에 의한 폭발

장약 후 결선상태 확인

결선 불량 관리·확인

발파터널 장약작업자 화기취급 및 휴대금지

비산분진

조명설비 가공 설치

감전

배기장치

차량탑재형 고소작업대

조도 확보

차량탑재형 고소작업대

이동식 조명장치

작업장 보행 중 전도

화약 및 뇌관 운반원

급기장치

관리감독자

화약과 뇌관 분리운반

접근금지 안전펜스

위험작업 안내표지판

2m

천공 후 장약작업

차량탑재형 고소작업대

터널재해 중 작업면 2m 이내에서 80% 이상 발생

대책: 원격으로 장전

❼ 터널 장약(裝藥)작업 Ⅱ

위험요인

- 장약작업 중 상부에서 부석 발생에 의한 낙하
- 장약작업을 위해 이동 중 작업차량과 접촉, 충돌
- 작업대에서 장약작업 중 개인보호구 미착용으로 인한 추락
- 작업대 연결부 탈락으로 인한 근로자 추락
- 장약 시 담배, 화기 취급 부주의로 인한 폭발
- 장약작업 시 충격에 의한 폭발
- 뇌관과 화약 운반 시 폭발

예방대책

- 작업자는 안전모와 낙석방지조끼 착용
- 충돌 방지를 위한 유도자를 배치하고 알맞은 조도 유지
- 작업대에 안전난간을 설치하고 근로자는 안전대 착용
- 화기 취급을 금지하고 작업 시 충격이 발생하지 않도록 특히 주의
- 화약과 뇌관은 분리하여 운반

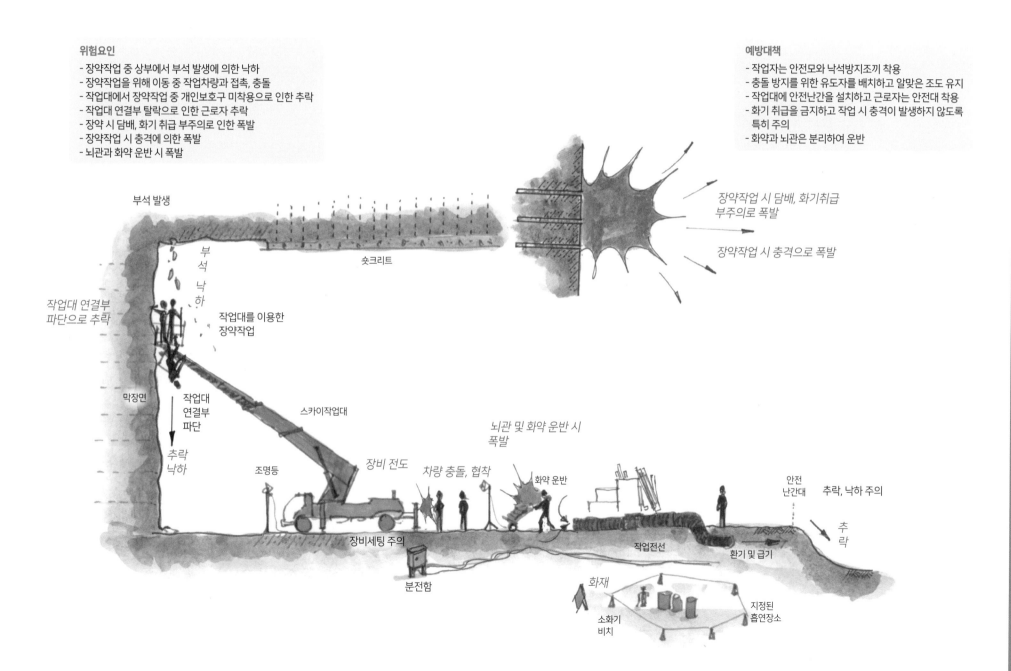

부석 발생

부석 낙하

숏크리트

장약작업 시 담배, 화기취급 부주의로 폭발

장약작업 시 충격으로 폭발

작업대 연결부 파단으로 추락

작업대를 이용한 장약작업

막장면

작업대 연결부 파단

추락 낙하

조명등

스카이작업대

장비 전도

차량 충돌, 협착

화약 운반

뇌관 및 화약 운반 시 폭발

안전 난간대

추락, 낙하 주의

추락

장비세팅 주의

분전함

작업전선

환기 및 급기

화재

소화기 비치

지정된 흡연장소

❽ 터널 발파작업(Tunnel Blasting Work) Ⅰ

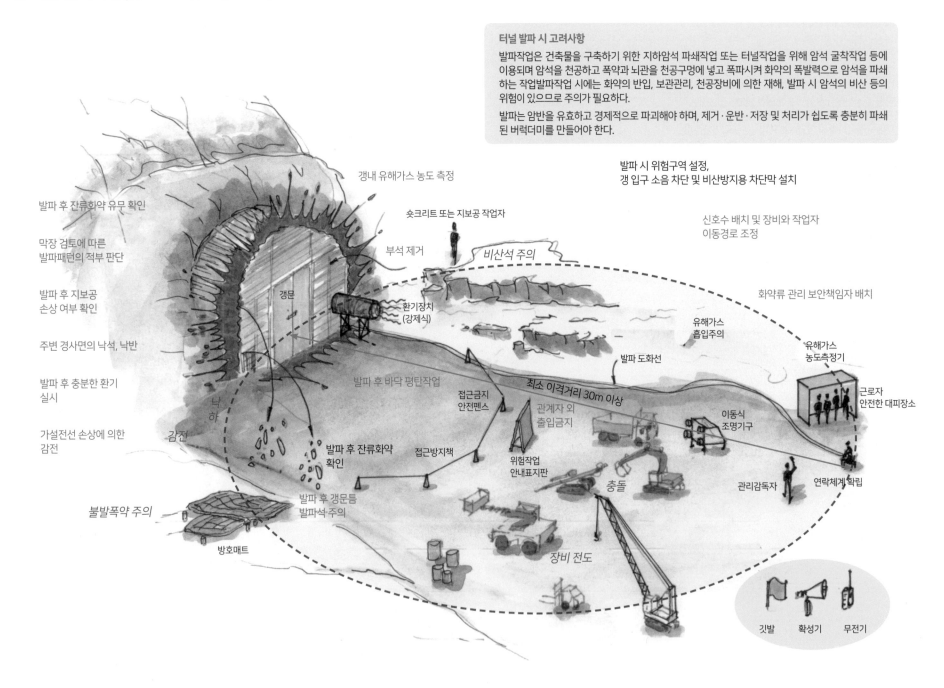

터널 발파 시 고려사항

발파작업은 건축물을 구축하기 위한 지하암석 파쇄작업 또는 터널작업을 위해 암석 굴착작업 등에 이용되며 암석을 천공하고 폭약과 뇌관을 천공구멍에 넣고 폭파시켜 화약의 폭발력으로 암석을 파쇄하는 작업발파작업 시에는 화약의 반입, 보관관리, 천공장비에 의한 재해, 발파 시 암석의 비산 등의 위험이 있으므로 주의가 필요하다.

발파는 암반을 유효하고 경제적으로 파괴해야 하며, 제거·운반·저장 및 처리가 쉽도록 충분히 파쇄된 버럭더미를 만들어야 한다.

갱내 유해가스 농도 측정

발파 시 위험구역 설정,
갱 입구 소음 차단 및 비산방지용 차단막 설치

발파 후 잔류화약 유무 확인

막장 검토에 따른
발파패턴의 적부 판단

숏크리트 또는 지보공 작업자

신호수 배치 및 장비와 작업자
이동경로 조정

부석 제거

비산석 주의

발파 후 지보공
손상 여부 확인

화약류 관리 보안책임자 배치

갱문

환기장치
(강제식)

유해가스
흡입주의

유해가스
농도측정기

주변 경사면의 낙석, 낙반

발파 후 충분한 환기
실시

발파 후 바닥 평탄작업

최소 이격거리 30m 이상

이동식
조명기구

근로자
안전한 대피장소

낙
하

접근금지
안전펜스

관계자 외
출입금지

가설전선 손상에 의한
감전

감전

발파 후 잔류화약
확인

접근방지책

위험작업
안내표지판

충돌

관리감독자

연락체계 확립

불발폭약 주의

발파 후 갱문틈
발파석 주의

장비 전도

방호매트

깃발   확성기   무전기

❾ 터널 발파작업(Tunnel Blasting Work) Ⅱ

폭약과 뇌관은
반드시 분리 보관한다.

위험요인

- 터널 발파작업 중 붕괴
- 낙뢰 시 자연발파에 의한 폭발
- 잔류폭약에 의한 폭발

예방대책

- 화약류 취급 안전조치
  - 화약류 관리 보안책임자 선임
  - 월 사용량 2톤 이상 -1급 화약류관리책임자
  - 월 사용량 2톤 이하 - 2급 화약류관리책임자 선임
- 폭약과 뇌관은 분리 보관
- 남은 화약류는 반드시 반납
- 천공과 장약작업 병행 금지
- 장약작업 시 누설전류 측정(0.3~0.4A의 직류전류로 폭발 가능함)
- 낙뢰 시 안전조치
- 터널 내 가연성 가스 측정 및 제거 조치
- 터널 내 가연성·인화성 물질 및 대인화기, 개방된 화기 사용금지

낙뢰주의

터널 내 가연성 가스 제거

비산분진

파편 비산

터널 입구

발파작업 중 붕괴

인화성 물질

천공과 장약작업 병행 금지

파편방어벽

터널 내부 가연성 가스 측정

폭약과 뇌관 분리 보관

폭약

뇌관

❿ 터널 버럭처리작업

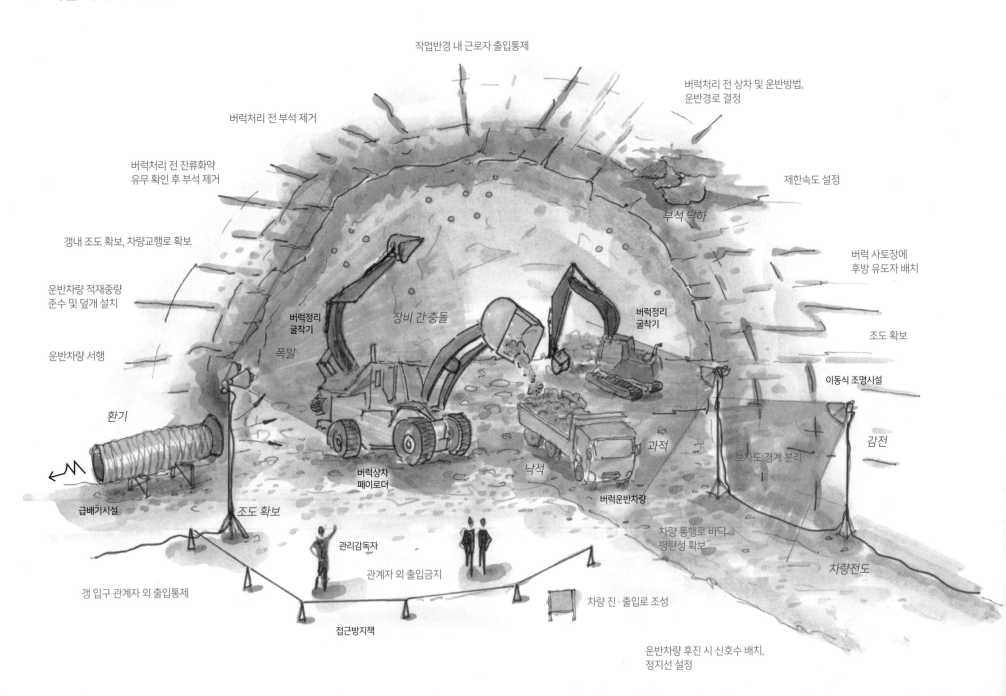

작업반경 내 근로자 출입통제

버럭처리 전 상차 및 운반방법,
운반경로 결정

버럭처리 전 부석 제거

제한속도 설정

버럭처리 전 잔류화약
유무 확인 후 부석 제거

부석 낙하

갱내 조도 확보, 차량교행로 확보

버럭 사토장에
후방 유도자 배치

운반차량 적재중량
준수 및 덮개 설치

버럭정리
굴착기

장비 간 충돌

버럭정리
굴착기

운반차량 서행

폭발

조도 확보

이동식 조명시설

환기

감전

급배기시설

버럭상차
페이로더

낙석

과적

보차도 경계 분리

조도 확보

버럭운반차량

차량전도

관리감독자

차량 통행로 바닥
평탄성 확보

관계자 외 출입금지

갱 입구 관계자 외 출입통제

차량 진·출입로 조성

접근방지책

운반차량 후진 시 신호수 배치,
정지선 설정

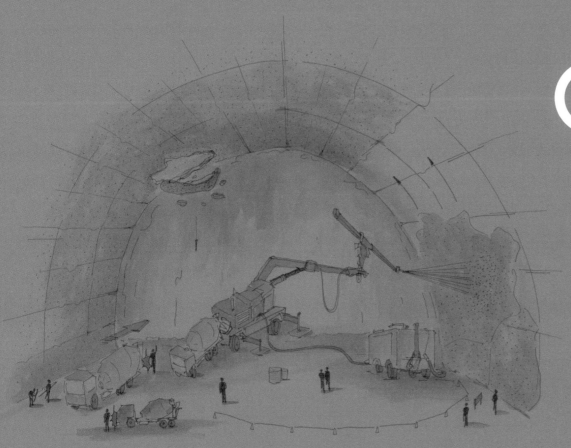

터널 보강작업
Reinforcing the Tunnel

❶ 터널 보강작업 주요 재해사례 [핵심 통계자료: 재해가 발생하는 빈도와 강도는 **강지보, 숏크리트, 볼트작업** 시 가장 높다.]

- 터널용 지보공 연결작업 중 손가락 협착
- 와이어메시 부착작업 중 상단부에서 부석 낙하
- 운반대차에 지보공을 적재하여 운반작업 중 받침목에 손 협착
- 숏크리트 타설작업 중 노즐호스 압송반력으로 호스 비래
- 록볼트 작업 중 볼트를 상부로 올려주는 과정에서 전도

- 록볼트 천공 후 레진 삽입작업 중 레진의 깨짐에 의한 베임
- 착암공이 터널 보강작업을 하기 위해 모르타르믹서기에 시멘트를 붓는 도중 손가락 협착
- 페이로더로 운반된 지보공을 작업대차에 싣는 과정에서 손가락 협착

- 굴착기로 터널 지보공 운반 중 운반자재가 회전하면서 근로자 강타
- 록볼트를 설치하기 위해 천공작업 중 낙반

☑ **주요 안전관리 포인트:** 터널 보강작업 과정에서 중량물의 운반, 지반 붕괴, 부석 낙하 등의 위험에 주의해야 한다.

터널 보강작업: 터널 굴진과정에서 라이닝콘크리트작업이 종료될 때까지 원지반의 이완으로 인한 지지력 저하의 방지 및 안정성 확보를 위해 Wire Mesh, Steel Rib, Shotcrete, Rock Bolt 등으로 보강하는 작업

터널 지보공 점검항목
- 부재의 손상 · 변형 · 부식 · 변위 · 탈락의 유무 및 상태
- 부재의 긴압 정도
- 부재의 접속부 및 교차부의 상태
- 기둥침하의 유무 및 상태

접속부 및 교차부 상태

부재의 긴압정도

손상, 변형, 부식, 변위, 탈락 상태

기둥 침하 유무 상태 확인

[지보공 점검항목]

손가락 협착

페이로더

보행자

보행자 충돌

[부석 운반]

페이로더로 부석운반 중 보행자 충돌, 협착

천공기

낙반

록볼트 천공 후 레진 삽입작업 중 레진의 깨짐에 의한 베임.

[록볼트 작업]

착암공이 터널 보강작업을 위해 모르타르믹서기에 시멘트를 넣는 과정에서 손가락 협착

터널용 지보공 연결작업 중 손가락 협착

강재 지보공

낙반

록볼트를 설치하기 위해 천공작업 중 낙반

이동식 비계

손가락 협착

와이어메시 부착작업 중 상단부에서 부석 낙하

[강재지보공작업]

작업대차

전도 낙하

록볼트 작업 중 볼트를 상부로 올려주는 과정에서 전도

작업대차

손가락 협착

페이로더

[지보공 싣기작업]

페이로더로 운반된 지보공을 작업대차에 싣다가 손가락 협착

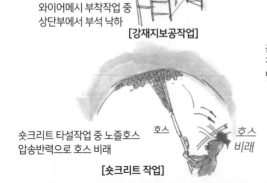

숏크리트 타설작업 중 노즐호스 압송반력으로 호스 비래

호스

호스 비래

[숏크리트 작업]

운반대차에 지보공을 적재하여 운반작업 중 받침목에 손 협착

손가락 협착

운반대차

굴착기

굴착기로 터널 지보공을 운반 중 운반자재가 회전하면서 근로자 강타

근로자 충돌

지보자재

❷ 터널 강지보작업

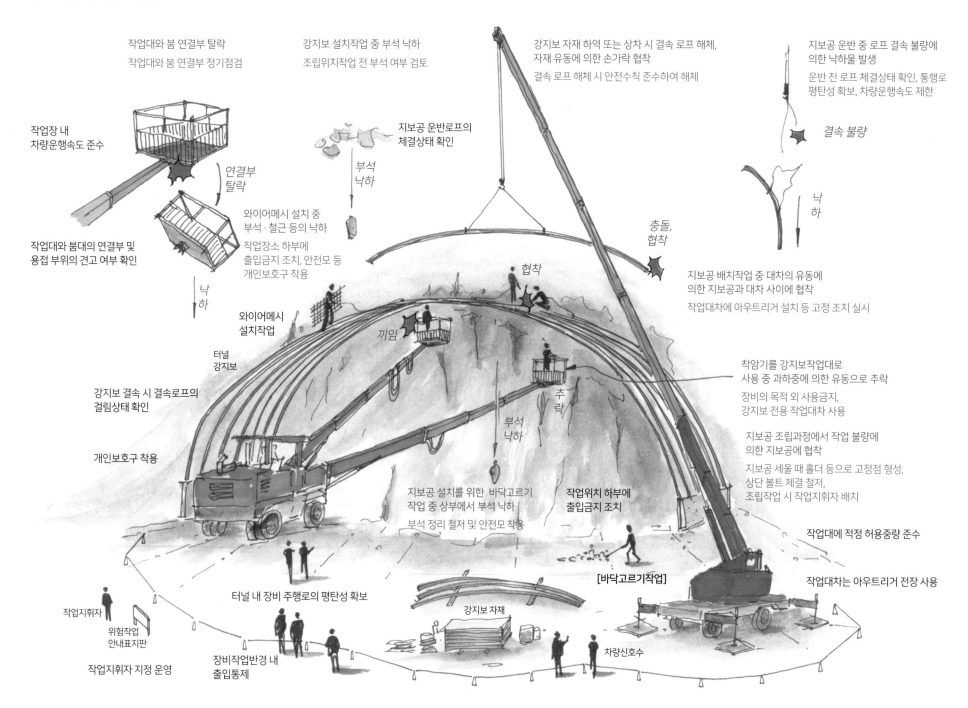

작업대와 붐 연결부 탈락
작업대와 붐 연결부 정기점검

강지보 설치작업 중 부석 낙하
조립위치작업 전 부석 여부 검토

강지보 자재 하역 또는 상차 시 결속 로프 해체,
자재 유동에 의한 손가락 협착

결속 로프 해체 시 안전수칙 준수하여 해체

지보공 운반 중 로프 결속 불량에
의한 낙하물 발생

운반 전 로프 체결상태 확인, 통행로
평탄성 확보, 차량운행속도 제한

작업장 내
차량운행속도 준수

지보공 운반로프의
체결상태 확인

결속 불량

연결부
탈락

부석
낙하

낙
하

작업대와 붐대의 연결부 및
용접 부위의 견고 여부 확인

와이어메시 설치 중
부석 · 철근 등의 낙하

작업장소 하부에
출입금지 조치, 안전모 등
개인보호구 착용

낙
하

충돌,
협착

지보공 배치작업 중 대차의 유동에
의한 지보공과 대차 사이에 협착

작업대차에 아우트리거 설치 등 고정 조치 실시

와이어메시
설치작업

협착

터널
강지보

끼임

강지보 결속 시 결속로프의
걸림상태 확인

추
락

착암기를 강지보작업대로
사용 중 과하중에 의한 유동으로 추락

장비의 목적 외 사용금지,
강지보 전용 작업대차 사용

개인보호구 착용

부석
낙하

지보공 조립과정에서 작업 불량에
의한 지보공에 협착

지보공 세울 때 홀더 등으로 고정점 형성,
상단 볼트 체결 철저,
조립작업 시 작업지휘자 배치

지보공 설치를 위한 바닥고르기
작업 중 상부에서 부석 낙하

부석 정리 철저 및 안전모 착용

작업위치 하부에
출입금지 조치

작업대에 적정 허용중량 준수

[바닥고르기작업]

작업대차는 아우트리거 전장 사용

작업지휘자

위험작업
안내표지판

작업지휘자 지정 운영

터널 내 장비 주행로의 평탄성 확보

강지보 자재

차량신호수

장비작업반경 내
출입통제

❸ 터널 숏크리트(Shotcrete) 작업

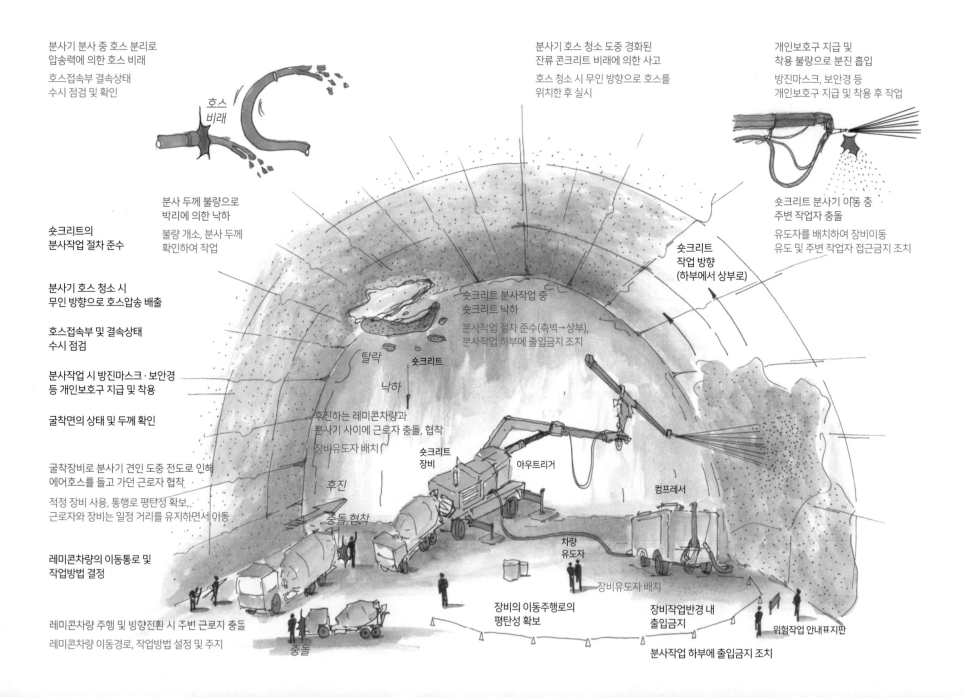

분사기 분사 중 호스 분리로
압송력에 의한 호스 비래
호스접속부 결속상태
수시 점검 및 확인

호스
비래

분사기 호스 청소 도중 경화된
잔류 콘크리트 비래에 의한 사고
호스 청소 시 무인 방향으로 호스를
위치한 후 실시

개인보호구 지급 및
착용 불량으로 분진 흡입
방진마스크, 보안경 등
개인보호구 지급 및 착용 후 작업

분사 두께 불량으로
박리에 의한 낙하
불량 개소, 분사 두께
확인하여 작업

숏크리트의
분사작업 절차 준수

분사기 호스 청소 시
무인 방향으로 호스압송 배출

호스접속부 및 결속상태
수시 점검

분사작업 시 방진마스크 · 보안경
등 개인보호구 지급 및 착용

굴착면의 상태 및 두께 확인

굴착장비로 분사기 견인 도중 전도로 인해
에어호스를 들고 가던 근로자 협착

적정 장비 사용, 통행로 평탄성 확보,
근로자와 장비는 일정 거리를 유지하면서 이동

레미콘차량의 이동통로 및
작업방법 결정

레미콘차량 주행 및 방향전환 시 주변 근로자 충돌
레미콘차량 이동경로, 작업방법 설정 및 주지

숏크리트 분사작업 중
숏크리트 낙하
분사작업 절차 준수(측벽→상부),
분사작업 하부에 출입금지 조치

숏크리트
작업 방향
(하부에서 상부로)

숏크리트 분사기 이동 충
주변 작업자 충돌
유도자를 배치하여 장비이동
유도 및 주변 작업자 접근금지 조치

탈락

숏크리트

낙하

후진하는 레미콘차량과
분사기 사이에 근로자 충돌, 협착
장비유도자 배치

숏크리트
장비

아우트리거

컴프레서

후진

충돌, 협착

차량
유도자

장비유도자 배치

충돌

장비의 이동주행로의
평탄성 확보

장비작업반경 내
출입금지

위험작업 안내ㅍ지판

분사작업 하부에 출입금지 조치

❹ 터널 록볼트(Rock Bolt) 작업

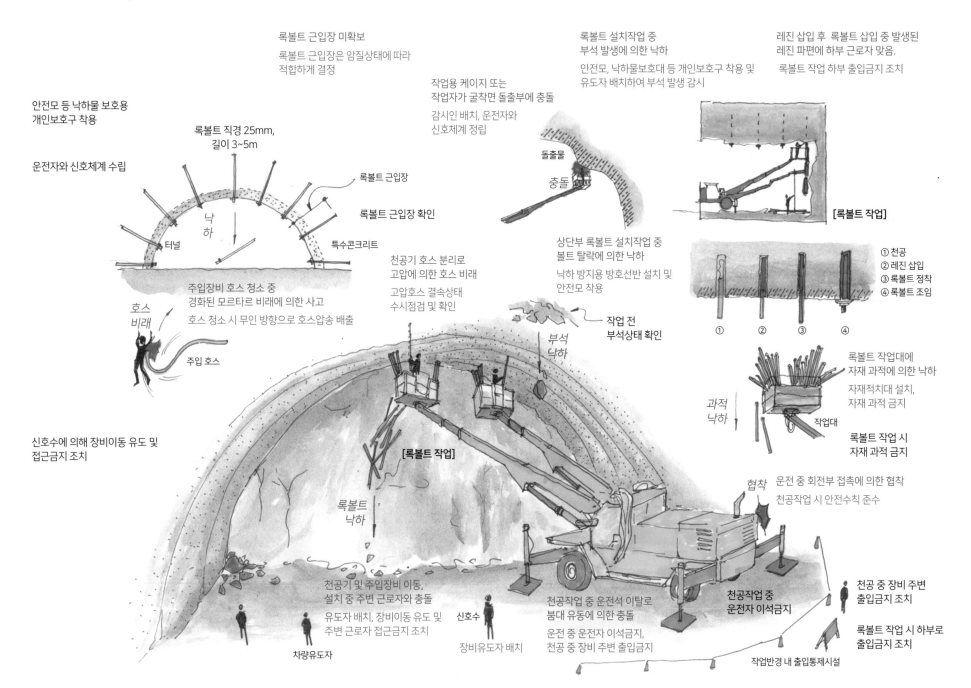

안전모 등 낙하물 보호용
개인보호구 착용

운전자와 신호체계 수립

록볼트 직경 25mm,
길이 3~5m

록볼트 근입장 미확보
록볼트 근입장은 암질상태에 따라
적합하게 결정

작업용 케이지 또는
작업자가 굴착면 돌출부에 충돌
감시인 배치, 운전자와
신호체계 정립

록볼트 설치작업 중
부석 발생에 의한 낙하
안전모, 낙하물보호대 등 개인보호구 착용 및
유도자 배치하여 부석 발생 감시

레진 삽입 후 록볼트 삽입 중 발생된
레진 파편에 하부 근로자 맞음.
록볼트 작업 하부 출입금지 조치

돌출물
충돌

낙하

터널

특수콘크리트

록볼트 근입장

록볼트 근입장 확인

[록볼트 작업]

호스
비래

주입장비 호스 청소 중
경화된 모르타르 비래에 의한 사고
호스 청소 시 무인 방향으로 호스압송 배출

주입 호스

천공기 호스 분리로
고압에 의한 호스 비래
고압호스 결속상태
수시점검 및 확인

상단부 록볼트 설치작업 중
볼트 탈락에 의한 낙하
낙하 방지용 방호선반 설치 및
안전모 착용

부석
낙하

작업 전
부석상태 확인

① 천공
② 레진 삽입
③ 록볼트 정착
④ 록볼트 조임

① ② ③ ④

과적
낙하

록볼트 작업대에
자재 과적에 의한 낙하
자재적치대 설치,
자재 과적 금지

작업대

록볼트 작업 시
자재 과적 금지

신호수에 의해 장비이동 유도 및
접근금지 조치

록볼트
낙하

[록볼트 작업]

협착 운전 중 회전부 접촉에 의한 협착
천공작업 시 안전수칙 준수

천공기 및 주입장비 이동,
설치 중 주변 근로자와 충돌
유도자 배치, 장비이동 유도 및
주변 근로자 접근금지 조치

차량유도자

신호수

장비유도자 배치

천공작업 중 운전석 이탈로
붐대 유동에 의한 충돌
운전 중 운전자 이석금지,
천공 중 장비 주변 출입금지

천공작업 중
운전자 이석금지

천공 중 장비 주변
출입금지 조치

록볼트 작업 시 하부로
출입금지 조치

작업반경 내 출입통제시설

터널 방수(防水)작업
Waterproofing the Tunnel

❶ 터널 방수작업 주요 재해사례
❷ 터널 방수시트작업

터널 방수(防水)작업

❶ 터널 방수작업 주요 재해사례 [핵심 통계자료: 재해가 발생하는 빈도와 강도는 **방수시트 설치** 시 가장 높다.]

- 방수작업대에 탑승하여 작업대 이동 중 추락
- 작업대 해체작업 중 상부 발판이 떨어져 하부 근로자 맞음.
- 방수시트 융착기계에 의한 화상
- 방수작업대 승강기 실족에 의한 추락

- 방수작업 근로자 요통 발생
- 방수작업대 위에서 작업 중 발판 단부에서 추락
- 방수작업대 이동 중 방수작업대 전도
- 방수작업대 이동 중 작업대와 터널면 사이에 협착

- 방수작업대 승강 시 사다리가 탈락하면서 추락
- 방수작업대차에 설치된 가설조명등의 누전에 의한 감전

☑ 주요 안전관리 포인트: 고소작업대에서 작업하는 과정에서 발생되는 추락·감전 등의 재해에 주의해야 한다.

터널 방수작업
방수시트를 터널면에 설치하여 터널면에 방수층을
형성시켜 침투수를 배수구로 유도하는 작업

방수작업대 이동 중 방수작업대 전도

작업대 해체작업 중
상부 발판이 떨어져
하부 근로자 맞음.

방수작업대차   낙하

이동

방수작업대차   전도

[방수작업대차 해체작업]

방수작업대차에 설치된
가설조명등의 누전에 의한 감전

방수시트 융착기계에
의한 화상   화상

감전

방수작업 근로자
요통 발생

방수시트
융착기계작업   조명등   요통

방수작업대 이동 중 작업대와
터널면 사이에 협착

협착

방수층   방수작업대   방수층

방수작업대 승강 시 사다리가
탈락하면서 추락

방수작업대 승강기에서
실족에 의한 추락   추락   추락   추락

방수작업대 위에서 작업 중
발판 단부에서 추락

방수작업대에
탑승하여 작업대
이동 중 추락

추락

위험작업
안내표지판   **[터널 방수작업]**   외부 근로자
출입금지시설

❷ 터널 방수시트작업

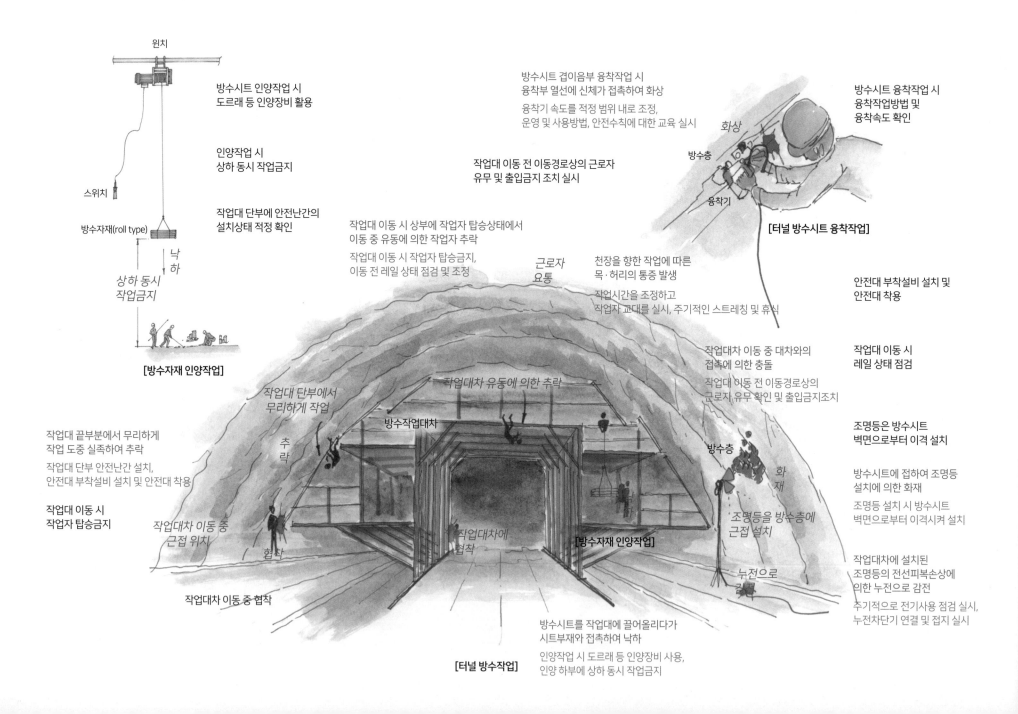

윈치

방수시트 인양작업 시
도르래 등 인양장비 활용

스위치

인양작업 시
상하 동시 작업금지

방수자재(roll type)

낙하

작업대 단부에 안전난간의
설치상태 적정 확인

상하 동시
작업금지

[방수자재 인양작업]

방수시트 겹이음부 융착작업 시
융착부 열선에 신체가 접촉하여 화상

융착기 속도를 적정 범위 내로 조정,
운영 및 사용방법, 안전수칙에 대한 교육 실시

작업대 이동 전 이동경로상의 근로자
유무 및 출입금지 조치 실시

방수시트 융착작업 시
융착작업방법 및
융착속도 확인

화상

방수층

융착기

[터널 방수시트 융착작업]

작업대 이동 시 상부에 작업자 탑승상태에서
이동 중 유동에 의한 작업자 추락

작업대 이동 시 작업자 탑승금지,
이동 전 레일 상태 점검 및 조정

근로자
요통

천장을 향한 작업에 따른
목·허리의 통증 발생

작업시간을 조정하고
작업자 교대를 실시, 주기적인 스트레칭 및 휴식

안전대 부착설비 설치 및
안전대 착용

작업대차 이동 중 대차와의
접촉에 의한 충돌

작업대 이동 전 이동경로상의
근로자 유무 확인 및 출입금지조치

작업대 이동 시
레일 상태 점검

작업대 단부에서
무리하게 작업

작업대차 유동에 의한 추락

방수작업대차

방수층

추락

작업대 끝부분에서 무리하게
작업 도중 실족하여 추락

작업대 단부 안전난간 설치,
안전대 부착설비 설치 및 안전대 착용

작업대 이동 시
작업자 탑승금지

작업대차 이동 중
근접 위치

협착

작업대차 이동 중 협착

작업대차에
협착

[방수자재 인양작업]

조명등을 방수층에
근접 설치

화재

조명등은 방수시트
벽면으로부터 이격 설치

방수시트에 접하여 조명등
설치에 의한 화재

조명등 설치 시 방수시트
벽면으로부터 이격시켜 설치

누전으로
감전

작업대차에 설치된
조명등의 전선피복손상에
의한 누전으로 감전

주기적으로 전기사용 점검 실시,
누전차단기 연결 및 접지 실시

방수시트를 작업대에 끌어올리다가
시트부재와 접촉하여 낙하

인양작업 시 도르래 등 인양장비 사용,
인양 하부에 상하 동시 작업금지

[터널 방수작업]

23 터널 배수작업
Draining Work, Pumping Out

터널 배수작업
터널공사작업 중에 터널 내의 근로자 통행 및 장비의 원활한 이동을 위하여
배수를 통해 지반의 연약화를 방지하고, 작업능률을 향상시키기 위하여
건조한 상태로 관리하는 작업을 말한다.

❶ 터널 배수작업 주요 재해사례 [핵심 통계자료: 재해가 발생하는 빈도와 강도는 터널 배수작업 시 가장 높다.]

- 양수기 보수작업 중 모터전원이 작동하여 벨트에 협착
- 양수기로 배수작업 중 전원을 연결하는 과정에서 전선에 감전
- 양수작업 중 장갑이 벨트에 끼이면서 협착
- 터널 내 배수 불량으로 근로자 이동 시 전도

- 터널 굴착면에 배수로가 형성되어 지반 이완에 따른 터널 단면변위 발생
- 집수정 주변에 안전난간 미설치로 이동 중 추락
- 집수정에 거치된 H-beam 위에서 작업 중 추락

- 양수기 인출 전선의 노후화로 충전부 노출에 의한 감전
- 이동 중 집수정에 추락
- 파손된 콘센트 사용 중 누전에 의한 감전

☑ 주요 안전관리 포인트: 배수작업 과정에서 배수 불량에 의한 지반의 연약화, 양수기 사용에 의한 감전위험에 주의해야 한다.

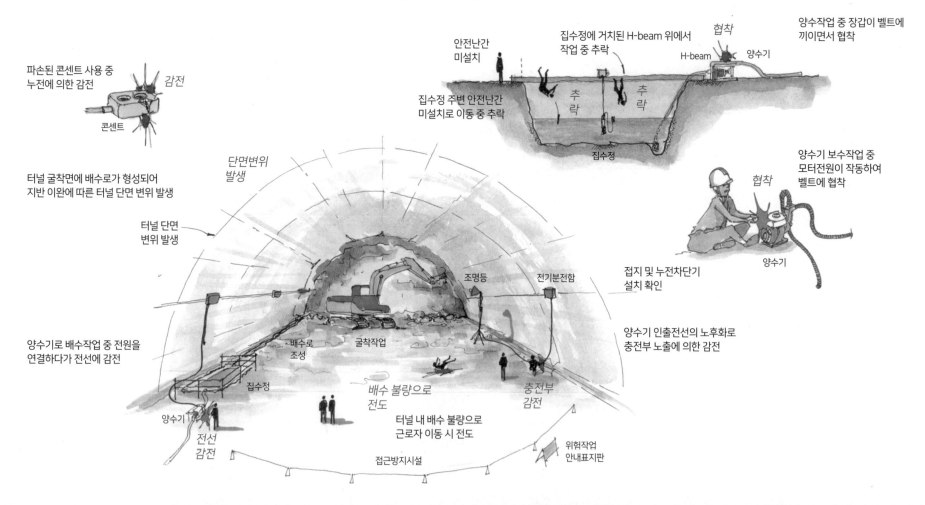

파손된 콘센트 사용 중 누전에 의한 감전

감전

콘센트

터널 굴착면에 배수로가 형성되어 지반 이완에 따른 터널 단면 변위 발생

단면변위 발생

터널 단면 변위 발생

양수기로 배수작업 중 전원을 연결하다가 전선에 감전

집수정

양수기

전선 감전

배수로 조성

굴착작업

배수 불량으로 전도

터널 내 배수 불량으로 근로자 이동 시 전도

조명등

전기분전함

접지 및 누전차단기 설치 확인

충전부 감전

양수기 인출전선의 노후화로 충전부 노출에 의한 감전

접근방지시설

위험작업 안내표지판

안전난간 미설치

집수정 주변 안전난간 미설치로 이동 중 추락

추락

추락

집수정

집수정에 거치된 H-beam 위에서 작업 중 추락

H-beam

협착

양수기

양수작업 중 장갑이 벨트에 끼이면서 협착

양수기 보수작업 중 모터전원이 작동하여 벨트에 협착

협착

양수기

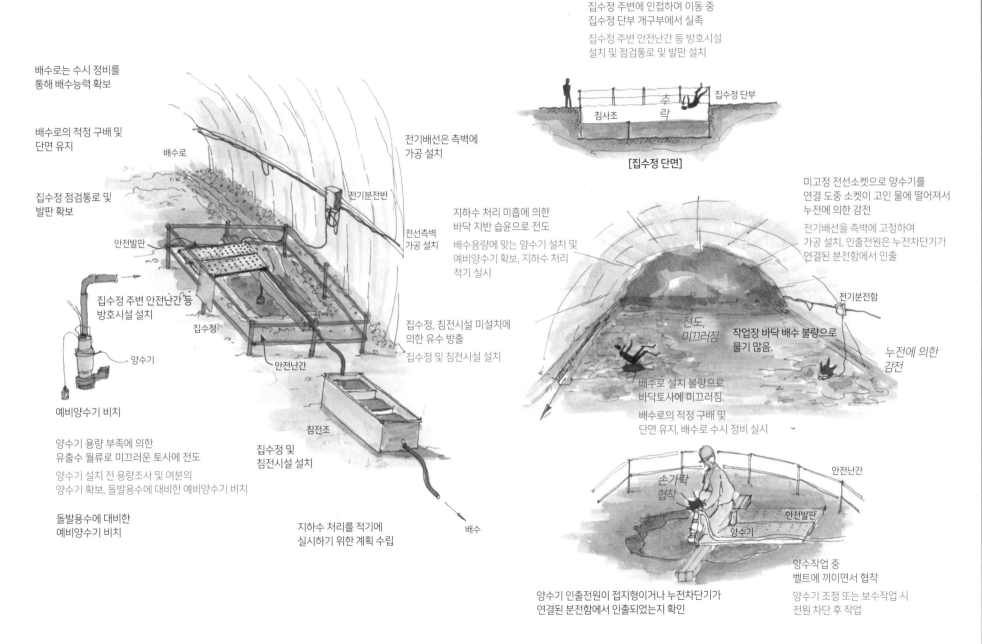

배수로는 수시 정비를
통해 배수능력 확보

배수로의 적정 구배 및
단면 유지

집수정 점검통로 및
발판 확보

배수로

안전발판

집수정 주변 안전난간 등
방호시설 설치

집수정

양수기

예비양수기 비치

양수기 용량 부족에 의한
유출수 월류로 미끄러운 토사에 전도

양수기 설치 전 용량조사 및 여분의
양수기 확보, 돌발용수에 대비한 예비양수기 비치

돌발용수에 대비한
예비양수기 비치

전기분전반

전선측벽
가공 설치

안전난간

침전조

집수정 및
침전시설 설치

지하수 처리를 적기에
실시하기 위한 계획 수립

배수

전기배선은 측벽에
가공 설치

지하수 처리 미흡에 의한
바닥 지반 습윤으로 전도

배수용량에 맞는 양수기 설치 및
예비양수기 확보, 지하수 처리
적기 실시

집수정, 침전시설 미설치에
의한 유수 방출
집수정 및 침전시설 설치

집수정 주변에 인접하여 이동 중
집수정 단부 개구부에서 실족

집수정 주변 안전난간 등 방호시설
설치 및 점검통로 및 발판 설치

침사조   추
          락   집수정 단부

[집수정 단면]

미고정 전선소켓으로 양수기를
연결 도중 소켓이 고인 물에 떨어져서
누전에 의한 감전

전기배선을 측벽에 고정하여
가공 설치, 인출전원은 누전차단기가
연결된 분전함에서 인출

전기분전함

전도,
미끄러짐

작업장 바닥 배수 불량으로
물기 많음.

누전에 의한
감전

배수로 설치 불량으로
바닥토사에 미끄러짐.

배수로의 적정 구배 및
단면 유지, 배수로 수시 정비 실시

손가락
협착

안전난간

안전발판

양수기

양수작업 중
벨트에 끼이면서 협착

양수기 조정 또는 보수작업 시
전원 차단 후 작업

양수기 인출전원이 접지형이거나 누전차단기가
연결된 분전함에서 인출되었는지 확인

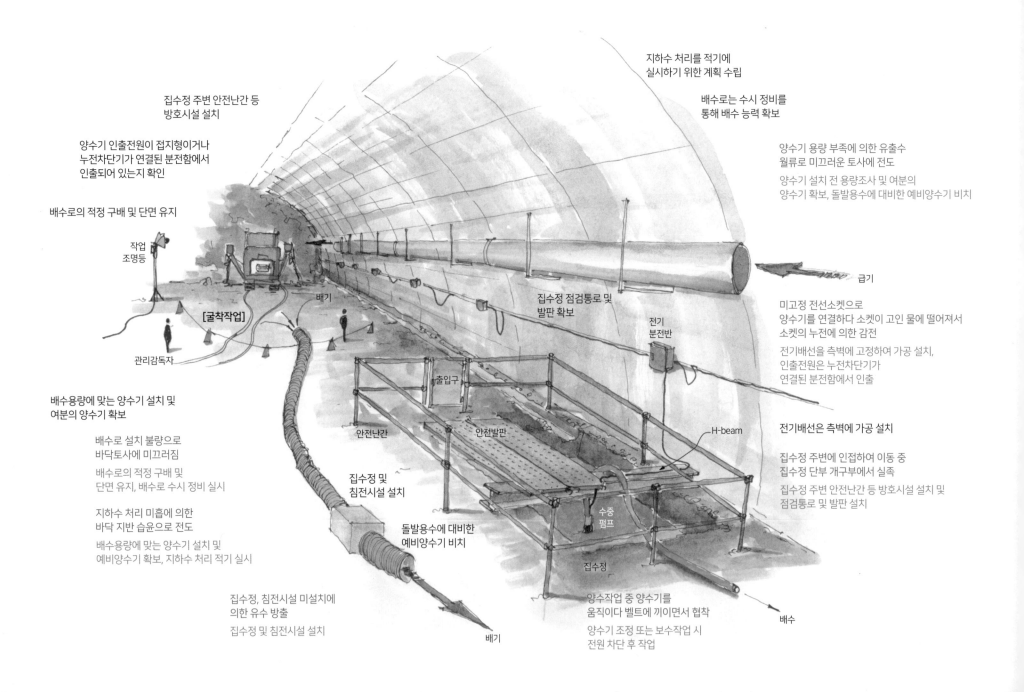

지하수 처리를 적기에
실시하기 위한 계획 수립

집수정 주변 안전난간 등
방호시설 설치

배수로는 수시 정비를
통해 배수 능력 확보

양수기 인출전원이 접지형이거나
누전차단기가 연결된 분전함에서
인출되어 있는지 확인

양수기 용량 부족에 의한 유출수
월류로 미끄러운 토사에 전도

양수기 설치 전 용량조사 및 여분의
양수기 확보, 돌발용수에 대비한 예비양수기 비치

배수로의 적정 구배 및 단면 유지

작업
조명등

급기

미고정 전선소켓으로
양수기를 연결하다 소켓이 고인 물에 떨어져서
소켓의 누전에 의한 감전

배기

집수정 점검통로 및
발판 확보

전기배선을 측벽에 고정하여 가공 설치,
인출전원은 누전차단기가
연결된 분전함에서 인출

[굴착작업]

전기
분전반

관리감독자

배수용량에 맞는 양수기 설치 및
여분의 양수기 확보

출입구

전기배선은 측벽에 가공 설치

배수로 설치 불량으로
바닥토사에 미끄러짐

안전난간

안전발판

H-beam

집수정 주변에 인접하여 이동 중
집수정 단부 개구부에서 실족

배수로의 적정 구배 및
단면 유지, 배수로 수시 정비 실시

집수정 주변 안전난간 등 방호시설 설치 및
점검통로 및 발판 설치

지하수 처리 미흡에 의한
바닥 지반 습윤으로 전도

집수정 및
침전시설 설치

배수용량에 맞는 양수기 설치 및
예비양수기 확보, 지하수 처리 적기 실시

수중
펌프

돌발용수에 대비한
예비양수기 비치

집수정

배수

집수정, 침전시설 미설치에
의한 유수 방출

양수작업 중 양수기를
움직이다 벨트에 끼이면서 협착

집수정 및 침전시설 설치

양수기 조정 또는 보수작업 시
전원 차단 후 작업

배기

특수터널작업
Special Tunnel Work

TBM 공법
TBM(Tunnel Boring Machine)은 터널 굴착부터 벽면(세그먼트) 조립, 굴착 암반·토사의 배출까지 모든 터널 시공이
기계화·자동화된 장비를 말한다.

Shield TBM 공법
Shield Machine이라는 강재 원통형의 굴착기계를 수직작업구 내에 투입시켜 기계의 선단부에 장착되어 있는 굴착용 커터
헤드(cutter head)를 회전시키면서 지반을 굴착함과 동시에 각종 안정재(이수·활재·기포 등)를 주입하여 막장면의 붕괴를 방지하고
1사이클 굴착이 종료되면 굴진기 후미에서 지보인 세그먼트를 설치하는 것을 반복하면서 터널을 굴착하는 원리이다.

❶ 특수터널작업 주요 재해사례 [핵심 통계자료: 재해가 발생하는 빈도와 강도는 **터널 굴진 전 작업과정**에서 가장 높다.]

- Shield 굴진작업 중 막장 내 유출수 증가에 의한 붕괴
- 가스 매장 지질층의 굴진작업 중 발생한 유독가스에 의한 폭발
- 연약지반 굴진 후 설치한 라이닝 배면 토압 상승에 의한 붕괴
- 운반 후 경사사면 이동 중 비탈면의 미끄러짐에 의한 전도

- TBM 굴진장비 운전작업 중 레일에서 탈선, 충격으로 요통 발생
- Shield 조립 시 Cutter Head 부분의 전도로 근로자 협착
- TBM 조립 시 중량물 인양작업 중 충돌, 협착

- TBM 장비 조립 중 작업대에서 추락
- TBM 장비 인양 중 이동식 크레인의 붐대가 꺾이면서 낙하
- TBM 터널 내 열차 운행 시 레일 상태 불량으로 열차 전복

☑ **주요 안전관리 포인트: 대형 중장비의 취급 및 사용과 굴진에 따른 지반 붕괴 및 충돌위험에 주의해야 한다.**

특수터널작업

NATM 공법 외에 굴진장비를 이용한 터널 굴착공법으로, 주요 공법으로 연약지반에 사용하는 Shield 공법과 암반에 사용하는 TBM 공법이 있다.

연약지반 굴진 후 설치한 라이닝 배면 토압 상승에 의한 붕괴

TBM 굴진장비

붕괴

유독가스 폭발

TBM 굴진장비

가스 매장 지질층의 굴진작업 중 발생한 유독가스에 의한 폭발

Shield 굴진작업 중 막장 내 유출수 증가에 의한 붕괴

TBM 조립 시 중량물 인양작업 중 충돌, 협착

충돌, 협착

수직구

TBM Machine Cutter Head

전도

협착

Shield 조립 시 Cutter Head 부분 전도로 근로자 협착

TBM 장비 인양 중 이동식 크레인의 붐대가 꺾이면서 낙하

붐대 꺾임

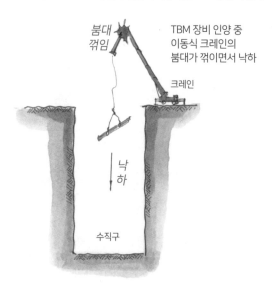

크레인

낙하

수직구

전도

운반 후 경사면 이동 중 비탈면 미끄러짐에 의한 전도

추락

TBM 굴진장비

TBM 장비 조립 중 작업대에서 추락

TBM 굴진장비 운전작업 중 레일에서 탈선, 충격으로 요통 발생

컨베이어벨트

버럭운반대차

탈선, 충돌

전복

TBM 터널 내 열차 운행 시 레일 상태 불량으로 열차 전복

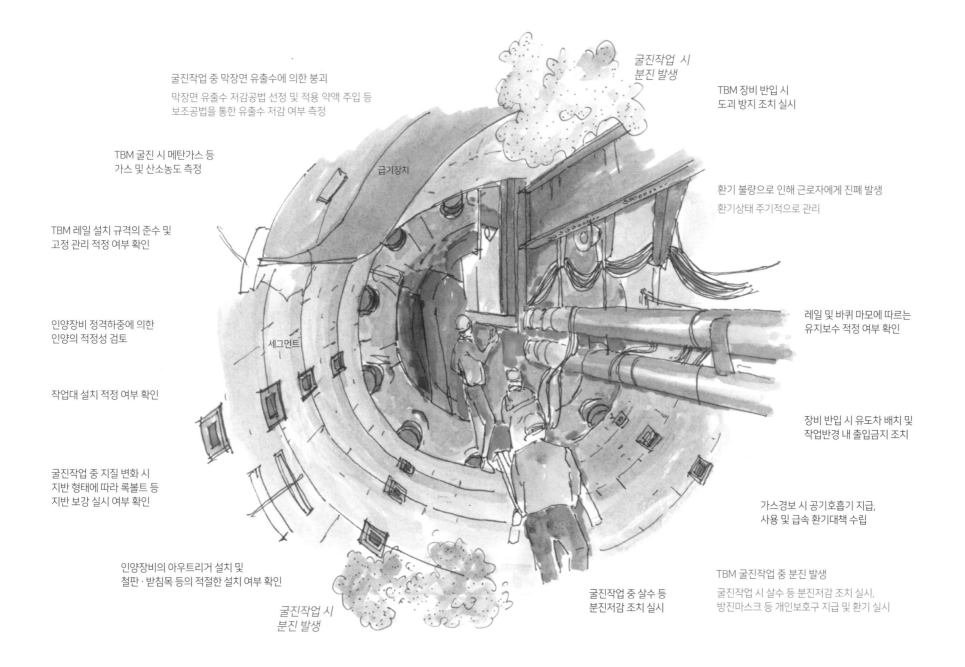

굴진작업 중 막장면 유출수에 의한 붕괴
막장면 유출수 저감공법 선정 및 적용 약액 주입 등
보조공법을 통한 유출수 저감 여부 측정

굴진작업 시
분진 발생

TBM 장비 반입 시
도괴 방지 조치 실시

TBM 굴진 시 메탄가스 등
가스 및 산소농도 측정

급기장치

환기 불량으로 인해 근로자에게 진폐 발생
환기상태 주기적으로 관리

TBM 레일 설치 규격의 준수 및
고정 관리 적정 여부 확인

인양장비 정격하중에 의한
인양의 적정성 검토

세그먼트

레일 및 바퀴 마모에 따르는
유지보수 적정 여부 확인

작업대 설치 적정 여부 확인

장비 반입 시 유도차 배치 및
작업반경 내 출입금지 조치

굴진작업 중 지질 변화 시
지반 형태에 따라 록볼트 등
지반 보강 실시 여부 확인

가스경보 시 공기호흡기 지급,
사용 및 급속 환기대책 수립

인양장비의 아웃트리거 설치 및
철판·받침목 등의 적절한 설치 여부 확인

TBM 굴진작업 중 분진 발생
굴진작업 시 살수 등 분진저감 조치 실시,
방진마스크 등 개인보호구 지급 및 환기 실시

굴진작업 시
분진 발생

굴진작업 중 살수 등
분진저감 조치 실시

❸ TBM(Tunnel Boring Method) 공법 Ⅱ

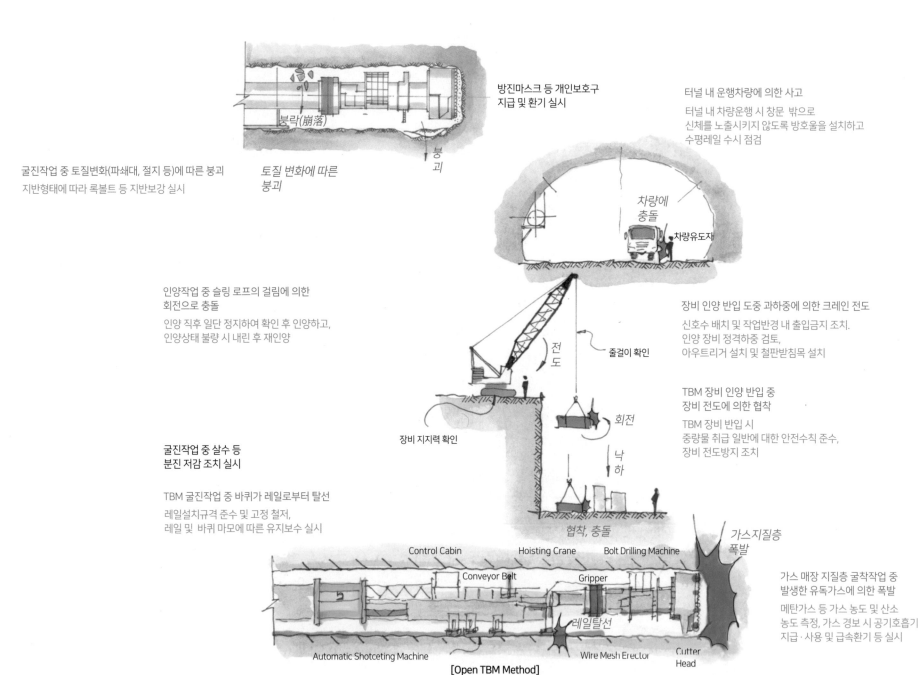

방진마스크 등 개인보호구
지급 및 환기 실시

터널 내 운행차량에 의한 사고

터널 내 차량운행 시 창문 밖으로
신체를 노출시키지 않도록 방호울을 설치하고
수평레일 수시 점검

붕락(崩落)

붕괴

굴진작업 중 토질변화(파쇄대, 절지 등)에 따른 붕괴

지반형태에 따라 록볼트 등 지반보강 실시

토질 변화에 따른
붕괴

차량에
충돌

차량유도자

인양작업 중 슬링 로프의 걸림에 의한
회전으로 충돌

인양 직후 일단 정지하여 확인 후 인양하고,
인양상태 불량 시 내린 후 재인양

전도

줄걸이 확인

장비 인양 반입 도중 과하중에 의한 크레인 전도

신호수 배치 및 작업반경 내 출입금지 조치.
인양 장비 정격하중 검토,
아우트리거 설치 및 철판받침목 설치

장비 지지력 확인

회전

TBM 장비 인양 반입 중
장비 전도에 의한 협착

TBM 장비 반입 시
중량물 취급 일반에 대한 안전수칙 준수,
장비 전도방지 조치

굴진작업 중 살수 등
분진 저감 조치 실시

TBM 굴진작업 중 바퀴가 레일로부터 탈선

레일설치규격 준수 및 고정 철저,
레일 및 바퀴 마모에 따른 유지보수 실시

낙하

협착, 충돌

가스지질층
폭발

Control Cabin   Hoisting Crane   Bolt Drilling Machine

Conveyor Belt   Gripper

레일탈선

가스 매장 지질층 굴착작업 중
발생한 유독가스에 의한 폭발

메탄가스 등 가스 농도 및 산소
농도 측정, 가스 경보 시 공기호흡기
지급·사용 및 급속환기 등 실시

Automatic Shotceting Machine   Wire Mesh Erector   Cutter Head

[Open TBM Method]

❹ TBM(Tunnel Boring Method) 공법 vs Shield 공법 비교

TBM의 특징

시공성
- 굴착, 버럭처리 자동화
- 암질변화각이 심할 경우 시공성 저하

안정성
- 비발파-낙반사고 최소화
- 원지반 이완 최소화
- 원형 단면으로 구조적 안정

경제성
- 초기비용 과다로 장대터널에 경제적
- 원지반을 주지보로 활용해 최소 지보 보강

장점
- 정밀한 시공성
- 원지반 안정성 확보에 유리
- 여굴량 최소화에 따른 경제성 확보

단점
- 암질 불량 구간의 타 공법 병행 불가
- 초기비용 고가
- 암질 불량 구간 사전 예측 불가능

TBM

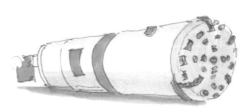

Shield TBM

Shield TBM의 특징

시공성
- 근접구조물 통과 유리
- 사행 조정 등의 시공능력 요구

안정성
- TBM을 이용하여 굴착진동과 발파진동이 적음.
- 갑작스런 지질변화에 유연한 대처 가능

경제성
- 토사 및 풍화암지반 굴진속도 빠름.
- 초기비용 과다로 장대터널에 경제적

장점
- 근접 구조물 통과 시 유리
- 원형 단면으로 구조적 안정
- 여굴량 최소화에 따른 경제성 확보

단점
- 분할 시공 불가능
- 지반침하, 지하수 유출 등에 대비한 보조공법 필요
- 비교적 고가

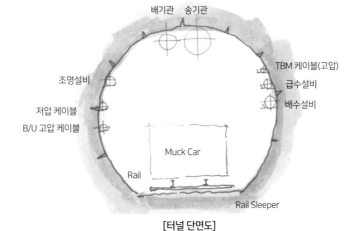

배기관 송기관

조명설비
TBM 케이블(고압)
급수설비
저압 케이블
배수설비
B/U 고압 케이블

Muck Car

Rail

Rail Sleeper

[터널 단면도]

❺ Shield TBM 공법

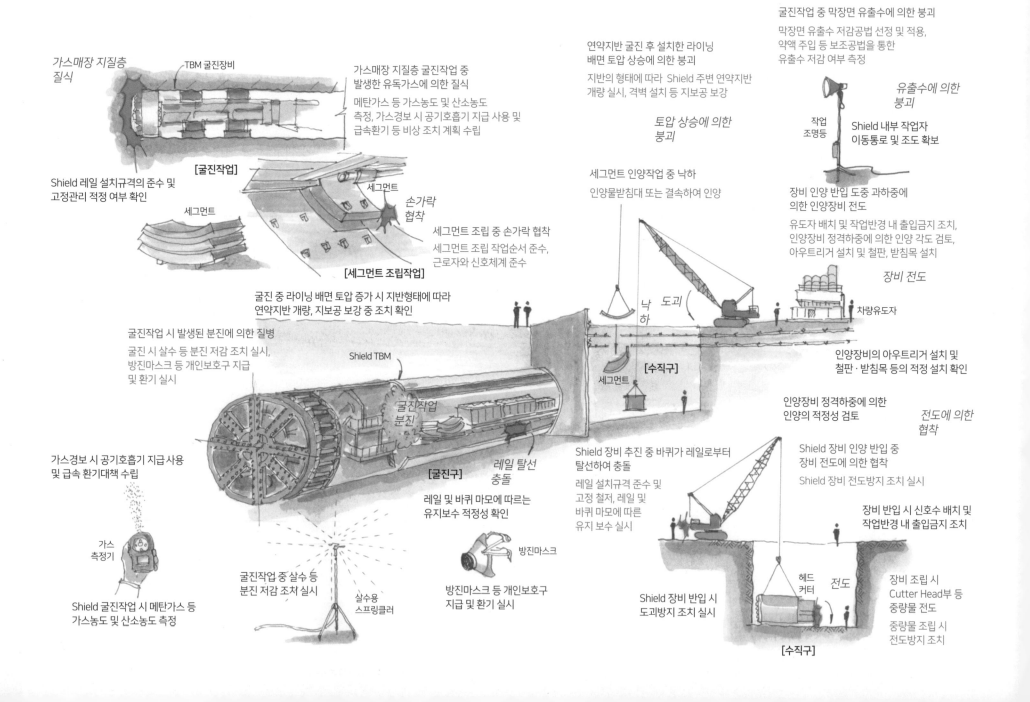

가스매장 지질층 질식

TBM 굴진장비

가스매장 지질층 굴진작업 중 발생한 유독가스에 의한 질식

메탄가스 등 가스농도 및 산소농도 측정, 가스경보 시 공기호흡기 지급 사용 및 급속환기 등 비상 조치 계획 수립

[굴진작업]

Shield 레일 설치규격의 준수 및 고정관리 적정 여부 확인

세그먼트

세그먼트

손가락 협착

세그먼트 조립 중 손가락 협착

세그먼트 조립 작업순서 준수, 근로자와 신호체계 준수

[세그먼트 조립작업]

굴진 중 라이닝 배면 토압 증가 시 지반형태에 따라 연약지반 개량, 지보공 보강 중 조치 확인

굴진작업 시 발생된 분진에 의한 질병

굴진 시 살수 등 분진 저감 조치 실시, 방진마스크 등 개인보호구 지급 및 환기 실시

Shield TBM

굴진작업 분진

가스경보 시 공기호흡기 지급 사용 및 급속 환기대책 수립

가스 측정기

Shield 굴진작업 시 메탄가스 등 가스농도 및 산소농도 측정

[굴진구]

레일 탈선 충돌

굴진작업 중 살수 등 분진 저감 조치 실시

살수용 스프링클러

레일 및 바퀴 마모에 따르는 유지보수 적정성 확인

방진마스크

방진마스크 등 개인보호구 지급 및 환기 실시

연약지반 굴진 후 설치한 라이닝 배면 토압 상승에 의한 붕괴

지반의 형태에 따라 Shield 주변 연약지반 개량 실시, 격벽 설치 등 지보공 보강

토압 상승에 의한 붕괴

세그먼트 인양작업 중 낙하

인양물받침대 또는 결속하여 인양

낙하

도괴

[수직구]

세그먼트

Shield 장비 추진 중 바퀴가 레일로부터 탈선하여 충돌

레일 설치규격 준수 및 고정 철저, 레일 및 바퀴 마모에 따른 유지 보수 실시

Shield 장비 반입 시 도괴방지 조치 실시

굴진작업 중 막장면 유출수에 의한 붕괴

막장면 유출수 저감공법 선정 및 적용, 약액 주입 등 보조공법을 통한 유출수 저감 여부 측정

작업 조명등

유출수에 의한 붕괴

Shield 내부 작업자 이동통로 및 조도 확보

장비 인양 반입 도중 과하중에 의한 인양장비 전도

유도자 배치 및 작업반경 내 출입금지 조치, 인양장비 정격하중에 의한 인양 각도 검토, 아우트리거 설치 및 철판, 받침목 설치

장비 전도

차량유도자

인양장비의 아우트리거 설치 및 철판 · 받침목 등의 적정 설치 확인

인양장비 정격하중에 의한 인양의 적정성 검토

전도에 의한 협착

Shield 장비 인양 반입 중 장비 전도에 의한 협착

Shield 장비 전도방지 조치 실시

장비 반입 시 신호수 배치 및 작업반경 내 출입금지 조치

헤드 커터

전도

장비 조립 시 Cutter Head부 등 중량물 전도

중량물 조립 시 전도방지 조치

[수직구]

❻ EPB(Earth Pressure Balance) Shield TBM 공법

EPB Type(이토가압식), Slurry Type(이수가압식) Maker:
Alpine(Austria), Iseki(Japan), Lovat(Canada), Rasa(Japan),
WIRTH(Germany)

EPB Shield TBM과 Slurry TBM의 차이점: 터널막장 토압 대응을 굴삭토사, 지상플랜트에서 제조한 이수 사용 여부에 있다. 그 시스템에 따라 배토처리방법은 Muck Bucket으로 직접 받거나(EPB) 터널 내에 배관을 설치하여 수송(slurry)하게 된다.

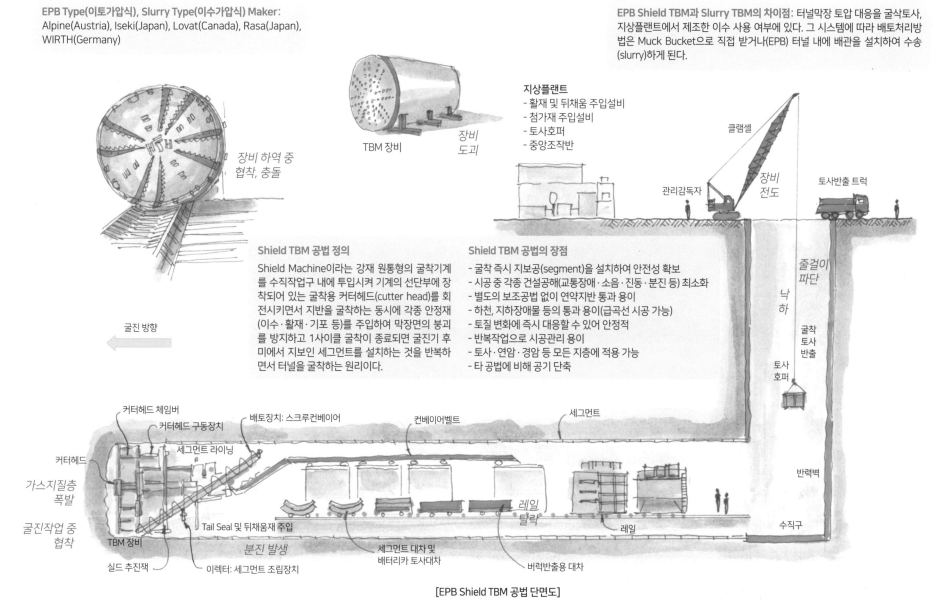

장비 하역 중
협착, 충돌

TBM 장비

장비
도괴

지상플랜트
- 활재 및 뒤채움 주입설비
- 첨가재 주입설비
- 토사호퍼
- 중앙조작반

클램셸

관리감독자

장비
전도

토사반출 트럭

줄걸이
파단

낙하

토사
호퍼

굴착
토사
반출

Shield TBM 공법 정의

Shield Machine이라는 강재 원통형의 굴착기계를 수직작업구 내에 투입시켜 기계의 선단부에 장착되어 있는 굴착용 커터헤드(cutter head)를 회전시키면서 지반을 굴착하는 동시에 각종 안정재(이수·활재·기포 등)를 주입하여 막장면의 붕괴를 방지하고 1사이클 굴착이 종료되면 굴진기 후미에서 지보인 세그먼트를 설치하는 것을 반복하면서 터널을 굴착하는 원리이다.

Shield TBM 공법의 장점
- 굴착 즉시 지보공(segment)을 설치하여 안전성 확보
- 시공 중 각종 건설공해(교통장애·소음·진동·분진 등) 최소화
- 별도의 보조공법 없이 연약지반 통과 용이
- 하천, 지하장애물 등의 통과 용이(급곡선 시공 가능)
- 토질 변화에 즉시 대응할 수 있어 안정적
- 반복작업으로 시공관리 용이
- 토사·연암·경암 등 모든 지층에 적용 가능
- 타 공법에 비해 공기 단축

굴진 방향

커터헤드 체임버

커터헤드 구동장치

배토장치: 스크루컨베이어

컨베이어벨트

세그먼트

세그먼트 라이닝

커터헤드

가스지질층
폭발

굴진작업 중
협착

TBM 장비

실드 추진잭

Tail Seal 및 뒤채움재 주입

이렉터: 세그먼트 조립장치

분진 발생

세그먼트 대차 및
배터리카 토사대차

레일
탈락

레일

버력반출용 대차

반력벽

수직구

[EPB Shield TBM 공법 단면도]

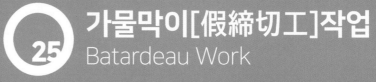

가물막이[假締切工]작업
Batardeau Work

25

❶ 가물막이작업 주요 재해사례
❷ 장비 반입작업
❸ 흙막이작업

가물막이(batardeau)
하천에 댐을 시공할 때 건조한 상태를 유지하기 위하여 임시로 설치한 물막이구조물

가물막이작업
하천이나 해안 등에 구조물을 시공할 때 Dry Work를 위한 가설구조물 작업.
토압·수압 등 외력에 저항할 수 있는 강도와 수밀성이 요구되며 해체가 쉽고 경제적이어야 한다.

25 가물막이[假締切工]작업

❶ 가물막이작업 주요 재해사례 [핵심 통계자료: 재해가 발생하는 빈도와 강도는 장비 반입보다는 **흙막이 시공** 시 가장 높다.]

- 제방쌓기작업 중 굴착기와 접촉에 의한 충돌
- 제방용 돌을 체인블록(chain block)으로 인양 중 체인블록의 풀림에 의한 낙하
- 강널말뚝(sheet pile) 및 하역작업 중 와이어로프 파단으로 인양물 낙하

- 크레인에 강널말뚝 연결작업 중 연결부의 널말뚝 탈락으로 낙하
- 가물막이 용접작업 중 띠장(wale) 단부로 추락
- 강널말뚝 항타작업 중 강널말뚝을 연결작업하다 신체 균형을 잃고 띠장과 강널말뚝 사이에 손이 끼임.
- 굴착기 등 장비 반입 시 경사로 탈락에 의한 도괴 발생

- 토사운반작업 중 적재함에서 주변 토사를 제거하다 적재함 단부에서 실족
- 해상 바지선 윈치작업 중 이물질을 제거하다 손가락이 와이어로프에 협착
- 굴착기 사용 시 유도자 미배치하여 충돌

☑ 주요 안전관리 포인트: 시트파일, 토사석 등을 이용하여 제방을 쌓는 과정에서 건설중장비 및 중량물 취급 시 발생하는 재해에 대하여 주의를 요한다.

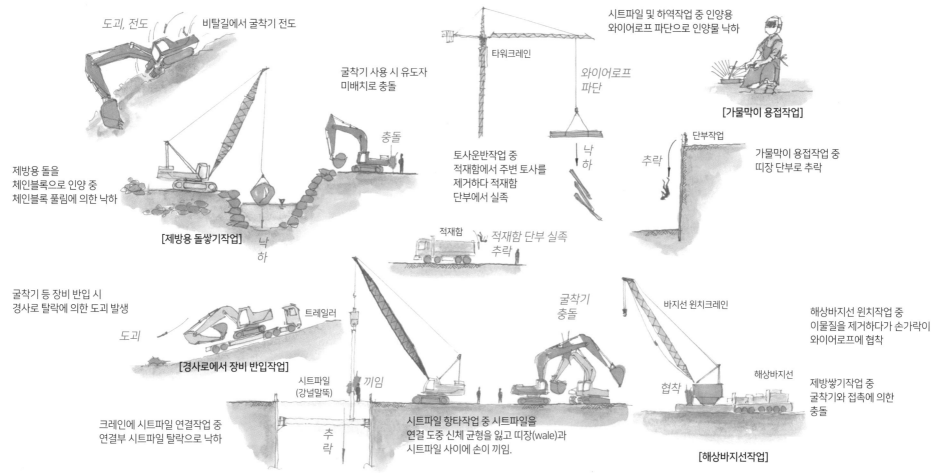

도괴, 전도   비탈길에서 굴착기 전도

굴착기 사용 시 유도자 미배치로 충돌

시트파일 및 하역작업 중 인양용 와이어로프 파단으로 인양물 낙하

타워크레인

와이어로프 파단

[가물막이 용접작업]

제방용 돌을 체인블록으로 인양 중 체인블록 풀림에 의한 낙하

충돌

토사운반작업 중 적재함에서 주변 토사를 제거하다 적재함 단부에서 실족

단부작업

가물막이 용접작업 중 띠장 단부로 추락

추락

[제방용 돌쌓기작업]   낙하

적재함   적재함 단부 실족 추락

굴착기 등 장비 반입 시 경사로 탈락에 의한 도괴 발생

도괴   트레일러

[경사로에서 장비 반입작업]

시트파일 (강널말뚝)   끼임

굴착기 충돌

바지선 윈치크레인

해상바지선 윈치작업 중 이물질을 제거하다가 손가락이 와이어로프에 협착

협착   해상바지선

제방쌓기작업 중 굴착기와 접촉에 의한 충돌

크레인에 시트파일 연결작업 중 연결부 시트파일 탈락으로 낙하

추락

시트파일 항타작업 중 시트파일을 연결 도중 신체 균형을 잃고 띠장(wale)과 시트파일 사이에 손이 끼임.

[해상바지선작업]

❷ 장비 반입작업

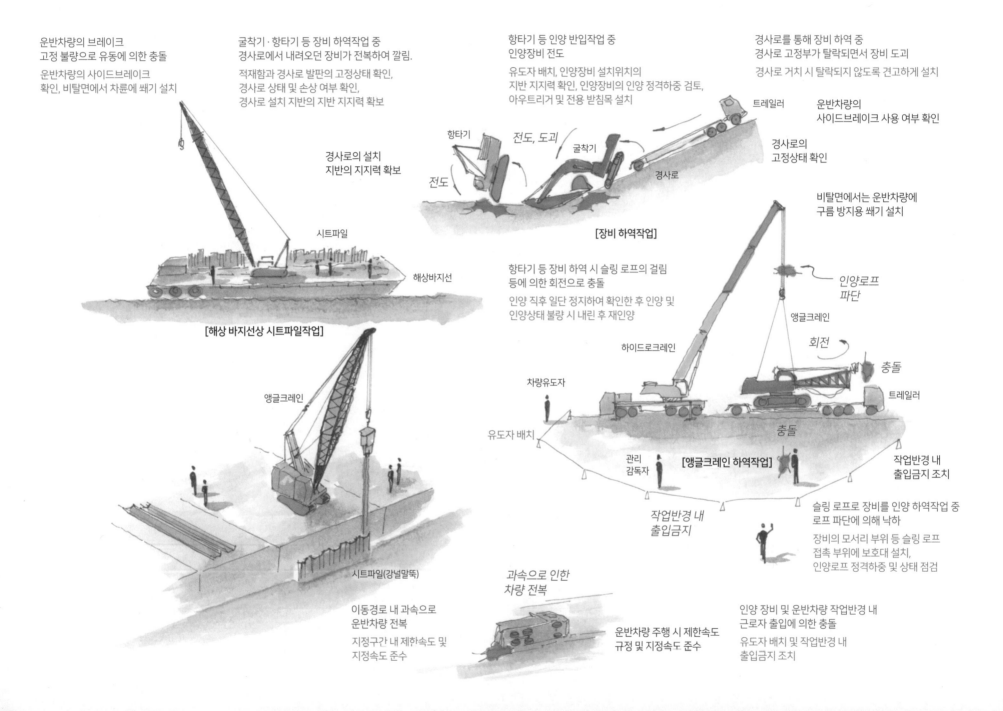

운반차량의 브레이크
고정 불량으로 유동에 의한 충돌

운반차량의 사이드브레이크
확인, 비탈면에서 차륜에 쐐기 설치

굴착기·항타기 등 장비 하역작업 중
경사로에서 내려오던 장비가 전복하여 깔림.

적재함과 경사로 발판의 고정상태 확인,
경사로 상태 및 손상 여부 확인,
경사로 설치 지반의 지반 지지력 확보

항타기 등 인양 반입작업 중
인양장비 전도

유도자 배치, 인양장비 설치위치의
지반 지지력 확인, 인양장비의 인양 정격하중 검토,
아우트리거 및 전용 받침목 설치

경사로를 통해 장비 하역 중
경사로 고정부가 탈락되면서 장비 도괴

경사로 거치 시 탈락되지 않도록 견고하게 설치

트레일러

운반차량의
사이드브레이크 사용 여부 확인

경사로의 설치
지반의 지지력 확보

항타기

전도, 도괴

굴착기

전도

경사로

경사로의
고정상태 확인

시트파일

해상바지선

[해상 바지선상 시트파일작업]

[장비 하역작업]

비탈면에서는 운반차량에
구름 방지용 쐐기 설치

항타기 등 장비 하역 시 슬링 로프의 걸림
등에 의한 회전으로 충돌

인양 직후 일단 정지하여 확인한 후 인양 및
인양상태 불량 시 내린 후 재인양

인양로프
파단

앵글크레인

회전

충돌

하이드로크레인

트레일러

앵글크레인

차량유도자

유도자 배치

관리
감독자

[앵글크레인 하역작업]

충돌

작업반경 내
출입금지 조치

시트파일(강널말뚝)

작업반경 내
출입금지

슬링 로프로 장비를 인양 하역작업 중
로프 파단에 의해 낙하

장비의 모서리 부위 등 슬링 로프
접촉 부위에 보호대 설치,
인양로프 정격하중 및 상태 점검

이동경로 내 과속으로
운반차량 전복

지정구간 내 제한속도 및
지정속도 준수

과속으로 인한
차량 전복

운반차량 주행 시 제한속도
규정 및 지정속도 준수

인양 장비 및 운반차량 작업반경 내
근로자 출입에 의한 충돌

유도자 배치 및 작업반경 내
출입금지 조치

❸ 흙막이작업

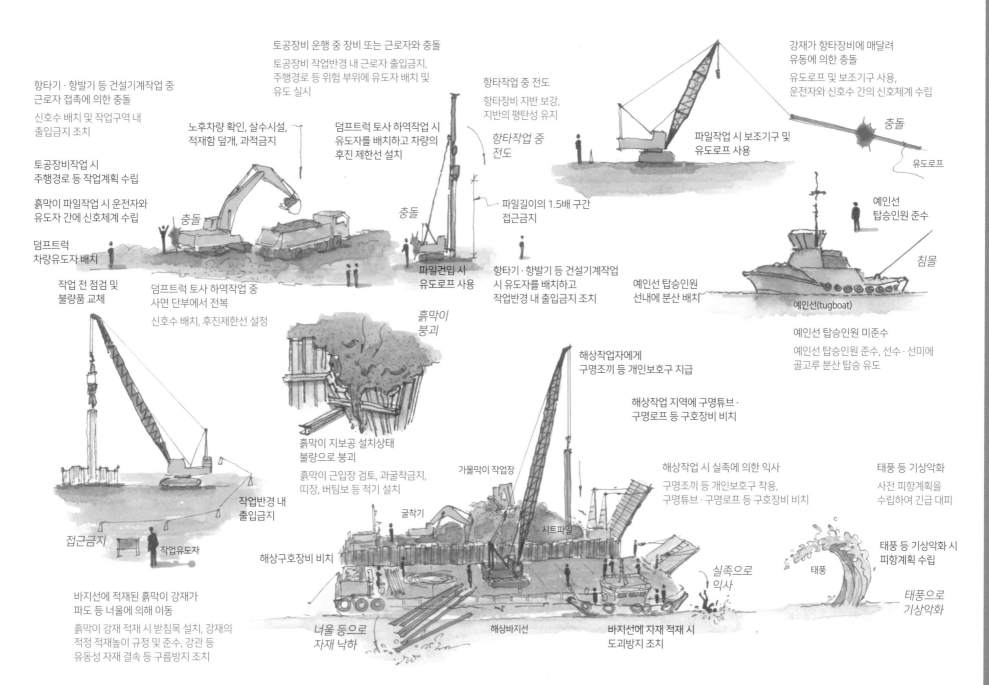

항타기·항발기 등 건설기계작업 중
근로자 접촉에 의한 충돌

신호수 배치 및 작업구역 내
출입금지 조치

토공장비작업 시
주행경로 등 작업계획 수립

흙막이 파일작업 시 운전자와
유도자 간에 신호체계 수립

덤프트럭
차량유도자 배치

작업 전 점검 및
불량품 교체

토공장비 운행 중 장비 또는 근로자와 충돌

토공장비 작업반경 내 근로자 출입금지,
주행경로 등 위험 부위에 유도자 배치 및
유도 실시

노후차량 확인, 살수시설,
적재함 덮개, 과적금지

덤프트럭 토사 하역작업 시
유도자를 배치하고 차량의
후진 제한선 설치

충돌

덤프트럭 토사 하역작업 중
사면 단부에서 전복

신호수 배치, 후진제한선 설정

항타작업 중 전도

항타장비 지반 보강,
지반의 평탄성 유지

항타작업 중
전도

충돌

파일길이의 1.5배 구간
접근금지

파일건입 시
유도로프 사용

항타기·항발기 등 건설기계작업
시 유도자를 배치하고
작업반경 내 출입금지 조치

강재가 항타장비에 매달려
유동에 의한 충돌

유도로프 및 보조기구 사용,
운전자와 신호수 간의 신호체계 수립

파일작업 시 보조기구 및
유도로프 사용

충돌

유도로프

예인선
탑승인원 준수

침몰

예인선(tugboat)

예인선 탑승인원
선내에 분산 배치

예인선 탑승인원 미준수

예인선 탑승인원 준수, 선수·선미에
골고루 분산 탑승 유도

흙막이
붕괴

흙막이 지보공 설치상태
불량으로 붕괴

흙막이 근입장 검토, 과굴착금지,
띠장, 버팀보 등 적기 설치

접근금지

작업반경 내
출입금지

작업유도자

바지선에 적재된 흙막이 강재가
파도 등 너울에 의해 이동

흙막이 강재 적재 시 받침목 설치, 강재의
적정 적재높이 규정 및 준수, 강관 등
유동성 자재 결속 등 구름방지 조치

가물막이 작업장

굴착기

해상구호장비 비치

너울 등으로
자재 낙하

해상작업자에게
구명조끼 등 개인보호구 지급

해상작업 지역에 구명튜브·
구명로프 등 구호장비 비치

해상작업 시 실족에 의한 익사

구명조끼 등 개인보호구 착용,
구명튜브·구명로프 등 구호장비 비치

시트파일

해상바지선

바지선에 자재 적재 시
도괴방지 조치

실족으로
익사

태풍 등 기상악화

사전 피항계획을
수립하여 긴급 대피

태풍 등 기상악화 시
피항계획 수립

태풍

태풍으로
기상악화

그라우팅 작업
Grouting Work

26

그라우팅(grouting) 작업
지반의 고결화, 지반의 지지력 증가, 투수성 감소, 지반과 구조물과의 일체화 등을 목적으로 기초지반이나 구조물 주변 및 구조물 자체 내부로 각종 시멘트·모르타르·약제 등의 그라우트를 주입하는 작업을 밀한다.

26 그라우팅 작업(Grouting Work)

❶ 그라우팅 작업 주요 재해사례 [핵심 통계자료: 재해가 발생하는 빈도와 강도는 천공 및 그라우팅 작업 시 가장 높다.]

- 지반 보링 작업 중 케이싱 파이프를 설치하다가 손가락이 회전부에 끼임.
- 지반 보링 작업 중 배수·물·호스 유동에 의한 충돌
- 그라우팅 작업 중 고압호스 파열에 의한 호스 비래
- 혼합기 내부에 끼인 덩어리를 제거하다가 기계에 손가락 협착

- 천공장비 보수작업 중 갑작스러운 운전으로 벨트 사이에 손가락 끼임.
- 지반 보링작업 중 사면 상부의 지반 진동에 의한 충격으로 상부 암반 낙하
- 로드(rod) 인양작업 중 로드가 전도되어 충돌

- 혼합기로 그라우트 혼합 중 섞이지 않은 덩어리를 제거하려다 협착
- 그라우팅 장비 하역 시 경사로 탈락으로 운반차량에서 도괴
- 그라우팅 작업 중 그라우팅 장비에 접촉, 충돌

☑ 주요 안전관리 포인트: 지반 천공, 그라우트액 주입, 충전 등의 작업과정에서 장비 및 약액 사용 시 발생하는 위험에 주의해야 한다.

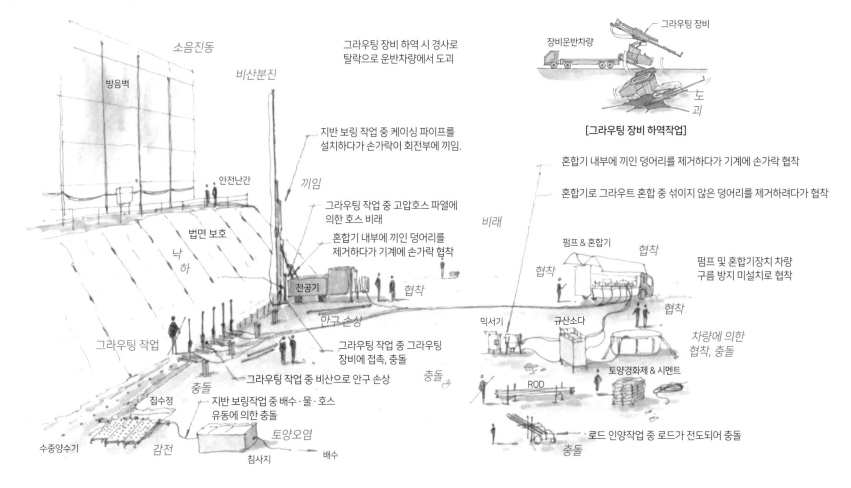

[그라우팅 장비 하역작업]

❷ 그라우팅 작업 개념도

그라우팅(grouting) 작업

지반의 고결화, 지반의 지지력 증가, 투수성 감소, 지반과 구조물과의 일체화 등을 목적으로 기초지반이나 구조물 주변 및 구조물 자체 내부로 각종 시멘트, 모르타르, 약제 등의 그라우트재를 주입하는 작업을 말한다.

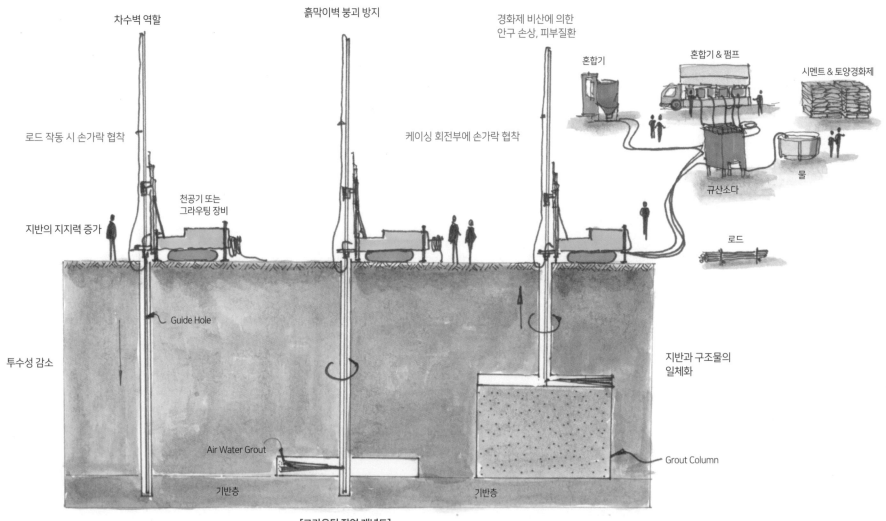

차수벽 역할

흙막이벽 붕괴 방지

경화제 비산에 의한
안구 손상, 피부질환

혼합기

혼합기 & 펌프

시멘트 & 토양경화제

로드 작동 시 손가락 협착

케이싱 회전부에 손가락 협착

천공기 또는
그라우팅 장비

지반의 지지력 증가

규산소다

물

로드

Guide Hole

투수성 감소

지반과 구조물의
일체화

Air Water Grout

Grout Column

기반층

기반층

[그라우팅 작업 개념도]

❸ 그라우팅 장비 및 자재 반입작업

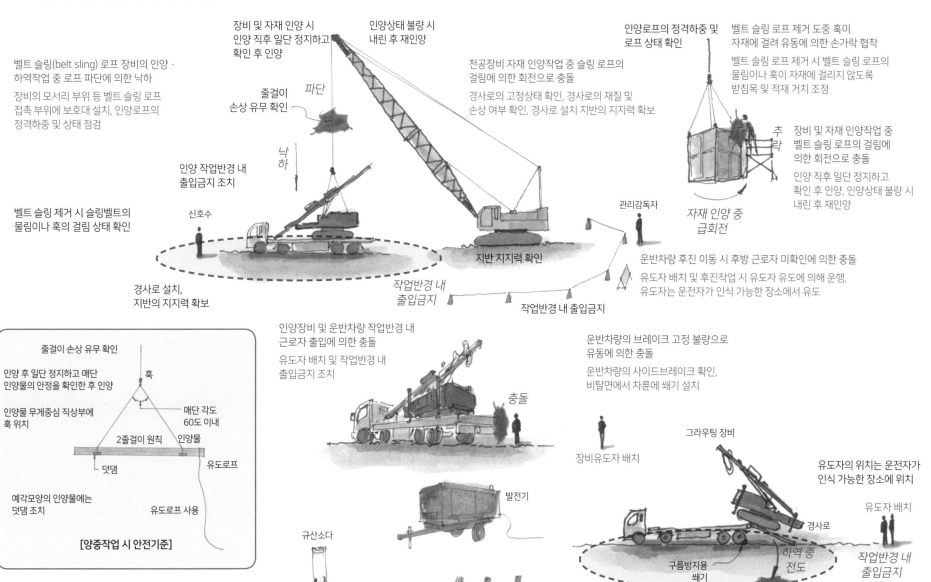

벨트 슬링(belt sling) 로프 장비의 인양·하역작업 중 로프 파단에 의한 낙하

장비의 모서리 부위 등 벨트 슬링 로프 접촉 부위에 보호대 설치, 인양로프의 정격하중 및 상태 점검

장비 및 자재 인양 시 인양 직후 일단 정지하고 확인 후 인양

인양상태 불량 시 내린 후 재인양

줄걸이 손상 유무 확인

파단

인양로프의 정격하중 및 로프 상태 확인

천공장비 자재 인양작업 중 슬링 로프의 걸림에 의한 회전으로 충돌

경사로의 고정상태 확인, 경사로의 재질 및 손상 여부 확인, 경사로 설치 지반의 지지력 확보

벨트 슬링 로프 제거 도중 훅이 자재에 걸려 유동에 의한 손가락 협착

벨트 슬링 로프 제거 시 벨트 슬링 로프의 물림이나 훅이 자재에 걸리지 않도록 받침목 및 적재 거치 조정

낙하

인양 작업반경 내 출입금지 조치

신호수

벨트 슬링 제거 시 슬링벨트의 물림이나 훅의 걸림 상태 확인

경사로 설치, 지반의 지지력 확보

지반 지지력 확인

관리감독자

추락

장비 및 자재 인양작업 중 벨트 슬링 로프의 걸림에 의한 회전으로 충돌

인양 직후 일단 정지하고 확인 후 인양, 인양상태 불량 시 내린 후 재인양

자재 인양 중 급회전

작업반경 내 출입금지

작업반경 내 출입금지

운반차량 후진 이동 시 후방 근로자 미확인에 의한 충돌

유도자 배치 및 후진작업 시 유도자 유도에 의해 운행, 유도자는 운전자가 인식 가능한 장소에서 유도

[양중작업 시 안전기준]

줄걸이 손상 유무 확인

인양 후 일단 정지하고 매단 인양물의 안정을 확인한 후 인양

인양물 무게중심 직상부에 훅 위치

훅

매단 각도 60도 이내

2줄걸이 원칙

인양물

덧댐

유도로프

예각모양의 인양물에는 덧댐 조치

유도로프 사용

인양장비 및 운반차량 작업반경 내 근로자 출입에 의한 충돌

유도자 배치 및 작업반경 내 출입금지 조치

운반차량의 브레이크 고정 불량으로 유동에 의한 충돌

운반차량의 사이드브레이크 확인, 비탈면에서 차륜에 쐐기 설치

충돌

발전기

규산소다

믹서기

Water Bag

혼합기 & 펌프

토양경화제 & 시멘트

장비유도자 배치

그라우팅 장비

경사로

유도자의 위치는 운전자가 인식 가능한 장소에 위치

유도자 배치

구름방지용 쐐기

하역 중 전도

작업반경 내 출입금지

[장비 하역작업]

비탈면에서 반입작업 시 차륜에 구름방지용 쐐기 설치

운반차량의 사이드브레이크 작동 확인

경사로의 고정상태 및 손상 여부 확인

❹ 벨트 슬링 로프(Belt Sling Rope) 폐기기준

폭의 1/10 또는 두께의 1/5에 상당하는
잘린 홈, 긁힌 홈이 발생한 경우

긁힌 홈

잘린 홈

표면이 털모양으로
일어난 경우

봉제선의 풀어진 길이가
봉제부 길이의
20%를 넘는 경우

아이 부위 봉제선이
풀어진 경우

봉제부

봉제선이 풀려 없어짐

봉제선의 풀어진 길이가
벨트의 폭보다 큰 경우

폭

ℓ

[벨트슬링의 폐기기준]

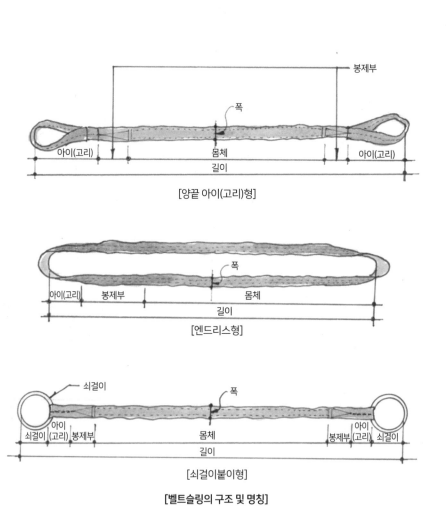

봉제부

폭

아이(고리)   몸체   아이(고리)

길이

[양끝 아이(고리)형]

폭

아이(고리)   봉제부   몸체

길이

[엔드리스형]

쇠걸이   폭

쇠걸이 아이   봉제부   몸체   봉제부 아이 쇠걸이
      (고리)   (고리)

길이

[쇠걸이붙이형]

[벨트슬링의 구조 및 명칭]

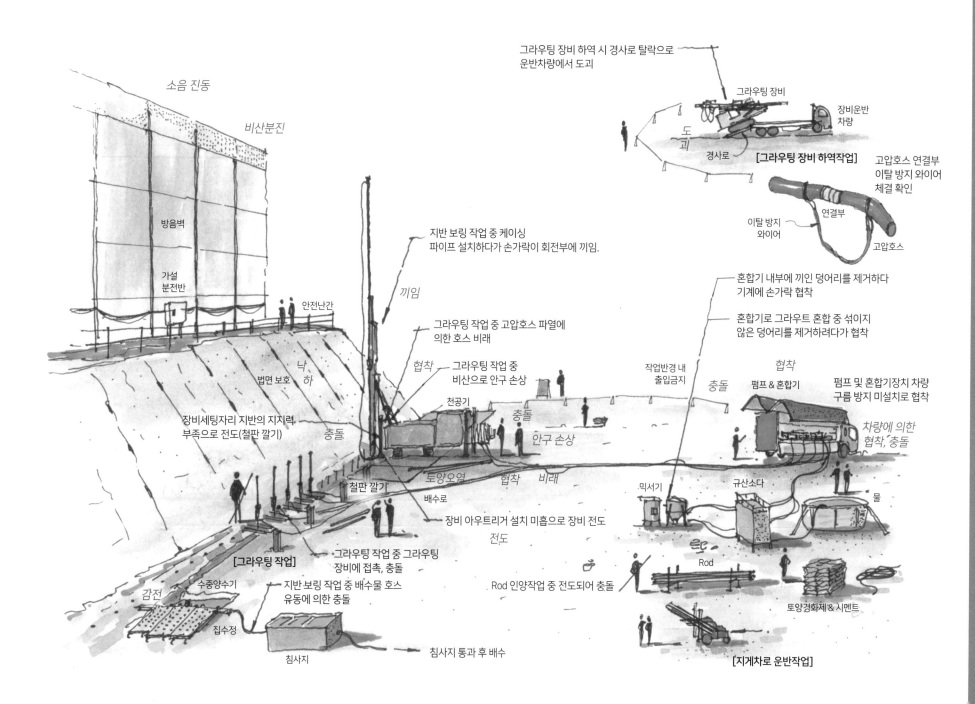

그라우팅 장비 하역 시 경사로 탈락으로
운반차량에서 도괴

그라우팅 장비

장비운반
차량

도괴

경사로

[그라우팅 장비 하역작업]

고압호스 연결부
이탈 방지 와이어
체결 확인

이탈 방지
와이어

연결부

고압호스

소음 진동

비산분진

방음벽

가설
분전반

안전난간

지반 보링 작업 중 케이싱
파이프 설치하다가 손가락이 회전부에 끼임.

끼임

그라우팅 작업 중 고압호스 파열에
의한 호스 비래

협착 그라우팅 작업 중
비산으로 안구 손상

천공기

혼합기 내부에 끼인 덩어리를 제거하다
기계에 손가락 협착

혼합기로 그라우트 혼합 중 섞이지
않은 덩어리를 제거하려다가 협착

작업반경 내
출입금지

충돌

협착

펌프 & 혼합기

펌프 및 혼합기장치 차량
구름 방지 미설치로 협착

법면 보호

낙
하

충돌

장비세팅자리 지반의 지지력
부족으로 전도(철판 깔기)

충돌

충돌

안구 손상

토양오염

철판 깔기

배수로

장비 아우트리거 설치 미흡으로 장비 전도

전도

협착

비래

차량에 의한
협착, 충돌

믹서기

규산소다

물

[그라우팅 작업]

그라우팅 작업 중 그라우팅
장비에 접촉, 충돌

지반 보링 작업 중 배수물 호스
유동에 의한 충돌

Rod 인양작업 중 전도되어 충돌

Rod

감전

수중양수기

집수정

침사지

침사지 통과 후 배수

토양경화제 & 시멘트

[지게차로 운반작업]

❻ 그라우팅 천공 및 주입작업 Ⅱ

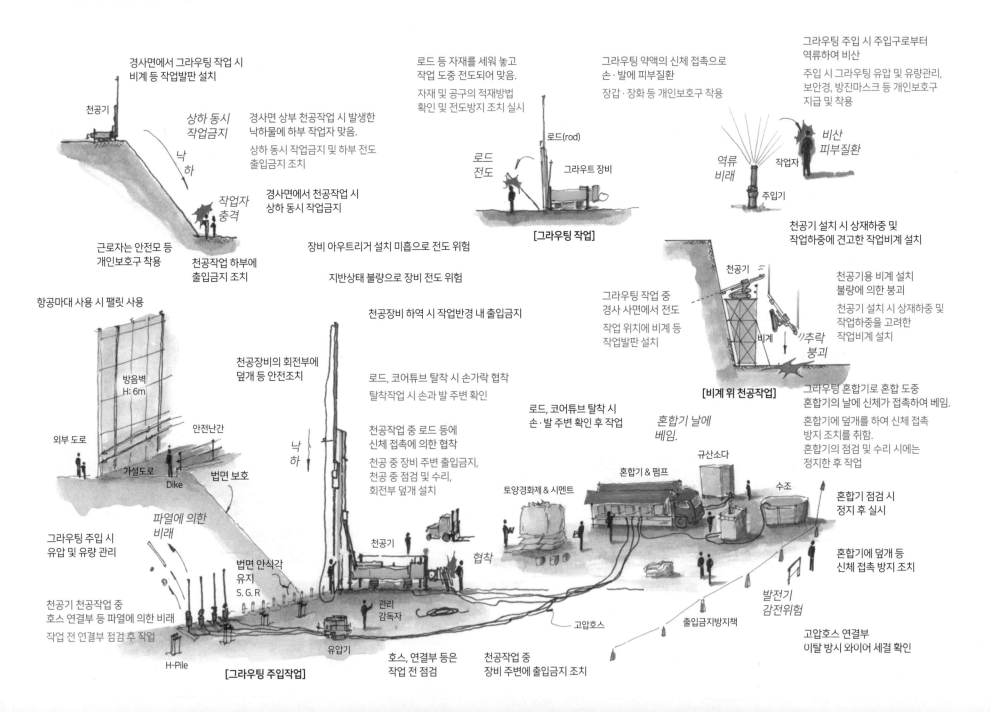

경사면에서 그라우팅 작업 시 비계 등 작업발판 설치

천공기

상하 동시 작업금지

낙하

작업자 충격

경사면 상부 천공작업 시 발생한 낙하물에 하부 작업자 맞음.
상하 동시 작업금지 및 하부 전도 출입금지 조치

경사면에서 천공작업 시 상하 동시 작업금지

근로자는 안전모 등 개인보호구 착용

천공작업 하부에 출입금지 조치

로드 등 자재를 세워 놓고 작업 도중 전도되어 맞음.
자재 및 공구의 적재방법 확인 및 전도방지 조치 실시

로드(rod)

로드 전도

그라우트 장비

그라우팅 약액의 신체 접촉으로 손·발에 피부질환
장갑·장화 등 개인보호구 착용

[그라우팅 작업]

그라우팅 주입 시 주입구로부터 역류하여 비산
주입 시 그라우팅 유압 및 유량관리, 보안경, 방진마스크 등 개인보호구 지급 및 착용

역류 비래

비산 피부질환

작업자

주입기

장비 아우트리거 설치 미흡으로 전도 위험

지반상태 불량으로 장비 전도 위험

천공장비 하역 시 작업반경 내 출입금지

항공마대 사용 시 팰릿 사용

방음벽 H: 6m

외부 도로

안전난간

가설도로

Dike

법면 보호

천공기 설치 시 상재하중 및 작업하중에 견고한 작업비계 설치

천공기

천공기용 비계 설치 불량에 의한 붕괴

천공기 설치 시 상재하중 및 작업하중을 고려한 작업비계 설치

추락 붕괴

비계

[비계 위 천공작업]

그라우팅 작업 중 경사 사면에서 전도
작업 위치에 비계 등 작업발판 설치

천공장비의 회전부에 덮개 등 안전조치

로드, 코어튜브 탈착 시 손가락 협착
탈착작업 시 손과 발 주변 확인

천공작업 중 로드 등에 신체 접촉에 의한 협착
천공 중 장비 주변 출입금지, 천공 중 점검 및 수리, 회전부 덮개 설치

낙하

로드, 코어튜브 탈착 시 손·발 주변 확인 후 작업

혼합기 날에 베임.

그라우팅 혼합기로 혼합 도중 혼합기의 날에 신체가 접촉하여 베임.
혼합기에 덮개를 하여 신체 접촉 방지 조치를 취함.
혼합기의 점검 및 수리 시에는 정지한 후 작업

규산소다

혼합기 & 펌프

토양경화제 & 시멘트

수조

혼합기 점검 시 정지 후 실시

혼합기에 덮개 등 신체 접촉 방지 조치

발전기 감전위험

파열에 의한 비래

법면 안식각 유지 S. G. R

그라우팅 주입 시 유압 및 유량 관리

천공기 천공작업 중 호스 연결부 등 파열에 의한 비래
작업 전 연결부 점검 후 작업

H-Pile

[그라우팅 주입작업]

유압기

천공기

협착

관리 감독자

호스, 연결부 등은 작업 전 점검

천공작업 중 장비 주변에 출입금지 조치

고압호스

출입금지방지책

고압호스 연결부 이탈 방지 시 와이어 세결 확인

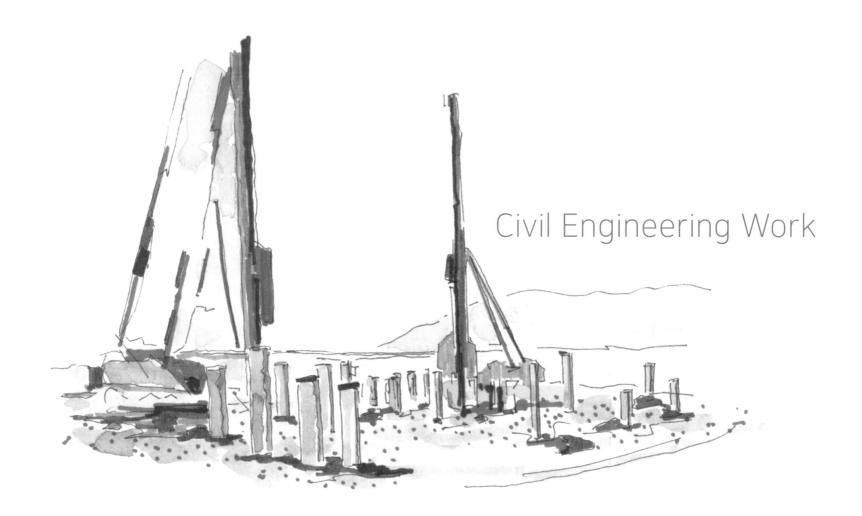

Civil Engineering Work

가설 플랜트 07
Temporary Plant

① 가설 플랜트 작업

가설 플랜트 작업
Temporary Plant Work

01

가설플랜트란?
건설공사에서 사용되는 콘크리트 및 숏크리트, 아스콘을 생산하기 위한
골재저장, 계량장치 및 혼합장치를 가진 Batch Plant 설비와
암석을 파쇄·분쇄시켜 건설용 골재를 만드는 크러셔 설비 등을 일컫는다.

가설 플랜트 작업

❶ 가설 플랜트 작업 주요 재해사례 [핵심 통계자료: 재해가 발생하는 빈도와 강도는 **크러셔 플랜트**에서 가장 높다.]

- 골재 호퍼 내에서 청소작업 중 로더로 골재를 부어 넣어 매몰
- 호퍼 내의 골재를 제거하다가 호퍼 안으로 떨어짐.
- 컨베이어벨트 점검 중 점검 통로 단부로 실족
- 골재혼합장치를 수리하기 위해 볼트조임작업 중 신체균형 상실로 전도

- 크러셔 설치를 위해 기계 위로 수직이동 중 손잡이 용접부 탈락으로 추락
- 크러셔 설치작업 중 자재를 놓쳐 기계장치(축) 사이에 손가락 끼임.
- 컨베이어장치 설치작업 중 장치 상부에서 실족

- 가설 플랜트 용접작업 중 교류아크용접기에 감전
- 컨베이어벨트 점검·수리 중 협착
- 장비 후진 시 근로자 충돌

☑ 주요 안전관리 포인트: 골재 운반장비 반·출입 및 플랜트 가동 중에 협착·충돌 등의 재해가 주로 발생한다.

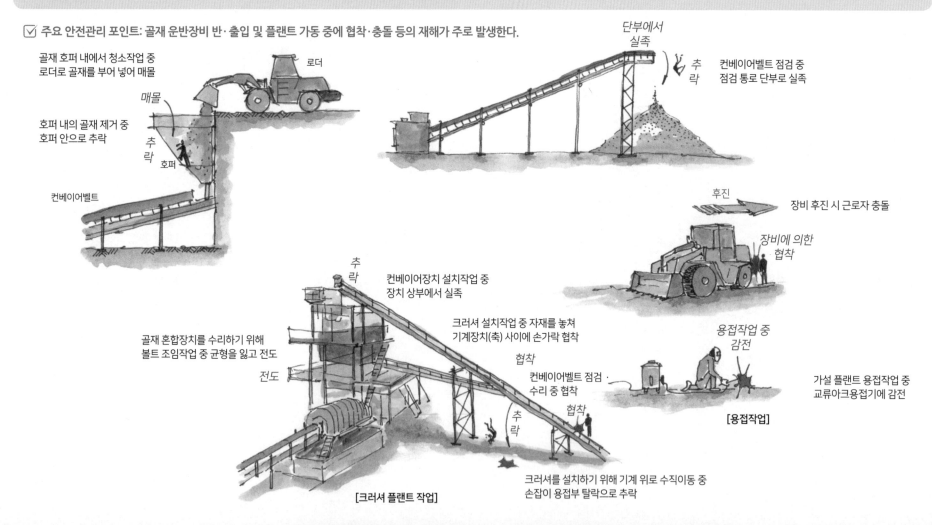

골재 호퍼 내에서 청소작업 중 로더로 골재를 부어 넣어 매몰

로더

매몰

호퍼 내의 골재 제거 중 호퍼 안으로 추락

추락

호퍼

컨베이어벨트

단부에서 실족

추락

컨베이어벨트 점검 중 점검 통로 단부로 실족

후진

장비 후진 시 근로자 충돌

장비에 의한 협착

추락

컨베이어장치 설치작업 중 장치 상부에서 실족

크러셔 설치작업 중 자재를 놓쳐 기계장치(축) 사이에 손가락 협착

골재 혼합장치를 수리하기 위해 볼트 조임작업 중 균형을 잃고 전도

전도

협착

컨베이어벨트 점검· 수리 중 협착

추락

협착

용접작업 중 감전

가설 플랜트 용접작업 중 교류아크용접기에 감전

[용접작업]

[크러셔 플랜트 작업]

크러셔를 설치하기 위해 기계 위로 수직이동 중 손잡이 용접부 탈락으로 추락

❷ 콘크리트 배처 플랜트(Concrete Batcher Plant) 작업

*울형 사다리: 사다리 승하강 시 추락방지를
위하여 설치하는 반원형의 울을 말한다.

골재 호퍼 내부에서 청소작업 중 상부에서
로더로 골재를 투입하여 매몰

호퍼 내부 작업 시 "작업 중" 표지 부착
외부에 감시인 배치

혼합기로 승강하다 실족하여 추락

수직승강로에 수직구명줄 설치 및
방호울이 있는 승강로 설치

콘크리트 배출구 청소작업 중
상부에서 콘크리트 낙하

콘크리트 배출구 주변의 콘크리트 등
부착물 사전 제거 확인 후 하부작업 투입

호퍼에 낀 골재를 제거하려다
호퍼 내부로 실족

골재 호퍼 상부에 스크린형 덮개 설치,
골재 제거 시 보조기구 사용

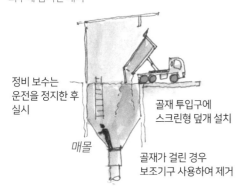

정비 보수는
운전을 정지한 후
실시

골재 투입구에
스크린형 덮개 설치

매몰

골재가 걸린 경우
보조기구 사용하여 제거

호퍼 내부 작업 시 "작업 중" 표지를
부착하고 외부에 관리감독자 배치 후 작업

혼합기

실족

추락

수직 승강로에 수직 구명줄
또는 울형 사다리*설치

낙하

충돌

콘크리트 배출구 주변에
낙하위험 잔재물 유무 확인

시멘트 사일로

컨베이어벨트에
접근방지책 설치

컨베이어벨트 하부로
이동하다 낙하물에 맞음.

컨베이어벨트 하부 통행금지

낙하물에 맞음.

장비작업 동선 밖으로
작업자 보행통로 설정

골재저장소

컨베이어벨트 하부에
출입금지 조치

컨베이어벨트 기어·롤러에 그리스
주입작업 중 손이 회전부에 협착

운전 중 정비·보수 금지 및
정비·보수 작업은 운전 정지 후 실시

회전부
협착

컨베이어벨트

컨베이어벨트 점검 통로 이동 중
컨베이어벨트에 협착

컨베이어벨트 방호장치 설치

이동 중
협착

컨베이어벨트

골재 및 레미콘 운반차량과
주변 근로자 충돌

유도자 배치 및 유도에 의한 운행

충돌

페이로더 등 장비작업 반경 내
작업자 통행금지 조치

잔골재장

페이로더로 골재 운반 중 후방의 근로자와 충돌

장비작업 반경 내 작업자 통행금지 및
장비작업 동선 밖으로 작업자 보행통로 설정

❸ 숏크리트 플랜트(Shotcrete Plant) 작업

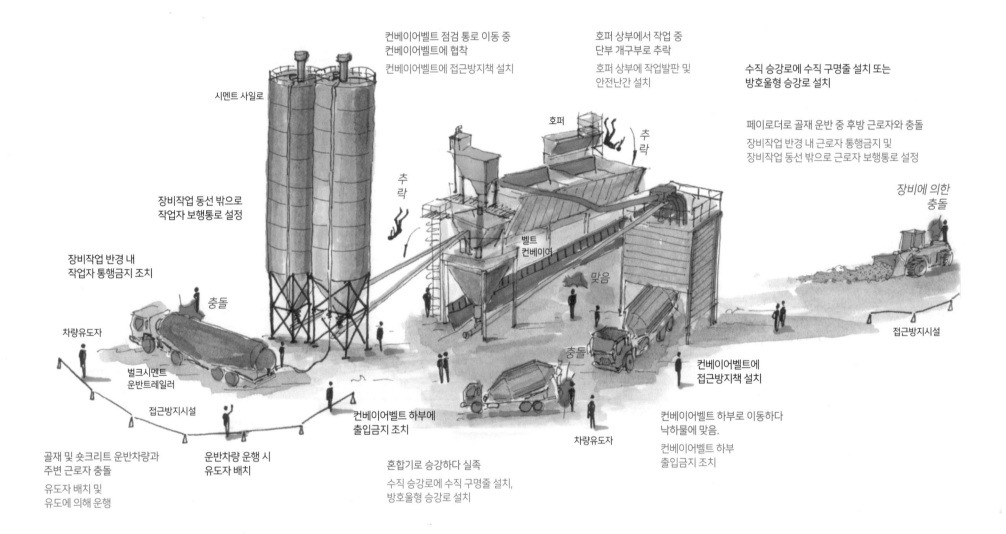

컨베이어벨트 점검 통로 이동 중
컨베이어벨트에 협착

컨베이어벨트에 접근방지책 설치

호퍼 상부에서 작업 중
단부 개구부로 추락

호퍼 상부에 작업발판 및
안전난간 설치

수직 승강로에 수직 구명줄 설치 또는
방호울형 승강로 설치

페이로더로 골재 운반 중 후방 근로자와 충돌

장비작업 반경 내 근로자 통행금지 및
장비작업 동선 밖으로 근로자 보행통로 설정

시멘트 사일로

호퍼

추락

추락

장비에 의한
충돌

장비작업 동선 밖으로
작업자 보행통로 설정

벨트
컨베이어

장비작업 반경 내
작업자 통행금지 조치

맞음

충돌

충돌

차량유도자

벌크시멘트
운반트레일러

접근방지시설

컨베이어벨트에
접근방지책 설치

접근방지시설

컨베이어벨트 하부에
출입금지 조치

차량유도자

골재 및 숏크리트 운반차량과
주변 근로자 충돌

유도자 배치 및
유도에 의해 운행

운반차량 운행 시
유도자 배치

혼합기로 승강하다 실족

수직 승강로에 수직 구명줄 설치,
방호울형 승강로 설치

컨베이어벨트 하부로 이동하다
낙하물에 맞음.

컨베이어벨트 하부
출입금지 조치

❹ 아스팔트 콘크리트 플랜트(Asphalt Concrete Plant) 작업

골재 투입구에는
스크린형 덮개 설치

골재가 걸린 경우 제거작업 시
보조기구 사용

호퍼에 낀 골재를 제거하려다
호퍼 내부로 실족

골재 호퍼 상부에 스크린형 덮개 설치,
골재 제거 시 보조기구 사용

매몰

혼합기로 승강하다 실족하여 추락

수직 승강로에 수직 구명줄 설치 및
방호울이 있는 승강로 설치

정비 보수는
운전을 정지한 후 실시

골재 호퍼 내부에서 청소작업 중 상부에서
로더로 골재를 투입하여 매몰

호퍼 내부 작업 시 "작업 중" 표지 부착
외부에 감시인 배치

콘크리트 배출구 청소작업 중
상부에서 콘크리트 낙하

콘크리트 배출구 주변 콘크리트 등의
부착물 사전 제거 확인 후 하부작업 투입

추락
낙하

실족

[콘크리트 배출구 청소작업]

페이로더로 골재 운반 중 후방의 근로자와 충돌

장비작업 반경 내 작업자 통행금지 및
장비작업 동선 밖으로 작업자 보행통로 설정

충돌

컨베이어벨트 하부에
출입금지 조치

컨베이어벨트 점검 통로 이동 중
컨베이어벨트에 협착

협착

컨베이어벨트 방호장치 설치

호퍼 내부 작업 시 "작업 중" 표지를 부착하고
외부에 관리감독자 배치 후 작업

장비작업 동선 밖으로
작업자 보행통로 설정

컨베이어벨트에
접근방지책 설치

컨베이어벨트 하부로 이동하다
낙하물에 맞음.

컨베이어벨트 하부 통행금지

수직 승강로에 수직 구명줄
또는 울형 사다리 설치

콘크리트 배출구 주변에
낙하위험 잔재물 유무 확인

낙하물에
맞음.

컨베이어벨트 기어·롤러에
그리스 주입 작업 중 손이 회전부에 협착

운전 중 정비·보수 금지 및
정비·보수 작업은 운전 정지 후 실시

협착

골재 및 숏크리트 운반차량과
주변 근로자 충돌

유도자 배치 및 유도에 의한 운행

충돌

[아스팔트 콘크리트 플랜트 전경]

잔골재장

페이로더 등 장비작업 반경 내
작업자 통행금지 조치

❺ 크러셔 플랜트(Crusher Plant) 작업 Ⅰ

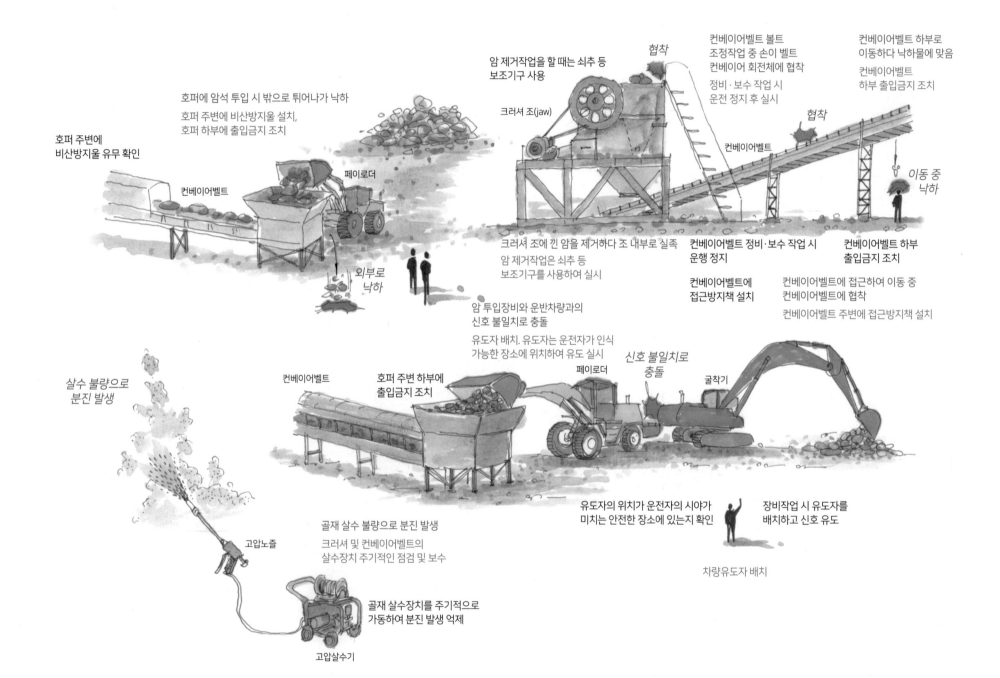

호퍼 주변에
비산방지울 유무 확인

호퍼에 암석 투입 시 밖으로 튀어나가 낙하
호퍼 주변에 비산방지울 설치,
호퍼 하부에 출입금지 조치

암 제거작업을 할 때는 쇠추 등
보조기구 사용

협착

크러셔 조(jaw)

컨베이어벨트 볼트
조정작업 중 손이 벨트
컨베이어 회전체에 협착

정비 · 보수 작업 시
운전 정지 후 실시

컨베이어벨트 하부로
이동하다 낙하물에 맞음

컨베이어벨트
하부 출입금지 조치

협착

컨베이어벨트

이동 중
낙하

컨베이어벨트

페이로더

외부로
낙하

크러셔 조에 낀 암을 제거하다 조 내부로 실족
암 제거작업은 쇠추 등
보조기구를 사용하여 실시

컨베이어벨트 정비·보수 작업 시
운행 정지

컨베이어벨트에
접근방지책 설치

컨베이어벨트 하부
출입금지 조치

컨베이어벨트에 접근하여 이동 중
컨베이어벨트에 협착

컨베이어벨트 주변에 접근방지책 설치

암 투입장비와 운반차량과의
신호 불일치로 충돌

유도자 배치. 유도자는 운전자가 인식
가능한 장소에 위치하여 유도 실시

살수 불량으로
분진 발생

컨베이어벨트

호퍼 주변 하부에
출입금지 조치

신호 불일치로
충돌

페이로더

굴착기

고압노즐

골재 살수 불량으로 분진 발생
크러셔 및 컨베이어벨트의
살수장치 주기적인 점검 및 보수

유도자의 위치가 운전자의 시야가
미치는 안전한 장소에 있는지 확인

장비작업 시 유도자를
배치하고 신호 유도

차량유도자 배치

골재 살수장치를 주기적으로
가동하여 분진 발생 억제

고압살수기

❻ 크러셔 플랜트(Crusher Plant) 작업 Ⅱ

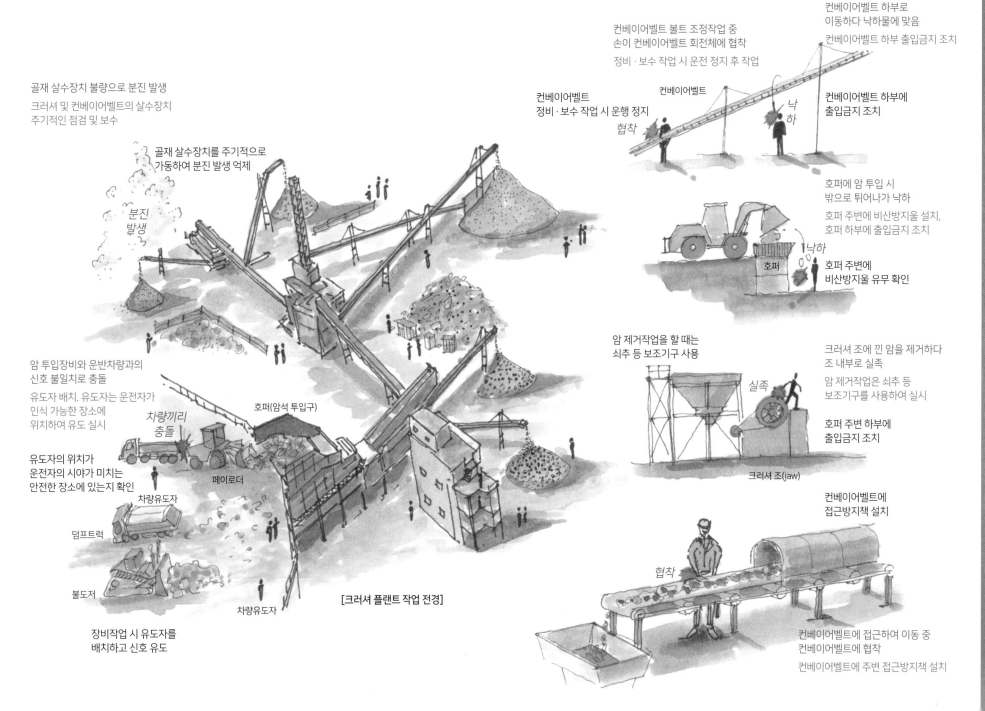

골재 살수장치 불량으로 분진 발생

크러셔 및 컨베이어벨트의 살수장치 주기적인 점검 및 보수

골재 살수장치를 주기적으로 가동하여 분진 발생 억제

분진 발생

암 투입장비와 운반차량과의 신호 불일치로 충돌

유도자 배치. 유도자는 운전자가 인식 가능한 장소에 위치하여 유도 실시

유도자의 위치가 운전자의 시야가 미치는 안전한 장소에 있는지 확인

차량끼리 충돌

호퍼(암석 투입구)

페이로더

차량유도자

덤프트럭

불도저

차량유도자

[크러셔 플랜트 작업 전경]

장비작업 시 유도자를 배치하고 신호 유도

컨베이어벨트 볼트 조정작업 중 손이 컨베이어벨트 회전체에 협착

정비 · 보수 작업 시 운전 정지 후 작업

컨베이어벨트 하부로 이동하다 낙하물에 맞음

컨베이어벨트 하부 출입금지 조치

컨베이어벨트 정비 · 보수 작업 시 운행 정지

컨베이어벨트

컨베이어벨트 하부에 출입금지 조치

협착

낙하

호퍼에 암 투입 시 밖으로 튀어나가 낙하

호퍼 주변에 비산방지울 설치, 호퍼 하부에 출입금지 조치

낙하

호퍼

호퍼 주변에 비산방지울 유무 확인

암 제거작업을 할 때는 쇠추 등 보조기구 사용

크러셔 조에 낀 암을 제거하다 조 내부로 실족

암 제거작업은 쇠추 등 보조기구를 사용하여 실시

호퍼 주변 하부에 출입금지 조치

실족

크러셔 조(jaw)

컨베이어벨트에 접근방지책 설치

협착

컨베이어벨트에 접근하여 이동 중 컨베이어벨트에 협착

컨베이어벨트에 주변 접근방지책 설치

안전시설 08
Safety Work

① 작업환경 개선작업
② 안전가시설작업

작업환경 개선작업
Work Enviroment Improvement Work

작업환경(working environment)
근로자를 에워싸고 있는 환경, 즉 작업환경을 말한다. 작업환경조건으로는 작업장의 온도·습도·기류 등의 작업장 기후, 건물의 설비상태, 작업장에 발생하는 분진, 유해방사선, 가스 및 증기, 소음 등이 있다.
이 조건들은 단독 또는 상호 관련성을 가지면서 근로자의 건강과 작업능률에 영향을 미친다. 작업장의 기후조건, 특히 온도·습도는 생산기술상의 요청에 입각해서 조절되는 경우에 이것이 보건학적 요청과
일치되지 않는 일이 있다. 예를 들면 방적업(紡績業) 등의 직포(織布)작업에서는 온도·습도를 올리면 섬유의 장력이 증가해 생산량이 증가하지만, 작업자의 심신기능에 현저한 영향을 미친다.
또 작업장에서 작업의 모든 공정에서 분진이 발생하지만, 분진의 농도나 입자의 크기, 형상, 경도(硬度), 용해(溶解)성, 비중 등에 의해 유해한 정도가 다르다.
근로시간의 길이도 근로자의 건강에 현저한 장해를 미친다. 유해가스 및 유해증기에 대해서는 근대 화학공업의 발달에 수반해서 많은 종류가 발생하고 있다.
또 후생시설 등도 넓은 의미의 근로환경에 포함되지만 그들 상태의 양, 불량이 직간접적으로 작업능률에 영향을 미치고 있다.

작업환경 측정(working environment measurement)
옥내의 작업현장에는 생산조건에 따라 여러 가지 유해한 업무가 있다. 이 때문에 그 작업환경의 상태를 측정하고,
보건관리상 쾌적한 장소가 되도록 항상 조치하도록 사업주에게 의무화되어 있다(법 제42조). 이러한 작업장은 다음과 같다.
1. 분진이 현저하게 발산되는 옥내작업장(갱내 포함)
2. 연 업무를 행하는 옥내작업장
3. 4알칼연 업무를 행하는 옥내작업장
4. 유기용제업무를 행하는 옥내작업장
5. 특정 화학물질 등을 취급하는 옥내작업장
6. 산소결핍 위험이 있는 작업장
7. 강렬한 소음이 발생되는 옥내작업장
8. 고열·한랭 또는 다습한 옥내작업장
9. 코크스를 제조 또는 사용하는 작업장
10. 기타 고용노동부장관이 정하는 유해화학물질을 취급 또는 제조하는 옥내작업장 등

❶ 작업환경 개선작업 주요 재해사례 [핵심 통계자료: 재해가 발생하는 빈도와 강도는 **분진 제거 및 배수작업** 시 가장 높다.]

- 지하층의 조명 불충분으로 지하계단 통행 중 전도
- 분진 방지 살수작업 중 낙하하는 물체에 맞음.
- 양수작업 중 집수정(集水井)에 빠져 사망
- 양수작업 중 양수기 누전으로 감전

- 굴착기로 양수작업 중 굴착기에 접촉
- 침전지(沈澱池) 양수작업 중 유해가스 중독
- 환기작업 중 환기시설에 감전
- 뿜칠작업 시 마스크 미착용으로 호흡기질환 발생

- 도장작업 시 유독가스에 질식
- LPG 용기 사용 중 환기 미실시로 가스 누출에 의한 폭발

☑ **주요 안전관리 포인트**: 지하공간에서 환기·조명 등이 부족하여 근로자가 작업 중 건강장애를 입지 않도록 작업환경을 개선한다.

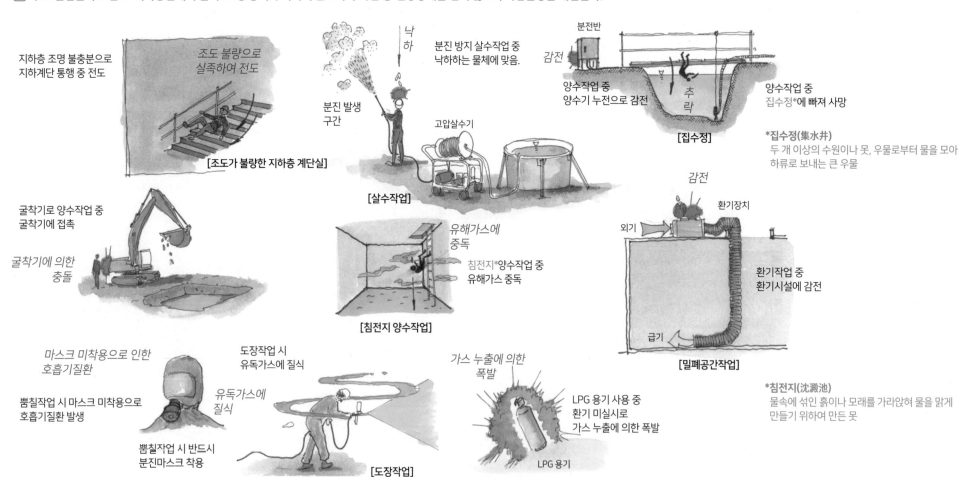

지하층 조명 불충분으로 지하계단 통행 중 전도

조도 불량으로 실족하여 전도

[조도가 불량한 지하층 계단실]

낙하

분진 방지 살수작업 중 낙하하는 물체에 맞음.

분진 발생 구간

고압살수기

[살수작업]

분전반

감전

양수작업 중 양수기 누전으로 감전

추락

[집수정]

양수작업 중 집수정*에 빠져 사망

*집수정(集水井)
두 개 이상의 수원이나 못, 우물로부터 물을 모아 하류로 보내는 큰 우물

굴착기로 양수작업 중 굴착기에 접촉

굴착기에 의한 충돌

유해가스에 중독

침전지*양수작업 중 유해가스 중독

[침전지 양수작업]

감전

환기장치

외기

급기

환기작업 중 환기시설에 감전

[밀폐공간작업]

마스크 미착용으로 인한 호흡기질환

뿜칠작업 시 마스크 미착용으로 호흡기질환 발생

뿜칠작업 시 반드시 분진마스크 착용

도장작업 시 유독가스에 질식

유독가스에 질식

[도장작업]

가스 누출에 의한 폭발

LPG 용기 사용 중 환기 미실시로 가스 누출에 의한 폭발

LPG 용기

*침전지(沈澱池)
물속에 섞인 흙이나 모래를 가라앉혀 물을 맑게 만들기 위하여 만든 못

❷ 작업환경 개선작업 - 조명(Illumination, Lighting)

작업장 조도기준

구분	초정밀작업	정밀작업	보통작업	기타 작업
Lux	750 이상	300 이상	150 이상	75 이상

어두운 장소로 통행 시
임시조명등 휴대

조명등 보호갓 및
보호망

조명등에는 보호갓,
보호망 설치

안정기

받침대

[조명기구]

개인보호구를 착용하지 않고 어두운 장소 이동 중
부딪히거나 걸려서 넘어짐.

지하층 등 어두운 장소에서 작업 시
안전모 등 개인보호구 착용 철저

개인보호구 미착용

조도 부족 장소

*어두운 장소에서
전도*

작업하는 근로자는
개인보호구 착용

조명등 설치 시 견고하게
고정되지 않아 조명등이 넘어짐.

천장 조명등, 벽 조명등은 떨어지지
않도록 견고하게 설치하고,
바닥에 설치하는 조명등은
전도되지 않도록 견고한
받침대 설치

*조명기구
쓰러짐.*

지하층 등 어두운 장소에는
충분한 조명*설치

어두운 장소 통행 시 임시조명등을
미소지하여 전도재해 발생

어두운 장소 통행 시에는
손전등을 소지하고 이동

지하층 등 작업장소에 조명을 설치하지 않아서
작업 중 충돌재해 발생

지하층 등에는 충분한 조명시설을
설치하고 철저히 관리할 것

조도 부족 장소

충돌

물체

작업자

조명기구로부터
감전

조명등

감전

조명기구에는 접지,
누전차단기 연결

조명기구에 접지·누전차단기가
연결되어 있지 않아 조명기구로부터 감전

전기조명기구에는 감전 예방을 위하여
접지·누전차단기를 연결할 것

*조명(illumination, lighting)
조명은 빛이 필요한 곳에 충분히 많은 빛을 받도록 광원
및 광학소자를 배치하여 꾸미는 것이다. 광원 가운데 가장
보편적이고 경제적인 것이 해이지만, 날씨와 계절, 그리고
위도에 따라 달라지고, 지역과 시간에 따라 햇빛을 받을
수 없을 때는 인공광원을 써서 조명을 하게 된다.

작업장 조도(조명)기준
조도란 인공광선의 명암을 조절하는 것으
로서 조명이 불충분하면 작업자의 피로 증
대 및 생산능률이 저하되고 품질관리 및 안
전관리에 지장을 주므로 적정한 조도를 확
보하여야 한다.

양호한 조명조건
1. 적정한 조도를 갖출 것
2. 눈이 부시지 않을 것
3. 광원이 흔들리지 않을 것
4. 입체감을 갖는 시야를 만들어 줄 것
5. 작업장과 바닥에 그림자를 만들지 말 것
6. 창의 채광과 인공조명을 병용할 것
7. 광색이 적당할 것
8. 조명시설은 6개월마다 1회 이상 정기점
   검을 실시할 것

전도

파손

조명등

*전등 파손으로
재해 발생*

조명등에 보호갓·보호망의 미설치로 전등이
충격으로 깨지면서 파편에 맞아 손상

조명등에는 보호갓·보호유리·보호망 설치

조명등이 전도되거나 낙하되지
않도록 견고하게 설치

조명기구의 조도는
작업용도에 맞게 설치

조도 부족

작업용도에 부족한 조도의 조명으로
작업 중 절단재해 발생

통로·작업장 등의 용도에 맞게
충분한 조명 설치

베임

조도 부족으로
재해 발생

작업등을 전부 LED로 교체

[벽체 커팅(cutting) 작업]

❸ 작업환경 개선작업 - 환기(Ventilation)

환기 또는 통풍은 특정 공간의 공기환경을 유지 또는 개선하기 위해 외기(外氣)를 도입
하여 내부의 공기를 배출하는 것을 말한다.

국소배기(局所排氣)시스템: 후드(hood) ⇨ 덕트(duct) ⇨ 공기정화장치(air cleaning
device) ⇨ 송풍기(fan) ⇨ 배풍기(굴뚝 stack)

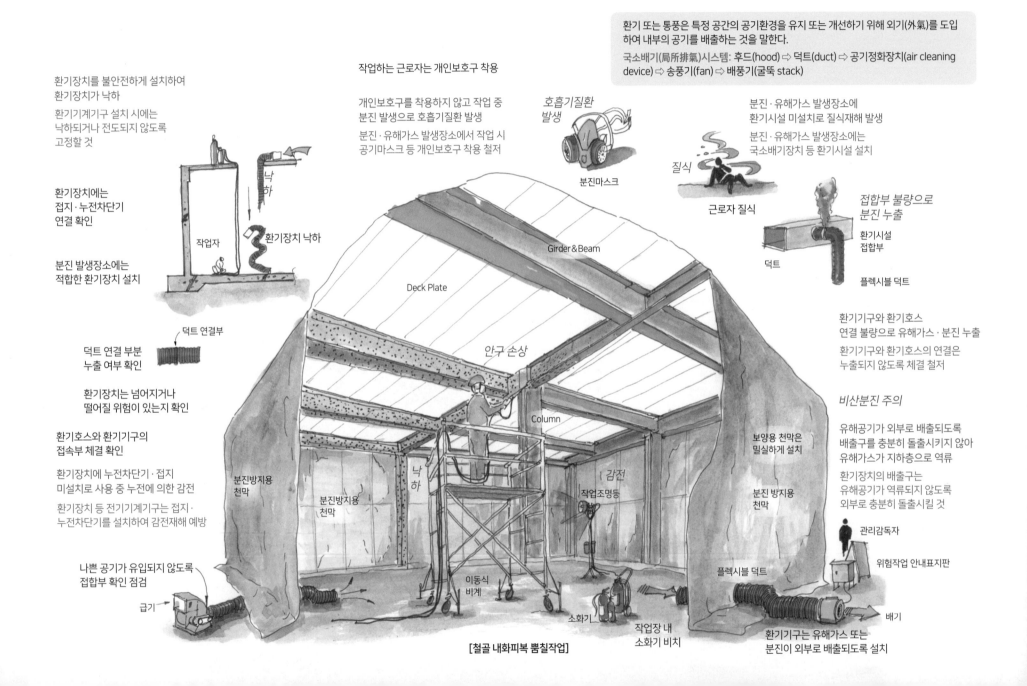

환기장치를 불안전하게 설치하여
환기장치가 낙하

환기기계기구 설치 시에는
낙하되거나 전도되지 않도록
고정할 것

환기장치에는
접지 · 누전차단기
연결 확인

분진 발생장소에는
적합한 환기장치 설치

덕트 연결부

덕트 연결 부분
누출 여부 확인

환기장치는 넘어지거나
떨어질 위험이 있는지 확인

환기호스와 환기기구의
접속부 체결 확인

환기장치에 누전차단기 · 접지
미설치로 사용 중 누전에 의한 감전

환기장치 등 전기기계기구는 접지 ·
누전차단기를 설치하여 감전재해 예방

나쁜 공기가 유입되지 않도록
접합부 확인 점검

급기

작업자

낙하

환기장치 낙하

작업하는 근로자는 개인보호구 착용

개인보호구를 착용하지 않고 작업 중
분진 발생으로 호흡기질환 발생

분진 · 유해가스 발생장소에서 작업 시
공기마스크 등 개인보호구 착용 철저

호흡기질환
발생

분진마스크

질식

근로자 질식

분진 · 유해가스 발생장소에
환기시설 미설치로 질식재해 발생

분진 · 유해가스 발생장소에는
국소배기장치 등 환기시설 설치

접합부 불량으로
분진 누출

환기시설
접합부

덕트

플렉시블 덕트

환기기구와 환기호스
연결 불량으로 유해가스 · 분진 누출

환기기구와 환기호스의 연결은
누출되지 않도록 체결 철저

비산분진 주의

유해공기가 외부로 배출되도록
배출구를 충분히 돌출시키지 않아
유해가스가 지하층으로 역류

환기장치의 배출구는
유해공기가 역류되지 않도록
외부로 충분히 돌출시킬 것

Girder & Beam

Deck Plate

안구 손상

Column

보양용 천막은
밀실하게 설치

분진 방지용
천막

관리감독자

위험작업 안내표지판

배기

환기기구는 유해가스 또는
분진이 외부로 배출되도록 설치

분진방지용
천막

분진방지용
천막

낙하

감전

작업조명등

플렉시블 덕트

이동식
비계

소화기

작업장 내
소화기 비치

[철골 내화피복 뿜칠작업]

❹ 작업환경 개선작업 - 분진(Dust)

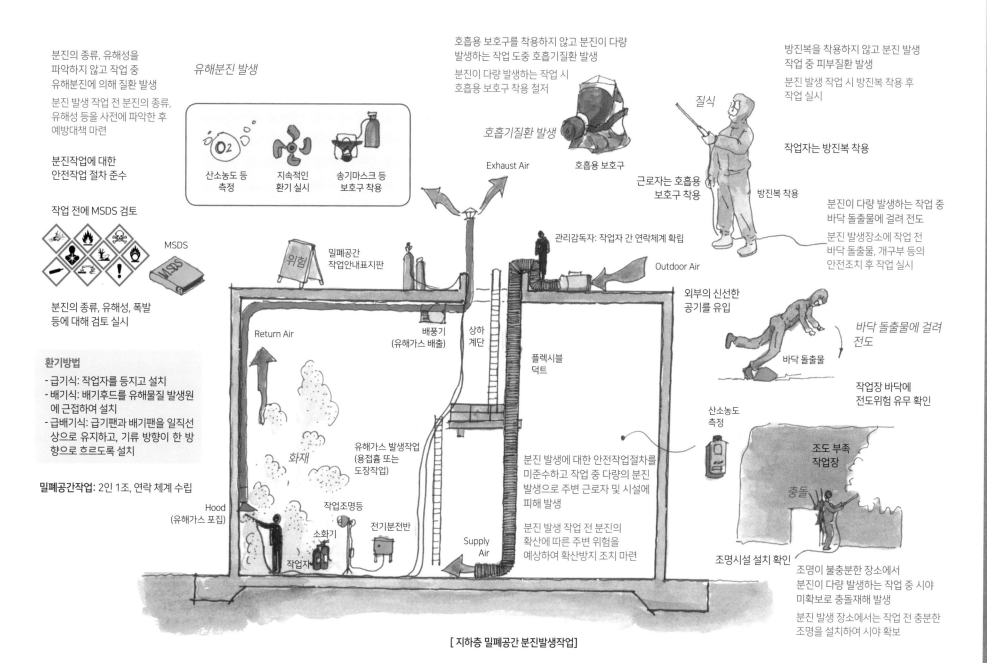

분진의 종류, 유해성을 파악하지 않고 작업 중 유해분진에 의해 질환 발생

분진 발생 작업 전 분진의 종류, 유해성 등을 사전에 파악한 후 예방대책 마련

분진작업에 대한 안전작업 절차 준수

작업 전에 MSDS 검토

MSDS

분진의 종류, 유해성, 폭발 등에 대해 검토 실시

환기방법
- 급기식: 작업자를 등지고 설치
- 배기식: 배기후드를 유해물질 발생원에 근접하여 설치
- 급배기식: 급기팬과 배기팬을 일직선 상으로 유지하고, 기류 방향이 한 방향으로 흐르도록 설치

밀폐공간작업: 2인 1조, 연락 체계 수립

유해분진 발생

산소농도 등 측정

지속적인 환기 실시

송기마스크 등 보호구 착용

호흡용 보호구를 착용하지 않고 분진이 다량 발생하는 작업 도중 호흡기질환 발생

분진이 다량 발생하는 작업 시 호흡용 보호구 착용 철저

호흡기질환 발생

호흡용 보호구

Exhaust Air

질식

근로자는 호흡용 보호구 착용

방진복을 착용하지 않고 분진 발생 작업 중 피부질환 발생

분진 발생 작업 시 방진복 착용 후 작업 실시

작업자는 방진복 착용

방진복 착용

분진이 다량 발생하는 작업 중 바닥 돌출물에 걸려 전도

분진 발생장소에 작업 전 바닥 돌출물, 개구부 등의 안전조치 후 작업 실시

위험

밀폐공간 작업안내표지판

관리감독자: 작업자 간 연락체계 확립

Outdoor Air

외부의 신선한 공기를 유입

바닥 돌출물에 걸려 전도

바닥 돌출물

작업장 바닥에 전도위험 유무 확인

Return Air

배풍기 (유해가스 배출)

상하 계단

플렉시블 덕트

산소농도 측정

조도 부족 작업장

화재

유해가스 발생작업 (용접흄 또는 도장작업)

분진 발생에 대한 안전작업절차를 미준수하고 작업 중 다량의 분진 발생으로 주변 근로자 및 시설에 피해 발생

분진 발생 작업 전 분진의 확산에 따른 주변 위험을 예상하여 확산방지 조치 마련

충돌

Hood (유해가스 포집)

작업조명등

소화기

전기분전반

작업자

Supply Air

조명시설 설치 확인

조명이 불충분한 장소에서 분진이 다량 발생하는 작업 중 시야 미확보로 충돌재해 발생

분진 발생 장소에서는 작업 전 충분한 조명을 설치하여 시야 확보

[지하층 밀폐공간 분진발생작업]

❺ 작업환경 개선작업 - 배수(Drainage)

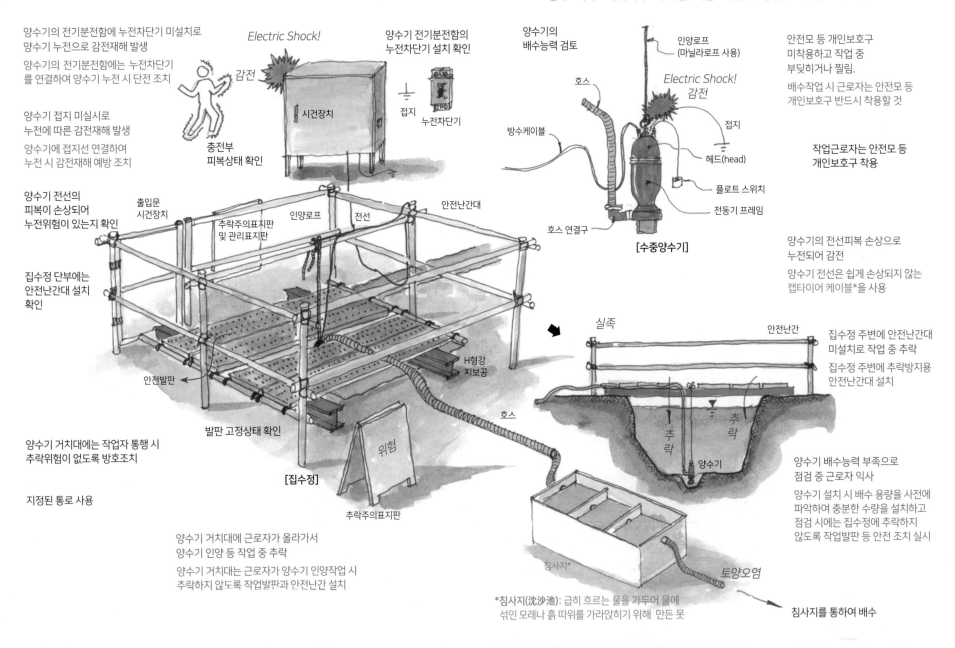

*캡타이어 케이블(captyre cable): 동선(銅線)에 고무나 염화비닐을 씌운 여러 개의 전선을 한데 모아서 그 위에 다시 고무나 염화비닐로 씌운 가요성 전선. 내수성·내마모성이 뛰어남.

양수기의 전기분전함에 누전차단기 미설치로 양수기 누전으로 감전재해 발생

양수기의 전기분전함에는 누전차단기를 연결하여 양수기 누전 시 단전 조치

양수기 접지 미실시로 누전에 따른 감전재해 발생

양수기에 접지선 연결하여 누전 시 감전재해 예방 조치

양수기 전선의 피복이 손상되어 누전위험이 있는지 확인

집수정 단부에는 안전난간대 설치 확인

양수기 거치대에는 작업자 통행 시 추락위험이 없도록 방호조치

지정된 통로 사용

Electric Shock!
감전
충전부 피복상태 확인
시건장치
접지
누전차단기
양수기 전기분전함의 누전차단기 설치 확인
양수기의 배수능력 검토

인양로프 (마닐라로프 사용)
호스
Electric Shock! 감전
방수케이블
접지
헤드(head)
플로트 스위치
전동기 프레임
호스 연결구
[수중양수기]

안전모 등 개인보호구 미착용하고 작업 중 부딪히거나 찔림.

배수작업 시 근로자는 안전모 등 개인보호구 반드시 착용할 것

작업근로자는 안전모 등 개인보호구 착용

양수기의 전선피복 손상으로 누전되어 감전

양수기 전선은 쉽게 손상되지 않는 캡타이어 케이블*을 사용

출입문 시건장치
추락주의표지판 및 관리표지판
인양로프
전선
안전난간대
안전발판
H형강 지보공
발판 고정상태 확인
위험
[집수정]
추락주의표지판
호스

실족
안전난간
추락
추락
추락
양수기

집수정 주변에 안전난간대 미설치로 작업 중 추락

집수정 주변에 추락방지용 안전난간대 설치

양수기 배수능력 부족으로 점검 중 근로자 익사

양수기 설치 시 배수 용량을 사전에 파악하여 충분한 수량을 설치하고 점검 시에는 집수정에 추락하지 않도록 작업발판 등 안전 조치 실시

양수기 거치대에 근로자가 올라가서 양수기 인양 등 작업 중 추락

양수기 거치대는 근로자가 양수기 인양작업 시 추락하지 않도록 작업발판과 안전난간 설치

침사지*
토양오염

*침사지(沈沙池): 급히 흐르는 물을 가두어 물에 섞인 모래나 흙 따위를 가라앉히기 위해 만든 못

침사지를 통하여 배수

❻ 국소배기장치(Local Ventilation System) 개념도

국소배기장치의 구성

후드 → 덕트 → 공기정화장치 → 송풍기 → 배출구

국소배기장치 적용조건

- 유해물질의 발생량이 많을 경우
- 발생주기가 균일하지 않을 경우
- 근로자의 작업위치가 유해물질 발생원에 근접해 있을 경우
- 법적으로 국소배기시설을 반드시 설치해야 하는 경우
- 유해물질의 독성이 강한 경우
- 발생원이 고정되어 있는 경우

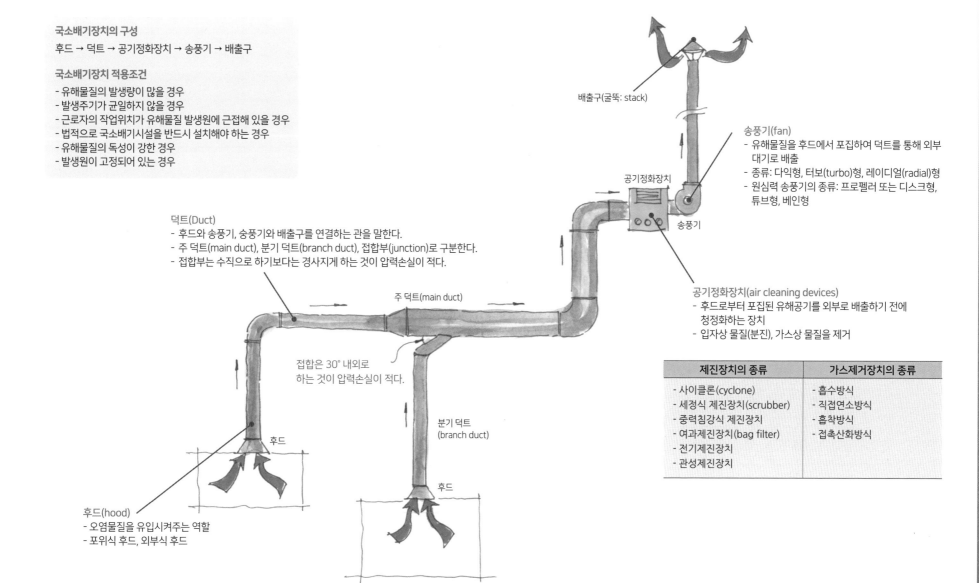

배출구(굴뚝: stack)

송풍기(fan)
- 유해물질을 후드에서 포집하여 덕트를 통해 외부 대기로 배출
- 종류: 다익형, 터보(turbo)형, 레이디얼(radial)형
- 원심력 송풍기의 종류: 프로펠러 또는 디스크형, 튜브형, 베인형

공기정화장치

송풍기

덕트(Duct)
- 후드와 송풍기, 숭풍기와 배출구를 연결하는 관을 말한다.
- 주 덕트(main duct), 분기 덕트(branch duct), 접합부(junction)로 구분한다.
- 접합부는 수직으로 하기보다는 경사지게 하는 것이 압력손실이 적다.

주 덕트(main duct)

공기정화장치(air cleaning devices)
- 후드로부터 포집된 유해공기를 외부로 배출하기 전에 청정화하는 장치
- 입자상 물질(분진), 가스상 물질을 제거

접합은 30° 내외로 하는 것이 압력손실이 적다.

제진장치의 종류	가스제거장치의 종류
- 사이클론(cyclone)	- 흡수방식
- 세정식 제진장치(scrubber)	- 직접연소방식
- 중력침강식 제진장치	- 흡착방식
- 여과제진장치(bag filter)	- 접촉산화방식
- 전기제진장치	
- 관성제진장치	

분기 덕트
(branch duct)

후드

후드

후드(hood)
- 오염물질을 유입시켜주는 역할
- 포위식 후드, 외부식 후드

[국소배기장치 개념도]

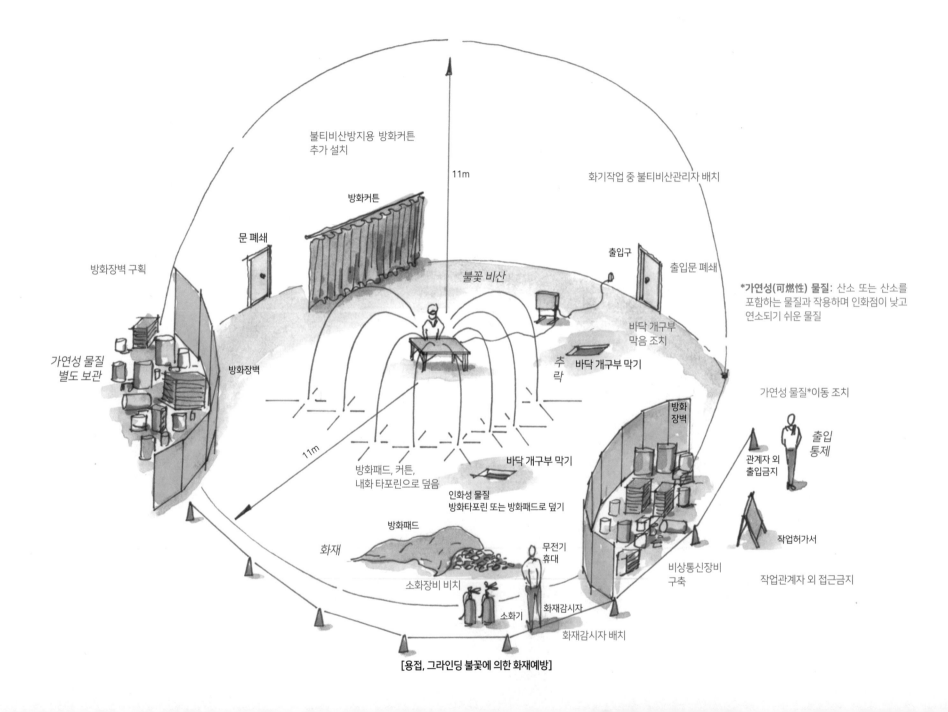

불티비산방지용 방화커튼
추가 설치

화기작업 중 불티비산관리자 배치

11m

방화커튼

문 폐쇄

출입구

출입문 폐쇄

방화장벽 구획

불꽃 비산

*가연성(可燃性) 물질: 산소 또는 산소를
포함하는 물질과 작용하며 인화점이 낮고
연소되기 쉬운 물질

방화장벽

바닥 개구부
막음 조치

가연성 물질
별도 보관

추
락

바닥 개구부 막기

가연성 물질*이동 조치

방화
장벽

출입
통제

11m

관계자 외
출입금지

방화패드, 커튼,
내화 타포린으로 덮음

바닥 개구부 막기

인화성 물질
방화타포린 또는 방화패드로 덮기

작업허가서

방화패드

무전기
휴대

비상통신장비
구축

작업관계자 외 접근금지

화재

소화장비 비치

소화기

화재감시자

화재감시자 배치

[용접, 그라인딩 불꽃에 의한 화재예방]

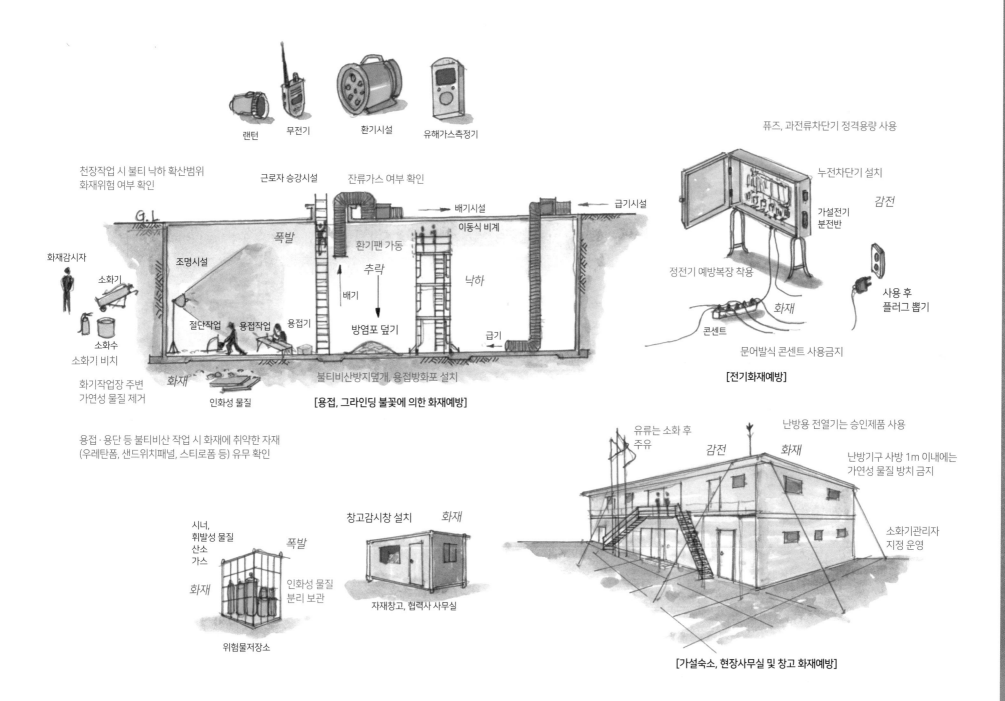

랜턴　무전기　환기시설　유해가스측정기

천장작업 시 불티 낙하 확산범위
화재위험 여부 확인

근로자 승강시설　잔류가스 여부 확인

배기시설　　급기시설

G.L

폭발

화재감시자

소화기

조명시설

환기팬 가동

이동식 비계

추락

낙하

배기

급기

절단작업　용접작업　용접기

소화수
소화기 비치

방염포 덮기

화기작업장 주변
가연성 물질 제거

화재

인화성 물질

불티비산방지덮개, 용접방화포 설치

[용접, 그라인딩 불꽃에 의한 화재예방]

퓨즈, 과전류차단기 정격용량 사용

누전차단기 설치

가설전기
분전반

감전

정전기 예방복장 착용

화재

사용 후
플러그 뽑기

콘센트

문어발식 콘센트 사용금지

[전기화재예방]

용접·용단 등 불티비산 작업 시 화재에 취약한 자재
(우레탄폼, 샌드위치패널, 스티로폼 등) 유무 확인

시너,
휘발성 물질
산소
가스

폭발

창고감시창 설치

화재

유류는 소화 후
주유

난방용 전열기는 승인제품 사용

감전

화재

난방기구 사방 1m 이내에는
가연성 물질 방치 금지

화재

인화성 물질
분리 보관

자재창고, 협력사 사무실

소화기관리자
지정 운영

위험물저장소

[가설숙소, 현장사무실 및 창고 화재예방]

❾ 밀폐공간 질식예방, 중독예방

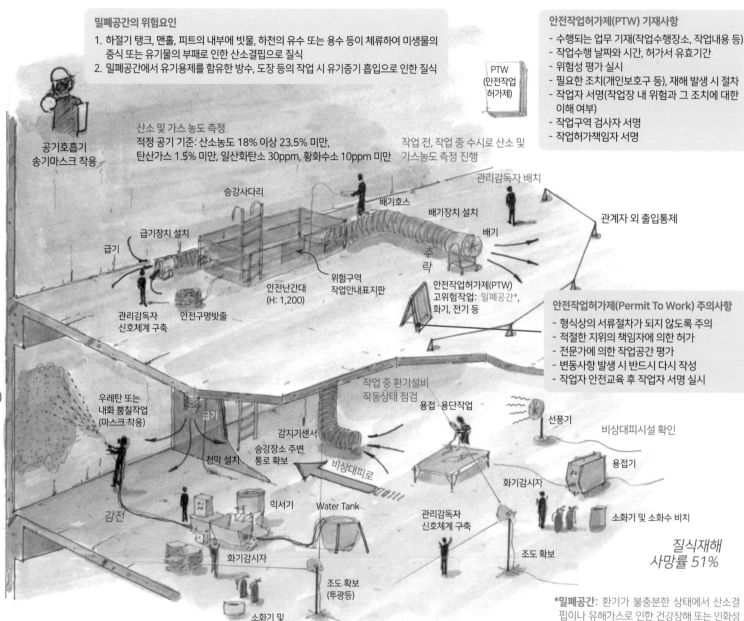

밀폐공간의 위험요인

1. 하절기 탱크, 맨홀, 피트의 내부에 빗물, 하천의 유수 또는 용수 등이 체류하여 미생물의 증식 또는 유기물의 부패로 인한 산소결핍으로 질식
2. 밀폐공간에서 유기용제를 함유한 방수, 도장 등의 작업 시 유기증기 흡입으로 인한 질식

안전작업허가제(PTW) 기재사항

- 수행되는 업무 기재(작업수행장소, 작업내용 등)
- 작업수행 날짜와 시간, 허가서 유효기간
- 위험성 평가 실시
- 필요한 조치(개인보호구 등), 재해 발생 시 절차
- 작업자 서명(작업장 내 위험과 그 조치에 대한 이해 여부)
- 작업구역 검사자 서명
- 작업허가책임자 서명

송기마스크 등 호흡용 보호구와 보안경·보호장갑·안전모 등 착용

작업 전에는 스트레칭 등 몸을 풀어주고, 작업 중에는 적절한 휴식을 취한다.

작업자 투입 전 10분간 공기 주입

환기시간(질식위험공간의 체적구조, 유해가스* 발생량, 환기조건에 따라 다름)

*산소결핍
산소농도가 18% 미만인 상태

*유해가스
탄산가스, 일산화탄소, 황화수소 등 기체로서 인체에 유해한 영향을 미치는 물질.
밀폐공간이 산소결핍상태이거나 유해가스로 차 있는 상태만을 의미하는 것이 아니며, 근로자가 상시 거주하지 않는 공간이면서 환기가 불충분하여 유해가스, 불활성 기체가 존재하거나 유입될 가능성이 있는 공간도 밀폐공간으로 분류하고 관리해야 한다.

공기호흡기 송기마스크 착용

산소 및 가스 농도 측정
적정 공기 기준: 산소농도 18% 이상 23.5% 미만, 탄산가스 1.5% 미만, 일산화탄소 30ppm, 황화수소 10ppm 미만

작업 전, 작업 중 수시로 산소 및 가스농도 측정 진행

관리감독자 배치

PTW (안전작업허가제)

관계자 외 출입통제

승강사다리

배기호스

배기장치 설치

배기

급기

급기장치 설치

추락

위험구역 작업안내표지판

안전작업허가제(PTW) 고위험작업: 밀폐공간*, 화기, 전기 등

안전작업허가제(Permit To Work) 주의사항

- 형식상의 서류절차가 되지 않도록 주의
- 적절한 지위의 책임자에 의한 허가
- 전문가에 의한 작업공간 평가
- 변동사항 발생 시 반드시 다시 작성
- 작업자 안전교육 후 작업자 서명 실시

관리감독자 신호체계 구축

안전구명밧줄

안전난간대 (H: 1,200)

작업 중 환기설비 작동상태 점검

용접·용단작업

선풍기

비상대피시설 확인

우레탄 또는 내화 뿜칠작업 (마스크 착용)

급기

감지기센서

승강장소 주변 통로 확보

천막 설치

비상대피로

화기감시자

용접기

소화기 및 소화수 비치

감전

믹서기

Water Tank

관리감독자 신호체계 구축

조도 확보

화기감시자

조도 확보 (투광등)

소화기 및 소화수 비치

질식재해 사망률 51%

*밀폐공간: 환기가 불충분한 상태에서 산소결핍이나 유해가스로 인한 건강장해 또는 인화성 물질에 의한 화재·폭발 등의 위험이 있는 장소

안전가시설작업
Safety Facilites Work

02

안전가시설작업

❶ 안전가시설작업 주요 재해사례 Ⅰ [핵심 통계자료: 재해가 발생하는 빈도와 강도는 개구부, 작업발판, 비계, 이동식 비계, 굴착 선단부 작업 시 가장 높다.]

- 개구부에 덮개를 설치하지 않아서 작업 중 개구부로 추락
- 작업발판 위에서 작업 중 발판이 탈락하면서 추락
- 비계 위에서 작업 중 비계 붕괴
- 이동식 비계에 승강 중 추락
- 달비계로 도장작업 중 로프가 풀리면서 떨어짐.

☑ 주요 안전관리 포인트: 안전가시설 미설치 또는 안전가시설 설치·해체작업 중에 주로 재해가 발생한다.

안전가시설작업: 건물공사 시 재해예방 차원에서 설치하는 가설공사로, 가설물로는 개구부 덮개, 작업발판 비계, 추락 및 낙하물방지망 등이 있다.

개구부에 덮개 미설치로 작업 중 개구부로 추락

안전난간 미설치

추락

수평개구부

[자재 소운반작업]

추락

작업발판 위에서 작업 중 발판이 탈락하면서 추락

비계 위에서 작업 중 비계가 붕괴

붕괴

추락

이동식 비계에 승강 중 추락

안전난간 미설치

추락

[이동식 비계작업]

상부 고정 부분 로프가 풀림

달비계로 도장작업 중 로프가 풀리면서 추락

추락

[달비계작업]

❷ 안전가시설작업 주요 재해사례 Ⅱ [핵심 통계자료: 재해가 발생하는 빈도와 강도는 개구부, 작업발판, 비계, 이동식 비계, 굴착 선단부 작업 시 가장 높다.]

- 낙하물방지망 설치작업 중 추락
- 가설경사로로 올라가던 중 경사로 단부로 추락
- 굴착 선단부에서 작업 중 단부로 추락
- 이동식 사다리 위에서 작업 중 사다리가 전도되면서 추락
- 경사지붕에서 작업 시 단부로 추락

☑ 주요 안전관리 포인트: 안전가시설 미설치 또는 안전가시설 설치/해체작업 중에 주로 재해가 발생한다.

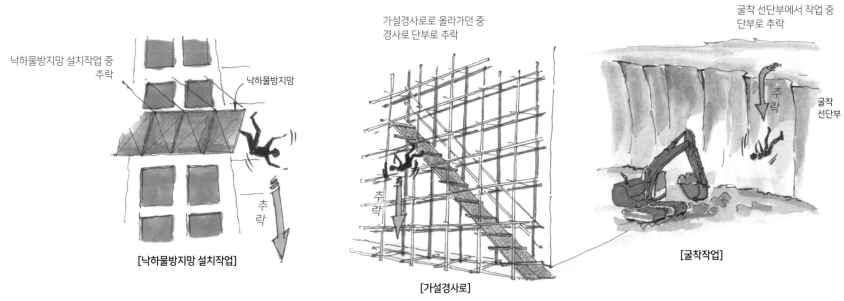

낙하물방지망 설치작업 중 추락

낙하물방지망

[낙하물방지망 설치작업]

가설경사로로 올라가던 중 경사로 단부로 추락

추락

[가설경사로]

굴착 선단부에서 작업 중 단부로 추락

추락

굴착 선단부

[굴착작업]

이동식 사다리 위에서 작업 중 사다리가 전도되면서 추락

추락

[이동식 사다리작업]

경사지붕에서 작업 중 단부로 추락

추락

[경사지붕작업]

가설기자재 9종 품질관리기준 신설

1. 강재 파이프서포트
2. 강관비계용 부재
3. 조립형 비계 및 동바리부재
4. 일반구조용 압연강재(KS D 3503)
5. 용접구조용 압연강재(KS D 3515)
6. 일반구조용 용접경량 H형강(KS D 3558)
7. 일반구조용 각형강관(KS D 3568)
8. 열간압연강 널말뚝(KS F 4604)
9. 복공판

[출처: 대한전문건설신문(http://www.koscaj.com)]

❸ 개구부작업(Opening Work) I

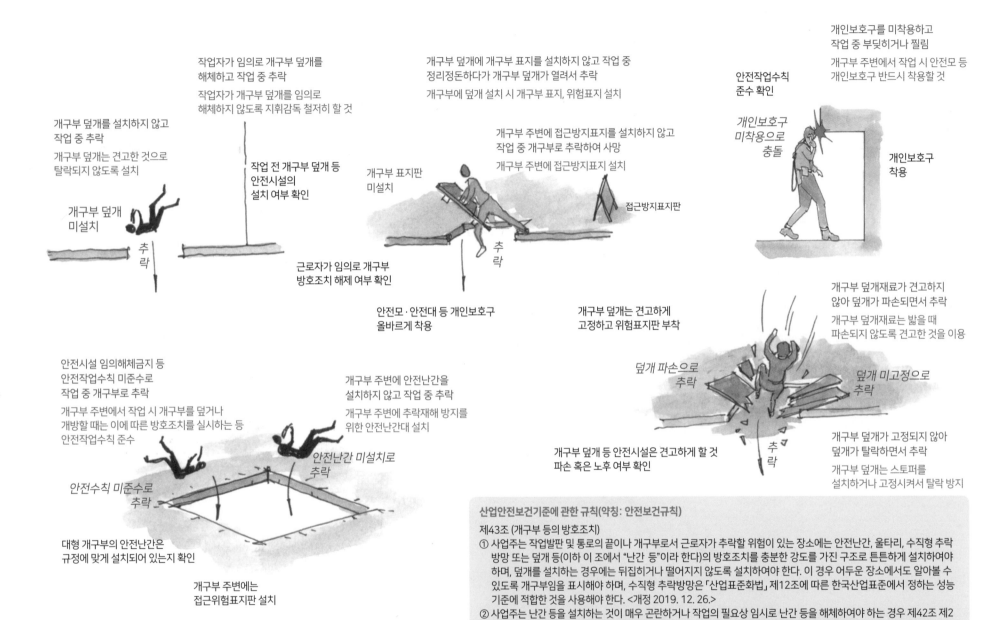

개인보호구를 미착용하고
작업 중 부딪히거나 찔림

개구부 주변에서 작업 시 안전모 등
개인보호구 반드시 착용할 것

개구부 덮개에 개구부 표지를 설치하지 않고 작업 중
정리정돈하다가 개구부 덮개가 열려서 추락

개구부에 덮개 설치 시 개구부 표지, 위험표지 설치

작업자가 임의로 개구부 덮개를
해체하고 작업 중 추락

작업자가 개구부 덮개를 임의로
해체하지 않도록 지휘감독 철저히 할 것

안전작업수칙
준수 확인

개인보호구
미착용으로
충돌

개인보호구
착용

개구부 덮개를 설치하지 않고
작업 중 추락

개구부 덮개는 견고한 것으로
탈락되지 않도록 설치

작업 전 개구부 덮개 등
안전시설의
설치 여부 확인

개구부 표지판
미설치

개구부 주변에 접근방지표지를 설치하지 않고
작업 중 개구부로 추락하여 사망

개구부 주변에 접근방지표지 설치

접근방지표지판

개구부 덮개
미설치

추락

추락

근로자가 임의로 개구부
방호조치 해제 여부 확인

안전모ㆍ안전대 등 개인보호구
올바르게 착용

개구부 덮개는 견고하게
고정하고 위험표지판 부착

개구부 덮개재료가 견고하지
않아 덮개가 파손되면서 추락

개구부 덮개재료는 밟을 때
파손되지 않도록 견고한 것을 이용

덮개 파손으로
추락

덮개 미고정으로
추락

안전시설 임의해체금지 등
안전작업수칙 미준수로
작업 중 개구부로 추락

개구부 주변에서 작업 시 개구부를 덮거나
개방할 때는 이에 따른 방호조치를 실시하는 등
안전작업수칙 준수

개구부 주변에 안전난간을
설치하지 않고 작업 중 추락

개구부 주변에 추락재해 방지를
위한 안전난간대 설치

안전난간 미설치로
추락

개구부 덮개 등 안전시설은 견고하게 할 것
파손 혹은 노후 여부 확인

추락

개구부 덮개가 고정되지 않아
덮개가 탈락하면서 추락

개구부 덮개는 스토퍼를
설치하거나 고정시켜서 탈락 방지

안전수칙 미준수로
추락

대형 개구부의 안전난간은
규정에 맞게 설치되어 있는지 확인

개구부 주변에는
접근위험표지판 설치

산업안전보건기준에 관한 규칙(약칭: 안전보건규칙)

제43조 (개구부 등의 방호조치)

① 사업주는 작업발판 및 통로의 끝이나 개구부로서 근로자가 추락할 위험이 있는 장소에는 안전난간, 울타리, 수직형 추락
방망 또는 덮개 등(이하 이 조에서 "난간 등"이라 한다)의 방호조치를 충분한 강도를 가진 구조로 튼튼하게 설치하여야
하며, 덮개를 설치하는 경우에는 뒤집히거나 떨어지지 않도록 설치하여야 한다. 이 경우 어두운 장소에서도 알아볼 수
있도록 개구부임을 표시해야 하며, 수직형 추락방망은 「산업표준화법」 제12조에 따른 한국산업표준에서 정하는 성능
기준에 적합한 것을 사용해야 한다. <개정 2019. 12. 26.>

② 사업주는 난간 등을 설치하는 것이 매우 곤란하거나 작업의 필요상 임시로 난간 등을 해체하여야 하는 경우 제42조 제2
항 각 호의 기준에 맞는 추락방호망을 설치하여야 한다. 다만, 추락방호망을 설치하기 곤란한 경우에는 근로자에게 안전
대를 착용하도록 하는 등 추락할 위험을 방지하기 위하여 필요한 조치를 하여야 한다. <개정 2017. 12. 28.>

[시행일: 2021. 1. 16.]

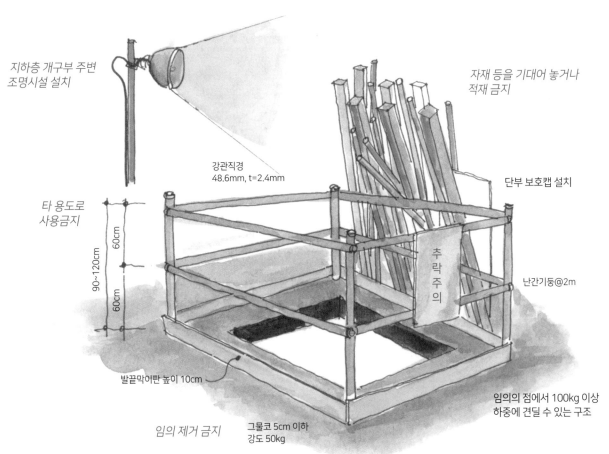

지하층 개구부 주변
조명시설 설치

타 용도로
사용금지

강관직경
48.6mm, t=2.4mm

90~120cm

60cm

60cm

발끝막이판 높이 10cm

임의 제거 금지

그물코 5cm 이하
강도 50kg

밟고 올라서서 작업하지 말 것

자재 등을 기대어 놓거나
적재 금지

단부 보호캡 설치

추락주의

난간기둥@2m

임의의 점에서 100kg 이상
하중에 견딜 수 있는 구조

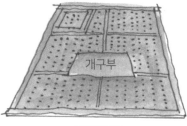

개구부

개구부 덮개*

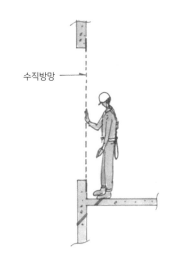

수직방망

*개구부 덮개
- 손상 · 변형 및 부식이 없는 자재 사용
- 크기: 개구부보다 10cm 크게 설치
- '추락주의', '개구부주의' 등의 안전표지 부착
- 바닥면에 밀착하여 고정
- 덮개 임의 제거 금지(부득이한 경우 즉시 원상복구 조치)

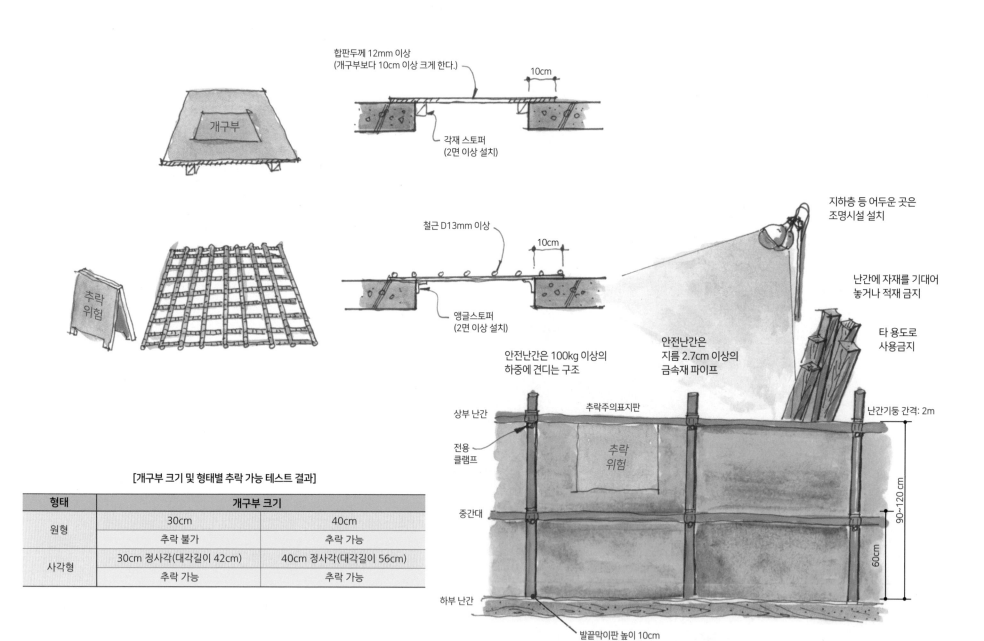

합판두께 12mm 이상
(개구부보다 10cm 이상 크게 한다.)

10cm

개구부

각재 스토퍼
(2면 이상 설치)

추락
위험

철근 D13mm 이상

10cm

앵글스토퍼
(2면 이상 설치)

지하층 등 어두운 곳은
조명시설 설치

난간에 자재를 기대어
놓거나 적재 금지

타 용도로
사용금지

안전난간은 100kg 이상의
하중에 견디는 구조

안전난간은
지름 2.7cm 이상의
금속재 파이프

상부 난간

추락주의표지판

난간기둥 간격: 2m

전용
클램프

추락
위험

중간대

90~120cm

60cm

하부 난간

발끝막이판 높이 10cm
(수직보호망을 설치하는 경우는 제외)

[개구부 크기 및 형태별 추락 가능 테스트 결과]

형태	개구부 크기	
원형	30cm	40cm
	추락 불가	추락 가능
사각형	30cm 정사각(대각길이 42cm)	40cm 정사각(대각길이 56cm)
	추락 가능	추락 가능

산업안전보건기준에 관한 규칙(약칭: 안전보건규칙)

제13조(안전난간의 구조 및 설치요건)

사업주는 근로자의 추락 등의 위험을 방지하기 위하여 안전난간을 설치하는 경우 다음 각 호의 기준에 맞는 구조로 설치하여야 한다. <개정 2015. 12. 31.>

1. 상부 난간대, 중간 난간대, 발끝막이판 및 난간기둥으로 구성할 것. 다만, 중간 난간대, 발끝막이판 및 난간기둥은 이와 비슷한 구조와 성능을 가진 것으로 대체할 수 있다.

2. 상부 난간대는 바닥면 · 발판 또는 경사로의 표면(이하 "바닥면 등"이라 한다)으로부터 90cm 이상 지점에 설치하고, 상부 난간대를 120센티미터 이하에 설치하는 경우에는 중간 난간대는 상부 난간대와 바닥면 등의 중간에 설치하여야 하며, 120cm 이상 지점에 설치하는 경우에는 중간 난간대를 2단 이상으로 균등하게 설치하고 난간의 상하 간격은 60cm 이하가 되도록 할 것. 다만, 계단의 개방된 측면에 설치된 난간기둥 간의 간격이 25센티미터 이하인 경우에는 중간 난간대를 설치하지 아니할 수 있다.

3. 발끝막이판은 바닥면 등으로부터 10센티미터 이상의 높이를 유지할 것. 다만, 물체가 떨어지거나 날아올 위험이 없거나 그 위험을 방지할 수 있는 망을 설치하는 등 필요한 예방조치를 한 장소는 제외한다.

4. 난간기둥은 상부 난간대와 중간 난간대를 견고하게 떠받칠 수 있도록 적정한 간격을 유지할 것

5. 상부 난간대와 중간 난간대는 난간길이 전체에 걸쳐 바닥면 등과 평행을 유지할 것

6. 난간대는 지름 2.7센티미터 이상의 금속제 파이프나 그 이상의 강도가 있는 재료일 것

7. 안전난간은 구조적으로 가장 취약한 지점에서 가장 취약한 방향으로 작용하는 100kg 이상의 하중에 견딜 수 있는 튼튼한 구조일 것

개구부 덮개

- 손상 · 변형 및 부식이 없는 자재 사용
- 크기: 개구부보다 10cm 크게 설치
- '추락주의', '개구부주의' 등의 안전표지 부착
- 바닥면에 밀착하여 고정
- 덮개 임의 제거 금지(부득이한 경우 즉시 원상복구 조치)

[개구부 크기에 따른 인체테스트 결과표]

형태	개구부 규격		
원형 (지름)	지름 300	지름 400	
	통과 못함	통과함	

형태	개구부 규격		
직사각형 (가로, 세로)	300(대각선 420)	400(대각선 560)	
	통과함	통과함	

울산안전 참고

*작업발판: 고소작업 중 추락이나 발이 빠질 위험이 있는 장소에 근로자가
안전하게 작업할 수 있는 공간과 자재운반 등 안전하게 이동할 수 있는 공간을
확보하기 위해 설치해 놓은 발판을 말함.

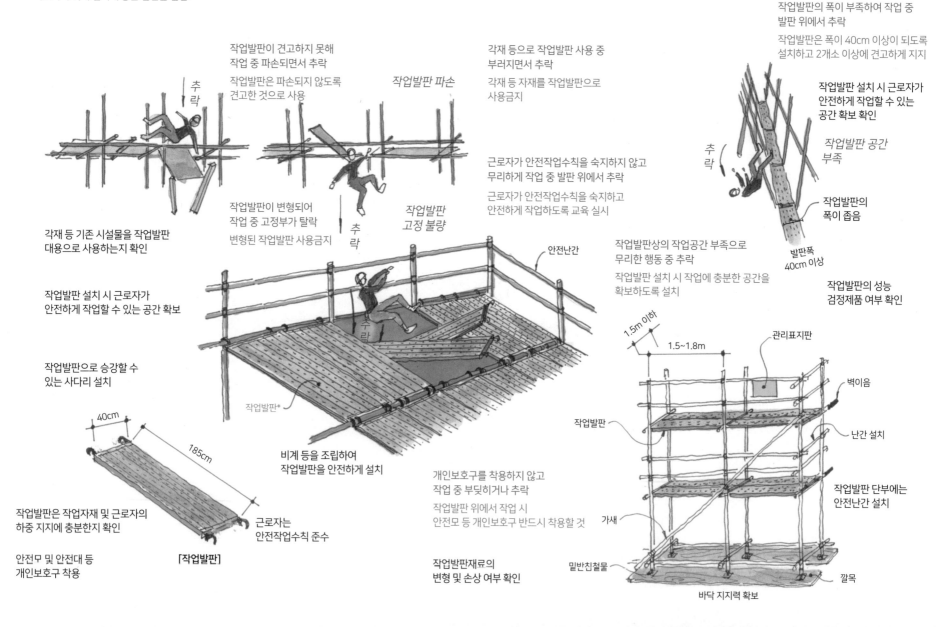

작업발판이 견고하지 못해
작업 중 파손되면서 추락

작업발판은 파손되지 않도록
견고한 것으로 사용

추락

각재 등으로 작업발판 사용 중
부러지면서 추락

각재 등 자재를 작업발판으로
사용금지

작업발판 파손

작업발판의 폭이 부족하여 작업 중
발판 위에서 추락

작업발판은 폭이 40cm 이상이 되도록
설치하고 2개소 이상에 견고하게 지지

작업발판 설치 시 근로자가
안전하게 작업할 수 있는
공간 확보 확인

작업발판 공간
부족

추락

작업발판이 변형되어
작업 중 고정부가 탈락

변형된 작업발판 사용금지

각재 등 기존 시설물을 작업발판
대용으로 사용하는지 확인

추락

작업발판
고정 불량

근로자가 안전작업수칙을 숙지하지 않고
무리하게 작업 중 발판 위에서 추락

근로자가 안전작업수칙을 숙지하고
안전하게 작업하도록 교육 실시

작업발판의
폭이 좁음

발판폭
40cm 이상

작업발판 설치 시 근로자가
안전하게 작업할 수 있는 공간 확보

안전난간

작업발판상의 작업공간 부족으로
무리한 행동 중 추락

작업발판 설치 시 작업에 충분한 공간을
확보하도록 설치

작업발판의 성능
검정제품 여부 확인

작업발판으로 승강할 수
있는 사다리 설치

추락

작업발판*

1.5m 이하

1.5~1.8m

관리표지판

벽이음

작업발판

40cm

185cm

비계 등을 조립하여
작업발판을 안전하게 설치

개인보호구를 착용하지 않고
작업 중 부딪히거나 추락

작업발판 위에서 작업 시
안전모 등 개인보호구 반드시 착용할 것

난간 설치

작업발판 단부에는
안전난간 설치

가새

작업발판은 작업자재 및 근로자의
하중 지지에 충분한지 확인

근로자는
안전작업수칙 준수

[작업발판]

안전모 및 안전대 등
개인보호구 착용

작업발판재료의
변형 및 손상 여부 확인

밑반침철물

깔목

바닥 지지력 확보

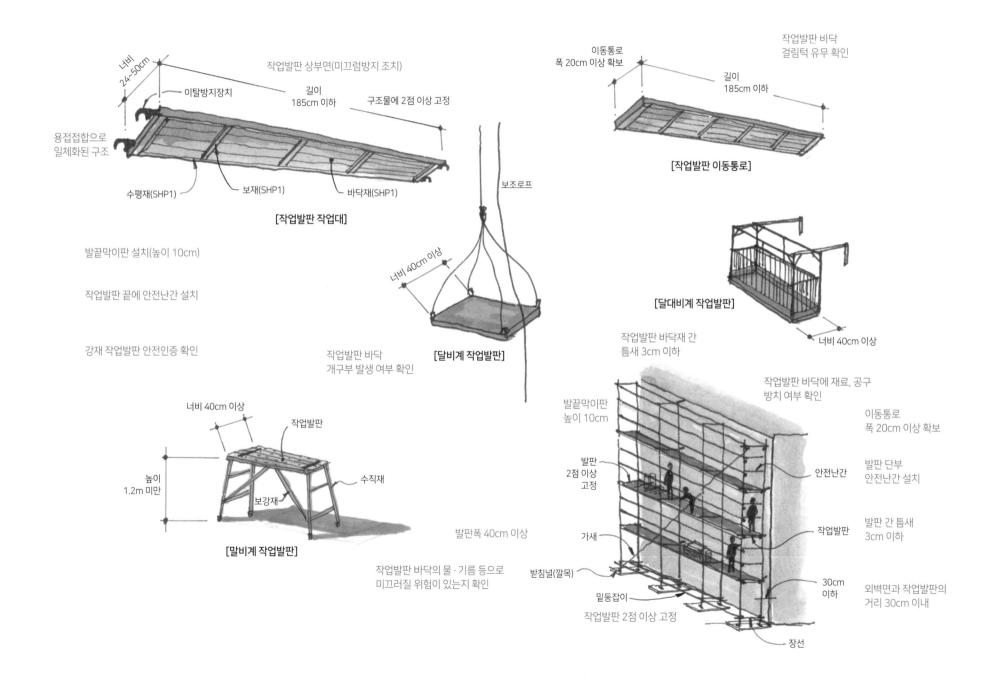

[작업발판 작업대]

너비 24~50cm

이탈방지장치

작업발판 상부면(미끄럼방지 조치)

길이 185cm 이하

구조물에 2점 이상 고정

용접접합으로 일체화된 구조

수평재(SHP1)

보재(SHP1)

바닥재(SHP1)

발끝막이판 설치(높이 10cm)

작업발판 끝에 안전난간 설치

강재 작업발판 안전인증 확인

보조로프

너비 40cm 이상

[달비계 작업발판]

작업발판 바닥 개구부 발생 여부 확인

이동통로 폭 20cm 이상 확보

길이 185cm 이하

작업발판 비닥 걸림턱 유무 확인

[작업발판 이동통로]

[달대비계 작업발판]

너비 40cm 이상

작업발판 바닥재 간 틈새 3cm 이하

너비 40cm 이상

작업발판

높이 1.2m 미만

수직재

보강재

[말비계 작업발판]

발판폭 40cm 이상

작업발판 바닥의 물ㆍ기름 등으로 미끄러질 위험이 있는지 확인

작업발판 바닥에 재료, 공구 방치 여부 확인

발끝막이판 높이 10cm

발판 2점 이상 고정

가새

받침널(깔목)

밑둥잡이

작업발판 2점 이상 고정

장선

안전난간

작업발판

30cm 이하

이동통로 폭 20cm 이상 확보

발판 단부 안전난간 설치

발판 간 틈새 3cm 이하

외벽면과 작업발판의 거리 30cm 이내

작업발판

고소작업 중 추락이나 발이 빠질 위험이 있는 장소에 근로자가 안전하게 작업할 수 있고, 그리고 자재운반 등이 용이하도록 공간 확보를 위해 설치해 놓은 발판을 말한다. 이러한 작업발판에는 목재 작업발판과 강재 작업발판이 있다. 목재 작업발판은

① 폭이 40cm 이상, 두께는 3.5cm 이상, 길이는 3.6m 이하여야 한다.

② 두 개의 바닥재를 이어서 사용할 경우 바닥재 사이의 틈은 3cm 이내여야 한다.

③ 건물 벽체와 작업발판과의 간격은 30cm 이내여야 한다.

④ 작업발판에 설치하는 폭목은 높이 10cm 이상이 되도록 한다.

⑤ 작업발판 1개당 최소 3개소 이상이 장선에 의해 지지되어야 함은 물론, 전위 또는 탈락되지 않도록 철선 등으로 고정시킨다.

⑥ 발판 끝 부분의 돌출길이는 10cm 이상 20cm 이하가 되도록 해야 한다.

⑦ 작업발판은 재료가 놓여 있더라도 통행을 위하여 최소 20cm 이상의 공간이 확보되어야 한다.

강재 작업발판은 쌍줄 및 틀비계용 작업발판과 외줄 비계용 작업발판으로 구분할 수 있다. 그중에서 현장에 널리 사용되고 있는 쌍줄 및 틀비계용 작업발판은

① 바닥재를 수평재와 보재에 용접하거나 휨가공 등에 의하여 일체화된 바닥재 및 수평재에 보재를 용접한 것이어야 한다.

② 조임철물 중심 간의 긴 쪽 방향의 길이는 185cm 이하여야 한다.

③ 바닥재의 폭은 24cm 이상 50cm 이하여야 한다.

④ 2개 이상의 바닥재가 있는 경우는 바닥재 간의 간격은 3cm 이하여야 한다.

⑤ 바닥재의 강판두께는 1.1mm 이상이어야 한다.

⑥ 조임철물은 수평재 또는 보재에 용접 등으로 접합하여야 한다.

⑦ 작업발판은 재료가 놓여 있더라도 통행을 위하여 최소 20cm 이상의 공간을 확보해야 한다.

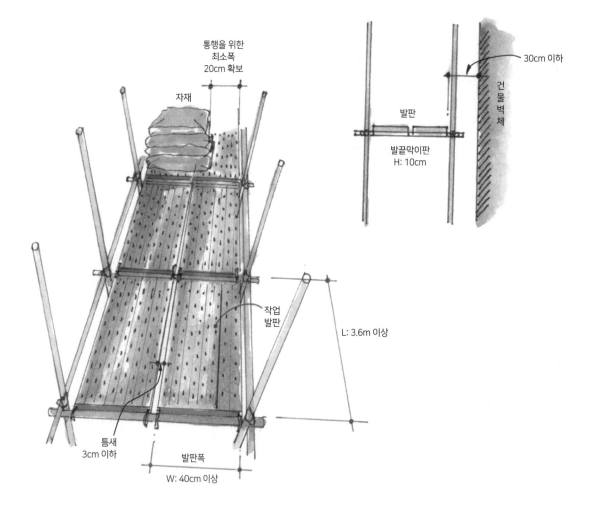

[쌍줄비계]

비계상에 자재를 과적재하여 비계가
하중을 견디지 못하고 붕괴

비계상에는 최대 적재하중 표지 설치,
과적재하지 않도록 조치

비계기둥 하부의 지반침하로
비계기둥이 침하되면서 붕괴

비계기둥 밑단에는 침하방지 조치
실시

작업지휘자를 선임하지 않고
근로자 단독으로 작업 중 추락

비계 설치작업 시 작업지휘자를
배치하여 지휘·감독 실시

승강설비 미설치로 비계 위를
무리하게 올라가던 중 추락

비계상에 사다리 및 비계다리 등
승강시설 설치

과적으로
붕괴

비계발판 위
과적금지

바닥 지지력 확인

지반침하로
붕괴

지반침하

접속부 및 교차부는
클램프 등으로 견고하게 결속

추락

단독 임의작업 금지

비계에는 가새 적정 설치

승강설비
미설치로
추락

불안전한
행동

비계상에 근로자가 안전대 미착용하고
임의로 올라서서 작업 중 추락

비계 띠장 등에 안전조치 없이 근로자가
임의로 올라가지 못하도록 지휘·감독

비계상에는
수직보호망 등
낙하물 방호
조치 확인

상하 동시작업
낙하

작업구간 하부에서
근로자작업 중 물체 낙하

비계조립 등 작업 시
하부 근로자 통제

비계 벽이음은
전용 철물로
적정 설치

벽이음 누락

벽이음
미설치로
붕괴

비계에 벽이음 가새의 미설치로
작업 중 비계 붕괴

비계상에는 벽이음 전용 철물을 사용하여
5m 이내마다 수직·수평으로 벽체와 긴결

근로자는 비계의 조립 해체 및 비계 위에서의
작업에 따른 안전작업수칙 준수

안전모·안전대 등 개인보호구를 착용하지 않고
비계 위에서 작업 중 부딪히거나 추락

비계 설치 및 비계 위에서 작업 시 안전모·
안전대 등 개인보호구 반드시 착용할 것

비계기둥, 띠장의 간격
적정한지 확인

비계기둥 하부에는
밑둥잡이 및
침하방지 조치

안전모·안전대 등
개인보호구 착용

작업구역 내 관계자 외
출입금지 조치

고압선로에
감전

고압선

비계

전주

작업을 위한
승강설비 설치

최대 적재하중 표시

비계 설치 중 인근 고압전선과 접촉

비계 설치작업 시 인근 고압선에 방호관
설치하고 접촉하지 않도록 지휘·감독

비계 주변에 고압선 등 위험물
근접 여부 확인

근로자가 안전작업수칙을 숙지하지 않고
무리하게 작업 중 추락

작업 시작 전 안전작업수칙 교육

관리감독자를 배치하여
작업을 지휘·감독

비계결속부로 전용 클램프를
사용하지 않아 비계 붕괴

비계결속부 벽이음 등은
전용 철물을 사용하여 체결

비계기둥 및 띠장 위로 무리하게 이동하는지 확인

높이 31m 이상 건물의 상부로부터 31m 하부에는
비계기둥을 2본으로 묶어 사용하는 등 좌굴방지 조치

⓫ 비계작업 Ⅱ : 강관비계 설치작업

강관비계 조립순서
깔판 → Base 철물 → 기둥 → 띠장 → 수평 확인 → 밑둥잡이 설치 → 장선 → 비계발판 → 기둥(반복) → 띠장(반복) → 장선(반복) → 가새, 벽이음 → 안전난간

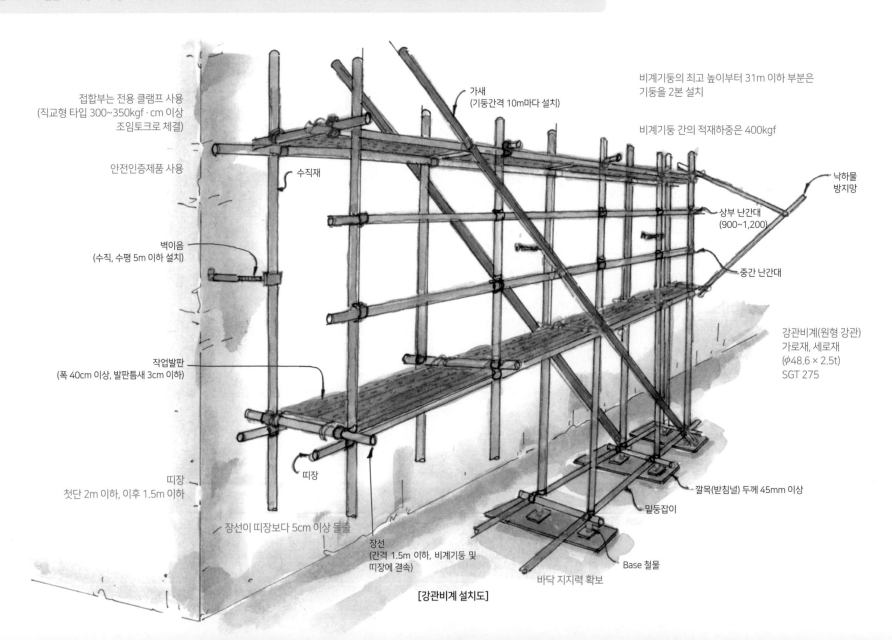

접합부는 전용 클램프 사용
(직교형 타입 300~350kgf·cm 이상
조임토크로 체결)

안전인증제품 사용

수직재

가새
(기둥간격 10m마다 설치)

비계기둥의 최고 높이부터 31m 이하 부분은
기둥을 2본 설치

비계기둥 간의 적재하중은 400kgf

낙하물
방지망

상부 난간대
(900~1,200)

벽이음
(수직, 수평 5m 이하 설치)

중간 난간대

강관비계(원형 강관)
가로재, 세로재
(φ48.6 × 2.5t)
SGT 275

작업발판
(폭 40cm 이상, 발판틈새 3cm 이하)

띠장

깔목(받침널) 두께 45mm 이상

띠장
첫단 2m 이하, 이후 1.5m 이하

밑둥잡이

장선이 띠장보다 5cm 이상 돌출

장선
(간격 1.5m 이하, 비계기둥 및
띠장에 결속)

바닥 지지력 확보

Base 철물

[강관비계 설치도]

⑫ 비계작업 Ⅲ: 강관비계 설치작업

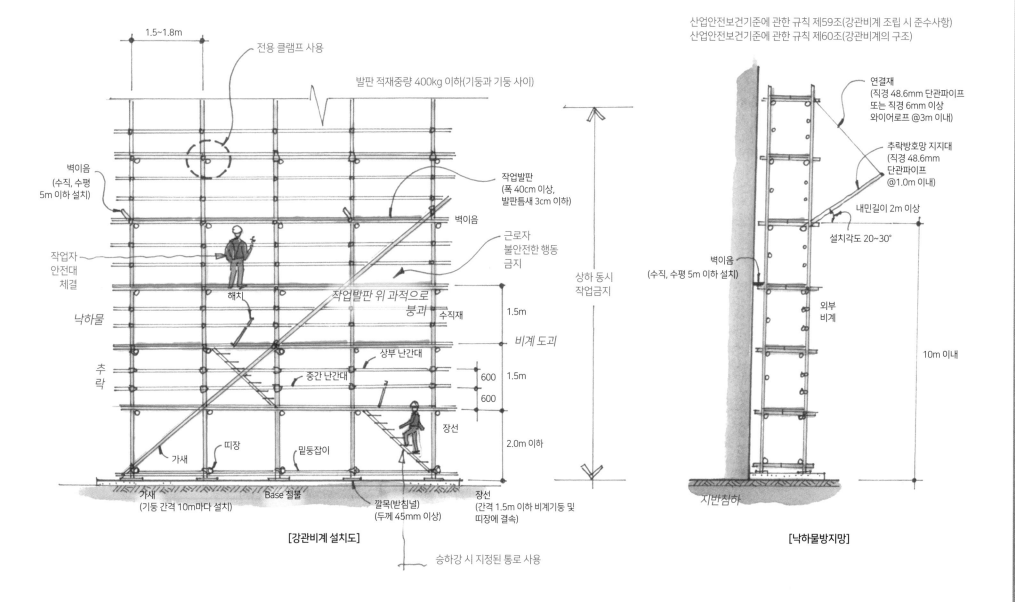

1.5~1.8m

전용 클램프 사용

발판 적재중량 400kg 이하(기둥과 기둥 사이)

벽이음
(수직, 수평
5m 이하 설치)

작업발판
(폭 40cm 이상,
발판틈새 3cm 이하)

벽이음

근로자
불안전한 행동
금지

작업자
안전대
체결

낙하물

해치

작업발판 위 과적으로
붕괴

수직재

상하 동시
작업금지

1.5m

비계 도괴

상부 난간대

추락

중간 난간대

600   1.5m

600

2.0m 이하

장선

가새

띠장

밑둥잡이

장선
(간격 1.5m 이하 비계기둥 및
띠장에 결속)

가새
(기둥 간격 10m마다 설치)

Base 철물

깔목(받침널)
(두께 45mm 이상)

[강관비계 설치도]

승하강 시 지정된 통로 사용

산업안전보건기준에 관한 규칙 제59조(강관비계 조립 시 준수사항)
산업안전보건기준에 관한 규칙 제60조(강관비계의 구조)

연결재
(직경 48.6mm 단관파이프
또는 직경 6mm 이상
와이어로프 @3m 이내)

추락방호망 지지대
(직경 48.6mm
단관파이프
@1.0m 이내)

내민길이 2m 이상

설치각도 20~30°

벽이음
(수직, 수평 5m 이하 설치)

외부
비계

10m 이내

지반침하

[낙하물방지망]

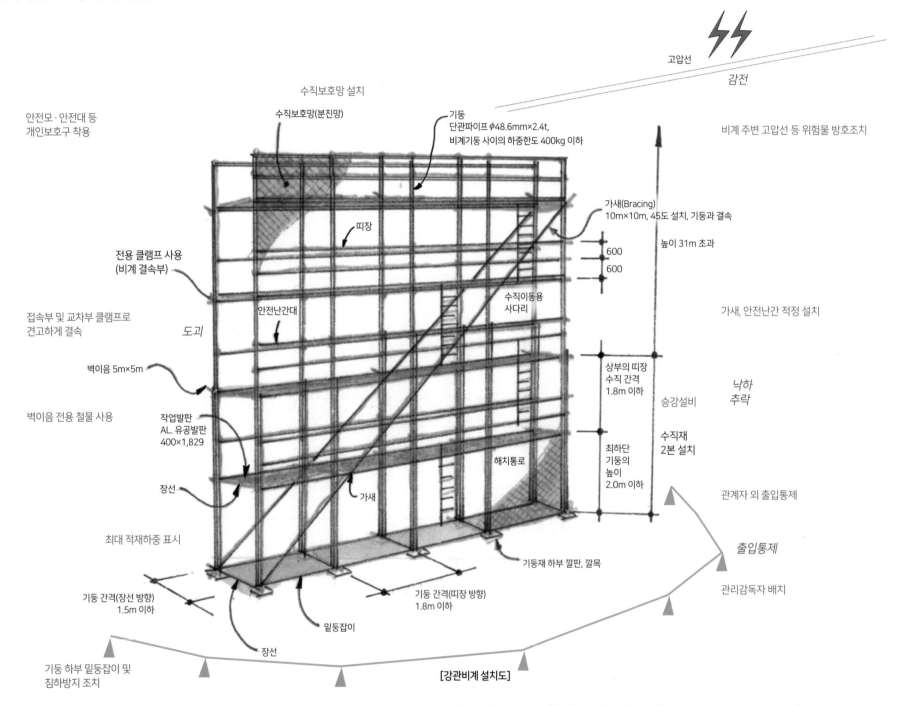

고압선
감전

비계 주변 고압선 등 위험물 방호조치

수직보호망 설치

안전모·안전대 등
개인보호구 착용

수직보호망(분진망)

기둥
단관파이프 φ48.6mm×2.4t,
비계기둥 사이의 하중한도 400kg 이하

띠장

가새(Bracing)
10m×10m, 45도 설치, 기둥과 결속

높이 31m 초과

600

600

전용 클램프 사용
(비계 결속부)

접속부 및 교차부 클램프로
견고하게 결속

안전난간대

도괴

수직이동용
사다리

가새, 안전난간 적정 설치

벽이음 5m×5m

상부의 띠장
수직 간격
1.8m 이하

승강설비

낙하
추락

벽이음 전용 철물 사용

작업발판
AL. 유공발판
400×1,829

최하단
기둥의
높이
2.0m 이하

수직재
2본 설치

해치통로

장선

가새

관계자 외 출입통제

기둥재 하부 깔판, 깔목

최대 적재하중 표시

출입통제

기둥 간격(장선 방향)
1.5m 이하

기둥 간격(띠장 방향)
1.8m 이하

관리감독자 배치

밑둥잡이

장선

기둥 하부 밑둥잡이 및
침하방지 조치

[강관비계 설치도]

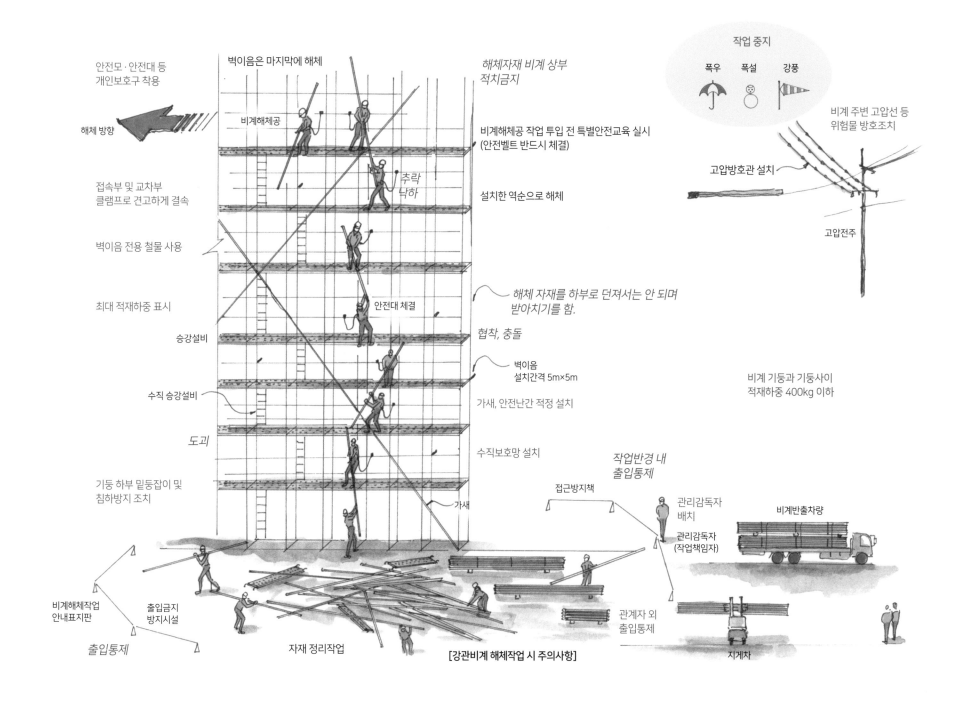

안전모·안전대 등
개인보호구 착용

해체 방향

벽이음은 마지막에 해체

비계해체공

접속부 및 교차부
클램프로 견고하게 결속

벽이음 전용 철물 사용

최대 적재하중 표시

승강설비

수직 승강설비

도괴

기둥 하부 밑둥잡이 및
침하방지 조치

추락
낙하

안전대 체결

가새

해체자재 비계 상부
적치금지

비계해체공 작업 투입 전 특별안전교육 실시
(안전벨트 반드시 체결)

설치한 역순으로 해체

해체 자재를 하부로 던져서는 안 되며
받아치기를 함.

협착, 충돌

벽이음
설치간격 5m×5m

가새, 안전난간 적정 설치

수직보호망 설치

작업 중지

폭우   폭설   강풍

비계 주변 고압선 등
위험물 방호조치

고압방호관 설치

고압전주

비계 기둥과 기둥사이
적재하중 400kg 이하

작업반경 내
출입통제

접근방지책

관리감독자
배치

관리감독자
(작업책임자)

비계반출차량

관계자 외
출입통제

지게차

비계해체작업
안내표지판

출입금지
방지시설

출입통제

자재 정리작업

[강관비계 해체작업 시 주의사항]

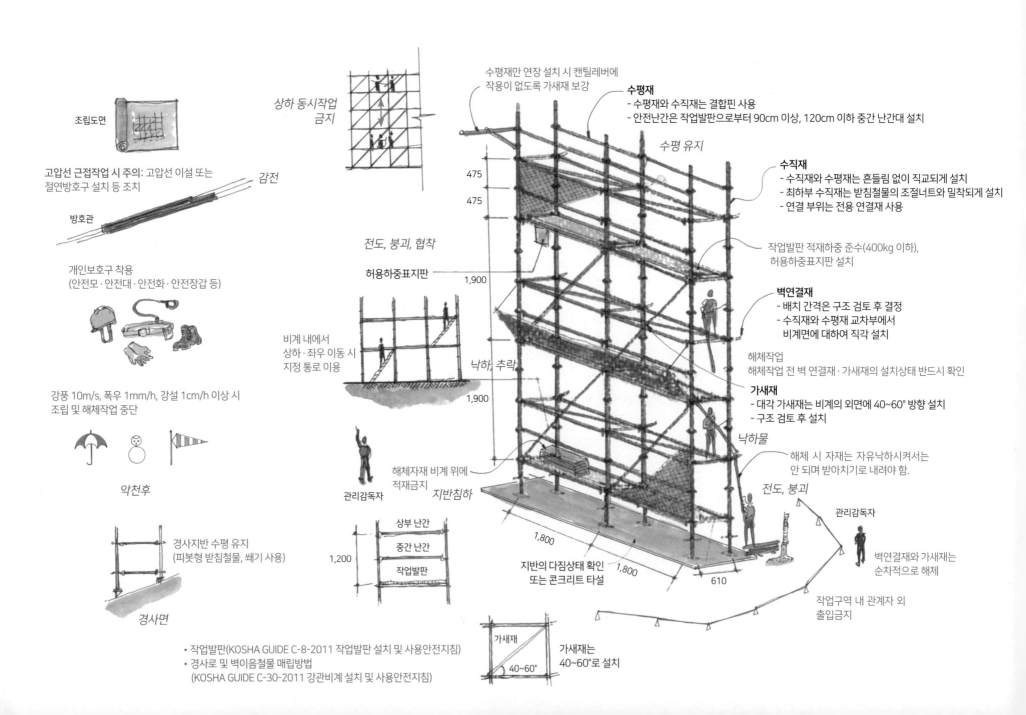

조립도면

고압선 근접작업 시 주의: 고압선 이설 또는
절연방호구 설치 등 조치

감전

방호관

개인보호구 착용
(안전모·안전대·안전화·안전장갑 등)

강풍 10m/s, 폭우 1mm/h, 강설 1cm/h 이상 시
조립 및 해체작업 중단

악천후

경사지반 수평 유지
(피봇형 받침철물, 쐐기 사용)

경사면

상하 동시작업
금지

전도, 붕괴, 협착

허용하중표지판

비계 내에서
상하·좌우 이동 시
지정 통로 이용

낙하, 추락

관리감독자

해체자재 비계 위에
적재금지

지반침하

475

475

1,900

1,900

1,800

1,800

610

상부 난간

중간 난간

작업발판

1,200

지반의 다짐상태 확인
또는 콘크리트 타설

가새재

가새재는
40~60°로 설치

40~60°

수평재만 연장 설치 시 캔틸레버에
작용이 없도록 가새재 보강

수평재
- 수평재와 수직재는 결합핀 사용
- 안전난간은 작업발판으로부터 90cm 이상, 120cm 이하 중간 난간대 설치

수평 유지

수직재
- 수직재와 수평재는 흔들림 없이 직교되게 설치
- 최하부 수직재는 받침철물의 조절너트와 밀착되게 설치
- 연결 부위는 전용 연결재 사용

작업발판 적재하중 준수(400kg 이하),
허용하중표지판 설치

벽연결재
- 배치 간격은 구조 검토 후 결정
- 수직재와 수평재 교차부에서
  비계면에 대하여 직각 설치

해체작업
해체작업 전 벽 연결재·가새재의 설치상태 반드시 확인

가새재
- 대각 가새재는 비계의 외면에 40~60° 방향 설치
- 구조 검토 후 설치

낙하물

해체 시 자재는 자유낙하시켜서는
안 되며 받아치기로 내려야 함.

전도, 붕괴

관리감독자

벽연결재와 가새재는
순차적으로 해체

작업구역 내 관계자 외
출입금지

• 작업발판(KOSHA GUIDE C-8-2011 작업발판 설치 및 사용안전지침)
• 경사로 및 벽이음철물 매립방법
  (KOSHA GUIDE C-30-2011 강관비계 설치 및 사용안전지침)

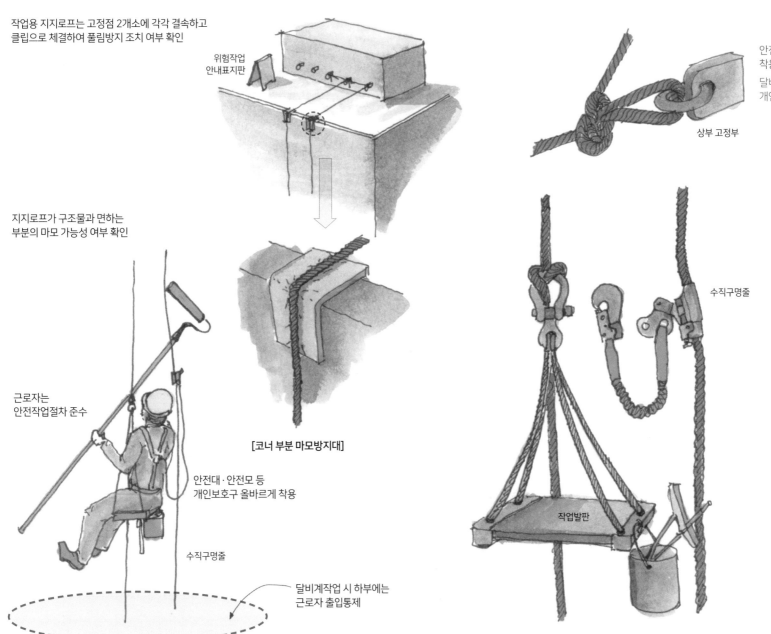

작업용 지지로프는 고정점 2개소에 각각 결속하고
클립으로 체결하여 풀림방지 조치 여부 확인

위험작업
안내표지판

안전모·안전대 등 개인보호구를
착용하지 않고 작업 중 추락

달비계작업 시 안전모·안전대 등
개인보호구 착용하고 작업 실시

상부 고정부

지지로프가 구조물과 면하는
부분의 마모 가능성 여부 확인

수직구명줄

근로자는
안전작업절차 준수

[코너 부분 마모방지대]

안전대·안전모 등
개인보호구 올바르게 착용

작업발판

수직구명줄

달비계작업 시 하부에는
근로자 출입통제

작업용 지지로프의 고정 구조물이
부서지면서 추락

작업용 지지로프는 부서지거나
파단되지 않는 견고한 구조물에 체결

달비계 지지로프가 손상되거나
부식되어 작업 중 끊어짐.

달비계 지지로프는 작업 중
파단되지 않도록 견고한 것을 사용

로프의 파단,
고정부 파손으로
추락

작업대에 탑승하기 전에
안전대 걸고 탑승

건물 옥상 단부에서 달비계작업대에
올라타다가 추락

달비계작업대에 탑승 전
안전대를 구명줄에 체결

작업대 탑승 중
추락

로프
결속부

지지로프는 충분한 구조내력이
있는 구조물 결속용 고리에
지지하고 확인

작업용 지지로프의 결속부가 풀리면서
추락

작업용 지지로프는 2개소 이상
견고한 구조물에 체결하고
클립 등으로 풀리지 않게 고정

로프가 풀리면서
추락

안전모를 올바르게 착용하지 않아
벗겨지면서 벽체 등에 충돌

안전모는 턱끈을 매어
벗겨지지 않도록 착용할 것

벽체에
충돌

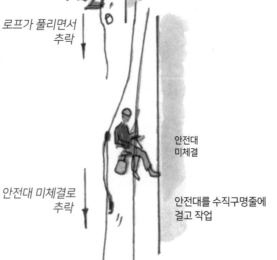

수직구명줄을 설치하지 않고
안전대 미체결상태에서
작업 중 추락

달비계작업 시 수직구명줄을
설치하고 안전대 체결 후 작업

안전대
미체결

안전대 미체결로
추락

안전대를 수직구명줄에
걸고 작업

근로자가 안전작업절차를 무시하고
무리하게 작업 중 추락

근로자가 안전작업절차를 준수하도록
교육 및 관리감독 실시

⑱ 달대비계작업 Ⅰ

> **달대비계(hanging scaffolding, suspended scaffolding)**
>
> 철골공사의 리벳치기와 볼트작업 시 이용되는 것으로, 이는 주 체인을 철골에 매달아서 임시작업발판을 만든 비계이며 상하로 이동시킬 수 없는 것이 단점이다.
>
> 철골조립작업 개소마다 설치해야 하며, 작업발판의 폭은 40cm 이상, 발판재료 간의 틈 간격은 3cm 이하로 하고, 달대비계를 매다는 철선은 #8 소선철선을 사용해야 하며, 4가닥 정도 꼬아서 하중에 대한 안전계수가 8 이상 확보되어야 하고, 철근을 이용하여 달대비계를 제작하는 경우에는 D19 이상의 철근을 사용해야 한다.
>
> 이러한 달대비계의 종류에는 보형, 빌드 스테이지형, 기동형, 스카이행거형이 있다.

철골 위에 안전대 부착설비 미설치 및
안전대 미착용하고 작업 중 추락

철골 위에는 안전대 부착 설비 설치하여
달대비계에서 작업 시 안전대를 체결하고
작업 실시

달대비계에는
최대 적재하중을 표시하고
안전표지판 설치

추락

철골조립작업 개소마다
안전한 구조의 달대비계 설치

작업발판이 하중을 견디지 못하고
부서지면서 추락

작업발판은 하중을 견딜 수 있는
견고한 재료 사용

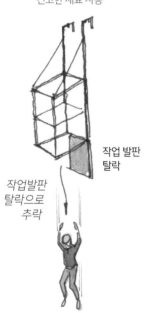

작업 발판
탈락

작업발판
탈락으로
추락

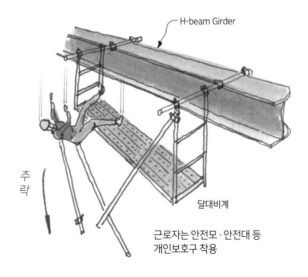

H-beam Girder

추락

달대비계

근로자는 안전모·안전대 등
개인보호구 착용

달대비계 재료가 견고하지 못하여
작업 중 자재가 부러지면서 추락

달대비계의 재료는 알루미늄·철재 등
견고한 재료를 사용하여 제작하고
최고적재중량을 표시할 것

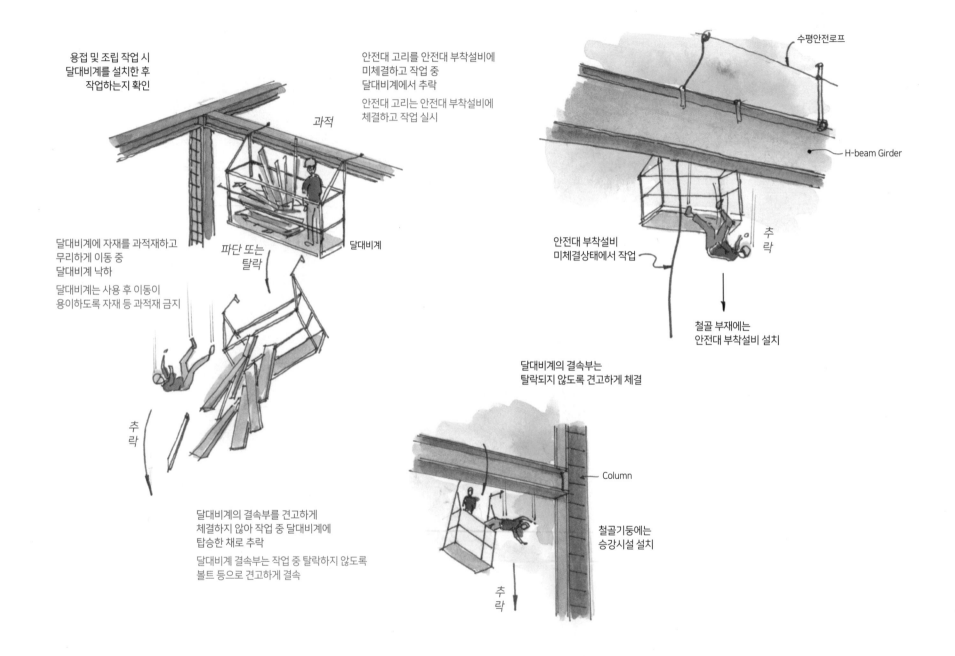

용접 및 조립 작업 시
달대비계를 설치한 후
작업하는지 확인

과적

달대비계

달대비계에 자재를 과적재하고
무리하게 이동 중
달대비계 낙하

달대비계는 사용 후 이동이
용이하도록 자재 등 과적재 금지

파단 또는
탈락

추
락

달대비계의 결속부를 견고하게
체결하지 않아 작업 중 달대비계에
탑승한 채로 추락

달대비계 결속부는 작업 중 탈락하지 않도록
볼트 등으로 견고하게 결속

안전대 고리를 안전대 부착설비에
미체결하고 작업 중
달대비계에서 추락

안전대 고리는 안전대 부착설비에
체결하고 작업 실시

수평안전로프

H-beam Girder

안전대 부착설비
미체결상태에서 작업

추
락

철골 부재에는
안전대 부착설비 설치

달대비계의 결속부는
탈락되지 않도록 견고하게 체결

Column

철골기둥에는
승강시설 설치

추
락

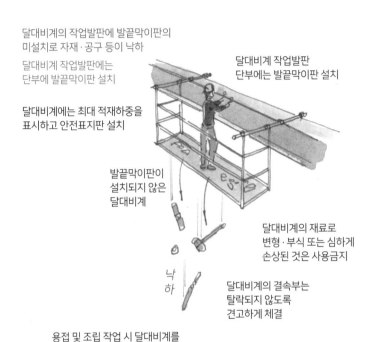

달대비계의 작업발판에 발끝막이판의
미설치로 자재·공구 등이 낙하

달대비계 작업발판에는
단부에 발끝막이판 설치

달대비계 작업발판
단부에는 발끝막이판 설치

달대비계에는 최대 적재하중을
표시하고 안전표지판 설치

발끝막이판이
설치되지 않은
달대비계

낙
하

달대비계의 재료로
변형·부식 또는 심하게
손상된 것은 사용금지

달대비계의 결속부는
탈락되지 않도록
견고하게 체결

용접 및 조립 작업 시 달대비계를
설치한 후 작업하는지 확인

달대비계를 작게 제작하여
작업공간 부족으로 작업 중 추락

달대비계 제작 시에는 작업이
용이하도록 충분한 공간 확보

달대비계

달대비계는 규격대로
제작하여 사용

추
락

달대비계는 작업이 용이하도록
충분한 공간과 적정 크기로 제작

달대비계는 사용 후 이동이
용이하도록 경량으로 제작

달대비계를 중량으로 제작하여
무리하게 이동시키려다가 추락

달대비계는 알루미늄·철제 등 견고한
재질로 운반이 용이하도록 경량으로 제작

붕괴
탈락

달대비계
(교각용)

추
락

근로자는 안전모·안전대 등
개인보호구 착용

철골기둥에 승강트랩의 미설치로 추락방호망을
설치하기 위해 철골기둥 승강 중 추락

철골기둥에는 승강트랩을 설치하여
근로자가 안전하게 승강하도록 조치

추락방호망의 테두리보와 지지로프가
약하여 추락 시 파단

추락방호망의 테두리로프, 지지로프는
인체의 충격하중에 충분히 견딜 수 있는
견고한 것을 사용

추락방호망으로 미검정품을 설치하여
추락 시 방호하지 못하고 파단

추락방호망은 인장강도가 충분하고
그물코 간격이 10cm 이하의
검정품 사용

용접불티 및 충격으로 인해 손상이 있는
추락방호망을 존치하여 근로자 추락 시
방호하지 못하고 파단됨.

충격을 받아 손상된 추락방호망은
즉시 교체

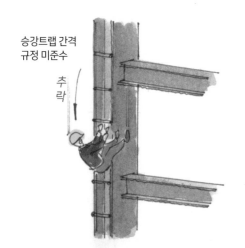

승강트랩 간격
규정 미준수

추락

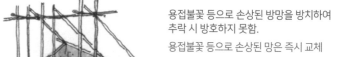

용접불꽃 등으로 손상된 방망을 방치하여
추락 시 방호하지 못함.

용접불꽃 등으로 손상된 망은 즉시 교체

추락방호망은
그물코 10cm 이하의
검정품 사용

추락

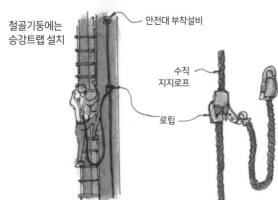

철골기둥에는
승강트랩 설치

안전대 부착설비

수직
지지로프

로립

철골빔상에는
안전대 부착설비 설치

[철골기둥 트랩]

추락

테두리망과 지지로프는
인장강도가 적정하고
견고한 구조물에 결속

추락방호망을 근로자가 임의로
해체하여 작업 중 추락

추락방호망을 근로자가 임의로
해체하지 않도록 관리 · 감독 철저

인장강도가 약한
추락방호망을 사용하여 근로자 추락

추락방호망은 인장강도가
충분한 검정품 사용

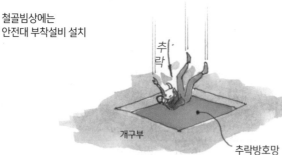

추락

개구부

추락방호망
미설치

추락위험 개구부에 추락방호망을
설치하지 않아서 작업 중 추락재해 발생

추락위험이 있는 대형 개구부에는
빠짐없이 추락방호망 설치

추락위험 개구부에 추락방호망이
빠짐없이 정확하게 설치되어 있는지 확인

근로자는 안전모 등
개인보호구 착용

추락방호망
손상

자재 낙하 등으로 인한
추락방호망의 손상 여부
확인

낙하물
자재 방치

손상

추락방호망에
낙하폐기물 등이
떨어져 방치되고
있는지 확인

방망사의 인장강도		
그물코 크기	매듭 없는 방향	매듭 방향
10cm	240kg	200kg
5cm	-	110kg

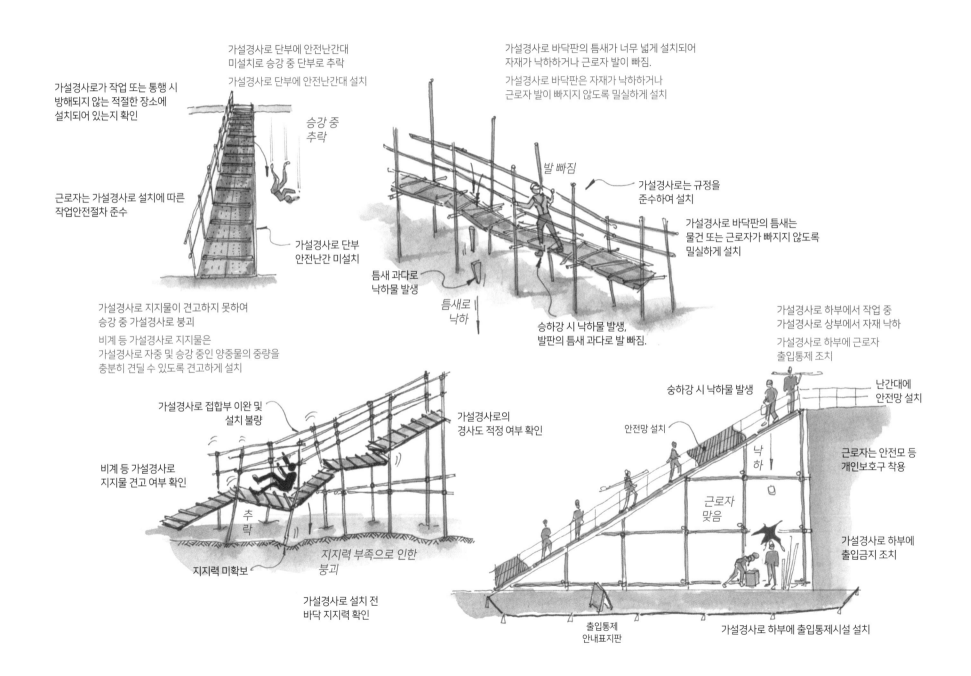

가설경사로 작업 또는 통행 시 방해되지 않는 적절한 장소에 설치되어 있는지 확인

가설경사로 단부에 안전난간대 미설치로 승강 중 단부로 추락

가설경사로 단부에 안전난간대 설치

승강 중 추락

근로자는 가설경사로 설치에 따른 작업안전절차 준수

가설경사로 단부 안전난간 미설치

가설경사로 지지물이 견고하지 못하여 승강 중 가설경사로 붕괴

비계 등 가설경사로 지지물은 가설경사로 자중 및 승강 중인 양중물의 중량을 충분히 견딜 수 있도록 견고하게 설치

가설경사로 바닥판의 틈새가 너무 넓게 설치되어 자재가 낙하하거나 근로자 발이 빠짐.

가설경사로 바닥판은 자재가 낙하하거나 근로자 발이 빠지지 않도록 밀실하게 설치

발 빠짐

가설경사로는 규정을 준수하여 설치

가설경사로 바닥판의 틈새는 물건 또는 근로자가 빠지지 않도록 밀실하게 설치

틈새 과다로 낙하물 발생

틈새로 낙하

승하강 시 낙하물 발생, 발판의 틈새 과다로 발 빠짐.

가설경사로 접합부 이완 및 설치 불량

가설경사로의 경사도 적정 여부 확인

비계 등 가설경사로 지지물 견고 여부 확인

추락

지지력 미확보

지지력 부족으로 인한 붕괴

가설경사로 설치 전 바닥 지지력 확인

승하강 시 낙하물 발생

안전망 설치

난간대에 안전망 설치

낙하

가설경사로 하부에서 작업 중 가설경사로 상부에서 자재 낙하

가설경사로 하부에 근로자 출입통제 조치

근로자 맞음

근로자는 안전모 등 개인보호구 착용

가설경사로 하부에 출입금지 조치

출입통제 안내표지판

가설경사로 하부에 출입통제시설 설치

안전모 · 안전화 등 개인보호구
미착용하고 작업 중 부딪히거나 찔림.

안전모 · 안전화 등 개인보호구
착용하고 작업 실시

충돌

돌출물

보행 중 또는 작업 중
돌출물에 머리를 부딪힘.

안전모 미착용상태에서
작업 중 충돌하거나 부딪힘.

근로자는
안전모 등
개인보호구
착용

안전모 착용

안전한 가설통로를 이용하지 않고 가설통로가
아닌 장소로 이동 중 전도 또는 추락

근로자가 안전하게 설치된 가설통로를
사용하도록 교육, 위험예지훈련 실시

가설경사로 단부에
안전난간 설치

안전수칙
미준수

추락

불안전한 행동
금지

추락

하강 중
미끄러짐 발생

지정된 통로
사용

가설경사로 설치 시 안전작업수칙
미준수로 작업 중 추락

가설경사로 설치 시 안전작업절차에
따라 작업하도록 지휘 · 감독

가설경사로의 경사가 너무 높아서
승강 중 전도

가설경사로의 경사는 30° 이내로 설치

불안전한 상태 발생

가설경사로의 경사각도가
지나치게 급함.

전도

가설경사로의
경사도 적정 여부 확인

가설경사로

가설경사로는 작업 또는 통행 시
방해되지 않는 적절한 장소에 설치

가설경사로에
미끄럼방지 조치

가설경사로에
미끄럼방지시설이 없음.

미끄러짐
전도

비계 등 가설경사로 지지물
견고 여부 확인

가설경사로에 미끄럼방지 조치가
미설치되어 승강 중 미끄러짐.

가설경사로의 경사는 15° 이상인 경우
미끄럼방지 조치 실시

근로자는 가설경사로 설치에
따른 작업안전절차 준수

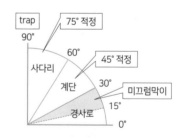

trap
90°
75° 적정
사다리
60°
45° 적정
계단
30°
미끄럼막이
15°
경사로
0°

경사로 설치 시 경사각별 미끄럼막이 간격					
설치각	15°	20°	23°	27°	30°
간격	47cm	42cm	39cm	35cm	30cm

[가설경사로 설치기준]

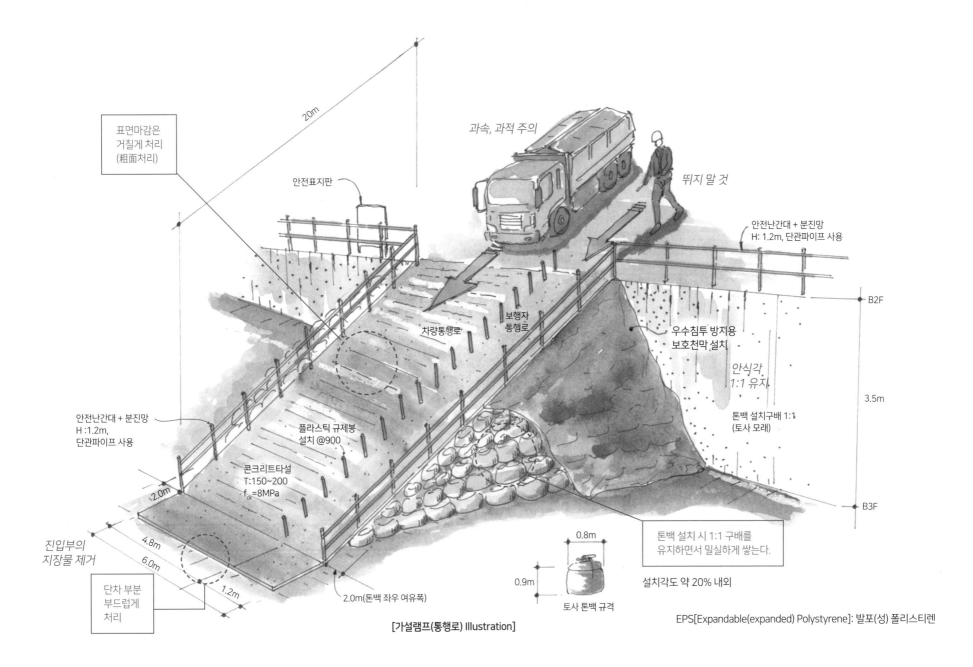

표면마감은
거칠게 처리
(粗面처리)

20m

과속, 과적 주의

안전표지판

뛰지 말 것

안전난간대 + 분진망
H: 1.2m, 단관파이프 사용

보행자
통행로

차량통행로

우수침투 방지용
보호천막 설치

B2F

안식각
1:1 유지

안전난간대 + 분진망
H : 1.2m,
단관파이프 사용

플라스틱 규제봉
설치 @900

톤백 설치구배 1:1
(토사 모래)

3.5m

콘크리트타설
T:150~200
f_{ck}=8MPa

2.0m

진입부의
지장물 제거

4.8m

6.0m

1.2m

2.0m(톤백 좌우 여유폭)

단차 부분
부드럽게
처리

톤백 설치 시 1:1 구배를
유지하면서 밀실하게 쌓는다.

B3F

0.8m

0.9m

토사 톤백 규격

설치각도 약 20% 내외

[가설램프(통행로) Illustration]

EPS[Expandable(expanded) Polystyrene]: 발포(성) 폴리스티렌

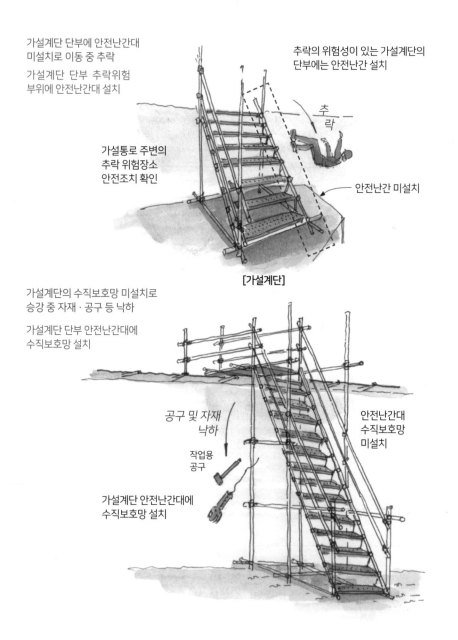

가설계단 단부에 안전난간대
미설치로 이동 중 추락

가설계단 단부 추락위험
부위에 안전난간대 설치

가설통로 주변의
추락 위험장소
안전조치 확인

추락의 위험성이 있는 가설계단의
단부에는 안전난간 설치

추락

안전난간 미설치

[가설계단]

가설계단의 수직보호망 미설치로
승강 중 자재·공구 등 낙하

가설계단 단부 안전난간대에
수직보호망 설치

공구 및 자재
낙하

작업용
공구

안전난간대
수직보호망
미설치

가설계단 안전난간대에
수직보호망 설치

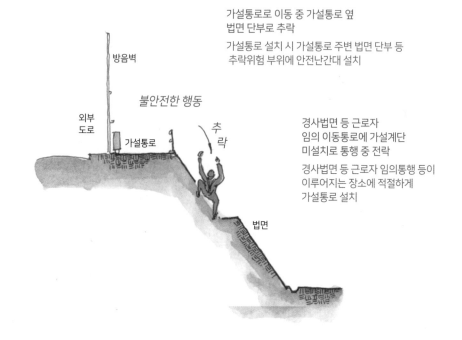

가설통로로 이동 중 가설통로 옆
법면 단부로 추락

가설통로 설치 시 가설통로 주변 법면 단부 등
추락위험 부위에 안전난간대 설치

방음벽

불안전한 행동

외부
도로

가설통로

추락

법면

경사법면 등 근로자
임의 이동통로에 가설계단
미설치로 통행 중 전락

경사법면 등 근로자 임의통행 등이
이루어지는 장소에 적절하게
가설통로 설치

가설통로 상부에 방호선반 미설치로
통행 중 낙하물에 맞음.

가설통로 상부에 낙하물 방호선반 설치

방호선반 설치

방호선반 미설치
낙하

방호선반
미설치

출입구

가설통로 상부에는
방호선반 등 낙하물 방호조치

낙하물 발생 우려가 예상되는 장소에는
반드시 방호선반을 설치한다.

가설통로 바닥의 돌출물에 이동 중 걸려 넘어짐.

가설통로 바닥에 걸려서 넘어질 돌출물이 없도록
정리정돈 실시

가설통로의 발판재료가 통행 중
부러지면서 전도

가설통로의 발판재료는 부러지지 않도록
견고한 것을 사용

안전모 · 안전화 등 개인보호구
미착용하고 통행 중 부딪히거나 깔림.

가설통로 등 현장 내에서 통행 시 안전모 등
개인보호구 착용 철저

돌출물

작업
전선

발판 바닥의 돌출물에 걸려
전도

발판재료 불량

근로자 안전모 · 안전화 등
개인보호구 착용

발판재료
파손으로
전도

통로발판의
고정상태 확인

가설통로 발판에 미끄럼방지
미조치로 이동 중 미끄러짐.

가설통로 발판에 미끄럼방지 조치

가설통로의 폭은
통행에 지장이 없는지 확인

비계 등 가설계단지지물이
가설계단 하중을 견디지 못하고 붕괴

가설계단 지지물은 자중 · 승강 인하물 등의 중량을
충분히 견딜 수 있도록 견고하게 설치

논슬립
미설치로 인한
미끄러짐.

자재운반 중
전도

가설계단
붕괴

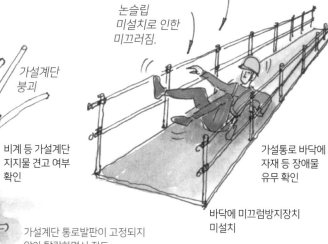

비계 등 가설계단
지지물 견고 여부
확인

전도

가설통로 바닥에
자재 등 장애물
유무 확인

가설통로의 폭이 좁아서
자재운반 중 걸려 넘어짐.

가설통로의 폭은 이동, 자재운반 시
용이하도록 적정한 폭 유지

가설계단 통로발판이 고정되지
않아 탈락하면서 전도

가설계단 통로발판은
탈락되지 않도록 확실하게 고정

바닥에 미끄럼방지장치
미설치

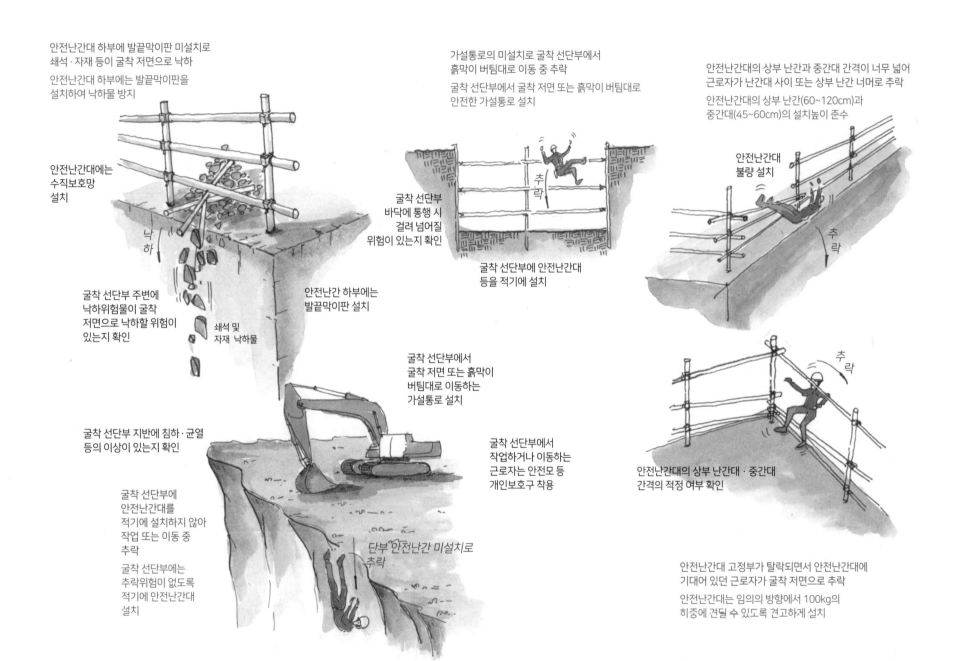

안전난간대 하부에 발끝막이판 미설치로
쇄석·자재 등이 굴착 저면으로 낙하

안전난간대 하부에는 발끝막이판을
설치하여 낙하물 방지

안전난간대에는
수직보호망
설치

굴착 선단부 주변에
낙하위험물이 굴착
저면으로 낙하할 위험이
있는지 확인

쇄석 및
자재 낙하물

낙
하

안전난간 하부에는
발끝막이판 설치

굴착 선단부 지반에 침하·균열
등의 이상이 있는지 확인

굴착 선단부에서
굴착 저면 또는 흙막이
버팀대로 이동하는
가설통로 설치

굴착 선단부에서
작업하거나 이동하는
근로자는 안전모 등
개인보호구 착용

굴착 선단부에
안전난간대를
적기에 설치하지 않아
작업 또는 이동 중
추락

굴착 선단부에는
추락위험이 없도록
적기에 안전난간대
설치

단부 안전난간 미설치로
추락

가설통로의 미설치로 굴착 선단부에서
흙막이 버팀대로 이동 중 추락

굴착 선단부에서 굴착 저면 또는 흙막이 버팀대로
안전한 가설통로 설치

굴착 선단부
바닥에 통행 시
걸려 넘어질
위험이 있는지 확인

추
락

굴착 선단부에 안전난간대
등을 적기에 설치

안전난간대의 상부 난간과 중간대 간격이 너무 넓어
근로자가 난간대 사이 또는 상부 난간 너머로 추락

안전난간대의 상부 난간(60~120cm)과
중간대(45~60cm)의 설치높이 준수

안전난간대
불량 설치

추
락

추
락

안전난간대의 상부 난간대·중간대
간격의 적정 여부 확인

안전난간대 고정부가 탈락되면서 안전난간대에
기대어 있던 근로자가 굴착 저면으로 추락

안전난간대는 임의의 방향에서 100kg의
하중에 견딜 수 있도록 견고하게 설치

안전난간대 미설치상태에서 굴착 선단부에서
작업 중 굴착 저면으로 추락

굴착 선단부에서 작업 시 필히 안전대 착용할 것

굴착 선단부 지반 균열
침하의 방치로 흙막이 붕괴

굴착 선단부 지반 균열 시 원인
파악, 흙막이 보강 조치

추락

굴착 선단부에서 작업하거나 이동하는
근로자는 안전모 등 개인보호구 착용

흙막이벽
붕괴

침하 방치로
붕괴

부석 발생 여부

균열 및 세굴 현상 등

용수현상

지하수

[작업 전 점검사항]

굴착 선단부에 노면의 굴곡 및
돌출물로 이동 중 전도

굴착 선단부 바닥의 노면은 평탄하게 정리하고
걸려서 넘어질 만한 돌출물 제거

이동 중
붕괴

굴착 선단부 지반에는 침하, 균열 등의
이상 유무 확인

안전난간대의
상부 난간대·중간대
간격의 적정 여부
확인

통행 시 굴착 선단부
바닥에 걸려 넘어질
위험이 있는지 확인

굴착 선단부 주변에 낙하위험물이
굴착 저면으로 낙하할 위험이 있는지 확인

안전난간대에
수직보호망 설치

안전난간 하부에
발끝막이판 설치

자재
낙하

자재
낙하

굴착 선단부에 안전난간대 등을
적기에 설치

굴착 선단부에 불안전하게
놓인 자재 낙하

굴착 선단부에 낙하위험물
방치 금지

안전난간대에 수직보호망 미설치로 자재가
안전난간대를 통하여 굴착 저면으로 낙하

안전난간대에 추락·낙하방지용
수직보호망 설치

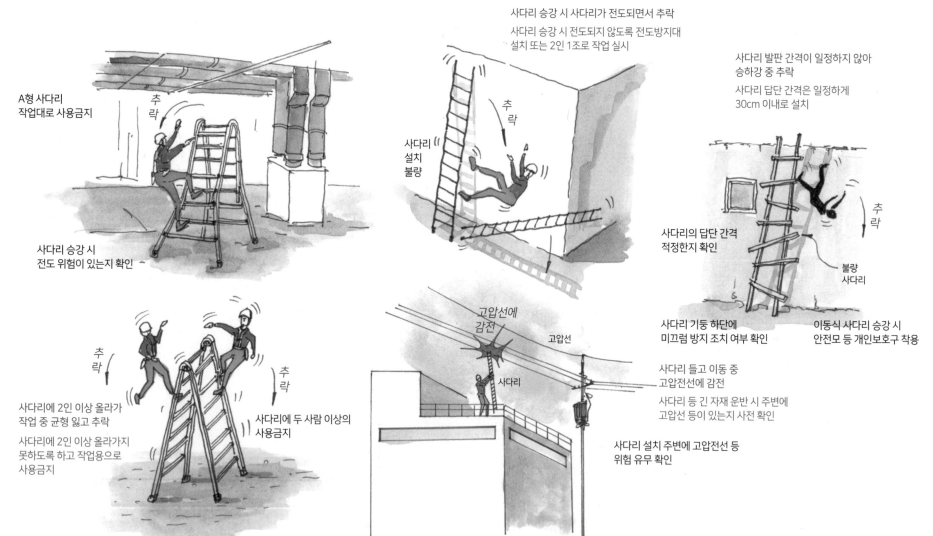

사다리를 작업대로 사용하여
작업 중 추락

사다리는 작업대로 사용을
금지하고 승강용으로 사용

이동식 사다리 상단을 지지물에 충분히 걸쳐 놓지 않아
사다리가 상부 지지물에서 탈락되면서 전도

사다리 상단을 지지물에 걸쳐 놓는 높이는 60cm 이상

A형 사다리를 작업대로 사용금지(2019.1.1.)

2019년 1월 1일부터 A형 사다리에서의 작업을 금지하고 있다. A형 사다리를 포함하여 일자형 사다리 또한 이동하는 통로이고 작업발판이 아니라는 것이 고용노동부 산재 사망사고 TF에서 내린 결론이다.

사다리 승강 시 사다리가 전도되면서 추락

사다리 승강 시 전도되지 않도록 전도방지대
설치 또는 2인 1조로 작업 실시

사다리 발판 간격이 일정하지 않아
승하강 중 추락

사다리 답단 간격은 일정하게
30cm 이내로 설치

A형 사다리
작업대로 사용금지

추락

사다리 승강 시
전도 위험이 있는지 확인

사다리
설치
불량

추락

사다리의 답단 간격
적정한지 확인

불량
사다리

추락

사다리 기둥 하단에
미끄럼 방지 조치 여부 확인

이동식 사다리 승강 시
안전모 등 개인보호구 착용

추락

추락

사다리에 2인 이상 올라가
작업 중 균형 잃고 추락

사다리에 2인 이상 올라가지
못하도록 하고 작업용으로
사용금지

사다리에 두 사람 이상의
사용금지

고압선에
감전

고압선

사다리

사다리 들고 이동 중
고압전선에 감전

사다리 등 긴 자재 운반 시 주변에
고압선 등이 있는지 사전 확인

사다리 설치 주변에 고압전선 등
위험 유무 확인

물건을 들고 사다리 승강 중 추락

물건을 들고 사다리 승강금지,
물건은 달포대 등을 이용하여 인양

안전모 등 개인보호구를 착용하지 않고
작업 중 부딪히거나 추락하는 재해 발생

사다리를 이용하여 승강 시 안전모 등
개인보호구 필히 착용

이동식 사다리를 각재 등으로 불안전하게 제작하거나
변형되고 손상된 사다리 사용 중 부러지면서 추락

사다리는 손상되지 않은 견고한 것을 사용하고
AL 사다리 등 기성품 사용

자재를 들고
사다리 승강 중
균형을 잃고
아래로 추락

사다리에 두 사람 이상의 사용금지

A형 사다리를 작업대로 사용금지

불량자재로 제작

미끄럼방지시설 미설치

A형 사다리 하단에 미끄럼방지 조치가
없어 바닥에서 미끄러지면서 추락

A형 사다리 하단에 미끄럼방지 조치 실시

사다리
파단

이동식 사다리를
각재 등으로 임의 제작하여
불안전하게 사용금지

추락

자재
낙하

사다리 승강 시
전도 위험 여부
확인

사다리의 답단 간격
적정한지 확인

이동식 사다리 승강 시
안전모 등 개인보호구 착용

사다리 설치각도를
너무 크게 설치하여 승강 중 전도

사다리 설치각도는 80° 이내로 설치

A형 사다리에 각도조절장치가 없어
사다리가 벌어지면서 추락

A형 사다리에는 각도조절장치 설치

이동식 사다리의
설치각도 적정한지 확인

사다리 기둥 하단의
미끄럼방지 조치 여부 확인

사다리 설치 주변에
고압전선 등 위험 유무 확인

A형 사다리에 각도조절장치
부착 여부 확인

전도

추락

추락

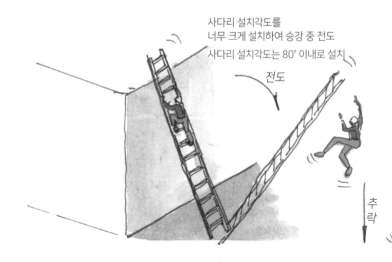

가설통로

① 가설경사로
② 가설계단
③ 이동식 사다리
④ 철골 승강용 트랩

이동식 사다리통로 설치기준

① 전도방지장치: 상부 고정 및 하부 전도방지장치
② 연장길이: 사다리를 걸쳐 놓은 부분에서 최소 60cm 이상(법적), 1m(권고) 여장이 있어야 함.
③ 설치각도: 수평면과의 각도가 75° 이하
④ 사다리폭은 30cm 이상, 길이는 6m 초과 금지
⑤ A형 사다리는 반드시 벌림방지 조치 후 사용

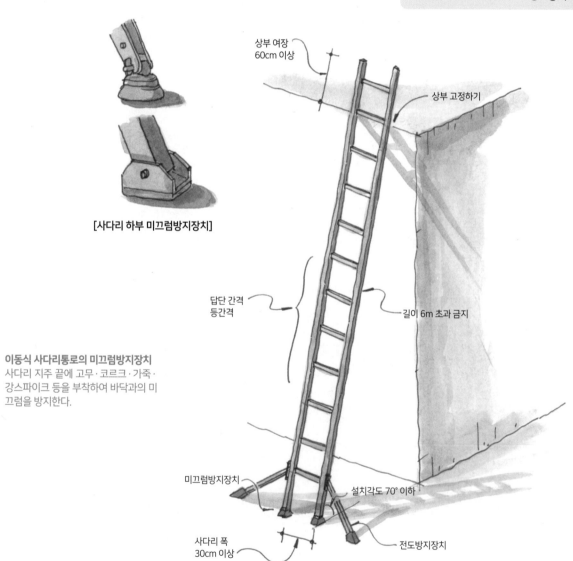

[사다리 하부 미끄럼방지장치]

상부 여장
60cm 이상

상부 고정하기

답단 간격
등간격

길이 6m 초과 금지

이동식 사다리통로의 미끄럼방지장치
사다리 지주 끝에 고무·코르크·가죽·
강스파이크 등을 부착하여 바닥과의 미
끄럼을 방지한다.

미끄럼방지장치

설치각도 70° 이하

사다리 폭
30cm 이상

전도방지장치

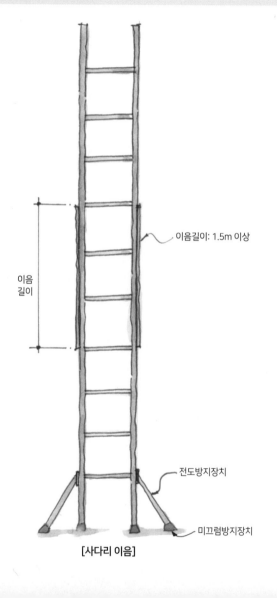

이음
길이

이음길이: 1.5m 이상

전도방지장치

미끄럼방지장치

[사다리 이음]

㉛ 철골 승강용 트랩(Trap)작업 Ⅰ

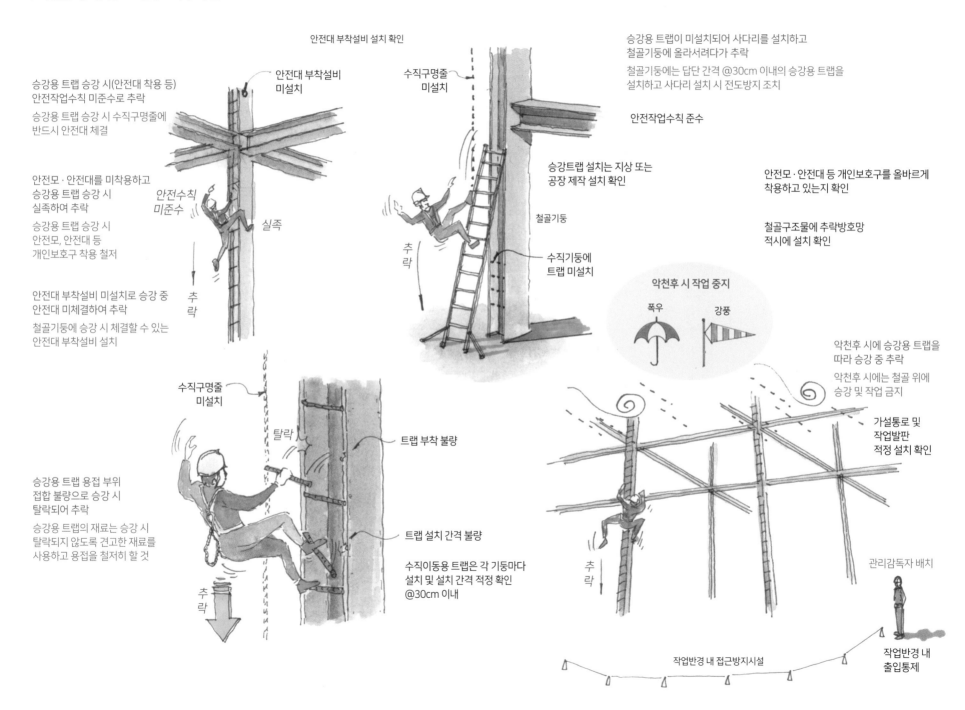

안전대 부착설비 설치 확인

안전대 부착설비 미설치

승강용 트랩 승강 시(안전대 착용 등) 안전작업수칙 미준수로 추락

승강용 트랩 승강 시 수직구명줄에 반드시 안전대 체결

안전모·안전대를 미착용하고 승강용 트랩 승강 시 실족하여 추락

승강용 트랩 승강 시 안전모, 안전대 등 개인보호구 착용 철저

안전대 부착설비 미설치로 승강 중 안전대 미체결하여 추락

철골기둥에 승강 시 체결할 수 있는 안전대 부착설비 설치

안전수칙 미준수

실족

추락

수직구명줄 미설치

승강용 트랩 용접 부위 접합 불량으로 승강 시 탈락되어 추락

승강용 트랩의 재료는 승강 시 탈락되지 않도록 견고한 재료를 사용하고 용접을 철저히 할 것

탈락

트랩 부착 불량

트랩 설치 간격 불량

수직이동용 트랩은 각 기둥마다 설치 및 설치 간격 적정 확인 @30cm 이내

추락

수직구명줄 미설치

승강트랩 설치는 지상 또는 공장 제작 설치 확인

철골기둥

수직기둥에 트랩 미설치

추락

승강용 트랩이 미설치되어 사다리를 설치하고 철골기둥에 올라서려다가 추락

철골기둥에는 답단 간격 @30cm 이내의 승강용 트랩을 설치하고 사다리 설치 시 전도방지 조치

안전작업수칙 준수

안전모·안전대 등 개인보호구를 올바르게 착용하고 있는지 확인

철골구조물에 추락방호망 적시에 설치 확인

악천후 시 작업 중지

폭우   강풍

악천후 시에 승강용 트랩을 따라 승강 중 추락

악천후 시에는 철골 위에 승강 및 작업 금지

가설통로 및 작업발판 적정 설치 확인

추락

관리감독자 배치

작업반경 내 출입통제

작업반경 내 접근방지시설

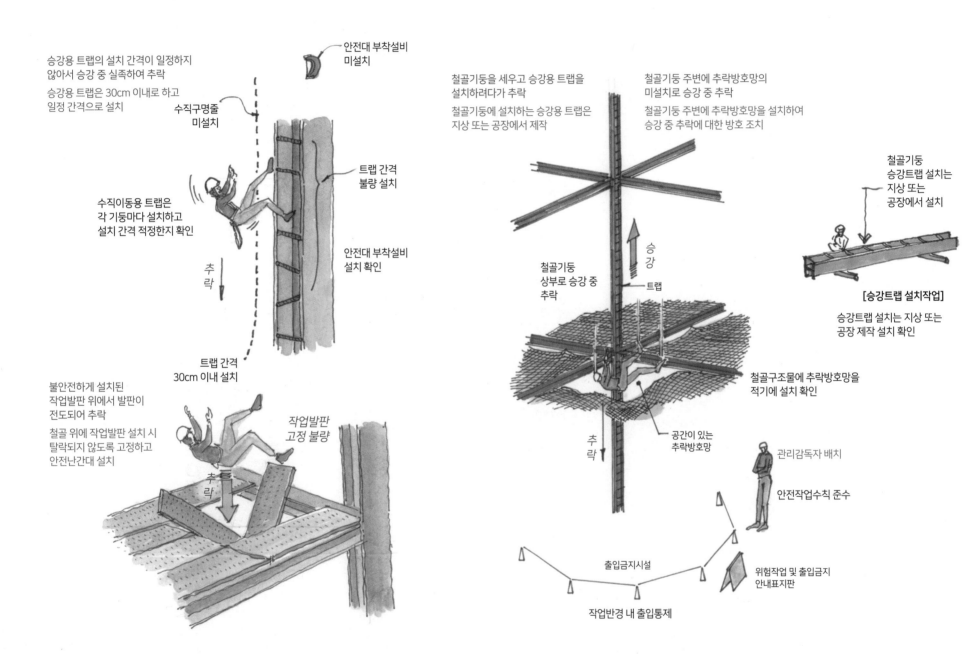

승강용 트랩의 설치 간격이 일정하지
않아서 승강 중 실족하여 추락

승강용 트랩은 30cm 이내로 하고
일정 간격으로 설치

안전대 부착설비
미설치

수직구명줄
미설치

트랩 간격
불량 설치

수직이동용 트랩은
각 기둥마다 설치하고
설치 간격 적정한지 확인

안전대 부착설비
설치 확인

추락

트랩 간격
30cm 이내 설치

불안전하게 설치된
작업발판 위에서 발판이
전도되어 추락

철골 위에 작업발판 설치 시
탈락되지 않도록 고정하고
안전난간대 설치

작업발판
고정 불량

추락

철골기둥을 세우고 승강용 트랩을
설치하려다가 추락

철골기둥에 설치하는 승강용 트랩은
지상 또는 공장에서 제작

철골기둥 주변에 추락방호망의
미설치로 승강 중 추락

철골기둥 주변에 추락방호망을 설치하여
승강 중 추락에 대한 방호 조치

철골기둥
승강트랩 설치는
지상 또는
공장에서 설치

철골기둥
상부로 승강 중
추락

승
강

트랩

[승강트랩 설치작업]

승강트랩 설치는 지상 또는
공장 제작 설치 확인

철골구조물에 추락방호망을
적기에 설치 확인

공간이 있는
추락방호망

추락

관리감독자 배치

안전작업수칙 준수

출입금지시설

위험작업 및 출입금지
안내표지판

작업반경 내 출입통제

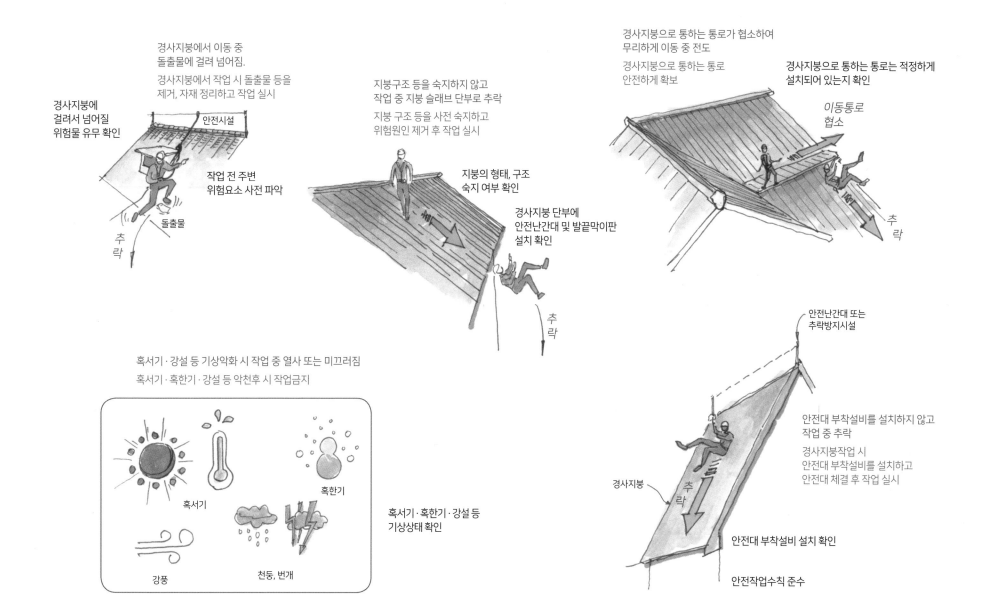

경사지붕에
걸려서 넘어질
위험물 유무 확인

경사지붕에서 이동 중
돌출물에 걸려 넘어짐.

경사지붕에서 작업 시 돌출물 등을
제거, 자재 정리하고 작업 실시

안전시설

작업 전 주변
위험요소 사전 파악

돌출물

추락

지붕구조 등을 숙지하지 않고
작업 중 지붕 슬래브 단부로 추락

지붕 구조 등을 사전 숙지하고
위험원인 제거 후 작업 실시

지붕의 형태, 구조
숙지 여부 확인

경사지붕 단부에
안전난간대 및 발끝막이판
설치 확인

추락

경사지붕으로 통하는 통로가 협소하여
무리하게 이동 중 전도

경사지붕으로 통하는 통로
안전하게 확보

경사지붕으로 통하는 통로는 적정하게
설치되어 있는지 확인

이동통로
협소

추락

혹서기·강설 등 기상악화 시 작업 중 열사 또는 미끄러짐

혹서기·혹한기·강설 등 악천후 시 작업금지

혹한기

혹서기

강풍

천둥, 번개

혹서기·혹한기·강설 등
기상상태 확인

안전난간대 또는
추락방지시설

안전대 부착설비를 설치하지 않고
작업 중 추락

경사지붕작업 시
안전대 부착설비를 설치하고
안전대 체결 후 작업 실시

경사지붕

추락

안전대 부착설비 설치 확인

안전작업수칙 준수

경사지붕 단부에 안전난간대를 설치하지 않아서
작업 중 단부로 추락

경사지붕 단부에 안전난간대 설치

안전대 부착설비
설치 확인

경사지붕 단부에 안전난간대 및
발끝막이판 설치 확인

안전난간

경사지붕에서 작업 또는 이동 시 안전대 착용 등
안전수칙을 준수하지 않아서 이동 중 실족하여 추락

경사지붕 등 위험한 장소에서 작업, 이동 시
안전대 착용 등 안전수칙 준수

추락

작업 전 주변 위험요소
사전 파악

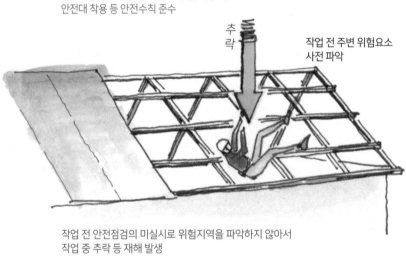

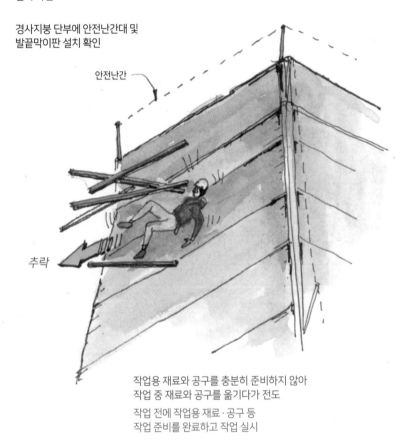

추락

작업 전 안전점검의 미실시로 위험지역을 파악하지 않아서
작업 중 추락 등 재해 발생

경사지붕작업 전 위험지역 사전안전점검 실시

작업용 재료와 공구를 충분히 준비하지 않아
작업 중 재료와 공구를 옮기다가 전도

작업 전에 작업용 재료·공구 등
작업 준비를 완료하고 작업 실시

경사지붕으로 통하는 통로는 적정하게
설치되어 있는지 확인

㊱ 리프트(Lift) 승강구 출입구작업 I

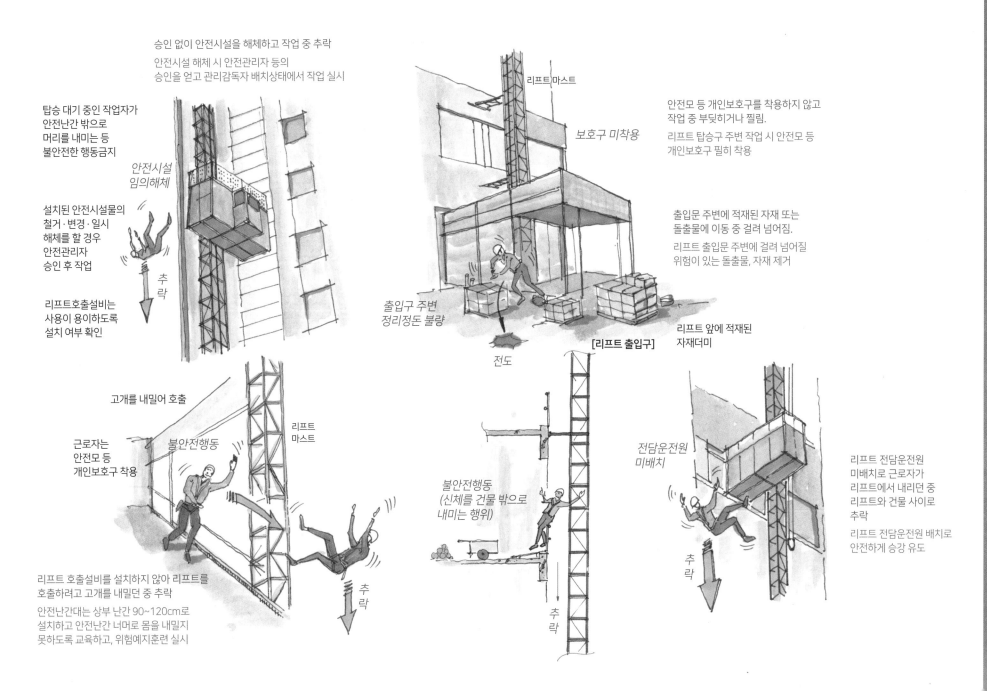

승인 없이 안전시설을 해체하고 작업 중 추락

안전시설 해체 시 안전관리자 등의
승인을 얻고 관리감독자 배치상태에서 작업 실시

리프트 마스트

안전모 등 개인보호구를 착용하지 않고
작업 중 부딪히거나 찔림.

보호구 미착용

리프트 탑승구 주변 작업 시 안전모 등
개인보호구 필히 착용

탑승 대기 중인 작업자가
안전난간 밖으로
머리를 내미는 등
불안전한 행동금지

안전시설
임의해체

출입문 주변에 적재된 자재 또는
돌출물에 이동 중 걸려 넘어짐.

리프트 출입문 주변에 걸려 넘어질
위험이 있는 돌출물, 자재 제거

설치된 안전시설물의
철거·변경·일시
해체를 할 경우
안전관리자
승인 후 작업

리프트호출설비는
사용이 용이하도록
설치 여부 확인

추락

출입구 주변
정리정돈 불량

[리프트 출입구]

전도

리프트 앞에 적재된
자재더미

고개를 내밀어 호출

근로자는
안전모 등
개인보호구 착용

불안전행동

리프트
마스트

전담운전원
미배치

리프트 전담운전원
미배치로 근로자가
리프트에서 내리던 중
리프트와 건물 사이로
추락

불안전행동
(신체를 건물 밖으로
내미는 행위)

리프트 전담운전원 배치로
안전하게 승강 유도

추락

리프트 호출설비를 설치하지 않아 리프트를
호출하려고 고개를 내밀던 중 추락

안전난간대는 상부 난간 90~120cm로
설치하고 안전난간 너머로 몸을 내밀지
못하도록 교육하고, 위험예지훈련 실시

추락

추락

리프트의 각 층 출입문이 열린 상태로
방치하여 작업 또는 탑승하려다가 추락

리프트 각 층의 출입문은 항상 닫힌
상태로 철저하게 관리

**출입문은 승하차 시를 제외하고
항상 닫힌 상태 유지**

**건설용 리프트에
전담운전원 배치 유무 확인
(선택사항)**

경사로가 설치되어 있지 않아 리어카 운반 중
턱에 바퀴가 걸리면서 그 충격으로
리어카와 함께 추락

리프트 탑승 대기장에는 경사로를 설치하여
리어카 등이 턱에 걸리지 않도록 조치하고
단부에 안전난간대 설치
(턱이 있는 바닥은 리프트 설치 계획 시 배제함.)

**리어카 등으로 자재운반 시 탑승 대기장소의
경사로 적정 설치**

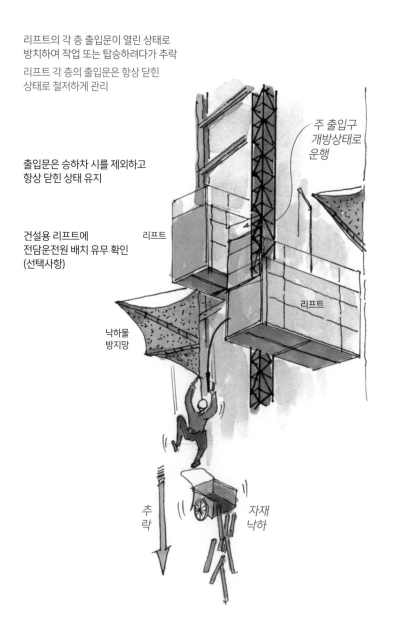

주 출입구
개방상태로
운행

리프트

리프트

낙하물
방지망

추
락

자재
낙하

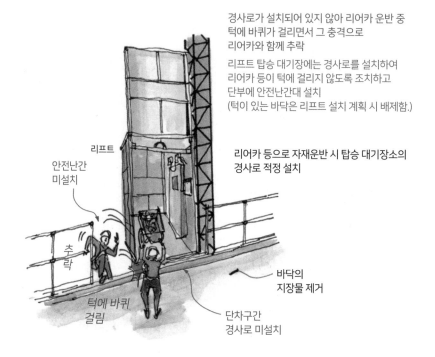

리프트

안전난간
미설치

추
락

턱에 바퀴
걸림

바닥의
지장물 제거

단차구간
경사로 미설치

각 층의 리프트 출입문에 층별 표지가 부착되어 있지 않아서
근로자가 층의 위치를 확인시켜 주려다가 추락

리프트 출입문에는 층별 표지 및 안전수칙 등을 부착하여
리프트 탑승 및 운행 시 식별이 용이하도록 조치

**리프트 탑승구에 적재하중, 층별 표시 및
안전표지판이 부착되어 있는지 확인**

❸❽ 건설작업용 리프트 작업(Lift for Construction Work)

건설작업용 리프트의 정의

동력을 사용하여 가이드레일을 따라 상하로 움직이는 운반구를 달아 작업자 또는 자재를 운반할 수 있는 설비 또는 이와 유사한 구조 및 성능을 가진 것으로서 건설현장에서 사용하는 것을 말한다. 동력전달형식에 따라 랙 및 피니언식 리프트와 로프식 리프트로 구분하며, 사용용도에 따라 화물용 리프트와 작업자 탑승이 가능한 인화 공용 리프트로 구분한다.

리프트의 안전장치

- **운반구 연동문**: 운반구의 출입문이 열려 있는 상태에서는 운반구의 상승·하강이 되지 않도록 하는 장치
- **권과방지장치**: 운반구가 승강기로의 최상부에 도착 전 리밋스위치가 작동하여 운전을 정지시키는 장치
- **추락방지장치**: 압축스프링과 멈춤핀을 이용한 안전장치로서 로프(또는 체인) 파단 시 멈춤판이 작동하여 운반구의 추락을 방지하는 장치
- **과부하방지장치**: 운반구에 적재하중 초과 적재 시 경보음을 내면서 자동으로 작동을 정지시키는 장치
- **완충장치**: 운반구의 추락 또는 과하강 시 충격을 완화시키기 위하여 승강로 바닥면에 설치하는 완충 스프링 (또는 오일버퍼)
- **경광등**: 운반구의 도착 여부를 알리기 위하여 적색 경광등을 탑승장마다 부착하여 사용
- **탑승구 연동문**: 탑승장의 출입문이 열려 있는 상태에서는 운반구의 상승·하강이 되지 않도록 하는 장치
- **방호울**: 운반구의 이동통로 외측면에 철망 또는 철판 등을 부착하여 신체의 내부 접근, 부품의 낙하, 장해물 접근 등을 방지

리프트 사용 시 안전수칙

- 정격하중을 초과하여 적재하지 않는다.
- 출입문 연동장치(입출입구 리밋스위치) 임의 제거, 기능 무효화 등을 금지한다.
- 운행 중 이상음, 이상진동 등의 발생 여부를 확인하면서 운행한다.
- 출입문을 흔들거나 기대거나 강제로 열지 않는다.
- 권과방지장치(상·하한 자동정지장치)를 설치하고 기능을 정상으로 유지한다.
- 컨트롤장치의 부품 개조 또는 변칙 조작을 금지한다.
- 운반구와 승강로 사이에 이물질 삽입 여부를 수시로 확인한다.
- 운반구에 작업자 탑승을 금지한다.
- 안전모·안전화 등 개인보호구를 착용한다.
- 작업 종료 후 운반구는 최하층에 위치하고, 일일작업 종료 후에는 주 전원을 차단한다.
- 화물은 운반구의 중앙 부분에 적재하여 편심을 방지한다.

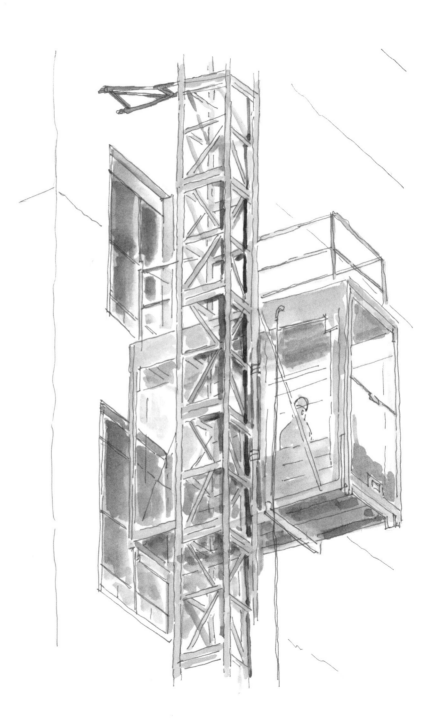

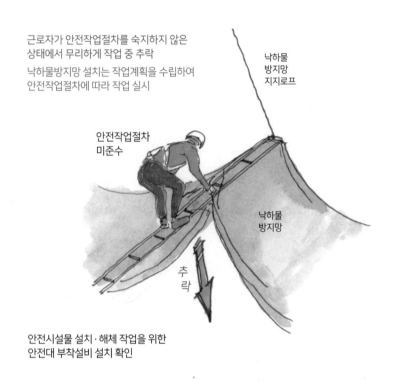

근로자가 안전작업절차를 숙지하지 않은
상태에서 무리하게 작업 중 추락

낙하물방지망 설치는 작업계획을 수립하여
안전작업절차에 따라 작업 실시

낙하물
방지망
지지로프

안전작업절차
미준수

낙하물
방지망

추락

안전시설물 설치·해체 작업을 위한
안전대 부착설비 설치 확인

낙하물방지망 설치각도 등
설치기준 준수 확인

낙하물방지망 설치 시
자재 낙하

낙하물방지망 설치 시
낙하물로 인한 재해예방을
위해 하부에서의 작업 금지
및 근로자 통제

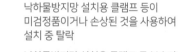

낙
하

낙하물
발생

낙하물방지망 설치용 클램프 등이
미검정품이거나 손상된 것을 사용하여
설치 중 탈락

낙하물방지망 설치용 클램프 등 부속자재는
검정품으로 손상·변형되지 않은 것을 사용

미검정품 자재 사용

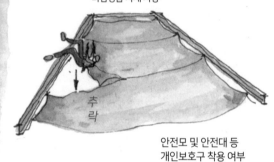

추락

안전모 및 안전대 등
개인보호구 착용 여부

안전시설 해체 도중 추락

낙하물방지망 설치 전
비계의 벽 연결상태 확인

낙하물방지망

추락

낙하물방지망을 설치하기 위해서 주변 안전난간 등
안전시설을 해체하다가 추락

낙하물방지망을 설치하기 위해 안전난간 등 안전시설물
해체 시 승인을 얻고 관리감독자 지휘하에 작업 실시

낙하물방지망을 규정대로 설치하지 않아
낙하물을 방호하지 못해 재해 발생

낙하물방지망은 10m 이내마다 설치하고
벽체와 낙하물방지망 사이에
빈틈이 없도록 설치

규정 미준수

낙하물방지망 설치 시
하부 근로자 통제 조치

안전시설물의 설치용 자재는
손상되지 않고 견고한 것을 사용

낙하물방지망
설치 불량

낙
하

낙하

작업반경 내 출입금지

위험작업
안내표지판

안전모 · 안전대 등 개인보호구를
미착용하고 작업 중 추락

낙하물방지망 설치 및 해체작업 시
안전모 · 안전대 등 개인보호구 필히 착용

안전대 부착설비를 설치하지 않고 안전대
미체결상태에서 작업 중 추락

안전대 부착설비를 설치하여 낙하물방지망 설치 및
해체작업 시 안전대 체결하고 작업 실시

근로자는
안전작업절차 준수

안전난간 등 안전시설물
임의로 해체금지

낙하물방지망 설치 중 비계의
벽 연결이 불량하여 비계 붕괴

낙하물방지망과 비계 위에 적재되는
자재 등의 하중을 충분히 견딜 수
있도록 비계를 조립하고 벽이음 긴결

낙하물방지망

붕괴

추락

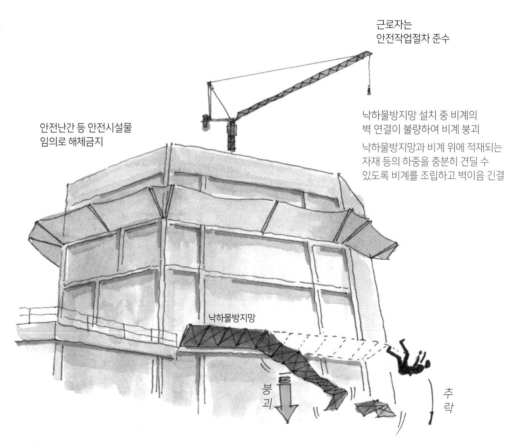

방호선반 지지용 비계구조물이 방호선반의
무게를 견디지 못하고 붕괴

방호선반 지지용 비계구조물은 구조를 검토하여 방호선반 등
구조물의 중량을 충분히 견딜 수 있도록 설치

근로자가 방호선반 조립 및 설치순서 등
작업절차를 미준수하여 작업 중 추락

방호선반 설치 시에는 작업순서 등 안전작업절차를
준수하도록 관리·감독 철저히 할 것

방호선반 설치 및 해체 작업 시
하부 근로자 통제 미실시로 낙하재해 발생

방호선반 설치 및 해체 작업 시
하부 근로자 통제

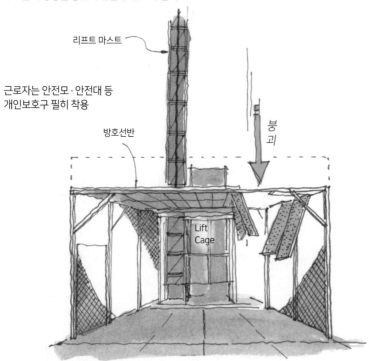

리프트 마스트

근로자는 안전모·안전대 등
개인보호구 필히 착용

방호선반

붕괴

Lift Cage

방호선반 지지용 브래킷은 견고하고
설치 간격이 적정한지 확인

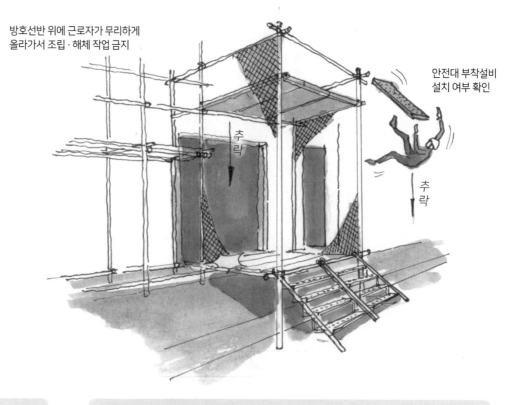

방호선반 위에 근로자가 무리하게
올라가서 조립·해체 작업 금지

안전대 부착설비
설치 여부 확인

추락

추락

방호선반 설치기준
1. 근로자의 통행이 빈번한 출입구 및 임시출입구 상부에는 방호선반을 반드시 설치하여야 한다.
2. 방호선반의 내민 길이는 구조체의 최외측으로부터 산출하여야 한다.
3. 방호선반의 설치 높이는 출입구 지붕 높이로 지붕면과 단차가 발생하지 않도록 한다.
4. 방호선반의 받침기둥은 비계용 강관 또는 이와 동등 이상의 성능을 갖는 재료를 사용하여야 한다.
5. 방호선반의 최외곽 받침기둥에는 방호울 또는 안전방망 등을 설치하여 방호선반 외측으로 낙하한
   낙하물이 구조물 내부로 들어오는 것을 방지할 수 있어야 한다.

방호선반 설치 및 해체작업 시 안전대책
1. 방호선반 설치 및 해체작업 시 안전대·안전모를 착용하고 작업을 실시한다.
2. 방호선반은 낙하물을 충분히 방호할 수 있는 견고한 것으로 검정품을 사용한다.
3. 방호선반 지지용 비계구조물은 구조 검토하여 방호선반 등 구조물의 중량을 충분히 견딜 수 있도
   록 설치한다.
4. 방호선반 설치 시에는 작업순서 등 안전작업절차를 순수할 수 있도록 관리·감독을 철저히 한나.
5. 방호선반 설치 및 해체작업 시 하부 근로자를 통제한다.

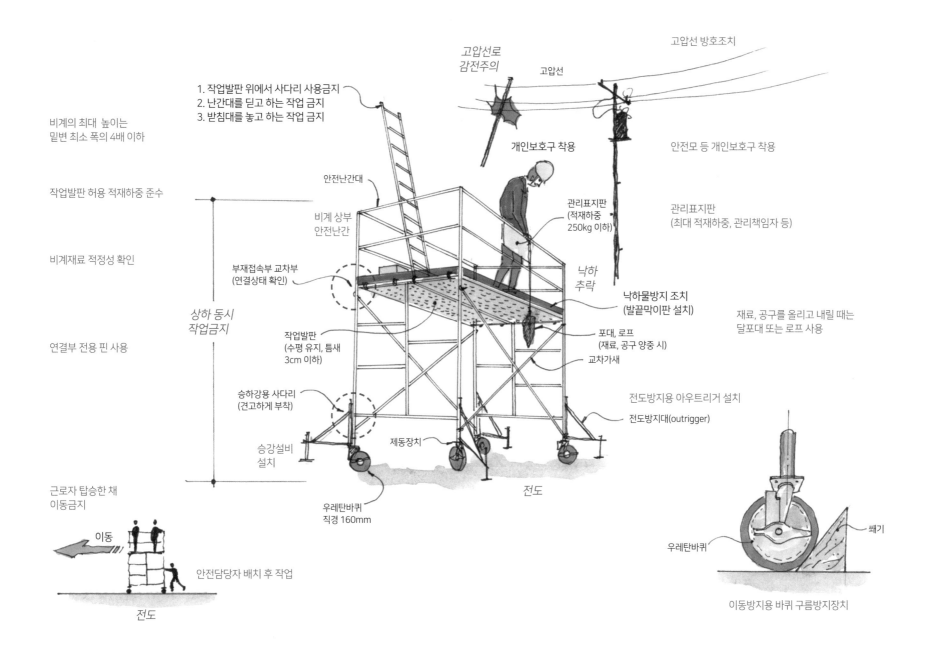

고압선로 감전주의

고압선

고압선 방호조치

1. 작업발판 위에서 사다리 사용금지
2. 난간대를 딛고 하는 작업 금지
3. 받침대를 놓고 하는 작업 금지

비계의 최대 높이는
밑변 최소 폭의 4배 이하

개인보호구 착용

안전모 등 개인보호구 착용

작업발판 허용 적재하중 준수

안전난간대

관리표지판
(적재하중
250kg 이하)

관리표지판
(최대 적재하중, 관리책임자 등)

비계 상부
안전난간

비계재료 적정성 확인

부재접속부 교차부
(연결상태 확인)

낙하
추락

낙하물방지 조치
(발끝막이판 설치)

재료, 공구를 올리고 내릴 때는
달포대 또는 로프 사용

상하 동시
작업금지

연결부 전용 핀 사용

작업발판
(수평 유지, 틈새
3cm 이하)

포대, 로프
(재료, 공구 양중 시)

교차가새

승하강용 사다리
(견고하게 부착)

전도방지용 아우트리거 설치

전도방지대(outrigger)

승강설비
설치

제동장치

근로자 탑승한 채
이동금지

전도

우레탄바퀴
직경 160mm

이동

안전담당자 배치 후 작업

전도

우레탄바퀴

쐐기

이동방지용 바퀴 구름방지장치

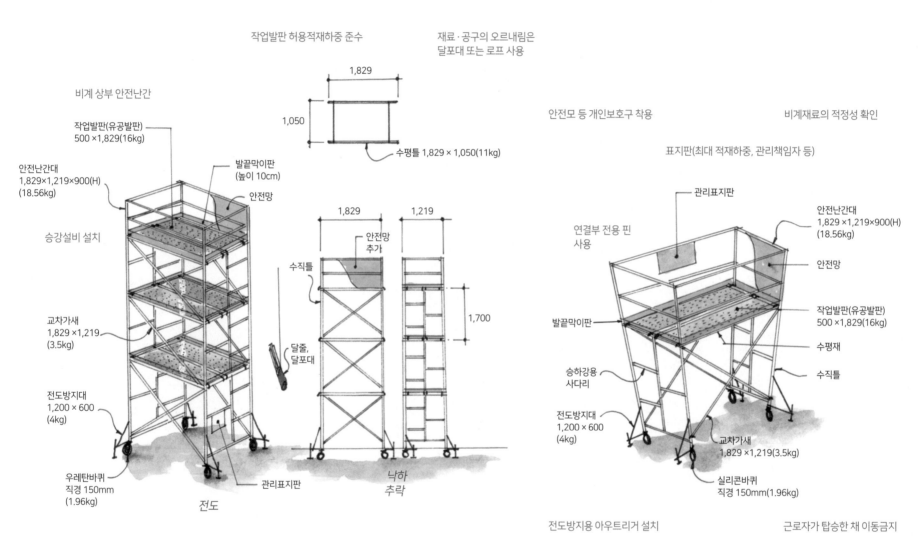

작업발판 허용적재하중 준수

재료·공구의 오르내림은
달포대 또는 로프 사용

비계 상부 안전난간

작업발판(유공발판)
500×1,829(16kg)

1,829

1,050

수평틀 1,829 × 1,050(11kg)

안전모 등 개인보호구 착용

비계재료의 적정성 확인

안전난간대
1,829×1,219×900(H)
(18.56kg)

발끝막이판
(높이 10cm)

안전망

표지판(최대 적재하중, 관리책임자 등)

승강설비 설치

관리표지판

연결부 전용 핀
사용

안전난간대
1,829 ×1,219×900(H)
(18.56kg)

안전망

1,829

1,219

안전망
추가

수직틀

1,700

교차가새
1,829 ×1,219
(3.5kg)

달줄,
달포대

작업발판(유공발판)
500 ×1,829(16kg)

발끝막이판

수평재

수직틀

승하강용
사다리

전도방지대
1,200 × 600
(4kg)

전도방지대
1,200 × 600
(4kg)

교차가새
1,829 ×1,219(3.5kg)

우레탄바퀴
직경 150mm
(1.96kg)

관리표지판

낙하
추락

실리콘바퀴
직경 150mm(1.96kg)

전도

전도방지용 아우트리거 설치

근로자가 탑승한 채 이동금지

이동방지용 바퀴
구름방지장치

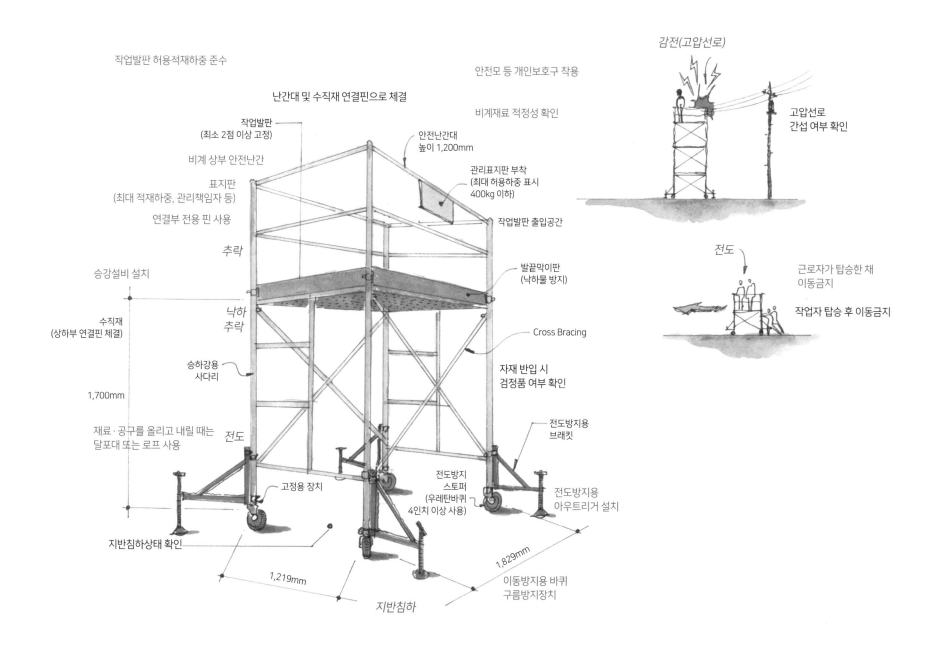

작업발판 허용적재하중 준수

안전모 등 개인보호구 착용

난간대 및 수직재 연결핀으로 체결

비계재료 적정성 확인

작업발판
(최소 2점 이상 고정)

안전난간대
높이 1,200mm

비계 상부 안전난간

관리표지판 부착
(최대 허용하중 표시
400kg 이하)

표지판
(최대 적재하중, 관리책임자 등)

연결부 전용 핀 사용

작업발판 출입공간

추락

발끝막이판
(낙하물 방지)

승강설비 설치

수직재
(상하부 연결핀 체결)

낙하
추락

Cross Bracing

승하강용
사다리

자재 반입 시
검정품 여부 확인

1,700mm

전도방지용
브래킷

재료·공구를 올리고 내릴 때는
달포대 또는 로프 사용

전도

고정용 장치

전도방지
스토퍼
(우레탄바퀴
4인치 이상 사용)

전도방지용
아우트리거 설치

지반침하상태 확인

1,219mm

1,829mm

이동방지용 바퀴
구름방지장치

지반침하

감전(고압선로)

고압선로
간섭 여부 확인

전도

근로자가 탑승한 채
이동금지

작업자 탑승 후 이동금지

건설기계 및 중장비 09

Construction Equipment, Heavy Equipment

① 양중기작업
② 위험기계기구작업
③ 건설기계장비 안전점검항목

양중기작업
Lifting Machine Work

❶ **양중기작업 주요 재해사례** Ⅰ [핵심 통계자료: 재해가 발생하는 빈도와 강도는 **타워크레인의 설치·해체작업, 이동식 크레인작업** 시 가장 높다.]

- 타워크레인 설치 중 지브(jib)가 균형을 잃고 붕괴
- 타워크레인으로 철근 인양 중 와이어로프 파단에 의한 철근 낙하

- 곤돌라 사용 중 곤돌라의 상부 로프가 고정부에서 파단되면서 낙하
- 굴착기로 자재 인양 중 고압선에 접촉하여 감전

- 리프트의 지붕 위에 길이가 긴 자재를 싣고 승강 중 건물에 걸려 자재 낙하

☑ **주요 안전관리 포인트:** 양중기의 설치 및 해체 시 그리고 양중기 사용 중에 자재가 낙하하는 재해가 주로 발생한다.

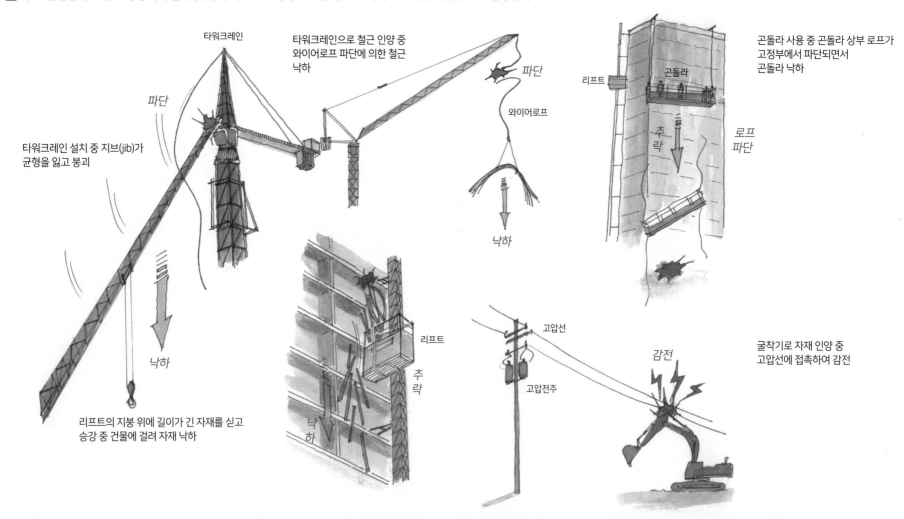

타워크레인

타워크레인으로 철근 인양 중
와이어로프 파단에 의한 철근
낙하

파단

와이어로프

파단

타워크레인 설치 중 지브(jib)가
균형을 잃고 붕괴

낙하

낙하

리프트의 지붕 위에 길이가 긴 자재를 싣고
승강 중 건물에 걸려 자재 낙하

리프트

추락

낙하

곤돌라 사용 중 곤돌라 상부 로프가
고정부에서 파단되면서
곤돌라 낙하

리프트

곤돌라

추락

로프
파단

고압선

고압전주

감전

굴착기로 자재 인양 중
고압선에 접촉하여 감전

❷ **양중기작업 주요 재해사례 Ⅱ**　[핵심 통계자료: 재해가 발생하는 빈도와 강도는 **타워크레인의 설치 및 해체작업, 이동식 크레인작업** 시 가장 높다.]

- 곤돌라 사용 중 곤돌라 상부 로프가 고정부에서 파단되면서 곤돌라 낙하
- 윈치를 사용하여 자재 인양 중 자재 낙하

- 임의로 제작한 곤돌라를 윈치에 연결하여 사용 중 윈치 파손으로 곤돌라 낙하
- 윈치로 자재 인양 중 자재와 함께 슬래브 단부에서 추락

- 특수작업대로 교량 상판 하부작업 중 조작 미숙으로 작업대 붕괴

☑ 주요 안전관리 포인트: 양중기의 설치, 해체 시 그리고 양중기 사용 중에 자재가 낙하하는 재해가 주로 발생한다.

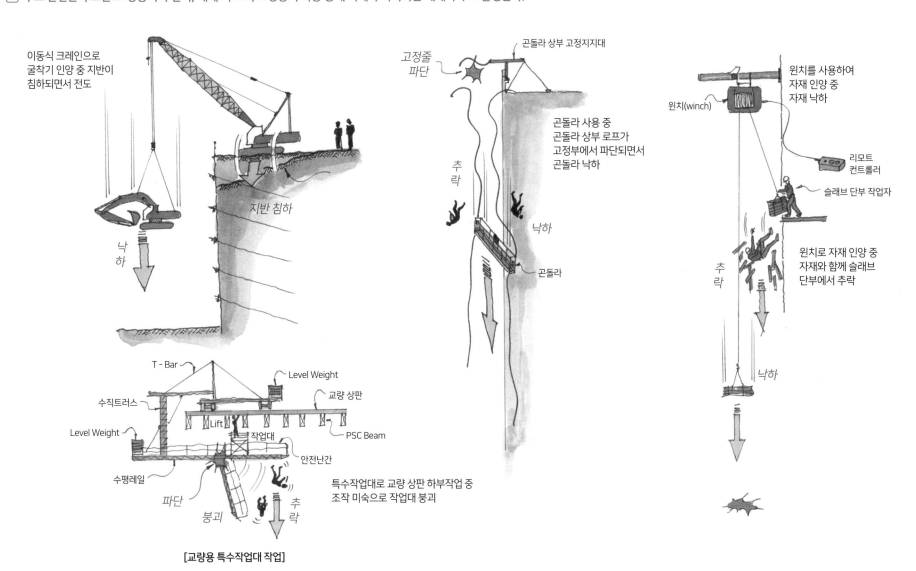

[교량용 특수작업대 작업]

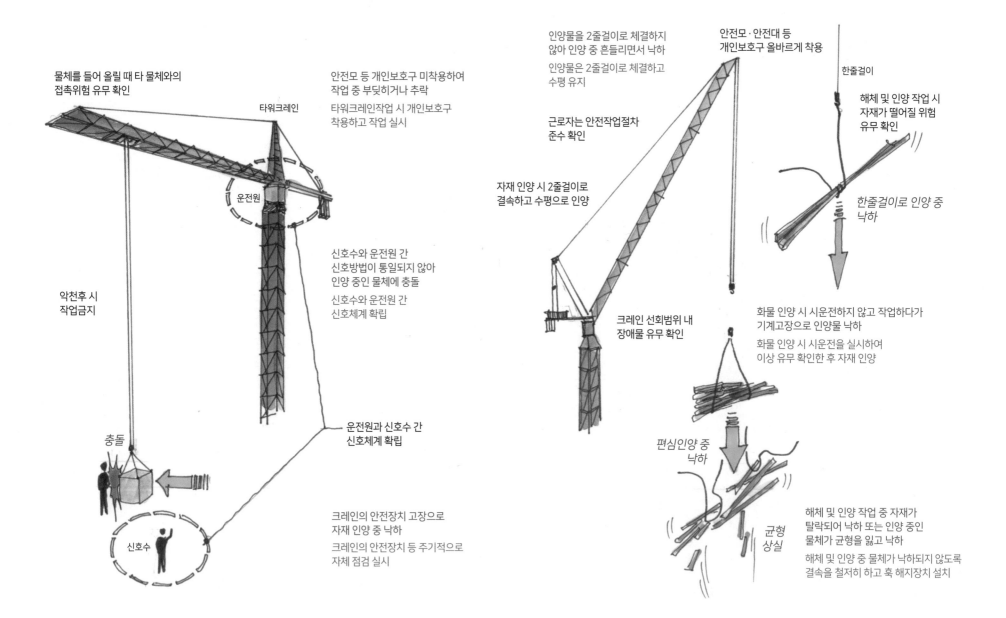

물체를 들어 올릴 때 타 물체와의
접촉위험 유무 확인

타워크레인

운전원

안전모 등 개인보호구 미착용하여
작업 중 부딪히거나 추락

타워크레인작업 시 개인보호구
착용하고 작업 실시

신호수와 운전원 간
신호방법이 통일되지 않아
인양 중인 물체에 충돌

신호수와 운전원 간
신호체계 확립

악천후 시
작업금지

충돌

신호수

운전원과 신호수 간
신호체계 확립

크레인의 안전장치 고장으로
자재 인양 중 낙하

크레인의 안전장치 등 주기적으로
자체 점검 실시

인양물을 2줄걸이로 체결하지
않아 인양 중 흔들리면서 낙하

인양물은 2줄걸이로 체결하고
수평 유지

근로자는 안전작업절차
준수 확인

자재 인양 시 2줄걸이로
결속하고 수평으로 인양

안전모·안전대 등
개인보호구 올바르게 착용

한줄걸이

해체 및 인양 작업 시
자재가 떨어질 위험
유무 확인

한줄걸이로 인양 중
낙하

크레인 선회범위 내
장애물 유무 확인

화물 인양 시 시운전하지 않고 작업하다가
기계고장으로 인양물 낙하

화물 인양 시 시운전을 실시하여
이상 유무 확인한 후 자재 인양

편심인양 중
낙하

균형
상실

해체 및 인양 작업 중 자재가
탈락되어 낙하 또는 인양 중인
물체가 균형을 잃고 낙하

해체 및 인양 중 물체가 낙하되지 않도록
결속을 철저히 하고 훅 해지장치 설치

❹ 타워크레인작업 Ⅱ

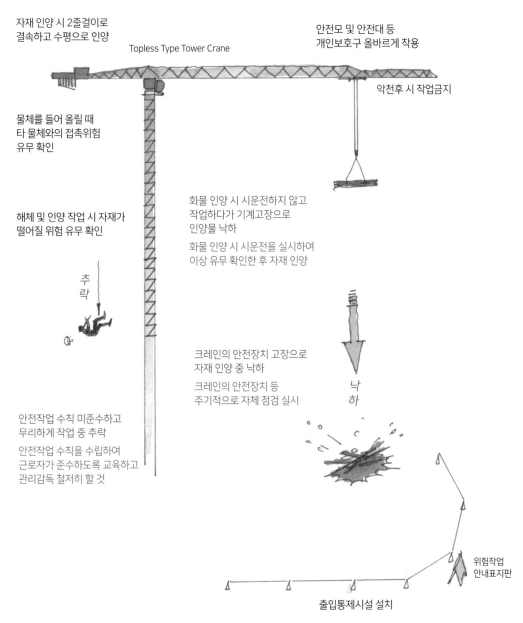

자재 인양 시 2줄걸이로
결속하고 수평으로 인양

Topless Type Tower Crane

안전모 및 안전대 등
개인보호구 올바르게 착용

악천후 시 작업금지

물체를 들어 올릴 때
타 물체와의 접촉위험
유무 확인

해체 및 인양 작업 시 자재가
떨어질 위험 유무 확인

화물 인양 시 시운전하지 않고
작업하다가 기계고장으로
인양물 낙하

화물 인양 시 시운전을 실시하여
이상 유무 확인한 후 자재 인양

추
락

크레인의 안전장치 고장으로
자재 인양 중 낙하

크레인의 안전장치 등
주기적으로 자체 점검 실시

낙
하

안전작업 수칙 미준수하고
무리하게 작업 중 추락

안전작업 수칙을 수립하여
근로자가 준수하도록 교육하고
관리감독 철저히 할 것

위험작업
안내표지판

출입통제시설 설치

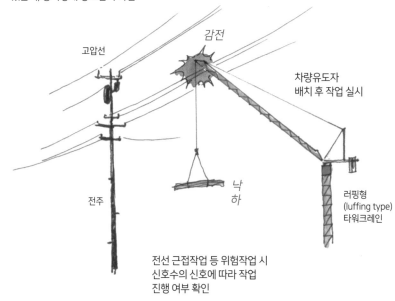

해체 및 인양 작업 중 자재가 탈락되어 낙하
또는 인양 중인 물체가 균형을 잃고 낙하

해체 및 인양 중 물체가 낙하되지 않도록
결속을 철저히 하고 훅 해지장치 설치

고압선 근접작업 시 신호수 없이
작업하다가 고압선에 감전

고압선 등에 지브(jib)가 걸릴 위험이
있을 때 신호수의 지시에 따라
지브 선회 실시

크레인의 안전장치가 모두 구비되어
있는지, 동작상태 양호한지 확인

감전

고압선

차량유도자
배치 후 작업 실시

전주

낙
하

러핑형
(luffing type)
타워크레인

전선 근접작업 등 위험작업 시
신호수의 신호에 따라 작업
진행 여부 확인

악천후 작업금지(철골공사) 산업안전기준에 관한 규칙 제456조의 5			
구분	풍속	강우량	강설량
기준	10m/s 이상	1mm/h 이상	1cm/h 이상

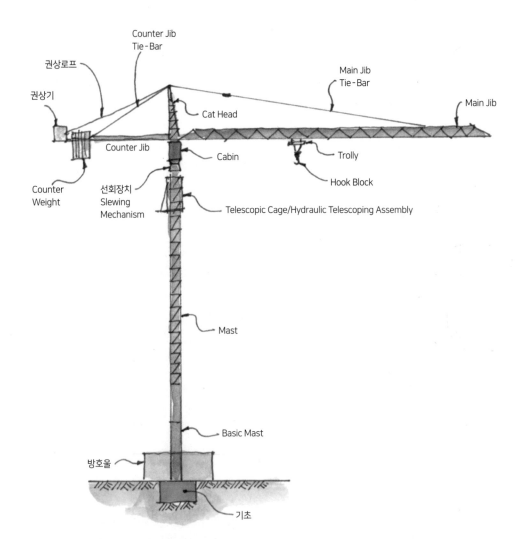

권상로프

권상기

Counter Jib
Tie-Bar

Cat Head

Main Jib
Tie-Bar

Main Jib

Counter Jib

Cabin

Trolly

Counter
Weight

선회장치
Slewing
Mechanism

Hook Block

Telescopic Cage/Hydraulic Telescoping Assembly

Mast

Basic Mast

방호울

기초

T - Type Tower Crane 안전장치

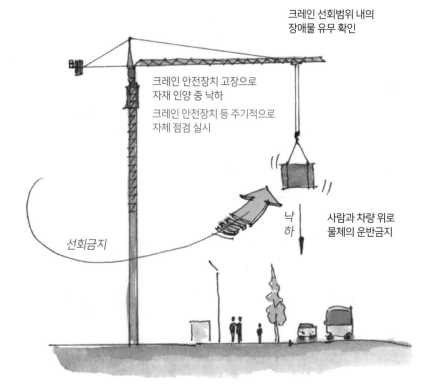

해체 및 인양 작업 중 자재가 탈락되어 낙하
또는 인양 중인 물체가 균형을 잃고 낙하

해체 및 인양 중 물체가 낙하되지 않도록
결속을 철저히 하고, 혹 해지장치 설치

크레인 선회범위 내의
장애물 유무 확인

크레인 안전장치 고장으로
자재 인양 중 낙하

크레인 안전장치 등 주기적으로
자체 점검 실시

선회금지

낙
하

사람과 차량 위로
물체의 운반금지

❻ 타워크레인 설치작업

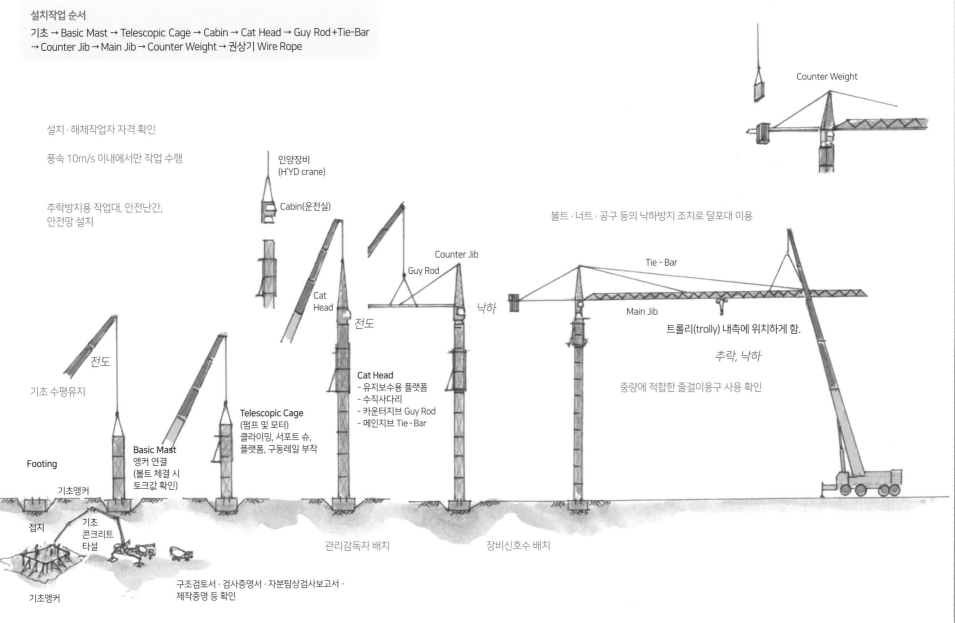

설치작업 순서

기초 → Basic Mast → Telescopic Cage → Cabin → Cat Head → Guy Rod+Tie-Bar
→ Counter Jib → Main Jib → Counter Weight → 권상기 Wire Rope

설치·해체작업자 자격 확인

풍속 10m/s 이내에서만 작업 수행

추락방지용 작업대, 안전난간,
안전망 설치

Counter Weight

인양장비
(H'YD crane)

Cabin(운전실)

볼트·너트·공구 등의 낙하방지 조치로 달포대 이용

Counter Jib

Tie - Bar

Guy Rod

Cat
Head

전도

낙하

Main Jib

트롤리(trolly) 내측에 위치하게 함.

추락, 낙하

Cat Head
- 유지보수용 플랫폼
- 수직사다리
- 카운터지브 Guy Rod
- 메인지브 Tie - Bar

중량에 적합한 줄걸이용구 사용 확인

전도

기초 수평유지

Telescopic Cage
(펌프 및 모터)
클라이밍, 서포트 슈,
플랫폼, 구동레일 부착

Basic Mast
앵커 연결
(볼트 체결 시
토크값 확인)

Footing

기초앵커

접지

기초
콘크리트
타설

관리감독자 배치

장비신호수 배치

구조검토서·검사증명서·자분탐상검사보고서·
제작증명 등 확인

기초앵커

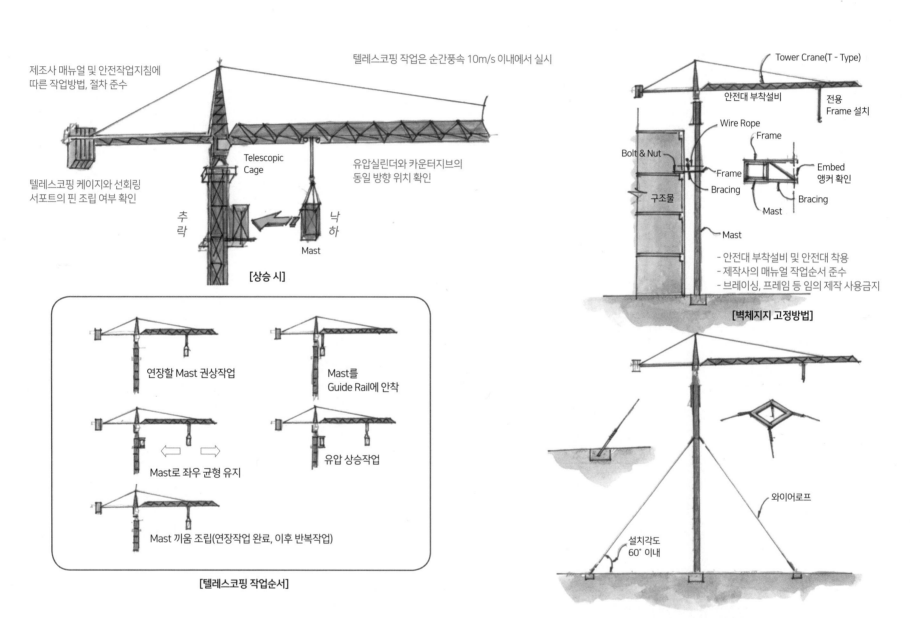

제조사 매뉴얼 및 안전작업지침에
따른 작업방법, 절차 준수

텔레스코핑 작업은 순간풍속 10m/s 이내에서 실시

Telescopic
Cage

텔레스코핑 케이지와 선회링
서포트의 핀 조립 여부 확인

유압실린더와 카운터지브의
동일 방향 위치 확인

추
락

낙
하

Mast

[상승 시]

연장할 Mast 권상작업

Mast를
Guide Rail에 안착

Mast로 좌우 균형 유지

유압 상승작업

Mast 끼움 조립(연장작업 완료, 이후 반복작업)

[텔레스코핑 작업순서]

Tower Crane(T - Type)

안전대 부착설비

전용
Frame 설치

Bolt & Nut

Wire Rope

Frame

Frame

Embed
앵커 확인

Bracing

Bracing

구조물

Mast

Mast

- 안전대 부착설비 및 안전대 착용
- 제작사의 매뉴얼 작업순서 준수
- 브레이싱, 프레임 등 임의 제작 사용금지

[벽체지지 고정방법]

와이어로프

설치각도
60° 이내

[와이어로프 지지 고정방법]

❽ 타워크레인 해체작업

해체작업 순서

Mast 역Down 해체 → Counter Weight → Main Jib → Counter Jib(권상기포함) → Cat Head →
Turn Table + Cabin → Telescopic Cage → Mast → Basic Mast → 기초 Footing 파쇄

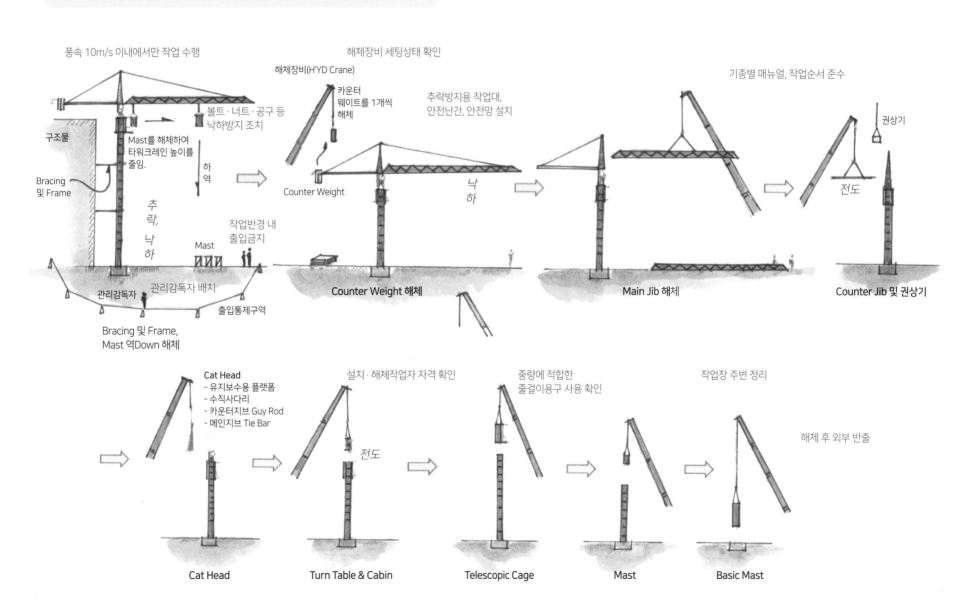

풍속 10m/s 이내에서만 작업 수행

구조물

Bracing
및 Frame

Mast를 해체하여
타워크레인 높이를
줄임.

추락, 낙하

하역

볼트·너트·공구 등
낙하방지 조치

Mast

작업반경 내
출입금지

관리감독자   관리감독자 배치

출입통제구역

Bracing 및 Frame,
Mast 역Down 해체

해체장비 세팅상태 확인

해체장비(H'YD Crane)

카운터
웨이트를 1개씩
해체

추락방지용 작업대,
안전난간, 안전망 설치

Counter Weight

낙하

Counter Weight 해체

기종별 매뉴얼, 작업순서 준수

Main Jib 해체

권상기

전도

Counter Jib 및 권상기

Cat Head
- 유지보수용 플랫폼
- 수직사다리
- 카운터지브 Guy Rod
- 메인지브 Tie Bar

Cat Head

설치·해체작업자 자격 확인

전도

Turn Table & Cabin

중량에 적합한
줄걸이용구 사용 확인

Telescopic Cage

작업장 주변 정리

Mast

해체 후 외부 반출

Basic Mast

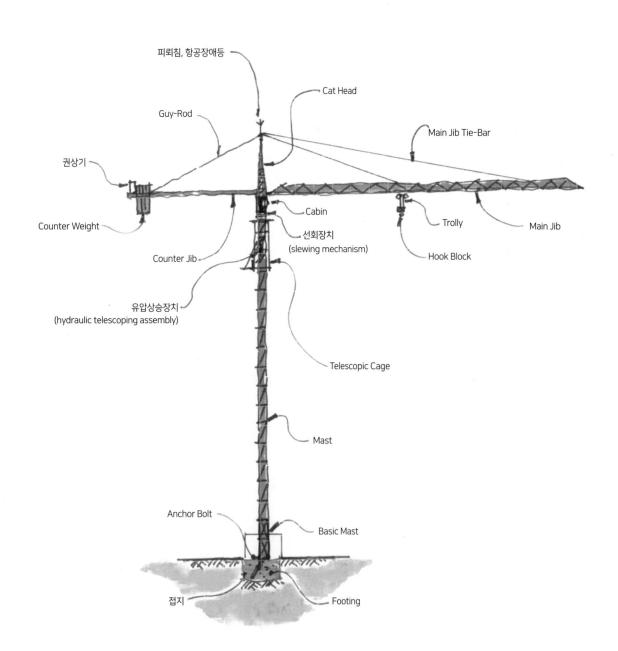

피뢰침, 항공장애등

Cat Head

Guy-Rod

Main Jib Tie-Bar

권상기

Counter Weight

Cabin

Trolly

Main Jib

선회장치
(slewing mechanism)

Counter Jib

Hook Block

유압상승장치
(hydraulic telescoping assembly)

Telescopic Cage

Mast

Anchor Bolt

Basic Mast

접지

Footing

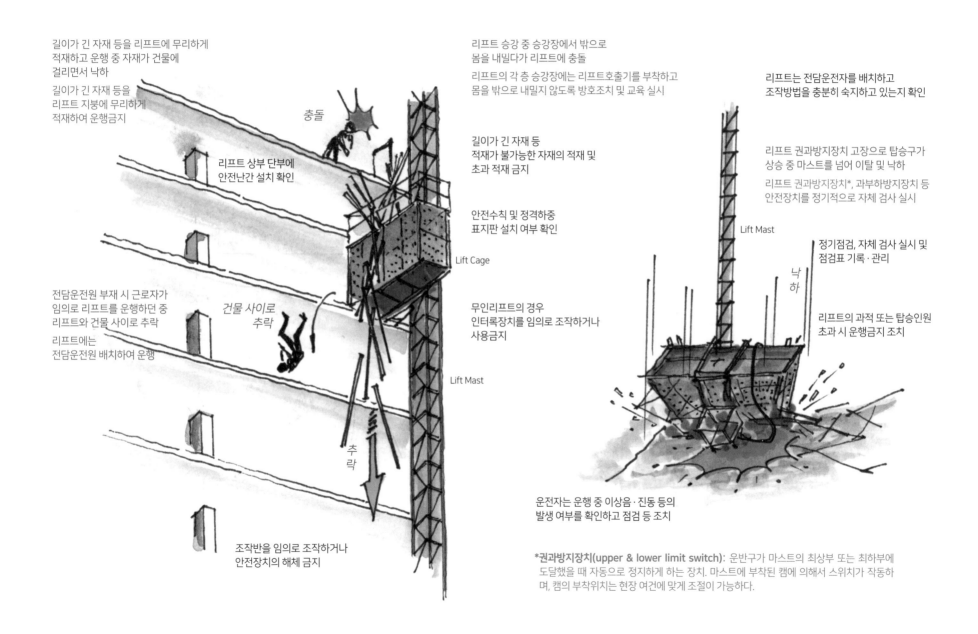

길이가 긴 자재 등을 리프트에 무리하게
적재하고 운행 중 자재가 건물에
걸리면서 낙하

길이가 긴 자재 등을
리프트 지붕에 무리하게
적재하여 운행금지

충돌

리프트 상부 단부에
안전난간 설치 확인

리프트 승강 중 승강장에서 밖으로
몸을 내밀다가 리프트에 충돌

리프트의 각 층 승강장에는 리프트호출기를 부착하고
몸을 밖으로 내밀지 않도록 방호조치 및 교육 실시

리프트는 전담운전자를 배치하고
조작방법을 충분히 숙지하고 있는지 확인

길이가 긴 자재 등
적재가 불가능한 자재의 적재 및
초과 적재 금지

리프트 권과방지장치 고장으로 탑승구가
상승 중 마스트를 넘어 이탈 및 낙하

리프트 권과방지장치*, 과부하방지장치 등
안전장치를 정기적으로 자체 검사 실시

Lift Mast

안전수칙 및 정격하중
표지판 설치 여부 확인

Lift Cage

정기점검, 자체 검사 실시 및
점검표 기록·관리

낙하

전담운전원 부재 시 근로자가
임의로 리프트를 운행하던 중
리프트와 건물 사이로 추락

리프트에는
전담운전원 배치하여 운행

건물 사이로
추락

무인리프트의 경우
인터록장치를 임의로 조작하거나
사용금지

리프트의 과적 또는 탑승인원
초과 시 운행금지 조치

Lift Mast

추
락

운전자는 운행 중 이상음·진동 등의
발생 여부를 확인하고 점검 등 조치

조작반을 임의로 조작하거나
안전장치의 해체 금지

*권과방지장치(upper & lower limit switch): 운반구가 마스트의 최상부 또는 최하부에
도달했을 때 자동으로 정지하게 하는 장치. 마스트에 부착된 캠에 의해서 스위치가 작동하
며, 캠의 부착위치는 현장 여건에 맞게 조절이 가능하다.

리프트를 각 층의 정위치에
정지시키고 근로자 탑승

개방된
출입구

리프트 각 층의 출입문이 열린
상태에서 운행금지

리프트가 각 층 슬래브의
높이에 맞게 멈추지 않은
상태에서 탑승 중 추락

리프트는 각 층 탑승장의
높이에 맞게 멈춘 후
탑승 실시

리프트에 권과방지장치 등
안전장치 부착 확인

리프트 권과방지장치의 고장으로 탑승구가
상승 중 마스트를 넘어 이탈 및 낙하

리프트 권과방지장치, 과부하방지장치 등
안전장치를 정기적으로 자체 검사 실시

리프트 각 층의 출입문이
열린 상태에서 리프트를
탑승하려고 리어카를
끌어 당기던 중 리어카와
함께 추락

리프트 각 층의 출입문은
항상 닫힌 상태로 관리

전담운전원의 운전수칙 작성,
수시교육 및 운전상태 확인

리프트 하강 운행 시 승강로
주변에 접근금지 조치 확인

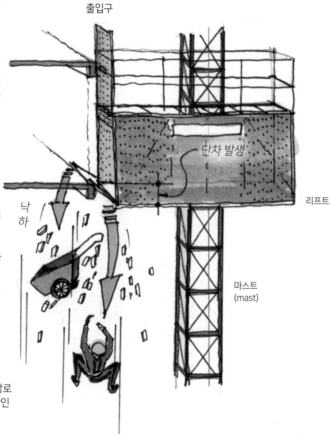

단차 발생

낙
하

리프트

마스트
(mast)

추
락

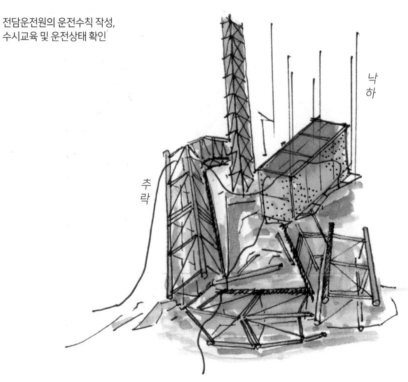

낙
하

추
락

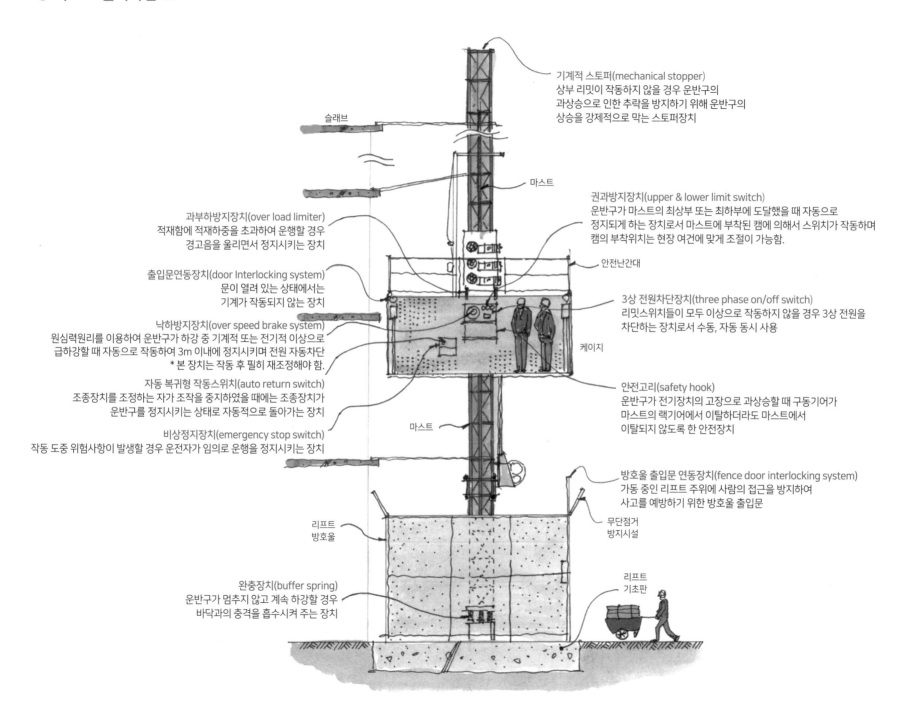

기계적 스토퍼(mechanical stopper)
상부 리밋이 작동하지 않을 경우 운반구의
과상승으로 인한 추락을 방지하기 위해 운반구의
상승을 강제적으로 막는 스토퍼장치

슬래브

마스트

권과방지장치(upper & lower limit switch)
운반구가 마스트의 최상부 또는 최하부에 도달했을 때 자동으로
정지되게 하는 장치로서 마스트에 부착된 캠에 의해서 스위치가 작동하며
캠의 부착위치는 현장 여건에 맞게 조절이 가능함.

과부하방지장치(over load limiter)
적재함에 적재하중을 초과하여 운행할 경우
경고음을 울리면서 정지시키는 장치

안전난간대

출입문연동장치(door Interlocking system)
문이 열려 있는 상태에서는
기계가 작동되지 않는 장치

3상 전원차단장치(three phase on/off switch)
리밋스위치들이 모두 이상으로 작동하지 않을 경우 3상 전원을
차단하는 장치로서 수동, 자동 동시 사용

낙하방지장치(over speed brake system)
원심력원리를 이용하여 운반구가 하강 중 기계적 또는 전기적 이상으로
급하강할 때 자동으로 작동하여 3m 이내에 정지시키며 전원 자동차단
＊본 장치는 작동 후 필히 재조정해야 함.

케이지

자동 복귀형 작동스위치(auto return switch)
조종장치를 조정하는 자가 조작을 중지하였을 때에는 조종장치가
운반구를 정지시키는 상태로 자동적으로 돌아가는 장치

마스트

안전고리(safety hook)
운반구가 전기장치의 고장으로 과상승할 때 구동기어가
마스트의 랙기어에서 이탈하더라도 마스트에서
이탈되지 않도록 한 안전장치

비상정지장치(emergency stop switch)
작동 도중 위험사항이 발생할 경우 운전자가 임의로 운행을 정지시키는 장치

방호울 출입문 연동장치(fence door interlocking system)
가동 중인 리프트 주위에 사람의 접근을 방지하여
사고를 예방하기 위한 방호울 출입문

리프트
방호울

무단점거
방지시설

완충장치(buffer spring)
운반구가 멈추지 않고 계속 하강할 경우
바닥과의 충격을 흡수시켜 주는 장치

리프트
기초판

⑬ 리프트 설치작업 Ⅳ

조작반 임의조작 및 안전장치 해체금지

리프트 상부의 단부 안전난간 설치

권과방지장치 등 안전장치 부착 확인

각 층의 정위치에 정지한 후 근로자 탑승

안전수칙 작성, 수시교육

출입문이 열린 상태로 운행금지

정기점검, 자체 검사 실시 및
점검표 기록관리

무인리프트의 경우
인터록장치 임의조작 금지

권과방지장치

Mast

Mast
지지대

출입구

낙하방지장치
(조속기)

조작반

3상 전원
차단장치

Mast
지지대

안전
고리

방호울

완충 스프링
(buffer spring)

Cable
안내장치

Counter Weight

과적, 탑승인원 초과 운행금지

장비 고장

낙하

안전난간대

적재 불가능한 자재 및 초과 적재 금지

과적

랙피니언 기어
(rack pinion gear)

운반구(cage)

과부하방지장치

감전

추락

Cable
안내장치

전담운전자 배치

조작방법 숙지

주변 접근금지

정격하중표지판 부착

출입문 연동장치

지상 출입구

출입구 램프

건설작업용 리프트(lift for construction)
- 동력을 사용하여 가이드레일을 따라 상하로 움직이는 운반구를
  매달아 사람이나 화물을 운반할 수 있는 설비 또는 이와 유사한
  구조 및 성능을 가진 것
- 동력전달형식에 따라 랙 및 피니언식과 와이어로프식으로 구분
  하며, 사용용도에 따라 인승용·화물용·공용으로 구분

건설작업용 리프트 방호장치의 종류
낙하방지장치(조속기), 완충스프링, 권과방지장치, 3상 전원차단
장치, 안전고리, 과부하방지장치, 출입문 연동장치, 방호울출입문
연동장치, 비상정지장치

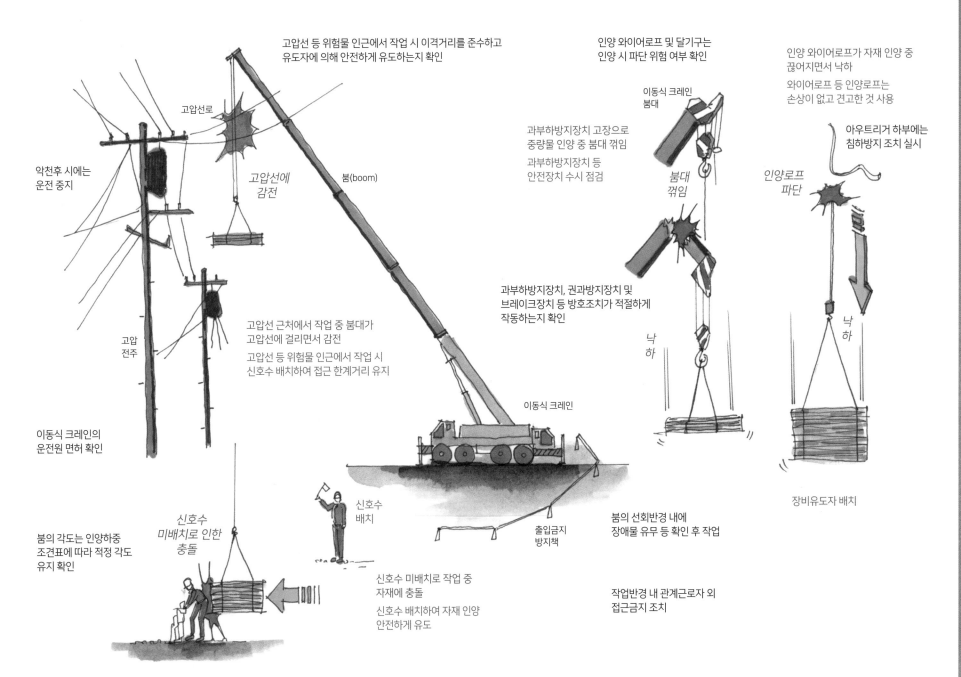

고압선 등 위험물 인근에서 작업 시 이격거리를 준수하고
유도자에 의해 안전하게 유도하는지 확인

인양 와이어로프 및 달기구는
인양 시 파단 위험 여부 확인

인양 와이어로프가 자재 인양 중
끊어지면서 낙하

와이어로프 등 인양로프는
손상이 없고 견고한 것 사용

고압선로

이동식 크레인
붐대

악천후 시에는
운전 중지

고압선에
감전

붐(boom)

과부하방지장치 고장으로
중량물 인양 중 붐대 꺾임

과부하방지장치 등
안전장치 수시 점검

아우트리거 하부에는
침하방지 조치 실시

인양로프
파단

붐대
꺾임

고압
전주

고압선 근처에서 작업 중 붐대가
고압선에 걸리면서 감전

고압선 등 위험물 인근에서 작업 시
신호수 배치하여 접근 한계거리 유지

과부하방지장치, 권과방지장치 및
브레이크장치 등 방호조치가 적절하게
작동하는지 확인

낙
하

낙
하

이동식 크레인의
운전원 면허 확인

이동식 크레인

붐의 각도는 인양하중
조견표에 따라 적정 각도
유지 확인

신호수
미배치로 인한
충돌

신호수
배치

붐의 선회반경 내에
장애물 유무 등 확인 후 작업

출입금지
방지책

장비유도자 배치

신호수 미배치로 작업 중
자재에 충돌

신호수 배치하여 자재 인양
안전하게 유도

작업반경 내 관계근로자 외
접근금지 조치

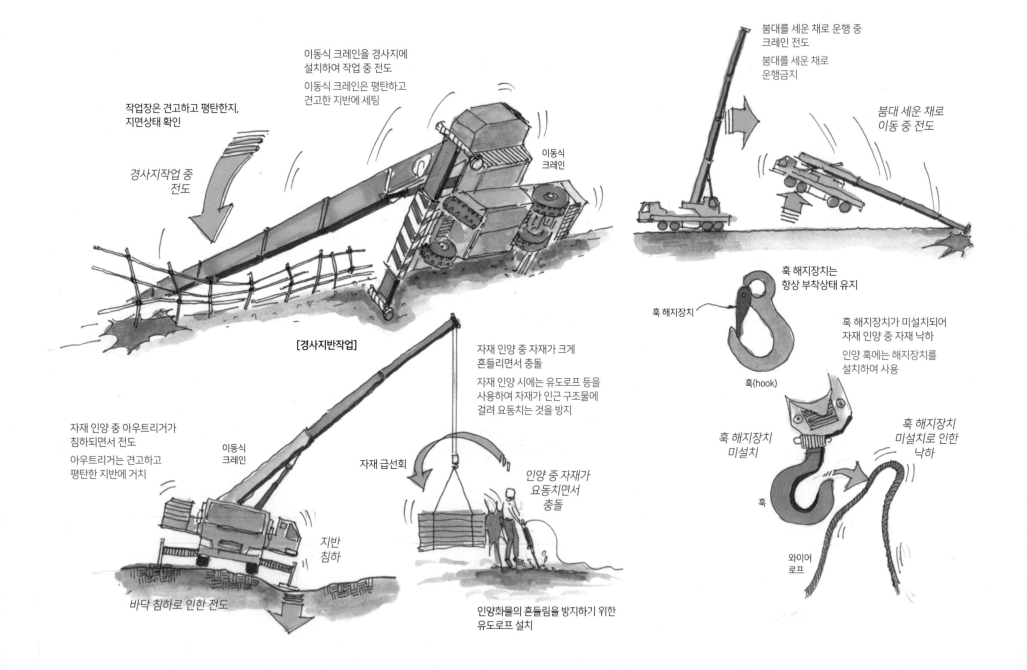

작업장은 견고하고 평탄한지, 지면상태 확인

경사지작업 중 전도

이동식 크레인을 경사지에 설치하여 작업 중 전도

이동식 크레인은 평탄하고 견고한 지반에 세팅

이동식 크레인

붐대를 세운 채로 운행 중 크레인 전도

붐대를 세운 채로 운행금지

붐대 세운 채로 이동 중 전도

혹 해지장치는 항상 부착상태 유지

혹 해지장치

혹 해지장치가 미설치되어 자재 인양 중 자재 낙하

인양 혹에는 해지장치를 설치하여 사용

혹(hook)

[경사지반작업]

자재 인양 중 아우트리거가 침하되면서 전도

아우트리거는 견고하고 평탄한 지반에 거치

이동식 크레인

지반 침하

바닥 침하로 인한 전도

자재 급선회

자재 인양 중 자재가 크게 흔들리면서 충돌

자재 인양 시에는 유도로프 등을 사용하여 자재가 인근 구조물에 걸려 요동치는 것을 방지

인양 중 자재가 요동치면서 충돌

인양화물의 흔들림을 방지하기 위한 유도로프 설치

혹 해지장치 미설치

혹 해지장치 미설치로 인한 낙하

혹

와이어 로프

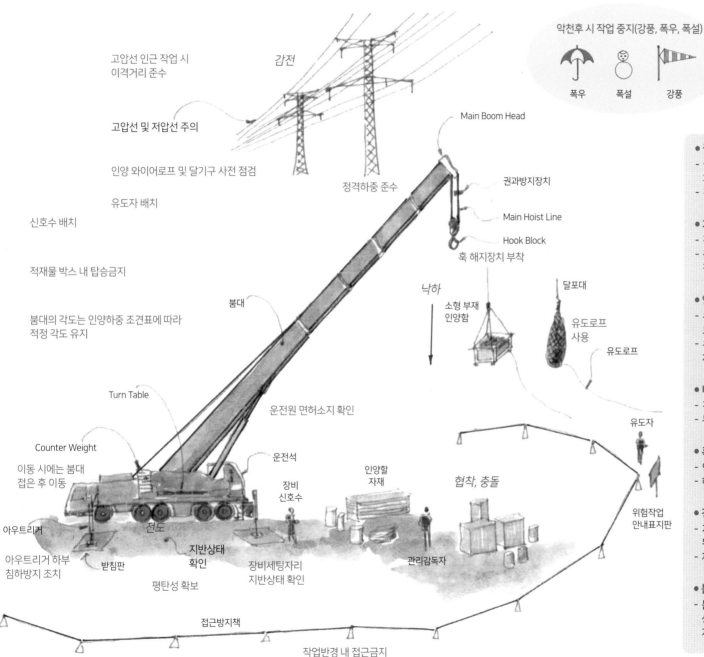

악천후 시 작업 중지(강풍, 폭우, 폭설)

폭우 폭설 강풍

고압선 인근 작업 시 이격거리 준수

감전

고압선 및 저압선 주의

인양 와이어로프 및 달기구 사전 점검

유도자 배치

신호수 배치

적재물 박스 내 탑승금지

붐대의 각도는 인양하중 조건표에 따라 적정 각도 유지

정격하중 준수

Main Boom Head

권과방지장치

Main Hoist Line

Hook Block

훅 해지장치 부착

낙하

소형 부재 인양함

달포대

유도로프 사용

유도로프

붐대

Turn Table

운전원 면허소지 확인

유도자

Counter Weight

이동 시에는 붐대 접은 후 이동

운전석

장비 신호수

인양할 자재

협착, 충돌

위험작업 안내표지판

아우트리거

전도

아우트리거 하부 침하방지 조치

받침판

지반상태 확인

장비세팅자리 지반상태 확인

관리감독자

평탄성 확보

접근방지책

작업반경 내 접근금지

● 권과방지장치
- 권상용 와이어로프가 과감김으로 훅 등이 지브에 부딪혀 파손, 인양물의 낙하 방지
- 간격 0.25m 이상 유지

● 과부하방지장치
- 정격하중 1.1배 권상 시 경보 발생 및 동작 정지
- 붐길이, 붐각도(기복), 하중지시계로 구성하며, 이 조합으로 작업반경의 변화를 감지하여 안정모멘트의 한계를 제어함.

● 안전밸브
- 유압을 사용하는 크레인(권상·지브의 기복 및 신축)의 과도한 압력 상승을 방지하기 위한 장치
- 유압 등 압력 저하로 달기구의 급격한 강하 방지를 위하여 체크밸브 설치, 사전 안전점검 실시

● 비상정지장치
- 긴급상황 시 전원을 차단하여 크레인 정지
- 누름버튼은 적색의 돌출형, 수동복귀형식

● 훅 해지장치
- 인양물의 와이어로프 등이 훅으로부터 이탈되는 것을 방지
- 해지장치의 스프링 장력상태 점검

● 경사각 지시장치
- 지브가 기복하는 장치가 있는 크레인은 운전자가 보기 쉬운 위치에 해당 장치 설치
- 제원표상의 경사각 이내에서 사용

● 붐길이, 각도센서
- 붐의 인출·인입·상승·하강 시험 작동을 하면서 모니터 상의 붐길이, 각도의 수치값이 정상적으로 변화하고 있는지 판별

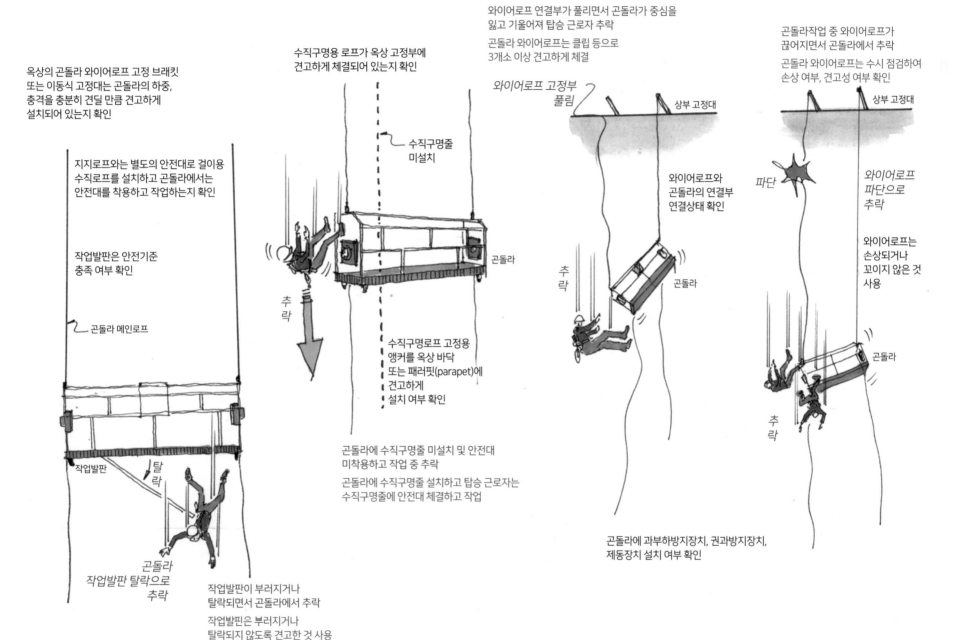

옥상의 곤돌라 와이어로프 고정 브래킷
또는 이동식 고정대는 곤돌라의 하중,
충격을 충분히 견딜 만큼 견고하게
설치되어 있는지 확인

지지로프와는 별도의 안전대로 걸이용
수직로프를 설치하고 곤돌라에서는
안전대를 착용하고 작업하는지 확인

작업발판은 안전기준
충족 여부 확인

곤돌라 메인로프

작업발판

탈락

곤돌라
작업발판 탈락으로
추락

수직구명용 로프가 옥상 고정부에
견고하게 체결되어 있는지 확인

수직구명줄
미설치

추락

곤돌라

수직구명로프 고정용
앵커를 옥상 바닥
또는 패러핏(parapet)에
견고하게
설치 여부 확인

작업발판이 부러지거나
탈락되면서 곤돌라에서 추락

작업발판은 부러지거나
탈락되지 않도록 견고한 것 사용

곤돌라에 수직구명줄 미설치 및 안전대
미착용하고 작업 중 추락

곤돌라에 수직구명줄 설치하고 탑승 근로자는
수직구명줄에 안전대 체결하고 작업

와이어로프 연결부가 풀리면서 곤돌라가 중심을
잃고 기울어져 탑승 근로자 추락

곤돌라 와이어로프는 클립 등으로
3개소 이상 견고하게 체결

와이어로프 고정부
풀림

상부 고정대

와이어로프와
곤돌라의 연결부
연결상태 확인

추락

곤돌라

곤돌라에 과부하방지장치, 권과방지장치,
제동장치 설치 여부 확인

곤돌라작업 중 와이어로프가
끊어지면서 곤돌라에서 추락

곤돌라 와이어로프는 수시 점검하여
손상 여부, 견고성 여부 확인

상부 고정대

파단

와이어로프
파단으로
추락

와이어로프는
손상되거나
꼬이지 않은 것
사용

곤돌라

추락

곤돌라 하부에서 작업 중
곤돌라에서 떨어지는 물체에 맞음.

곤돌라작업 시 하부 근로자 통제 실시

곤돌라 상부의 고정부가 풀리면서
탑승 근로자가 곤돌라와 함께 추락

곤돌라 상부 와이어로프 고정부는 풀리지
않도록 클립 등으로 견고한 구조물에 체결

곤돌라의 과적재, 과다 인원 탑승으로
운행 중 곤돌라 낙하

곤돌라에는 정격하중을 표시하고 과부하 방지장치,
권과 방지장치, 제동장치 등 안전장치 설치하여 사용

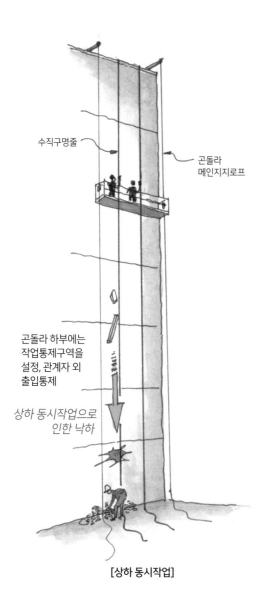

수직구명줄

곤돌라
메인지지로프

곤돌라 하부에는
작업통제구역을
설정, 관계자 외
출입통제

*상하 동시작업으로
인한 낙하*

[상하 동시작업]

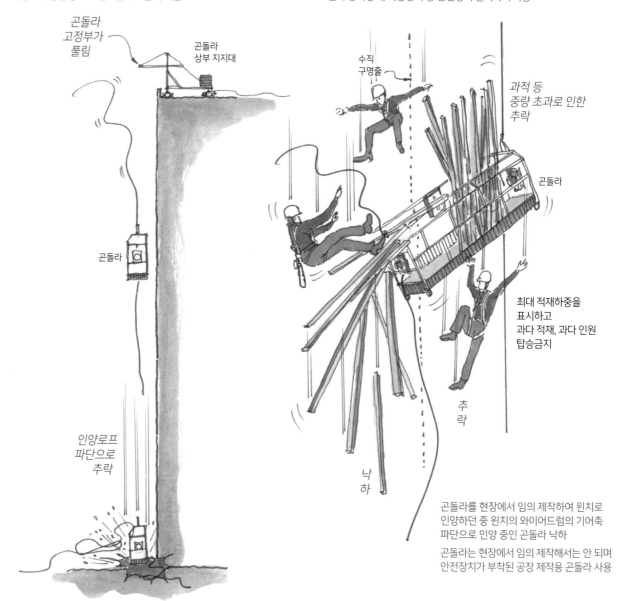

곤돌라
고정부가
풀림

곤돌라
상부 지지대

곤돌라

인양로프
파단으로
추락

수직
구명줄

*과적 등
중량 초과로 인한
추락*

곤돌라

최대 적재하중을
표시하고
과다 적재, 과다 인원
탑승금지

추
락

낙
하

곤돌라를 현장에서 임의 제작하여 윈치로
인양하던 중 윈치의 와이어드럼의 기어축
파단으로 인양 중인 곤돌라 낙하

곤돌라는 현장에서 임의 제작해서는 안 되며
안전장치가 부착된 공장 제작용 곤돌라 사용

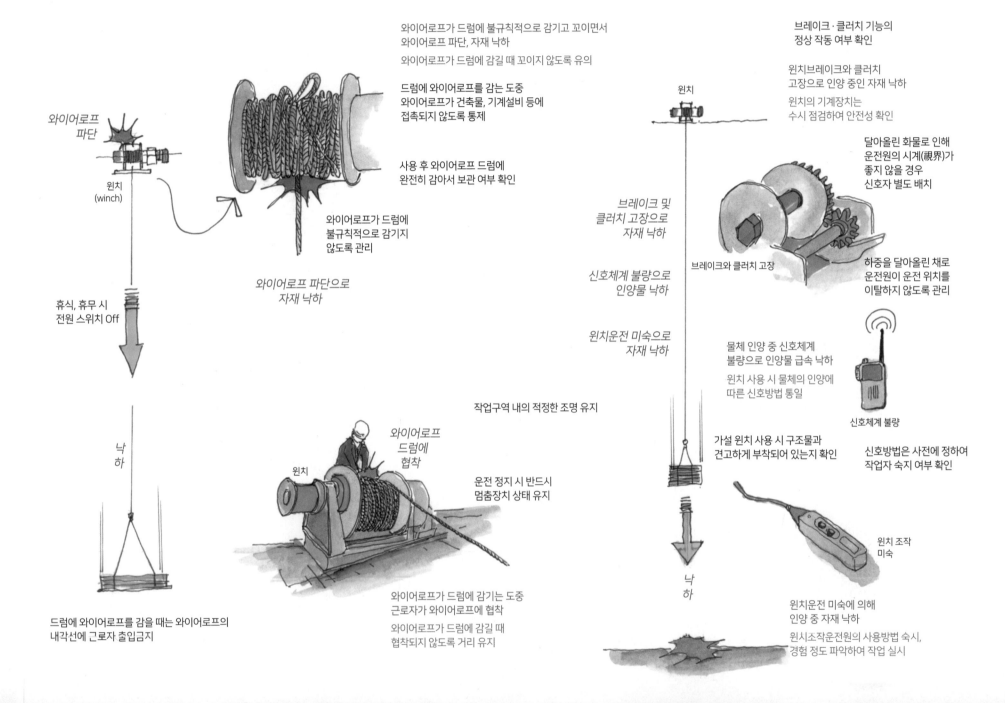

와이어로프가 드럼에 불규칙적으로 감기고 꼬이면서
와이어로프 파단, 자재 낙하

와이어로프가 드럼에 감길 때 꼬이지 않도록 유의

드럼에 와이어로프를 감는 도중
와이어로프가 건축물, 기계설비 등에
접촉되지 않도록 통제

사용 후 와이어로프 드럼에
완전히 감아서 보관 여부 확인

와이어로프
파단

윈치
(winch)

와이어로프가 드럼에
불규칙적으로 감기지
않도록 관리

와이어로프 파단으로
자재 낙하

휴식, 휴무 시
전원 스위치 Off

낙
하

드럼에 와이어로프를 감을 때는 와이어로프의
내각선에 근로자 출입금지

작업구역 내의 적정한 조명 유지

와이어로프
드럼에
협착

윈치

운전 정지 시 반드시
멈춤장치 상태 유지

와이어로프가 드럼에 감기는 도중
근로자가 와이어로프에 협착

와이어로프가 드럼에 감길 때
협착되지 않도록 거리 유지

브레이크 · 클러치 기능의
정상 작동 여부 확인

윈치브레이크와 클러치
고장으로 인양 중인 자재 낙하

윈치의 기계장치는
수시 점검하여 안전성 확인

달아올린 화물로 인해
운전원의 시계(視界)가
좋지 않을 경우
신호자 별도 배치

윈치

브레이크 및
클러치 고장으로
자재 낙하

신호체계 불량으로
인양물 낙하

윈치운전 미숙으로
자재 낙하

브레이크와 클러치 고장

하중을 달아올린 채로
운전원이 운전 위치를
이탈하지 않도록 관리

물체 인양 중 신호체계
불량으로 인양물 급속 낙하

윈치 사용 시 물체의 인양에
따른 신호방법 통일

신호체계 불량

가설 윈치 사용 시 구조물과
견고하게 부착되어 있는지 확인

신호방법은 사전에 정하여
작업자 숙지 여부 확인

낙
하

윈치 조작
미숙

윈치운전 미숙에 의해
인양 중 자재 낙하

윈치조작운전원의 사용방법 숙지,
경험 정도 파악하여 작업 실시

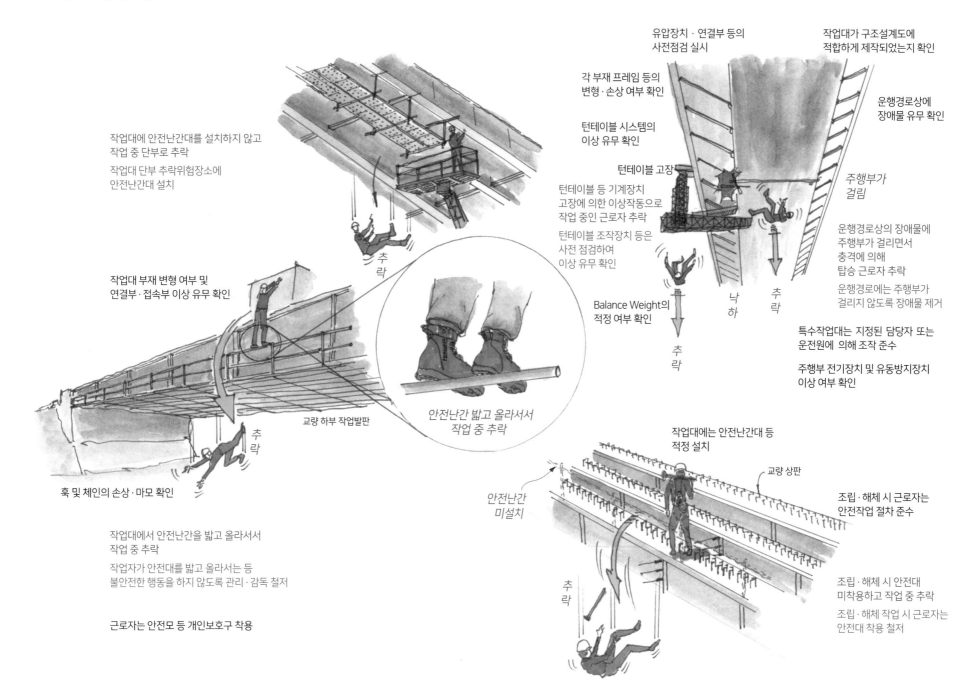

유압장치 · 연결부 등의
사전점검 실시

작업대가 구조설계도에
적합하게 제작되었는지 확인

각 부재 프레임 등의
변형 · 손상 여부 확인

운행경로상에
장애물 유무 확인

턴테이블 시스템의
이상 유무 확인

턴테이블 고장

턴테이블 등 기계장치
고장에 의한 이상작동으로
작업 중인 근로자 추락

주행부가
걸림

턴테이블 조작장치 등은
사전 점검하여
이상 유무 확인

운행경로상의 장애물에
주행부가 걸리면서
충격에 의해
탑승 근로자 추락

운행경로에는 주행부가
걸리지 않도록 장애물 제거

Balance Weight의
적정 여부 확인

낙
하

추
락

특수작업대는 지정된 담당자 또는
운전원에 의해 조작 준수

주행부 전기장치 및 유동방지장치
이상 여부 확인

작업대에 안전난간대를 설치하지 않고
작업 중 단부로 추락

작업대 단부 추락위험장소에
안전난간대 설치

작업대 부재 변형 여부 및
연결부 · 접속부 이상 유무 확인

추
락

교량 하부 작업발판

안전난간 밟고 올라서서
작업 중 추락

훅 및 체인의 손상 · 마모 확인

작업대에서 안전난간을 밟고 올라서서
작업 중 추락

작업자가 안전대를 밟고 올라서는 등
불안전한 행동을 하지 않도록 관리 · 감독 철저

근로자는 안전모 등 개인보호구 착용

작업대에는 안전난간대 등
적정 설치

교량 상판

안전난간
미설치

추
락

조립 · 해체 시 근로자는
안전작업 절차 준수

조립 · 해체 시 안전대
미착용하고 작업 중 추락

조립 · 해체 작업 시 근로자는
안전대 착용 철저

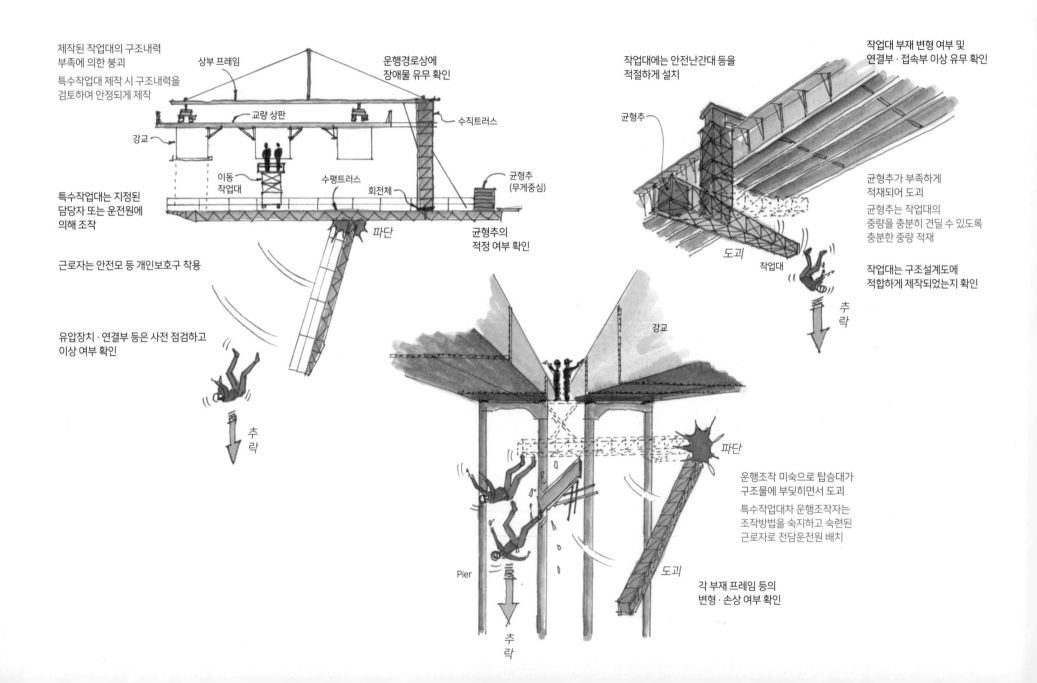

제작된 작업대의 구조내력 부족에 의한 붕괴

특수작업대 제작 시 구조내력을 검토하여 안정되게 제작

상부 프레임

교량 상판

강교

운행경로상에 장애물 유무 확인

수직트러스

이동 작업대

수평트러스

회전체

균형추 (무게중심)

특수작업대는 지정된 담당자 또는 운전원에 의해 조작

근로자는 안전모 등 개인보호구 착용

파단

균형추의 적정 여부 확인

유압장치·연결부 등은 사전 점검하고 이상 여부 확인

추락

작업대에는 안전난간대 등을 적절하게 설치

균형추

작업대 부재 변형 여부 및 연결부·접속부 이상 유무 확인

균형추가 부족하게 적재되어 도괴

균형추는 작업대의 중량을 충분히 견딜 수 있도록 충분한 중량 적재

도괴

작업대

추락

작업대는 구조설계도에 적합하게 제작되었는지 확인

강교

파단

운행조작 미숙으로 탑승대가 구조물에 부딪히면서 도괴

특수작업대차 운행조작자는 조작방법을 숙지하고 숙련된 근로자로 전담운전원 배치

Pier

도괴

추락

각 부재 프레임 등의 변형·손상 여부 확인

㉒ 차량탑재형 고소작업대작업

*차량탑재형 고소작업대란: 고소작업대(MEWP: Mobile Elevated Work Platform)란 작업대(work platform), 연장구조물(붐 등), 차대(chassis)로 구성되며, 사람을 작업위치로 이동시켜주는 설비를 말한다. 차량탑재형 고소작업대는 고소장비가 차량에 탑재된 고소작업대를 말한다. 일명 "고소작업차(high place operation car) 또는 스카이(sky)"라고 한다. 건물 외벽공사, 유리공사, 간판 설치·보수 작업 등의 고소작업을 하는 장비로, 주로 건설현장 등에 많이 사용되고 있다.

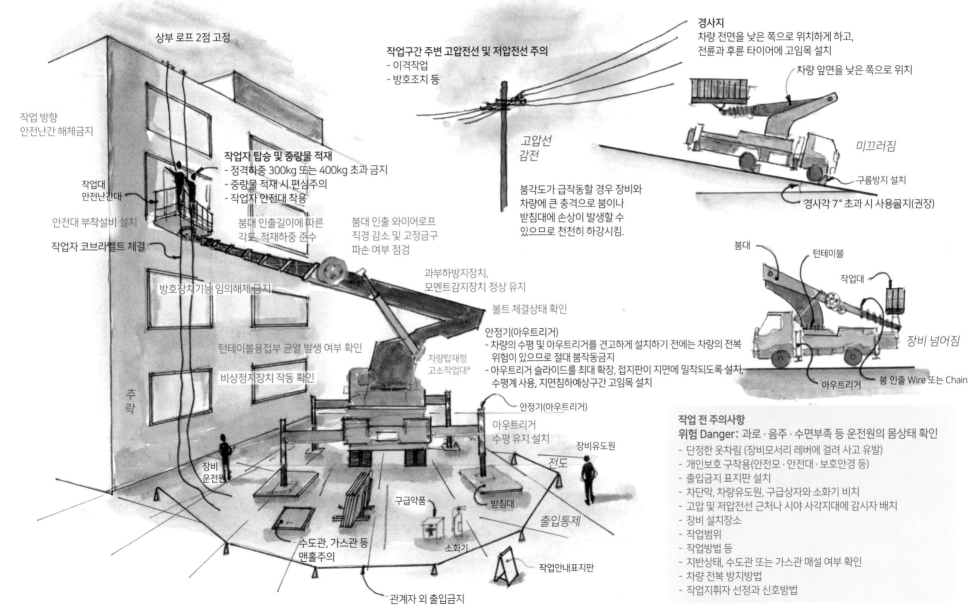

상부 로프 2점 고정

작업구간 주변 고압전선 및 저압전선 주의
- 이격작업
- 방호조치 등

경사지
차량 전면을 낮은 쪽으로 위치하게 하고, 전륜과 후륜 타이어에 고임목 설치

차량 앞면을 낮은 쪽으로 위치

미끄러짐

구름방지 설치

경사각 7° 초과 시 사용금지(권장)

작업 방향
안전난간 해체금지

작업자 탑승 및 중량물 적재
- 정격하중 300kg 또는 400kg 초과 금지
- 중량물 적재 시 편심주의
- 작업자 안전대 착용

작업대
안전난간대

안전대 부착설비 설치

작업자 코브라벨트 체결

붐대 인출길이에 따른 각도, 적재하중 준수

붐대 인출 와이어로프 직경 감소 및 고정금구 파손 여부 점검

고압선 감전

붐각도가 급작동할 경우 장비와 차량에 큰 충격으로 붐이나 받침대에 손상이 발생할 수 있으므로 천천히 하강시킴.

붐대

턴테이블

작업대

방호장치기능 임의해체 금지

과부하방지장치, 모멘트감지장치 정상 유지

볼트 체결상태 확인

장비 넘어짐

턴테이블용접부 균열 발생 여부 확인

비상정지장치 작동 확인

차량탑재형 고소작업대*

안정기(아웃트리거)
- 차량의 수평 및 아웃트리거를 견고하게 설치하기 전에는 차량의 전복 위험이 있으므로 절대 붐작동금지
- 아웃트리거 슬라이드를 최대 확장, 접지판이 지면에 밀착되도록 설치, 수평계 사용, 지면침하예상구간 고임목 설치

아웃트리거

붐 인출 Wire 또는 Chain

추락

안정기(아웃트리거)

아웃트리거 수평 유지 설치

장비유도원

전도

장비 운전원

받침대

출입통제

구급약품

수도관, 가스관 등 맨홀주의

소화기

작업안내표지판

관계자 외 출입금지

작업 전 주의사항
위험 Danger: 과로·음주·수면부족 등 운전원의 몸상태 확인
- 단정한 옷차림 (장비모서리 레버에 걸려 사고 유발)
- 개인보호 구착용(안전모·안전대·보호안경 등)
- 출입금지 표지판 설치
- 차단막, 차량유도원, 구급상자와 소화기 비치
- 고압 및 저압전선 근처나 시야 사각지대에 감시자 배치
- 장비 설치장소
- 작업범위
- 작업방법 등
- 지반상태, 수도관 또는 가스관 매설 여부 확인
- 차량 전복 방지방법
- 작업지휘자 선정과 신호방법

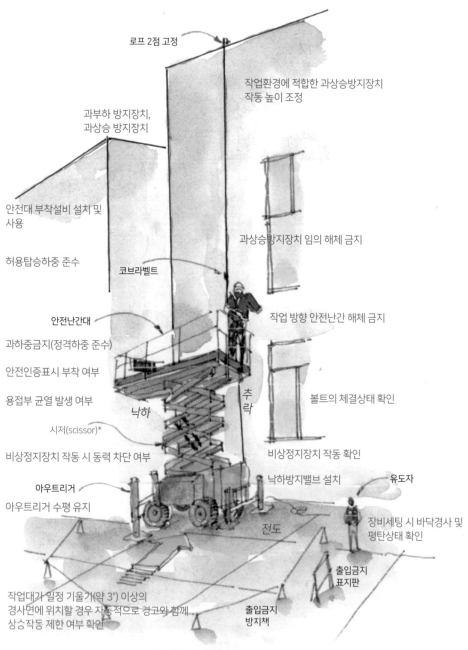

로프 2점 고정

작업환경에 적합한 과상승방지장치 작동 높이 조정

과부하 방지장치, 과상승 방지장치

과상승방지장치 임의 해체 금지

안전대 부착설비 설치 및 사용

허용탑승하중 준수

코브라벨트

안전난간대

작업 방향 안전난간 해체 금지

과하중금지(정격하중 준수)

안전인증표시 부착 여부

용접부 균열 발생 여부

낙하

추락

볼트의 체결상태 확인

시저(scissor)*

비상정지장치 작동 시 동력 차단 여부

비상정지장치 작동 확인

낙하방지밸브 설치

유도자

아우트리거
아우트리거 수평 유지

전도

장비세팅 시 바닥경사 및 평탄상태 확인

작업대가 일정 기울기(약 3°) 이상의 경사면에 위치할 경우 자동적으로 경고와 함께 상승작동 제한 여부 확인

출입금지 방지채

출입금지 표지판

[시저형 고소작업대작업]

시저형(scissor type) 고소작업대

- 작업대에 작업자를 탑승시킨 상태에서 동력을 이용
- 가위형 구조물을 상승시켜 천장배관 보수, 전등 교체 등의 고소작업을 하는 장비로, 주로 건물관리업무에 사용

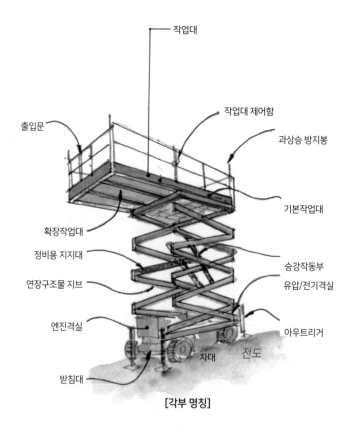

작업대

작업대 제어함

출입문

과상승 방지봉

확장작업대

기본작업대

정비용 지지대

승강작동부

연장구조물 지브

유압/전기격실

엔진격실

아우트리거

받침대

차대

전도

[각부 명칭]

고소작업대의 종류
- 차량탑재형
- 시저형
- 보행자 제어식
- 자주식

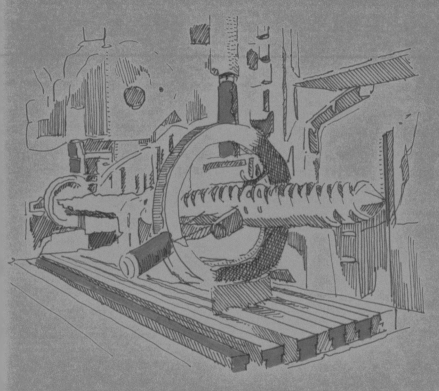

위험기계기구작업

Dangerous Machine Equipment Work

위험기계기구작업

❶ 위험기계기구작업 주요 재해사례 Ⅰ [핵심 통계자료: 재해가 발생하는 빈도와 강도는 **목재가공용 둥근톱, 철근절단기 및 절곡기, 그라우팅장비 사용** 시 가장 높다.]

- 목재가공용 둥근톱 사용 시 손가락 절단
- 연삭기 사용 중 톱날 파편이 비산하면서 신체 손상

- 공기압축기 사용 중 압력밸브 고장으로 폭발
- 이동식 발전기에서 전기를 인출하여 사용 중 충전부에 감전

- 철근절단기로 철근절단 중 손가락 협착(끼임)

☑ 주요 안전관리 포인트: 위험기계기구에는 회전부덮개, 톱날덮개, 전기 사용에 따른 누전차단기 및 접지 실시 등 안전조치가 필요하며, 이를 미이행 시 절단·감전 등의 재해가 발생한다.

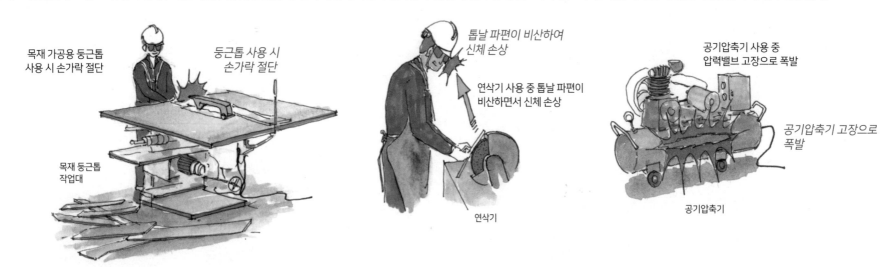

목재 가공용 둥근톱 사용 시 손가락 절단

둥근톱 사용 시 손가락 절단

목재 둥근톱 작업대

톱날 파편이 비산하여 신체 손상

연삭기 사용 중 톱날 파편이 비산하면서 신체 손상

연삭기

공기압축기 사용 중 압력밸브 고장으로 폭발

공기압축기 고장으로 폭발

공기압축기

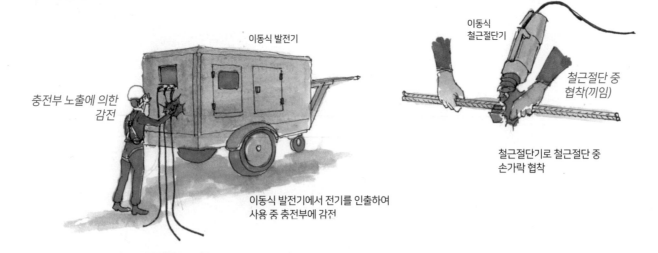

이동식 발전기

충전부 노출에 의한 감전

이동식 발전기에서 전기를 인출하여 사용 중 충전부에 감전

이동식 철근절단기

철근절단 중 협착(끼임)

철근절단기로 철근절단 중 손가락 협착

❷ 위험기계기구작업 주요 재해사례 Ⅱ [핵심 통계자료: 재해가 발생하는 빈도와 강도는 **목재가공용 둥근톱, 철근절단기 및 절곡기, 그라우팅장비 사용** 시 가장 높다.]

- 철근절곡기(bar bender)로 철근 벤딩(bending) 중 철근에 접촉하여 충돌
- 모르타르(mortar) 믹서기(mixer) 사용 중 누전에 의한 감전
- 그라우팅(grouting) 작업 시 사용 중인 그라우팅 호스가 탈락 되면서 충돌
- 열풍기 사용 중 외함의 접지 불량에 따른 누전으로 감전
- 연삭기작업 중 외함의 누전으로 감전

☑ 주요 안전관리 포인트: 위험기계기구에는 회전부덮개, 톱날덮개, 전기 사용에 따른 누전차단기 및 접지 실시 등 안전조치가 필요하며, 이를 미이행 시 절단·감전 등의 재해가 발생한다.

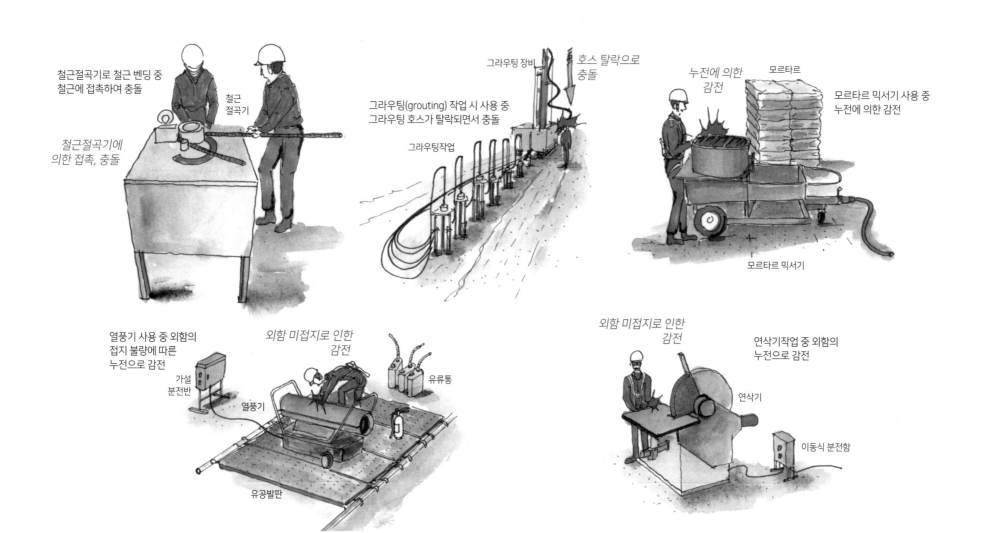

철근절곡기로 철근 벤딩 중 철근에 접촉하여 충돌

철근절곡기

철근절곡기에 의한 접촉, 충돌

그라우팅 장비 / 호스 탈락으로 충돌

그라우팅(grouting) 작업 시 사용 중 그라우팅 호스가 탈락되면서 충돌

그라우팅작업

누전에 의한 감전 / 모르타르

모르타르 믹서기 사용 중 누전에 의한 감전

모르타르 믹서기

열풍기 사용 중 외함의 접지 불량에 따른 누전으로 감전

외함 미접지로 인한 감전

가설 분전반 / 열풍기 / 유류통 / 유공발판

외함 미접지로 인한 감전

연삭기작업 중 외함의 누전으로 감전

연삭기 / 이동식 분전함

❸ 목재가공용 둥근톱작업

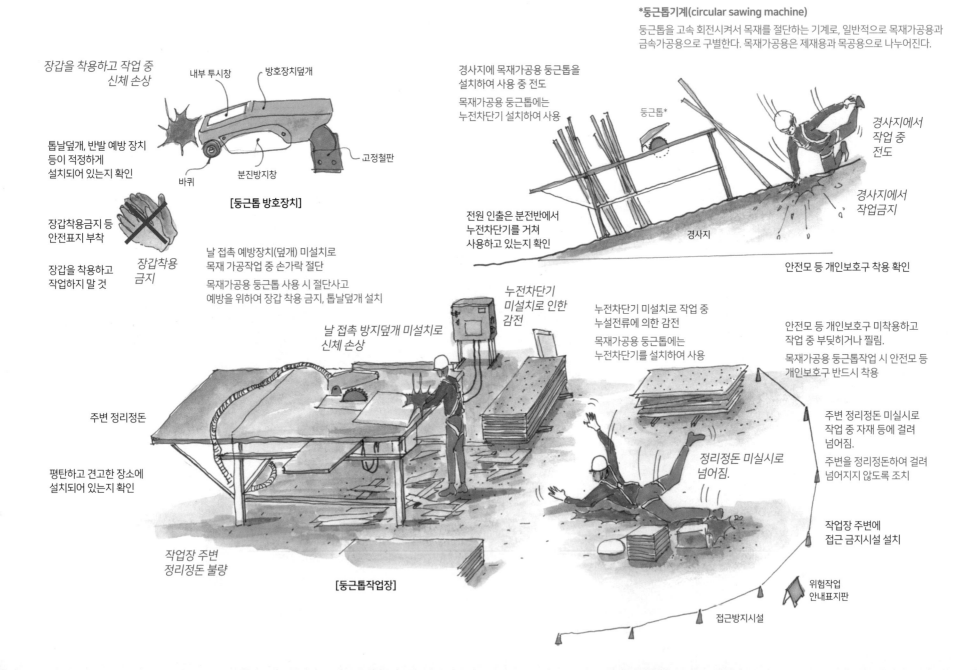

*둥근톱기계(circular sawing machine)
둥근톱을 고속 회전시켜서 목재를 절단하는 기계로, 일반적으로 목재가공용과
금속가공용으로 구별한다. 목재가공용은 제재용과 목공용으로 나누어진다.

장갑을 착용하고 작업 중
신체 손상

내부 투시창

방호장치덮개

톱날덮개, 반발 예방 장치
등이 적정하게
설치되어 있는지 확인

고정철판

바퀴

분진방지창

[둥근톱 방호장치]

장갑착용금지 등
안전표지 부착

장갑착용
금지

장갑을 착용하고
작업하지 말 것

날 접촉 예방장치(덮개) 미설치로
목재 가공작업 중 손가락 절단

목재가공용 둥근톱 사용 시 절단사고
예방을 위하여 장갑 착용 금지, 톱날덮개 설치

경사지에 목재가공용 둥근톱을
설치하여 사용 중 전도

목재가공용 둥근톱에는
누전차단기 설치하여 사용

둥근톱*

경사지에서
작업 중
전도

경사지에서
작업금지

전원 인출은 분전반에서
누전차단기를 거쳐
사용하고 있는지 확인

경사지

안전모 등 개인보호구 착용 확인

누전차단기
미설치로 인한
감전

누전차단기 미설치로 작업 중
누설전류에 의한 감전

목재가공용 둥근톱에는
누전차단기를 설치하여 사용

안전모 등 개인보호구 미착용하고
작업 중 부딪히거나 찔림.

목재가공용 둥근톱작업 시 안전모 등
개인보호구 반드시 착용

날 접촉 방지덮개 미설치로
신체 손상

주변 정리정돈

평탄하고 견고한 장소에
설치되어 있는지 확인

작업장 주변
정리정돈 불량

[둥근톱작업장]

정리정돈 미실시로
넘어짐.

주변 정리정돈 미실시로
작업 중 자재 등에 걸려
넘어짐.

주변을 정리정돈하여 걸려
넘어지지 않도록 조치

작업장 주변에
접근 금지시설 설치

위험작업
안내표지판

접근방지시설

❹ 연삭기작업

*연삭기(grinder): 고속으로 회전하는 연삭숫돌을 사용해서 공작물의 면을 깎는 기계로, 그라인더라고도 한다. 숫돌은 매우 미세한 절삭날을 가지고 있는 커터라고 볼 수 있다.

연삭숫돌의 측면을 사용하던 중
숫돌 파손에 의한 신체 손상

측면을 사용하도록 되어 있지 않은
숫돌은 측면 사용 금지

측면 사용을 목적으로 하는
연삭숫돌이 아닌 경우
측면 사용 금지 조치

톱날 측면 사용 금지

[연삭기작업]

*접지 미연결로 인한
감전*

접지형
플러그

비접지형
플러그

접지형 콘센트

접지형 플러그를
비접지형 콘센트에 꽂아 사용 중
접지 미연결로 감전

접지형 플러그는
접지형 콘센트에 꽂아서 사용

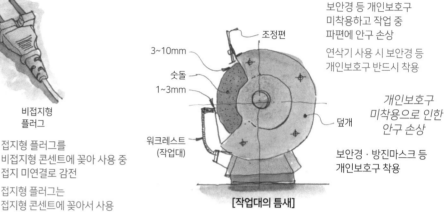

보안경 등 개인보호구
미착용하고 작업 중
파편에 안구 손상

연삭기 사용 시 보안경 등
개인보호구 반드시 착용

조정편

3~10mm

숫돌

1~3mm

워크레스트
(작업대)

덮개

*개인보호구
미착용으로 인한
안구 손상*

보안경 · 방진마스크 등
개인보호구 착용

[작업대의 틈새]

누전차단기 미연결, 접지 미실시하고
사용 중 감전 발생

연삭기는 누전차단기를 연결하여
사용 및 접지 실시

연삭기*는 누전차단기와
접지를 실시하고
있는지 확인

*누전차단기 접지 미실시로 인한
감전*

모터선은 접지선이
달린 케이블을
사용하고, 어스는
적격한 것으로
확실하게 접지
여부 확인

모터선은 접지선이
달린 3심형 케이블
사용 여부 확인

누전차단기
접지 미실시

옥외분전반

[연삭기작업]

작업 중 연삭숫돌이 파손되면서 신체 손상

연삭숫돌에는 덮개를 설치하여 작업을 실시하고,
연삭숫돌은 파괴시험 등에 합격한 규격품을 사용

*연삭숫돌이 파손되면서
신체 손상*

연삭숫돌은 파괴시험,
충격시험에 합격한
규격품 사용

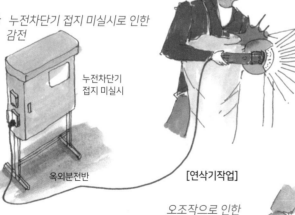

*오조작으로 인한
손가락 절단*

연삭숫돌을 교체할 때는 반드시
전원스위치를 끄고 교체할 것

전원코드 Off 상태에서 톱날 교체

연삭숫돌 교체 중 오조작에
의한 손가락 절단

연삭숫돌 교체 시 전원 코드를
뽑고 전기를 차단한 상태에서 실시

연삭기작업 시 재해예방대책

1. 기계의 방호장치 확인
2. 기계장비의 안전덮개 확인
3. 개인보호구 착용
4. 시운전하여 이상 유무 확인: 기계 사용 전 1분 공회
   전, 교체 후 3분 공회전 실시
5. 회전수 규격에 맞는 톱날 사용
6. 작업 시 불티방지장치와 소화기 비치
7. 보안경(안면보호구) 및 방진마스크 착용 등 안전조치

*덮개 미설치로 인한
손가락 절단*

연삭숫돌작업 시 작업 전 1분 이상,
연삭숫돌을 교체한 경우 3분 이상
시운전 확인

안전덮개 미설치

연삭숫돌에 톱날덮개 미설치하고 사용 중
톱날에 손가락 절단 또는 신체 손상

연삭기 사용 시에는 반드시 톱날덮개 설치

❺ 공기압축기작업

*공기압축기(air compressors): 공기를 압축하는 기계로, 공기를 압축 생산하여 높은 공압으로 저장하였다가 이것을 필요에 따라서 각 공압공구에 공급해주는 기계이다.

통상의 가공현장에서 사용되고 있는 공기압축기는 압축기 본체와 압축공기를 저장해 두는 탱크로 구성되어 있다.

공기저장 압력용기의 식별이 가능하도록 최고사용압력, 제조연월일, 제조회사명 등이 지워지지 않도록 각인 표시된 것 사용

공기압축기 압력이 과하게 높아지면서 폭발

공기압축기 압력조절밸브 수시 점검, 압력계의 정상압력 여부 확인

운전자가 토출압력을 임의로 조정하기 위하여 봉인된 압력방출장치를 해제하거나 조정할 수 없도록 조치

타정총작업 중 못이 튀어 안구 손상

공기압축기에 의한 자동못박기기계 사용 중 못이 튀면서 안구 손상

공기압축기에 의한 자동못박기기계기구 사용 시 보안경 등 보호구 착용

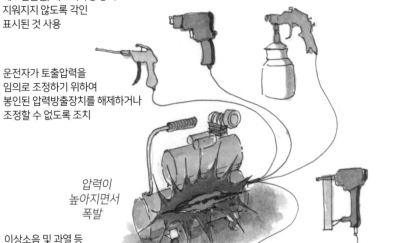

압력이 높아지면서 폭발

이상소음 및 과열 등 이상 유무를 수시 확인

공기압축기*

근로자는 안전모·보안경 등 개인보호구 착용

공기압축기

압력조절밸브

압력방출장치 고장으로 공기압축기 사용 시 폭발 또는 호스연결부 탈락에 의한 충격

압력방출장치 등 안전장치를 수시 점검하여 이상 유무 확인

공기압축기를 사용하여 타정작업 중 작업대 전도

작업대는 전도, 추락 위험이 없도록 평탄한 장소에 설치하고 추락위험장소에 안전난간대 설치

폭발 방지를 위하여 압력방출장치를 설치하고, 최고사용압력 이전에 작동하도록 설정 여부 확인

덮개 미설치로 인한 협착

작업 및 조작 담당자를 정하여 조작순서 준수

안전덮개 미설치

작업대는 전도·추락의 위험이 없는지 확인

말비계

작업 중 작업대 전도

벨트 회전부위에는 덮개 또는 울을 실시한 후 사용

공기압축기

벨트 회전부에 덮개 미설치로 사용 중 벨트에 협착

벨트 회전부 등 협착 위험 부위에 덮개 설치

공기압축기

❻ 이동식 발전기작업

*발전기(generator, 發電機): 기계적 에너지를 전기적 에너지로 변환하는 기기. 대부분이 회전기(回轉機)이나, 직선운동에 의한 발전기가 개발되어 실용화를 위한 연구가 진행되고 있다.

출력단자부에 출력전압을 표시하여
정격전압과 일치 여부 확인

발전기* 사용 시 이상소음 등
발생 여부 확인

발전기 사용 시 가설분전함과 누전차단기 등을
미설치하여 전기기계기구 사용 중 감전

발전기 사용 시에는 가설분전함과 누전차단기를
설치하고 접지를 실시한 후 사용

발전기에 우수 침투로 사용 중
누설전류에 감전

옥외에 설치한 발전기에 덮개 등
우수침투 방지 조치 실시

발전기에는 우수침투 방지 조치

누전차단기 및
접지 미실시로 인한
감전

누설전류에 의한
감전

우수 침투

우수에 잠김

이동식
발전기

발전기에서 전기 인출 시 분전반을
설치하고 분전반에 누전차단기
및 콘센트 설치 후 사용

전선은 손상, 파손,
노화된 부분 유무 확인

발전기를 흙막이 버팀대 등에 불안전하게
설치하여 작업 중 전도, 낙하

발전기는 전도, 낙하위험이 없는
안전한 장소에 설치

발전기를 전기담당자 외의
근로자가 임의조작 중 감전

발전기는 전기담당자를
지정하여 조작하도록 관리

임의조작 중
감전

임의조작

이동식
발전기

외함
접지

가설 옥외분전반

**발전기 취급담당자를
지정하여 운영**

출력단자부에 출력전압이
미표기되어 전압과 일치하지 않는
전기기계기구 사용 중 감전

발전기 출력단자부에 정격전압을
표시하여 적합한 전기기계기구가
연결되도록 조치

외함접지 미실시로
감전

발전기 외함접지
실시 확인

이동식
디젤발전기

흙막이 가시설

불안전한 설치로 인하여
낙하

충전부 보호커버 미설치로 인한
감전

충전부 보호커버 미설치로
작업 중 충전부에 감전

발전기 충전부에는 보호커버를
설치하여 충전부 보호 조치

**충전부 보호커버
부착 및 절연
테이핑 확인**

이동식
디젤발전기

적정 전압표지판 미부착으로
인한 감전

발전기 외함으로 전기가
누설되어 외함에 감전

발전기 외함에 접지 실시

❼ 철근절단기(Cutting Machine) 및 철근절곡기(Bending Machine) 작업

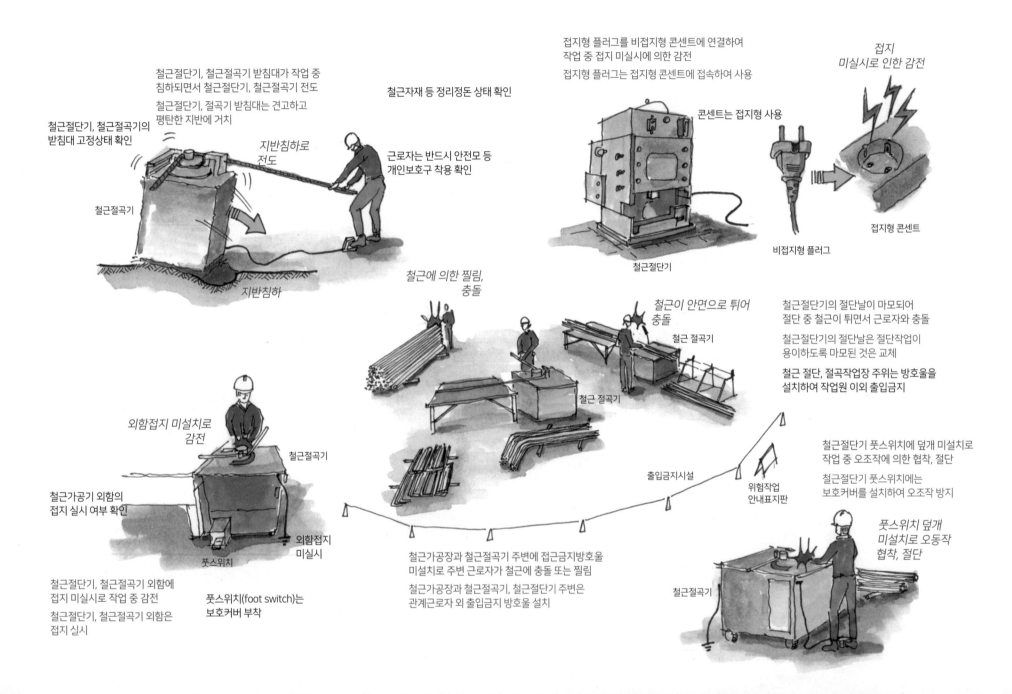

철근절단기, 철근절곡기의 받침대 고정상태 확인

철근절단기, 철근절곡기 받침대가 작업 중 침하되면서 철근절단기, 철근절곡기 전도

철근절단기, 절곡기 받침대는 견고하고 평탄한 지반에 거치

철근자재 등 정리정돈 상태 확인

접지형 플러그를 비접지형 콘센트에 연결하여 작업 중 접지 미실시에 의한 감전

접지형 플러그는 접지형 콘센트에 접속하여 사용

접지 미실시로 인한 감전

지반침하로 전도

근로자는 반드시 안전모 등 개인보호구 착용 확인

콘센트는 접지형 사용

철근절곡기

지반침하

철근절단기

비접지형 플러그

접지형 콘센트

철근에 의한 찔림, 충돌

철근이 안면으로 튀어 충돌

철근 절곡기

철근절단기의 절단날이 마모되어 절단 중 철근이 튀면서 근로자와 충돌

철근절단기의 절단날은 절단작업이 용이하도록 마모된 것은 교체

철근 절단, 절곡작업장 주위는 방호울을 설치하여 작업원 이외 출입금지

외함접지 미설치로 감전

철근절곡기

철근가공기 외함의 접지 실시 여부 확인

철근절단기, 철근절곡기 외함에 접지 미실시로 작업 중 감전

철근절단기, 철근절곡기 외함은 접지 실시

풋스위치

외함접지 미실시

풋스위치(foot switch)는 보호커버 부착

철근 절곡기

출입금지시설

위험작업 안내표지판

철근가공장과 철근절곡기 주변에 접근금지방호울 미설치로 주변 근로자가 철근에 충돌 또는 찔림

철근가공장과 철근절곡기, 철근절단기 주변은 관계근로자 외 출입금지 방호울 설치

철근절단기 풋스위치에 덮개 미설치로 작업 중 오조작에 의한 협착, 절단

철근절단기 풋스위치에는 보호커버를 설치하여 오조작 방지

풋스위치 덮개 미설치로 오동작 협착, 절단

철근절곡기

❽ 그라우팅(Grouthing) 장비작업

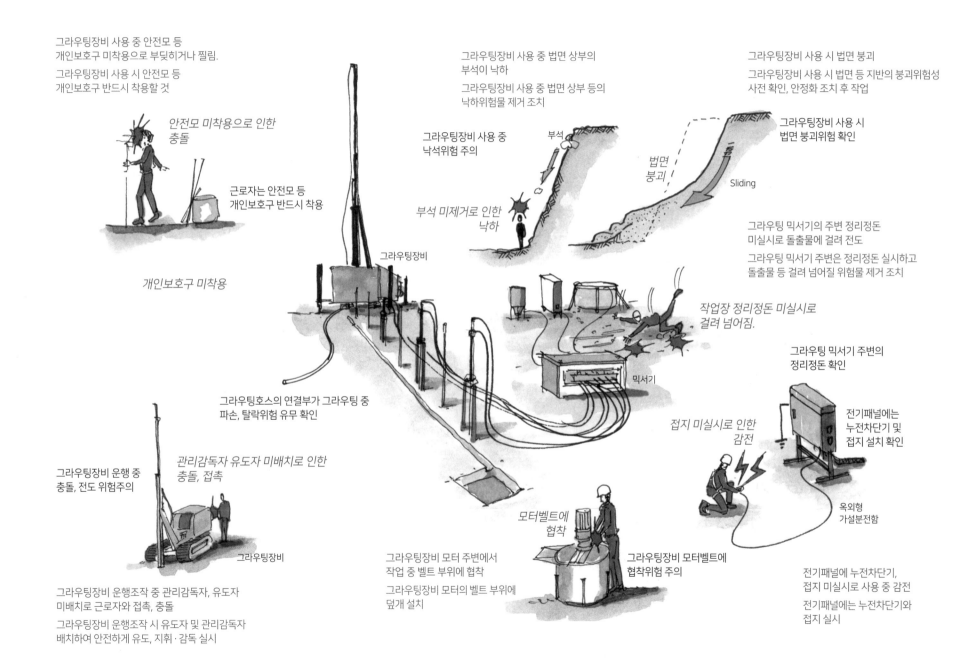

그라우팅장비 사용 중 안전모 등
개인보호구 미착용으로 부딪히거나 찔림.

그라우팅장비 사용 시 안전모 등
개인보호구 반드시 착용할 것

안전모 미착용으로 인한
충돌

개인보호구 미착용

근로자는 안전모 등
개인보호구 반드시 착용

그라우팅장비 사용 중 법면 상부의
부석이 낙하

그라우팅장비 사용 중 법면 상부 등의
낙하위험물 제거 조치

그라우팅장비 사용 중
낙석위험 주의

부석

부석 미제거로 인한
낙하

그라우팅장비 사용 시 법면 붕괴

그라우팅장비 사용 시 법면 등 지반의 붕괴위험성
사전 확인, 안정화 조치 후 작업

그라우팅장비 사용 시
법면 붕괴위험 확인

법면
붕괴

Sliding

그라우팅장비

그라우팅 믹서기의 주변 정리정돈
미실시로 돌출물에 걸려 전도

그라우팅 믹서기 주변은 정리정돈 실시하고
돌출물 등 걸려 넘어질 위험물 제거 조치

작업장 정리정돈 미실시로
걸려 넘어짐.

믹서기

그라우팅 믹서기 주변의
정리정돈 확인

그라우팅호스의 연결부가 그라우팅 중
파손, 탈락위험 유무 확인

전기패널에는
누전차단기 및
접지 설치 확인

접지 미실시로 인한
감전

그라우팅장비 운행 중
충돌, 전도 위험주의

관리감독자 유도자 미배치로 인한
충돌, 접촉

옥외형
가설분전함

그라우팅장비

모터벨트에
협착

그라우팅장비 모터 주변에서
작업 중 벨트 부위에 협착

그라우팅장비 모터의 벨트 부위에
덮개 설치

그라우팅장비 모터벨트에
협착위험 주의

전기패널에 누전차단기,
접지 미실시로 사용 중 감전

전기패널에는 누전차단기와
접지 실시

그라우팅장비 운행조작 중 관리감독자, 유도자
미배치로 근로자와 접촉, 충돌

그라우팅장비 운행조작 시 유도자 및 관리감독자
배치하여 안전하게 유도, 지휘·감독 실시

❾ 모르타르 믹서기(Mortar Mixer)작업

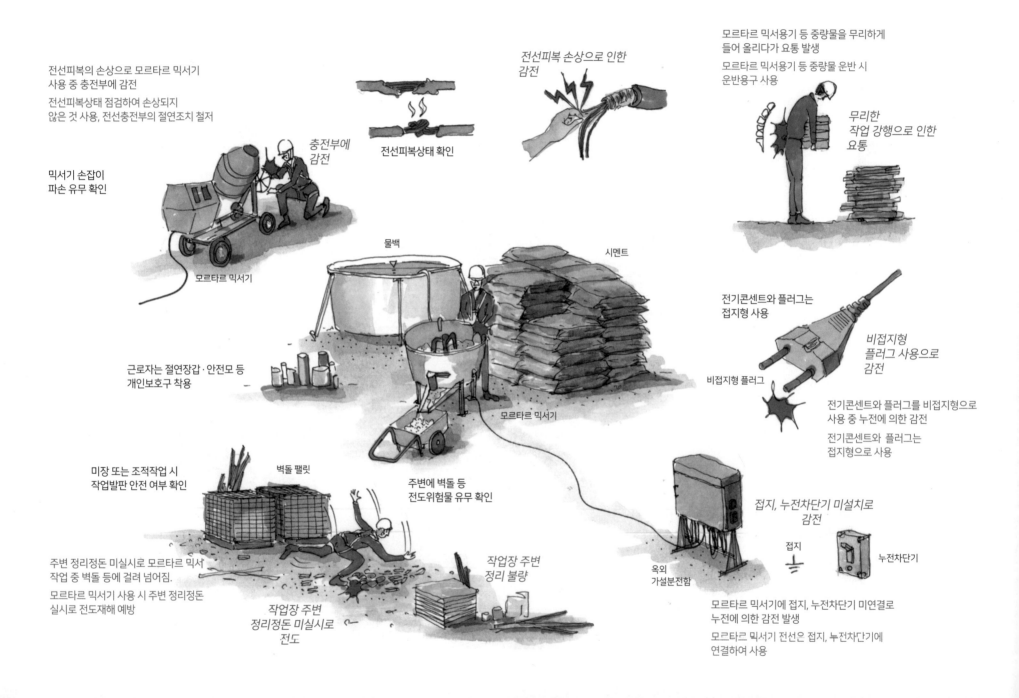

전선피복의 손상으로 모르타르 믹서기
사용 중 충전부에 감전

전선피복상태 점검하여 손상되지
않은 것 사용, 전선충전부의 절연조치 철저

믹서기 손잡이
파손 유무 확인

충전부에
감전

전선피복상태 확인

전선피복 손상으로 인한
감전

모르타르 믹서기

모르타르 믹서용기 등 중량물을 무리하게
들어 올리다가 요통 발생

모르타르 믹서용기 등 중량물 운반 시
운반용구 사용

무리한
작업 강행으로 인한
요통

물백

시멘트

근로자는 절연장갑·안전모 등
개인보호구 착용

모르타르 믹서기

전기콘센트와 플러그는
접지형 사용

비접지형 플러그

비접지형
플러그 사용으로
감전

전기콘센트와 플러그를 비접지형으로
사용 중 누전에 의한 감전

전기콘센트와 플러그는
접지형으로 사용

미장 또는 조적작업 시
작업발판 안전 여부 확인

벽돌 팰릿

주변에 벽돌 등
전도위험물 유무 확인

작업장 주변
정리 불량

접지, 누전차단기 미설치로
감전

주변 정리정돈 미실시로 모르타르 믹서
작업 중 벽돌 등에 걸려 넘어짐.

모르타르 믹서기 사용 시 주변 정리정돈
실시로 전도재해 예방

작업장 주변
정리정돈 미실시로
전도

옥외
가설분전함

접지

누전차단기

모르타르 믹서기에 접지, 누전차단기 미연결로
누전에 의한 감전 발생

모르타르 믹서기 전선은 접지, 누전차단기에
연결하여 사용

⑩ 열풍기작업

***열풍기**: 야외 등의 넓은 공간에 뜨거운 바람을 공급하는 난방기기이다.
발열량이 매우 높아 넓은 곳의 난방에 효율적이며, 건조효과도 있으므로
난방과 건조기능을 동시에 필요로 하는 산업용으로 많이 사용된다.

비접지플러그 사용으로
감전

열풍기 사용 시 주변에 소화기를 비치하지 않아서
화재 시 초기 진화 미실시로 대형 화재 발생

열풍기 사용 시 소화기를 비치하여
과열에 의한 화재 시 초기 진화 실시

열풍기의 콘센트와 플러그를
비접지형으로 사용하여
사용 중 감전 발생

열풍기의 콘센트, 플러그는
접지형을 사용하는지 확인

열풍기의 콘센트와 플러그는
접지형으로 사용

비접지형
플러그

소화기
미배치로 인한
화재

열풍기 외함접지 미실시로
작업 중 누설전류에 감전

열풍기 외함에는 접지를
실시하여 감전예방

열풍기의 외함접지 확인

열풍기

열풍기 과열로
화재위험주의

분전함

외함접지 미실시로 누설전류에
감전

열풍기*

외함접지
미실시

열풍기 주변에
소화기 비치 확인

과열로 인한
화재

근로자는 안전모, 호흡용
보호구 등 개인보호구 착용

소화기

열풍기 사용 중 과열에
의한 화재 발생

열풍기에 온도센서 부착하여
과열에 의한 화재 방지

열풍기 받침대를 불안전하게 설치하여
양생작업 중 열풍기 전도

열풍기 받침대는 수평으로 안정되게
설치하여 전도예방

안전모 미착용

콘크리트 보양용 천막

근로자가 양생작업장
출입 시 질식재해위험
사전 확인

안전모 미착용으로
충돌, 전도

열풍기

받침대
설치 불량

열풍기 받침대는 전도되지 않도록
수평으로 안정되게 설치되어 있는지 확인

산소 부족

**받침대 설치 불량으로 인한
열풍기 전도**

안전모 등 개인보호구 미착용하고
양생작업 중 부딪히거나 전도 시 두부 손상

철근열풍기 사용 시 안전모 등 개인보호구
착용하고 작업 실시

유해가스에 의한
질식

양생작업장 출입 시 산소 부족,
유해가스에 의해 질식

양생작업 장소에 산소, 가스농도측정기
비치하고 출입 시 호흡용 보호구 착용

건설기계장비 안전점검항목
Construction Equipment Safety Checklist

03

건설기계장비 안전점검항목

❶ 굴착기(Back-Hoe) 안전점검항목

굴착기의 주요 안전재해유형

굴착기는 건설현장에서 가장 많이 사용하는 토목공사용 장비이다. 주요 안전재해유형은 다음과 같다.

1. 후진 중 후방 근로자를 확인하지 못하여 충돌
2. 붐 선회 중 인접 근로자가 굴착기와 타 물체에 협착
3. 굴착기 버킷에 자재 운반 중 줄걸이가 이탈하여 자재에 맞는 사고

굴착기 안전점검사항

1. 안전장치 부착 및 작동 여부(장비 주변 시야 확보장치, 후방 경보장치, 붐(암) 급강하 방지장치, 버킷 탈락방지장치)
2. 굴착기 용도 외 사용 여부(양중 및 운반·하역작업 시 사용금지)
3. 운전자 자격 유무 및 안전교육 실시 여부(작업 시 급선회 금지 등)
4. 유도자 및 신호수 배치 여부
5. 굴착기 제원, 작업능력, 작업범위 등 작업계획 및 대책 수립 여부

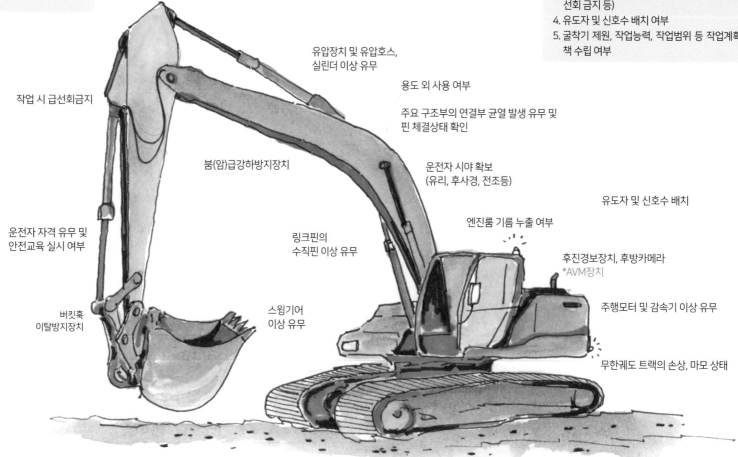

작업 시 급선회금지

유압장치 및 유압호스, 실린더 이상 유무

용도 외 사용 여부

주요 구조부의 연결부 균열 발생 유무 및 핀 체결상태 확인

붐(암)급강하방지장치

운전자 시야 확보 (유리, 후사경, 전조등)

유도자 및 신호수 배치

운전자 자격 유무 및 안전교육 실시 여부

링크핀의 수직핀 이상 유무

엔진룸 기름 누출 여부

후진경보장치, 후방카메라 *AVM장치

버킷훅 이탈방지장치

스윙기어 이상 유무

주행모터 및 감속기 이상 유무

무한궤도 트랙의 손상, 마모 상태

[주요 구조부 상세]

*AVM(Around View Monitering)

❷ 트럭류(덤프, 화물) 안전점검항목

트럭류 장비의 주요 안전재해유형

1. 후진 중 후방 근로자를 확인하지 못하여 덤프트럭에 치임.
2. 주행 중 운전자 부주의로 근로자를 치거나 다른 차량과 추돌
3. 적재함 위에서 자재 상하차 중 자재에 맞거나 실족하여 떨어짐.
4. 주정차 중 브레이크 미사용으로 차량이 미끄러져 차량에 깔리거나 치이는 사고

트럭류(덤프, 화물) 안전점검사항

1. 안전장치 부착 및 작동 여부(후방 경보장치, 안전블록 또는 안전지주 급강하 방지장치)
2. 주정차 시 시동을 끄거나 브레이크 체결 여부(경사면에는 바퀴 하부에 구름방지목 설치)
3. 운전자 자격 유무 및 안전교육 실시(주행경로, 현장 내 속도제한 준수)
4. 유도자 및 신호수 배치 여부
5. 타이어 손상 및 마모 상태
6. 트럭류 제원, 운행경로, 작업범위 등 작업계획 및 대책 수립 여부

후진경보장치, 후방카메라

유도자 및 신호수 배치

브레이크 체결, 고임목 상태

안전블록
(장비스토퍼)

전조등, 후미등

경사면에는 바퀴 하부에 고임목 설치

타이어 손상,
마모상태(공기압 확인)

차량 최대 적재중량 표시

현장 주행경로
속도제한 표시 및 준수

운전자 자격 및 안전교육
실시 여부 확인

운전자 시야 확보
(유리, 후사경)

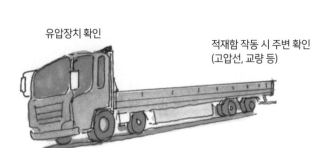

유압장치 확인

적재함 작동 시 주변 확인
(고압선, 교량 등)

❸ 고소작업차(High Place Operation Car) 안전점검항목

고소작업차 안전점검사항

1. 안전장치 부착 및 작동 유무(작업대 로드셀, 모멘트 모멘트 감지장치 등, 자동안전장치, 아우트리거 근접센서 등)
2. 고소작업대 용도 외 사용 유무(임의 개조 및 안전장치 해제 사용금지)
3. 구조부 외관상태 확인 유무(붐 작업대 연결부, 턴테이블, 붐 인출 와이어로프의 균열, 볼트 체결, 용접부 등)
4. 유도자 및 신호수 배치 유무
5. 작업대 고정볼트 체결 및 안전난간 설치 유무
6. 아우트리거 정상 펼침상태(지반 침하방지 조치 및 받침대 확보)
7. 안전인증(2009.7.1. 이후 출고 차량) 및 안전검사(차량탑재형 차량탑재형 2016년 8월 시행) 확인
8. 고소작업차 제원, 작업방법, 작업범위 등 작업계획 및 대책 수립 여부

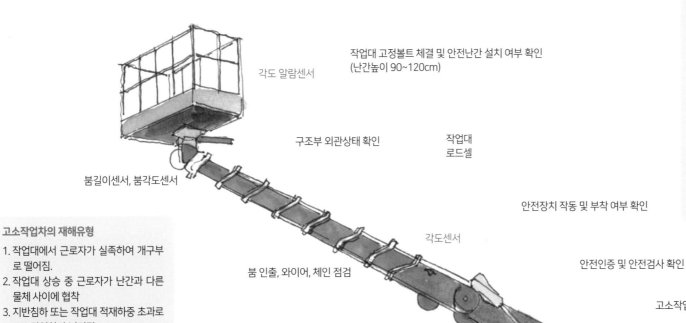

작업대 고정볼트 체결 및 안전난간 설치 여부 확인 (난간높이 90~120cm)

각도 알람센서

구조부 외관상태 확인

작업대 로드셀

붐길이센서, 붐각도센서

안전장치 작동 및 부착 여부 확인

각도센서

고소작업차의 재해유형

1. 작업대에서 근로자가 실족하여 개구부로 떨어짐.
2. 작업대 상승 중 근로자가 난간과 다른 물체 사이에 협착
3. 지반침하 또는 작업대 적재하중 초과로 고소작업차가 넘어짐.
4. 붐과 작업대 연결 부분의 파단으로 추락

붐 인출, 와이어, 체인 점검

안전인증 및 안전검사 확인

고소작업대 사용용도 외 사용 여부

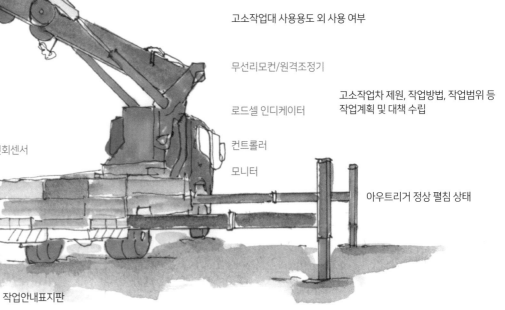

무선리모컨/원격조정기

메인컨트롤러

고소작업차 제원, 작업방법, 작업범위 등 작업계획 및 대책 수립

로드셀 인디케이터

컨트롤러

길이센서

선회센서

모니터

아우트리거 정상 펼침 상태

유도자 및 신호수 배치

작업안내표지판

❹ 이동식 크레인(HY'D Crane) 안전점검항목

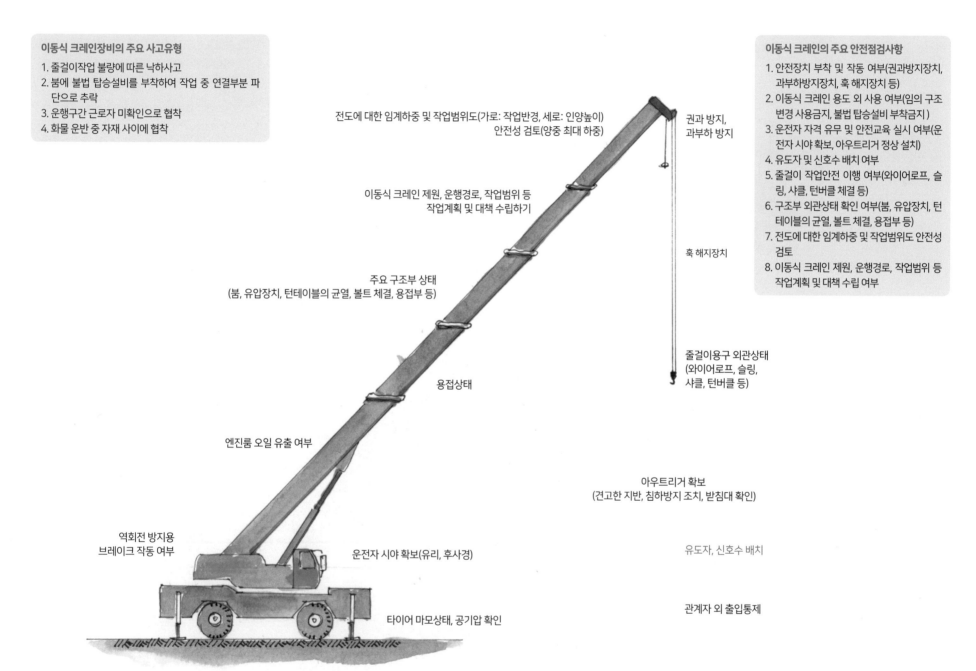

이동식 크레인장비의 주요 사고유형

1. 줄걸이작업 불량에 따른 낙하사고
2. 붐에 불법 탑승설비를 부착하여 작업 중 연결부분 파단으로 추락
3. 운행구간 근로자 미확인으로 협착
4. 화물 운반 중 자재 사이에 협착

이동식 크레인의 주요 안전점검사항

1. 안전장치 부착 및 작동 여부(권과방지장치, 과부하방지장치, 훅 해지장치 등)
2. 이동식 크레인 용도 외 사용 여부(임의 구조 변경 사용금지, 불법 탑승설비 부착금지)
3. 운전자 자격 유무 및 안전교육 실시 여부(운전자 시야 확보, 아우트리거 정상 설치)
4. 유도자 및 신호수 배치 여부
5. 줄걸이 작업안전 이행 여부(와이어로프, 슬링, 샤클, 턴버클 체결 등)
6. 구조부 외관상태 확인 여부(붐, 유압장치, 턴테이블의 균열, 볼트 체결, 용접부 등)
7. 전도에 대한 임계하중 및 작업범위도 안전성 검토
8. 이동식 크레인 제원, 운행경로, 작업범위 등 작업계획 및 대책 수립 여부

전도에 대한 임계하중 및 작업범위도(가로: 작업반경, 세로: 인양높이)
안전성 검토(양중 최대 하중)

권과 방지, 과부하 방지

이동식 크레인 제원, 운행경로, 작업범위 등
작업계획 및 대책 수립하기

훅 해지장치

주요 구조부 상태
(붐, 유압장치, 턴테이블의 균열, 볼트 체결, 용접부 등)

줄걸이용구 외관상태
(와이어로프, 슬링,
샤클, 턴버클 등)

용접상태

엔진룸 오일 유출 여부

아우트리거 확보
(견고한 지반, 침하방지 조치, 받침대 확인)

역회전 방지용
브레이크 작동 여부

운전자 시야 확보(유리, 후사경)

유도자, 신호수 배치

타이어 마모상태, 공기압 확인

관계자 외 출입통제

❺ 항타기(항발기, Driving Pile Machine) 안전점검항목

항타기(항발기)의 주요 재해유형

1. 항타기작업 중 66%, 설치·해체 작업 중 33% 가량의 재해 발생
2. 리더의 기준 높이를 등록사항과 달리 더 높게 설치하거나, 지반 연약 등의 이유로 전도 등의 사고 다발

- **항타기(抗打機):** 말뚝 등을 박는 기계
- **항발기(抗拔機):** 박힌 말뚝을 빼내는 기계

항타기(항발기)의 주요 안전점검사항

1. 운전원 면허종류와 면허기간 유효 여부
2. 장비등록, 검사, 보험기간
3. 권과방지장치의 정상적인 경보 발생 여부
4. 브레이크, 클러치, 조정장치의 정상적 기능
5. 와이어로프 상태
6. 장착길이의 제원표 준수확인
7. 제원표의 경사제어각도에 맞게 리더 경사도 유지 확인
8. 무한궤도의 트랙슈, 롤러, 스프로킷, 아이들러의 상태
9. 발전기의 고정상태 및 충전부 노출 여부
10. 백스테이 조립상태와 지지상태
11. 오거해머 케이싱 등 연결조립부 상태
12. 장비, 운전원 실명표지판 부착

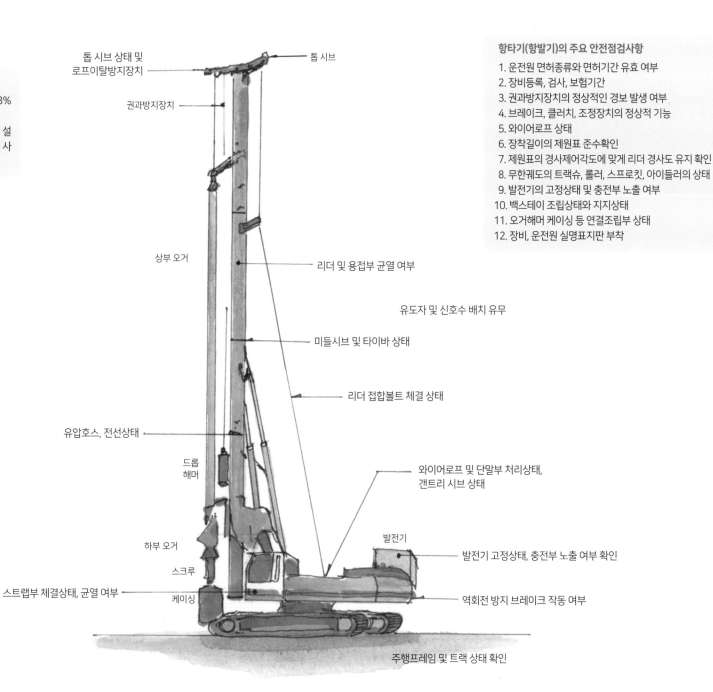

톱 시브 상태 및 로프이탈방지장치

톱 시브

권과방지장치

상부 오거

리더 및 용접부 균열 여부

유도자 및 신호수 배치 유무

미들시브 및 타이바 상태

리더 접합볼트 체결 상태

유압호스, 전선상태

드롭 해머

와이어로프 및 단말부 처리상태, 갠트리 시브 상태

발전기

하부 오거

발전기 고정상태, 충전부 노출 여부 확인

스크루

스트랩부 체결상태, 균열 여부

케이싱

역회전 방지 브레이크 작동 여부

주행프레임 및 트랙 상태 확인

❻ 지게차(Fork Lift) 안전점검항목

지게차의 주요 사고유형

1. 지게차 운행 중 보행자 또는 근로자와 충돌
2. 지게차 운행 또는 상하차작업 중 지게차가 넘어져 협착
3. 운반 중인 화물이 떨어지거나, 세워놓은 화물을 넘어뜨림.
4. 포크 위에 탑승하여 작업 중 떨어짐.
5. 정비작업 중 지게차에 깔리거나 협착

지게차의 주요 안전점검사항

1. 안전장치 부착 및 작동 여부(전조등, 후미등, 헤드가드 및 백레스트, 후방확인장치, 좌석안전띠)
2. 운전시야 확보를 위해 화물의 과다적재 및 포크 과다 상승 운행금지
3. 지게차 전용통로 확보 및 작업지휘자를 통한 작업자 출입 제한
4. 운전자 자격 유무 및 안전교육 실시 여부(작업 시 급선회 금지 등)
5. 운전목적 외 사용 여부(포크 위에서 작업, 조종석 외 탑승 등)
6. 제한속도 지정 및 준수 여부
7. 작업특성에 적합한 작업계획서 작성 및 근로자 주지 여부

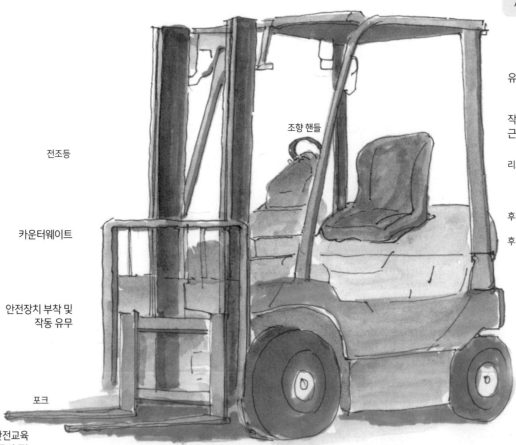

헤드가드

조향 핸들

전조등

카운터웨이트

안전장치 부착 및
작동 유무

포크

운전자 자격 유무 및 안전교육
실시 여부(작업 시 급선회금지 등)

지게차 전용 통로 확보 및 작업지휘자를
통한 작업자 출입제한

유도자 및 신호수 배치 여부

작업특성에 적합한 작업계획서 작성 및
근로자 주지 여부

리프트 마스트

후미등

후진경보장치 방향지시등

운전시야 확보를 위해 화물 과다 적재 및
포크 과다 상승 운행금지

운전목적 외 사용 여부
(포크 위에서 작업, 조종석 외 탑승 등)

제한속도 지정 및 준수 여부

❼ 고소작업대(Table Lift) 안전점검항목

*고소작업대: 작업대, 연장구조물(지브), 차대로 구성되며
사람을 작업위치로 이동시켜 주는 설비

고소작업대*(table lift)의 주요 재해유형

발생형태	원인
넘어짐 (전도)	- 지반 지내력 미확보상태에서 작업 - 아웃트리거 설치 불량 - 허용 작업반경 초과 작업
작업대 낙하	- 붐(boom)대 인출길이, 각도에 따른 초과 작업 - 붐대, 턴테이블 등 주요구조부 용접부 파단 - 인출 와이어로프 파단
떨어짐 (추락)	- 안전난간대 미설치상태에서 작업 - 안전난간대를 밟은 상태에서 작업

끼임
(협착)
	- 과상승방지장치 미설치 또는 임의해제 상태에서
	  작업
	- 작업대 하부작업 중 하강하는 케이지(cage) 사이에
	  끼임.

고소작업대의 주요 안전점검사항

1. 작업장소의 지반침하 등 전도위험 여부
2. 과상승방지장치 확인
3. 조작 레버 잠금장치(발스위치)정상작동 여부
4. 안전인증표시 부착
5. 작업장소 사전조사 및 작업계획서 작성
6. 과부하방지장치 작동
7. 낙하방지밸브 설치 여부
8. 경사면에서 자동 상승제한장치 작동상태
9. 비상정지장치
10. 안전난간대 확인

안전인증표시 확인

안전난간대

풋스위치
(foot switch)

유도자 및 신호수 배치 여부

과상승방지장치
경보장치

비상정지버튼

과부하방지장치

유압계 확인

급낙하방지밸브

바닥 기울기 3° 이상 시
상승작동 차단 여부 확인

안전블록 설치 여부 확인

❽ 리프트(Lift) 안전점검항목 I

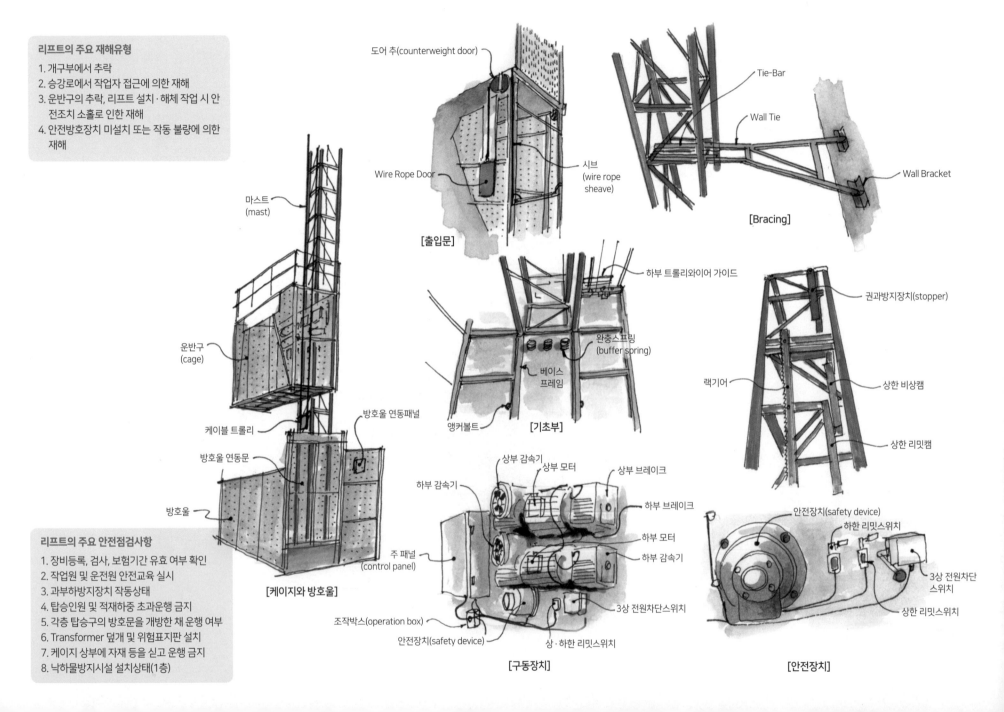

리프트의 주요 재해유형

1. 개구부에서 추락
2. 승강로에서 작업자 접근에 의한 재해
3. 운반구의 추락, 리프트 설치·해체 작업 시 안전조치 소홀로 인한 재해
4. 안전방호장치 미설치 또는 작동 불량에 의한 재해

도어 추(counterweight door)

Wire Rope Door

시브
(wire rope sheave)

[출입문]

Tie-Bar

Wall Tie

Wall Bracket

[Bracing]

마스트
(mast)

운반구
(cage)

케이블 트롤리

방호울 연동패널

방호울 연동문

방호울

하부 트롤리와이어 가이드

완충스프링
(buffer spring)

베이스
프레임

앵커볼트

[기초부]

권과방지장치(stopper)

랙기어

상한 비상캠

상한 리밋캠

리프트의 주요 안전점검사항

1. 장비등록, 검사, 보험기간 유효 여부 확인
2. 작업원 및 운전원 안전교육 실시
3. 과부하방지장치 작동상태
4. 탑승인원 및 적재하중 초과운행 금지
5. 각층 탑승구의 방호문을 개방한 채 운행 여부
6. Transformer 덮개 및 위험표지판 설치
7. 케이지 상부에 자재 등을 싣고 운행 금지
8. 낙하물방지시설 설치상태(1층)

[케이지와 방호울]

하부 감속기

상부 감속기

상부 모터

상부 브레이크

하부 브레이크

하부 모터

하부 감속기

주 패널
(control panel)

조작박스(operation box)

안전장치(safety device)

3상 전원차단스위치

상·하한 리밋스위치

[구동장치]

안전장치(safety device)

하한 리밋스위치

3상 전원차단
스위치

상한 리밋스위치

[안전장치]

❾ 리프트(Lift) 안전점검항목 Ⅱ

주요 안전점검사항

1. 장비등록, 검사, 보험기간 유효 여부 확인
2. 작업원 및 운전원 안전교육 실시
3. 과부하 방지장치의 손상·이완 여부 확인 및 작동상태 확인
4. 탑승인원 및 중량물 초과 운행 여부
5. 트랜스포머 덮개 및 위험표지판 부착
6. 케이지 상부 비상문을 개방한 채 운행 여부
7. 케이지 상부에 자재 싣고 운행 여부
8. 1층 탑승구 및 대기장소에 낙하물 방지시설 설치 여부
9. 안전수칙 주의사항 및 비상연락처 부착 여부
10. 장비사용 실명표지판 부착 여부

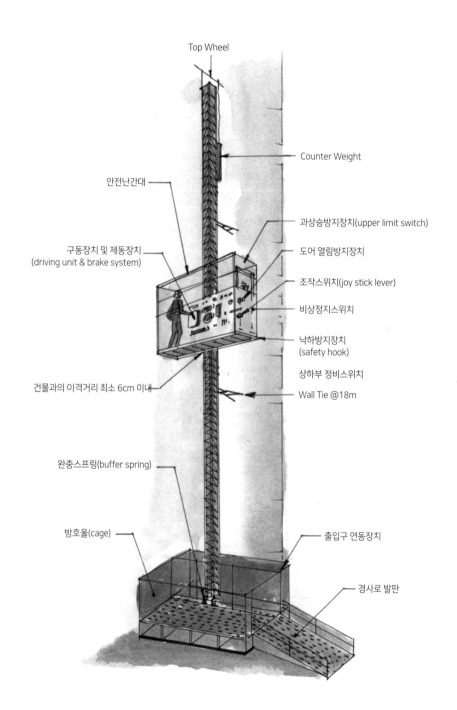

Top Wheel

Counter Weight

안전난간대

과상승방지장치(upper limit switch)

구동장치 및 제동장치
(driving unit & brake system)

도어 열림방지장치

조작스위치(joy stick lever)

비상정지스위치

낙하방지장치
(safety hook)

상하부 정비스위치

건물과의 이격거리 최소 6cm 이내

Wall Tie @18m

완충스프링(buffer spring)

방호울(cage)

출입구 연동장치

경사로 발판

❿ 타워크레인(Tower Crane) 안전점검항목

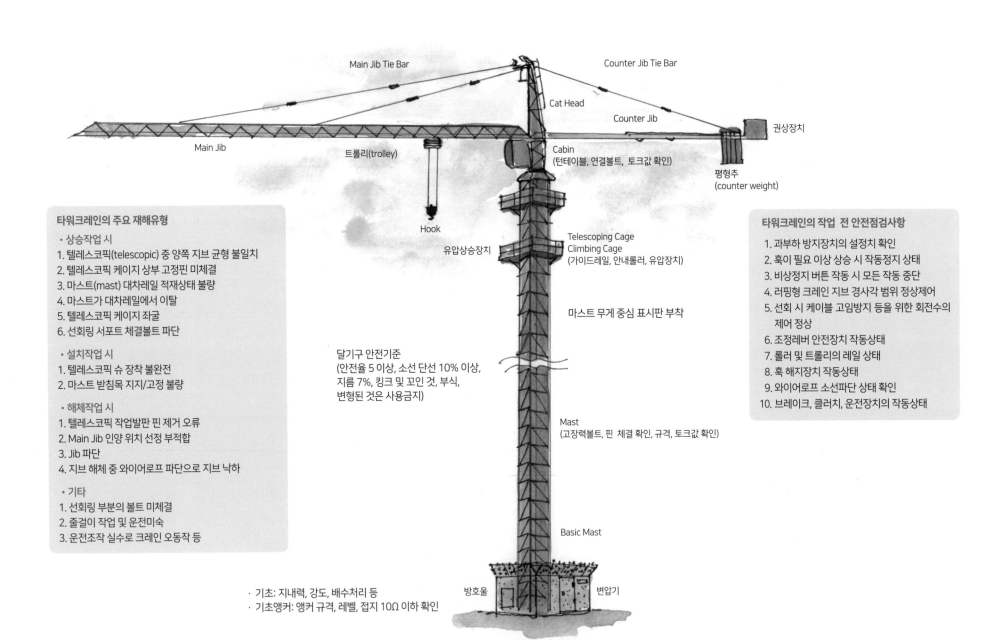

Main Jib Tie Bar

Counter Jib Tie Bar

Cat Head

Counter Jib

권상장치

Main Jib

트롤리(trolley)

Cabin
(턴테이블, 연결볼트, 토크값 확인)

평형추
(counter weight)

Hook

유압상승장치

Telescoping Cage
Climbing Cage
(가이드레일, 안내롤러, 유압장치)

마스트 무게 중심 표시판 부착

달기구 안전기준
(안전율 5 이상, 소선 단선 10% 이상,
지름 7%, 킹크 및 꼬인 것, 부식,
변형된 것은 사용금지)

Mast
(고장력볼트, 핀 체결 확인, 규격, 토크값 확인)

Basic Mast

방호울   변압기

· 기초: 지내력, 강도, 배수처리 등
· 기초앵커: 앵커 규격, 레벨, 접지 10Ω 이하 확인

타워크레인의 주요 재해유형

· 상승작업 시
1. 텔레스코픽(telescopic) 중 양쪽 지브 균형 불일치
2. 텔레스코픽 케이지 상부 고정핀 미체결
3. 마스트(mast) 대차레일 적재상태 불량
4. 마스트가 대차레일에서 이탈
5. 텔레스코픽 케이지 좌굴
6. 선회링 서포트 체결볼트 파단

· 설치작업 시
1. 텔레스코픽 슈 장착 불완전
2. 마스트 받침목 지지/고정 불량

· 해체작업 시
1. 텔레스코픽 작업발판 핀 제거 오류
2. Main Jib 인양 위치 선정 부적합
3. Jib 파단
4. 지브 해체 중 와이어로프 파단으로 지브 낙하

· 기타
1. 선회링 부분의 볼트 미체결
2. 줄걸이 작업 및 운전미숙
3. 운전조작 실수로 크레인 오동작 등

타워크레인의 작업 전 안전점검사항

1. 과부하 방지장치의 설정치 확인
2. 훅이 필요 이상 상승 시 작동정지 상태
3. 비상정지 버튼 작동 시 모든 작동 중단
4. 러핑형 크레인 지브 경사각 범위 정상제어
5. 선회 시 케이블 고임방지 등을 위한 회전수의
   제어 정상
6. 조정레버 안전장치 작동상태
7. 롤러 및 트롤리의 레일 상태
8. 훅 해지장치 작동상태
9. 와이어로프 소선파단 상태 확인
10. 브레이크, 클러치, 운전장치의 작동상태

⓫ 콘크리트펌프카(Concrete Pump Car) 안전점검항목

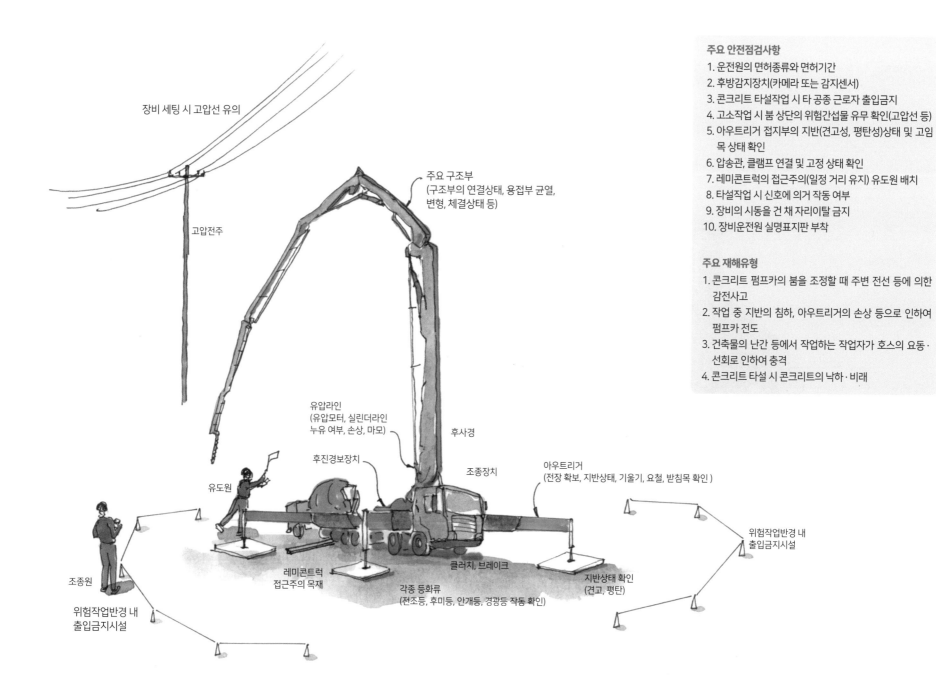

장비 세팅 시 고압선 유의

고압전주

주요 구조부
(구조부의 연결상태, 용접부 균열,
변형, 체결상태 등)

유압라인
(유압모터, 실린더라인
누유 여부, 손상, 마모)

후사경

후진경보장치

조종장치

아우트리거
(전장 확보, 지반상태, 기울기, 요철, 받침목 확인)

유도원

위험작업반경 내
출입금지시설

조종원

위험작업반경 내
출입금지시설

레미콘트럭
접근주의 목재

각종 등화류
(전조등, 후미등, 안개등, 경광등 작동 확인)

클러치, 브레이크

지반상태 확인
(견고, 평탄)

주요 안전점검사항

1. 운전원의 면허종류와 면허기간
2. 후방감지장치(카메라 또는 감지센서)
3. 콘크리트 타설작업 시 타 공종 근로자 출입금지
4. 고소작업 시 붐 상단의 위험간섭물 유무 확인(고압선 등)
5. 아우트리거 접지부의 지반(견고성, 평탄성)상태 및 고임
   목 상태 확인
6. 압송관, 클램프 연결 및 고정 상태 확인
7. 레미콘트럭의 접근주의(일정 거리 유지) 유도원 배치
8. 타설작업 시 신호에 의거 작동 여부
9. 장비의 시동을 건 채 자리이탈 금지
10. 장비운전원 실명표지판 부착

주요 재해유형

1. 콘크리트 펌프카의 붐을 조정할 때 주변 전선 등에 의한
   감전사고
2. 작업 중 지반의 침하, 아우트리거의 손상 등으로 인하여
   펌프카 전도
3. 건축물의 난간 등에서 작업하는 작업자가 호스의 요동·
   선회로 인하여 충격
4. 콘크리트 타설 시 콘크리트의 낙하·비래

⑫ 머캐덤 롤러(Macadam Roller) 안전점검항목

머캐덤 롤러: 3륜형식으로, 쇄석·자갈 등을 압착하여 다지는 롤러차를 말한다.

롤러의 주요 재해유형

1. 운행 중인 롤러가 다른 장비와 충돌
2. 다짐작업 중 불필요한 제동으로 인한 내부 충격
3. 아스팔트 포설작업 덤프트럭과 충돌
4. 다른 롤러와 동시 작업으로 인해 서로 충돌
5. 덤프트럭, 로더 등과 롤러 사이에 끼임 발생
6. 다짐작업 범위에서 후진 시 주변 작업자와 충돌
7. 야간작업 시 시야 확보 불량으로 인한 충돌 및 깔림.
8. 작업구역 내 장해물 또는 협소한 현장여건으로 인한 충돌
9. 고압선로의 접촉으로 감전
10. 부분통제 도로에서 외부 차량과 충돌
11. 전·후진 레버조작 미숙으로 추락
12. 무자격자, 미숙련자의 조정 실수에 의한 추락
13. 연약지반의 진동기능 사용으로 땅 꺼짐(침하).
14. 회전하는 롤러에 발·옷 등이 끼임.
15. 유제에 의한 미끄러짐

롤러의 주요 안전점검사항

1. 운전원의 면허종류와 면허기간 유효 확인
2. 장비의 등록/검사/보험기간 유효 확인
3. 후진 시 후미지역 확인을 위한 후방감지장치(카메라와 감지센서) 작동 여부
4. 후진경고음 발생장치와 경광등의 설치, 작동 여부
5. 작업 전 주위 환경과 전압면의 상태 확인
6. 도로 측면의 작업 시 도로 외부로 전복주의
7. 경사면의 주차금지
8. 작업 완료 시 또는 장비 이탈 시 운전원은 주차브레이크를 사용하고, 시동키는 회수하여 보관
9. 주차 시 통행인, 장비의 이동이나 통행에 지장이 없는 안전한 장소에 주차
10. 작업 시 안전속도 준수
11. 장비운전실 내부 시야 방해요소 제거
12. 운전원 실명표지판 부착

⓭ 타이어 롤러(Tire Roller) 안전점검항목

타이어 롤러: 접지압을 공기압으로 조절하여 접지압이 크면 깊은 다짐을 하고, 접지압이 작으면 표면다짐을 한다. 기층이나 노반의 표면다짐, 사질토나 사질점성토의 다짐 등 도로 토공에 많이 이용된다.

롤러의 주요 안전점검사항

1. 운전원의 면허종류와 면허기간 유효 확인
2. 장비의 등록/검사/보험기간 유효 확인
3. 후진 시 후미지역 확인을 위한 후방감지장치(카메라와 감지센서) 작동 여부
4. 후진경고음 발생장치와 경광등의 설치, 작동 여부
5. 작업 전 주위환경과 전압면의 상태 확인
6. 도로 측면의 작업 시 도로 외부로 전복주의
7. 경사면의 주차금지
8. 작업 완료 시 또는 장비 이탈 시 운전원은 주차브레이크를 사용하고, 시동키는 회수하여 보관
9. 주차 시 통행인, 장비의 이동이나 통행에 지장이 없는 안전한 장소에 주차
10. 작업 시 안전속도 준수
11. 장비운전실 내부 시야 방해요소 제거
12. 운전원 실명표지판 부착

롤러의 주요 재해유형

1. 운행 중인 롤러가 다른 장비와 충돌
2. 다짐작업 중 불필요한 제동으로 인한 내부 충격
3. 아스팔트 포설작업 중인 덤프트럭과 충돌
4. 다른 롤러와 동시 작업으로 인해 서로 충돌
5. 덤프트럭, 로더 등과 롤러 사이에 끼임 발생
6. 다짐작업 범위에서 후진 시 주변 작업자와 충돌
7. 야간작업 시 시야확보 불량으로 인한 충돌 및 깔림.
8. 작업구역 내 장해물 또는 협소한 현장여건으로 인한 충돌
9. 고압선로의 접촉으로 감전
10. 부분통제 도로에서 외부차량과 충돌
11. 전·후진 레버조작 미숙으로 추락
12. 무자격자, 미숙련자의 조정실수에 의한 추락
13. 연약지반의 진동기능 사용으로 땅꺼짐(침하).
14. 회전하는 롤러에 발·옷 등이 끼임.
15. 유제에 의한 미끄러짐

부록
Appendix

A 부록

❶ 중대재해처벌법 개요

■ 중대재해처벌법 주요 내용

● 중대산업재해
- 사망자가 1명 이상 발생한 재해
- 동일한 사고로 6개월 이상 치료가 필요한 부상자가 2명 이상 발생한 재해
- 동일한 유해요인으로 급성중독 등 대통령령으로 정하는 직업성 질병환자가 1년 이내에 3명 이상 발생한 재해

● 중대시민재해
- 사망자가 1명 이상 발생한 재해
- 동일한 사고로 2개월 이상 치료가 필요한 부상자가 10명 이상 발생한 재해
- 동일한 원인으로 3개월 이상 치료가 필요한 질병자가 10명 이상 발생한 재해

● 주요 내용
- 사업주나 법인 또는 기관이 실질적으로 지배, 운영, 관리하는 사업 또는 사업장의 종사자 또는 이용자에 대한 의무 부담
- 제3자에게 도급·용역·위탁 등을 행한 경우 제3자의 종사자 또는 이용자에 대한 의무 부담(실질적 지배, 운영, 관리 책임이 있는 경우에 한함.)

■ 안전보건관리체계의 개념

'안전보건관리체계의 구축·이행' 이란 일하는 사람의 안전과 건강을 보호하기 위해 기업 스스로 위험요인을 파악하여 제거·대체 및 통제방안을 마련·이행하며, 이를 지속적으로 개선하는 일련의 활동을 말한다.

■ 안전보건관리체계의 구축방법

1. 경영자가 '안전보건경영'에 대한 확고한 리더십을 가져야 한다.
2. 모든 구성원이 '안전보건'에 대한 의견을 자유롭게 제시할 수 있어야 한다.
3. 작업환경에 내재되어 있는 위험요인을 찾아내야 한다.
4. 위험요인을 제거·대체하거나 통제할 수 있는 방안을 마련해야 한다.
5. 급박히 발생한 위험에 대응할 수 있는 절차를 마련해야 한다.
6. 사업장 내 모든 일하는 사람의 안전보건을 확보해야 한다.
7. 안전보건관리체계를 정기적으로 평가하고 개선해야 한다.

■ 전통적 안전보건 활동 vs 안전보건관리체계

구분	동기	책임	평가	목표
전통적 안전보건 활동	처벌 회피 → 수동적	안전보건담당자	외부 점검(고용부 등)	처벌 회피
안전보건관리체계	성과 달성 → 능동적	경영자	자체 점검	안전하고 쾌적한 작업환경 조성

■ 안전보건관리체계 구축을 위한 7가지 핵심요소

핵심요소	내용
1. 경영자 리더십	- 안전보건에 대한 의지를 밝히고, 목표를 정한다. - 안전보건에 필요한 자원(인력·시설·장비)을 배정한다. - 구성원의 권한과 책임을 정하고, 참여를 독려한다.
2. 근로자 참여	- 안전보건관리 전반에 관한 정보를 공개한다. - 모든 구성원이 참여할 수 있는 절차를 마련한다. - 자유롭게 의견을 제시할 수 있는 문화를 조성한다.
3. 위험요인 파악	- 위험요인에 대한 정보를 수집하고 정리한다. - 산업재해 및 아차사고를 조사한다. - 위험 기계·기구·설비 등을 파악한다. - 유해인자를 파악한다. - 위험장소 및 위험작업을 파악한다.
4. 위험요인 제거·대체 및 통제	- 위험요인별 위험성을 평가한다. - 위험요인별 제거·대체 및 통제 방안을 검토한다. - 종합적인 대책을 수립하고 이행한다. - 교육훈련을 실시한다.
5. 비상조치 계획 수립	- 위험요인을 바탕으로 '시나리오'를 작성한다. - '재해 발생 시나리오'별 조치계획을 수립한다. - 조치계획에 따라 주기적으로 훈련한다.
6. 도급용역위탁 시 안전보건 확보	- 산업재해 예방 능력을 갖춘 수급인을 선정한다. - 안전보건관리체계 구축 및 운영에 있어, 사업장 내 모든 구성원이 참여하고 보호받을 수 있도록 한다.
7. 평가 및 개선	- 안전보건 목표를 설정하고 평가한다. - '안전보건관리체계'가 제대로 운영되는지 확인한다. - 발굴된 문제점을 주기적으로 검토하고 개선한다.

 **부록**

❷ 건설업 중대재해 다발공종 및 재해유형

(고용노동부, 한국안전보건공단, 2019. 05.)

번호	공종	세부 작업내용	재해유형	비고
1	철근콘크리트공사	거푸집 및 동바리 설치작업	떨어짐	
		콘크리트 타설작업	무너짐	
2	건설기계 관련 작업	자재 하역, 양중 및 운반작업	떨어짐	
		굴착, 토사 반출작업	끼임	
		토공기계작업	맞음	
3	비계 등 가설구조물공사	외부 쌍줄비계	떨어짐	
		이동식 비계	떨어짐, 무너짐	
4	철골조립공사	철골조립작업	떨어짐, 맞음	
		흙막이 가시설작업	무너짐, 떨어짐	
5	조적 · 미장 · 방수 공사	조적 및 미장 작업	떨어짐	
		방수(밀폐공간)작업	산소 결핍	
6	화물운반, 도로 유지 · 보수 공사	화물운반	교통사고	
		도로 유지 · 보수 작업	교통사고	
7	토공사	절토 · 성토작업	무너짐, 부딪힘	
		지반굴착작업	무너짐, 부딪힘	
8	지붕공사	경사지붕공사	떨어짐, 물체에 맞음	
9	외부 도장공사	외부 도장작업	떨어짐	
10	상하수도공사	관 부설작업	무너짐, 부딪힘, 맞음	

❸ 건설업 중대재해 다발공종 위험요인 및 예방대책 도해

[고용노동부, 한국안전보건공단, 2019. 05.]

8. 지붕공사(떨어짐, 물체에 맞음)

경사지붕

경사지붕 단부 안전난간 미설치, 안전대 미착용, 자재 적치 불량, 공구 낙하, 실족 추락, 상하 이동 중 추락

단부 안전난간대 설치, 안전대 착용, 안전방망 (그물코 2cm 이내) 설치, 출입통제, 악천후 시 작업 중지, 안전대걸이시설, 승강사다리 설치

3. 비계 등 가설구조물공사(떨어짐, 무너짐)

외부 쌍줄비계

작업발판 설치 불량, 단부 안전난간 미설치, 벽이음, 아우트리거 미설치, 통로 자재 적재, 안전모 미착용, 상하 동시작업, 과적

과적금지, 상하 동시작업 금지, 안전난간 설치, 통로 설치, 안전대 체결, 발판 고정

도로포장

후진장비에 부딪힘, 후진경보음 미작동, 장비 간 협착

신호수 및 유도자 배치, 장비상태 확인 작업 전 장비점검

교통안전 표지판

2. 건설기계 관련 작업(부딪힘, 끼임, 맞음)

자재 하역, 양중, 운반작업

작업 유도 및 신호 미실시, 운전 미숙, 기계장비 결함, 위험구간 근로자 접근

2줄걸이로 수평인양, 와이어로프 점검, 장비운전원 자격, 아우트리거, 접근방지책, 지반상태 확인

공사안내표지판

자재하역 및 운반

4. 철골조립공사(떨어짐, 맞음)

양중

철골조립

추락방호망 미설치, 안전대 미착용, 인양방법 불량, 인양 시 낙하, 승하강 시 추락, 공구 낙하

안전방망 설치, 2줄걸이 결속, 하부 인원통제, 와이어로프 확인, 승하강 통로 확보, 안전대 사용, 인양박스 사용, 공구방치 금지

철골조립작업

토공기계

경사지붕작업

롤러 후진 중 충돌, 협착, 토공기계와 충돌

작업유도자 배치, 작업구역 설정

도로 유지·보수

작업장 전방 안전표지판 설치 불량, 신호작업 불량, 도로주행차량 및 건설기계에 의한 충돌

전방 안전표지판 설치, 신호수 배치, 작업장 주변 경계표시

추락방망

6. 화물운반, 도로 유지·보수(교통사고)

화물운반

안전운전 의무 위반(과속, 신호 미준수 등)

과적 및 과속금지, 교통신호 준수, 규정속도 준수

화물차량

추락방망

흙막이 가시설

거푸집, 동바리 설치

슬래브, 보 거푸집 설치 또는 이동 시 안전대 미착용, 안전난간 등 안전시설 미설치, 수직철근에 자상, 공구 낙하, 거푸집 붕괴

안전대 부착설비, 추락방호망, 설치도면 준수

1. 철근콘크리트공사(추락, 붕괴)

콘크리트 타설작업

동바리구조 검토 미실시, 2단 이상 동바리구조, 철근망 실족 Con'c 타설 불량 및 피부질환, 진동기 감전

구조검토 실시, 2단 구조금지, 집중 타설금지 안전발판 깔기, 개인안전장구 착용

붕괴
낙하
추락

거푸집 동바리

열풍기 양생

9. 외부 도장공사(떨어짐)

외부 도장

달비계 로프가 풀리거나 파단, 수직구명줄 미설치

달비계 상부 2점 고정, 모서리 부분 보호대 설치, 2중 안전시설(수직구명줄, 안전대)

외부 쌍줄 비계

콘크리트 펌프카

레미콘차량

7. 토공사(무너짐, 부딪힘)

절토·성토

건설장비에 부딪힘, 떨어짐, 건설기계운전 미숙, 법면 붕괴, 건설기계 후진 및 후진 시 부딪힘

위험반경 내 접근금지, 장비운전 면허 확인, 수시 확인

토공장비

굴착, 토사 반출

버킷 탈락, 법면 붕괴, 과적, 백호와 트럭 사이 협착

버킷 체결상태 확인, 굴착구배 준수, 접근금지, 과적금지, 위험구간 접근금지, 신호수 배치

토사 반출

관 부설

굴착면 기울기 미준수, 신호수 미배치, 줄걸이방법 불량, 굴착 단부 붕괴

유도자 및 신호수 배치, 굴착면 근로자 접근금지, 안식각 준수

10. 상하수도공사
(무너짐, 부딪힘, 맞음)

관 부설작업

흙막이 가시설

가시설 상부 이동 시 추락, 자재, 공구 낙하, 용접작업 중 감전

안전대 부착설비 후 안전대 체결 이동, 자재 적재금지, 전용 양중박스 사용, 자동전격방지기 부착, 용접용 보호구 착용

추락방망

천공기

항타기

5. 조적, 미장, 방수공사(떨어짐, 산소 결핍)

산소 측정

이동식 비계

말비계

천공·항타작업

천공기 붐대와 리더연결부 파단, 항타기 운행 중 전도, 충돌

용접부 체결상태 확인, 유도자 배치, 지반상태 확인, 복공판 설치

PHC Pile

이동식 비계

상부 작업 시 추락, 낙하, 전도

안전난간 설치, 안전대 착용, 달기로프 및 포대 사용, 아우트리거 및 구름방지 설치

밀폐공간

조적 및 미장

작업발판 설치 불량, 정리정돈 불량, 발판 위 과적, 이동식 비계에서 추락

완성품 발판 사용, 편심과적금지, 안전모 착용, 안전난간 및 승강사다리 설치, 통로 확보, 발판폭 40cm 이상

방수(밀폐공간)

밀폐공간 작업 전·중 환기 미실시, 산소, 가스농도 미측정, 주변에서 용접·용단 시 화재, 화약약품에 의한 질식, 공기압축기 회전체에 끼임.

환기 계속 실시, 화기사용 금지, 소화기 비치, 위험물 별도 보관, 방독마스크 착용, 산소농도 측정, 환기 실시, 위험표지판 부착, 회전체 안전덮개 설치

지반 굴착

지반 굴착작업

굴착경사 급해서 붕괴, 건설기계 부딪힘, 버킷 탈락

굴착기울기 준수
보통 흙, 습지 1:1~1:1.5, 건지 1:0.5~1:1, 암반 풍화암 1:1.0, 연암 1:1.0, 경암 1:0.5, 신호수 배치, 버킷 안전핀 체결, 필요시 흙막이 가시설 설치

❹ 건설공사 벌점 측정기준(건설업자, 주택건설등록업자, 건설기술자)

(건설기술진흥법 '건설공사 등의 벌점관리기준 제87조 제5항')

1. 토공사 부실
- 도면과 다른 시공(관련 기준 포함)
- 기초굴착 및 절토·성토 소홀로 토사붕괴, 지반침하 발생

[기초굴착 및 절토·성토 작업]

2. 콘크리트면의 균열 발생
- 구조 검토, 원인 분석, 보수·보강 미실시

3. 콘크리트 재료분리의 발생
- 주요 구조부의 철근 노출
- 재료분리 0.1m² 이상 발생 시 보수·보강 계획 미수립 (단, 보수·보강 계획 수립 시 조치한 것으로 간주)

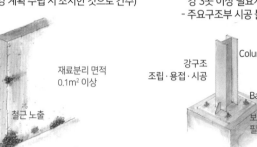

4. 철근의 배근·조립 및 강구조의 조립·용접· 시공상태의 불량
- 주요 구조부의 시공 불량으로 부재당 보수·보강 3곳 이상 필요시
- 주요구조부 시공 불량으로 보수·보강 필요시

[철골기둥]   **[벽체철근 배근·조립]**

5. 배수상태의 불량
- 도면과 다른 시공, 배수기능 상실
- 배수구 관리 불량

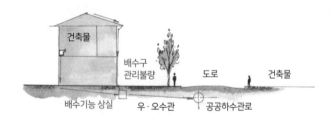

6. 방수 불량으로 누수
- 누수 발생
- 방수면적의 1/2 이상 보수 필요시

7. 시공단계별로 건설사업관리기술인의 검토·확인 미실시
- 주요 구조부 검토·확인 미실시
- 건설사업관리기술인의 지시 불이행

[시공단계별 검토·확인 일정]

8. 시공상세도면 작성의 소홀
- 시공상세도면의 작성 소홀로 시공보완 필요시

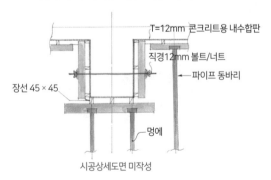

9. 공정관리의 소홀로 인한 공정 부진
- 공정 만회대책 미수립
- 공정 만회대책 수립 미흡

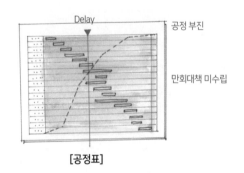

[공정표]

10. 가설시설물(동바리, 비계 또는 거푸집 등) 설치상태의 불량
- 설치 불량으로 안전사고 발생
- 시공계획서, 시공도면 미작성
- 보완시공 필요시

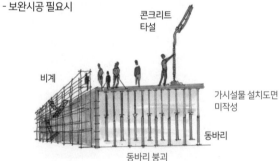

11. 건설공사현장 안전관리대책의 소홀

- 정기안전점검 결과 조치 미이행, 미실시
- 안전관리계획 수립 시 일부 내용 누락 및 기준 미달로 보완 필요시
- 각종 공사용 안전시설 계획대로 미설치
- 제105조 제3항에 따른 중대재해 발생 시

내용 누락
기준 미달
안전점검 미실시
중대재해 발생

[정기안전점검]

17. 아스콘 포설 및 다짐상태 불량

- 시방기준에 부적합한 자재 반입
- 현장다짐밀도, 포장두께 부족
- 혼합물 온도관리기준 초과
- 평탄성 시방기준 초과

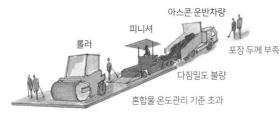

아스콘 운반차량
피니셔
롤러
포장 두께 부족
다짐밀도 불량
혼합물 온도관리 기준 초과

[아스콘포장작업]

12. 품질관리계획 또는 품질시험계획의 수립 및 실시의 미흡

- 일부 내용 누락 및 기준 미달로 보완 필요시
- 실시가 미흡하여 보완시공 필요시

내용 누락
기준 미달
보완 시공

[품질관리계획서, 품질시험계획서]

15. 콘크리트 타설 및 양생 과정의 소홀

- 배합설계 미실시
- 타설계획 미수립
- 거푸집 해체시기 및 타설순서 미준수
- 슬럼프 테스트, 염분함유량시험, 압축강도시험, 양생관리 미실시
- 생산·도착시간 및 타설완료시간 기록·관리 미실시
- 기준을 초과한 가수(加水)행위

레미콘 송장관리 미흡
기준이상 가수(加水)행위
콘크리트 품질시험 미실시
콘크리트 타설
콘크리트 타설계획 미수립
압축강도시험
슬럼프 테스트
염화물시험
수중양생
공기량 측정

18. 설계도서 및 관련 기준과 다른 시공

- 주요 구조부 설계도서 및 관련기준과 다른 시공으로 보완시공 필요시

설계도서 및 관련 기준과 다른 시공

[설계도서]

13. 시험실의 규모·시험장비 또는 품질관리기술인 확보의 미흡

- 시험장비 및 품질관리기술인 부족
- 시험실·장비, 품질관리기술인의 자격기준 미달
- 고장난 시험장비 방치, 검정·교정 미실시
- 품질관리업무 외에 다른 업무를 수행한 경우

품질관리자 미선임
타 업무 겸직
압축강도 시험
시험실 면적 부족
염화물 시험
검정·교정 미실시
슬럼프 테스트
공기량 측정

16. 레미콘 플랜트(아스콘 포함) 현장관리상태의 불량

- 계량장치 미검정
- 골재 규격별로 미저장
- 자동기록장치 미작동 및 기록지 미보관
- 기준 초과 가수
- 골재 관리상태 불량
- 아스콘 생산온도 부적정
- 품질시험 부적합 및 장비결함사항 방치

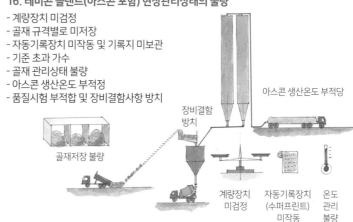

장비결함 방치
아스콘 생산온도 부적당
골재저장 불량
계량장치 미검정
자동기록장치 (수퍼프린트) 미작동
온도관리 불량

19. 계측관리의 불량

- 계측장비 미설치 또는 미작동
- 계측횟수 미달 또는 잘못 계측
- 측정기한을 초과하는 등 계측관리 소홀

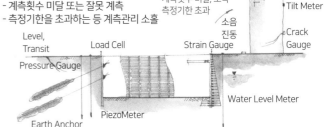

계측장비 미설치, 미작동
계측횟수 미달, 오측
측정기한 초과
소음 진동
Tilt Meter
Crack Gauge
Level, Transit
Load Cell
Strain Gauge
Pressure Gauge
Water Level Meter
PiezoMeter
Earth Anchor

14. 건설용 자재 및 기계·기구관리상태의 불량

- 기준 불충족, 발주청 미승인 기자재를 반입하여 사용 시
- 건설기계·기구 설치 관련 기준 불충족
- 자재 보관상태 불량

장비 기준 미달
미승인정비 사용
자재 보관상태 불량
Tower Crane
굴착기
이동식 크레인
건설자재
지게차

❺ 안전관리계획 수립기준(건설기술진흥법)

- 안전관리계획
- 대상시설물별 세부 안전관리계획

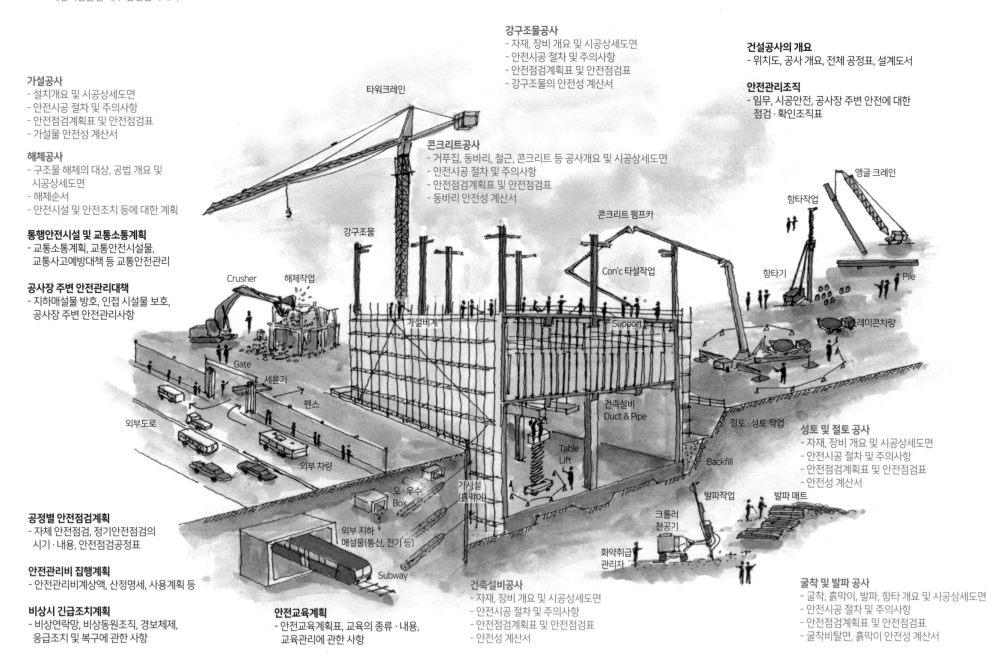

가설공사
- 설치개요 및 시공상세도면
- 안전시공 절차 및 주의사항
- 안전점검계획표 및 안전점검표
- 가설물 안전성 계산서

해체공사
- 구조물 해체의 대상, 공법 개요 및 시공상세도면
- 해체순서
- 안전시설 및 안전조치 등에 대한 계획

통행안전시설 및 교통소통계획
- 교통소통계획, 교통안전시설물, 교통사고예방대책 등 교통안전관리

공사장 주변 안전관리대책
- 지하매설물 방호, 인접 시설물 보호, 공사장 주변 안전관리사항

공정별 안전점검계획
- 자체 안전점검, 정기안전점검의 시기·내용, 안전점검공정표

안전관리비 집행계획
- 안전관리비계상액, 산정명세, 사용계획 등

비상시 긴급조치계획
- 비상연락망, 비상동원조직, 경보체제, 응급조치 및 복구에 관한 사항

안전교육계획
- 안전교육계획표, 교육의 종류·내용, 교육관리에 관한 사항

강구조물공사
- 자재, 장비 개요 및 시공상세도면
- 안전시공 절차 및 주의사항
- 안전점검계획표 및 안전점검표
- 강구조물의 안전성 계산서

콘크리트공사
- 거푸집, 동바리, 철근, 콘크리트 등 공사개요 및 시공상세도면
- 안전시공 절차 및 주의사항
- 안전점검계획표 및 안전점검표
- 동바리 안전성 계산서

건설공사의 개요
- 위치도, 공사 개요, 전체 공정표, 설계도서

안전관리조직
- 임무, 시공안전, 공사장 주변 안전에 대한 점검·확인조직표

성토 및 절토 공사
- 자재, 장비 개요 및 시공상세도면
- 안전시공 절차 및 주의사항
- 안전점검계획표 및 안전점검표
- 안전성 계산서

건축설비공사
- 자재, 장비 개요 및 시공상세도면
- 안전시공 절차 및 주의사항
- 안전점검계획표 및 안전점검표
- 안전성 계산서

굴착 및 발파 공사
- 굴착, 흙막이, 발파, 항타 개요 및 시공상세도면
- 안전시공 절차 및 주의사항
- 안전점검계획표 및 안전점검표
- 굴착비탈면, 흙막이 안전성 계산서

타워크레인 · 앵글 크레인 · 향타작업 · 강구조물 · 콘크리트 펌프카 · Con'c 타설작업 · 항타기 · Pile · Crusher · 해체작업 · 가설비계 · Support · 레미콘차량 · Gate · 세륜기 · 건축설비 Duct & Pipe · 절토·성토 작업 · 외부도로 · 펜스 · Duct · Backfill · 외부 차량 · Table Lift · 오·우수 Box · 가시설(흙막이) · 발파작업 · 발파 매트 · 외부 지하 매설물(통신, 전기 등) · 크롤러 천공기 · Subway · 화약취급 관리자 · 건축설비공사

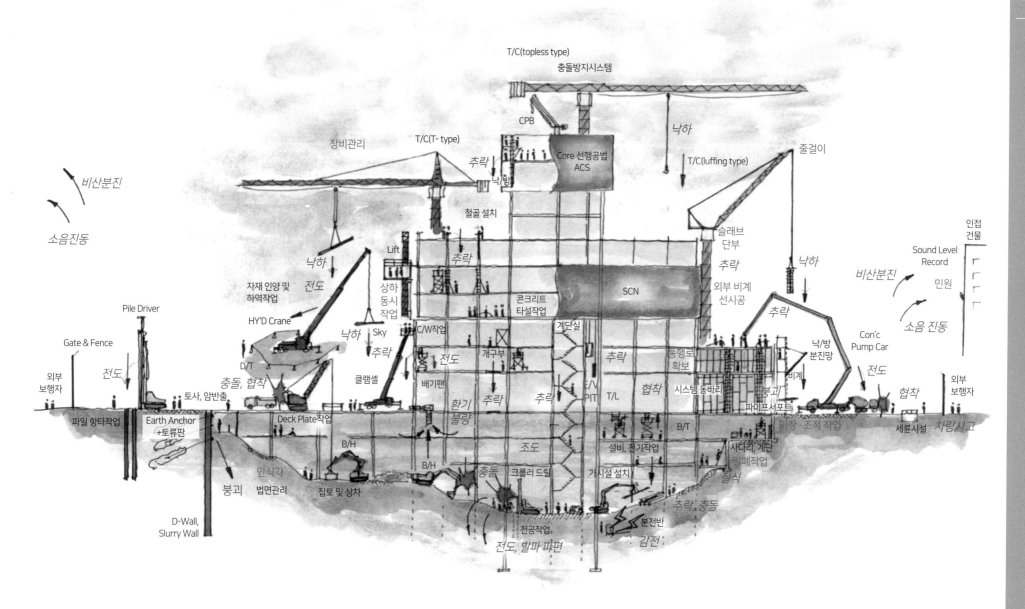

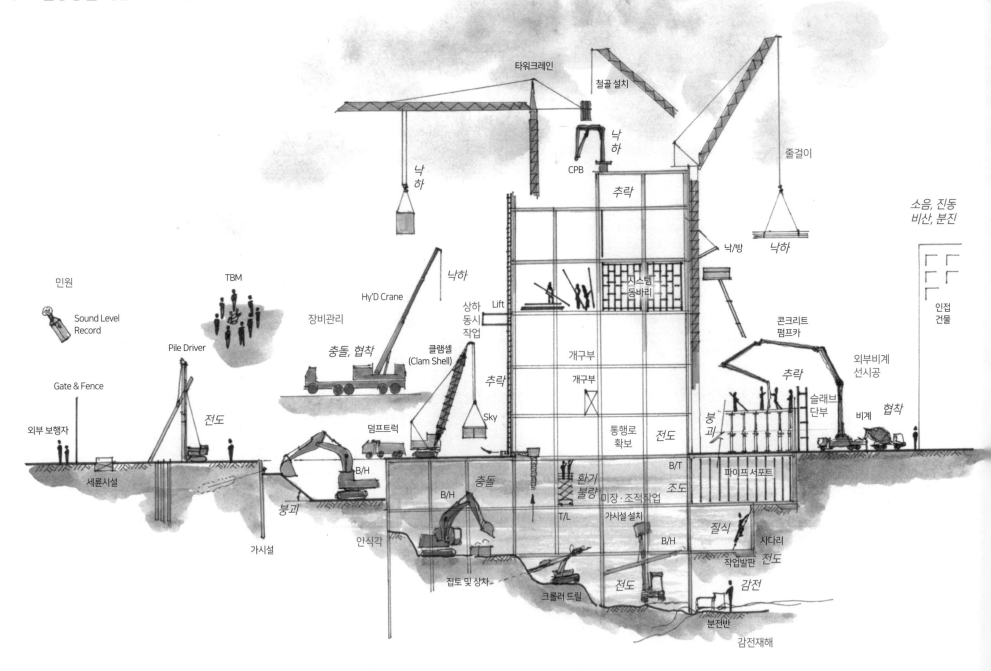

❽ 태풍 및 집중호우 대비 건설현장관리사항 도해

공사현장 주변 점검 실시
- 현장 내 주변 배수로 확보(집중호우 등에 의한 토사 유출 대비)
- 현장 주변 장마철 취약 부위 사전 보수작업

강풍에 의한 낙하·비래 등 재해조치
- 각종 가설물, 안전표지판, 적재물 등 결속/보강
- 비계 설치상태(기초, 벽이음, 연결철물)
- 작업발판 설치 및 결속상태
- 옥상 가설재 및 자재 등의 결속 또는 하역

붕괴 등 재해예방 조치
- 굴착사면 점검(지질·지형·균열)
- 흙막이 지보공 점검(변위, 상단 배수로 확보)
- 옹벽/석축 상태 점검
  (축대 상단 토사, 낙석 제거, 배수구 청소)

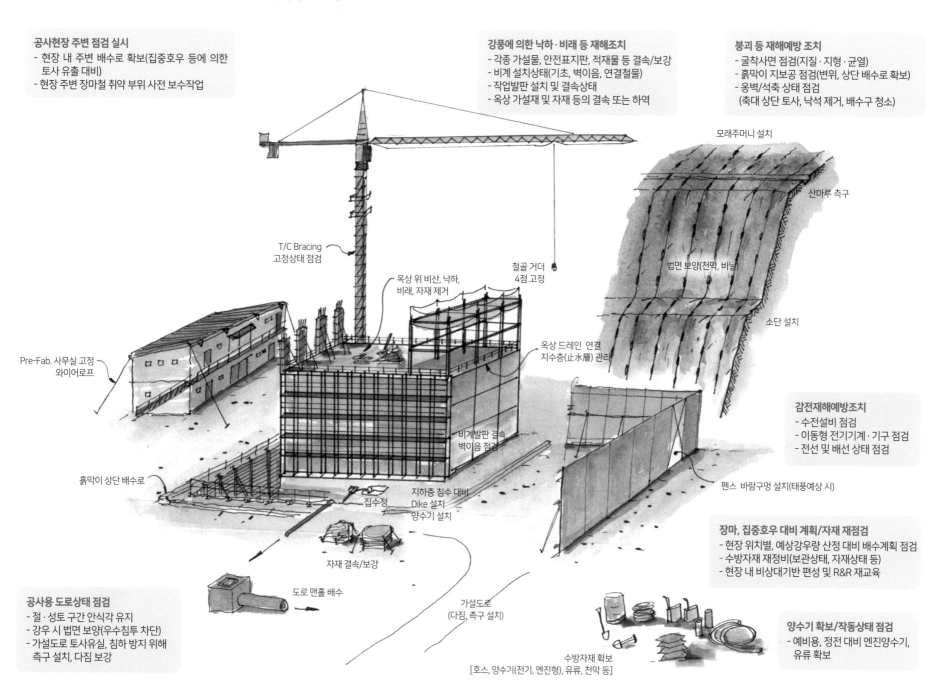

T/C Bracing
고정상태 점검

철골 거더
4점 고정

옥상 위 비산, 낙하,
비래, 자재 제거

모래주머니 설치

산마루 측구

법면 보양(천막, 비닐)

소단 설치

Pre-Fab. 사무실 고정
와이어로프

옥상 드레인 연결
지수층(止水層) 관리

감전재해예방조치
- 수전설비 점검
- 이동형 전기기계·기구 점검
- 전선 및 배선 상태 점검

흙막이 상단 배수로

집수정

지하층 침수 대비
Dike 설치
양수기 설치

비계발판 결속,
벽이음 점검

펜스 바람구멍 설치(태풍예상 시)

자재 결속/보강

도로 맨홀 배수

가설도로
(다짐, 측구 설치)

장마, 집중호우 대비 계획/자재 재점검
- 현장 위치별, 예상강우량 산정 대비 배수계획 점검
- 수방자재 재정비(보관상태, 자재상태 등)
- 현장 내 비상대기반 편성 및 R&R 재교육

공사용 도로상태 점검
- 절·성토 구간 안식각 유지
- 강우 시 법면 보양(우수침투 차단)
- 가설도로 토사유실, 침하 방지 위해
  측구 설치, 다짐 보강

수방자재 확보
[호스, 양수기(전기, 엔진형), 유류, 천막 등]

양수기 확보/작동상태 점검
- 예비용, 정전 대비 엔진양수기,
  유류 확보

❾ 건설현장 11대 안전보건수칙 도해(고용노동부)

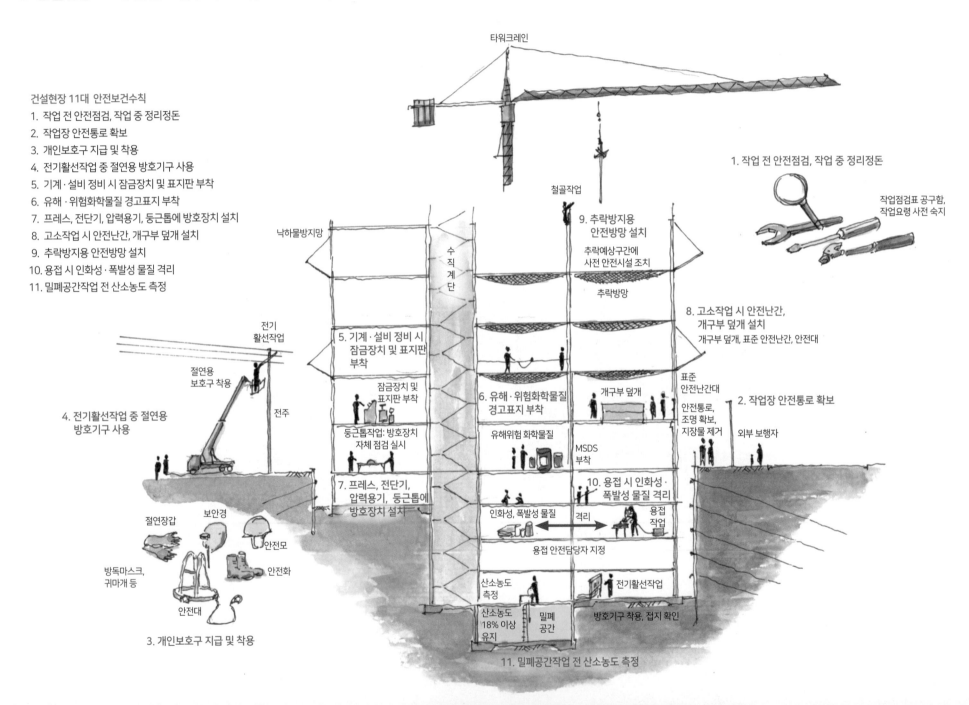

건설현장 11대 안전보건수칙

1. 작업 전 안전점검, 작업 중 정리정돈
2. 작업장 안전통로 확보
3. 개인보호구 지급 및 착용
4. 전기활선작업 중 절연용 방호기구 사용
5. 기계·설비 정비 시 잠금장치 및 표지판 부착
6. 유해·위험화학물질 경고표지 부착
7. 프레스, 전단기, 압력용기, 둥근톱에 방호장치 설치
8. 고소작업 시 안전난간, 개구부 덮개 설치
9. 추락방지용 안전방망 설치
10. 용접 시 인화성·폭발성 물질 격리
11. 밀폐공간작업 전 산소농도 측정

타워크레인

철골작업

1. 작업 전 안전점검, 작업 중 정리정돈

작업점검표 공구함, 작업요령 사전 숙지

9. 추락방지용 안전방망 설치

추락예상구간에 사전 안전시설 조치

추락방망

낙하물방지망

수직계단

5. 기계·설비 정비 시 잠금장치 및 표지판 부착

잠금장치 및 표지판 부착

둥근톱작업: 방호장치 자체 점검 실시

6. 유해·위험화학물질 경고표지 부착

유해위험 화학물질

개구부 덮개

8. 고소작업 시 안전난간, 개구부 덮개 설치

개구부 덮개, 표준 안전난간, 안전대

표준 안전난간대

안전통로, 조명 확보, 지장물 제거

2. 작업장 안전통로 확보

외부 보행자

MSDS 부착

전기 활선작업

절연용 보호구 착용

전주

4. 전기활선작업 중 절연용 방호기구 사용

7. 프레스, 전단기, 압력용기, 둥근톱에 방호장치 설치

10. 용접 시 인화성·폭발성 물질 격리

인화성, 폭발성 물질

격리

용접작업

용접 안전담당자 지정

절연장갑

보안경

안전모

방독마스크, 귀마개 등

안전화

안전대

3. 개인보호구 지급 및 착용

산소농도 측정

전기활선작업

산소농도 18% 이상 유지

밀폐공간

방호기구 착용, 접지 확인

11. 밀폐공간작업 전 산소농도 측정

⑩ 철도시설현장 주요 점검사항 I

서류상태 점검사항

1. 설계도서(시방서, 설계도면 등) 검토

2. 시공상세도(Shop DWG) 작성 여부

3. 설계도면, 시방규정과 상이하게 시공 여부

4. 토취장, 사토장 및 자재공급원 적정 여부

5. 실정보고 적기 처리 여부

현장 시공상태 점검사항

1. 가설, 굴착, 흙막이, 발파공사 등의 공법 및 관리 적정성

2. 비탈면, 옹벽 등의 배수계획 및 계측관리상태

3. 토공작업 시 표토 제거, 벌개제근, 층따기 및 다짐 시공상태

4. 콘크리트구조물의 균열·누수 등 발생 여부

5. 콘크리트이음, 접합 부위 시공의 적정성

6. 철근이음 및 정착, 배근 간격의 적정성

7. 교량 주요 구조부(교좌장치, 신축이음 등) 시공 적정 여부

8. 구조물공사 완료 후 뒤채움재료 및 다짐상태 적정 여부

9. 포장공의 각 층별 다짐 및 두께 적정 여부

10. 조적공사 쌓기 모르타르의 충전 등 시공 적정 여부

11. 기타, 방수, 단열, 마감공사 등의 시공 적정성

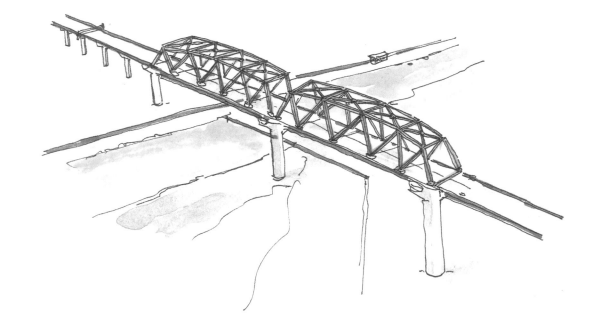

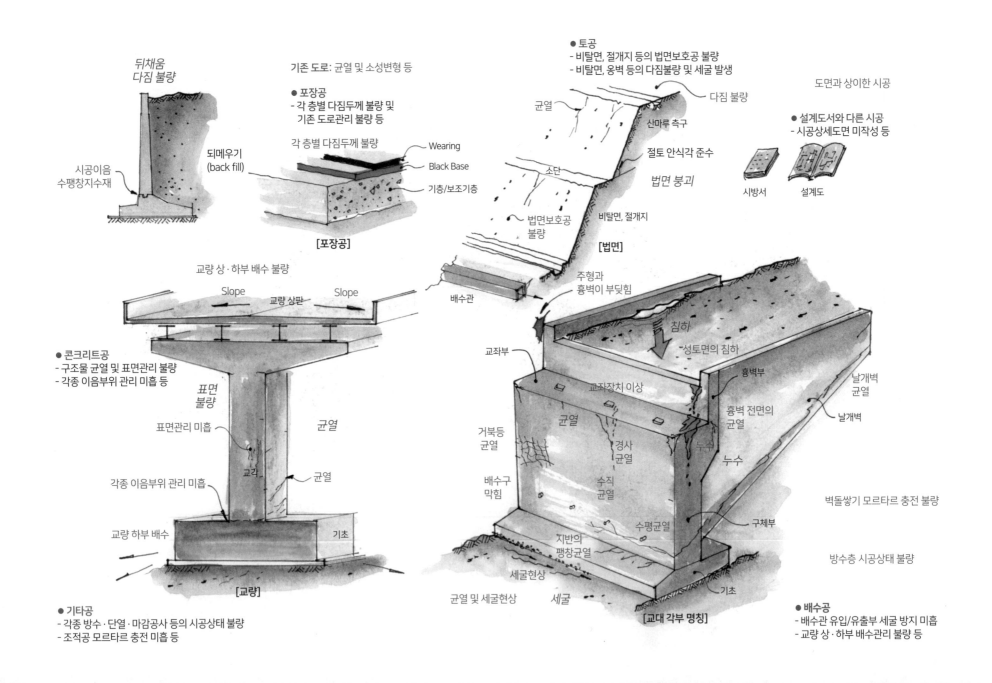

뒤채움 다짐 불량

시공이음 수팽창지수재

되메우기 (back fill)

기존 도로: 균열 및 소성변형 등

● 포장공
- 각 층별 다짐두께 불량 및 기존 도로관리 불량 등

각 층별 다짐두께 불량

Wearing
Black Base
기층/보조기층

[포장공]

● 토공
- 비탈면, 절개지 등의 법면보호공 불량
- 비탈면, 옹벽 등의 다짐불량 및 세굴 발생

균열
산마루 측구
소단
법면보호공 불량
비탈면, 절개지

다짐 불량
절토 안식각 준수
법면 붕괴

[법면]

도면과 상이한 시공

● 설계도서와 다른 시공
- 시공상세도면 미작성 등

시방서   설계도

교량 상·하부 배수 불량

Slope   교량 상판   Slope

배수관

주형과 흉벽이 부딪힘

● 콘크리트공
- 구조물 균열 및 표면관리 불량
- 각종 이음부위 관리 미흡 등

표면 불량

표면관리 미흡

교각

각종 이음부위 관리 미흡

균열

균열

교량 하부 배수   기초

[교량]

● 기타공
- 각종 방수·단열·마감공사 등의 시공상태 불량
- 조적공 모르타르 충전 미흡 등

교좌부

거북등 균열

배수구 막힘

침하
성토면의 침하

흉벽부

날개벽 균열

교좌장치 이상

균열

흉벽 전면의 균열

날개벽

경사 균열

누수

수직 균열

누수

수평균열

구체부

지반의 팽창균열

세굴현상

균열 및 세굴현상   세굴

기초

[교대 각부 명칭]

벽돌쌓기 모르타르 충전 불량

방수층 시공상태 불량

● 배수공
- 배수관 유입/유출부 세굴 방지 미흡
- 교량 상·하부 배수관리 불량 등

⑫ 건설현장 해빙기 위험성 평가 및 대책 도해 Ⅰ : 절토·성토 사면 붕괴재해

재해유형	(1) 절토·성토 사면의 붕괴재해
위험요인	① 절토·성토 사면 지반 내 동결된 공극수의 동결융해(凍結融解) 반복에 따른 부석 발생, 사면 붕괴 ② 빗물 또는 눈 녹은 물이 사면 내부로 침투하여 사면토사중량, 유동성 증가 및 전단강도 저하로 인한 사면 Sliding
안전대책	① 작업 전 사면의 붕괴위험 및 부석 낙하위험 여부 점검 후 흙막이 지보공의 설치 또는 작업자 출입통제 등의 조치 ② 사면 상부에는 하중을 증가시킬 우려가 있는 차량운행 또는 자재 등의 적치 금지 ③ 절토·성토면 위에 쌓여 있던 눈이 녹아 흐르는 물의 유입을 방지하기 위하여 산마루 측구 또는 도수로(導水路) 등의 배수로 정비 ④ 사면의 경사도 및 지하수위 측정 등 사면계측 실시 ⑤ 사면의 안정을 위하여 억제공법과 억지공법 등 근본적인 조치 실시 ⑥ 동절기 작업을 중단했던 터널공사의 경우 낙석주의, 암괴의 탈락 여부 점검 ⑦ 절토 시 토질의 형상, 지층분포, 불연속면(절리, 단층) 방향 등을 사전 검토

작업 전 점검사항
- 사면의 붕괴위험 및 부석낙하 위험 점검
- 흙막이 지보공 설치
- 작업자 출입통제 실시

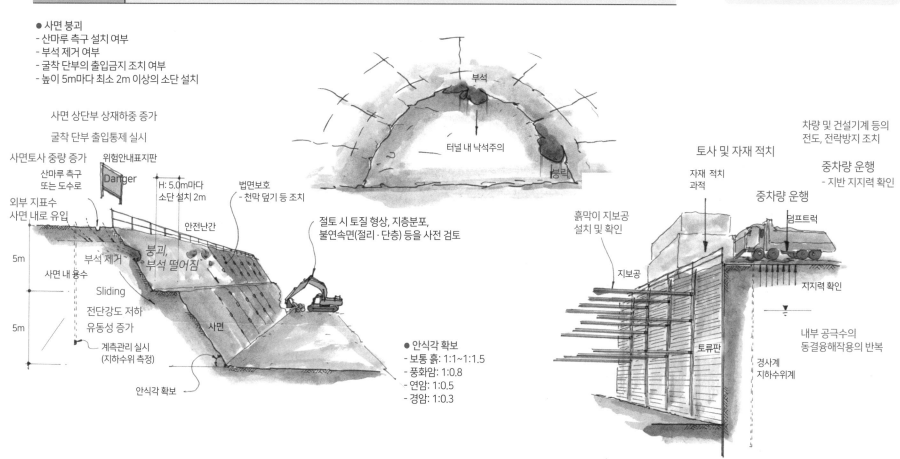

● 사면 붕괴
- 산마루 측구 설치 여부
- 부석 제거 여부
- 굴착 단부의 출입금지 조치 여부
- 높이 5m마다 최소 2m 이상의 소단 설치

사면 상단부 상재하중 증가

굴착 단부 출입통제 실시

사면토사 중량 증가
산마루 측구 또는 도수로
외부 지표수 사면 내로 유입

위험안내표지판
Danger

H: 5.0m마다 소단 설치 2m

안전난간

법면보호 - 천막 덮기 등 조치

절토 시 토질 형상, 지층분포, 불연속면(절리·단층) 등을 사전 검토

5m
사면 내 용수
부석 제거
붕괴, 부석 떨어짐

Sliding
전단강도 저하 유동성 증가
사면

5m
계측관리 실시 (지하수위 측정)

안식각 확보

● 안식각 확보
- 보통 흙 : 1:1~1:1.5
- 풍화암 : 1:0.8
- 연암 : 1:0.5
- 경암 : 1:0.3

부석

터널 내 낙석주의

붕괴

차량 및 건설기계 등의 전도, 전락방지 조치

토사 및 자재 적치

자재 적치 과적

중차량 운행
- 지반 지지력 확인

중차량 운행

덤프트럭

흙막이 지보공 설치 및 확인

지보공

지지력 확인

토류판

내부 공극수의 동결융해작용의 반복

경사계 지하수위계

재해유형	(2) 흙막이지보공 붕괴
위험요인	① 굴착배면 지반의 동결융해 시 토압 및 수압 증가로 흙막이지보공 붕괴 ② 현장 주변의 지반침하로 인접건물, 시설물의 손상 또는 지하매설물 파손

안전대책	① 해빙기 작업 재개 전
	  - 점검반을 구성하여 흙막이지보공 부재의 변형, 부식, 손상 및 탈락의 유무, 상태 점검
	  - 계측 결과 분석을 통한 토압의 증가 또는 이상 유무 확인
	  - 흙막이벽에 지중 공극수 동결로 인한 배부름 현상 발생, 용수 부위 존재 여부 조사
	  - 굴착작업 전 작업장소 및 주변 지반에 대한 균열, 함수, 용수 및 동결의 유무, 상태 점검
	② 굴착토사나 자재 등 중량물을 경사면 및 흙막이 상부 적치 금지
	③ 표면수가 지중으로 침투하지 못하도록 굴착배면에 배수로 설치 및 콘크리트 타설

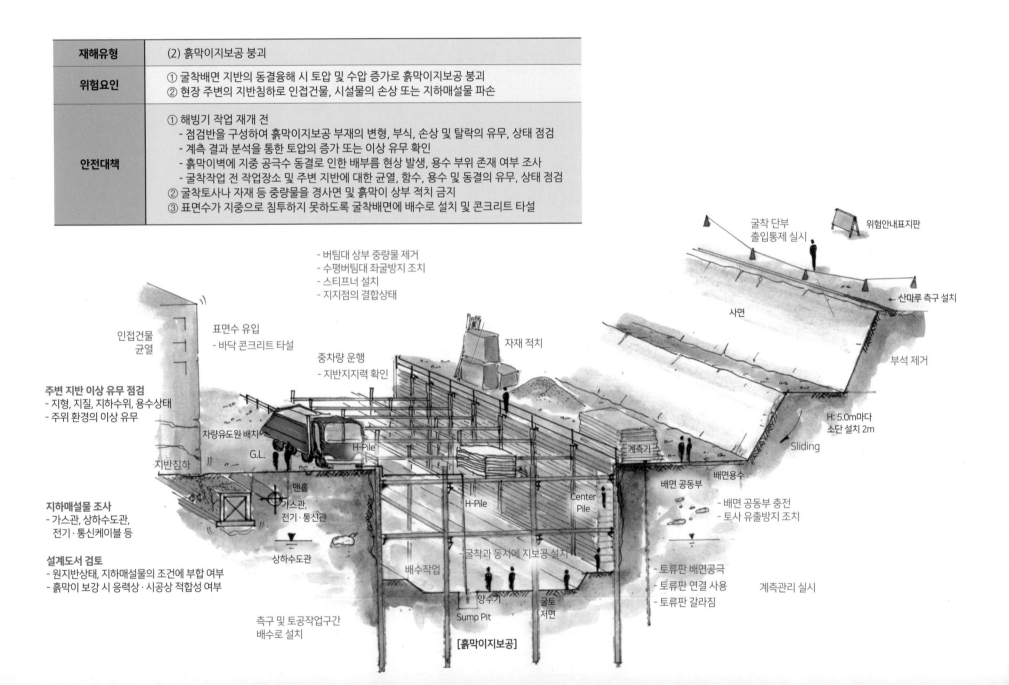

- 버팀대 상부 중량물 제거
- 수평버팀대 좌굴방지 조치
- 스티프너 설치
- 지지점의 결합상태

굴착 단부
출입통제 실시
위험안내표지판

산마루 측구 설치

사면

부석 제거

인접건물
균열

표면수 유입
- 바닥 콘크리트 타설

중차량 운행
- 지반지력 확인

자재 적치

주변 지반 이상 유무 점검
- 지형, 지질, 지하수위, 용수상태
- 주위 환경의 이상 유무

H: 5.0m마다
소단 설치 2m

Sliding

차량유도원 배치

G.L.

H-Pile

지반침하

배면용수

배면 공동부

계측기

Center
Pile

배면 공동부 충전
- 토사 유출방지 조치

지하매설물 조사
- 가스관, 상하수도관,
  전기·통신케이블 등

맨홀
가스관,
전기·통신관

H-Pile

설계도서 검토
- 원지반상태, 지하매설물의 조건에 부합 여부
- 흙막이 보강 시 응력상·시공상 적합성 여부

상하수도관

배수작업

굴착과 동서에 지보공 설치

토류판 배면공극
토류판 연결 사용
토류판 갈라짐

계측관리 실시

양수기

굴토
저면

Sump Pit

측구 및 토공작업구간
배수로 설치

[흙막이지보공]

⓮ 건설현장 해빙기 위험성 평가 및 대책 도해 Ⅲ : 지반침하로 인한 재해

재해유형	(3) 지반침하로 인한 재해
위험요인	① 동결지반의 융해에 따른 지반 이완 및 침하로 지하매설물(도시가스, 상하수도, 관로 등) 파손 ② 동결지반 위에 설치된 비계 등 가설구조물의 붕괴 및 변형
안전대책	① 현장 주변 지반 및 인접 건물 등의 침하·균열·변형 여부 조사 ② 최소 1일 1회 이상 순회점검을 실시하여 매설물의 안전상태 등 확인 ③ 동결지반이 녹는 경우 함수량 증가에 따른 지반침하로 비계 또는 지반에 설치된 거푸집 동바리, 기타 가설구조물의 붕괴 우려가 있으므로 대비 철저 ④ 공사용 차량 및 건설기계 등의 전도·전락 방지를 위하여 지반의 지지력 확인 및 가설도로 상태 점검 ⑤ 지하매설물의 이설, 위치변경, 교체 등의 작업 시 관계기관과 사전 협의토록 하고 담당자 입회하에 작업 실시

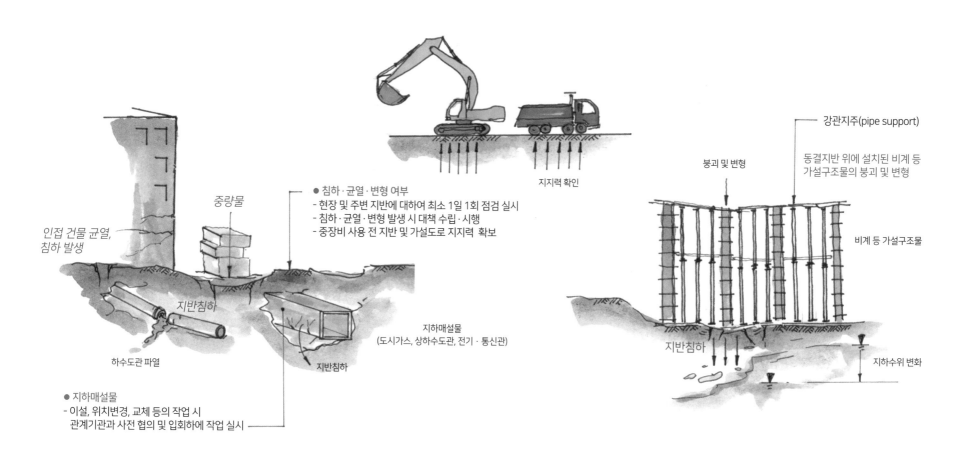

지지력 확인

인접 건물 균열,
침하 발생

중량물

● 침하·균열·변형 여부
- 현장 및 주변 지반에 대하여 최소 1일 1회 점검 실시
- 침하·균열·변형 발생 시 대책 수립·시행
- 중장비 사용 전 지반 및 가설도로 지지력 확보

지반침하

하수도관 파열

지하매설물
(도시가스, 상하수도관, 전기·통신관)

지반침하

● 지하매설물
- 이설, 위치변경, 교체 등의 작업 시
  관계기관과 사전 협의 및 입회하에 작업 실시

강관지주(pipe support)

붕괴 및 변형

동결지반 위에 설치된 비계 등
가설구조물의 붕괴 및 변형

비계 등 가설구조물

지반침하

지하수위 변화

⓯ 건설현장 해빙기 위험성 평가 및 대책 도해 Ⅳ: 거푸집 동바리 붕괴재해

재해유형	(4) 거푸집 동바리 붕괴재해
위험요인	① 콘크리트 타설 중 거푸집 동바리 붕괴
안전대책	① 거푸집 동바리에 대한 구조 검토 실시(연직 방향 하중, 수평 방향 하중, 측압, 풍하중, 지지하중 등) ② 거푸집 동바리 설치 시 유의사항 - 구조 검토 후 조립도 작성, 준수 - 높이조절용 핀은 전용 철물 사용 - 높이 3.5m 이상은 @2m마다 수평연결재 2방향 설치 및 전용 연결철물 사용 - 지주는 진동·충격·편심 등에 의하여 이탈되지 않도록 상부 고정 - 계단 등 경사부 지보공은 하중전달이 용이하도록 쐐기 등 사용 - 층고가 매우 높거나 슬래브 두께가 두꺼운 중량구조물인 경우 시스템 동바리 적용 - 동바리 수직도 준수

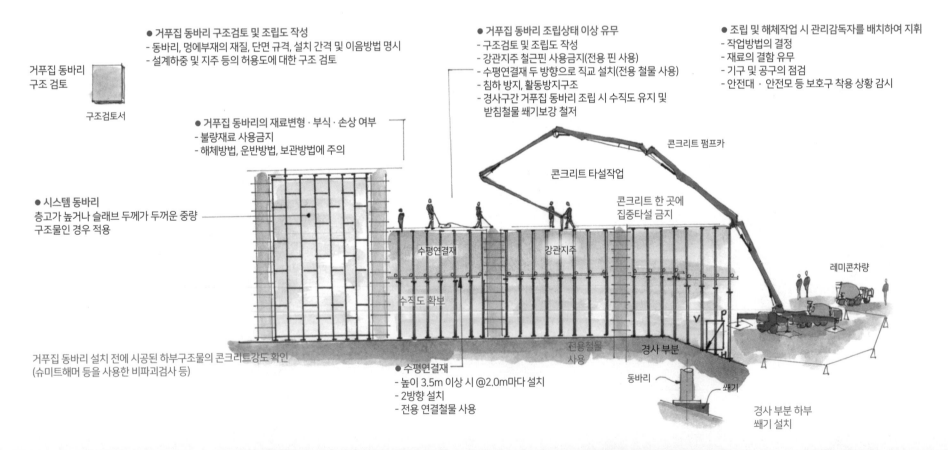

● 거푸집 동바리 구조검토 및 조립도 작성
- 동바리, 멍에부재의 재질, 단면 규격, 설치 간격 및 이음방법 명시
- 설계하중 및 지주 등의 허용도에 대한 구조 검토

거푸집 동바리
구조 검토

구조검토서

● 거푸집 동바리 조립상태 이상 유무
- 구조검토 및 조립도 작성
- 강관지주 철근핀 사용금지(전용 핀 사용)
- 수평연결재 두 방향으로 직교 설치(전용 철물 사용)
- 침하 방지, 활동방지구조
- 경사구간 거푸집 동바리 조립 시 수직도 유지 및
  받침철물 쐐기보강 철저

● 조립 및 해체작업 시 관리감독자를 배치하여 지휘
- 작업방법의 결정
- 재료의 결함 유무
- 기구 및 공구의 점검
- 안전대 · 안전모 등 보호구 착용 상황 감시

● 거푸집 동바리의 재료변형 · 부식 · 손상 여부
- 불량재료 사용금지
- 해체방법, 운반방법, 보관방법에 주의

콘크리트 펌프카

콘크리트 타설작업

콘크리트 한 곳에
집중타설 금지

● 시스템 동바리
층고가 높거나 슬래브 두께가 두꺼운 중량
구조물인 경우 적용

레미콘차량

수평연결재

강관지주

수직도 확보

전용철물
사용

경사 부분

거푸집 동바리 설치 전에 시공된 하부구조물의 콘크리트강도 확인
(슈미트해머 등을 사용한 비파괴검사 등)

● 수평연결재
- 높이 3.5m 이상 시 @2.0m마다 설치
- 2방향 설치
- 전용 연결철물 사용

동바리

쐐기

경사 부분 하부
쐐기 설치

⑯ 건설현장 해빙기 위험성 평가 및 대책 도해 V : 화재·폭발·질식 재해

재해유형	(5) 화재·폭발·질식 재해
위험요인	① 난방기구 및 전열기구 과열로 인한 화재, ② 밀폐공간 내 도장·방수·단열 중 화재, ③ 현장 내에서 피우던 불이 다른 장소로 인화되어 화재 발생, ④ 콘크리트 양생용 갈탄난로의 일산화탄소에 질식, ⑤ 동결된 폭약취급 중 폭발
안전대책	① 가설숙소,현장사무실 및 창고 등의 난방기구 및 전열기구 상태 점검(전열기 승인제품 사용, 소화상태에서 유류 주입, 난방기구 1m 주변 내 인화물질 방치금지 및 소화기 비치, 퇴실 시 소화상태 확인, 실내환기 후 가스 사용 및 누기 수시로 확인) ② 인화성 물질은 작업장에 필요한 수량만 반입하되 구획된 장소를 마련하여 분리 보관 ③ 유류통의 연료량을 확인하기 위해 라이터 또는 성냥 사용금지(손전등 사용) ④ 가설숙소, 현장사무실 및 창고의 출입구 주위와 인화물질, 화기작업 주변에는 소화기, 방화사 배치 ⑤ 화재예방교육을 통하여 소화기 사용방법 및 화재 발생 시 대피요령 등을 숙지 ⑥ 담배는 지정된 장소에서 흡연하고 꽁초불씨는 완전히 제거 ⑦ 콘크리트 양생용 열풍기 사용 시 소화기 비치, 질식을 방지하기 위해 환기설비 설치 ⑧ 현장 내 임의소각행위 금지 ⑨ 밀폐공간 내에서 도장작업 등 유기용제를 사용하는 작업 시 환기(자연환기·강제환기·국소배기) 조치, 화기사용 금지

인화성 물질 등 화기작업 시 불티의 비산 방지를 위하여 불받이보(fire blanket) 등 불꽃·불티·고온 등을 차폐할 수 있는 설비 설치

배기·환기시설

우레탄분사기를 포함하여 작업에 사용되는 모든 전동기계·기구는 부하측 누전차단기 설치

폭발

동결된 폭약 취급 중 폭발위험

폭약

화재

현장 내 임의소각행위

화재

인화성 물질 방치

질식

도장작업

승하강 사다리

이동식 비계

전기분전반

화기작업 (용접)

용접기

물질안전보건자료(MSDS) 경고/주의표지판

경고/주의표지판

인화성 물질 방치

인화성 물질

비상시 위험상황을 알릴 수 있는 경보설비 설치

소화기

난로

난방기 1m 주변 내 인화물질의 방치금지 및 소화기 비치

밀폐공간(지하실, 탱크, Box 등)에서 용접작업 전 인화성 물질, 가연성 가스, 증기 등 위험물질을 완전히 제거 및 작업 실시

가연성 물질 방치

인화성 물질 등 위험물질은 화기와 철저히 이격하여 사용하고 소화기구(층고가 높은 장소에서는 압력이 높은 중형 소화기 비치) 비치 등 화재예방 조치

● 구조물 양생 중 질식재해 및 화재에 대한 조치
- 외부감시자 배치
- 외부감시자와 내부작업자의 연락체계 구축
- 화기 및 인화성·발화성 물질 부근 소화기 배치 여부 확인

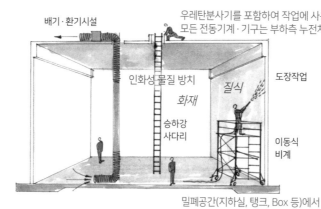

조명 / 화재 / 환기시설 / 조명

질식

갈탄난로 / 열풍기 / 소화기

환기시설

사전에 비상탈출경로를 지정하고, 안내표지, 간이비상탈출기구 등의 설치 및 비상탈출 시 정전 시에도 작동되는 유도등, 비상조명시설 설치

● 화재예방교육
- 소화기 사용법
- 화재발생 시 대피요령 등

근로자의 철저한 흡연금지 등 화재예방교육 및 피난교육 실시 (소화기에 의한 초기진화 실패 시에는 즉시 화재장소에서 탈출하도록 교육)

재해유형	(6) 전기화재
위험요인	① 합선(단락): 전선의 절연이 파괴되어 두 전선이 서로 접촉되는 현상. 단락점에서 스파크가 발생하여 인화성·가연성 물질에 접촉하여 화재 발생 ② 과전류(과부하): 한 개의 콘센트에 여러 개의 전기기구 사용, 계약용량 초과 사용 시 과전류되어 발열·발화 또는 전선 적열(積熱)로 화재 ③ 누전: 전선, 기구가 낡아 절연물 기능이 상실되어 전류가 건물 내 금속체를 통하여 저항열이 축적되어 인화물질에 인화
안전대책	① 플러그는 콘센트에 완전히 꽂으며, 뺄 때는 전선을 잡지 말고 플러그를 잡고 뺀다. ② 전기기구나 전선은 규격품을 사용하고, 배선은 꼬이거나 꺾이지 않도록 주의 ③ 정격용량의 퓨즈 사용 ④ 한 개의 콘센트에 문어발식 플러그 사용금지 ⑤ 스파크 발생장소에 가연성 물질 방치금지

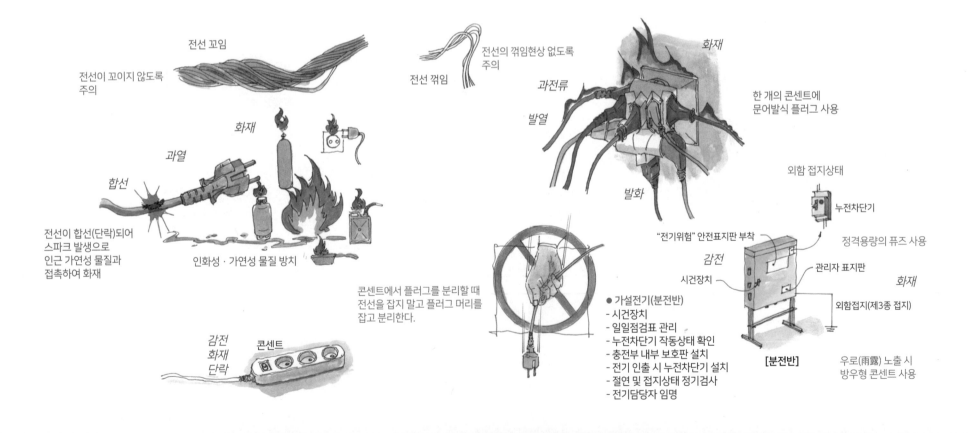

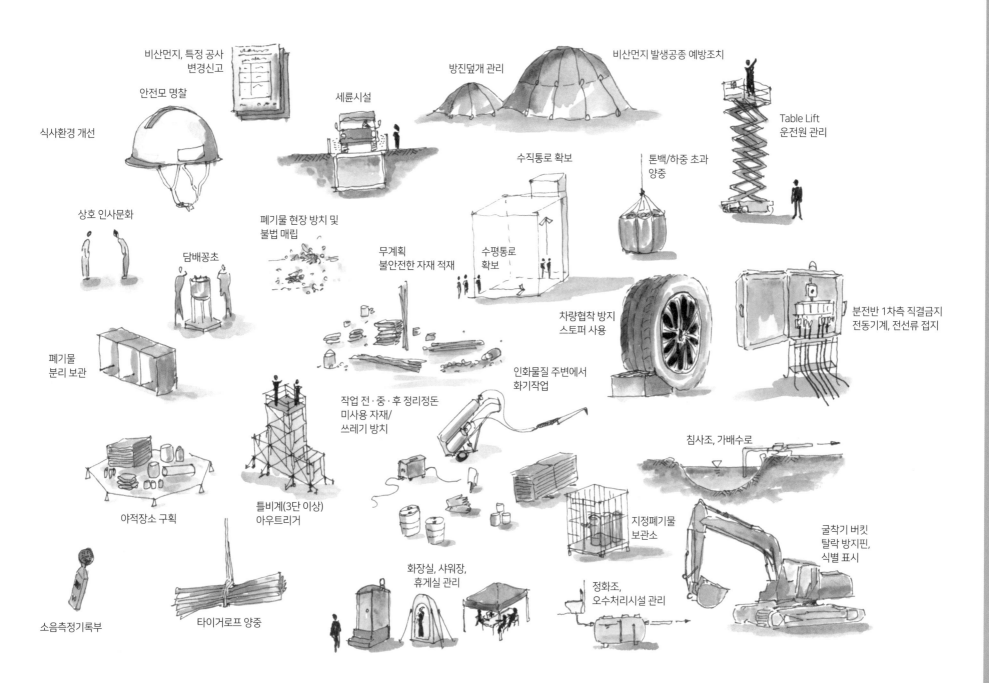

식사환경 개선

안전모 명찰

비산먼지, 특정 공사 변경신고

세륜시설

방진덮개 관리

비산먼지 발생공종 예방조치

Table Lift 운전원 관리

상호 인사문화

폐기물 현장 방치 및 불법 매립

무계획 불안전한 자재 적재

수직통로 확보

수평통로 확보

톤백/하중 초과 양중

담배꽁초

폐기물 분리 보관

차량협착 방지 스토퍼 사용

분전반 1차측 직결금지 전동기계, 전선류 접지

인화물질 주변에서 화기작업

작업 전·중·후 정리정돈 미사용 자재/ 쓰레기 방치

침사조, 가배수로

야적장소 구획

틀비계(3단 이상) 아우트리거

지정폐기물 보관소

굴착기 버킷 탈락 방지핀, 식별 표시

소음측정기록부

타이거로프 양중

화장실, 샤워장, 휴게실 관리

정화조, 오수처리시설 관리

● 콘크리트 타설 중 붕괴주의
- 구조검토 실시
- 동바리담당자 최종 검측 확인
- Inspection 실시(협력사, 공사담당자)

● 추락, 낙하
- 줄걸이 점검
- 상하 동시작업 주의

타워크레인

[거푸집작업]

● Gang Form 및 AL. Form
- 구조검토, 제작지침 준수
- 자재 반입 전 공장검사 중요
- ITP & Inspection, 관리점검

앵글크레인

[자재반입]

[자재 양중]

소음, 진동,
비산먼지

항타기

[파일 이동]

항타기
(pile driver)

● 장비
- 전도주의
- 지반상태 점검

[파일 항타]

충돌, 협착

[시스템 동바리]

[기초터파기]

[파일 두부정리]

[토사 반출]

Back Hoe

[콘크리트 타설]

민원

보행자

레미콘차량

● Gate
- 보행자, 차량주의
- 민원인 대응
- 살수기 운영

[기초철근배근]

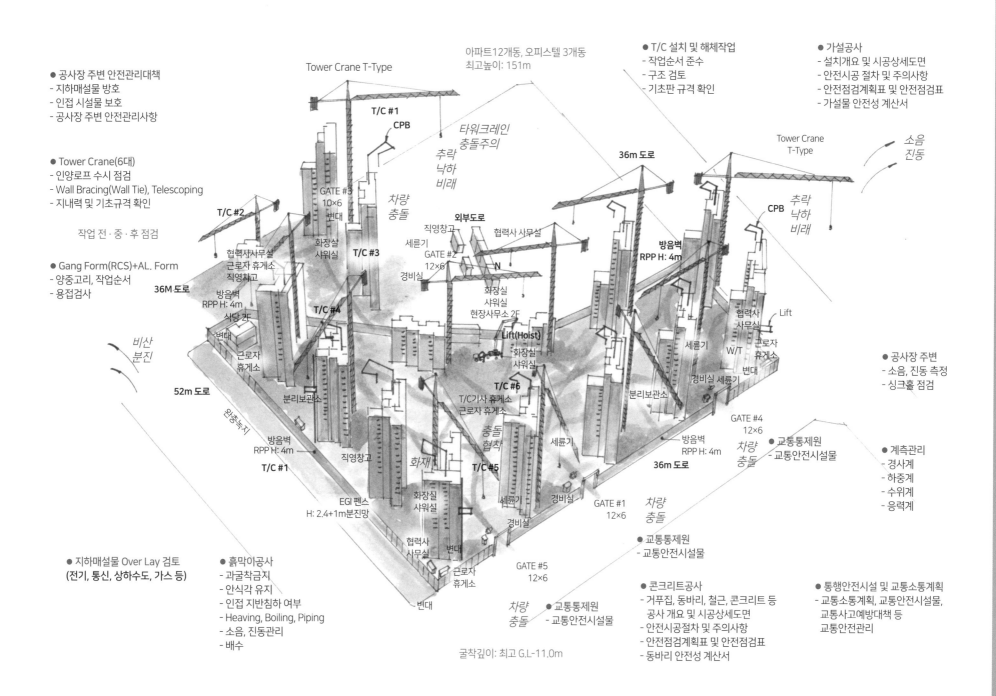

● 공사장 주변 안전관리대책
- 지하매설물 방호
- 인접 시설물 보호
- 공사장 주변 안전관리사항

● Tower Crane(6대)
- 인양로프 수시 점검
- Wall Bracing(Wall Tie), Telescoping
- 지내력 및 기초규격 확인

작업 전·중·후 점검

● Gang Form(RCS)+AL. Form
- 양중고리, 작업순서
- 용접검사

Tower Crane T-Type

T/C #1
CPB

아파트12개동, 오피스텔 3개동
최고높이: 151m

타워크레인
충돌주의

추락
낙하
비래

● T/C 설치 및 해체작업
- 작업순서 준수
- 구조 검토
- 기초판 규격 확인

36m 도로

Tower Crane T-Type

소음
진동

● 가설공사
- 설치개요 및 시공상세도면
- 안전시공 절차 및 주의사항
- 안전점검계획표 및 안전점검표
- 가설물 안전성 계산서

GATE #3
10×6
변대

T/C #2

협력사사무실
근로자 휴게소
직영창고

화장실
샤워실

T/C #3

차량
충돌

외부도로

직영창고

세륜기

GATE #2
12×6

경비실

협력사 사무실

N

화장실
샤워실
현장사무소 2F

CPB

추락
낙하
비래

방음벽
RPP H: 4m

협력사
사무실

Lift

36M 도로

방음벽
RPP H: 4m
식당 2F
변대

T/C #4

근로자
휴게소

Lift(Hoist)

세륜기

W/T

근로자
휴게소
변대

● 공사장 주변
- 소음, 진동 측정
- 싱크홀 점검

비산
분진

52m 도로

분리보관소

T/C #6

T/C기사 휴게소
근로자 휴게소

충돌
협착

세륜기

경비실 세륜기

분리보관소

GATE #4
12×6

방음벽
RPP H: 4m

차량
충돌

● 교통통제원
- 교통안전시설물

● 계측관리
- 경사계
- 하중계
- 수위계
- 응력계

방음벽
RPP H: 4m

완충녹지

직영창고

화재

T/C #5

세륜기

경비실

36m 도로

T/C #1

EGI 펜스
H: 2.4+1m분진망

화장실
샤워실

GATE #1
12×6

차량
충돌

● 지하매설물 Over Lay 검토
(전기, 통신, 상하수도, 가스 등)

● 흙막이공사
- 과굴착금지
- 안식각 유지
- 인접 지반침하 여부
- Heaving, Boiling, Piping
- 소음, 진동관리
- 배수

협력사
사무실
변대

근로자
휴게소

변대

GATE #5
12×6

차량
충돌

● 교통통제원
- 교통안전시설물

● 교통통제원
- 교통안전시설물

● 콘크리트공사
- 거푸집, 동바리, 철근, 콘크리트 등
공사 개요 및 시공상세도면
- 안전시공절차 및 주의사항
- 안전점검계획표 및 안전점검표
- 동바리 안전성 계산서

● 통행안전시설 및 교통소통계획
- 교통소통계획, 교통안전시설물,
교통사고예방대책 등
교통안전관리

굴착깊이: 최고 G.L-11.0m

㉑ [사례 4] 공동주택현장 공사계획 도해

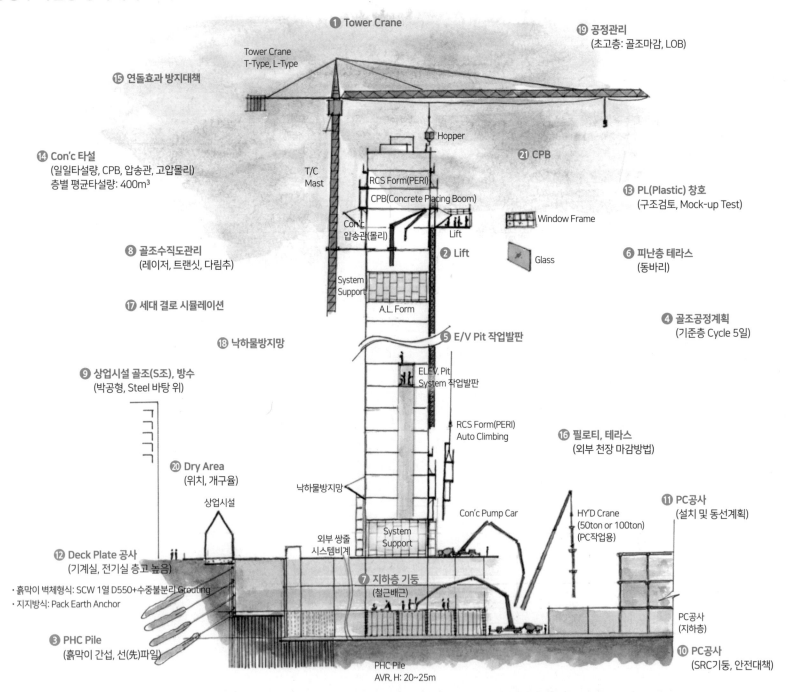

① Tower Crane

Tower Crane
T-Type, L-Type

⑮ 연돌효과 방지대책

⑲ 공정관리
(초고층: 골조마감, LOB)

Hopper

㉑ CPB

⑭ Con'c 타설
(일일타설량, CPB, 압송관, 고압몰리)
층별 평균타설량: 400m³

T/C
Mast

RCS Form(PERI)

CPB(Concrete Placing Boom)

⑬ PL(Plastic) 창호
(구조검토, Mock-up Test)

Con'c
압송관(몰리)

Lift

Window Frame

⑧ 골조수직도관리
(레이저, 트랜싯, 다림추)

② Lift

Glass

⑥ 피난층 테라스
(동바리)

System
Support

A.L. Form

⑰ 세대 결로 시뮬레이션

⑤ E/V Pit 작업발판

④ 골조공정계획
(기준층 Cycle 5일)

⑱ 낙하물방지망

ELEV. Pit
System 작업발판

⑨ 상업시설 골조(S조), 방수
(박공형, Steel 바탕 위)

RCS Form(PERI)
Auto Climbing

⑯ 필로티, 테라스
(외부 천장 마감방법)

⑳ Dry Area
(위치, 개구율)

상업시설

낙하물방지망

Con'c Pump Car

HY'D Crane
(50ton or 100ton)
(PC작업용)

⑪ PC공사
(설치 및 동선계획)

⑫ Deck Plate 공사
(기계실, 전기실 층고 높음)

· 흙막이 벽체형식: SCW 1열 D550+수중불분리 Grouting
· 지지방식: Pack Earth Anchor

외부 쌍줄
시스템비계

System
Support

⑦ 지하층 기둥
(철근배근)

PC공사
(지하층)

③ PHC Pile
(흙막이 간섭, 선(先)파일)

PHC Pile
AVR. H: 20~25m

⑩ PC공사
(SRC기둥, 안전대책)

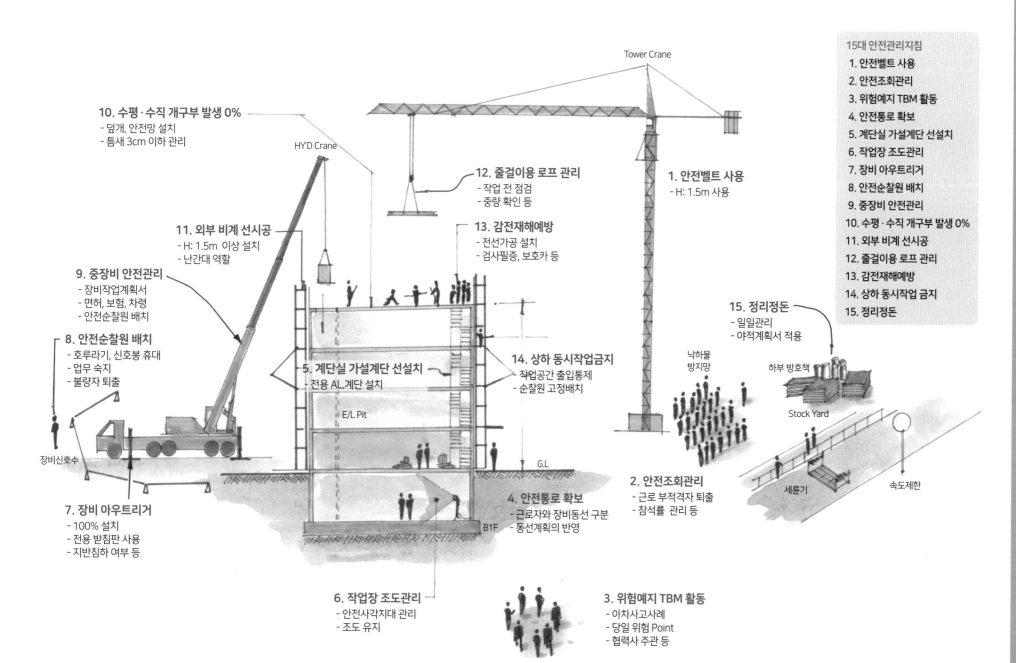

10. 수평·수직 개구부 발생 0%
- 덮개, 안전망 설치
- 틈새 3cm 이하 관리

Tower Crane

HY'D Crane

12. 줄걸이용 로프 관리
- 작업 전 점검
- 중량 확인 등

1. 안전벨트 사용
- H: 1.5m 사용

11. 외부 비계 선시공
- H: 1.5m 이상 설치
- 난간대 역할

13. 감전재해예방
- 전선가공 설치
- 검사필증, 보호카 등

9. 중장비 안전관리
- 장비작업계획서
- 면허, 보험, 차령
- 안전순찰원 배치

15. 정리정돈
- 일일관리
- 야적계획서 적용

8. 안전순찰원 배치
- 호루라기, 신호봉 휴대
- 업무 숙지
- 불량자 퇴출

낙하물
방지망

하부 방호책

5. 계단실 가설계단 선설치
- 전용 AL.계단 설치

E/L Pit

14. 상하 동시작업금지
- 작업공간 출입통제
- 순찰원 고정배치

Stock Yard

장비신호수

G.L

7. 장비 아우트리거
- 100% 설치
- 전용 받침판 사용
- 지반침하 여부 등

B1F

4. 안전통로 확보
- 근로자와 장비동선 구분
- 동선계획의 반영

2. 안전조회관리
- 근로 부적격자 퇴출
- 참석률 관리 등

세륜기

속도제한

6. 작업장 조도관리
- 안전사각지대 관리
- 조도 유지

3. 위험예지 TBM 활동
- 이차사고사례
- 당일 위험 Point
- 협력사 주관 등

15대 안전관리지침
1. 안전벨트 사용
2. 안전조회관리
3. 위험예지 TBM 활동
4. 안전통로 확보
5. 계단실 가설계단 선설치
6. 작업장 조도관리
7. 장비 아우트리거
8. 안전순찰원 배치
9. 중장비 안전관리
10. 수평·수직 개구부 발생 0%
11. 외부 비계 선시공
12. 줄걸이용 로프 관리
13. 감전재해예방
14. 상하 동시작업 금지
15. 정리정돈

주요 안전관리 포인트
- 장비안전관리(T/C, Lift, HY'D Crane 등)
- 골조작업자 추락관리
- 개구부 관리(수직, 수평)
- 지역적 특성관리(강풍, 폭설, 해무, 강추위 등)

● **거푸집 동바리 설치작업**
층고 3.5m 이상
(@2m마다 수평연결재,
전용 클램프 및 전용 핀 사용)

● **거푸집 동바리 해체작업**
해체 순서: 벽체 → 동바리 → 천장
해체 시 자재, 공구·도구 낙하주의
높은 부위는 작업대 사용

● **Lift(hoist)**
협착, 추락, 낙하
Wall Tie 고정상태, 주변 통제,
적재하중 준수, 운전원 배치

● **줄걸이 확인**
파단, 낙하, 충돌
와이어로프, 슬링벨트,
꼬임, 소선상태 등

● **개구부**
추락, 낙하
폐쇄조치, 시건장치,
담당자 지정 관리, 일일점검

● **인양 시 낙하위험**
안전한 와이어로프 사용, 2줄걸이 결속,
유도로프, 하부 접근금지

● **인접건물**
민원, 소음, 진동, 분진
소음측정기록 유지,
민원인 밀착관리,
사전계획 철저

[강추위]

● **장비작업**
낙하, 추락, 충돌, 협착
통제구획 확인, 신호수 배치,
아우트리거, 고임목, 신호체계 확립
(무전기, 수신호, 깃발 등),
권과방지장치, 유압실린더 누유 여부,
허가증(면허, 보험 등)

[해무]

Tower Crane
(T-Type)

Tower Crane
(T-Type)

[폭설]

● **자재 낙하위험**
이동통로 위 자재적재 금지,
안전모, 상부 작업 시
하부 통행금지

풍속계 설치

[해풍, 강풍]

인접
건물

● **철근가공장**
협착, 충돌
가공, 적재수칙 준수,
일일안전점검 실시

철근가공장

경사지붕(박공형)작업
- 생명선 + 안전대 사용

자재 양중작업

● **슬래브 단부작업**
추락
안전대 사용, 통제구획 확인,
신호수 배치,
무리한 동작금지,
위험성 평가 실시

● **콘크리트 타설**
협착, 추락, 낙하, 붕괴
압송관 폐색주의,
하부 동바리 확인,
신호체계 정립,

HY'D Crane

낙하

전도

● **상차작업**
충돌, 협착, 장비 관련
운전원 교육, 신호체계 정립,
과적금지

Fence
H: 4.0m

Back-Hoe

덤프트럭

전도

협착,
충돌

파일천공작업

신호수

콘크리트
타설작업

Pipe Support

낙하물
방지망

Con'c
Pump Car

● **보행자**
차량충돌, 협착, 전도
공사안내표지판 설치,
신호수 배치

토사 반출작업

Stock Yard

발전기

수평개구부

붕괴

방호
선반

전도

Fence
H: 4.0m

세륜기

Pile

지반상태 확인

추락, 전도

미장, 조적, 타일작업

ELEV. Pit
작업

외부 보행자
및 차량

감전

배수펌프

지반상태 확인

● **가설전기**
* 최종 전원이 누전차단기를 통해
인출되었는지 확인
220V 감전재해 최다

● **파일천공작업**
추락, 충돌, 협착
운전원교육, 러더부 수직구명로프,
비산방지막, 접근통제구획,
붐대와 러더 연결부 용접상태,
신호체계 명확

● **굴토사면**
붕괴, 추락, 낙하
이동통로 확보, 안식각 준수,
난간대 설치

● **E/V작업(기계설치, 승강구, 가이드레일)**
추락, 낙하, 협착
중량물 인양작업 절차 수립, 단부 추락위험,
바닥 전도위험, 와이어로프 확인, 자재낙하 위험,
안전난간대 설치

● **콘크리트 타설장비**
협착, 낙하, 충돌, 전도
▶ 장비안전검사, 지반보강,
장비세팅, 아우트리거 확인

㉔ [사례 7] 사면의 붕괴재해 원인 및 예방대책

재해유형	(1) 절토·성토 사면의 붕괴재해
위험요인	① 절토·성토 사면 지반 내 동결된 공극수의 동결융해(凍結融解) 반복에 따른 부석 발생, 사면 붕괴 ② 빗물 또는 눈 녹은 물이 사면 내부로 침투하여 사면토사중량, 유동성 증가 및 전단강도 저하로 인한 사면 Sliding
안전대책	① 작업 전 사면의 붕괴위험 및 부석 낙하위험 여부 점검 후 흙막이 지보공의 설치 또는 작업자 출입통제 등의 조치 ② 사면 상부에는 하중을 증가시킬 우려가 있는 차량운행 또는 자재 등의 적치 금지 ③ 절토·성토면 위에 쌓여 있던 눈이 녹아 흐르는 물의 유입을 방지하기 위하여 산마루 측구 또는 도수로(導水路) 등의 배수로 정비 ④ 사면의 경사도 및 지하수위 측정 등 사면계측 실시 ⑤ 사면의 안정을 위하여 억제공법과 억지공법 등 근본적인 조치 실시 ⑥ 동절기 작업을 중단했던 터널공사의 경우 낙석주의, 암괴의 탈락 여부 점검 ⑦ 절토 시 토질의 형상, 지층분포, 불연속면(절리, 단층) 방향 등을 사전 검토

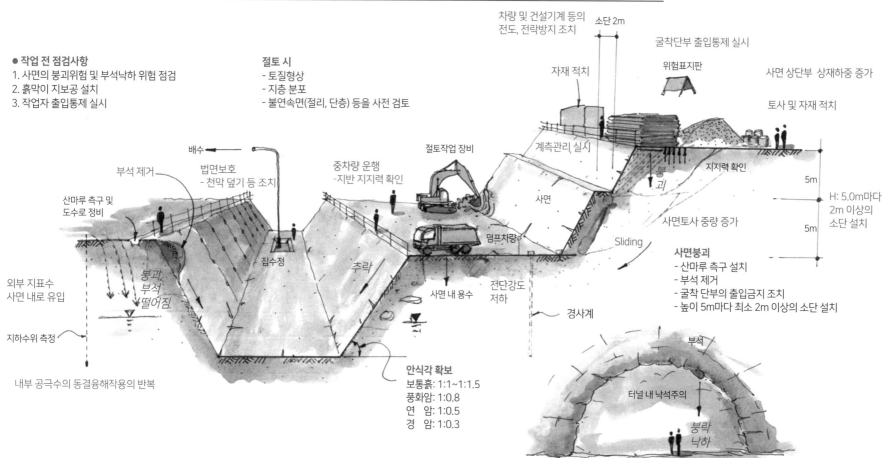

● 작업 전 점검사항
1. 사면의 붕괴위험 및 부석낙하 위험 점검
2. 흙막이 지보공 설치
3. 작업자 출입통제 실시

절토 시
- 토질형상
- 지층 분포
- 불연속면(절리, 단층) 등을 사전 검토

차량 및 건설기계 등의 전도, 전락방지 조치
소단 2m
굴착단부 출입통제 실시
위험표지판
사면 상단부 상재하중 증가
자재 적치
토사 및 자재 적치
계측관리 실시
지지력 확인
배수
법면보호 - 천막 덮기 등 조치
중차량 운행 -지반 지지력 확인
절토작업 장비
붕괴
사면
H: 5.0m마다 2m 이상의 소단 설치
부석 제거
산마루 측구 및 도수로 정비
집수정
추락
덤프차량
사면내 용수
전단강도 저하
Sliding
사면토사 중량 증가
외부 지표수 사면 내로 유입
붕괴 부석 떨어짐
경사계
사면붕괴
- 산마루 측구 설치
- 부석 제거
- 굴착 단부의 출입금지 조치
- 높이 5m마다 최소 2m 이상의 소단 설치
지하수위 측정
내부 공극수의 동결융해작용의 반복

안식각 확보
보통흙: 1:1~1:1.5
풍화암: 1:0.8
연 암: 1:0.5
경 암: 1:0.3

부석
터널 내 낙석주의
붕락 낙하

㉕ 국토교통부 건설현장 동절기 합동점검 계획 도해

[2021. 11. 05. 국토교통부 보도자료 참조]

주요 안전관리 포인트
- 폭설 시 눈의 하중에 의한 가설구조물 붕괴
- 겨울철 콘크리트 양생 시 갈탄 사용에 의한 질식
- 철골 설치 및 용접 고소작업 시 화재, 추락, 낙하
- 화재위험 작업 시 질식, 화재
- 한중(寒中)콘크리트 품질관리 불량

● 고소작업
- 개인보호구 착용(안전모, 안전대, 안전화 등)
- 안전교육 실시
- 안전방망(추락, 낙하방지망), 안전난간대 등 설치
- 작업방법 변경(고소작업대 이용 등)
- 관리감독자 배치

● 가설구조물
- 구조검토 실시
- 수직도
- 수평연결재(층고 3.5m 이상)
- 바닥 평탄성 확보
- 부적합 기자재 사용금지
- 유해·위험방지계획서 준수
- 설계안전성 검토(DFS) 실시
- 특별 및 일일 안전교육 실시 및 관리감독자 입회

● 화재위험작업(용접, 용단, 연마, 드릴 등)
- 인화성, 가연성 물질 제거
- 화기감시자 배치
- 작업허가서(PTW), 출입금지표지판
- 소화기 비치
- 작업 후 작업장 불씨 확인

● 한중(寒中)콘크리트 품질관리
- 초기 동해(凍害) 주의: 보온양생
- 콘크리트 배합 보정 실시
- 믹서트럭 드럼 보온
- 수화열 관리: 내·외부 온도 차 20℃ 이하
- 콘크리트 재료관리(레미콘 생산공장)
  시멘트: 직접 가열 금지(사일로 보온 조치)
  골재: 우수, 빙설 혼입 방지
  물: 타설 시 온도 5~20℃
- 콘크리트 물성시험: 슬럼프시험, 공기량, 염화물시험, 콘크리트 온도 측정, 양생 중 천막 내부 온도 측정(자기 온도계 설치), 콘크리트 압축강도시험(재령 28일), 거푸집 탈형용 압축강도시험

● 콘크리트 양생작업
- 산소농도 측정(산소 18% 이상, 23.5% 미만)
- 2인 1조 작업
- 특별안전교육 2시간 이상
- 일산화탄소 30ppm 미만, 탄산가스 1.5% 미만
- 관계자 외 출입금지
- 환기팬, 공기호흡기 착용
- 작업허가서(PTW)
- 출입인원, 시간 관리
- 감시자 배치
- 긴급구조훈련 실시

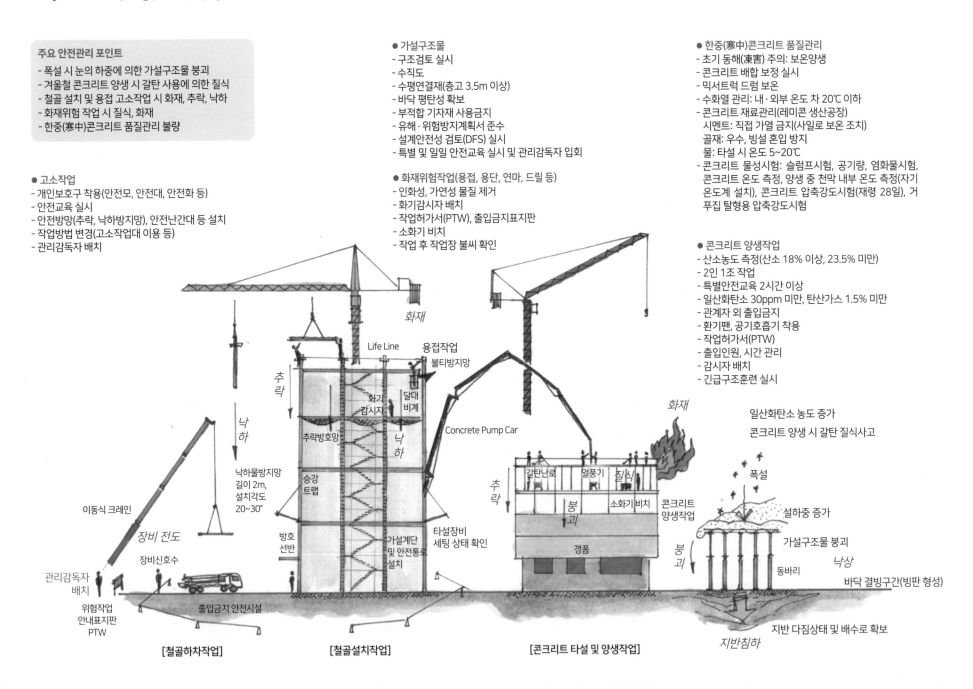

[철골하차작업] [철골설치작업] [콘크리트 타설 및 양생작업]

㉖ 석면 해체 · 제거 작업 도해 Ⅰ

[산업안전보건법 규칙 석면 해체 · 제거 작업기준 제489조~497조, 안전보건공단 석면 해체 · 제거 작업 지침 KOSHA GUIDE H-70-2012 내용 참조]

● 사업주는 석면 해체 · 제거 작업 실시 전 산업안전보건법 제38조의 2(석면조사)에 따른 일반 석면조사, 기관 석면조사 여부 확인

석면조사 대상

1. 건축물의 철거, 멸실, 리모델링, 대수선, 증축 보수
2. 설비의 해체 · 제거
3. 건축물 연면적 50m² 이상일 때
*석면조사 의무: 소유주, 관리자, 임차인, 사업시행자 등

석면의 종류 및 특성

1. 사문석계: 백석면이 93%를 차지. 많이 쓰이고 유연하며 강도가 큼.
2. 각섬석계: 청석면(철분함유량이 많아서 청색을 띰). 갈석면 등이 있으며, 보온재로 사용

석면조사방법

- 건축물 연면적의 합과 철거 · 제거하려는 면적의 합이 50m² 이상일 때 석면조사 기관에 의뢰
- 기관 석면조사 대상 이외는 일반 석면조사

구분	기관 석면조사	일반 석면조사
방법	지정 석면조사	육안, 설계도서, 자재이력을 통해 조사(석면 함유 여부, 부위, 면적)
대상 규모	연면적 50m² 이상(주택 200m²), 철거 · 제거 면적 50m² 이상(주택 200m²)	기관 석면조사 대상 건축물 이외
위반 시	5,000만 원 이하 과태료	300만 원 이하 과태료

● 해체작업 순서

사전조사 → 석면 해체 · 제거 허가 신청 → 석면 제거 → 폐기물 수집 · 운반 → 매립

● 석면 해체 · 제거 작업 계획에 포함시켜야 할 내용

1. 공사개요, 투입인력
2. 석면함유물질 위치, 범위, 면적 등
3. 석면 해체 · 제거 작업의 절차 및 방법: 도구, 장비, 설비, 작업순서, 작업방법 등
4. 석면 흩날림방지 폐기방법: 석면 함유 잔재물의 습식 또는 진공청소
   - 석면분진 비산방지방법, 석면 함유 잔재물 처리방법
5. 근로자 보호조치
   - 개인보호구 지급 및 착용
   - 위생설비 설치계획
   - 작업 종료 후 작업복, 호흡보호구 세척방법
   - 추락 · 감전 예방을 위한 조치 계획
   - 석면에 대한 특수건강진단
   - 석면의 유해성, 흡연금지 등 작업관련 특별안전교육
   - 경고표지, 출입통제 조치 계획
   - 비상연락체계 등

석면(石綿, asbestos)

- 자연에서 생산되는 섬유상 형태의 규산염 광물
- 백석면, 갈석면, 청석면, 안소필라이트석면, 트레모라이트석면, 악티노라이트석면
- 크기 0.02~0.03 μm, 화학식 $Mg_5Si_4O_{10}(OH)_8$ 섬유상으로 마그네슘이 많은 함수규산염 광물
- 단열성, 내열성, 절연성이 뛰어나다. 세계보건기구(WHO) 산하 국제암연구소(IARC)가 1군 발암물질로 규정

석면의 유해성

- 1급 발암물질로 장기간 노출 시 폐암 · 석면폐 · 악성중피종 등이 발병한다.
- 호흡기 질환을 일으킨다.
- 잠복기간이 10~40년으로 길다.
- 청석면 > 갈석면 > 백석면의 순으로 해롭다.

※ 석면 해체업체 등록 시 전문인력 1명 배치 의무화 추진

[산업안전보건법 규칙 석면 해체 · 제거 작업 기준 제489조~497조, 안전보건공단 석면 해체 · 제거 작업 지침 KOSHA GUIDE H-70-2012 내용 참조]

● 석면 비산방지방법
- 밀폐
- 격리
- 음압 유지시스템
- 습식작업
- 진공청소 등

● 개인보호구 지급 · 착용
- 방진마스크(밀착검사)
- 방진복(전신용)
- 고글형 보호안경
- 보호장갑, 보호신발(손목, 발목부분 밀봉을 위하여(taping)

공기 중 석면농도 측정

환기구, 창문 등 개구부 밀폐

공기가 정체하는 사각지대 최소화

비닐 벽체 1겹 0.1mm 이상

비닐 바닥 2겹 0.15mm 이상

● 해체 · 제거 장비
- 음압기(필터), 음압기록장치, 진공청소기

석면 노출 최소화

● 석면 해체 · 제거 작업 시 금지사항
- 분진포집장치가 없는 고속절삭 디스크톱의 사용
- 압축공기 사용
- 석면함유물질의 분진 및 부스러기 등을 건식으로 빗자루 청소작업
- 작업장 내 흡연, 취식 행위

내 · 외부 압력 차
최소-0.508mmH₂O

고성능 필터
전처리 필터
중간 필터 송풍기

CCTV

※ *2009년 석면 사용 전면 금지 시행*

석면농도 기준을 초과한 경우 밀폐비닐 시트, 위생설비 철거, 해체 불가

석면함유물질: 석면이 중량기준 1% 초과 함유물질

석면 비산정도 측정

공기 중 석면농도 측정
(기준 0.01개/cm³ 이하)

잔재물 책임확인제

지정폐기물 처리

이중포장
석면함유 발암성 물질 폐기물 스티커 부착
지정폐기물 수집운반 전용차량

물질안전보건자료(MSDS)

청정지역

작업장 출입구

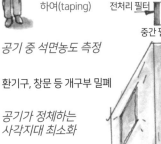

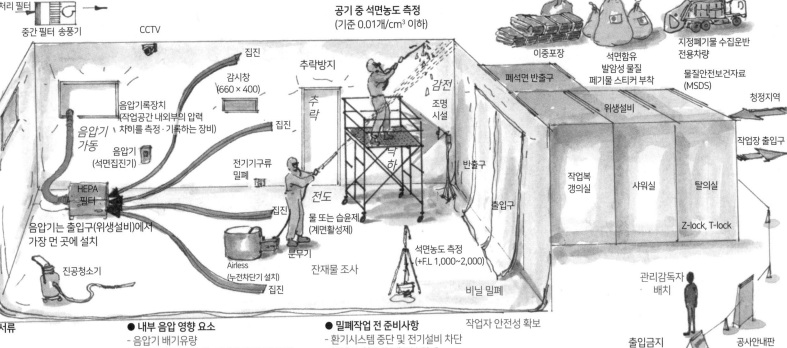

음압기 가동
음압기(석면집진기)
음압기록장치 (작업공간 내외부의 압력 차이를 측정 · 기록하는 장비)
HEPA 필터
음압기는 출입구(위생설비)에서 가장 먼 곳에 설치
진공청소기

집진
감시창 (660 × 400)
집진
전기기구류 밀폐
집진
Airless (누전차단기 설치)
분무기
물 또는 습윤제 (계면활성제)
잔재물 조사

집진
추락방지
추락
낙하
전도
감전
조명시설
석면농도 측정 (+F.L 1,000~2,000)
비닐 밀폐
작업자 안전성 확보

폐석면 반출구
위생설비
반출구
출입구

작업복 갱의실
샤워실
탈의실
Z-lock, T-lock

관리감독자 배치
출입금지
출입금지시설
공사안내판
관계자 외 출입금지 석면 취급/해체 중
감리원 고정 배치
감리지정신고
감리인 실명제

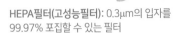

● 석면 해체 · 제거 작업 시 필요 서류
- 석면 해체 · 제거작업 신고서
- 석면조사 결과서
- 폐기물 배출신고 계약서

● 음압기(음압유지장치) 설치
- 밀폐된 작업장 내부를 외부보다 음(-)압 유지
- 외부의 신선한 공기 공급
- 내부의 석면오염공기 외부로 방출 억제
- 고성능필터(HEPA 필터) 설치: 내부의 석면분진을 제거한 후 청정공기를 외부로 방출
- 환기량을 계산하여 음압기 소요 대수 산출

● 내부 음압 영향 요소
- 음압기 배기유량
- 개구면(작업자 출입, 비닐밀폐 틈 등) 변화
- 실내외 온도 차
- 작업장 외부 기류 등

밀폐검사: 발연관(smoke test tube) 사용, 작업 전후 1시간 작동 후 검사

음압기: 고성능 필터가 달린 팬을 이용하여 작업장 내부 공기를 일정 유량으로 배기하여 석면 해체 · 제거 작업 공간 내부를 음압으로 유지하도록 하는 장치

● 밀폐작업 전 준비사항
- 환기시스템 중단 및 전기설비 차단
- 환기구, 창문 등 개구부 밀폐
- 타 인접장소 등과 이격
- 이동 가능한 시설물 외부로 이동

HEPA필터(고성능필터): 0.3µm의 입자를 99.97% 포집할 수 있는 필터

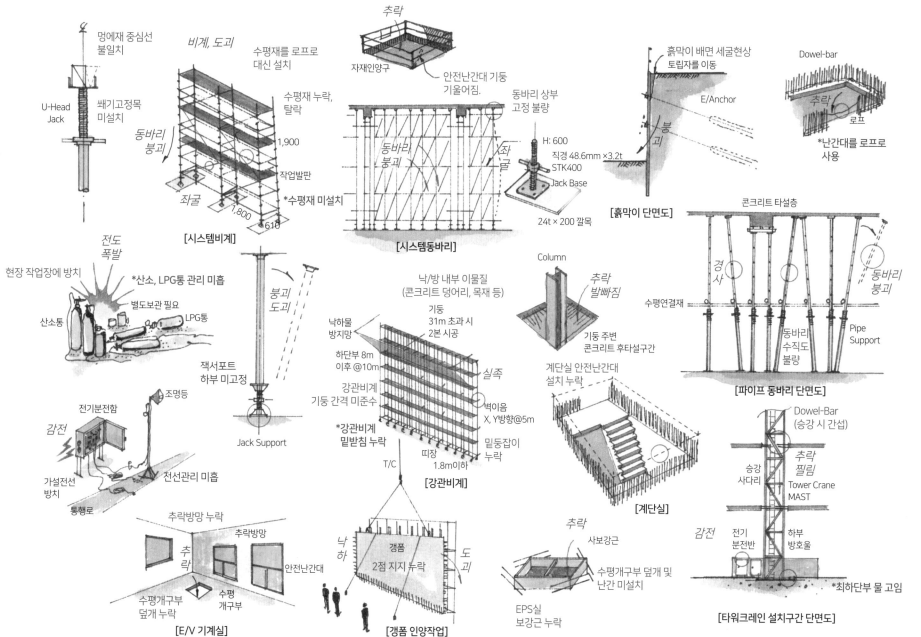

멍에재 중심선 불일치

U-Head Jack

쐐기고정목 미설치

비계, 도괴

수평재를 로프로 대신 설치

동바리 붕괴

수평재 누락, 탈락

1,900

작업발판

좌굴

1,800

610

[시스템비계]

추락

자재인양구

안전난간대 기둥 기울어짐.

동바리 상부 고정 불량

동바리 붕괴

좌굴

H: 600
직경 48.6mm ×3.2t
STK400

Jack Base

24t × 200 깔목

[시스템동바리]

흙막이 배면 세굴현상
토립자를 이동

E/Anchor

붕괴

[흙막이 단면도]

Dowel-bar

추락

로프

*난간대를 로프로 사용

콘크리트 타설층

경사

수평연결재

동바리 붕괴

동바리 수직도 불량

Pipe Support

[파이프 동바리 단면도]

전도 폭발

현장 작업장에 방치

*산소, LPG통 관리 미흡

별도보관 필요

산소통

LPG통

붕괴 도괴

잭서포트 하부 미고정

Jack Support

낙/방 내부 이물질 (콘크리트 덩어리, 목재 등)

기둥 31m 초과 시 2본 시공

낙하물 방지망

하단부 8m 이후 @10m

강관비계 기둥 간격 미준수

*강관비계 밑받침 누락

T/C

실족

벽이음 X, Y방향@5m

띠장 1.8m이하

밑동잡이 누락

[강관비계]

Column

추락 발빠짐

기둥 주변 콘크리트 후타설구간

계단실 안전난간대 설치 누락

[계단실]

Dowel-Bar (승강 시 간섭)

추락 찔림

승강 사다리

Tower Crane MAST

감전

전기 분전반

하부 방호울

*최하단부 물 고임

[타워크레인 설치구간 단면도]

감전

전기분전함

조명등

가설전선 방치

통행로

전선관리 미흡

추락방망 누락

추락방망

추락

안전난간대

수평개구부 덮개 누락

수평 개구부

[E/V 기계실]

낙하

도괴

갱폼 2점 지지 누락

[갱폼 인양작업]

추락

사보강근

수평개구부 덮개 및 난간 미설치

EPS실 보강근 누락

*다발 지적사항

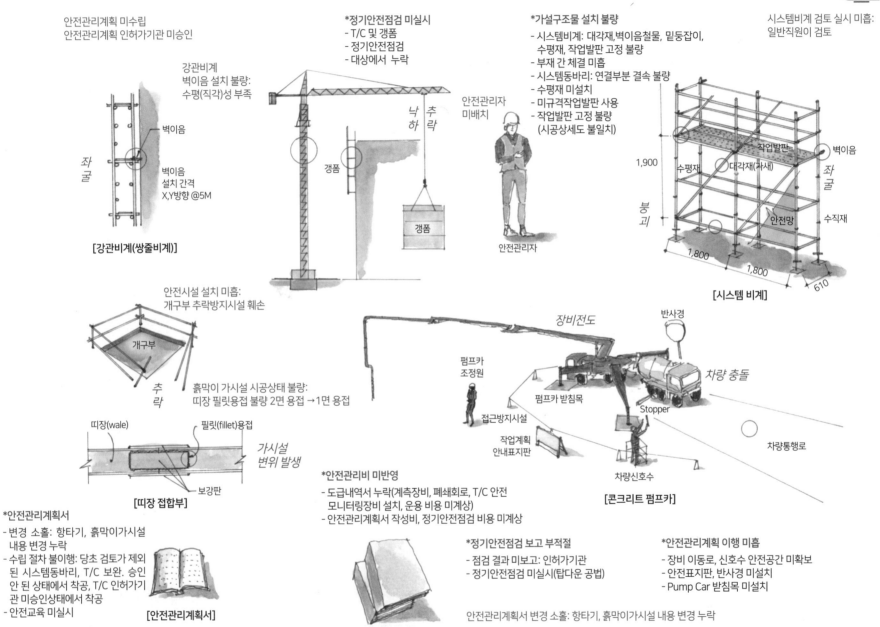

안전관리계획 미수립
안전관리계획 인허가기관 미승인

강관비계
벽이음 설치 불량:
수평(직각)성 부족

벽이음

좌굴

벽이음
설치 간격
X,Y방향 @5M

[강관비계(쌍줄비계)]

*정기안전점검 미실시
- T/C 및 갱폼
- 정기안전점검
- 대상에서 누락

낙하 추락

갱폼

갱폼

안전관리자
미배치

안전관리자

*가설구조물 설치 불량
- 시스템비계: 대각재,벽이음철물, 밑둥잡이,
  수평재, 작업발판 고정 불량
- 부재 간 체결 미흡
- 시스템동바리: 연결부분 결속 불량
- 수평재 미설치
- 미규격작업발판 사용
- 작업발판 고정 불량
  (시공상세도 불일치)

시스템비계 검토 실시 미흡:
일반직원이 검토

작업발판

수평재 대각재(가새)

벽이음

좌굴

1,900

붕괴

안전망

수직재

1,800
1,800
610

[시스템 비계]

안전시설 설치 미흡:
개구부 추락방지시설 훼손

개구부

추락

흙막이 가시설 시공상태 불량:
띠장 필릿용접 불량 2면 용접 →1면 용접

띠장(wale) 필릿(fillet)용접

가시설
변위 발생

보강판

[띠장 접합부]

장비전도

반사경

펌프카
조정원

펌프카 받침목

차량 충돌

접근방지시설

작업계획
안내표지판

Stopper

차량신호수

차량통행로

[콘크리트 펌프카]

*안전관리계획서
- 변경 소홀: 항타기, 흙막이가시설
  내용 변경 누락
- 수립 절차 불이행: 당초 검토가 제외
  된 시스템동바리, T/C 보완. 승인
  안 된 상태에서 착공, T/C 인허가기
  관 미승인상태에서 착공
- 안전교육 미실시

[안전관리계획서]

*안전관리비 미반영
- 도급내역서 누락(계측장비, 폐쇄회로, T/C 안전
  모니터링장비 설치, 운용 비용 미계상)
- 안전관리계획서 작성비, 정기안전점검 비용 미계상

*정기안전점검 보고 부적절
- 점검 결과 미보고: 인허가기관
- 정기안전점검 미실시(탑다운 공법)

[정기안전점검 보고서]

*안전관리계획 이행 미흡
- 장비 이동로, 신호수 안전공간 미확보
- 안전표지판, 반사경 미설치
- Pump Car 받침목 미설치

안전관리계획서 변경 소홀: 항타기, 흙막이가시설 내용 변경 누락

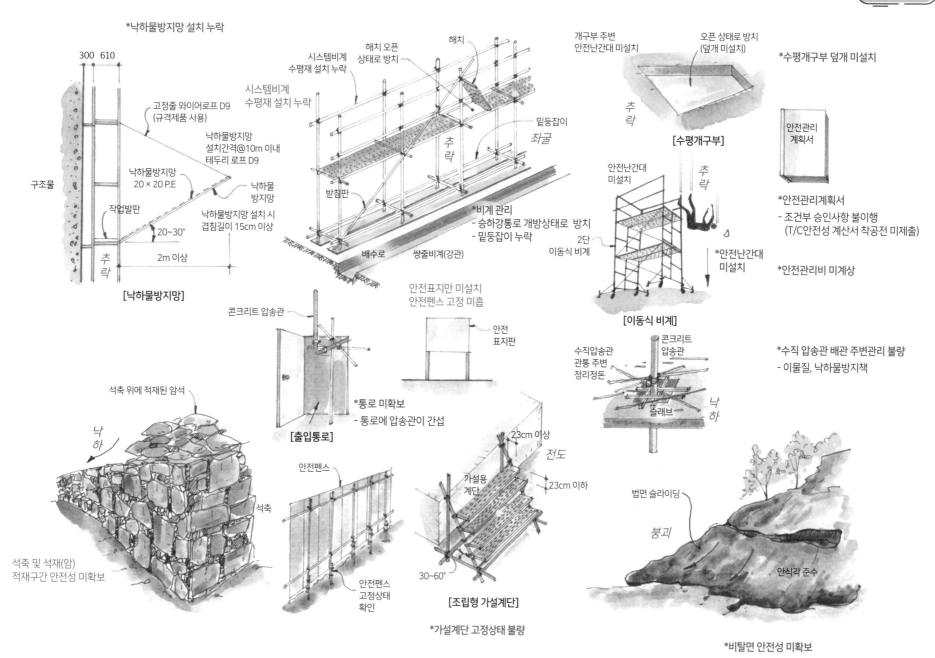

*낙하물방지망 설치 누락

300 610

고정줄 와이어로프 D9
(규격제품 사용)

낙하물방지망
설치간격@10m 이내
테두리 로프 D9

구조물

낙하물방지망
20 × 20 P.E

낙하물
방지망

작업발판

낙하물방지망 설치 시
겹침길이 15cm 이상

20~30°

추
락

2m 이상

[낙하물방지망]

시스템비계
수평재 설치 누락

해치 오픈
상태로 방치

해치

시스템비계
수평재 설치 누락

밑둥잡이

추
락

좌굴

받침판

배수로   쌍줄비계(강관)

*비계 관리
- 승하강통로 개방상태로 방치
- 밑둥잡이 누락

개구부 주변
안전난간대 미설치

오픈 상태로 방치
(덮개 미설치)

*수평개구부 덮개 미설치

추
락

[수평개구부]

안전관리
계획서

안전난간대
미설치

추
락

*안전관리계획서
- 조건부 승인사항 불이행
  (T/C안전성 계산서 착공전 미제출)

2단
이동식 비계

*안전난간대
미설치

*안전관리비 미계상

[이동식 비계]

석축 위에 적재된 암석

낙
하

석축 및 석재(암)
적재구간 안전성 미확보

콘크리트 압송관

*통로 미확보
- 통로에 압송관이 간섭

[출입통로]

안전표지만 미설치
안전펜스 고정 미흡

안전
표지판

안전펜스

안전펜스
고정상태
확인

23cm 이상

전도

가설용
계단

23cm 이하

30~60°

[조립형 가설계단]

*가설계단 고정상태 불량

콘크리트
압송관

수직압송관
관통 주변
정리정돈

슬래브

낙
하

*수직 압송관 배관 주변관리 불량
- 이물질, 낙하물방지책

법면 슬라이딩

붕괴

안식각 준수

*비탈면 안전성 미확보

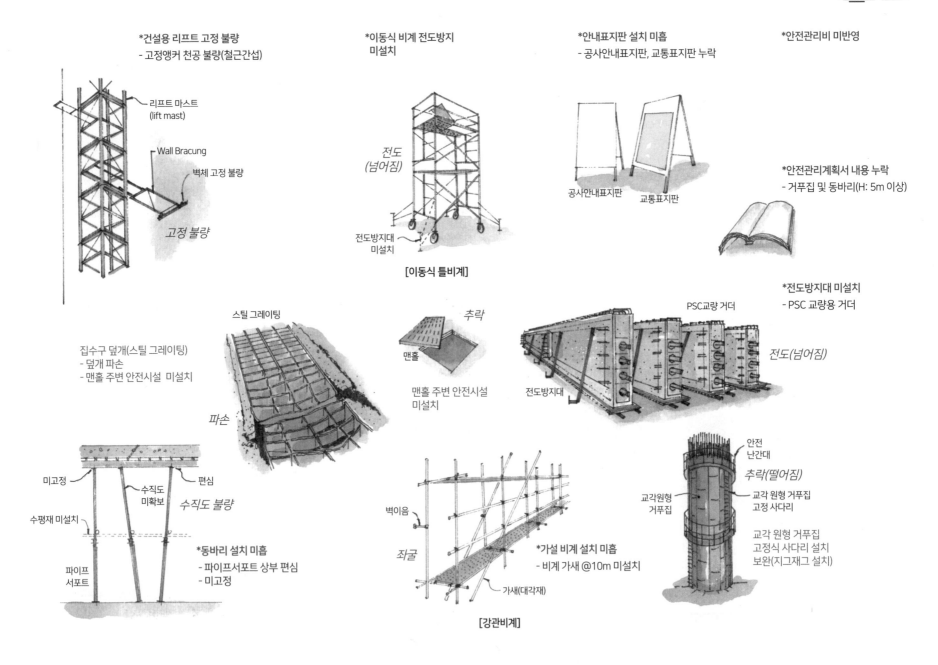

*건설용 리프트 고정 불량
- 고정앵커 천공 불량(철근간섭)

리프트 마스트
(lift mast)

Wall Bracung

벽체 고정 불량

고정 불량

*이동식 비계 전도방지
미설치

전도
(넘어짐)

전도방지대
미설치

[이동식 틀비계]

*안내표지판 설치 미흡
- 공사안내표지판, 교통표지판 누락

공사안내표지판   교통표지판

*안전관리비 미반영

*안전관리계획서 내용 누락
- 거푸집 및 동바리(H: 5m 이상)

*전도방지대 미설치
- PSC 교량용 거더

PSC교량 거더

전도(넘어짐)

전도방지대

스틸 그레이팅

집수구 덮개(스틸 그레이팅)
- 덮개 파손
- 맨홀 주변 안전시설 미설치

파손

추락

맨홀

맨홀 주변 안전시설
미설치

미고정

수직도
미확보

편심

수평재 미설치

수직도 불량

파이프
서포트

*동바리 설치 미흡
- 파이프서포트 상부 편심
- 미고정

벽이음

좌굴

가새(대각재)

*가설 비계 설치 미흡
- 비계 가새 @10m 미설치

[강관비계]

안전
난간대

추락(떨어짐)

교각원형
거푸집

교각 원형 거푸집
고정 사다리

교각 원형 거푸집
고정식 사다리 설치
보완(지그재그 설치)

㉜ 국토관리청 건설현장 점검 지적사항 도해(안전 Ⅴ)

*다발 지적사항

*발끝막이판 대용 수직보호망 결속 간격 미준수
- 결속 간격 @350mm →@1,500mm 미준수
- 결속 간격 @350mm →750mm 미준수

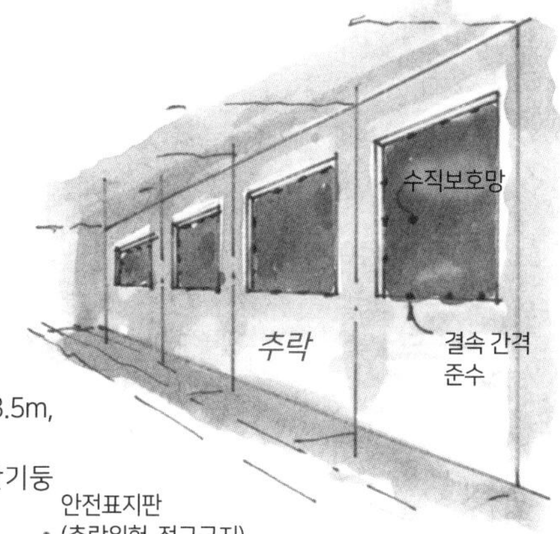
수직보호망
추락
결속 간격
준수

[수직보호망 설치 모습]

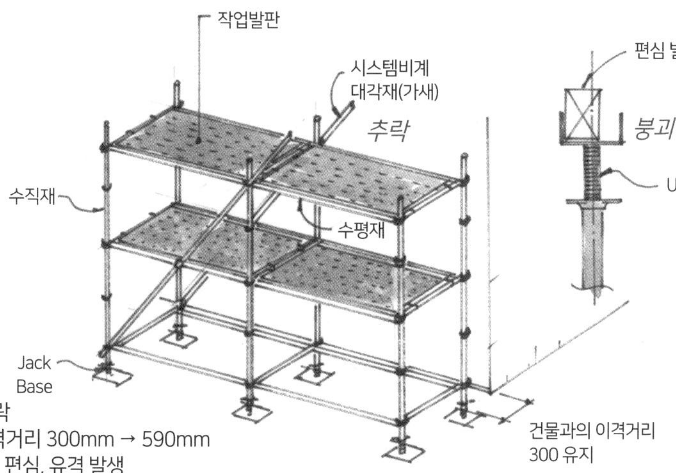
작업발판
시스템비계
대각재(가새)
추락
편심 발생
붕괴
U-Head Jack
수직재
수평재
Jack
Base
건물과의 이격거리
300 유지

*시스템 비계
- 대각재 설치 누락
- 구조물과의 이격거리 300mm → 590mm
- 동바리 U-Head 편심, 유격 발생

[시스템비계]

*건설자재 적재 불량
- 벽돌 팰릿 H: 4m 전도위험

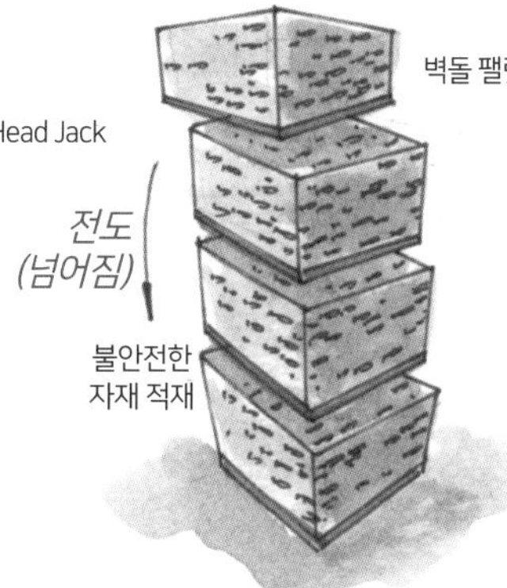
벽돌 팰릿
전도
(넘어짐)
불안전한
자재 적재

[벽돌 팰릿 적치]

*안전난간대 설치 불량
- 기둥 설치 간격@1.8m→3.5m, @2.0m→2.4m
- 발끝막이판 미설치, 난간기둥 하부 고정 불량
- 기준과 다른 시공
- 안전망 미설치

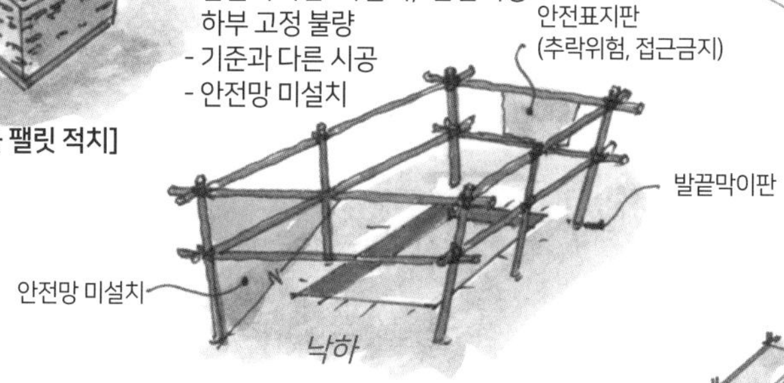
안전표지판
(추락위험, 접근금지)
발끝막이판
안전망 미설치
낙하

[수평개구부]

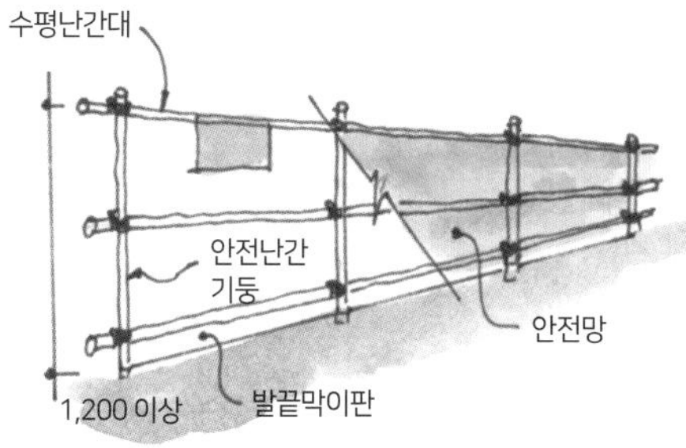
수평난간대
안전난간
기둥
안전망
1,200 이상
발끝막이판

*안전시설물 설치 미흡
- 안전표지판 미부착(접근금지표지판)

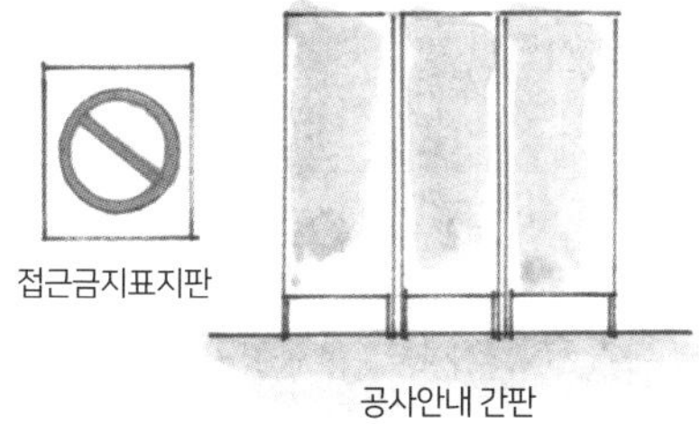
접근금지표지판
공사안내 간판

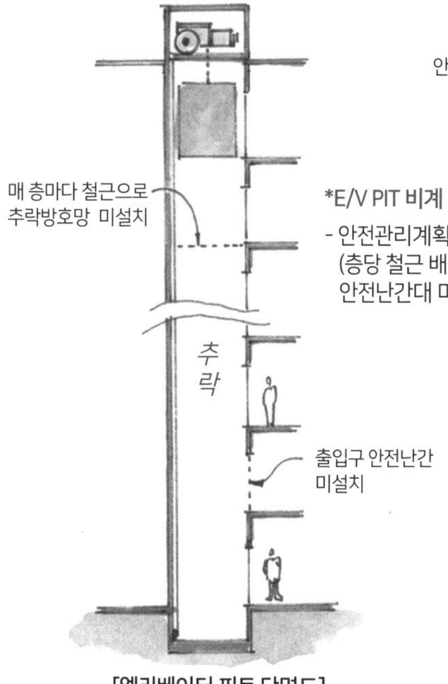
매 층마다 철근으로
추락방호망 미설치
추
락
출입구 안전난간
미설치

*E/V PIT 비계
- 안전관리계획서상 내용 미이행 (층당 철근 배근, 발판 깔기, 안전난간대 미설치)

[엘리베이터 피트 단면도]

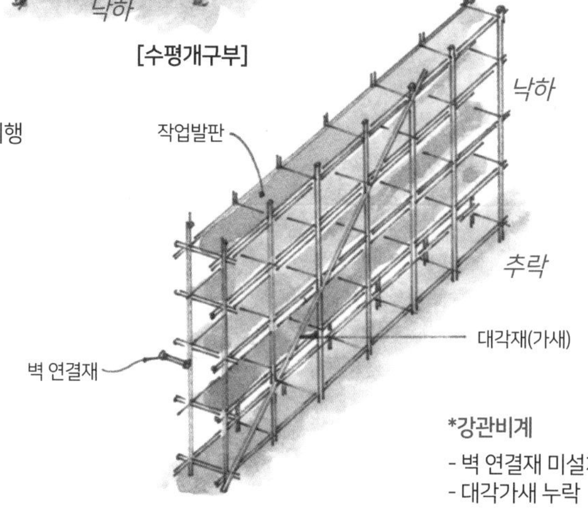
낙하
작업발판
추락
대각재(가새)
벽 연결재

*강관비계
- 벽 연결재 미설치(2), 간격 과대
- 대각가새 누락

[강관비계]

㉝ 국토관리청 건설현장 점검 지적사항 도해(시공·품질 Ⅰ)

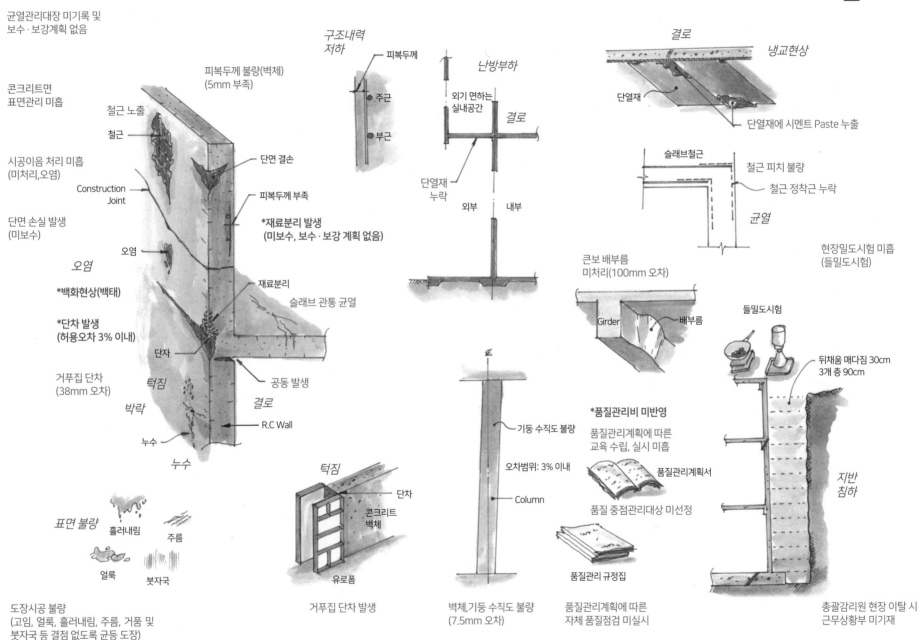

균열관리대장 미기록 및
보수·보강계획 없음

콘크리트면
표면관리 미흡

시공이음 처리 미흡
(미처리,오염)

단면 손실 발생
(미보수)

오염

*백화현상(백태)

*단차 발생
(허용오차 3% 이내)

거푸집 단차
(38mm 오차)

턱짐

박락

누수

표면 불량
흘러내림
주름
얼룩
붓자국

도장시공 불량
(고임, 얼룩, 흘러내림, 주름, 거품 및
붓자국 등 결점 없도록 균등 도장)

피복두께 불량(벽체)
(5mm 부족)

철근 노출
철근
Construction
Joint

단면 결손
피복두께 부족
*재료분리 발생
(미보수, 보수·보강 계획 없음)

오염

재료분리
슬래브 관통 균열

단자
공동 발생
결로
R.C Wall

턱짐
단차
콘크리트 벽체
유로폼

거푸집 단차 발생

구조내력
저하
피복두께
주근
부근

난방부하
외기 면하는
실내공간
결로
단열재
누락
외부 내부

벽체,기둥 수직도 불량
(7.5mm 오차)

기둥 수직도 불량
오차범위: 3% 이내
Column

큰보 배부름
미처리(100mm 오차)
Girder
배부름

*품질관리비 미반영
품질관리계획에 따른
교육 수립, 실시 미흡
품질관리계획서
품질 중점관리대상 미선정
품질관리 규정집

품질관리계획에 따른
자체 품질점검 미실시

결로
냉교현상
단열재
단열재에 시멘트 Paste 누출

슬래브철근
철근 피치 불량
철근 정착근 누락
균열

현장밀도시험 미흡
(들밀도시험)

들밀도시험
뒤채움 매다짐 30cm
3개 층 90cm

지반
침하

총괄감리원 현장 이탈 시
근무상황부 미기재

㉞ 국토관리청 건설현장 점검 지적사항 도해(시공·품질 Ⅱ)

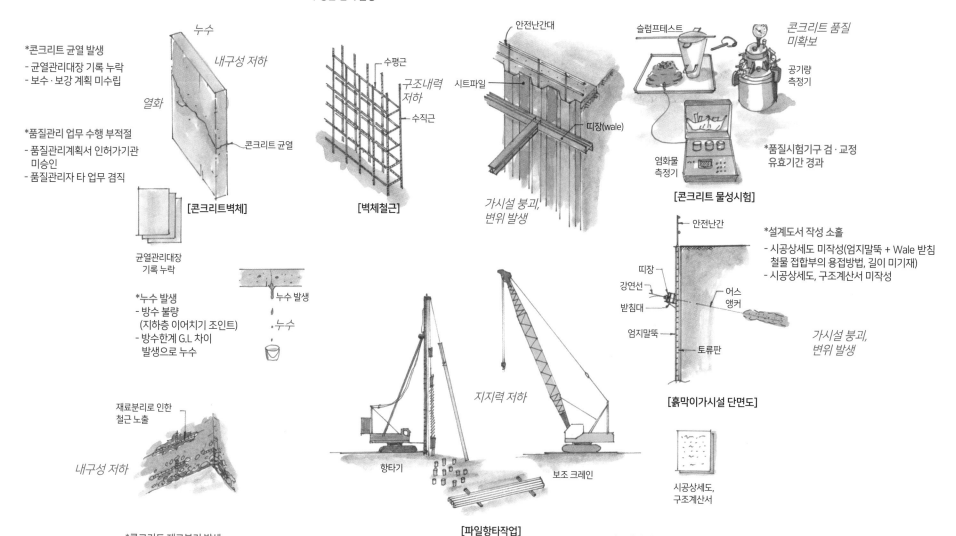

*품질관리자 확보 미흡
- 법적 인원 미선임
- 교육 미이수자 배치(기본/전문교육 미이수)

*설계와 다른 시공
- 벽체 수직철근 간격 미준수(200~250) 초과
- 벽체 수직근 간격 불량
- 수평근 간격 불량

*흙막이 가시설 안전성 미확인
- 구조검토 미실시(heet pile자립공법)

*콘크리트 타설 및 양생과정 소홀
- 콘크리트 시험을 레미콘사 장비를 이용하여 실시 및 대행

*콘크리트 균열 발생
- 균열관리대장 기록 누락
- 보수·보강 계획 미수립

*품질관리 업무 수행 부적절
- 품질관리계획서 인허가기관 미승인
- 품질관리자 타 업무 겸직

누수
내구성 저하
열화
콘크리트 균열

[콘크리트벽체]

균열관리대장 기록 누락

수평근
구조내력 저하
수직근

[벽체철근]

안전난간대
시트파일
띠장(wale)

가시설 붕괴, 변위 발생

슬럼프테스트
콘크리트 품질 미확보
공기량 측정기
염화물 측정기

[콘크리트 물성시험]

*품질시험기구 검·교정 유효기간 경과

*누수 발생
- 방수 불량 (지하층 이어치기 조인트)
- 방수한계 G.L 차이 발생으로 누수

누수 발생
누수

안전난간

*설계도서 작성 소홀
- 시공상세도 미작성(엄지말뚝 + Wale 받침 철물 접합부의 용접방법, 길이 미기재)
- 시공상세도, 구조계산서 미작성

띠장
강연선
받침대
어스 앵커
엄지말뚝
토류판

가시설 붕괴, 변위 발생

[흙막이가시설 단면도]

재료분리로 인한 철근 노출

항타기
지지력 저하
보조 크레인

내구성 저하

시공상세도, 구조계산서

[파일항타작업]

*콘크리트 재료분리 발생
- 철근 노출

*시공단계별 건설사업관리기술자 검토 확인 소홀
- 파일공사: 미승인 항타기록부 사용 및 항타기록부 시공확인 서명 누락

㉟ 국토관리청 건설현장 점검 지적사항 도해(시공 · 품질 Ⅲ)

*다발 지적사항

***콘크리트 균열**
- 균열관리대장 기록 누락
- 보수보강 미실시
- 건설사업관리인 미조치

***철근 배근**
- 녹 발생(배수 불량)
- 철근 노출
- 배근 간격 불량
- 스페이서 간격 불량
- Dowel-Bar 녹 발생
- 작업방법 미흡(거푸집 설치 보철근 배근)

***콘크리트 타설 및 양생과정 소홀**
- 송장: 인수자, 타설 완료시간 미기록
- 슬럼프, 공기량, 염화물 함유량, 압축강도시험 미실시

***품질관리활동비 미계상**

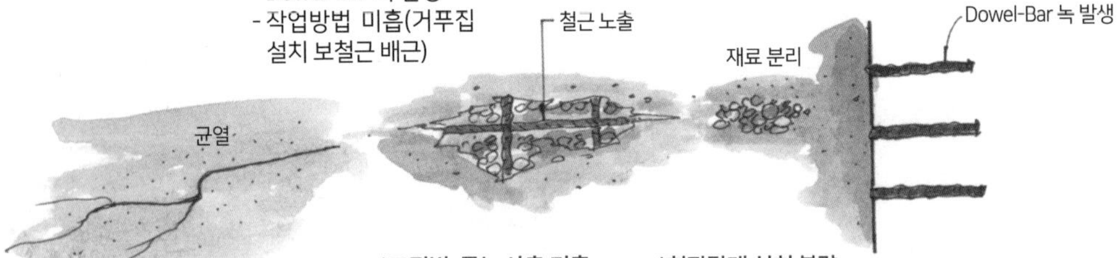

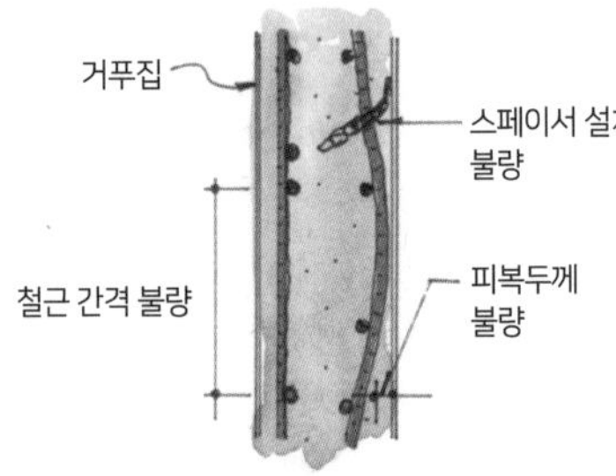

***흙막이 가시설**
- 안전성 미검토(해체방법, 해체구간, 순서, 구조체 관통부위 처리방법 등 미검토)

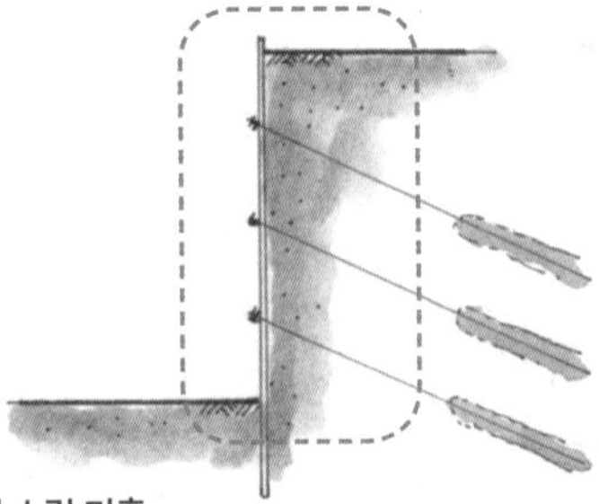

***조적벽 줄눈 사춤 미흡**

***조적 시공상세도 미작성**

***천장달대 설치 불량**
수직 불량, 간격 미준수

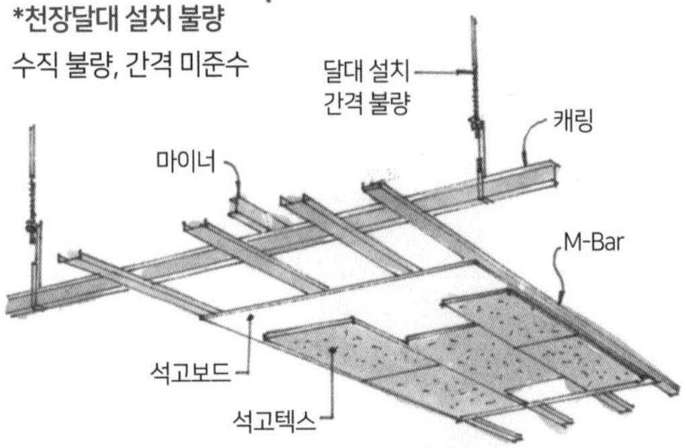

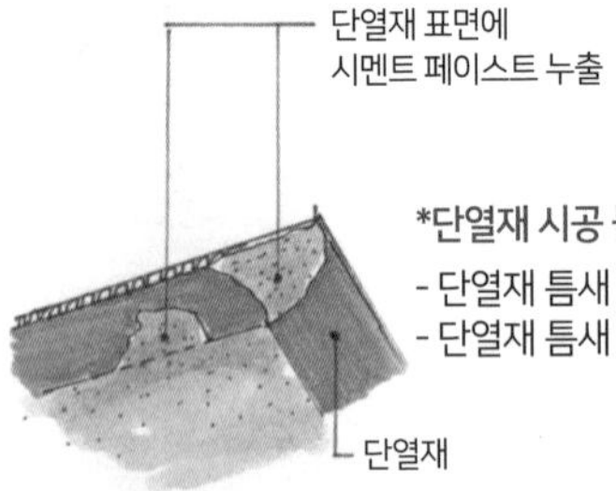

***단열재 시공 불량**
- 단열재 틈새 시멘트페이스트
- 단열재 틈새 과다

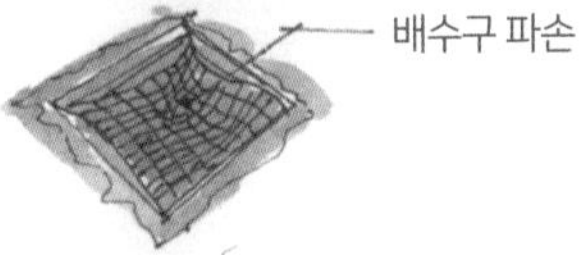

***품질시험계획 수립 미흡**
- 보조 기층재 품질시험 누락
- 그라우트, PC강선 및 PC강연선 인장시험, 인발시험, SGR 그라우트 주입 압력시험 누락
- 가설기자재, 토공사, 기초공사 되메우기 및 뒤채움재 시험계획 누락
- 상수도, 수압시험 누락
- 품질시험계획 미수립

***자재관리 미흡**
- 포대시멘트 관리 불량

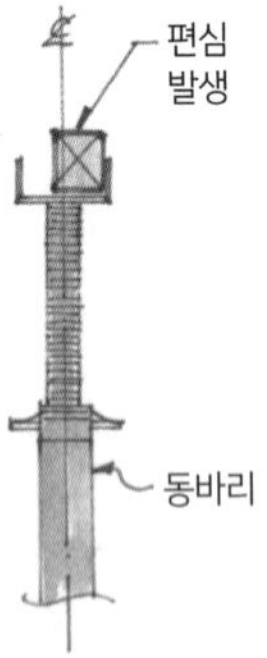

***동바리**
- 편심, 수평연결재 고정 불량
- 시스템비계 밑둥잡이 설치 누락

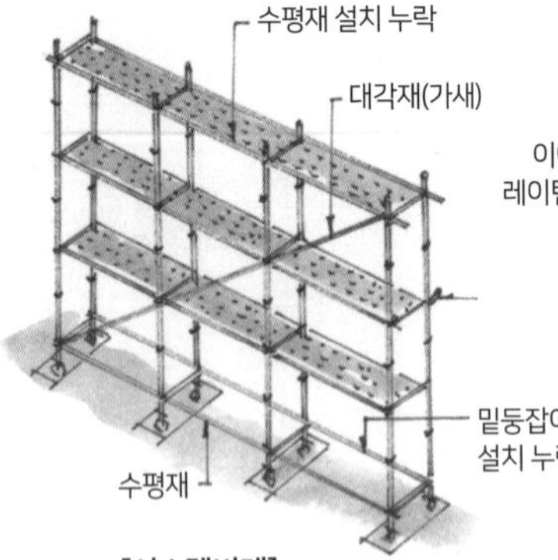

[시스템비계]

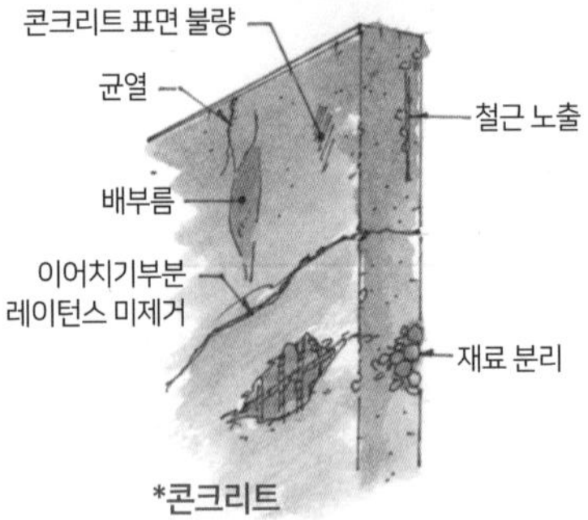

***콘크리트**
- 콘크리트 표면 불량(녹)
- 재료 분리
- 이어치기면 레이턴스 미제거
- 콘크리트면 요철 발생

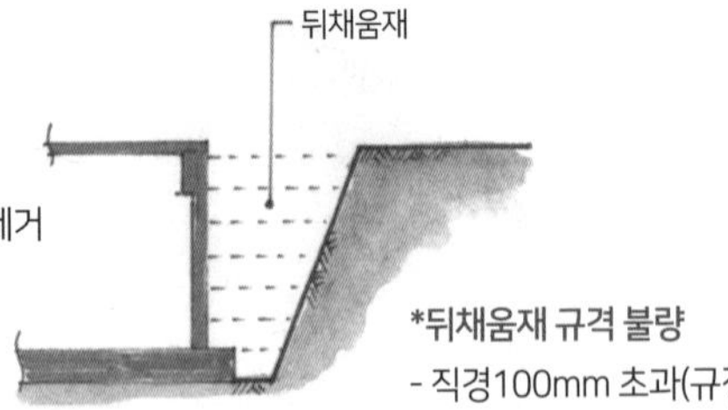

***뒤채움재 규격 불량**
- 직경100mm 초과(규정 100mm)

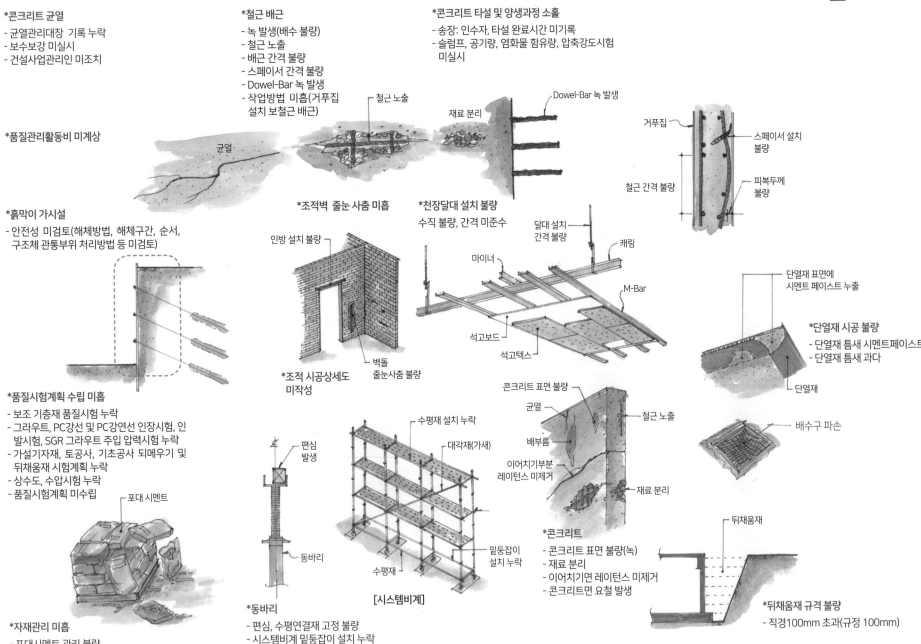

*다발 지적사항

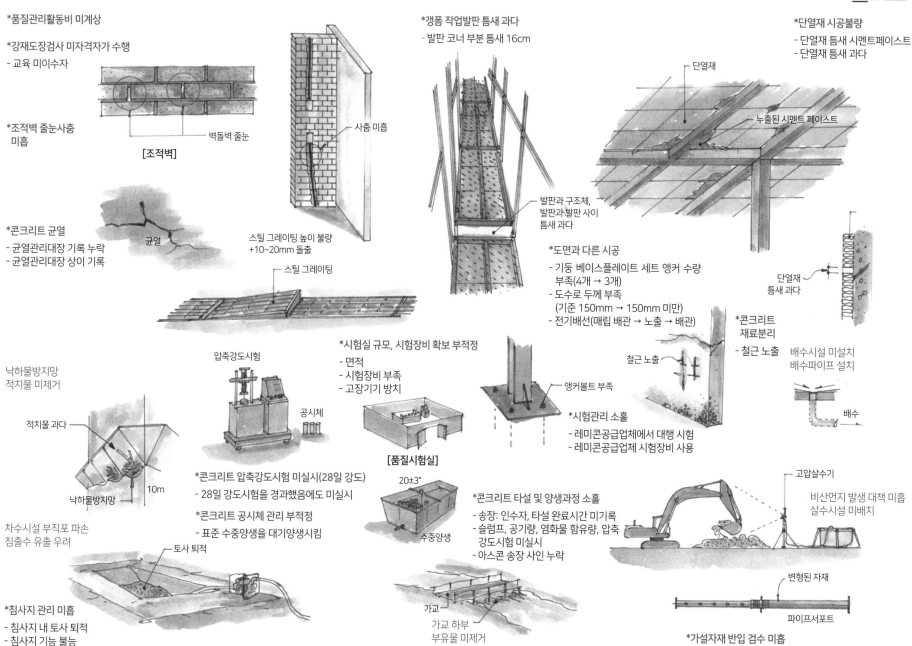

*품질관리활동비 미계상

*강재도장검사 미자격자가 수행
- 교육 미이수자

*조적벽 줄눈사춤 미흡

벽돌벽 줄눈

[조적벽]

*콘크리트 균열
- 균열관리대장 기록 누락
- 균열관리대장 상이 기록

균열

스틸 그레이팅 높이 불량
+10~20mm 돌출

사춤 미흡

스틸 그레이팅

*갱폼 작업발판 틈새 과다
- 발판 코너 부분 틈새 16cm

발판과 구조체, 발판과발판 사이 틈새 과다

*단열재 시공불량
- 단열재 틈새 시멘트페이스트
- 단열재 틈새 과다

단열재

누출된 시멘트 페이스트

단열재 틈새 과다

*도면과 다른 시공
- 기둥 베이스플레이트 세트 앵커 수량 부족(4개 → 3개)
- 도수로 두께 부족 (기준 150mm → 150mm 미만)
- 전기배선(매립 배관 → 노출 → 배관)

*콘크리트 재료분리
- 철근 노출

철근 노출

배수시설 미설치 배수파이프 설치

배수

낙하물방지망 적치물 미제거

적치물 과다

낙하물방지망

10m

압축강도시험

공시체

*시험실 규모, 시험장비 확보 부적정
- 면적
- 시험장비 부족
- 고장기기 방치

[품질시험실]

앵커볼트 부족

*시험관리 소홀
- 레미콘공급업체에서 대행 시험
- 레미콘공급업체 시험장비 사용

*콘크리트 압축강도시험 미실시(28일 강도)
- 28일 강도시험을 경과했음에도 미실시

*콘크리트 공시체 관리 부적정
- 표준 수중양생을 대기양생시킴

차수시설 부직포 파손 침출수 유출 우려

토사 퇴적

*침사지 관리 미흡
- 침사지 내 토사 퇴적
- 침사지 기능 불능

20±3°

수중양생

*콘크리트 타설 및 양생과정 소홀
- 송장: 인수자, 타설 완료시간 미기록
- 슬럼프, 공기량, 염화물 함유량, 압축 강도시험 미실시
- 아스콘 송장 사인 누락

가교

가교 하부 부유물 미제거

고압살수기

비산먼지 발생 대책 미흡 살수시설 미배치

변형된 자재

파이프서포트

*가설자재 반입 검수 미흡
- 파이프서포트 상단 변형자재 반입

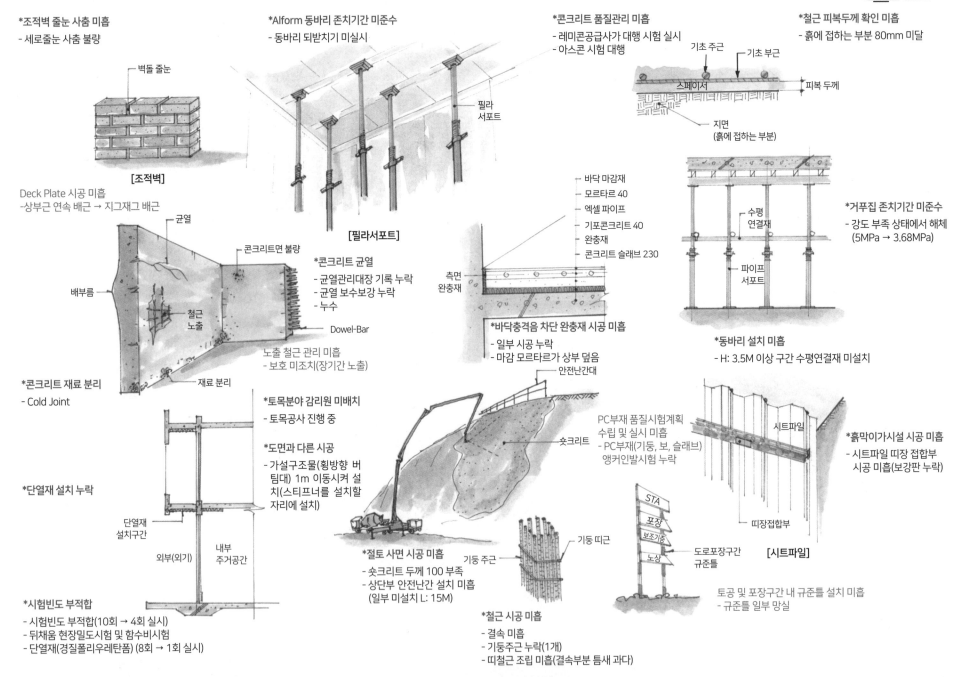

*조적벽 줄눈 사춤 미흡
- 세로줄눈 사춤 불량

- 벽돌 줄눈

[조적벽]

Deck Plate 시공 미흡
- 상부근 연속 배근 → 지그재그 배근

- 균열
- 콘크리트면 불량
- 배부름
- 철근 노출

*콘크리트 균열
- 균열관리대장 기록 누락
- 균열 보수보강 누락
- 누수

- Dowel-Bar

노출 철근 관리 미흡
- 보호 미조치(장기간 노출)

- 재료 분리

*콘크리트 재료 분리
- Cold Joint

*단열재 설치 누락

- 단열재 설치구간
- 외부(외기)
- 내부 주거공간

*시험빈도 부적합
- 시험빈도 부적합(10회 → 4회 실시)
- 뒤채움 현장밀도시험 및 함수비시험
- 단열재(경질폴리우레탄폼) (8회 → 1회 실시)

*Alform 동바리 존치기간 미준수
- 동바리 되받치기 미실시

- 필라서포트

[필라서포트]

*토목분야 감리원 미배치
- 토목공사 진행 중

*도면과 다른 시공
- 가설구조물(횡방향 버팀대) 1m 이동시켜 설치(스티프너를 설치할 자리에 설치)

- 바닥 마감재
- 모르타르 40
- 엑셀 파이프
- 기포콘크리트 40
- 완충재
- 콘크리트 슬래브 230

- 측면 완충재

*바닥충격음 차단 완충재 시공 미흡
- 일부 시공 누락
- 마감 모르타르가 상부 덮음

- 안전난간대
- 숏크리트

*절토 사면 시공 미흡
- 숏크리트 두께 100 부족
- 상단부 안전난간 설치 미흡 (일부 미설치 L: 15M)

- 기둥 주근
- 기둥 띠근

*철근 시공 미흡
- 결속 미흡
- 기둥주근 누락(1개)
- 띠철근 조립 미흡(결속부분 틈새 과다)

*콘크리트 품질관리 미흡
- 레미콘공급사가 대행 시험 실시
- 아스콘 시험 대행

*철근 피복두께 확인 미흡
- 흙에 접하는 부분 80mm 미달

- 기초 주근
- 기초 부근
- 스페이서
- 피복 두께
- 지면 (흙에 접하는 부분)

- 수평 연결재
- 파이프 서포트

*거푸집 존치기간 미준수
- 강도 부족 상태에서 해체 (5MPa → 3.68MPa)

*동바리 설치 미흡
- H: 3.5M 이상 구간 수평연결재 미설치

PC부재 품질시험계획 수립 및 실시 미흡
- PC부재(기둥, 보, 슬래브) 앵커인발시험 누락

- 시트파일
- 띠장접합부

*흙막이가시설 시공 미흡
- 시트파일 띠장 접합부 시공 미흡(보강판 누락)

- STA
- 포장
- 보조기층
- 노상
- 도로포장구간 규준틀

[시트파일]

토공 및 포장구간 내 규준틀 설치 미흡
- 규준틀 일부 망실

변경 전	변경 후	
코드명	대분류 코드명	중분류 코드명
추락	떨어짐 (높이가 있는 곳에서 사람이 떨어짐)	상세 정보 부족 떨어짐
		계단, 사다리에서 떨어짐
		개구부 등 지면에서 떨어짐
		재료더미 및 적재물에서 떨어짐
		지붕에서 떨어짐
		비계 등 가설구조물에서 떨어짐
		건물 대들보나 철골 등 기타 구조물에서 떨어짐
		운송수단 또는 기계 등 설비에서 떨어짐
		기타 떨어짐
전도	넘어짐 (사람이 미끄러지거나 넘어짐)	상세정보 부족으로 넘어짐
		계단에서 넘어짐
		바닥에서 미끄러져 넘어짐
		바닥의 돌출물 등에 걸려 넘어짐
		운송수단, 설비에서 넘어짐
		기타 넘어짐
전도	깔림 (물체의 쓰러짐이나 뒤집힘)	상세 정보 부족으로 깔림 · 뒤집힘
		쓰러지는 물체에 깔림
		운송수단 등 뒤집힘
		기타 깔림 · 뒤집힘
충돌	부딪힘 (물체에 부딪힘)	상세 정보 부족으로 부딪힘
		사람에 의한 부딪힘
		바닥에서 구르는 물체에 부딪힘
		흔들리는 물체 등에 부딪힘
		취급 · 사용 물체에 부딪힘
		차량 등과의 부딪힘
		기타 부딪힘

변경 전	변경 후	
코드명	대분류 코드명	중분류 코드명
낙하 비래	맞음 (날아오거나 떨어진 물체에 맞음)	상세 정보 부족으로 날아옴 · 떨어짐
		떨어진 물체에 맞음
		날아온 물체에 맞음
		기타 날아옴 · 떨어짐
붕괴 도괴	무너짐 (건축물이나 쌓인 물체가 무너짐)	상세 정보 부족으로 무너짐
		도랑의 굴착사면 무너짐
		적재물 등의 무너짐
		건축물 · 구조물의 무너짐
		가설구조물의 무너짐
		절취사면 등의 무너짐
		기타 무너짐
협착	끼임 (기계설비에 끼이거나 감김)	상세 정보 부족으로 끼임 · 감김
		직선운동 중인 설비 · 기계 사이에 끼임
		회전부와 고정체 사이에 끼임
		두 회전체의 물림점에 끼임
		회전체 및 돌기부에 감김
		인력운반 · 취급 중인 물체에 끼임
		기타 끼임 · 감김
절단 베임 찔림	절단 · 베임 · 찔림	상세 정보 부족으로 절단 · 베임 · 찔림
		회전날 등에 의한 절단
		취급 물체에 의한 절단
		회전날 등에 의한 베임
		취급 물체에 의한 베임, 찔림
		기타 절단 · 베임 · 찔림
감전	감전	상세 정보 부족으로 감전
		충전부에 감전
		누설전류에 감전
		아크 감전(접촉)
		기타 감전

변경 전	변경 후	
코드명	대분류 코드명	중분류 코드명
폭발·파열	폭발·파열	상세 정보 부족으로 폭발
		기계·설비의 폭발
		캔·드럼의 폭발
		파열
		기타 폭발
화재	화재	화재
무리한 동작	불균형 및 무리한 동작	상세 정보 부족으로 불균형 및 무리한 동작
		신체 불균형 동작
		과도한(무리한) 힘·동작
		기타 불균형 및 무리한 동작
이상온도·접촉	이상온도·물체 접촉	이상온도·물체 접촉
화학물질 누출	화학물질 누출·접촉	상세 정보 부족으로 화학물질 누출·접촉
		화학물질 누출
		화학물질 접촉
		기타 화학물질 누출·접촉
산소 결핍	산소 결핍	산소 결핍
빠짐·익사	빠짐·익사	빠짐·익사
사업장 내 교통사고	사업장 내 교통사고	사업장 내 교통사고
사업장 외 교통사고	사업장 외 교통사고	사업장 외 교통사고
해상항공 교통사고	해상항공 교통사고	해상항공 교통사고
광산사고	광산사고(삭제)	광산사고(삭제)

변경 전	변경 후	
코드명	대분류 코드명	중분류 코드명
체육행사	체육행사 등의 사고	상세 정보 부족으로 체육행사 등의 사고
		체육행사
		운동선수 등 체육활동
		워크숍
		회식
		기타 체육행사 등의 사고
폭력행위	폭력행위	작업 중(작업장 내) 폭력행위
		작업장 외 장소에서 폭력행위
동물상해	동물상해	상세 정보 부족으로 동물상해
		평소작업 중 동물상해
		평소작업 외 동물상해
		기타 동물상해
기타	기타	기타
분류불능	분류불능	분류불능

참고자료

- 고용노동부, 산업안전보건법령집 고시, 예규
- 고용노동부, 각종 표준안전작업지침 고시
- 한국산업안전보건공단 건설업 공종별 위험성 평가모델
- (사)대한토목학회, 콘크리트 표준시방서
- (사)대한건축학회, 건축용어사전
- 한경보, 최신 건설안전기술사 I, 예문사

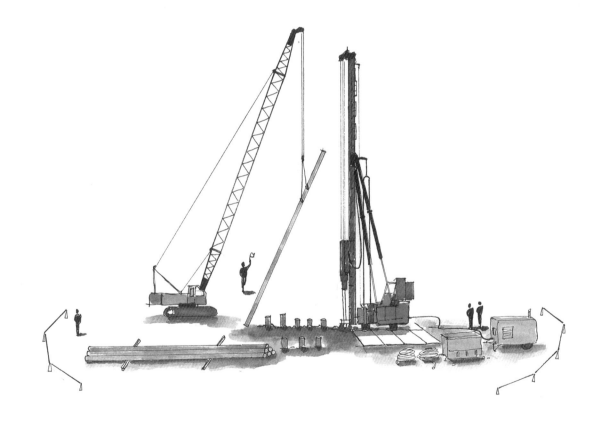

감수 이준수

- 한양대학교 건축공학과 및 동 대학원 졸업(공학석사)
- 동명대학교 대학원 졸업(공학박사)
- 건설안전기술사/건축시공기술사/건축사
- 국민연금공단 근무(지방이전추진단장)
- 한국산업인력공단 기술사 검정위원
- 국토교통부 중앙건설기술심의위원
- 현, 강남대학교 교수(전, 경기대학교 특임교수)

글·그림 이병수

- 서울과학기술대학교 건축공학과 졸업
- 한양대학교 공학대학원 건축공학과 졸업
- 건설안전기술사
- 한국산업인력공단 기술사 검정위원(건설안전)
- 국토교통부 건설기술교육원 교육심의위원(건축)
- 서울주택도시공사(SH공사) 건설안전위원
- 한국철도공사 사외강사
- GS건설㈜ 현장소장 역임
- 현, 경기대학교 창의공과대학 건축안전공학과 교수

그림으로 보는
건설현장의 안전관리

2022. 5. 10. 초 판 1쇄 발행
2024. 9. 11. 초 판 5쇄 발행

감　수 | 이준수
글·그림 | 이병수
펴낸이 | 이종춘
펴낸곳 | BM ㈜도서출판 **성안당**
주소 | 04032 서울시 마포구 양화로 127 첨단빌딩 3층(출판기획 R&D 센터)
　　　 | 10881 경기도 파주시 문발로 112 파주 출판 문화도시(제작 및 물류)
전화 | 02) 3142-0036
　　 | 031) 950-6300
팩스 | 031) 955-0510
등록 | 1973. 2. 1. 제406-2005-000046호
출판사 홈페이지 | www.cyber.co.kr
ISBN | 978-89-315-6475-4 (13530)
정가 | 49,000원

이 책을 만든 사람들
책임 | 최옥현
진행 | 이희영
전산편집 | 유선영
표지 디자인 | 박원석
홍보 | 김계향, 임진성, 김주승, 최정민
국제부 | 이선민, 조혜란
마케팅 | 구본철, 차정욱, 오영일, 나진호, 강호묵
마케팅 지원 | 장상범
제작 | 김유석

www.cyber.co.kr
성안당 Web 사이트